Public Health

Matthias Egger, Oliver Razum (Hrsg.)

Public Health

Sozial- und Präventivmedizin kompakt

Herausgegeben
von Matthias Egger und Oliver Razum

DE GRUYTER

Herausgeber

Prof. Dr. med. Matthias Egger
Universität Bern
Institut für Sozial-und Präventivmedizin
Finkenhubelweg 11
CH-3012 Bern

Prof. Dr. med. Oliver Razum
Universität Bielefeld
Fakultät für Gesundheitswissenschaften
Postfach 1001 31
D-33501 Bielefeld

Redaktionelle Projektleitung

Dr. med. Lotte Habermann-Horstmeier

Das Buch enthält 90 Abbildungen und 43 Tabellen.

ISBN 978-3-11-025452-5
e-ISBN 978-3-11-025541-6

Library of Congress Cataloging-in-Publication data
A CIP catalog record for this book has been applied for at the Library of Congress.

Bibliografische Information der Deutschen Nationalbibliothek

Die Deutsche Nationalbibliothek verzeichnet diese Publikation in der Deutschen Nationalbibliografie;
detaillierte bibliografische Daten sind im Internet über http://dnb.d-nb.de abrufbar.

© 2012 by Walter de Gruyter GmbH & Co. KG, Berlin/Boston

Der Verlag hat für die Wiedergabe aller in diesem Buch enthaltenen Informationen (Programme, Verfahren, Mengen, Dosierungen, Applikationen etc.) mit Autoren bzw. Herausgebern große Mühe darauf verwandt, diese Angaben genau entsprechend dem Wissensstand bei Fertigstellung des Werkes abzudrucken. Trotz sorgfältiger Manuskriptherstellung und Korrektur des Satzes können Fehler nicht ganz ausgeschlossen werden. Autoren bzw. Herausgeber und Verlag übernehmen infolgedessen keine Verantwortung und keine daraus folgende oder sonstige Haftung, die auf irgendeine Art aus der Benutzung der in dem Werk enthaltenen Informationen oder Teilen davon entsteht.
Die Wiedergabe der Gebrauchsnamen, Handelsnamen, Warenbezeichnungen und dergleichen in diesem Buch berechtigt nicht zu der Annahme, dass solche Namen ohne weiteres von jedermann benutzt werden dürfen. Vielmehr handelt es sich häufig um gesetzlich geschützte, eingetragene Warenzeichen, auch wenn sie nicht eigens als solche gekennzeichnet sind.

Satz: Werksatz Schmidt & Schulz GmbH, Gräfenhainichen
Einbandabbildung: iStockphoto/Thinkstock
Druck: Hubert & Co. GmbH & Co. KG, Göttingen
∞ Gedruckt auf säurefreiem Papier
Printed in Germany
www.degruyter.com

Geleitwort

Wenn Sie Medizin studieren, wird die klinische Tätigkeit eine besonders große Faszination auf Sie ausüben. Kurative Medizin allein reicht aber nicht aus, um die Bevölkerung gesund zu erhalten. Public Health ist von ebenso großer Bedeutung, auch wenn ihre Rolle häufig unterschätzt wird.

Public Health wird zu Recht mit den großen gesundheitlichen Fortschritten durch verbesserte Hygiene in Verbindung gebracht. Der Schutz vor Infektionskrankheiten ist in der Tat ein wichtiges Element von Public Health, aber nur eines unter vielen. Dieser Bereich ist keineswegs auf Impfungen beschränkt, sondern außerordentlich vielfältig: Er umfasst das Gesundheitsmonitoring, also das Gewinnen und Analysieren von Daten, die Untersuchung und Kontrolle von Krankheitsausbrüchen und die Vorbeugung von Krankheiten. Gerade bei der HIV-Prävention ist Public Health in Deutschland und in der Schweiz sehr erfolgreich. Große Erfolge hat Public Health aber auch in anderen Bereichen wie etwa dem Nichtraucherschutz erzielt. Zu den Herausforderungen, denen sich Public Health zunehmend auch in Deutschland und der Schweiz stellen muss, gehören die sozialen Determinanten von Gesundheit.

Public Health bedeutet immer Teamwork und Zusammenarbeit von unterschiedlichen Instanzen. Das liegt am breiten Spektrum der Aufgaben, die zu bewältigen sind. Sie reichen von der Forschung zu Gesundheitsrisiken bis hin zur Implementierung von Maßnahmen, die die Gesundheit schützen sollen. Dabei spielt das Robert Koch-Institut eine wichtige Rolle. Es ist das Institut für die Gesundheit der Bevölkerung in Deutschland. Daher wünsche ich den Leserinnen und Lesern von „Sozial- und Präventivmedizin kompakt", dass sie nicht nur Individualmedizin betreiben, sondern auch dazu beitragen, die Gesundheit der Bevölkerung zu verbessern.

Prof. Dr. Reinhard Burger
Präsident
Robert Koch-Institut, Berlin

Vorwort

Die deutschsprachige Public-Health-Literatur hat in den letzten Jahren eine erfreuliche Belebung erfahren, so dass zunehmend auch auf Standardwerke in deutscher Sprache zurückgegriffen werden kann. Was bisher fehlte, war ein kompakter, aktueller und mit Beispielen aus dem deutschsprachigen Raum illustrierter Einführungstext für Studentinnen und Studenten der Medizin, der Pflegeberufe, der Physio- und Ergotherapie und anderer Gesundheitsberufe. Mit dem vorliegenden Buch **Public Health – Sozial- und Präventivmedizin kompakt** versuchen wir, diese Lücke zu schließen. Das Buch bezieht sich auf den schweizerischen Lernziel-Katalog für das Fach *Sozial- und Präventivmedizin*[1]. Diese Lernziele werden zu Beginn der Kapitel jeweils in der einführenden Box aufgelistet. Das Lehrbuch deckt darüber hinaus aber auch die Module des Stoffkatalogs der *Deutschen Gesellschaft für Sozialmedizin und Prävention* (DGSMP) ab[2].

Nach einem einführenden Kapitel, das sich mit der Definition und der Geschichte von Public Health sowie verschiedenen übergreifenden Themen (z. B. der gesundheitlichen Ungleichheit) beschäftigt, werden in Kapitel 2 die methodischen Disziplinen vorgestellt. Hierzu gehören die Epidemiologie, die Demografie, die Biostatistik, die Sozialwissenschaften und die Gesundheitsökonomie. Kapitel 3 beschreibt zuerst verschiedene Arten von Gesundheitssystemen und geht dann auf das schweizerische und das deutsche Gesundheitswesen näher ein. Im Anschluss daran setzt sich Kapitel 4 mit dem Thema Prävention und Gesundheitsförderung auseinander. Es enthält Abschnitte u. a. zu Gesundheitsverhalten und Lebensstilen sowie zu Vorsorgeuntersuchungen und Screening-Programmen. Kapitel 5 befasst sich dann mit der physikalischen Umwelt und deren Auswirkungen auf die Gesundheit. Das anschließende Kapitel 6 beleuchtet das Thema Arbeit und Gesundheit. In Kapitel 7 diskutieren wir Fragen der Epidemiologie und der Prävention wichtiger nicht übertragbarer Erkrankungen (z. B. von Herz-Kreislauf-Krankheiten). Kapital 8 widmet sich der Epidemiologie und der Kontrolle von Infektionskrankheiten. Das abschließende Kapitel 9 beschreibt die Fragen der Gesundheit in einer globalisierten Welt und beschäftigen sich mit den Strategien und Akteuren, die die Globale Gesundheit heute prägen.

Mehr als 40 AutorInnen haben Beiträge zu unserem Buch geleistet. Wir haben dabei versucht, die üblichen „Nebenwirkungen" eines Vielautorenbuchs (Redundanzen, verschiedene Sprachstile und Inkonsistenzen) durch klare Vorgaben und eine einheitliche Redaktion der Texte zu vermeiden. Unser Dank gilt daher nicht nur den AutorInnen, die sich an diese Vorgaben gehalten haben, sondern insbesondere auch Frau Dr. Lotte Habermann-Horstmeier, die die Texte meisterhaft redigiert hat. Unser Dank geht auch an Simone Witzel vom Verlag De Gruyter für die gute Betreuung und ihre Geduld.

---

[1] *Item catalogue SPM*. Erhältlich über:
http://www.ispm.ch/fileadmin/doc_download/Lehre_Item_catalogue_SPM_def2.pdf

[2] Brennecke R et al. Deutsche Gesellschaft für Sozialmedizin und Prävention (DGSMP) – *Sozialmedizinischer Stoffkatalog für die ärztliche AppO vom 27.6.2002*. Erhältlich über:
http://www.iam.uniklinikum-jena.de/iam_media/Bilder/Sozialmedizinischer_Stoffkatalog.pdf

Das Buch soll StudentInnen helfen, sich auf ihre Prüfungen vorzubereiten. Daneben erhoffen wir uns, dass vielleicht der eine oder die andere LeserIn Gefallen an diesem faszinierenden, interdisziplinären Fachgebiet findet und die Internetseite unseres Buches (**www.public-health-kompakt.de**) besucht. Auf der zum Lehrbuch gehörenden Webseite finden sich neben den im Buch angesprochenen und verwendeten Quellen auch Hinweise auf weiterführende Literatur, Links zu relevanten Webseiten und zusätzliche Unterlagen. Wir werden uns bemühen, diese Webseite laufend zu aktualisieren, auch im Hinblick auf eine nächste Auflage unseres Lehrbuchs. Zum Schluss laden wir Sie nun herzlich ein, über diese Webseite Ihre Kritik und Anregungen zu unserem Buch (und natürlich auch zur Webseite) zu äußern.

Matthias Egger und Oliver Razum
Herausgeber

Autoren- und Mitarbeiterverzeichnis

Abel, Prof. Dr. phil. Thomas, PhD
Institut für Sozial- und Präventivmedizin
Leiter der Abtl. Gesundheitsforschung
Universität Bern
Niesenweg 6
CH-3012 Bern

Babisch, Dr.-Ing. Wolfgang
Abteilung Umwelthygiene
Umweltbundesamt
Corrensplatz 1
D-14195 Berlin

Barth, PD Dr. phil. Jürgen
Institut für Sozial- und Präventivmedizin
Abteilung für Gesundheitsforschung
Universität Bern
Niesenweg 6
CH-3012 Bern

Behrendt, Dr. rer. nat. Silke
Institut für Klinische Psychologie
und Psychotherapie
Technische Universität Dresden
Chemnitzer Straße 46
D-01187 Dresden

Bender, Dr. med. Dr. phil. Nicole, MSc
Institut für Sozial- und Präventivmedizin
Spezialärztin Prävention und
Gesundheitswesen FMH
Universität Bern
Finkenhubelweg 11
CH-3012 Bern

Berg-Beckhoff,
Assoc. Prof. Dr. biol. hum. Gabriele
Institut für Gesundheitswissenschaften
Abteilung zur Forschung in der
Gesundheitsförderung
Universität Sued-Dänemarks
Niels Bohr Vej 9–10
DK-6700 Esbjerg

Blettner, Prof. Dr. rer. nat. Maria
Direktorin des Instituts für Medizinische
Biometrie, Epidemiologie und Informatik
(IMBEI)
Universitätsmedizin der Johannes
Gutenberg-Universität Mainz
Obere Zahlbacher Str. 69
D-55131 Mainz

Bolliger-Salzmann, Dr. phil. Heinz
Institut für Sozial- und Präventivmedizin
Leitender Assistent
Abtl. Gesundheitsforschung
Universität Bern
Niesenweg 6
CH-3012 Bern

Brzoska, Patrick
Fakultät für Gesundheitswissenschaften
AG 3 Epidemiologie & International
Public Health
Postfach 10 01 31
D-33501 Bielefeld

Egger, Prof. Dr. med. Matthias,
MSc FFPH DTM&H
Direktor des Instituts für Sozial- und
Präventivmedizin
Universität Bern
Finkenhubelweg 11
CH-3012 Bern

Fuchs, Prof. Dr. phil. Reinhard
Institut für Sport und Sportwissenschaft
Albert-Ludwigs-Universität Freiburg
Schwarzwaldstraße 175
D-79117 Freiburg

Gastmeier, Prof. Dr. med. Petra
Direktorin des Instituts für Hygiene und
Umweltmedizin
Charité – Universitätsmedizin Berlin
Hindenburgdamm 27
D-12203 Berlin

Geyer, Prof. Dr. phil. Siegfried
Leiter der Forschungs- und Lehreinheit
Medizinische Soziologie
an der Medizinischen Hochschule
Hannover OE 5420
Carl-Neuberg-Str. 1
D-30625 Hannover

Grüninger, Dr. med. Ueli
Geschäftsführer Kollegium für
Hausarztmedizin
Landhausweg 26
CH-3007 Bern

Habermann-Horstmeier, Dr. med. Lotte
Stellv. Leiterin des STZ Unternehmen &
Führungskräfte
Ernährungsmedizinerin DAEM/DGEM
Lehrbeauftragte der HS Furtwangen
Klosterring 5
D-78050 Villingen-Schwenningen

Hoffmann, Prof. Dr. med. Barbara, MPH
IUF – Leibniz-Institut für umwelt-
medizinische Forschung
Heinrich Heine Universität Düsseldorf
Auf'm Hennekamp 50
D-40225 Düsseldorf

Jacobi, Prof. Dr. rer. nat. Frank
Professor für Klinische Psychologie
Schwerpunkt Verhaltenstherapie
Psychologische Hochschule Berlin (PHB)
Am Köllnischen Park 2
D-10179 Berlin
und
Institut für Klinische Psychologie und
Psychotherapie
TU Dresden
Hohe Straße 53
D-01187 Dresden

**Jahn, Prof. Dr. med. Albrecht, MSc,
Dipl. Biol.**
Institut für Public Health
Universitätsklinikum Heidelberg
Im Neuenheimer Feld 324
D-69120 Heidelberg

Jüni, Prof. Dr. med. Peter
Institut für Sozial- und Präventivmedizin
Leiter der Abtl. Klinische Epidemiologie
und Biostatistik Universität Bern
Finkenhubelweg 11
CH-3012 Bern
und
Direktor CTU Bern
Inselspital, Universitätsspital Bern
Niesenweg 6
CH-3012 Bern

Kolip, Prof. Dr. phil. Petra
Leiterin der AG 4 Prävention und
Gesundheitsförderung
Fakultät für Gesundheitswissenschaften
Universität Bielefeld
Postfach 100131
D-33501 Bielefeld

Kühn, Dr. med. Felix
Universitätspoliklinik für Endokrinologie,
Diabetologie und klinische Ernährung
Inselspital, Universitätsspital Bern
Freiburgstrasse 18
CH-3010 Bern

Kuehni, Prof. Dr. med. Claudia, MSc
Institut für Sozial- und Präventivmedizin
Leiterin der Abtl. Internationale
Gesundheit und Umwelt
Universität Bern
Finkenhubelweg 11
CH-3012 Bern

Künzli, Prof. Dr. med. Dr. phil. Nino
Vizedirektor des Schweizerischen
Tropen- und Public Health-Instituts
(SwissTPH)
Leiter des Departements Epidemiologie
und Public Health (EPH)
Ordinarius für Sozial- und
Präventivmedizin der Universität Basel
Socinstrasse 57
CH-4051 Basel

Laederach, Prof. Dr. med. Kurt
Leitender Arzt
Universitätspoliklinik für Endokrinologie,
Diabetologie und Klinische Ernährung
Inselspital, Universitätsspital Bern
Murtenstrasse 21
CH-3010 Bern

Läubli, Prof. Dr. med. Thomas
Prof. Arbeits- u.
Organisationspsychologie
ETH Zürich
Weinbergstrasse 109
CH-8092 Zürich

Läuppi, Philip, MSc
früher: Institut für Sozial- und
Präventivmedizin
Abteilung Epidemiologie und Biostatistik
Finkenhubelweg 11
CH-3012 Bern

Latzin, Dr. med. Dr. phil. Philipp
Oberarzt Kinderpneumologie
Kinderklinik
Inselspital, Universitätsspital Bern
Murtenstrasse 21
CH-3010 Bern

Low, Prof. Dr. med. Nicola,
MSc FFPH DTM & H
Institut für Sozial- und Präventivmedizin
Universität Bern
Finkenhubelweg 11
CH-3012 Bern

Mühlemann, Prof. Dr. med.
Dr. phil. Kathrin
Co-Direktorin des Instituts für
Infektionskrankheiten
Universität Bern
Friedbühlstrasse 51
CH-3010 Bern

Niemann, Steffen, M.A.
Wissenschaftl. Mitarbeiter Forschung
bfu – Beratungsstelle für Unfallverhütung
Hodlerstrasse 5a
CH-3011 Bern

Probst-Hensch, Prof. Dr. phil. Nicole,
PhD, MPH
Leiterin des Bereichs Epidemiologie und
Prävention Chronischer Erkrankungen
Schweizerisches Tropen- und Public
Health-Institut (Swiss TPH)
Assoziiertes Institut der Universität Basel
Socinstrasse 57
CH-4051 Basel

Raffle, Dr. med. Angela,
BSc (Hons) MBChB FFPH
Department of Public Health
NHS Bristol
Marlborough Street
Bristol, UK
BS1 3NX

Razum, Prof. Dr. med. Oliver
Leiter der AG 3 Epidemiologie &
International Public Health
Dekan der Fakultät für Gesundheits-
wissenschaften
Universität Bielefeld
Postfach 10 01 31
D-33501 Bielefeld

Reichenbach, PD Dr. med. Stephan, MSc
Institut für Sozial- und Präventivmedizin
Leiter Muskuloskeletale
Forschungsgruppe
Abteilung Epidemiologie und Biostatistik
Universität Bern
Finkenhubelweg 11
CH-3012 Bern

Richter, Prof. Dr. rer. soc. Matthias
Direktor des Instituts für Medizinische
Soziologie
Medizinische Fakultät der Martin Luther
Universität Halle-Wittenberg
Magdeburger Str. 8
D-06112 Halle (Saale)

Röösli, Prof. Dr. phil II Martin
Leiter des Bereichs Umwelt und
Gesundheit
Schweizerisches Tropen- und
Public Health-Institut (Swiss TPH)
Assoziiertes Institut der Universität Basel
Socinstrasse 59
CH-4002 Basel

Rosenbrock, Prof Dr. rer. pol. Rolf
Wissenschaftszentrum Berlin für Sozial-
forschung (WZB)
Reichpietschufer 50
D-10785 Berlin

Saß, Dr. phil. Anke-Christine, MPH
Abt. für Epidemiologie und
Gesundheitsberichterstattung
Robert Koch-Institut
General-Pape-Straße 62
D-12101 Berlin

Schmid, Prof. Dr. med. Klaus
Oberarzt und Facharzt für Arbeitsmedi-
zin, Sozialmedizin – Umweltmedizin
Betriebsärztlicher Dienst der
Universität Erlangen-Nürnberg
Harfenstr. 18
D-91054 Erlangen

Schwappach, Prof Dr. rer. med. David, MPH
Wissenschaftlicher Leiter
Stiftung für Patientensicherheit
Asylstrasse 77
CH-8032 Zürich

Siegrist, Prof. Dr. phil. Johannes
Institut für Medizinische Soziologie
des Universitätsklinikums Düsseldorf
Universitätsstr. 1
D-40225 Düsseldorf

Simon, Prof. Dr. phil. Michael
Fakultät V – Diakonie,
Gesundheit und Soziales
Fachhochschule Hannover
Blumhardtstr. 2
D-30625 Hannover

Stettler, Prof. Dr. med. Christoph
Leitender Arzt
Universitätspoliklinik für Endokrinologie,
Diabetologie und Klinische Ernährung
Inselspital Bern
Freiburgstrasse 18
CH-3010 Bern

Wandeler, Dr. med. Gilles, MSc
Institut für Sozial- und Präventivmedizin
Universität Bern
Finkenhubelweg 11
CH-3012 Bern
und
Oberarzt
Universitätsklinik für Infektiologie
Inselspital, Universitätsspital Bern
Polikliniktrakt 2
CH-3010 Bern

Zwahlen, Prof. Dr. phil. Marcel, MSc
Institut für Sozial- und Präventivmedizin
Assistenzprofessor Epidemiologie
Universität Bern
Finkenhubelweg 11
CH-3012 Bern

Inhalt

1 Public Health: Zentrale Begriffe, Disziplinen und Handlungsfelder

Matthias Egger, Oliver Razum

In diesem einführenden Kapitel lernen wir die zentralen Begriffe, Disziplinen und Handlungsfelder von Public Health kennen. Ein Blick in das 19. Jh. zeigt, dass Public Health zu Beginn überraschenderweise weniger mit der Medizin als mit dem Ingenieurwesen zu tun hatte. Die Geschichte macht auch verständlich, warum heute der englische Begriff *Public Health* auch im Deutschen gebräuchlich ist. Public Health und Medizin unterscheiden sich in ihrer Sicht auf Krankheit und Gesundheit. Anders als im medizinischen Denken steht in Public Health die Entstehung von Gesundheit (*Salutogenese*) und nicht die Entstehung von Krankheit (*Pathogenese*) im Mittelpunkt. Zu den Kernthemen von Public Health gehört u. a. die gesundheitliche Ungleichheit zwischen verschiedenen Bevölkerungsgruppen, z. B. die Ungleichheit im Zusammenhang mit der sozialen Schichtzugehörigkeit und dem Geschlecht. Bei vielen Public-Health-Fragen spielen auch ethische Aspekte eine Rolle. Während in der Medizinethik die Arzt-Patient-Beziehung im Mittelpunkt steht, ist es in der *Public-Health-Ethik* das Verhältnis zwischen den Institutionen und den BürgerInnen. Wir schließen das Kapitel mit einem kritischen Blick auf die *Public Health Genomics* und ihrem Versprechen einer individualisierten Prävention.

Schweizerische Lernziele: CPH 1–3, CPH 28–34

1.1 Definition

Unter *Public Health* verstehen wir eine von der Gesellschaft organisierte, gemeinsame Anstrengung, mit dem Ziel der

- Erhaltung und Förderung der Gesundheit der gesamten Bevölkerung oder von Teilen der Bevölkerung,

- Vermeidung von Krankheit und Invalidität,

- Versorgung der Bevölkerung mit präventiven, kurativen und rehabilitativen Diensten.

Im deutschsprachigen Raum wird synonym auch etwas umständlich von der *öffentlichen Gesundheitspflege* gesprochen. Der Begriff der *Volksgesundheit* ist durch den Nationalsozialismus schwer belastet (s. Kap. 1.2) und wird deshalb nicht verwendet. Aus den genannten Gründen ist der englische Begriff ‚Public Health' auch im Deutschen gebräuchlich. Im Gegensatz zur kurativen Individualmedizin richtet Public Health den Blick auf die gesamte Bevölkerung oder auf Bevölkerungsgruppen und beschäftigt sich hier mit ethisch (s. Kap. 1.6) und ökonomisch (s. Kap. 2.5.1) vertretbaren Maßnahmen der Gesundheitsförderung, der Krankheitsprävention und der Versorgung.

Handlungsfelder von Public Health sind

- die wissenschaftliche Forschung an universitären Instituten: In Deutschland geschieht das v. a. an *gesundheitswissenschaftlichen Instituten,* in der Schweiz an Instituten für *Sozial- und Präventivmedizin.*

- die *Praxis in den Public-Health-Institutionen*: In der Schweiz sind hierfür z. B. die kantonalen Gesundheitsämter und das Bundesamt für Gesundheit zuständig, in Deutschland u. a. das Robert Koch-Institut.

- die *Gesundheits- und Sozialpolitik,* die durch Verordnungen und Gesetze das Gesundheitswesen steuert und gesundheitsfördernde Arbeits- und Lebensbedingungen schafft.

Zu den Aufgaben von Public-Health-Institutionen gehört es, die Gesundheit der Bevölkerung zu schützen und zu überwachen (*Surveillance*), etwa im Zusammenhang mit Infektionskrankheiten (s. Kap. 8.2.2), der Lebensmittelsicherheit (s. Kap. 5.1.4), der Sicherheit am Arbeitsplatz (s. Kap. 6.1.2) oder der Luftverschmutzung (s. Kap. 5.2). Darüber hinaus sind sie u. a. für die Erarbeitung und Durchführung von Impfprogrammen (s. Kap. 8.4.1), Screening-Programmen (s. Kap. 4.5.4) und Aufklärungskampagnen (s. Kap. 4.2.1) zuständig. Hierbei arbeiten Fachleute verschiedenster Disziplinen aktiv zusammen (s. Kap. 1.4). Beispiele für gesundheitspolitische Maßnahmen sind Rauchverbote in öffentlichen Räumen (s. a. Kap. 7.2.3) und die laufenden Bestrebungen, Gesundheitsförderung und Prävention in Deutschland und der Schweiz durch Präventionsgesetze umfassend zu stärken.

Der *Master of Public Health* (MPH) ist ein international anerkannter akademischer Grad, der im angelsächsischen Raum (z. B. an der geschichtsträchtigen *London School of Hygiene & Tropical Medicine* oder an den *Schools of Public Health* nordamerikanischer Universitäten), aber auch an verschiedenen Hochschulen in Deutschland und der Schweiz erworben werden kann. Ein MPH-Studium ist in der Schweiz Teil der Weiterbildung zum Facharzt in *Prävention und Gesundheitswesen*. In Deutschland kann der Facharzt für *Öffentliches Gesundheitswesen* und der Facharzt für *Hygiene und Umweltmedizin* erworben werden. In beiden Ländern gibt es darüber hinaus einen Facharzttitel im Bereich der *Arbeitsmedizin*.

1.2 Geschichtliche Notizen

Die soziale Frage

Die Entwicklung der modernen Public Health ist eng mit der *sozialen Reformbewegung* im 19. Jahrhundert verbunden, die darauf abzielte, die soziale Lage der Arbeiter und ihrer Familien zu verbessern. Abb. 1.1 illustriert die Lebensumstände der damaligen Arbeiterschaft am Beispiel einer Behausung in London. Angesichts dieser Zustände überrascht es nicht, dass London und andere europäische Städte zu jener Zeit immer wieder von Cholerapandemien heimgesucht wurden (s. a. Abb. 1.2) und dass dort auch die Tuberkulose grassierte. Im Zentrum der angestrebten Reformen standen die Verbesserung der sanitären Bedingungen in den Städten und der Verhältnisse am Arbeitsplatz. In England förderte der *Public Health Act* von 1848 den Bau von Wasserleitungen und Kanalisationsanlagen (s. a. Kap. 5.1.1). In Berlin trieb der Pathologe und Sozialreformer *Rudolf Virchow* (1821–1902, s. a. Kap. 2.1.1) den Bau von zentraler Wasserversorgung und Kanalisation voran, während in München *Max von Pettenkofer* (1818–1901) hierbei die treibende Kraft war.

Abb. 1.1: Eine Londoner Behausung an der Themse im 19. Jahrhundert. Die Notdurft wurde am Fluss verrichtet (Quelle: Wellcome Images. http://images.wellcome.ac.uk/).

Abb. 1.2: Karte der Cholera-Todesfälle im Rahmen der Pandemie von 1854, die rund um die Broad Street-Wasserpumpe auftraten. Der Epidemiologe John Snow (1813–1858, s. a. Kap. 2.1.1) folgerte hieraus, dass die Cholera durch verschmutztes Trinkwasser übertragen wird und entfernte den Pumpengriff, um weitere Ansteckungen zu verhindern. (Rekonstruktion der Karte nach Snows Angaben durch den medizinischen Geografen E. W. Gilbert, 1958) (Quelle: Gilbert E W. Pioneer map and health and disease in England. Geographical Journal 1958; 124(2): 172–183).

Hygiene und Sozialhygiene

Pettenkofer hatte ab 1865 den ersten Lehrstuhl für Hygiene in Deutschland inne. Zentrale Themen dieses neuen medizinischen Fachgebietes waren die Verhütung von Krankheiten und die Förderung der Gesundheit der Bevölkerung. Pettenkofers besonderes Interesse galt dabei der physikalischen und chemischen Umwelt. Er gilt deshalb als Wegbereiter der *Umweltepidemiologie* und *Umweltmedizin* (s. Kap. 5). Mit der Entdeckung der Bakterien und dem im Jahr 1882 durch *Robert Koch* (1843–1910) erfolgten Nachweis, dass ein einziger, eindeutig identifizierbarer Krankheitserreger (*Mycobacterium tuberculosis*) die Tuberkulose in ihren verschiedenen Ausprägungen verursacht, wurde die *Bakteriologie* zur führenden Gesundheitswissenschaft des ausgehenden 19. Jahrhunderts. Damit war die Debatte um die Frage, wodurch Krankheiten verursacht werden, jedoch noch nicht abgeschlossen. Die von *Alfred Grotjahn* (1869–1931) begründete *Sozialhygiene* stellte die monokausale Erklärung der Entstehung von

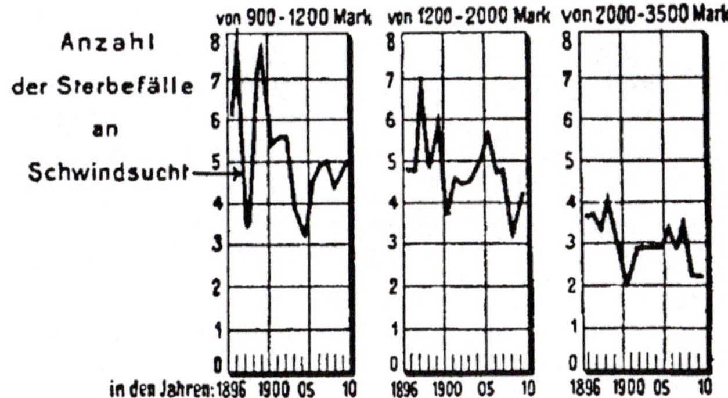

Abb. 1.3: Beispiel einer sozialhygienischen Studie, die zu Beginn des 20. Jh. in Deutschland durchgeführt wurde. Die Grafik zeigt das Einkommen (in Mark) und die Tuberkulosesterblichkeit (pro 1.000 Einwohner) in Hamburg in den Jahren zwischen 1896 und 1910. Menschen mit höherem Einkommen wiesen eine deutlich niedrigere Sterblichkeit an Tuberkulose auf als Menschen aus niedrigeren Einkommensschichten (Quelle: Mosse M, Tugendreich G. Krankheit und Soziale Lage, 1913).

Infektionskrankheiten in Frage und betonte die Wichtigkeit von gesellschaftlichen Einflüssen, wie z. B. von engen und unhygienischen Wohnverhältnissen, schlechter Ernährung oder niedrigem Einkommen auf die Krankheitsentstehung (s. Abb. 1.3 mit einem Beispiel einer Studie aus dieser Zeit). Grotjahn vertrat später allerdings als Mitglied der Gesellschaft für Rassenhygiene auch eugenische Vorstellungen (s. u.). Zu Beginn des 20. Jahrhunderts war Deutschland auf dem Gebiet der Hygiene führend, was sich u. a. daran zeigte, dass die erste *Internationale Hygiene-Ausstellung* 1911 in Dresden von mehr als fünf Mio. Menschen (!) besucht wurde. Die Schaffung von *kommunalen Gesundheitsämtern* in Deutschland (heute oft als *Fachdienst Gesundheit* bezeichnet) ist ein bleibender Verdienst jener Zeit.

Eugenik und Nationalsozialismus

Die Sozialhygiene war eng mit der *Eugenik* oder *Rassenhygiene* verbunden. Hierunter verstand man die Anwendung von Erkenntnissen aus der Humangenetik auf die Bevölkerung mit dem Ziel, die Fortpflanzung von „Gesunden" zu fördern und dadurch den Anteil an Menschen mit „positiven" Erbanlagen zu erhöhen. Auch der Sozialhygieniker Grotjahn (s.o.) war Mitglied der Gesellschaft für Rassenhygiene und befürwortete die Zwangssterilisierung von Menschen mit körperlicher oder geistiger Behinderung, von Menschen mit Epilepsie und von Alkoholkranken. Die Eugenik geht auf den englischen Naturforscher *Francis Galton* (1822–1911) zurück, einem Vetter Charles Darwins. Die ersten eugenisch motivierten Sterilisationen wurden in Europa bereits um 1890 durch den Psychiater und Ameisenforscher *Auguste Forel* (1848–1931) in der Psychiatrischen Universitätsklinik Burghölzli in Zürich durchgeführt. Nach ihrer Machtergreifung im Jahr 1933 setzten die *Nationalsozialisten* das auf den Ideen der Rassenhygiene beruhende, menschenverachtende Ziel eines „rassenreinen arischen Volkskörpers" konsequent und mit unglaublicher Grausamkeit mit Hilfe von Massensterilisierungen, Massentötungen und Genozid durch. Weniger bekannt sind andere Aspekte der nationalsozialistischen Gesundheitspolitik, wie Maßnahmen gegen das Rauchen, Verbote von petrochemischen Kanzerogenen und der Schutz vor Asbest am Arbeitsplatz. Tabak galt dabei nicht nur als Krebserreger und Ursache von Herzkrankheiten, sondern auch als *Rassengift*, das die Fruchtbarkeit und Arbeitskraft der Menschen einschränkt. Nichtrauchen war daher eine *Gesundheitspflicht*. Das Rauchen in der Öffentlichkeit sowie die Tabakwerbung wurden eingeschränkt oder verboten. Die Web-Abb. 1.2.1 auf unserer Lehrbuch-Homepage zeigt ein Werbeplakat aus einer Kampagne gegen das Rauchen aus dem Jahr 1941. Die unglückliche Verbindung mit dem Nationalsozialismus, die sich im englischen Sprachraum in Begriffen wie „nicoNazi" oder „health facism" niederschlägt, belastet die Tabakprävention noch heute. Wie wenig erfolgreich die nationalsozialistische Tabakpolitik jedoch war, zeigt sich u. a. dadurch, dass die „Amis" (d. h. die amerikanischen Zigaretten) Deutschland nach dem Zweiten Weltkrieg im Sturm eroberten.

Neuere Entwicklungen und Herausforderungen

Nach dem Zweiten Weltkrieg entwickelte sich in der *Deutschen Demokratischen Republik* (DDR; 1949–1990) ein zentralistisches Gesundheitssystem, das der Prävention, der Gesundheitserziehung und dem Gesundheitsschutz in den Betrieben eine große Bedeutung zuwies. Die Gesundheitssysteme in der Bundesrepublik Deutschland (BRD) und der Schweiz wurden hingegen dezentral und libertär organisiert (s. a. Kap. 3). Krankheit berechtigte hier zur selbstverantwortlichen *Inanspruchnahme* von gesetzlich verankerten, versicherten medizinischen Leistungen. Der salutogenetische Public-Health-Ansatz (s. Kap. 1.4.2) rückte dabei in den Hintergrund. Krankheit wurde zunehmend als medizinisch-technisches Problem verstanden, für das Fachärzte und Krankenhäuser zuständig waren. Parallel zum Anstieg der Lebenserwartung sank die Kinderzahl pro Familie, ebenso der Anteil der Erwerbstätigen im Verhältnis zu den Nichterwerbstätigen.

Diese *demographische Entwicklung* (s. a. Kap. 2.2) führte in den Industrienationen zu einer zunehmenden Alterung der Bevölkerung. Damit nahm auch die Häufigkeit chronisch-degenerativer Krankheiten, v. a. von Herz-Kreislauf-Erkrankungen und bösartigen Tumoren zu (s. Kap. 7.1 und Kap. 7.2). Gleichzeitig stieg die Anzahl der psychischen und psychosomatischen Erkrankungen (s. Kap. 7.7) an. Im Rahmen des *Risikofaktorenmodells* wurde nun nach biomedizinischen, aber auch nach psychosozialen Faktoren gesucht, die mit einer erhöhten Erkrankungswahrscheinlichkeit einhergehen. Man hoffte, hierdurch Strategien zur Prävention und Gesundheitsförderung entwickeln zu können (s. Kap. 4.2 und 4.3). Mit Hilfe der 1948 gestarteten *Framingham Studie*, eine Kohortenstudie (s. a. Kap. 2.1.5) der Bevölkerung der Stadt Framingham im US-Bundesstaat Massachusetts, wurden z. B. verschiedene Risikofaktoren identifiziert, die zur Entstehung von Herzinfarkt und Schlaganfall beitragen (s. a. Kap. 7.1). In der Folgezeit wurden die Gesundheitswissenschaften zunehmend *interdisziplinär* und *multiprofessionell* (s. Kap. 1.4). Man wandte sich nun auch neuen Feldern zu, wie etwa der Evaluation und der Kosten-Nutzen-Bewertung medizinischer Maßnahmen (*klinische Epidemiologie* und *Gesundheitsökonomie*, s. a. Kap. 2.1.7 und Kap. 2.5), der Versorgung der Bevölkerung und der Steuerung der Gesundheitssysteme (*Versorgungs-* und *Gesundheitssystemforschung*, s. a. Kap. 3) und den Herausforderungen auf globaler Ebene (*Global Health*, s. a. Kap. 9).

Die demographische Entwicklung (s. Kap. 2.2), die Zunahme von Übergewicht und chronisch-degenerativen Erkrankungen (s. a. Kap. 7) sowie die sozialen Ungleichheiten in Gesundheitszustand und Versorgung (s. a. Kap. 1.3.1 und Kap. 3) sind wichtige Felder, auf denen Public Health schon heute stark gefordert ist. Darüber hinaus gibt es noch einige Hindernisse, die es in den kommenden Jahren zu überwinden gilt. Hierzu gehören die dominante Rolle der kurativen Medizin in den fragmentierten Gesundheitssystemen (s. a. Kap. 3), die oft lückenhafte Zusammenarbeit zwischen den Gesundheitswissenschaften und den Einrichtungen des öffentlichen Gesundheitsdienstes sowie die fehlende Ausrichtung der Forschung auf die konkreten Fragestellungen der öffentlichen Gesundheitspolitik (s. Kap. 1.6).

1.3 Zentrale Konzepte und Themen

1.3.1 Gesundheit und Krankheit

Ein Mensch ist nicht einfach entweder krank oder gesund. Die Betrachtungsweise kann sich schon durch die eingenommene Perspektive ändern: Eine Ärztin diagnostiziert bei einem Menschen eine Vorstufe von Krebs, der Betroffene verspürt jedoch noch keine Symptome und fühlt sich gesund. Auch handelt es sich bei Gesundheit und Krankheit nicht um ein Phänomen, das nur zwei Zustände einnehmen kann. Zwischen „krank" und „gesund" können zahlreiche Zwischenstufen bestehen. Zudem gibt es sehr unterschiedliche Vorstellungen darüber, wie Krankheit und Gesundheit entstehen. Krankheit und Gesundheit lassen sich darüber hinaus auch auf unterschiedlichen Ebenen betrachten, auf der des Individuums (dies ist v. a. die Sichtweise der Medizin) und auf der der Bevölkerung (dies entspricht der Perspektive von Public Health). Public Health und Medizin unterscheiden sich damit jedoch nicht nur in ihren Sichtweisen, sondern auch in den von ihnen gewählten Strategien, um Gesundheit zu erhalten, zu verbessern oder wiederherzustellen.

Es gibt zahlreiche Konzepte und Modelle, die z.T. sehr unterschiedliche Sichtweisen auf Krankheit und Gesundheit erlauben. Exemplarisch werden hier die Konzepte der *Pathogenese* und der *Salutogenese* vorgestellt.

Pathogenese

Mit dem Begriff der „Pathogenese" bezeichnet man die Entstehung und Entwicklung einer Krankheit. Pathogenetische Konzepte beschäftigen sich mit Prozessen, die zu Krankheiten führen und untersuchen mögliche Risikofaktoren für die Entstehung von Krankheiten. Sie schauen dabei in erster Linie auf Veränderungen, die sich an Organen, Gewebe und Zellen zeigen. Pathogenetische Konzepte bilden die Grundlage der naturwissenschaftlichen Medizin. Man kann sie auch als „Krankheitsmodelle" verstehen und damit den weiter unten beschriebenen „Gesundheitsmodellen" gegenüberstellen, derer sich Public Health häufig bedient.

Das *biomedizinische Krankheitsmodell* ist stark pathogenetisch geprägt. Es interpretiert Krankheit als eine Abweichung vom Normalzustand des Körpers. Krankheiten haben hier spezifische Ursachen (z. B. Bakterien). ÄrztInnen identifizieren diese Ursachen und können dann eine kausale[1] – anstatt einer symptomatischen[2] – Behandlung durch-

---

[1] *kausal*: ursächlich
[2] *symptomatisch*: an den Symptomen orientiert

führen. Dieses stark naturwissenschaftlich beeinflusste Krankheitsmodell hat sich bei vielen Erkrankungen als sehr erfolgreich erwiesen. Daher werden u. a. in Deutschland und der Schweiz erhebliche Ressourcen in die Weiterentwicklung der Biomedizin investiert. Ein Schwerpunkt ist derzeit z. B. die Genomik (s. Kap. 1.7). In den vergangenen Jahrzehnten hat sich aber auch gezeigt, dass das biomedizinische Krankheitsmodell erhebliche Defizite aufweist. So geht es nicht ausreichend auf das individuelle Verhalten der Menschen ein, das insbesondere bei der Entstehung der immer bedeutsamer werdenden chronischen, nichtübertragbaren Krankheiten eine große Rolle spielt. Dieser Mangel wird durch das – ebenfalls stark pathogenetisch geprägte – *Risikofaktorenmodell* zumindest ansatzweise behoben (s. Kap. 2.1.1). Darüber hinaus bleiben gesellschaftliche Determinanten von Gesundheit und Krankheit nahezu unberücksichtigt. Dies ist in hohem Maße unbefriedigend, da u. a. sozioökonomische Benachteiligungen bei der Entstehung von Krankheit unzweifelhaft eine bedeutende Rolle spielen (s. Kap. 1.3.2). Weiterhin vermag das biomedizinische Krankheitsmodell nicht zu erklären, warum bestimmte Menschen gesund bleiben und wie sich Gesundheit fördern lässt. Spätestens hier zeigen sich die Stärken eines *salutogenetischen Modells*.

Salutogenese

Das Wort „Salutogenese" bezeichnet analog dem Wort „Pathogenese" die Entwicklung und Entstehung von Gesundheit. Es wurde in den 1970er-Jahren von *Aaron Antonovsky* im Rahmen seines *salutogenetischen Modells* geprägt (Näheres zu Antonovsky in den Internetquellen auf unserer Lehrbuch-Homepage). Anders als im medizinischen Denken steht hierbei die Gesundheit und nicht die Krankheit im Mittelpunkt. Antonovsky unterscheidet nicht zwischen zwei sich ausschließenden Begriffen „gesund" und „krank". Vielmehr interpretiert er Gesundheit und Krankheit als Endpunkte einer Linie. Zwischen diesen Endpunkten liegt ein Kontinuum von zahlreichen möglichen Zwischenstufen. Im Laufe des Lebens verändert sich der Gesundheitszustand eines Menschen auf diesem Kontinuum ständig. Antonovsky betrachtet Krankheiten somit als einen normalen Teil des menschlichen Lebens. Gesundheit ist also nicht der Regelfall und Krankheit nicht lediglich eine Abweichung von einem normalerweise bestehenden Gleichgewicht (*Homöostase*). Antonovsky spricht in seinem Modell der Salutogenese von einem Zustand der *Heterostase*, in dem sich der Mensch befindet. Er betont damit die ständigen Veränderungen, denen der Organismus infolge der Einwirkung äußerer Stressoren ausgesetzt ist. Nur durch ständige aktive Anpassungsleistungen und Auseinandersetzungen mit solchen Stressoren bleiben Menschen gesund.

Die beiden äußeren Punkte des von ihm beschriebenen Kontinuums bezeichnet Antonovsky als „**h**ealth-**e**ase" (Gesundheit) und „**d**is-**e**ase" (Krankheit). Hiervon leitet er die Bezeichnung *HEDE-Kontinuum* ab. Aus salutogenetischer Sicht soll ein Mensch stets aktiv danach streben, auf diesem Kontinuum möglichst nahe an den Punkt „Gesundheit" zu gelangen. Widerstandsressourcen helfen ihm dabei, Stressoren zu überwinden und sich somit auf dem HEDE-Kontinuum in Richtung Gesundheit zu bewegen. Solche Ressourcen können zum einen auf der gesellschaftlichen Ebene liegen (hierzu gehört z. B. ein intaktes gesellschaftliches Umfeld). Zum anderen verfügt jeder Mensch aber auch in unterschiedlichem Ausmaß über individuelle Ressourcen, etwa bei der Problemlösefähigkeit (→ Kognition), beim Selbstvertrauen (→ Psyche), bei der durch Training erworbene Ausdauer (→ Körper) oder in finanzieller Hinsicht (→ Ökonomie).

Hat ein Mensch belastende Situationen wiederholt erfolgreich bewältigt, kann sich bei ihm ein zunehmendes Kohärenzgefühl einstellen (auch im Deutschen wird hierfür häufig der englische Begriff *Sense Of Coherence*, SOC, benutzt). Menschen mit einem ausgeprägten Kohärenzgefühl sind dadurch in der Lage, mit Stressoren erfolgreich zu umzugehen oder diese sogar als positive Herausforderung zu erleben. Angemessene Bewältigungsstrategien (*Coping-Strategien*) wirken sich in Verbindung mit einem starken Kohärenzgefühl förderlich auf die Gesundheit aus. Viele Public-Health-Strategien zur Förderung der Gesundheit in der Bevölkerung zielen daher darauf ab, gesellschaftliche und individuelle Ressourcen zu stärken. Dieser Ansatz unterscheidet sich damit substanziell von der Betrachtungsweise der Medizin, die einen pathogenetischen Ansatz vertritt.

Neben dem beschriebenen Modell der Salutogenese gibt es noch weitere Konzepte, die die Gesundheit (anstatt der Krankheit) in den Mittelpunkt der Betrachtung stellen, etwa das Modell der *Resilienz* (siehe Internet-Ressourcen).

1.3.2 Gesundheitliche Ungleichheiten

Eines der Kernthemen von Public Health sind die Ungleichheiten zwischen verschiedenen Bevölkerungsgruppen in Bezug auf ihre Gesundheit. Die vorhandenen Unterschiede im Hinblick auf soziale Schicht, Region, Ethnie, Nationalität, Alter und Geschlecht gehen oft mit gesundheitlichen Ungleichheiten einher. Diese Ungleichheiten betreffen neben dem Gesundheitszustand und den Gesundheitschancen (s. a. Kap. 4.1) auch das Gesundheitsverhalten und den Lebensstil (s. a. Kap. 4.4) sowie den Zugang und die Inanspruchnahme von Leistungen des Gesundheitssystems (s. a. Kap. 3.2). Sie sind in der Regel nicht durch unterschiedliche Bedürfnisse der Menschen gerechtfertigt, sondern entstehen aufgrund von Privilegien oder Benachteiligungen. In diesem Abschnitt diskutieren wir stellvertretend hierfür die Ungleichheiten, die im Zusammenhang mit der sozialen Schichtzugehörigkeit und dem Geschlecht auftreten. Selbstverständlich bestehen oft gleichzeitig auch andere Formen der gesundheitlichen Ungleichheit, z. B. infolge des Alters oder der ethnischen Zugehörigkeit.

Soziale Ungleichheit und Gesellschaft

Sowohl in reichen wie auch in armen Ländern gibt es innerhalb von Gesellschaften oft große Unterschiede zwischen den Menschen hinsichtlich bestimmter Merkmale wie Einkommen, beruflicher Position, Bildung und Sozialprestige. Diese Merkmale bilden die Grundlage für die Eingruppierung der Menschen in *soziale Schichten*. Entsprechend der unterschiedlichen Ausstattung haben die Menschen in den verschiedenen sozialen Schichten unterschiedliche Chancen, nicht nur in gesellschaftlicher Hinsicht, sondern – damit einhergehend – auch bezüglich ihrer Gesundheit. Es sind also nicht nur Krankheitserreger oder individuelle gesundheitsschädigende Verhaltensweisen, die zu Erkrankungen führen. Vielmehr trägt auch die Ungleichverteilung von Ressourcen zu einem höheren Krankheitsrisiko in den benachteiligten Schichten bei.

Ungleichheit und Ungerechtigkeit: Das Wort „Ungleichheit" (*Inequality*) bezeichnet zunächst nur Unterschiede in den gesundheitlichen Chancen von Bevölkerungsgruppen. Solche Unterschiede kommen häufig vor. Oftmals sind sie nicht zu ändern oder werden sogar freiwillig von den Betroffenen hervorgerufen. So haben z. B. ältere Menschen ein höheres Risiko zu versterben als jüngere – daran ist leider nichts zu ändern. Ein anderes Beispiel sind Mountainbiker, die ein höheres Verletzungsrisiko als Menschen haben, die keinen Sport treiben. Dieses zusätzliche Risiko gehen sie aber freiwillig ein. Gleichzeitig ziehen sie möglicherweise auch gesundheitliche Vorteile aus dieser Tätigkeit.

Zahlreiche sozial bedingte gesundheitliche Unterschiede zwischen den Bevölkerungsgruppen sind jedoch vermeidbar und vor allem so gravierend, dass sie nicht einfach hingenommen werden können. Man spricht dann von *Ungerechtigkeit (Inequity)*. So sind MigrantInnen in Deutschland eine sozial benachteiligte Gruppe. Sie weisen eine zwei- bis dreimal so hohe Säuglingssterblichkeit (Todesfälle im ersten Lebensjahr pro 1.000 Lebendgeborene) wie die nicht migrierte Mehrheitsbevölkerung auf. Todesfälle bei Säuglingen sind schwerwiegende Vorfälle, die vielfach vermeidbar sind. Um sie zu verhindern, müssen Schwangerenvorsorge, Geburtshilfe und kinderärztliche Versorgung für alle in gleicher Weise zugänglich sein und in gleich hoher Qualität angeboten werden. Menschen mit geringerer Bildung oder mit Problemen mit der deutschen Sprache nehmen jedoch Leistungen oft zu spät in Anspruch oder seltener als der Durchschnitt der Bevölkerung. Der Zugang zu Gesundheitseinrichtungen ist damit von der sozialen Lage abhängt, in der sich ein Mensch befindet. Wenn also Unterschiede in der Säuglingssterblichkeit zwischen den sozialen Schichten auftreten, so handelt es sich dabei um eine gesundheitliche Ungerechtigkeit.

Solche gesundheitlichen Ungerechtigkeiten treten oft in noch stärkerem Maße zwischen armen und reichen Ländern auf. Tabelle 9.2 in Kap. 9 zeigt dies eindrücklich am Beispiel der Säuglingssterblichkeit. Sie ist in Malawi 16-mal so hoch wie in der Schweiz oder in Deutschland. Die Gründe für diese Unterschiede sind nahe liegend. Malawi ist ein Land mit einem sehr niedrigem Entwicklungsstand (*Least developed country*, siehe Tab. 9.1) und sehr niedrigem pro-Kopf-Einkommen, während die Schweiz und Deutschland zu den *High-income*-Ländern gehören.

Die Whitehall-Studie: Die soziale und wirtschaftliche Lage von Menschen nimmt also großen Einfluss auf ihre Gesundheitschancen. Diese Erkenntnis gilt in den Industrienationen in ähnlicher Weise auch für chronische Erkrankungen (z. B. für Herz-Kreislauf-Krankheiten). Dies haben sozialepidemiologische Studien seit den 1960er-Jahren eindrücklich belegt. Am bekanntesten ist hier die *Whitehall*-Studie, die 1967 startete und nach dem Regierungsgebäude Whitehall in London benannt wurde. An dieser Kohortenstudie (s. Kap. 2.1) nahmen 18.000 männliche Angestellte der britischen Regierung teil. Die Studienergebnisse zeigten, dass Männer, die in der niedrigsten Job-Kategorie arbeiteten, eine höhere Sterblichkeit im Hinblick auf nahezu alle wichtigen Todesursachen hatten als Männer in der höchsten Job-Kategorie. Dies lag nicht etwa nur daran, dass schlechter gestellte Menschen meist auch ungesünder leben. Der Gradient blieb auch dann bestehen, wenn man die Unterschiede in der Prävalenz (Häufigkeit) von Risikofaktoren wie Rauchen statistisch ausglich (adjustierte). Zugespitzt formuliert: Pförtner haben hiernach ein höheres Risiko, einen Herzinfarkt zu erleiden oder frühzeitig zu versterben als leitende Angestellte. Der Herzinfarkt ist damit nicht eine Krankheit der Manager und Chefs, sondern der Gemanagten – der Menschen, die ein geringes Einkommen, einen niedrigen Bildungsstand und geringe Gestaltungsmöglichkeiten in ihrem Leben haben. Mittlerweile liegen aus Deutschland und der Schweiz ähnliche

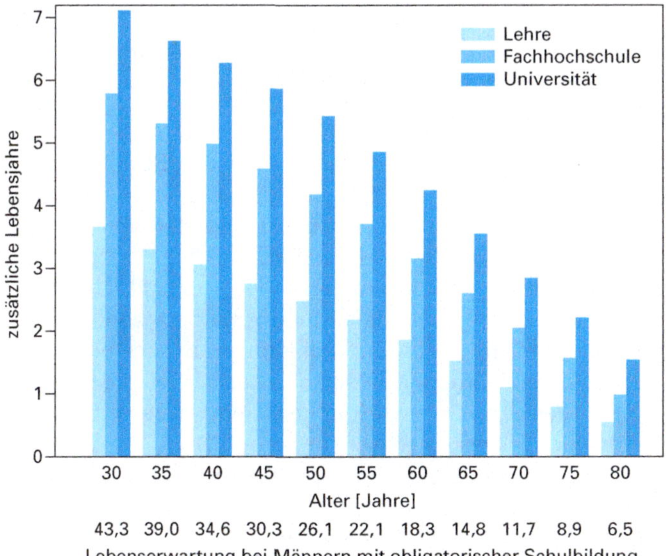

Abb. 1.4: Die weitere Lebenserwartung bei Männern in der Schweiz in Abhängigkeit von Alter und Bildung. Die Zahlen der unteren Zeile geben die Lebenserwartung bei Männern mit obligatorischer Schulbildung (Primarschule) an. Die Balken darüber zeigen die zusätzliche Anzahl an Lebensjahren bei Männern mit einer Berufsbildung in einer Firma (Lehre) und bei Männern mit einem Diplom einer Fachhochschule bzw. Universität. (Quelle: Spörri et al. Swiss Medical Weekly, 2006).

Beobachtungen vor. Abb. 1.4 aus der Schweiz zeigt die weitere Lebenserwartung von Männern verschiedener Altersgruppen und unterschiedlicher Bildung. Als Vergleichsgruppe dienen Männer, die lediglich die obligatorische Schulbildung durchlaufen haben. In allen Altersgruppen haben die Männer eine umso höhere weitere Lebenserwartung, je höher ihr Bildungsgrad ist.

Seit 1985 wird eine ähnliche Kohortenstudie wie die oben beschriebene Whitehall-Studie unter dem Namen *Whitehall II* durchgeführt, nun auch mit weiblichen Teilnehmern. Sie versucht zu klären, wie der gesundheitliche Gradient in Abhängigkeit von der beruflichen Stellung oder der sozialen Lage entsteht. Die bisher vorhandenen Ergebnisse legen nahe, dass *Stress* hierbei eine große Rolle spielt und dass es verschiedene Arten von Stress gibt. Zur gesundheitlichen Ungleichheit trägt v. a. eine Form des Stresses bei, die entsteht, wenn den Betroffenen die Möglichkeit fehlt, ihr Leben oder ihre Arbeit selbst zu gestalten (s. a. Kap. 4.4.2, Kap. 6.3.1 und Kap. 7.1.2). Mittlerweile haben weitere Studien auch andere wichtige Faktoren identifiziert. So haben sozial schlechter gestellte Menschen oft einen schlechteren Zugang zu den Gesundheitsdiensten – dies gilt beispielsweise für MigrantInnen in Deutschland (s. o.). Auch gibt es Hinweise darauf, dass bereits während der Schwangerschaft und in der frühen Kindheit Gesundheitsrisiken „programmiert" werden (vgl. Kap. 1.7). Wer unter ungünstigen Bedingungen aufwächst, hätte demnach im späteren Leben ein höheres Erkrankungsrisiko als Menschen, die in wirtschaftlich entspannten Verhältnissen zur Welt kommen. Natürlich spielt hier auch eine Rolle, dass gesundheitsschädliche Verhaltensweisen unter sozial benachteiligten Menschen häufiger vorkommen. Darüber hinaus können Menschen, die wegen ihrer sozialen Benachteiligung ein höheres Krankheitsrisiko haben, dadurch auch sozial weiter absteigen, was wiederum das Krankheitsrisiko erhöht – ein Teufelskreis aus Krankheit und Armut.

Interventionen zur Verbesserung der Gesundheit auf der Bevölkerungsebene: Die heute vorliegenden Erkenntnisse aus der Sozialepidemiologie bestätigten nachdrücklich, dass es nicht nur individuelle, medizinische Risikofaktoren gibt, die unsere Gesundheit beeinflussen, sondern auch gesellschaftlich bedingte krankmachende oder schützende Faktoren – auch in der Schweiz und in Deutschland. Um die Gesundheit der Bevölkerung zu verbessern, reichen daher medizinische Maßnahmen allein nicht aus. Vielmehr ist es erforderlich, die Lebensbedingungen benachteiligter Gruppen zu verbessern. Auch müssen diese Gruppen gezielt angesprochen werden, um ihr gesundheitliches Wissen und ihren Zugang zu Gesundheitsdiensten zu verbessern. Die AutorInnen eines Berichts der Weltgesundheitsorganisation WHO, der unter dem Namen *The Social Determinants of Health* (Die sozialen Determinanten von Gesundheit) vorgelegt wurde, kommen darüber hinaus noch zu dem Schluss, dass hierzu endlich die Ungleichverteilung gesellschaftlicher Ressourcen (v. a. der finanziellen Mittel und des politischen Einflusses) beseitigt werden muss.

Ungleichheit zwischen den Geschlechtern

Das Geschlecht gehört zu den wichtigsten Determinanten gesundheitlicher Ungleichheiten. Im Englischen werden die kleineren und größeren Unterschiede zwischen Frauen und Männern vereinfachend in zwei Kategorien unterteilt:

- Der Begriff „*Sex*" bezeichnet die biologischen (u. a. genetischen, anatomischen, physiologischen, immunologischen) Unterschiede zwischen den Geschlechtern. Das biologische Geschlecht beeinflusst z. B.
  - die Wahrscheinlichkeit geboren zu werden: Das natürliche Verhältnis von Jungen zu Mädchen liegt hier bei 1,05 (105 Jungen : 100 Mädchen).
  - das Risiko an bestimmten Erkrankungen zu leiden: So kommen z. B. Autoimmunerkrankungen bei Frauen häufiger vor als bei Männern.
  - die Ausprägung von bestimmten Symptomen: Die beim Herzinfarkt auftretenden Symptome unterscheiden sich z. B. in Abhängigkeit vom Geschlecht der Betroffenen.
  - die Behandlungsresultate: Frauen bilden z. B. nach Impfungen weniger Antikörper.
  - die Lebenserwartung: In den Industrienationen liegt sie bei Frauen um etwa 5 Jahre höher als bei Männern (s. a. Kap. 2.2.4).

- Im Gegensatz hierzu beschreibt der Begriff „*Gender*" die psychologischen, sozialen und kulturellen Dimensionen des Geschlechts. Damit sind insbesondere die sozialen Rollen, Beziehungen, Verhaltensweisen und die Wertschätzung gemeint, die Frauen und Männern in einer Gesellschaft zugeschrieben werden. In Gesellschaften mit Bevorzugung männlicher Nachkommen, z. B. in Indien oder China, leistet die pränatale Bestimmung des Geschlechts mit Hilfe von Ultraschalluntersuchungen der selektiven Abtreibung von weiblichen Embryonen Vorschub. Obwohl es in Indien verboten ist, den Eltern das Geschlecht ihres Kindes während der Schwangerschaft mitzuteilen, wurden bei der Volkszählung im Jahre 2011 in Indien pro 1.000 Jungen unter sechs Jahren nur noch 914 gleichaltrige Mädchen registriert (Verhältnis 1,09).

Ein Beispiel für die Gesundheitsrelevanz der Geschlechterrollen ist die alkoholassoziierte Sterblichkeit: Das Trinken von Alkohol in großen Mengen ist in vielen Ländern Teil des männlichen Rollenverständnisses. So ist in Russland das „Zapoi", ein mehrtägiger Alkoholexzess, ein lebensgefährliches Ritual unter den Männern. Es erstaunt deshalb nicht, dass Alkohol weltweit bei Männern für einen deutlich höheren Anteil an verlorenen Lebensjahren (*Disability Adjusted Life Years*) verantwortlich ist als bei Frauen (s. a. Kap. 9.1).

Die Förderung der Chancengleichheit von Männern und Frauen ist ein wichtiges Ziel der Politik. Sie gehört darüber hinaus zu den Millennium-Entwicklungszielen der Vereinten Nationen (*Millennium Development Goals*, s. a. Kap. 9.3.1). Der Europarat hat in diesem Zusammenhang den Begriff *„Gender Mainstreaming"* für eine gleichstellungsorientierte Politik auf allen Ebenen geprägt. Für Public Health und die Gesundheitspolitik bedeutet dies, dass die gesundheitliche Situation von Frauen *und* Männern in allen Bereichen der öffentlichen Gesundheit berücksichtigt werden soll. Auch die Versorgung soll verstärkt auf die spezifischen Bedürfnisse von Frauen und Männern ausgerichtet werden. Weiterhin sollen Public-Health-Maßnahmen und -Programme bezüglich ihrer Auswirkungen auf Geschlechterungleichheiten überprüft werden, und auch in der Gesundheitsberichterstattung soll die Geschlechterperspektive Berücksichtigung finden. Dies alles soll jedoch nicht isoliert geschehen, sondern unter Berücksichtigung anderer Dimensionen von Ungleichheit – wie z. B. von Ungleichheit, die durch die sozio-ökonomische Lage, das Alter oder den Migrationshintergrund hervorgerufen wird.

1.4 Die Disziplinen der Public Health

Unter dem Dach von Public Health wirken Disziplinen zusammen, die aus zwei unterschiedlichen wissenschaftlichen Traditionen kommen, der medizinisch-naturwissenschaftlichen und der sozial- und verhaltenswissenschaftlichen Tradition. Methodische Kernbereiche des interdisziplinären Fachs Public Health sind die *Epidemiologie* (s. Kap. 2.1) – ergänzt durch die *Demographie* (Kap. 2.2) und die *Biostatistik* (Kap. 2.3) – sowie die *Sozialwissenschaften* (s. Kap. 2.4) und die *Gesundheitsökonomie* (s. Kap. 2.5). Während die Epidemiologie quantitativ arbeitet, kommen in den Sozialwissenschaften sowohl quantitative als auch qualitative Methoden und Instrumente zum Einsatz.

Wichtige Einzeldisziplinen von Public Health sind:

- *Sozialmedizin*: Hierunter versteht man den Bereich der Medizin, der Zusammenhänge zwischen gesellschaftlichen Faktoren wie Einkommen oder Berufstätigkeit und gesundheitlichen Outcomes wie Erkrankung oder Tod untersucht (s. u. a. Kap. 4.4). Es bestehen enge Beziehungen zur *Arbeitsmedizin* (s. Kap. 6), deren Ziel es ist, arbeitsbedingte Erkrankungen u. a. durch Vorsorgemaßnahmen zu verhindern oder diese abzumildern.

- *Medizinsoziologie*: Sie untersucht ähnliche Fragen wie die Sozialmedizin und die Gesundheitspolitik, jedoch aus der Sicht der Soziologie.

- *Umweltmedizin*: Die Umweltmedizin beschäftigt sich mit den Einflüssen von Umweltnoxen wie Lärm oder Luftschadstoffen auf die Gesundheit der Bevölkerung (s. Kap. 5).

- *Präventivmedizin*: Sie befasst sich mit der Krankheitsvorsorge und der Verhütung von Krankheiten, u. a. durch Prävention oder Früherkennung. Beispiele hierfür sind Impfungen zur Kontrolle von Infektionskrankheiten (*Communicable Diseases*; s. Kap. 8) und Screening-Tests zur Früherkennung von chronischen Krankheiten wie Herz-Kreislauf- oder Krebserkrankungen (*Non Communicable Diseases*; s. Kap. 7 sowie Kap. 4.5 und Kap. 4.6).

- *Gesundheitspsychologie und -pädagogik*: Diese Disziplinen untersuchen das menschliche Erleben und Verhalten bzw. deren Veränderungen. Ihre Erkenntnisse werden u. a. im Bereich der Gesundheitsförderung angewandt (s. Kap. 4.4.1 und Kap. 4.4.2).

- *Gesundheitspolitik*: Sie beschäftigt sich damit, wie Institutionen im Gesundheitssystem entstehen und wie diese arbeiten, wie dort Prozesse ablaufen und Entscheidungen getroffen werden (s. Kap. 3).

- *Gesundheitsökonomie*. Die Gesundheitsökonomie (s. Kap. 2.5) untersucht alle wirtschaftlichen Aspekte von Gesundheit, Krankheit und Gesundheitsversorgung.

- *Organisations- und Managementwissenschaften*: Sie befassen sich mit Prozessabläufen und Entscheidungsfindungen innerhalb von Institutionen, wie z. B. von Krankenhäusern.

- *Ethik*: Die Ethik beschäftigt sich mit gutem, richtigem und gerechtem menschlichen Handeln – ein Aspekt, der z. B. bei der Verteilung knapper Ressourcen eine große Rolle spielt (s. Kap. 1.6).

Die hier aufgelisteten Einzeldisziplinen lassen sich hinsichtlich ihres jeweiligen Forschungsgegenstands nicht immer eindeutig voneinander trennen. Sehr deutlich wird das in den Bereichen Sozialmedizin und Medizinsoziologie. Dort wird oft die gleiche Thematik untersucht, jedoch aus unterschiedlichen wissenschaftlichen Perspektiven. Andererseits gibt es Public-Health-Forschungsfelder, die meist nicht als eigene Disziplinen ausgewiesen werden, die aber die interdisziplinäre Arbeitsweise von Public Health sehr deutlich aufzeigen. Ein Beispiel hierfür ist die *Gesundheitssystem- und Versorgungsforschung*. Sie untersucht die Struktur, Leistungsfähigkeit und Wirksamkeit von Angeboten in den Gesundheitssystemen. Erreichbarkeit, Zugang und Nutzen von Angeboten sowie deren Kosten-Nutzen-Verhältnis spielen dabei eine bedeutende Rolle. Hierzu bedient sie sich u. a. verschiedener Methoden und Ansätze der Epidemiologie, der empirischen Sozialforschung, der Gesundheitspolitik, der Management- und Organisationsforschung sowie der Ethik.

Die vorliegende Liste kann keinen Anspruch auf Vollständigkeit erheben. So lässt sich auch argumentieren, dass weitere Fächer wie z. B. die Sportmedizin zu Public Health gehören, da sie sich im Bereich der Prävention und Gesundheitsförderung (oft in Zusammenarbeit mit der Gesundheitspsychologie und -pädagogik oder der Präventivmedizin) engagieren. Andererseits führen nicht alle Versuche einer Zusammenarbeit zwischen medizinisch-naturwissenschaftlichen Fächern und Public Health stets zu Ergebnissen, die aus Public-Health-Sicht unmittelbar relevant sind. Kapitel 1.7 diskutiert dies am Beispiel der *Public Health Genomics*.

1.5 Ansatzpunkte der Prävention

Prävention bedeutet im wörtlichen Sinne, einer Krankheit „zuvorzukommen" (von lat. *praevenire*). Um dies zu erreichen, kann Prävention an verschiedenen Punkten ansetzen:

- Auf dem als Kontinuum vorgestellten Weg von Gesundheit über Krankheit zum Tod: *Primär-, Sekundär- und Tertiärprävention* (vgl. a. Kap. 4.3)

- Am Individuum oder seiner Umwelt: *Verhaltens- und Verhältnisprävention* (s. Kap. 4.2)

- Auf Bevölkerungsebene oder bei (Hoch-)Risikogruppen

- Bei Zielgruppen, die nach ihren Krankheitsrisiken oder nach ihren Verhaltensmustern definiert werden

Ziel von Prävention ist dabei stets die Verbesserung der Gesundheit der Bevölkerung. Der folgende Abschnitt erläutert die Begriffe Primär-, Sekundär- und Tertiärprävention. Leider wird diese Terminologie nicht immer einheitlich genutzt. Zudem gibt es Übergänge zwischen den beschriebenen Formen (s. u.).

Primärprävention hat zum Ziel, das Auftreten von Gesundheitsschäden, Neuerkrankungen und Todesfällen in der Bevölkerung zu vermeiden oder zumindest die Wahrscheinlichkeit zu senken, dass die betreffenden Schädigungen oder Krankheiten auftreten. Klassische Beispiele für Primärprävention sind Maßnahmen zum Nichtraucherschutz (z. B. durch Rauchverbote in Gaststätten und öffentlichen Räumen) oder zum Anheben des „Einstiegsalters" beim Rauchen (z. B. durch die Besteuerung von Tabakprodukten, um eine finanzielle Barriere zu errichten). Auch *Impfungen*, wie etwa die Masernimpfung bei Kindern, gehören zur Primärprävention.

Sekundärprävention zielt darauf ab, klinisch noch unauffällige Frühformen von Erkrankungen zu erkennen und dadurch rechtzeitig zu behandeln, sodass die Erkrankung nicht fortschreitet oder sogar geheilt werden kann. Ein klassisches Beispiel hierfür ist das bevölkerungsweite *Screening* zur Früherkennung von bestimmten Krankheiten wie Brust- oder Darmkrebs (s. Kap. 4.5).

Ziel der **Tertiärprävention** ist es, die Verschlimmerung einer bereits manifesten Erkrankung zu verhindern oder den Vorgang zu verlangsamen. Weitere mögliche Ziele sind die Verbesserung der Lebensqualität oder der sozialen Funktionsfähigkeit. Ein typisches Beispiel hierfür sind *Rehabilitationsmaßnahmen* nach Eintritt einer schweren Herz-Kreislauf- oder Krebserkrankung.

Einige präventive Maßnahmen können jedoch auch Aspekte von Primär-, Sekundär- *und* Tertiärprävention beinhalten. So lassen sich beispielsweise viele Maßnahmen der Gesundheitsberatung mehr als einem der drei genannten Ansatzpunkte zuordnen. Eine Ernährungsberatung kann bei gesunden Menschen das Ziel haben, das Auftreten eines Diabetes mellitus Typ 2 von vornherein zu verhindern. Bei Menschen mit mäßig erhöhtem Blutzuckerspiegel soll durch Ernährungsberatung das Auftreten einer klinischen Symptomatik vermieden werden. Schließlich soll sie bei manifesten DiabetikerInnen helfen, das Risiko von Komplikationen zu senken.

Es gibt unterschiedliche Meinungen darüber, ob kurative medizinische Maßnahmen auch als Sekundär- oder Tertiärprävention bezeichnet werden können. Ein Beispiel dafür ist die Gabe von antiretroviralen Medikamenten bei HIV-positiven Menschen. Sind bei den Betroffenen schon Symptome aufgetreten, kann die Medikation dazu dienen, eine Verschlimmerung der Erkrankung sowie das Auftreten von durch die Immunschwäche bedingten Folgeerkrankungen zu verhindern. Die Gabe antiretroviraler Medikamente könnte hier somit als Tertiärprävention angesehen werden kann. Bei klinisch noch unauffälligen Menschen mit positivem HIV-Test kann die Medikation das Auftreten von Symptomen verhindern. Hier könnte die Maßnahme also als Sekundärprävention interpretiert werden. Da eine antiretrovirale Therapie die Viruslast im Blut der Behandelten erheblich senken kann, sodass sich die Ansteckungsgefahr für ihre Sexualpartner verringert, handelt es sich auch um eine primärpräventive Maßnahme.

1.6 Public-Health-Ethik

Die *Ethik* ist eine angewandte Disziplin der Philosophie, die es sich zur Aufgabe macht, in verschiedenen Lebensbereichen Kriterien und Normen für gutes und richtiges menschliches Handeln zu entwickeln. Als *Medizinethik* bezeichnet man den Teilbereich der Ethik, der sich mit dem Handeln der verschiedenen Akteure in der medizinischen Versorgung, Pflege und Forschung beschäftigt. Ethische Fragen stellen sich in der Medizin immer wieder bei der Abwägung von Risiken oder Kosten bestimmter Diagnostiken und Therapien im Verhältnis zu ihrem Nutzen, aber auch im Zusammenhang mit dem Schutz nicht-einwilligungsfähiger Personen (z. B. Demenzkranke, Kinder oder Bewusstlose) oder bei der Planung und Durchführung klinischer Studien (s. Kap. 2.1.6). Besonders kontrovers diskutierte medizinethische Themen sind Sterbehilfe und Beihilfe zum Suizid, die z. B. in Deutschland und der Schweiz sehr unterschiedlich gehandhabt werden.

Die *Public-Health-Ethik* ist ein relativ neues Anwendungsgebiet der Ethik, das sich mit ethischen Fragen im Bereich der öffentlichen Gesundheitspflege beschäftigt. Solche Fragestellungen können z. B. bei der Durchführung von Überwachungs- und Kontrollmaßnahmen im Rahmen von Infektionskrankheiten ebenso auftreten wie bei der Durchführung von Screening-Programmen oder bei dem Erlass von Verboten (etwa des Rauchens in öffentlichen Räumen). Während in der Medizinethik die Arzt-Patient-Beziehung im Mittelpunkt steht, ist es in der Public-Health-Ethik das Verhältnis zwischen den staatlichen und nicht-staatlichen Institutionen einerseits und den BürgerInnen andererseits.

Ethik leitet ihre Prinzipien aus theoretischen Ansätzen ab. Eine der grundlegenden **ethischen Theorien** ist der *Utilitarismus*. Handlungen werden hier im Hinblick auf ihrer Konsequenzen bewertet, und zwar unter dem Gesichtspunkt der Steigerung des allgemeinen Wohlergehens. Dieser Ansatz ist dem Denken im Bereich Public Health sehr nahe. Die Daten, auf die man sich bei der Abwägung von Nutzen, Schaden und Kosten bestimmter Maßnahmen beruft, stammen in der Regel aus epidemiologischen und ökonomischen Studien (s. Kap. 2.1.5 und 2.5.1). Ein problematischer Aspekt des Utilitarismus ist, dass hier nur das Wohlergehen der Mehrheit berücksichtigt wird. Dem Utilitarismus wird deshalb das Konzept der Menschenrechte gegenübergestellt. Viele der 30 Artikel der *Allgemeinen Erklärung der Menschenrechte*, die die UN-Generalversammlung im Jahr 1948 verabschiedete, sind für Public Health relevant. Hierzu gehören z. B. der Anspruch auf den Schutz vor Diskriminierung, das Recht auf Fürsorge und Gesundheit, das Recht auf Bildung und das Recht, an der Gestaltung der öffentlichen Angelegenheiten seines Landes mitzuwirken. Erwähnt sind aber auch Pflichten gegenüber der Gesellschaft (s. Internetressourcen).

Von besonderer Bedeutung im Hinblick auf einen Berufskodex sind die folgenden sechs wichtigen **Prinzipien** der Medizin- und der Public-Health-Ethik, die sich in einigen Bereichen überschneiden (s. Tab. 1.1).

Tab. 1.1: Übersicht über die wichtigsten ethischen Prinzipien im Bereich der Medizinethik und der Public Health Ethik.

Medizin	Public Health
Autonomie *(Respect for autonomy)*	Gegenseitige Abhängigkeit *(Interdependence)*
Jede Person ist frei in ihren Entscheidungen. Bei medizinischen Maßnahmen oder der Teilnahme an einer Studie muss die informierte Zustimmung *(Informed Consent)* der betroffenen Personen vorliegen.	Das Handeln einer Person betrifft nicht nur sie selbst, sondern auch andere Personen. Jede Person ist auch von den Aktionen anderer betroffen.
Fürsorge *(Beneficence und Non-maleficence)*	Mitwirkung *(Participation)*
Schädliche oder riskoreiche Eingriffe und Maßnahmen sollen vermieden werden. Durch die Maßnahme/Studie wird das Wohl der PatientInnen oder StudienteilnehmerInnen gefördert.	Public-Health-Maßnahmen werden unter Mitsprache und mit dem Einverständnis der betroffenen Bevölkerung geplant und durchgeführt.
Gerechtigkeit *(Justice)*	Wissenschaftliche Abstützung *(Scientific evidence)*
Das Prinzip der Gerechtigkeit fordert eine faire Verteilung von Gesundheitsleistungen, Risiken und Nutzen in der klinischen Forschung.	Entscheidungen über Public-Health-Maßnahmen sollen aufgrund von wissenschaftlichen Daten und nicht auf der Basis von Annahmen und Meinungen erfolgen.

Das Prinzip der Autonomie: Bei allen Maßnahmen im Bereich der Medizin und in Public Health muss die Entscheidungsfreiheit der betroffenen Menschen respektiert werden. Auch Public-Health-Maßnahmen bedürfen daher der informierten Zustimmung *(Informed Consent,* s. a. Kap. 2.1.6), z. B. im Zusammenhang mit Impfungen oder Screening-Untersuchungen.

Das Prinzip der gegenseitigen Abhängigkeit: Das Prinzip der Autonomie wird durch das *Prinzip der gegenseitigen Abhängigkeit* ergänzt und relativiert. Es besagt, dass das Handeln eines Einzelnen in der Regel auch andere Menschen betrifft. Eine mit HIV infizierte Person muss daher andere durch den Gebrauch von Kondomen vor einer Ansteckung schützen. Durch die Impfung des Krankenhauspersonals gegen die Virusgrippe (Influenza) können HochrisikopatientInnen vor Ansteckung geschützt werden (s. a. Kap 8.4.1). Ein Rauchverbot in öffentlichen Räumen ist u. a. aufgrund der schädlichen Wirkung des Passivrauchens (s. a. Kap. 5.2.3) gerechtfertigt.

Das Prinzip der Fürsorge: Das *Prinzip der Fürsorge* beinhaltet die Verpflichtung, den Menschen Gutes zu tun und Schaden zu vermeiden. In Kombination mit dem Menschenrecht auf Gesundheit und Fürsorge lässt sich hieraus eine Verpflichtung des Staates ableiten, sich im Bereich Public Health zu engagieren. Hierzu gehört, dass die

Lebensbedingungen der Menschen so gestaltet werden sollen, dass die einzelnen BürgerInnen Verantwortung für ihre Gesundheit übernehmen können. Dies ist in vielen Ländern bislang nicht der Fall (s. Kap. 9.2).

Das Prinzip der Mitwirkung: Dem Prinzip der Fürsorge steht das *Prinzip der Mitwirkung* gegenüber: Public-Health-Maßnahmen sollen stets unter Einbezug der betroffenen Bevölkerung geplant und umgesetzt werden. Handlungen, die gegen den Willen oder ohne die informierte Zustimmung der Betroffenen zu deren Wohl durchgesetzt werden (*Paternalismus*), widersprechen diesem Prinzip.

Das Prinzip der Gerechtigkeit: Gerechtigkeit wird in der Medizinethik vorwiegend als *distributive* Gerechtigkeit verstanden. Dies bedeutet, dass die Leistungen des Gesundheitssystems allen offen stehen und die Kosten fair auf die Mitglieder der Gesellschaft verteilt werden sollen (s. a. Kap. 3.1.3). Im Public-Health-Kontext leitet sich daraus die Verpflichtung ab, sozio-ökonomisch bedingte Ungleichheiten im Gesundheitszustand der Bevölkerung (s. Kap. 1.3.2) zu verringern. Es muss dabei darauf geachtet werden, dass sich die bestehenden Ungleichheiten nicht durch Public-Health-Maßnahmen, die vor allem von sozial Bessergestellten in Anspruch genommen werden, weiter vergrößern. Zum Prinzip der Gerechtigkeit gehört auch der Schutz vor *Diskriminierung* und *Stigmatisierung*.

Das Prinzip der wissenschaftlichen Abstützung: Die Vor- und Nachteile von Public-Health-Maßnahmen sollen schließlich nicht von gesellschaftlichen Moralvorstellungen, Meinungen und Annahmen geleitet, sondern auf der Basis guter wissenschaftlichen Daten diskutiert werden (*Prinzip der wissenschaftlichen Abstützung*). Dieses Prinzip gilt sinngemäß auch für die Medizinethik, wird aber im Public-Health-Kontext besonders betont, weil hier oft gesunde Menschen betroffen sind.

Als erste Formulierung eines ethischen **Berufskodex** gilt der *Eid des Hippokrates*, benannt nach dem griechischen Arzt Hippokrates von Kós (um 460 bis 370 v. Chr.). Im Jahr 1947 wurde der *Nürnberger Kodex* als Reaktion auf die während der Zeit des Nationalsozialismus im Namen der medizinischen Forschung begangenen Verbrechen verfasst. Er enthält ethische Richtlinien für die Durchführung von Experimenten am Menschen. Der Weltärztebund verabschiedete 1964 die ***Deklaration von Helsinki*** zu ethischen Grundsätzen für die medizinische Forschung am Menschen. Sie wurde seither mehrmals revidiert und dient heute den Ethikkommissionen als Grundlage für die Beurteilung klinischer Studien (s. a. Kap. 2.1.6). Im Bereich der Medizin haben ethische Diskussionen also anders als in Public Health schon eine lange Tradition. Die in den USA entwickelten ausführlichen Richtlinien für ethisches Handeln in Public Health (*Principles for the Ethical Practice of Public Health*) wurden von der *American Public Health Association* erst 2002 angenommen (s. Internet-Ressourcen).

1.7 Public Health Genomics

Albrecht Jahn, Nicole Probst-Hensch

Public Health Genomics hat zum Ziel, genombasiertes Wissen und die dazu entwickelten Technologien mit Public-Health-Forschung, Gesundheitspolitik und Gesundheitsprogrammen zu verknüpfen (s. *Office of Public Health Genomics*).

Die Erkenntnis, dass *genetische Faktoren* bei der Entstehung und Manifestation vieler Krankheiten eine wichtige Rolle spielen, ist nicht neu. Von praktischer Bedeutung ist sie bisher vor allem bei monogenetischen Erkrankungen, wie z. B. der Phenylketonurie (PKU), bei der ein Enzymdefekt, verursacht durch eine Mutation in einem einzelnen Gen, dazu führt, dass sich die Aminosäure Phenylalanin im Körper der Betroffenen anreichert. Hierdurch kommt es zu einer schweren geistigen Entwicklungsstörung. Die frühzeitige Erkennung einer PKU über einen Bluttest bei Neugeborenen bietet die Möglichkeit, die Manifestation der Erkrankung durch eine phenylalaninarme Diät zu verhindern. Der Bluttest wird u. a. in Deutschland und der Schweiz im Rahmen des Neugeborenen-Screenings flächendeckend durchgeführt und gilt als ein Paradebeispiel für eine sinnvolle Screening-Maßnahme. (s. Kap. 4.5.4). Seit einiger Zeit kann die PKU auch bereits vorgeburtlich mit Hilfe eines Gentests diagnostiziert werden. An solche genetischen Tests werden im Hinblick auf Sensitivität und Spezifität (s. Kap. 2.3.7) die gleichen Anforderungen wie an andere Tests im Bereich der klinischen Diagnostik und des Screenings gestellt.

Anders als die *Genetik*, die – wie im Beispiel der PKU – die Funktion einzelner Gene oder Gen-Kombinationen untersucht, befassen sich die *Genomics* mit dem gesamten Genom eines Organismus, um die Funktionen und Interaktionen von Genen und deren Produkten besser zu verstehen. Mit der Entschlüsselung des menschlichen Genoms im Jahr 2001 waren zunächst hochgesteckte Erwartungen im Hinblick auf medizinische Anwendungen der neuen Erkenntnisse verbunden. Diese Hoffnung hat sich insbesondere in Bezug auf die primäre und sekundäre Prävention nicht übertragbarer und chronischer Krankheiten bislang noch nicht in dem erwarteten Ausmaß erfüllt.

Derzeit versucht man, individuelle, auf genetischen Parametern beruhende, maßgeschneiderte Behandlungs- und Präventionsmaßnahmen zu entwickeln. Vertreter einer solchen „personalisierten Medizin" sprechen davon, dass sich in Zukunft auch das Fach Public Health weg von den klassischen, populationsbezogenen Konzepten, hin zu einer individualisierten Vorsorge und einer „Personalised Public Health" entwickeln wird. Durch die Kenntnis ihrer genetischen Ausstattung könnten dann z. B. alle Menschen innerhalb einer Bevölkerung in die Lage versetzt werden, die für sie jeweils richtige Ernährungsweise zu wählen. Zur Analyse ihres Genotyps würden zuvor Testverfahren wie die Genomsequenzierung, DNA-Mikroarrays und die Schlüsseltechniken der Proteomik eingesetzt.

Diese Zukunftsvision berücksichtigt jedoch nicht, dass insbesondere im Bereich der chronischen, nichtübertragbaren Krankheiten (z. B. der Herz-Kreislauf-Erkrankungen [s. Kap. 7.1] und der bösartigen Tumore [s. Kap. 7.2]) nur wenige Krankheitsbilder durch ein einzelnes krankhaftes Gen verursacht werden. An der Entstehung der meisten Krankheiten sind mehrere Gene beteiligt. Darüber hinaus spielen hier auch komplexe Interaktionen zwischen Genen und Umwelt eine große Rolle. So können z. B. Faktoren, die prä- und perinatal auf den Menschen einwirken, an der Krankheitsentstehung (z. B. von Adipositas und Diabetes mellitus) mitwirken. Solche epigenetischen und non-genomischen[3] Phänomene sind in der Lage, physiologische Abläufe im Körper eines Menschen bleibend zu beeinflussen. Als epigenetische Veränderungen bezeichnet man Veränderungen von Zelleigenschaften, die nicht oder nicht permanent in der DNA festgelegt

---

[3] *Non-genomisch*: nicht auf genetischem Wege, nicht die Erbanlagen betreffend

sind, jedoch trotzdem auf die Tochterzellen vererbt werden. Durch diese Veränderungen werden Chromosomenabschnitte oder ganze Chromosomen in ihrer Aktivität beeinflusst. Die Reihenfolge der Nukleotid-Bausteine in der DNA ändert sich hierdurch jedoch nicht.

In der Vergangenheit hat sich die Untersuchung des Zusammenhangs zwischen genetischer Variabilität und Krankheitsrisiko vor allem auf Mutationen und Polymorphismen[4] in spezifischen Genen beschränkt, von denen man annahm, sie hätten eine biologische Bedeutung (Kandidatengen-Ansatz). Da inzwischen die DNA von zahlreichen Menschen mit unterschiedlichem ethnischem Hintergrund genotypisiert und sequenziert werden konnte, kennt man heute eine Vielzahl von einzelnen Abweichungen in der Basenabfolge der DNA (= *Single Nucleotide Polymorphisms [SNP]*) und weiß, wie sie zueinander in Beziehung stehen. So können heute mit Hilfe von Genchips mehr als 1 Million Genvarianten, die über die ganze DNA einer einzelnen Person verteilt sind, schnell und kostengünstig bestimmt oder mit großer Wahrscheinlichkeit vorhergesagt werden. Im Rahmen von genomweiten Fall-Kontroll- oder Assoziationsstudien (*Genome Wide Associations – GWA*) wird so ohne vorher vorhandene Hypothesen nach typischen Mustern in Genen und Chromosomenregionen im menschlichen Erbgut gesucht, die mit der Entstehung einer spezifischen Krankheit in Beziehung stehen könnten. Bislang hat man schon eine Vielzahl von SNPs gefunden, die auf ein erhöhtes Krankheitsrisiko hindeuteten. Während diese neuen Erkenntnisse für das künftige Verständnis der Krankheitsentstehung, für die Identifikationen kausaler Risikofaktoren und für die Entwicklung neuartiger Medikamente möglicherweise bedeutsam sind, ließen sich aus der Kenntnis dieser genetischen Muster jedoch noch keine sinnvollen Tests für die Vorhersage eines Erkrankungsrisikos oder für die Früherkennung einzelner Krankheiten (vgl. Box 4.5.2) ableiten. Zudem blieben in den bisher durchgeführten genomweiten Studien Umwelt- und Lebensstilfaktoren weitgehend unberücksichtigt. Da die zentrale Bedeutung dieser modifizierbaren Faktoren bei vielen chronischen Krankheiten seit langem bekannt ist und ihre Häufigkeit infolge der demografischen Veränderungen (s. Kap. 2.2) und der zunehmenden Verwestlichung von Lebensstil und Umwelt in den letzten Jahrzehnten stark zugenommen hat, könnten Gen-Umwelt-Interaktionsanalysen hier weitere Erkenntnisse bringen.

Obwohl die bisher identifizierten Genvarianten die Kriterien für einen effizienten Screening-Test bei weitem nicht erfüllen, werden seit einiger Zeit v. a. über das Internet zahlreiche Tests erfolgreich vermarktet, die ein personalisiertes Präventions- und Diätkonzept versprechen. Brauchbare, neue prädiktive[5] und diagnostische Tests, die auf dem Boden von Genom-Analysen entwickelt wurden, sind derzeit v. a. bei monogenetischen Erkrankungen in Sicht. Da solche Erkrankungen jedoch nur einen geringen Anteil der gesamten Krankheitslast (*Burden of Disease*; s. Kap. 9.1.2) ausmachen, sind sie für Public Health lediglich von untergeordneter Bedeutung. Denkbar wäre jedoch, dass sich in Zukunft mit Hilfe solcher Methoden Subpopulationen identifiziert ließen, die ein besonders hohes Krankheitsrisiko aufweisen. Dies würde man jedoch passender mit dem Begriff der „stratifizierten Medizin" bezeichnen. Ob solche Maßnahmen zu einer

---

[4] *Polymorphismus*: das Auftreten einer oder mehrerer Genvarianten innerhalb einer Population
[5] *Prädiktiver genetischer Test*: Gentest bei einer Person, die zum Zeitpunkt der Untersuchung noch keine Symptome einer Erkrankung zeigt

effektiveren und kostengünstigeren Prävention bzw. Therapie beitragen würden, ist heute noch zweifelhaft.

Wie auf dem *UN-Gipfel zu nichtübertragbaren Erkrankungen* (2011) hervorgehoben wurde, kann ein wesentlicher Teil der vorzeitigen Krankheits- und Todesfälle aufgrund von Herz-Kreislauf-Erkrankungen, Erkrankungen der Luftwege, Krebs und Diabetes mellitus durch eine Reduktion weniger Risikofaktoren (Rauchen, übermäßiger Alkoholgenuss, fehlende Bewegung und ungesunde Ernährung) verhindert oder zumindest in ein höheres Alter verschoben werden. Die UN-Mitgliedsstaaten sind daher aufgefordert, entsprechende Maßnahmen durch gesetzliche Regulationen und Vereinbarungen mit der Nahrungsmittel- und Getränkeindustrie umzusetzen. Im Vergleich zu den hierdurch möglichen positiven Einflüssen auf die Krankheitslast weltweit leistet Public Health Genomics derzeit (noch) keinen wesentlichen Beitrag zu einem Gesundheitsgewinn auf der Bevölkerungsebene.

Internet-Ressourcen

Auf unserer Lehrbuch-Homepage (**www.public-health-kompakt.de**) finden Sie Links zu den hier verwendeten Quellen, zu weiterführender Literatur sowie zu anderen themenrelevanten Internet-Ressourcen.

2 Public-Health-Methoden

2.1 Epidemiologie

Oliver Razum, Patrick Brzoska, Matthias Egger

Die Epidemiologie ist eine Kernwissenschaft für Public Health: Sie ist unentbehrlich, um den Gesundheitszustand auf der Bevölkerungsebene zu beschreiben, Krankheitsursachen und damit Interventionsmöglichkeiten zu identifizieren und deren Wirksamkeit zu messen. Wörtlich übersetzt ist Epidemiologie die Lehre von dem, was „über das Volk kommt" [von *epi* (gr.): über und *démos* (gr.): Volk]. Sie untersucht die Verteilung von Krankheiten, Todesfällen und anderen gesundheitlichen Ereignissen („Outcomes") in Bevölkerungen oder Bevölkerungsgruppen, aber auch von Risikofaktoren und schützenden Faktoren (beide werden unter dem Begriff „Expositionen" zusammengefasst). Die deskriptive Epidemiologie beschreibt dabei die Verteilung von Outcomes und Expositionen, die analytische Epidemiologie schließt aus den Verteilungsmustern auf mögliche Krankheitsursachen und setzt dazu epidemiologische Studiendesigns wie Kohortenstudien und Fall-Kontroll-Studien ein. Bei der Betrachtung der Studienergebnisse stellen EpidemiologInnen systematische Überlegungen zu möglichen Verzerrungen und ihren Folgen sowie zur Ursächlichkeit (Kausalität) der beobachteten Zusammenhänge an. Die Ergebnisse solcher epidemiologischer Studien helfen, präventive Interventionsmaßnahmen zu erarbeiten und diese zu evaluieren.

In diesem Abschnitt betrachten wir zuerst die Rolle der Epidemiologie in Public Health. Anschließend beschäftigen wir uns mit epidemiologischen Verfahren zum Messen und Vergleichen, schauen uns verschiedene epidemiologische Studientypen an und erörtern zum Schluss, wie Schlussfolgerungen aus epidemiologischen Untersuchungen gezogen werden können und welche möglichen Fehlerquellen hier auftreten können.

Schweizerische Lernziele: CPH 5–12

2.1.1 Die Rolle der Epidemiologie in Public Health

Epidemiologie – Definition und Überblick

Die Epidemiologie untersucht die Verteilung von gesundheitsrelevanten Ereignissen und Determinanten in Bevölkerungen oder Bevölkerungsgruppen. Solche *gesundheitsrelevanten Ereignisse* – „Outcomes" – sind v. a. Krankheiten und Todesfälle. Zu den *Determinanten* gehören Risikofaktoren und schützende (*protektive*) Faktoren – EpidemiologInnen sprechen hier allgemein von „Expositionen". Expositionen können sich aus dem individuellen Verhalten von Menschen ergeben (z. B. Rauchen oder regelmäßiger körperlicher Aktivität), aber auch aus der physikalischen Umwelt (z. B. Zugang zu Gesundheitsdiensten). Mit einer „Bevölkerung" oder Population im epidemiologischen Sinne können – je nach Situation – alle Menschen eines Landes gemeint sein, aber auch Untergruppen wie z. B. alle Menschen über 65 Jahre oder alle TeilnehmerInnen einer Studie.

Untersuchungsgegenstand der Epidemiologie sind heute nicht nur Infektionskrankheiten, sondern auch nichtübertragbare, chronische Erkrankungen wie etwa der Diabetes mellitus und seine Risikofaktoren. Epidemiologie beschäftigt sich darüber hinaus z. B. auch mit berufsbedingten Erkrankungen und Unfällen. So konnten EpidemiologInnen das gehäufte Auftreten von Blasenkrebs nach einer beruflichen Exposition gegenüber aromatischen Aminen nachweisen (s. Kap. 6.2). Ein weiteres Beispiel ist der Nachweis der Häufung von Verkehrsunfällen unter jungen männlichen Autofahrern jeweils in der Nacht von Freitag und Samstag.

Solche Kenntnisse über die Verteilung von Gesundheitsproblemen und ihren Risikofaktoren in der Bevölkerung ermöglichen es, die jeweilige Größe der Probleme quantitativ zu beschreiben. Hieraus sind dann Rückschlüsse auf die Krankheitsursachen möglich, sodass geeignete Maßnahmen zur Prävention definiert werden können. Schließlich kann auch die Wirksamkeit solcher Maßnahmen evaluiert werden. EpidemiologInnen wenden hierbei deskriptive und analytische Verfahren an.

Die **deskriptive Epidemiologie** beschreibt ein Gesundheitsproblem, indem sie die folgenden Fragen beantwortet:

- Wann treten die Krankheits-/Todesfälle auf? (Verteilung über die Zeit)

- Wo treten die Krankheits-/Todesfälle auf? (geografische Verteilung)

- Wer ist erkrankt? Wie viele Menschen erkranken/versterben? Wer ist exponiert? Wie viele Menschen sind exponiert?

Die Fragen *Wann?*, *Wo?* und *Wer?* (*Time, Place, Person*) werden als die drei epidemiologischen Fragen bezeichnet. Sie sind die Grundlage des epidemiologischen Arbeitens. Eine Form der deskriptiven Epidemiologie und gleichzeitig Datenquelle für weitere epidemiologische Auswertungen ist die *Gesundheitsberichterstattung* (GBE). Sie umfasst z. B. die Datensätze der Todesursachenstatistik. Diese enthält u. a. Angaben zur Anzahl der Todesfälle, unterschieden (*stratifiziert*) nach Todesursachen, Alter, Geschlecht und Sterbejahr. Details zur GBE finden sich jeweils auf den Websites von *Statistik Schweiz* und der *Gesundheitsberichterstattung des Bundes* (s. Internet-Ressourcen).

Die **analytische Epidemiologie** befasst sich mit der Ermittlung von Risikofaktoren und von Krankheitsursachen. Dazu werden epidemiologische Studiendesigns eingesetzt, bei denen Vergleiche zwischen Populationen angestellt werden. Auch in der analytischen Epidemiologie werden drei Fragen beantwortet (s. a. Kap. 2.1.3 und 2.1.8):

- Besteht eine Assoziation zwischen einem vermuteten Risikofaktor und dem untersuchten Outcome?

- Wie stark ist die Assoziation?

- Ist die beobachtete Assoziation ursächlich (kausal)?

Sind auf diese Weise Risikofaktoren identifiziert, die zum Auftreten des untersuchten Outcomes beitragen (*Attributables Risiko*, s. Kap. 2.1.3), so können geeignete präventive Interventionen entwickelt werden. Deren Wirksamkeit müsste sich durch eine verringerte Häufigkeit des Outcomes zeigen lassen, etwa mit Hilfe von Daten der GBE. In der Realität treten dabei jedoch häufig *Störfaktoren* auf (s. Kap. 2.1.8). Ein wissenschaftlich solider Wirksamkeitsnachweis auf höchstem Evidenzniveau kann nur experimentell durch eine *randomisierte kontrollierte Studie* erbracht werden (s. Kap. 2.1.6).

Zusätzlich zur Unterteilung in deskriptive und analytische Epidemiologie werden innerhalb der Epidemiologie noch verschiedene Themen- und Forschungsbereiche unterschieden. Beispiele hierfür sind die Umweltepidemiologie, die Ernährungsepidemiologie, die Sozialepidemiologie, die klinische Epidemiologie und die molekulare Epidemiologie.

Einige Meilensteine der Epidemiologie

Das „Denken in Bevölkerungen" ist keine neue Erfindung. Wichtige Grundprinzipien der Epidemiologie sind schon seit Jahrzehnten oder Jahrhunderten bekannt. Die folgenden Pioniere der Epidemiologie lassen wichtige Ideen und Herangehensweisen erkennen, die in der Epidemiologie eine große Rolle spielen:

John Graunt (1620–1674), ein englischer Kaufmann, analysierte die Listen aller Todesfälle, die schon damals in London geführt wurden – ähnlich, wie dies in der *Todesursachenstatistik* heute noch geschieht. Graunt stellte fest, dass Kinder ein höheres Sterberisiko als Erwachsene hatten, dass das Sterberisiko bei Männern höher war als bei Frauen, und dass die Sterblichkeit in London höher lag als auf dem Lande. Hieraus schlussfolgerte er, dass die Risiken für Krankheit und Tod nicht zufällig und nicht gleichmäßig in der Bevölkerung verteilt sind. Diese Erkenntnis mag banal erscheinen, sie ist aber Grundlage jeglicher Epidemiologie. Würden Krankheiten und Todesfälle rein zufällig auftreten, so könnte man keine Risikofaktoren identifizieren (wie z.B. das Rauchen als Risikofaktor für Lungenkrebs) oder Bevölkerungsgruppen benennen, die ein erhöhtes Risiko aufweisen (wie etwa allein stehende, ältere Männer für Suizid).

Der englische Arzt **John Snow** (1813–1858) untersuchte die großen *Cholera-Ausbrüche*, die im 19. Jahrhundert in den Städten zu Tausenden von Toten führten. Damals waren Erreger und Übertragungsweg der Seuche noch unbekannt. Snow zeigte mit deskriptiven und analytischen epidemiologischen Methoden, dass kontaminiertes Trinkwasser eine wesentliche Rolle bei der Übertragung der Cholera in London spielte. Viele Jahre vor der Kultivierung des Erregers *Vibrio cholerae* durch *Robert Koch* konnte er aus seinen Studienergebnissen wirksame Präventionsmaßnahmen ableiten.

Der deutsche Mediziner und Begründer der Zellpathologie **Rudolf Virchow** (1821–1902) leistete Pionierarbeit auf dem Gebiet der Sozialepidemiologie. Virchow beobachtete während einer *Hungertyphus-Epidemie* (Typhus exanthematicus; Läusefleckfieber) in Oberschlesien, dass Armut krank macht und Krankheit somit auch gesellschaftliche Ursachen hat. Medikamente allein reichen nicht, um den Gesundheitszustand der Bevölkerung zu verbessern, solange es an bezahlter Arbeit, Bildung und sozialer Absicherung mangelt. Virchow prägte 1848 den Satz „Die Medizin ist eine soziale Wissenschaft, und die Politik ist weiter nichts als Medizin im Großen".

Der Epidemiologe **Richard Doll** (1912–2005) und der Statistiker **Austin Bradford Hill** (1897–1991) führten die *British Doctors Study* durch, eine modellhafte Kohortenstudie

(s. Kap. 2.1.5) zum Einfluss des Rauchens auf die Sterblichkeit an Lungenkrebs und anderen Erkrankungen. Im Jahr 1951 rekrutierten Doll und Hill mehr als 34.000 Ärzte aus dem britischen Ärzteregister und fragten nach deren Rauchgewohnheiten. Sie beobachteten die Ärzte über viele Jahre und verglichen unter anderem die Häufigkeit von Todesfällen an Lungenkrebs und Herz-Kreislauf-Krankheiten unter exponierten und nicht exponierten Ärzten. Beide trugen dazu bei, dass *Rauchen als Risikofaktor für Lungenkrebs* erkannt wurde, lange bevor die Mechanismen der Krebsentstehung auf zellulärer Ebene verstanden wurden. Hill war darüber hinaus einer der Pioniere auf dem Gebiet der *randomisierten Studien* (s. Kap. 2.1.6) und entwickelte die nach ihm benannten *Bradford-Hill-Kriterien für Kausalität* (s. Kap. 2.1.7).

2.1.2 Epidemiologische Verfahren zum Messen und Vergleichen

Häufigkeitsmaße für Expositionen und Outcomes

Zur Untersuchung der Häufigkeit von *Expositionen* und *Outcomes* nutzt die Epidemiologie verschiedene deskriptive Maßzahlen.

Absolute Zahl: Die grundlegendste deskriptive Maßzahl ist die absolute Zahl. Sie gibt die Anzahl von Person an, die einer bestimmten Exposition ausgesetzt sind oder einen bestimmten Outcome aufweisen. Die absolute Zahl ist eine wichtige Grundlage der Gesundheitsberichterstattung und wird aus unterschiedlichen routinemäßig erhobenen Daten, amtlichen Statistiken oder epidemiologischen *Surveys* gewonnen. So zeigt z. B. die amtliche Pflegestatistik, dass am 15. Dezember 2009 die absolute Zahl an Menschen, die nach der Definition des *Sozialgesetzbuchs XI* in Nordrhein-Westfalen pflegebedürftig waren, 509.145 betrug. In Hessen waren zum gleichen Zeitpunkt 186.893 Menschen pflegebedürftig.

Prävalenz: Ein Nachteil absoluter Zahlen ist, dass sie keinen Vergleich zwischen einzelnen Regionen oder verschiedenen Zeitpunkten erlauben. So kommt die höhere Zahl der Pflegebedürftigen im deutschen Bundesland Nordrhein-Westfalen vermutlich dadurch zustande, dass die Bevölkerung dort größer ist als im Bundesland Hessen. Ein Vergleich der absoluten Zahlen (*Zähler*) wird daher erst dann möglich, wenn sie in Bezug zur Bevölkerungsgröße (*Nenner*) der jeweiligen Regionen gesetzt werden. (Auf mögliche Altersstruktureffekte wollen wir an dieser Stelle nicht eingehen [s. hierzu Kap. 2.2.2].)

Die daraus resultierende Maßzahl heißt **Punktprävalenz**. Sie beschreibt den Anteil der Exponierten bzw. den Anteil derjenigen, die einen bestimmten Outcome aufweisen (zum Beispiel pflegebedürftig sind), jeweils zu einem definierten Zeitpunkt. Dieser Anteil wird oft pro 100 Personen, manchmal auch pro 1.000, 10.000 oder 100.000 Personen der Gesamtbevölkerung angegeben:

$$\text{Punktprävalenz} = \frac{\text{Personen m. Exposition bzw. Outcome zu einem definierten Zeitpunkt}}{\text{Gesamtbevölkerung zum gleichen Zeitpunkt}} \, (\cdot 100)$$

Die Punktprävalenz von Pflegebedürftigkeit am 15. Dezember 2009 betrug damit in Nordrhein-Westfalen, wo zu diesem Zeitpunkt 17.872.763 Menschen lebten,

$$509.145 \, / \, 17.872.763 \cdot 100 = 2{,}8 \text{ pro 100 Personen.}$$

Insgesamt waren also 2,8 % der Menschen in Nordrhein-Westfalen pflegebedürftig. In Hessen lag die Punktprävalenz zum gleichen Zeitpunkt bei 3,1 %:

$$186.893 \,/\, 6.061.951 \cdot 100 = 3{,}1 \text{ pro } 100 \text{ Personen}$$

Da sich die Punktprävalenz lediglich auf einen einzigen Zeitpunkt bezieht, stellt sie eine Momentaufnahme dar. Sie ist daher nicht als Maßzahl für Erkrankungen mit einer kurzen Dauer (z. B. Durchfallerkrankungen oder Erkältungen) geeignet. In solchen Fällen wird als alternatives Prävalenzmaß die **Periodenprävalenz** berechnet, die sich auf einen Zeitraum (etwa einen Monat oder ein Jahr) bezieht. Im Nenner der Periodenprävalenz befinden sich alle Fälle zu Beginn des betrachteten Zeitraums sowie alle in diesem Zeitraum neu aufgetretenen Fälle:

$$\text{Periodenprävalenz} = \frac{\text{Erkrankte zu Beginn eines Zeitraums} + \text{Neuerkrankte im Zeitraum}}{\text{Mittlere Bevölkerung im Zeitraum}} \; (\cdot \, 100)$$

Als mittlere Bevölkerung im Zeitraum wird in der Regel der Durchschnitt aus der Bevölkerungszahl zu Beginn und zum Ende des Betrachtungszeitraums angegeben.

Einige epidemiologische Lehrbücher verwenden bei der Formel der Punkt- und Periodenprävalenz im Nenner nur die Bevölkerung „unter Risiko" (*at risk*). Die Bezugsbevölkerung besteht in diesem Fall nur aus denjenigen, die den Outcome ausbilden können. Eine solche Definition ist z. B. bei Fragestellungen sinnvoll, die sich mit geschlechtsspezifischen Krankheiten wie Prostatakrebs oder Gebärmutterhalskrebs beschäftigen.

Inzidenz: Die Periodenprävalenz ist eine statische Maßzahl. Die Inzidenz erlaubt es hingegen, Veränderungen innerhalb eines Zeitraums abzubilden. Das geschieht, indem der Zähler nur die neu aufgetretenen (*inzidenten*) Fälle eines bestimmten Zeitraums berücksichtigt. In der Regel wird die Inzidenz nur für Outcomes (z. B. Erkrankungen), seltener für Expositionen verwendet. In der Epidemiologie lassen sich verschiedene Inzidenzmaße unterscheiden.

Die **kumulative Inzidenz** (auch als *Inzidenzrisiko* bezeichnet) ist die Wahrscheinlichkeit, mit der eine Person in einem bestimmten Zeitraum erkrankt. Sie ist das Verhältnis der Zahl an Neuerkrankungen in einem definierten Zeitraum zur Zahl der Bevölkerung unter Risiko zu Beginn des Zeitraums und wird meist pro 1.000 oder 100.000 Personen angegeben.

$$\text{kumulative Inzidenz} = \frac{\text{Neuerkrankte in einem definierten Zeitraum}}{\text{Bevölkerung unter Risiko zu Beginn des Zeitraums}}$$

Die kumulative Inzidenz, ist eine geeignete Maßzahl, wenn Veränderungen innerhalb der Bevölkerung unter Risiko (durch Zu- und Abwanderungen sowie durch Geburten und Sterbefälle) vernachlässigt werden können. Da dies bei vielen epidemiologischen Fragestellungen jedoch nicht der Fall ist und die Bevölkerung unter Risiko im definierten Zeitraum genauer abgebildet werden muss, wird statt der kumulativen Inzidenz die **Inzidenzrate** berechnet. Auch hierbei werden Neuerkrankte in einem definierten Zeitraum betrachtet. Im Nenner befindet sich dann aber die mittlere Bevölkerung unter Risiko:

$$\text{Inzidenzrate} = \frac{\text{Neuerkrankte in einem definierten Zeitraum}}{\text{Mittlere Bevölkerung unter Risiko im gleichen Zeitraum}}$$

Die *mittlere Bevölkerung unter Risiko* ist meist der Durchschnitt aus der Bevölkerung unter Risiko zu Beginn und zum Ende des Betrachtungszeitraums. Wie die kumulative Inzidenz wird die Inzidenzrate oft pro 1.000 oder 100.000 Personen angegeben. Im Jahr 2006 wurden in Deutschland z. B. 7.360 Hautkrebs-Neuerkrankungen bei Männern gemeldet. Die mittlere männliche Bevölkerung umfasste in diesem Jahr 40.317.807 Personen. Hieraus lässt sich eine Inzidenzrate von $(7.360 / 40.317.807) \cdot 100.000 = 18{,}3$ pro 100.000 Männern errechnen. Dies bedeutet, dass im Jahr 2006 in Deutschland pro 100.000 männliche Personen etwa 18 Männer neu an Hautkrebs erkrankten.

In epidemiologischen Studien setzt ein solches Vorgehen voraus, dass alle Studienteilnehmer zeitgleich in die Studie aufgenommen werden. In der Praxis ist das oft nicht möglich, da die Rekrutierung meist einen längeren Zeitraum beansprucht. Außerdem nehmen nicht alle Personen, die zu Beginn in eine Studie eingeschlossen werden, auch bis zum Ende daran teil. Manche von ihnen entwickeln den Outcome (d. h. sie erkranken), andere Teilnehmer wollen nicht länger an der Studie teilnehmen, oder man weiß nichts mehr über ihren Verbleib. Sie alle scheiden aus der Studie aus und zählen nicht länger zur Bevölkerung unter Risiko. Um die unterschiedlichen Zeiträume zu berücksichtigen, die Personen zur Bevölkerung unter Risiko gehören, wird in epidemiologischen Studien bei der Berechnung der Inzidenzrate im Nenner statt der mittleren Bevölkerung häufig die *Personenzeit unter Risiko* verwendet. In diesem Fall heißt die Inzidenzrate auch **Inzidenzdichte**:

$$\text{Inzidenzdichte} = \frac{\text{Neuerkrankte in einem definierten Zeitraum}}{\text{Personenzeit unter Risiko im gleichen Zeitraum}}$$

Sie wird meist pro 1.000 oder 100.000 Personenjahre angegeben.

Spezielle Inzidenzmaße für die Untersuchung der Sterblichkeit sind die Mortalität und die Letalität (s. a. Kap. 2.2.3). Die **Mortalität** (auch Mortalitätsrate oder Sterbeziffer) bezeichnet die Zahl der Gestorbenen in einem bestimmten Zeitraum (*inzidente Sterbefälle*) im Verhältnis zur mittleren Bevölkerung in dieser Zeit. Die Mortalität ist eine Maßzahl, die häufig in der Gesundheitsberichterstattung verwendet und meistens pro 100.000 Personen der Bevölkerung angegeben wird:

$$\text{Mortalitätsrate} = \frac{\text{Gestorbene innerhalb eines Zeitraums}}{\text{Mittlere Bevölkerung unter Risiko im gleichen Zeitraum}} \; (\cdot 100.000)$$

Im Jahr 2009 sind in Deutschland z. B. 216.128 Menschen an bösartigen Tumoren gestorben. Die mittlere Bevölkerung betrug im gleichen Jahr 81.874.770 Personen. Daraus lässt sich eine Mortalitätsrate von $(216.128 / 81.874.770) \cdot 100.000 = 263{,}97$ pro 100.000 Personen errechnen. Im Jahr 2009 starben in Deutschland also etwa 264 von 100.000 Menschen an bösartigen Tumoren.

Die **Letalität** wird meist in Prozent ausgedrückt und bezeichnet die Zahl der in einem definierten Zeitraum an einer Krankheit Gestorbenen im Verhältnis zur Zahl der Erkrankten im gleichen Zeitraum:

$$\text{Letalität} = \frac{\text{An einer Krankheit Gestorbene innerhalb eines Zeitraums}}{\text{Alle von der Krankheit betroffenen Personen im Zeitraum}} \; (\cdot 100)$$

Beispiel: Im Jahr 1976 erkrankten 182 Veteranen der *American Legion*, die sich in Philadelphia zu einem Treffen versammelt hatten, an einer bis dahin unbekannten Form der Lungenentzündung. Neunundzwanzig der 182 erkrankten Personen verstarben (Letalität 16%). Der Erreger erhielt den Namen *Legionella pneumophila*, und die Krankheit wurde fortan als Legionärskrankheit bekannt.

2.1.3 Assoziationsmaße für Expositionen und Outcomes

Aufgabe der Epidemiologie ist es nicht nur, die Häufigkeit von Expositionen und Outcomes in einer Bevölkerung zu untersuchen, sondern auch die Stärke des Zusammenhangs (*Assoziation*) zwischen ihnen zu bestimmen. Dafür stehen unterschiedliche **Assoziationsmaße** zur Verfügung. Um einen solchen Zusammenhang zu berechnen, nutzt die Epidemiologie häufig die sogenannte *Vier-Felder-Tafel* als Hilfsmittel. Ein hier festgestellter Zusammenhang sagt jedoch noch nichts über eine mögliche Ursache-Wirkungs-Beziehung aus (s. Kap. 2.1.8).

Vier-Felder-Tafel: Eine Vier-Felder-Tafel (*Kontingenztafel*) stellt die Häufigkeit einer Exposition in Abhängigkeit zu einem Outcome dar (s. Tab. 2.1).

Tab. 2.1: Gerüst einer Vier-Felder-Tafel.

		Outcome		
		Ja	*Nein*	*Summe*
Exposition	*Ja*	a	b	a+b
	Nein	c	d	c+d
	Summe	a+c	b+d	a+b+c+d

Die vier Felder bezeichnen hierbei:

- die exponierten Personen, bei denen der Outcome aufgetreten ist (*a*),
- die exponierten Personen, bei denen der Outcome nicht aufgetreten ist (*b*),
- die nicht exponierten Personen, bei denen der Outcome aufgetreten ist (*c*),
- die nicht exponierten Personen, bei denen der Outcome nicht aufgetreten ist (*d*).

Weitere wichtige Informationen der Vier-Felder-Tafel ergeben sich aus den fünf Randsummen. Sie geben Auskunft über

- alle exponierten Personen (*a+b*),
- alle nicht exponierten Personen (*c+d*),
- alle Personen, bei denen der Outcome aufgetreten ist (*a+c*),
- alle Personen, bei denen der Outcome nicht aufgetreten ist (*b+d*),
- alle Personen, die untersucht wurden (*a+b+c+d*).

Relatives Risiko und Relative Rate: Aus der Vier-Felder-Tafel können die *kumulativen Inzidenzen* unter den exponierten Personen ($a/[a+b]$) und den nicht exponierten Personen ($c/[c+d]$) abgelesen werden. Das Verhältnis der beiden Inzidenzen ist ein Maß für die Stärke des Zusammenhangs zwischen Exposition und Outcome. Es wird als **Relatives Risiko (RR)** bezeichnet:

$$\text{Relatives Risiko} = \frac{\text{Kumulative Inzidenz unter den Exponierten}}{\text{Kumulative Inzidenz unter den nicht Exponierten}} = \frac{\dfrac{a}{a+b}}{\dfrac{c}{c+d}}$$

Ist das Relative Risiko größer als 1, weist das auf ein höheres Risiko der Exponierten hin, den Outcome auszubilden (z. B. zu erkranken). Bei einem Relativen Risiko kleiner als 1 ist das Risiko für die Exponierten, den Outcome auszubilden, geringer als unter den nicht Exponierten. Je weiter das Relative Risiko von 1 entfernt ist, desto größer ist der Unterschied zwischen Exponierten und nicht Exponierten und damit auch der Zusammenhang zwischen Exposition und Outcome.

Liegen statt kumulativer Inzidenzen *Inzidenzraten* vor, ist es strenggenommen nicht korrekt, von einem Relativen Risiko zu sprechen, da man Zähler und Nenner nicht als Wahrscheinlichkeiten interpretieren kann. Der Quotient aus der Inzidenzrate unter den Exponierten und der Inzidenzrate unter den nicht Exponierten wird stattdessen als **Relative Rate** bezeichnet. Er wird wie das Relative Risiko berechnet:

$$\text{Relative Rate} = \frac{\text{Inzidenzrate unter den Exponierten}}{\text{Inzidenzrate unter den nicht Exponierten}}$$

In der *British Doctors Study* betrug z. B. nach 20 Jahren Beobachtungszeit die Inzidenzdichte für Speiseröhrenkrebs 14 pro 100.000 bei Zigarettenrauchern und 3 pro 100.000 bei Nichtrauchern. Die relative Rate berechnet sich folgendermaßen:

$$\text{Relative Rate} = (14/100.000) / (3/100.000) = 4{,}7$$

Raucher haben demnach eine fast fünfmal so hohe Rate wie Nichtraucher, an Speiseröhrenkrebs zu versterben.

Um Relative Risiken oder Relative Raten berechnen zu können, muss die kumulative Inzidenz bzw. die Inzidenzrate unter den Exponierten und nicht Exponierten bekannt sein. In Kohorten- und randomisierten kontrollierten Studien (s. Kap. 2.1.5 und Kap. 2.1.6) ist dies der Fall. Bei Studientypen, wo dies nicht möglich ist (z. B. Querschnitt- oder Fall-Kontroll-Studien), wird stattdessen als alternatives Assoziationsmaß die Odds Ratio verwendet.

Odds Ratio: Die **Odds Ratio (OR)** basiert – anders als das Relative Risiko – nicht auf der kumulativen Inzidenz, sondern auf der Chance (im Englischen als Odds bezeichnet) von Exponierten und nicht Exponierten, dass ein Outcome auftritt. Die Chance ist hierbei ein Quotient, bestehend aus der Wahrscheinlichkeit für einen Outcome und seiner Gegenwahrscheinlichkeit:

$$\text{Odds} = \frac{\text{Wahrscheinlichkeit für einen Outcome}}{1 - (\text{Wahrscheinlichkeit für einen Outcome})}$$

Die Odds Ratio setzt also die Chancen von Exponierten und nicht Exponierten zueinander ins Verhältnis. Sie ist damit ein Quotient zweier Quotienten und wird deshalb manchmal auch als *Quotenquotient* oder *Chancenverhältnis* bezeichnet. Die beiden Chancen lassen sich leicht aus einer Vier-Felder-Tafel ablesen (*a/b* und *c/d*). Durch die Kehrwertregel kann man die Formel für die Odds Ratio schließlich wie hier dargestellt vereinfachen:

$$\text{Odds Ratio} = \frac{\text{Odds unter den Exponierten}}{\text{Odds unter den nicht Exponierten}} = \frac{\frac{a}{b}}{\frac{c}{d}} = \frac{a \cdot d}{b \cdot c}$$

Interpretieren lässt sich die Odds Ratio ähnlich wie das Relative Risiko oder die Relative Rate. Werte über 1 weisen auf eine höhere Chance, Werte unter 1 auf eine geringere Chance der Exponierten hin, den Outcome auszubilden. Je weiter eine Odds Ratio nach unten oder oben von der 1 abweicht, desto stärker ist der Zusammenhang zwischen Exposition und Outcome. Ist der Outcome selten, liegen die Odds Ratio oder das Relative Risiko eng beieinander. Wenn der Outcome hingegen häufig ist, können Odds Ratio und Relatives Risiko stark voneinander abweichen.

Die Vier-Felder-Tafel in Tab. 2.2 illustriert die Berechnung und Interpretation der Odds Ratio am Beispiel einer Fall-Kontroll-Studie zum Einfluss von Neuroleptika (*Exposition*) auf die Entstehung einer venösen Thromboembolie (VTE; *Outcome*).

Tab. 2.2: Vier-Felder-Tafeln zum Zusammenhang von Neuroleptikaeinnahme und venöser Thromboembolie (VTE).

		Outcome (VTE)				
		Ja		*Nein*	*Summe*	
Exposition (*Neuroleptikaeinnahme*)	*Ja*	2.126 a	b	4.752	a+b	6.878
	Nein	23.406 c	d	84.739	c+d	108.145
	Summe	25.532 a+c	b+d	89.491	a+b+c+d	115.023

Odds Ratio = (2.126 · 84.739) / (4.752 · 23.406) = 1,62

Quelle der Originaldaten: Parker C, Coupland C, Hippisley-Cox J. Antipsychotic drugs and risk of venous thromboembolism: nested case-control study. British Medical Journal 2010; 341: c4245.

Die Autoren untersuchten insgesamt 115.023 Personen, die in Hausarztpraxen in Großbritannien registriert waren. Hiervon entwickelten 25.532 PatientInnen zwischen 1996 und 2007 eine VTE (*Fälle*), bei den übrigen 89.491 Personen kam es nicht zu einer VTE (*Kontrollen*). Insgesamt nahmen 6.878 Personen Neuroleptika ein (*Exponierte*), 108.145 Personen taten dies nicht (*nicht Exponierte*). Von den Neuroleptika-NutzerInnen litten 2.126 an einer VTE, 4.752 nicht. Die Odds einer VTE betrug daher unter den Exponierten 2.126 / 4.752. Von denjenigen, die keine Neuroleptika einnahmen, litten 23.406 an einer VTE. Ihre Odds lag damit bei 23.406 / 84.739. Um hieraus die Odds Ratio zu errechnen, wird ein Quotient aus beiden Odds gebildet:

$$OR = (2.126 / 4.752) / (23.406 / 84.739) = (2.126 \cdot 84.739) / (4.752 \cdot 23.406)$$
$$= 1{,}6$$

Demnach ist also die Chance bei Personen, die Neuroleptika einnehmen, eine VTE zu bekommen, 1,6-mal so hoch wie bei Personen, die keine Neuroleptika einnehmen.

Attributables Risiko: Besteht eine Ursache-Wirkungs-Beziehung zwischen Exposition und Outcome (s. Kap. 2.1.8), erlaubt das **attributable Risiko (AR)** den Anteil bei den neuen Erkrankungen zu ermitteln, der auf die Exposition zurückzuführen ist. Das attributable Risiko wird meist in Prozent angeben und wie folgt berechnet:

$$\text{Attributables Risiko} = \frac{\left(\begin{array}{c}\text{Kum. Inzidenz unter}\\ \text{den Exponierten}\end{array}\right) - \left(\begin{array}{c}\text{Kum. Inzidenz unter den}\\ \text{nicht Exponierten}\end{array}\right)}{\text{Kum. Inzidenz unter den Exponierten}} \; (\cdot 100)$$

In der oben erwähnten Analyse der *British Doctors Study* lässt sich das attributable Risiko zum Zusammenhang von Rauchen und Speiseröhrenkrebs-Mortalität folgendermaßen berechnen:

$$(14 / 100.000 - 3 / 100.000) / (14 / 100.000) \cdot 100 = 78{,}6\,\%$$

Dies bedeutet, dass 78,6 % aller Sterbefälle durch Speiseröhrenkrebs auf Tabakkonsum zurückzuführen sind.

2.1.4 Validität und Reliabilität

Die Güte eines Messverfahrens wird durch seine Validität und Reliabilität bestimmt. Die **Validität** (Gültigkeit) bezeichnet das Ausmaß, in dem ein Messverfahren das misst, was es messen soll. Eine Messung gilt dann als valide, wenn ihr Ergebnis der Realität entspricht. Der Begriff der **Reliabilität** (Wiederholbarkeit) beschreibt das Ausmaß, in dem Messwerte replizierbar sind. Ein Messverfahren oder eine Messung gelten also dann als reliabel, wenn zu unterschiedlichen Messzeitpunkten oder bei Messwiederholungen gleiche Messwerte ermittelt werden. Die Web-Abb. 2.1.1 auf unserer Lehrbuch-Homepage zeigt schematisch am Beispiel der Bestimmung des Körpergewichts die Auswirkungen hoher bzw. geringer Validität und Reliabilität eines Messverfahrens auf das Verhältnis zwischen den gemessenen Werten und dem wahren (aber unbekannten) Wert.

In der Epidemiologie – etwa bei der Untersuchung von Ursache-Wirkungs-Beziehungen – wird darüber hinaus auch noch zwischen interner und externer Validität unterschieden. Diese Begriffe beziehen sich jedoch nicht auf die oben beschriebene Eigenschaft von Messungen und Messverfahren, sondern auf die Qualität der Studie und die Anwendbarkeit der Resultate. Eine hohe **interne Validität** liegt dann vor, wenn in einer Studie die beobachtete Ausprägung eines Outcomes allein auf die Exposition zurückzuführen ist und Alternativerklärungen für das Vorliegen oder die Höhe der gefundenen Effekte weitestgehend ausgeschlossen werden können. Dabei sinkt die interne Validität mit der steigenden Anzahl von plausiblen alternativen Erklärungen aufgrund von Fehlern und Verzerrungen. Bevor eine Untersuchung als intern valide bezeichnet werden kann, müssen deshalb Störgrößen als Ursache für einen beobachteten Zusammenhang ausgeschlossen werden (s. Kap. 2.1.8). Der Begriff der **externen Validität** bezeichnet die

Anwendbarkeit oder Generalisierbarkeit der Studienergebnisse über die StudienteilnehmerInnen hinaus auf andere Populationen. Eine geringe externe Validität findet man bei unnatürlichen Untersuchungsbedingungen und bei geringer Repräsentativität der untersuchten Stichprobe. Eine hohe interne Validität ist Voraussetzung für eine hohe externe Validität.

2.1.5 Epidemiologische Studientypen

In der analytischen Epidemiologie werden Bevölkerungen oder Bevölkerungsgruppen im Hinblick auf die interessierenden Expositionen und Outcomes verglichen, um die oben erwähnten drei Fragen nach dem Vorhandensein, der Stärke und der Kausalität einer Assoziation (s. Kap. 2.1.1) zu beantworten. Analytisch-epidemiologische Studien im engeren Sinne sind beobachtende Studien. Hier wird die Exposition nicht von den Forschenden zugeteilt, sondern durch sie beobachtet. Die gängigsten Designs sind *Querschnittstudie*, *Kohortenstudie* und *Fall-Kontroll-Studie*. Experimentelle Studien, bei denen ForscherInnen die Exposition zuteilen, werden in Kap. 2.1.6 besprochen.

Querschnittstudien

In einer Querschnittstudie werden alle Variablen, deren Assoziation untersucht werden soll, zum gleichen Zeitpunkt erhoben. Das erlaubt eine schnelle Durchführung, kann aber zu schwer interpretierbaren Ergebnissen führen. Da eine zeitliche Achse fehlt, bleibt oft unklar, welche Variable die Exposition ist und welche der Outcome. Wir stellen uns hierzu als Beispiel eine Studie vor, bei der in einem Krankenhaus bei allen PatientInnen der Cholesterinspiegel gemessen wird. Gleichzeitig wird ermittelt, ob die/der PatientIn eine Krebserkrankung hat oder nicht. Es findet sich nun ein statistischer Zusammenhang zwischen einem niedrigen Cholesterinspiegel und einer Krebserkrankung. Nun wäre es falsch, auf der Basis solcher Querschnittdaten den Schluss zu ziehen, dass ein niedriger Cholesterinspiegel ein Risikofaktor für Krebserkrankungen ist. Da die Studie keine zeitlichen Informationen erhoben hat, könnte es ebenso gut sein, dass eine Krebserkrankung zu einem niedrigen Cholesterinspiegel führt – etwa, weil die Betroffenen den Appetit verlieren und nicht mehr genügend essen. Tatsächlich erscheint das sogar als die plausiblere Interpretation dieser Ergebnisse. Mit dem gewählten Querschnittdesign ist eine Klärung jedoch nicht möglich. Hierzu müsste eine Kohortenstudie durchgeführt werden. Untersuchungen, bei denen lediglich die Prävalenz *eines* Risikofaktors oder *einer* Erkrankung zu einem bestimmten Zeitpunkt gemessen wird, werden ebenfalls als Querschnittstudien oder auch als „Prävalenzstudien" bezeichnet. In diesem Fall handelt es sich jedoch um deskriptive – und nicht um analytische – Studien.

Kohortenstudien

Kohortenstudien werden auch als prospektive (d.h. in die Zukunft schauende) oder longitudinale (sich über einen Zeitraum erstreckende) Studien bezeichnet. Sie beginnen mit einer Gruppe von *Exponierten* und einer Gruppe von *Nichtexponierten*, die alle vom zu untersuchenden Outcome frei – also im Hinblick auf diesen Outcome gesund – sein müssen. Beide Gruppen werden über einen bestimmten Zeitraum nachverfolgt.

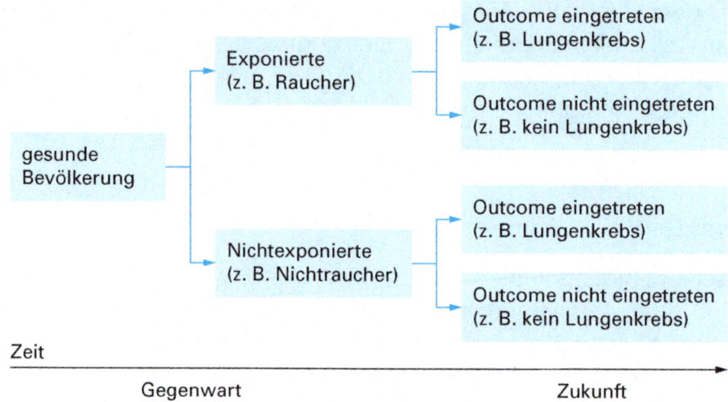

Abb. 2.1: Schema einer Kohortenstudie.

In jeder der beiden Gruppen wird die Inzidenz des Outcomes berechnet (s. Abb. 2.1). Das ist in Kohortenstudien möglich, da sowohl die Zahl der Fälle als auch die Zahl der Personen unter Risiko bzw. deren Personenzeit (s. Kap. 2.1.2) bekannt sind. Als Assoziationsmaß dient das *Relative Risiko* (RR) oder die *Relative Rate* (s. Kap. 2.1.3).

Kohortenstudien sind besonders geeignet, wenn

- mehrere Outcomes einer Exposition untersucht werden sollen (z. B. das Risiko von RaucherInnen im Vergleich zu NichtraucherInnen, verschiedene Krebsarten zu entwickeln)

- der Outcome häufig ist

- die Exposition selten ist

- der Expositionsstatus sich über die Zeit verändert (dies lässt sich durch Angabe der exponierten bzw. nicht exponierten Personenzeit berücksichtigen)

Viele chronische, nichtübertragbare Erkrankungen haben eine lange *Latenzzeit*, d. h. es existiert ein Zeitraum zwischen der Exposition und dem Auftreten des Outcomes. Daher dauern Kohortenstudien, die Ursachen solcher Krankheiten untersuchen, oft Jahre oder Jahrzehnte. Wird dagegen z. B. das Risiko der Entwicklung einer Fehlbildung als Folge einer Exposition während der Schwangerschaft erforscht, so muss die dazu durchgeführte Kohortenstudie nur auf die Dauer der Schwangerschaft angelegt sein.

Historische Kohortenstudien: Eine Kohortenstudie kann auch so angelegt werden, dass sie sich von einem Zeitpunkt in der Vergangenheit bis in die Gegenwart erstreckt. Das ist möglich, wenn für eine Personengruppe entsprechende Expositions- und Gesundheitsdaten aus der Vergangenheit vorliegen. Solche „historischen Kohortenstudien" werden z. B. in der Arbeitsepidemiologie durchgeführt, wenn in einem Unternehmen Unterlagen über Expositionen am Arbeitsplatz (z. B. zum Arbeiten mit einem Lösungsmittel) für die gesamte Beschäftigungsdauer vorliegen. Außerdem muss für alle Beschäftigten ermittelt werden, ob der Outcome (etwa eine Krebserkrankung) eingetreten ist. Die nicht exponierte Vergleichsgruppe sollte aus dem gleichen oder einem vergleichbaren, anderen Betrieb kommen, damit der sozioökonomische Status ähnlich ist. Eine

Stichprobe aus der Allgemeinbevölkerung als Vergleichsgruppe kann zu einer Verzerrung führen, da ihr Gesundheitszustand im Schnitt schlechter sein kann als der einer arbeitenden Population (*Healthy-worker-Effekt*). Ein Beispiel für eine historische Kohortenstudie ist die *Swiss National Cohort*. Hierbei wurden die Daten, die Ende 1990 in einer Volkszählung (u. a. zum Bildungsstand der Schweizer Bevölkerung) erhoben wurden, mit der Statistik der Todesfälle der Jahre 1991 bis 2008 verlinkt.

Die „SAPALDIA Kohorte" und die „Nationale Kohorte": Im Normalfall wird vor dem Beginn einer Kohortenstudie entsprechend der Forschungsfrage genau festgelegt, welche Expositionen und welche Outcomes untersucht werden sollen. So untersuchte z. B. die *SAPALDIA Kohorte* (Swiss study on Air Pollution And Lung Disease in Adults) den Einfluss der Luftverschmutzung auf die Gesundheit der Atemwege und des Herz-Kreislauf-Systems. Es gibt jedoch auch Kohortenstudien, bei denen es keine vorformulierte Forschungsfrage gibt. In solchen Kohorten werden eine Vielzahl potenziell interessanter Expositionen sowie möglicher Confounder (s. Kap. 2.1.8) gemessen. Gleichzeitig werden unterschiedliche Outcomes erfasst. Ein Beispiel dafür ist die *Nationale Kohorte* in Deutschland. Hier sollen 200.000 Menschen über einen Zeitraum von mindestens 10 bis 20 Jahren beobachtet werden. Ein solches Design erlaubt es den EpidemiologInnen, im Verlauf der Studie eine Vielzahl von Forschungsfragen zu generieren. Sie identifizieren dann jeweils exponierte und nicht exponierte Untergruppen in der Kohorte und ermitteln, ob der für die jeweilige Forschungsfrage interessierende Outcome eintritt.

Fall-Kontroll-Studien

Fall-Kontroll-Studien sind retrospektiv, also zeitlich gesehen „zurückschauend" (s. Abb. 2.2). Der Outcome ist bereits eingetreten, es wird nun der Expositionsstatus bei Personen mit Outcome (*Fälle*) und ohne Outcome (*Kontrollen*) erfragt und miteinander verglichen. Als Assoziationsmaß in Fall-Kontroll-Studien dient die *Odds Ratio* (OR), ein Näherungswert für das Relative Risiko (RR). Inzidenzraten lassen sich in Fall-Kontroll-Studien nicht berechnen, da nicht die gesamte Population, aus der die Fälle stammen, sondern nur ausgewählte Kontrollen in die Studie aufgenommen werden.

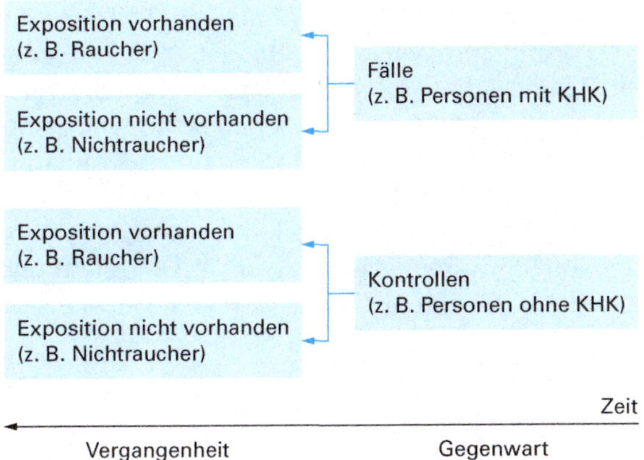

Abb. 2.2: Schema einer Fall-Kontroll-Studie.

Fall-Kontroll-Studien sind besonders geeignet, wenn

- mehrere Expositionen untersucht werden sollen, die möglicherweise mit einem bestimmten Outcome assoziiert sind (z. B. verschiedene Expositionen, die das Risiko für Herz-Kreislauf-Erkrankungen erhöhen)

- der Outcome selten ist

Wollte man die Ursachen einer seltenen Krebserkrankung in einer Kohortenstudie untersuchen, so müsste man hunderttausende von Personen über einen längeren Zeitraum beobachten, um genügend inzidente (d. h. neu aufgetretene) Fälle zu finden. Einfacher und effizienter ist es, die Fälle, die über mehrere Jahre in einer großen Region aufgetreten sind, etwa mithilfe eines Krebsregisters zu identifizieren und dann zu befragen. Allerdings hängt die Qualität solcher Daten vom Erinnerungsvermögen der Fälle und der Kontrollen ab. Da die Rückfragezeiträume oft Jahre oder Jahrzehnte umfassen, kann es dabei zu Ungenauigkeiten kommen. Erinnern sich Fälle besser als Kontrollen – etwa, weil sie intensiv über mögliche Ursachen ihrer Krankheit nachdenken –, so kann das zu Verzerrungen führen (*Recall Bias*, s. Kap. 2.1.8).

Eine weitere Schwierigkeit bei Fall-Kontroll-Studien ist die Auswahl einer geeigneten Gruppe von Kontrollen. Idealerweise sollten sie als Zufallsstichprobe aus der gleichen Bevölkerung rekrutiert werden, aus der auch die Fälle stammen. Das ist mit einem hohen organisatorischen Aufwand verbunden, zudem ist die Teilnahmebereitschaft oft nur gering, was wiederum zu Verzerrungen führen kann (*Non-Response Bias*, s. Kap. 2.1.8). Eine mögliche Alternative sind Kontrollen aus einem Krankenhaus. Sie werden aus Abteilungen oder Stationen gezogen, in denen PatientInnen liegen, die das gesuchte Outcome nicht haben. In einer Studie zu oralen Kontrazeptiva („Pille") und Brustkrebs könnten das beispielsweise Patientinnen einer orthopädischen Station sein. Es gibt aber immer wieder Belege dafür, dass sich KrankenhauspatientInnen hinsichtlich potenziell interessierender Expositionen wie Rauchen oder Alkoholkonsum von der Allgemeinbevölkerung unterscheiden. Sie sind also für diese nicht wirklich repräsentativ. Daraus kann wiederum eine Verzerrung aufgrund eines *Selektionsbias* (s. Kap. 2.1.8) resultieren.

Eine Fall-Kontroll-Studie kann nur dann durchgeführt werden, wenn die Exposition in der Bevölkerung nicht allzu selten ist, und wenn der Expositionsstatus von den Befragten erinnert werden kann. Letzteres ist nicht immer der Fall: Beim EHEC-Ausbruch 2011 (s. Kap. 8.2.3) in Deutschland waren Sprossen der Überträger der Erkrankung. Die ersten Fall-Kontroll-Studien im Rahmen der Ausbruchsuntersuchung konnten dies allerdings nicht nachweisen. Die EHEC-PatientInnen erinnerten sich nicht daran, dass sie Sprossen gegessen hatten. Die Sprossen waren meist Dekoration oder unauffällige Beigabe zu Salaten. Gut erinnert – und in der Folge fälschlich beschuldigt – wurden lediglich die optisch viel auffallenderen Gurken und Tomaten im Salat, die jedoch für die Übertragung gar nicht verantwortlich waren. Das Erfragen der Exposition und die Auswahl einer geeigneten Kontrollgruppe sind also eine besonderen Herausforderungen bei Fall-Kontroll-Studien.

2.1.6 Klinische Studien

Klinische Studien werden mit PatientInnen oder gesunden ProbandInnen durchgeführt, um Medikamente, bestimmte Behandlungsformen oder andere medizinische Interventionen auf ihre Wirksamkeit und Sicherheit zu überprüfen. Klinische Studien sind meist experimentelle Studien. Anders als bei den in Kap. 2.1.5 vorgestellten beobachtenden Studientypen teilen ForscherInnen hier einer Studiengruppe eine bestimmte Intervention zu. Die klinische Prüfung verläuft in vier Phasen (hier dargestellt am Beispiel einer Medikamentenstudie):

- *Phase I*
  Studien an einer kleinen Zahl gesunder ProbandInnen (10–50), um die Wirkungen eines Medikaments am potentiellen Wirkort (Organsystem) zu untersuchen. Im Blickpunkt stehen darüber hinaus die Pharmakokinetik, Verträglichkeit und Sicherheit der Substanz.

- *Phase II*
  Erprobung an einer größeren Zahl von PatientInnen (bis ca. 100), um erste Hinweise auf die Wirksamkeit des Präparats und die notwendige Dosierung zu erhalten.

- *Phase III*
  Studie der therapeutischen Wirksamkeit an einer großen Zahl von PatientInnen (einige hundert bis Tausende). Gelingt dieser Wirkungsnachweis, wird in der Regel die Marktzulassung für das Medikament beantragt. Bei den Phase-III-Studien handelt es sich um randomisierte, kontrollierte Studien (*Randomized Controlled Trials*, RCT).

- *Phase IV*
  Studien nach der Zulassung des Medikaments, um unter den behandelten PatientInnen mögliche unerwünschte Arzneimittelwirkungen erkennen zu können. Phase-IV-Studien sind *beobachtende Studien*, da hier die Zuteilung zu der mit einem bestimmten Medikament behandelten Gruppe in der Routineversorgung der Arztpraxis und nicht kontrolliert durch die ForscherInnen vorgenommen wird.

Randomisierte, kontrollierte Studien

In Phase-III-Studien wird die Wirksamkeit eines neuen Medikaments (*Verum*) mit der eines alten Medikaments oder der eines Scheinmedikaments (*Placebo*) verglichen. Die Gruppe, die das alte Medikament oder das Placebo erhält, wird auch als Kontrollgruppe oder Kontrollarm bezeichnet, die Verum-Gruppe auch als Interventionsgruppe oder Interventionsarm. Bei diesem Design kann es zu Verzerrungen kommen, wenn sich die PatientInnen der Interventions- und der Kontrollgruppe in Eigenschaften unterscheiden, die Einfluss auf das Behandlungsergebnis haben. Dies wäre z.B. der Fall, wenn ein Altersunterschied zwischen den Gruppen bestände und sich die Heilungsaussichten mit zunehmendem Alter verschlechtern (*Confounding*, s. Kap. 2.1.8). Auch wäre es denkbar, dass ÄrztInnen besonders schwer erkrankte PatientInnen bevorzugt in die Verum-Gruppe aufnehmen – in der Hoffnung, dass die PatientInnen dort besonders effektiv behandelt werden. In der Verum-Gruppe befänden sich nun mehr schwerer Erkrankte, die leichteren Fälle verblieben in der Kontrollgruppe. Als Folge davon würde die Wirksamkeit des neuen Medikaments unterschätzt.

Eine ungleiche Verteilung prognostischer Faktoren zwischen beiden Gruppen muss also vermieden werden. Um dieses Ziel zu erreichen, werden die StudienteilnehmerInnen zufallsgesteuert entweder der Interventionsgruppe oder der Kontrollgruppe zugewiesen. Ziel einer solchen *Randomisierung* ist es, Strukturgleichheit herzustellen: Mögliche Störfaktoren werden mit gleicher Wahrscheinlichkeit auf die Interventions- und die Kontrollgruppe verteilt. Bei größeren Studien mit mehreren hundert Studienteilneh-merInnen pro Arm kann davon ausgegangen werden, dass sich bekannte (und unbe-kannte) prognostische Faktoren gleichmäßig auf die Studiengruppen verteilen, womit eine verzerrende Wirkung verhindert wird.

Randomisierung: Von einer Randomisierung kann nur dann gesprochen werden, wenn die Zuteilung wirklich zufallsgesteuert erfolgt (z. B. durch computergenerierte Rando-misierungslisten). Andere denkbare Verteilungsverfahren beinhalten die Möglichkeit einer Verzerrung. Wenn etwa alle PatientInnen, die montags in ein Krankenhaus auf-genommen werden, der Interventionsgruppe zugeteilt werden, während die Dienstags-PatientInnen in die Kontrollgruppe kommen, ist eine Strukturgleichheit beider Gruppen nicht gewährleistet. Es ist dann durchaus denkbar, dass montags (d. h. nach dem Wo-chenende) viele besonders schwere Fälle aufgenommen werden. Ein weiteres Problem ergibt sich aus der Vorhersehbarkeit der Zuordnung: Die für die Aufnahme der Patien-tInnen verantwortlichen Personen können die Zuordnung beeinflussen, indem sie z. B. diejenigen PatientInnen montags in die Studie aufnehmen, die ihrer Ansicht nach stär-ker von einer Therapie mit dem neuen Medikament profitieren. Die Zuordnung muss deshalb auch bei Verwendung von Randomiserungslisten immer verdeckt durch eine außenstehende Stelle vorgenommen werden, die unabhängig vom direkt in die Studie involvierten Personal ist (*Concealment of Allocation*).

Ist die Zahl der StudienteilnehmerInnen gering, wählt man in der Regel eine *stratifi-zierte Randomisierung*. Hierdurch können wichtige Merkmale der PatientInnen gleich-mäßig auf die Interventions- und die Kontrollgruppe verteilt werden, ohne das Prinzip der Randomisierung zu unterlaufen. Dies kann z. B. dann angebracht sein, wenn ver-mutet wird, dass ein Impfstoff bei Männern und Frauen unterschiedlich wirkt. Die Pati-entInnen werden dabei zunächst in Geschlechtergruppen aufgeteilt (stratifiziert). An-schließend wird die Randomisierung jeweils innerhalb dieser Geschlechtergruppen vorgenommen. Mit der *Blockrandomisierung* erreicht man, dass jeweils gleich viele PatientInnen den vorhandenen Studiengruppen zugeordnet werden. Dabei wird für je-den PatientInnen-Block (z. B. für jeweils 8 Personen) zufallsgesteuert festgelegt, in wel-cher Reihenfolge sie der Interventions- bzw. der Kontrollgruppe zugeteilt werden. Hier-bei muss das zuvor definierte Verhältnis eingehalten werden (z. B. vier PatientInnen in jeder der beiden Gruppen). So ist sichergestellt, dass die entstehenden Gruppen zufalls-verteilt gleich groß sind.

Verblindung: Zu einer Verzerrung der Studienergebnisse kann es auch dann kommen, wenn z. B. ÄrztInnen das Behandlungsergebnis unbewusst als besonders positiv beur-teilen, weil sie wissen, dass der/die untersuchte PatientIn das Verum (und nicht das Placebo) erhalten hat. UntersucherInnen können also durch die Kenntnis der Studien-hypothese und der Gruppenzugehörigkeit in ihrer Beurteilung des Behandlungsergeb-nisses beeinflusst werden. Um eine solche Verzerrung zu vermeiden, wird eine so genannte Verblindung durchgeführt (*Blinding*). Hierbei wissen weder PatientInnen noch UntersucherInnen, ob das Verum oder ein Placebo gegeben wurde. Voraussetzung dafür ist, dass sich Verum- und Placebopräparat optisch gleichen. In der Regel werden heute Phase-III-Studien als randomisierte, kontrollierte Studien (RCT) durchgeführt, bei denen sowohl PatientInnen als auch untersuchende ÄrztInnen verblindet wurden (*Dop-pelblind-Studie*). In einigen Studien werden auch diejenigen Personen verblindet, die die Daten bearbeiten. Für sie ist zunächst nicht erkennbar, welche Gruppe die Verum-

und welche die Placebo-Gruppe ist. Die Informationen hierzu werden von der Studienleitung unter Verschluss gehalten. Erst nach der Durchführung der Analyse wird offengelegt, welche Gruppe welches Präparat erhalten hat. Eine Verblindung aller Beteiligten ist nicht immer möglich (z. B. beim Vergleich von invasiven mit konservativen Therapien). Von der Verblindung zu unterscheiden ist die oben beschriebene *verdeckte Zuordnung* (Concealment of Allocation) bei der Randomisierung. Sie hilft Ungleichheiten der Studiengruppen bei der Randomisierung zu vermeiden und ist immer machbar.

Studienablauf: Bei der Planung einer RCT ist in einem ersten Schritt zu klären, welche PatientInnen die Voraussetzungen für die Teilnahme an der Studie erfüllen. Dazu müssen klare Ein- und Ausschlusskriterien definiert sein. Anschließend werden die potentiellen StudienteilnehmerInnen über das Ziel der Studie, die Randomisierung und die Verblindung aufgeklärt. Wenn sie ihr Einverständnis zur Teilnahme an der Studie gegeben haben (*Informed Consent*), werden sie in die Studie aufgenommen. Erst danach findet die Randomisierung statt. Die PatientInnen erhalten dann entweder das Verum- oder das Placebopräparat. Abb. 2.3 zeigt schematisch den Ablauf einer solchen Studie.

Die Auswertung der Daten erfolgt ähnlich wie bei einer Kohortenstudie. Es können z. B. die kumulativen Inzidenzen für Outcomes oder für das Auftreten von Nebenwirkungen in beiden Gruppen verglichen werden. Das Ergebnis wird dann als relatives Risiko angegeben. Auch in diesem Stadium einer klinischen Studie können sich Verzerrungen ergeben, etwa wenn PatientInnen nicht in der Behandlungsgruppe verbleiben, der sie durch die Randomisierung zugewiesen wurden. So wäre es denkbar, dass ein behandelnder Arzt eine Patientin bei einem besonders schweren Verlauf und fehlendem Hinweis auf Besserung der anderen Gruppe zuweist – in der Hoffnung, es könne sich dabei um die Verum-Gruppe mit einem wirksamen Medikament handeln. Auf diese Weise würde sich die Zahl der PatientInnen mit schwererem Verlauf in einer der beiden Gruppen erhöhen, was das Ergebnis verzerren würde. Um dies zu vermeiden, werden alle PatientInnen entsprechend ihrer ursprünglichen Zuordnung ausgewertet, unabhängig davon, welche Behandlung sie tatsächlich erhalten haben. Diese Analyse aufgrund der beabsichtigten Therapie wird mit *Intention-to-Treat* (ITT) bezeichnet und sollte in klinischen Studien Standard sein. Probleme entstehen auch dann, wenn PatientInnen ihre Teilnahme an der Studie aufkündigen oder der Kontakt zu den StudienteilnehmerInnen abreißt (*Loss to follow up*, LTFU).

Fallzahlkalkulation (Sample Size Calculation): Vor dem Beginn einer klinischen Studie muss zunächst die erforderliche Größe der Studie festgelegt werden. Mit Unterstützung eines Statistikers wird hierzu eine Fallzahlkalkulation vorgenommen. Zunächst ist zu überlegen, wie groß der Unterschied zwischen der Verum- und Kontrollgruppe mindestens sein muss, um klinisch relevant zu sein. Anschließend wird das *Signifikanzniveau* (s. Kap. 2.3.8) festgelegt – in der Regel entscheidet man sich für ein Signifikanzniveau von 5 %. Das bedeutet, dass die Wahrscheinlichkeit, diesen Unterschied (oder einen größeren Unterschied) zu beobachten, wenn in Wirklichkeit *kein* Unterschied besteht, kleiner als 5 % sein soll. Weiter muss die so genannte *Power* der Studie festgelegt werden. Die Power gibt die Wahrscheinlichkeit an, dass die Studie den Unterschied, wenn er wirklich besteht, als statistisch signifikant aufdeckt. Meist entscheidet man sich für eine Power von 80 %.

Wird eine klinische Studie mit einer zu kleinen Fallzahl durchgeführt, so sind die Ergebnisse statistisch nicht aussagekräftig, denn die Power der Studie reicht nicht aus,

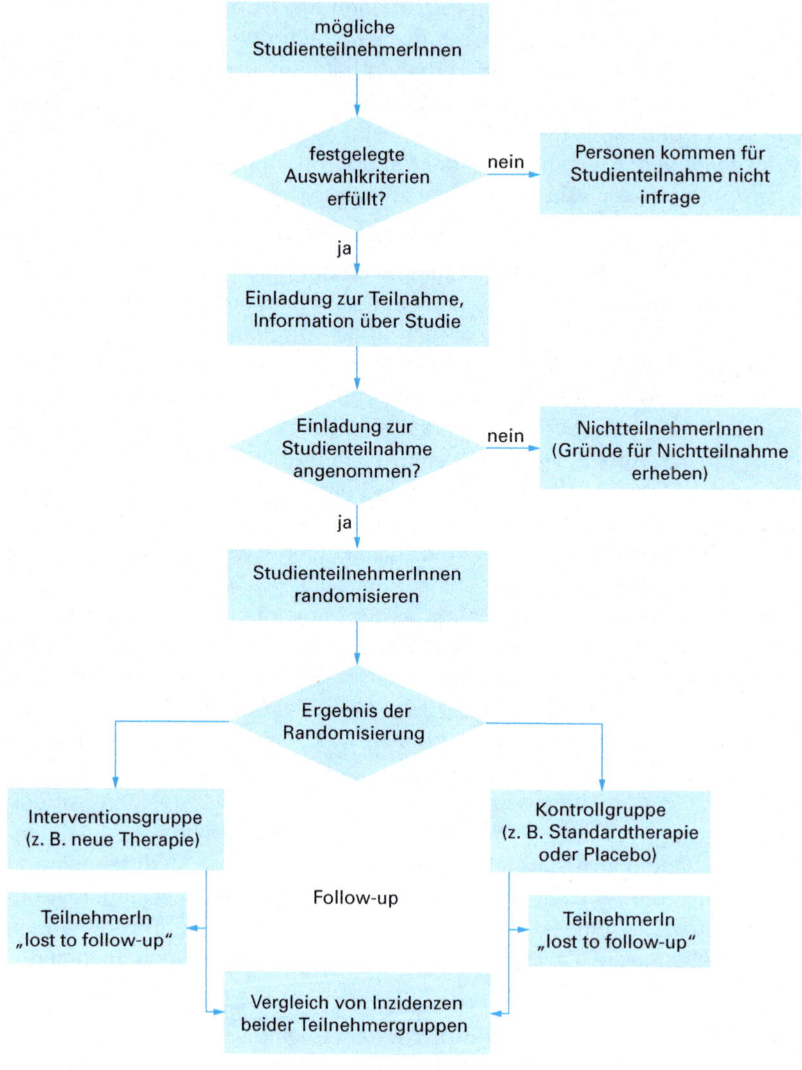

Abb. 2.3: Schematischer Ablauf einer randomisierten, kontrollierten Studie (RCT).

um einen möglicherweise bestehenden Unterschied aufzuzeigen. In diesem Fall wird das 95%-Vertrauensintervall (siehe Kap. 2.3.6) des Relativen Risikos oder der Relativen Rate die 1 mit einschließen, d. h. die Ergebnisse für das Verumpräparat sind im Vergleich zum Placebo oder dem alten Medikament sowohl mit einer besseren als auch mit einer schlechteren Wirkung vereinbar. Die Studie hat ihren Zweck dann nicht erfüllt. Leider sind viele klinische Studien in der Tat zu klein, um klinisch relevante Unterschiede aufzuzeigen oder auszuschließen. In dieser Situation können *Meta-Analysen* mehrerer Studien sinnvoll sein (siehe Kap. 2.1.7).

Relative und absolute Risikoreduktion: Bei der Analyse der Daten einer randomisierten, kontrollierten Studie werden zunächst die *absoluten Risiken* oder kumulative Inzidenzraten (s. Kap. 2.1.2) in den beiden Therapiegruppen berechnet. Die *relative Risikoreduktion* (RRR) gibt an, um welchen Prozentsatz der Einsatz der Verum-Therapie das Ergebnis gegenüber der Kontrollgruppe verändert. Die relative Risikoreduktion berechnet sich aus der kumulativen Inzidenz in den beiden Studienarmen. Durch die Multiplikation mit 100 wird die relative Risikoreduktion in Prozent angeben.

$$RRR = \frac{\text{Kumulative Inzidenz}_{\text{Kontrollgruppe}} - \text{Kumulative Inzidenz}_{\text{Interventionsgruppe}}}{\text{Kumulative Inzidenz}_{\text{Kontrollgruppe}}} \cdot 100$$

Die relative Risikoreduktion ist wenig aussagekräftig, wenn der untersuchte Outcome sehr selten ist. Eine Senkung einer sehr geringen Wahrscheinlichkeit um einen bestimmten Prozentsatz ist möglicherweise klinisch auch nicht relevant. Ein besseres Maß ist hier die *absolute Risikoreduktion* (ARR). Sie errechnet sich aus der Differenz der Risiken bzw. Inzidenzraten in beiden Therapiegruppen.

$$ARR = \text{Kumulative Inzidenz}_{\text{Kontrollgruppe}} - \text{Kumulative Inzidenz}_{\text{Interventionsgruppe}}$$

Ist die ARR größer als 0, so wirkt die Verum-Therapie besser als die Therapie, die in der Kontrollgruppe eingesetzt wurde (altes Medikament oder Placebo). Wirkt die neue Therapie jedoch nicht besser oder sogar schlechter als die Kontrollmedikation, ist die absolute Risikoreduktion gleich oder kleiner als 0. Da die ARR statt einer prozentualen Veränderung die tatsächliche Inzidenz angibt, ist die klinische Relevanz eines so angegebenen Ergebnisses leichter zu beurteilen.

Number Needed to Treat/Number Needed to Harm: Ein gebräuchliches Maß, um die Wirksamkeit eines neuen Medikaments zu beschreiben, ist die *Number Needed to Treat* (NNT). Sie gibt an, wie viele PatientInnen mit dem neuen anstatt dem alten Medikament behandelt werden müssen, um einen zusätzlichen Behandlungserfolg zu erzielen. Die NNT wird auch als „Anzahl der erforderlichen Behandlungen" bezeichnet. Sie berechnet sich folgendermaßen:

$$NNT = \frac{1}{ARR} = \frac{1}{\text{Kumulative Inzidenz}_{\text{Kontrollgruppe}} - \text{Kumulative Inzidenz}_{\text{Interventionsgruppe}}}$$

Eine weitere, wichtige Messgröße ist die *Number Needed to Harm* (NNH). Sie gibt die Zahl der PatientInnen an, die mit der neuen Therapie behandelt werden müssen, bis im Vergleich zur Kontrollgruppe bei einem/r PatientIn eine zusätzliche unerwünschte Wirkung auftritt. Die NNH zeigt damit, wie häufig unerwünschte, durch das Verum-Präparat hervorgerufene Wirkungen (= Nebenwirkungen) sind. Ihre Berechnung erfolgt entsprechend dem Vorgehen bei der NNT.

Die Berechnung von RRR, ARR und NNT werden im Folgenden an einem Beispiel illustriert. In einer Studie zur Wirksamkeit eines neuen Cholesterinsenkers erhielten 2.275 PatientInnen das neue Medikament und 2.133 ein Placebo. Im Laufe des Follow-ups verstarben 182 PatientInnen in der Interventionsgruppe (Medikament) und 256 PatientInnen in der Kontrollgruppe (Placebo). Das Sterberisiko in der Interventionsgruppe betrug daher 182/2275 = 0,08 (oder 8 %), das in der Kontrollgruppe 256/2133 = 0,12 (oder 12 %). Die relative Risikoreduktion (RRR), die absolute Risikoreduktion (ARR) und die Number Needed to Treat (NNT) lassen sich nun entsprechend den oben angegebenen Formeln wie folgt berechnen:

RRR: $(0,12-0,08)/0,12 \cdot 100 = 33,3\%$

ARR: $(0,12-0,08) = 0,04$ (oder 4%)

NNT: $1/0,04 = 25$.

Der Einsatz des neuen Cholesterinsenkers reduzierte damit die Sterblichkeit gegenüber der Kontrollgruppe um ca. 33%, d. h. in der Interventionsgruppe starben ein Drittel weniger PatientInnen als in der Kontrollgruppe. Absolut betrachtet konnte das Medikament die Sterblichkeit jedoch nur um 4% senken. Um einen Todesfall zu verhindern, müssen nun 25 PatientInnen über einen Zeitraum von durchschnittlich 5,4 Jahren mit dem neuen Medikament behandelt werden.

Ethische Aspekte

Die ethischen Prinzipien, die in einer klinischen Studie berücksichtigt werden müssen, sind in der *Declaration of Helsinki – Ethical Principles for Medical Research Involving Human Subjects* (s. Internet-Ressourcen) aufgelistet. Diese Deklaration fordert, das genaue Versuchsprotokoll einer Ethikkommission vorzulegen. Die Ethikkommission prüft, ob die geplante Studie ethisch vertretbar und zulässig ist. Hierfür wird u. a. beurteilt, ob die möglichen Nachteile, die mit einer Studienteilnahme verbunden sind, in einem vertretbaren Verhältnis zu den möglichen Vorteilen der Studie stehen (Nutzen-Risiko-Verhältnis). Weiterhin wird geprüft, ob Patienteninformation und Einwilligungserklärung umfassend und verständlich sind. Ethikkommissionen sind unabhängige Gremien und bestehen meist aus ÄrztInnen, Pflegefachkräften, StatistikerInnen, JuristInnen und MedizinethikerInnen oder TheologInnen.

Internationale Richtlinien der *guten klinischen Praxis* (s. Internetressourcen) definieren Standards, die die Durchführung einer klinischen Studie regeln. Die Einhaltung dieser Standards gewährleistet die Qualität der Studien und erleichtert Vergleiche zwischen verschiedenen Studien. Die Berichterstattung und Dokumentation zu randomisierten klinischen Studien sollte auf der Basis der *CONSORT*-Richtlinien (*Consolidated Standards of Reporting Trials Statement*, s. Internetressourcen) erfolgen. Zu einer solchen ordnungsgemäßen Berichterstattung gehört, dass die Ergebnisse *aller* randomisierten, kontrollierten Studien publik gemacht werden – auch wenn sie gezeigt haben, dass ein neues Präparat nicht wirksamer ist als ein altes Präparat oder ein Placebo. Eine solche Offenlegung aller Studienergebnisse ist besonders wichtig für die Durchführung von Meta-Analysen (s. Kap. 2.1.7), weil auf diese Weise eine Verzerrung der Resultate durch einen *Publikationsbias* (eine Form von *Selektionsbias*, s. Kap. 2.1.8) verhindert werden kann.

Heute sind viele wissenschaftliche Zeitschriften nur dann bereit, eine randomisierte, kontrollierte Studie zu veröffentlichen, wenn die Studie zuvor in ein spezielles Register aufgenommen wurde (z. B. *Deutsches Register Klinischer Studien* oder *EU Clinical Trials Register*). Die von der Weltgesundheitsorganisation WHO unterstützten und koordinierten Register sollen verhindern, dass negative Ergebnisse bei klinischen Studien unter Verschluss bleiben.

Randomisierte, kontrollierte Studien bei komplexen Interventionen

Randomisierte, kontrollierte Studien kommen auch außerhalb der klinischen Forschung zum Einsatz, etwa um die Wirksamkeit von Maßnahmen der Verhaltensprävention (z. B. der Raucherentwöhnung, s. Kap. 4.6), von Screening-Programmen (s. Kap. 4.5.3) oder Versorgungsmodellen (z. B. *Managed Care*, s. Kap. 3.2.2) zu evaluieren. In der Tat wird zunehmend gefordert, auch Public-Health-Interventionen in randomisierten, kontrollierten Studien zu erproben und damit eine stärkere Evidenzbasierung von Public Health zu schaffen (*Evidence-based Public Health*, EbPH).

Auch bei diesen randomisierten, kontrollierten Studien teilen ForscherInnen einer Studiengruppe eine bestimmte Intervention zu, und auch hier gibt es eine Kontrollgruppe. Die Interventionen sind im Gegensatz zu klinischen Medikamentenstudien jedoch oft komplexer und Placebo-Kontrollen in der Regel nicht möglich. Dies erschwert die Verblindung der StudienteilnehmerInnen oder macht sie unmöglich. Ein weiteres Problem ist die *Kontamination* des Interventionseffektes, die dadurch entsteht, dass sich StudienteilnehmerInnen aus Interventions- und Kontrollgruppe austauschen. Die Interventionsmaßnahmen gelangen so in die Kontrollgruppe. Um dies zu verhindern, werden oft nicht einzelne Personen sondern Arztpraxen, Pflegestationen, Dörfer oder Versorgungsregionen randomisiert. Ein weiterer Grund für eine solche *Cluster-Randomisierung* liegt darin, dass sich Interventionen oft nicht auf der individuellen Ebene umsetzen lassen.

2.1.7 Systematische Übersichten und Meta-Analysen

Angesichts der großen Anzahl publizierter Einzelstudien sind gute Übersichten, die Auskunft über die vorhandene Evidenzlage geben, für die Entscheidungsfindung in der klinischen Medizin und in der Gesundheitspolitik besonders wichtig. Wir unterscheiden in diesem Zusammenhang zwischen narrativen und systematischen Übersichtsarbeiten einerseits und Meta-Analysen andererseits.

Narrative Übersichten fassen die Ergebnisse wichtiger Studien informell zusammen und kommentieren sie. Die Auswahl und Beurteilung der Studien ist subjektiv und nicht immer umfassend. Die Schlussfolgerungen, die die Autoren ziehen, spiegeln nicht zuletzt auch ihre persönliche Meinung wider. Gerade aus diesem Grund haben narrative Übersichtsarbeiten jedoch auch weiterhin ihren Platz in der Literatur.

Im Unterschied zu narrativen Übersichtsarbeiten zeichnen sich **systematische Übersichtsarbeiten** durch eine klar definierte Fragestellung und ein reproduzierbares, wissenschaftliches Vorgehen aus. Es handelt sich hierbei um Studien über Studien. Nicht Personen werden untersucht, sondern alle Studien, die die zuvor festgelegten Einschlusskriterien erfüllen. In systematischen Übersichtsarbeiten wird die methodologische Qualität der in die Arbeit aufgenommenen Studien nach festgelegten Kriterien beurteilt, die Ergebnisse werden standardisiert erfasst. Ein- und Ausschlusskriterien, die Kriterien für die Studienqualität, Outcomes und Interventionen werden ebenso wie die Literatursuche ausführlich beschrieben. Auch mögliche Verzerrungen durch *Publikationsbias* (s. Kap. 2.1.6 und Kap. 2.1.8) oder eine mangelhafte Qualität der Studien werden diskutiert. Auf diese Weise werden die Schlussfolgerungen der Autoren leicht nachvollziehbar und reproduzierbar. Die *Cochrane Collaboration* ist ein internationales Netzwerk von WissenschaftlerInnen, ÄrztInnen und PatientInnen, das qualitativ hochstehende systematische Übersichtsarbeiten verfasst. Ihr Ziel ist es, dadurch evidenzbasiertes Handeln in der medizinischen Versorgung und in Public Health zu fördern. Ihre Übersichtsarbeiten werden über die *Cochrane Library* zugänglich gemacht.

Systematische Reviews enthalten oft eine oder mehrere **Meta-Analysen**. In Meta-Analysen werden die Ergebnisse der verschiedenen Studien statistisch zusammengefasst, um präzisere und allgemeingültigere Angaben über die Wirksamkeit von Interventionen zu erhalten. Einzelne Studien sind oft nicht groß genug, um kleinere, aber klinisch bedeutende Unterschiede sicher zu erfassen. Zudem sind die Ergebnisse von Einzelstudien oft nur auf eine relativ eng umschriebene Population anwendbar. Im Zentrum der Meta-Analyse steht die Berechnung eines *Summationswertes* mit einem Vertrauensintervall. Beim Summationswert handelt es sich um einen gewichteten Mittelwert, der große Studien stärker gewichtet als kleinere Studien. Der Summationswert wird zusammen mit den Ergebnissen der einzelnen Studien in einem *Forest Plot* dargestellt.

Abb. 2.4 zeigt den Forest Plot einer Meta-Analyse von randomisierten klinischen Studien, die die sekundärpräventive Wirkung von verschiedenen Betablockern auf die Mortalität bei Personen nach einem Herzinfarkt untersuchten. Die schwarzen Rechtecke repräsentieren die gefundene Wirkung auf das Sterblichkeitsrisiko in den einzelnen Studien. Die Flächen der Rechtecke zeigen dabei das Gewicht der Studien in der Meta-Analyse, die horizontalen Linien die 95%-Vertrauensintervalle. Die vertikale Linie stellt das relative Risiko von 1 dar. Hier gibt es also keinen Unterschied in der Wirkung zwischen Betablocker- und Kontrollgruppen. In Studien, die links von dieser Linie liegen, war die Sterblichkeit in der Betablocker-Gruppe niedriger als in der Kontrollgruppe, während auf der rechten Seite der Linie die Kontrollgruppen besser abschnitten. Die gestrichelte Linie zeigt den Summationswert aus der Meta-Analyse an, das Diamant-Zeichen unterhalb der aufgelisteten Einzelstudien veranschaulicht das 95%-Vertrauensintervall des Summationswertes (s. vergrößerter Ausschnitt in Abb. 2.5). *Achtung:* In Forest Plots werden logarithmische Skalen verwendet, sodass 0,5 und 2 den gleichen Abstand zu 1 aufweisen und die Vertrauensintervalle damit symmetrisch sind!

In den meisten 95%-Vertrauensintervallen unserer Abbildung ist die 1 enthalten. Die Mehrzahl der Studien zeigt somit, dass Betablocker keine statistisch signifikante sekundärpräventive Wirkung auf die Mortalität bei Personen nach einem Herzinfarkt haben ($p > 0.05$). Durch die Meta-Analyse wird hingegen deutlich, dass die Einnahme von Betablockern in dieser Situation zu einer Reduktion der Sterblichkeit um 20% führt. Das errechnete enge Vertrauensintervall schließt die 1 hier nicht ein (relatives Risiko = 0,80; 95%-Vertrauensintervall 0,74–0,86). Anhand der gestrichelten Linie ist eine visuelle Beurteilung der Variabilität bzw. Heterogenität der Ergebnisse der Studien möglich. In unserem Beispiel ist diese recht klein. Die Ergebnisse der Studien liegen nahe beieinander, die 95%-Vertrauensintervalle schließen den Summationswert aus der Meta-Analyse mit ein. Es handelt sich somit um eine homogene Situation. Dies legt die Schlussfolgerung nahe, dass der Wirkung der verschiedenen Betablocker ein Klasseneffekt[6] zugrunde liegt, der in unterschiedlichen Patientenpopulationen zum Tragen kommt und deshalb eine hohe externe Validität (Generalisierbarkeit) aufweist.

---

[6] *Klasseneffekt*: Ein Effekt, der bei einer Wirkstoff-Klasse und nicht nur bei einem einzelnen Medikament auftritt.

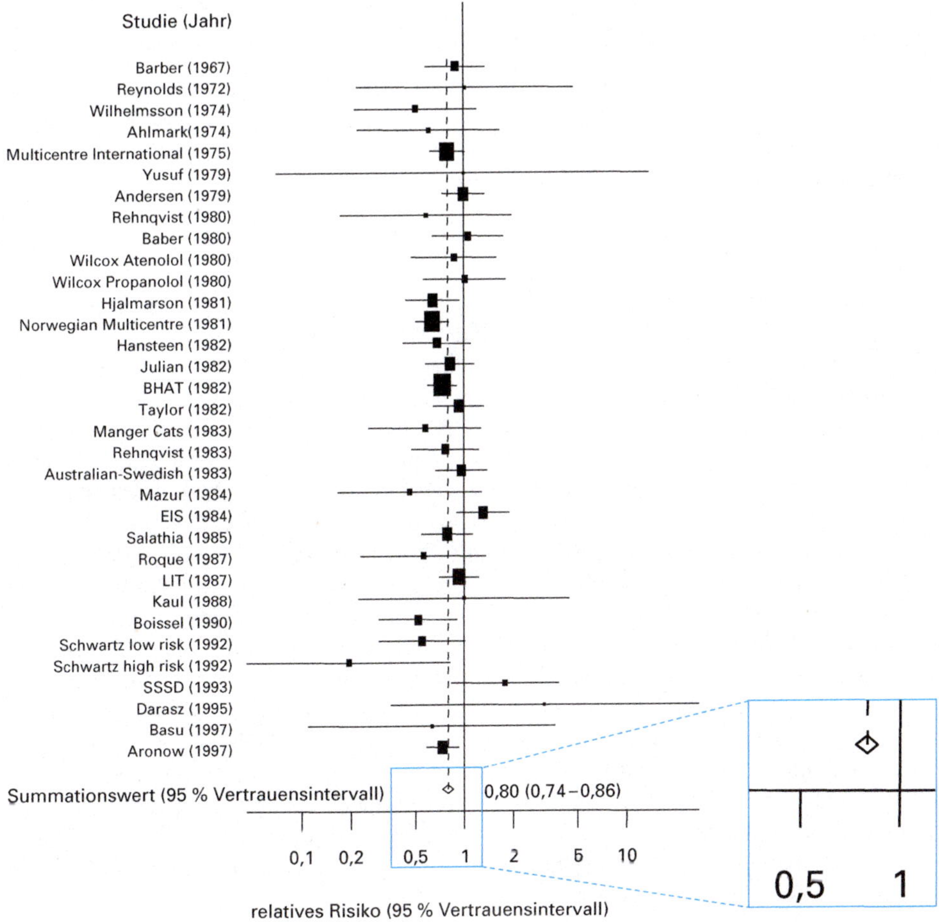

Abb. 2.4: Meta-Analyse von randomisierten, klinischen Studien zur sekundärpräventiven Wirksamkeit einer Therapie mit Betablockern bei PatientInnen nach Myokardinfarkt.

Meta-Analysen können die Wirksamkeit von Medikamenten und anderen Interventionen oft früher und überzeugender nachweisen als einzelne kleinere Studien. In diesem Fall wäre der Nutzen der Betablocker bereits Anfang der 1980er Jahre nachweisbar gewesen. Die Methode sollte jedoch keinesfalls unkritisch angewendet werden. Grundsätzlich kann die Qualität einer Meta-Analyse nicht besser sein als diejenige der Einzelstudien (*Garbage in – Garbage out*[7]). Auch wird der Heterogenität der Ergebnisse oft nicht genügend Beachtung geschenkt. Wenn stark voneinander abweichende Resultate vorliegen, ist eine statistische Kombination dieser Ergebnisse selten sinnvoll. Schließlich kann ein *Publikationsbias* in den ausgewählten Studien die Ergebnisse von Meta-Analysen verzerren.

---

[7] *Garbage in – Garbage out* (engl.): Wo man Müll hineinsteckt, kommt auch Müll heraus.

2.1.8 Mögliche Fehlerquellen in epidemiologischen Untersuchungen

Bevor beurteilt werden kann, ob eine ermittelte *Assoziation* zwischen einer Exposition und einem Outcome kausal ist, d. h. ob hier eine Ursache-Wirkungs-Beziehung besteht, muss zunächst untersucht werden, inwiefern mögliche Fehler und Verzerrungen den wahren Zusammenhang zwischen beiden verschleiern.

Zufällige Fehler

Ein zufälliger Fehler liegt dann vor, wenn der Wert einer gemessenen Variablen in einer Stichprobe rein zufallsbedingt um den tatsächlichen (wahren) Wert der Variablen in der Grundgesamtheit streut. Eine häufige Quelle von zufälligen Fehlern sind ungenaue Messungen. Ist die Stichprobe groß genug, fallen Messungenauigkeiten in der Regel nicht ins Gewicht. Die einzelnen Messwerte schwanken dann zwar um den wahren Wert und die *Reliabilität* der Messung ist gering, denn bei jeder Messung wird ein anderer Wert ermittelt. Im Durchschnitt nähern sich die einzelnen Messwerte aber dem wahren Wert an, die *Validität* der Messung ist daher hoch (s. Kap. 2.1.4).

Um mit ausreichender Sicherheit auf die Grundgesamtheit schließen zu können, ist auch bei genauen Messungen eine ausreichend große Stichprobe nötig. Wenn die Stichprobe zu klein ist, können trotz genauer Messungen zufällige Fehler in Form von so genannten *Stichprobenfehlern* auftreten. Dies lässt sich leicht mit Hilfe eines Würfels veranschaulichen. Wird nur zehnmal gewürfelt, kann es passieren, dass manche Augenzahlen oft, andere vielleicht gar nicht gewürfelt werden, obwohl bei einem „fairen" Würfel alle sechs Augenzahlen die gleiche Wahrscheinlichkeit haben, geworfen zu werden (nämlich ein Sechstel). Stichprobenfehler nehmen mit zunehmender Stichprobengröße ab. Wie groß die Stichprobe letztendlich sein muss, um den zufälligen Fehler auf einem akzeptablen und vor Studienbeginn definierten Niveau zu halten, ist von unterschiedlichen Faktoren abhängig und Gegenstand der *Fallzahlplanung* (s. Kap. 2.1.6).

Systematische Fehler

Von einem systematischen Fehler oder **Bias** ist in der Epidemiologie dann die Rede, wenn der Fehler nicht zufällig, sondern immer in der gleichen Weise auftritt. Ein Beispiel hierfür ist eine ungeeichte Waage, die das Gewicht einer Person immer um 5 Kilogramm zu hoch angibt. Eine solche Messung ist *reliabel*, denn bei jeder Messung wird der gleiche Wert gemessen. Ihre Validität ist jedoch gering, da auch mit zunehmender Anzahl von Messungen der korrekte (wahre) Wert nicht ermittelt werden kann (vgl. Kap. 2.1.4).

Selektionsbias: Ein Selektionsbias bezeichnet einen systematischen Auswahlfehler bei der Rekrutierung von StudienteilnehmerInnen oder bei deren Verbleib in einer Studie. Ein Beispiel für einen häufigen Auswahlfehler ist ein sogenannter *Non-Response-Bias*. Er kann auftreten, wenn sich die TeilnehmerInnen einer Studie von den Personen unterscheiden, die eine Studienteilnahme verweigern. Ein Grund hierfür ist, dass Eigenschaften, die mit der Teilnahmeverweigerung zusammenhängen, oft auch mit der Exposition und dem Outcome assoziiert sind. So konsumieren Teilnahmeverweigerer (so genannte *Non-Responder*) im Vergleich zu TeilnehmerInnen oft mehr Alkohol und Tabak. Um den Grad der Verzerrung abzuschätzen, die durch einen Non-Response-Bias entsteht, müssen daher auch grundlegende Informationen über Non-Responder eingeholt werden. Eine spezielle Variante des Non-Response-Bias kann in der Beobachtungs-Phase (*Follow-up*) von Kohorten- und randomisierten kontrollierten Studien auftreten. Dies ist der Fall, wenn sich die Studienausfälle in der Gruppe der Exponierten und nicht Exponierten (bzw. der Interventions- und Kontrollgruppe) in Faktoren unterscheiden, die auch mit der Exposition oder dem Outcome in Zusammenhang stehen. Um diesen sogenannten *Loss-to-follow-up-Bias* zu vermeiden, müssen StudienteilnehmerInnen in Längsschnittstudien intensiv nachverfolgt werden (vgl. Abb. 2.3).

Ein Selektionsbias kann nicht nur StudienteilnehmerInnen, sondern auch wissenschaftliche Ergebnisse betreffen. WissenschaftlerInnen und angesehene wissenschaftliche Publikationsorgane neigen nämlich dazu, eher Ergebnisse zu veröffentlichen, die Zusammenhänge zwischen Expositionen und Outcomes aufzeigen. Studien, die (wider Erwarten) keine Assoziationen erkennen lassen, werden daher oft gar nicht oder in Zeitschriften veröffentlicht, die wenig Beachtung finden. Für Meta-Analysen stellt dieser so genannte *Publikationsbias* ein Problem dar, denn er kann zu einer Überschätzung des tatsächlichen Zusammenhangs zwischen Expositionen und Outcomes führen (s. Kap. 2.1.7).

Informationsbias: Ein Informationsbias (auch *Missklassifikation* genannt) bezeichnet einen systematischen Messfehler, der dazu führt, dass Personen im Hinblick auf Exposition, Outcome und weitere Einflussvariablen (*Kovariaten*) falsch klassifiziert werden. Exponierte werden z.B. fälschlicherweise den nicht Exponierten zugeordnet oder Kranke den Gesunden.

Die möglichen Folgen eines Informationsbias werden im Folgenden an der in Kap. 2.1.3 beschriebenen Fall-Kontroll-Studie zur Assoziation von Neuroleptikaeinnahme und venöser Thromboembolie (VTE) illustriert. Die AutorInnen ermittelten in ihrer Untersuchung eine Odds Ratio von 1,6. Wir nehmen nun an, dass sowohl bei den Fällen (VTE) als auch den Kontrollen (keine VTE) 5 % aller Personen, die keine Neuroleptika einnahmen, dies bei der Befragung nicht korrekt angaben und damit fälschlicherweise der Gruppe der Exponierten zugeordnet wurden. Eine solche Missklassifikation, die unabhängig vom Outcome- oder Expositionsstatus ist, wird als *nicht-differenzielle Missklassifikation* bezeichnet. Die Vier-Felder-Tafel hierzu ist in Tab. 2.3 dargestellt.

Tab. 2.3: Vier-Felder-Tafel zum Zusammenhang von Neuroleptikaeinnahme und venöser Thromboembolie (VTE; Zahlen nach Parker et al. 2010, s. Tab. 2.2) mit einer hypothetischen fünfprozentigen *nicht-differenziellen Missklassifikation* (oben) und einer hypothetischen *differenziellen Missklassifikation* (unten).

(1) Bei der nicht-differenziellen Missklassifikation wurden 5% aller Personen, die keine Neuroleptika einnahmen, fälschlicherweise der Gruppe der Exponierten zugeordnet.

(2) Die differenzielle Missklassifikation beträgt bei den erkrankten Personen 10% (d.h. 10% aller Personen, die keine Neuroleptika einnahmen, wurden fälschlicherweise der Gruppe der Exponierten zugeordnet) und bei den nicht erkrankten Personen 5%.

Nicht-differenzielle Missklassifikation

		Outcome (VTE)			
		Ja	*Nein*	*Summe*	
Exposition (Neuroleptikaeinnahme)	*Ja*	3.296 a	b 8.989	a+b	12.285
	Nein	22.236 c	d 80.502	c+d	102.738
	Summe	25.532 a+c	b+d 89.491	a+b+c+d	115.023

Odds Ratio = (3.296 · 80.502) / (8.989 · 22.236) = 1,33

Differenzielle Missklassifikation

		Outcome (VTE)			
		Ja	*Nein*	*Summe*	
Exposition (Neuroleptikaeinnahme)	*Ja*	4.467 a	b 8.989	a+b	13.456
	Nein	21.065 c	d 80.502	c+d	101.567
	Summe	25.532 a+c	b+d 89.491	a+b+c+d	115.023

Odds Ratio = (4.467 · 80.502) / (8.989 · 21.065) = 1,90

Die Odds Ratio ist hier mit (3.296 · 80.502) / (8.989 · 22.236) = 1,3 geringer als zuvor. Wie in diesem Beispiel führt eine nicht-differenzielle Missklassifikation fast immer zu einer Unterschätzung des Zusammenhangs von Exposition und Outcome.

Dagegen können Missklassifikationen, die vom Outcome- oder Expositionsstatus abhängig sind (so genannte *differenzielle Missklassifikationen*), sowohl zu einer Unter- als auch zu einer Überschätzung der Assoziation von Exposition und Outcome führen. Zu einer differenziellen Missklassifikation kann es z. B. infolge eines unterschiedlichen Erinnerungsvermögens bei Fällen und Kontrollen kommen (*Recall-Bias*) – ein Problem, das häufig in Fall-Kontroll-Studien auftritt. Ein solcher Recall-Bias könnte beispielsweise in der genannten Fall-Kontroll-Studie dazu führen, dass die Missklassifikation bei den erkrankten Personen mit 10 % höher ist als bei den nicht erkrankten Personen, wo sie nur 5 % beträgt (Tab. 2.3). In diesem hypothetischen Fall einer differenziellen Missklassifikation beträgt die Odds Ratio 1,9. Die Assoziation wird daher im Vergleich zu den Originaldaten überschätzt.

Confounding

Der Begriff Confounding bezeichnet eine Verzerrung, die durch den Einfluss einer oder mehrerer weiterer Einflussvariablen (so genannter *Confounder* oder *Störgrößen*) entsteht, sodass die Assoziation zwischen Exposition und Outcome über- oder unterschätzt wird.

Confounding liegt dann vor, wenn diese Einflussvariablen sowohl mit dem Outcome als auch mit der Exposition assoziiert sind. Ein Beispiel für Confounding ist die Assoziation von gelben Fingern (*Exposition*) und Lungenkrebs (*Outcome*). Menschen, die viel rauchen, haben bedingt durch das Kondensat des Zigarettenrauchs oft gelbe Finger. Rauchen ist aber auch ein bekannter Risikofaktor für Lungenkrebs, und zwar unabhängig davon, ob die RaucherInnen gelbe Finger haben oder nicht. Das Rauchen ist also im Hinblick auf den Zusammenhang zwischen gelben Fingern und Lungenkrebs ein Confounder. Wird dieser Confounder nicht berücksichtigt, ergibt sich (fälschlicherweise) ein Zusammenhang zwischen dem Vorhandensein von gelben Finger und Lungenkrebs. Abb. 2.5 veranschaulicht das mit Hilfe eines so genannten *Confounding-Dreiecks*.

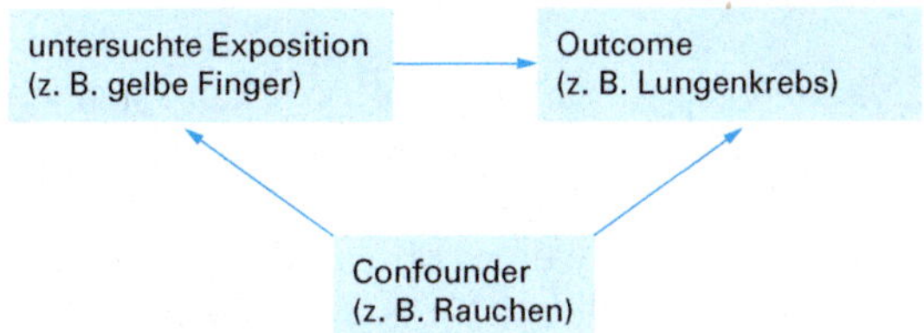

Abb. 2.5: Schematische Darstellung von Confounding am Beispiel der Assoziation von gelben Fingern und Lungenkrebs; nach: Davey Smith G, Phillips AN. Confounding in epidemiological studies: why "independent" effects may not be all they seem. British Medical Journal 1992; 305: 757–759.

Häufige Confounder in epidemiologischen Untersuchungen sind das *Alter* und der *sozioökonomische Status*. Es gibt verschiedene Möglichkeiten, potenzielle Confounder bei der Durchführung und Analyse von Studien zu berücksichtigen.

- So kann man bereits im Studiendesign vorsehen, nur Personen in die Studie einzuschließen, die im Hinblick auf mögliche Confounder homogen sind. Man würde dann z.B. nur Personen ähnlichen Alters oder mit einem ähnlichen sozioökonomischen Status in die Studie aufnehmen (Einschränkung der Studienbevölkerung).

- In Fall-Kontroll-Studien besteht darüber hinaus die Möglichkeit, für potenzielle Confounder zu matchen (*Matching*). Hierzu wird jedem Fall eine Kontrolle zugeordnet, die ihm in der Ausprägung eines oder mehrerer Confounder ähnelt.

- In randomisierten kontrollierten Studien (s. Kap. 2.1.6) werden Personen nach dem Zufallsprinzip der Interventions- und Kontrollgruppe zugeordnet. Auch potentielle Confounder werden dadurch gleichmäßig zwischen beiden Gruppen verteilt, sodass *Strukturgleichheit* entsteht.

- Wenn eine epidemiologische Studie bereits durchgeführt wurde, ist es möglich, Confounding durch eine *stratifizierte Analyse* zu kontrollieren. Dazu wird die Assoziation zwischen Exposition und Outcome getrennt für die einzelnen Ausprägungen (*Strata;* von lat. *Stratum* = Schicht) des vermeintlichen Confounders ermittelt. Confounding liegt dann vor, wenn die ermittelte Assoziation größer oder kleiner ist, als bei der unstratifizierten Analyse errechnet wurde.

• Werden mehrere Confounder vermutet, können diese durch *multivariate Verfahren* kontrolliert werden.

Die beiden letzten Möglichkeiten setzen voraus, dass potenzielle Confounder in der Studie erhoben wurden.

Variablen, die Zwischenstufen auf dem kausalen Pfad von Exposition und Outcome darstellen – so genannte *Intermediärvariablen* – sind keine Confounder. Ein Beispiel hierfür ist „geringes Geburtsgewicht" bei Kindern von Frauen, die während der Schwangerschaft geraucht haben. Die *Exposition,* das Rauchen während der Schwangerschaft, führt hier über ein geringes Geburtsgewicht (*Intermediärvariable*) zu einer erhöhten Sterblichkeit der Säuglinge in der ersten Lebenswoche (*Outcome*).

Effektmodifikation

Die Stärke der Assoziation zwischen Exposition und Outcome kann sich je nach Ausprägung einer dritten Variablen – dem so genannten *Effektmodifikator* – unterscheiden. Dies wird als **Effektmodifikation** oder *Interaktion* bezeichnet. Tab. 2.4 zeigt die Ergebnisse einer Meta-Analyse, in der untersucht wurde, ob es einen Unterschied im Zusammenhang zwischen der *Exposition* Hepatitis-B-Virus-Infektion und dem *Outcome* Leberkrebs bei Rauchern und Nichtrauchern gibt. Die Vergleichsgruppe besteht bei allen angegebenen Relativen Risiken aus NichtraucherInnen, die nicht mit dem Hepatitis-B-Virus (HBV) infiziert, also HBV-negativ, sind.

Tab. 2.4: Relatives Risiko für die Entwicklung von Leberkrebs in Abhängigkeit von einer vorherigen Hepatitis-B-Virus-Infektion (Exposition) und von der Frage, ob die betroffene Person Raucher ist (Effektmodifikator); Quelle der Originaldaten: Chuang SC, Lee YC, Hashibe M, Dai M, Zheng T, Boffetta P. Interaction between cigarette smoking and hepatitis B and C virus infection on the risk of liver cancer: a meta-analysis. Cancer Epidemiology, Biomarkers and Prevention 2010; 19: 1261–1268.

		Effektmodifikator (Rauchen)	
		Nein	Ja
Exposition	Nein	1,0 (Referenz)	1,9
(Hepatitis-B-Virus-Infektion)	Ja	15,8	21,6

Die Untersuchung zeigt, dass NichtraucherInnen, die mit dem Hepatitis-B-Virus (HBV) infiziert sind, im Vergleich zu HBV-negativen NichtraucherInnen ein 15,8-fach höheres Risiko haben, ein Karzinom der Leber zu entwickeln. Das Risiko von HBV-positiven RaucherInnen, ein Leberkarzinom zu bekommen, ist jedoch mit einem RR von 21,6 noch deutlich höher. Beide Faktoren (HBV-Infektion und Rauchen) wirken also zusammen und verstärken sich gegenseitig. Anders als Confounding und Bias ist eine Effektmodifikation keine Verzerrung. Es ist jedoch ebenso wichtig, sie zu identifizieren und in der Auswertung zu berücksichtigen, da sonst wichtige Zusammenhänge unerkannt bleiben. Effektmodifikationen können wie Confounding mittels stratifizierter oder multivariater Analyse aufgedeckt werden.

Nur Assoziation oder auch Ursache?

Um Empfehlungen für Public-Health-Maßnahmen aussprechen zu können, reicht es nicht aus, die Assoziation zwischen Exposition und Outcome fehler- und verzerrungsfrei zu bestimmen. Zusätzlich muss ermittelt werden, ob ein Ursache-Wirkungs-Zusammenhang zwischen Exposition und Outcome besteht, die Assoziation also auch kausal ist. Einen statistischen Test auf Kausalität gibt es nicht. Daher müssen alle Hinweise für und gegen einen kausalen Zusammenhang sorgfältig beurteilt werden. *Sir Austin Bradford Hill* benannte schon 1965 verschiedene Kriterien, die es erleichtern, eine Assoziation auf ihre Kausalität hin zu beurteilen. Sie werden als **Bradford-Hill-Kriterien** bezeichnet:

- *Stärke der Beziehung*: Die Wahrscheinlichkeit einer kausalen Beziehung zwischen Exposition und Outcome nimmt mit der Stärke der Assoziation zu.

- *Konsistenz der Beziehung:* Wird eine Assoziation in mehreren unterschiedlichen Bevölkerungen (in verschiedenen Ländern, bei Personen unterschiedlichen Alters etc.) und mittels unterschiedlicher Studientypen festgestellt, ist eine kausale Beziehung wahrscheinlicher, als wenn dies nicht der Fall ist.

- *Zeitliche Sequenz:* Bei einer kausalen Beziehung muss die Ursache der Wirkung zwingend vorausgehen. Querschnittstudien sind daher weniger gut geeignet als Kohorten- und experimentelle Studien, auf eine eventuell vorhandene Kausalität zu schließen, da sie Expositionen und Assoziationen gleichzeitig erheben.

- *Spezifität des Effekts:* Dieses Kriterium fordert, dass eine Exposition (z.B. das Masernvirus) nur mit einem einzigen Outcome (hier: einer Masernerkrankung) assoziiert ist. Für die Untersuchung von Expositionen wie Rauchen oder Alkoholkonsum, die das Risiko für viele verschiedene Outcomes erhöhen, ist es weniger hilfreich.

- *Dosis-Wirkungs-Beziehung:* Steigt mit zunehmender „Menge" der Exposition (z.B.: 1–10 Zigaretten/Tag, 11–20 Zigaretten/Tag, 21–30 Zigaretten/Tag) das Risiko, dass der Outcome eintritt, ist eine Kausalität wahrscheinlicher als ohne Dosis-Wirkungs-Beziehung.

- *Biologische Plausibilität und Kohärenz:* Eine Ursache-Wirkungs-Beziehung zwischen Exposition und Outcome sollte biologisch plausibel sein und nicht im Widerspruch zu den Ergebnissen anderer Fachgebiete stehen.

- *Experimentelle Evidenz:* Kann man mittels einer randomisierten kontrollierten Studie zeigen, dass das Risiko für einen Outcome sinkt, sobald die Exposition beseitigt ist, liegt sehr wahrscheinlich eine Ursache-Wirkungs-Beziehung vor.

Die Bradford-Hill-Kriterien können die Beurteilung einer Ursache-Wirkungs-Beziehung zwischen Exposition und Outcome unterstützen, sie sollten jedoch nicht als Checkliste missverstanden werden. Nur selten wird eine Ursache-Wirkungs-Beziehung so deutlich wie bei der Assoziation zwischen Rauchen und Lungenkrebs. Hier wurden mit Ausnahme der *Spezifität des Effekts* alle oben genannten Kriterien erfüllt.

Internet-Ressourcen

Auf unserer Lehrbuch-Homepage (**www.public-health-kompakt.de**) finden Sie Hinweise auf Quellen und weiterführende Literatur, Vorlesungen sowie Links zu den erwähnten Studien und Institutionen, u. a. zu Todesursachenstatistiken aus Deutschland und der Schweiz.

2.2 Demografie

Marcel Zwahlen, Matthias Egger, Johannes Siegrist

Die Frage „Wie viele sind wir?" bewegt Regierungen bereits seit dem Altertum. Sie bildet die Grundlage der *Demografie* [von *démos* (gr.): Volk und *grafé* (gr.): Schrift, Beschreibung], die sich mit verschiedenen Merkmalen von Bevölkerungen beschäftigt. Dabei interessieren neben der Gesamtgröße der Bevölkerung, ihrer altersmäßigen Zusammensetzung und ihrer geografischen Verteilung auch die sozialen und Umweltfaktoren, die hier für Veränderungen verantwortlich sind. Die Daten zur fortlaufenden Beschreibung der Bevölkerung stammen mehrheitlich aus staatlichen Quellen, v. a. aus Volkszählungen, dem Geburten- und Sterberegister sowie repräsentativen Stichproben-Erhebungen.

In diesem Abschnitt beschäftigen wir uns mit den Kennziffern, die DemografInnen zur Beschreibung einer Bevölkerung verwenden, z. B. dem Geburtenüberschuss, dem Wanderungssaldo, verschiedenen Sterberaten, der Lebenserwartung und potentiell verlorenen Lebensjahren. Abschließend betrachten wir häufig verwendete grafische Darstellungen, z. B. zur Altersstruktur einer Bevölkerung und erläutern zeitliche Trends in West- und Ostdeutschland sowie in der Schweiz.

Schweizerische Lernziele: CPH 17–20

2.2.1 Die Bevölkerung

Das Lukasevangelium berichtet über eine Anordnung des römischen Kaisers Augustus, nach der sich alle Bewohner des Reiches für eine Volkszählung in ihre Herkunftsorte zu begeben hatten. Maria und Josef reisten daraufhin nach Bethlehem, wo Jesus geboren wurde. Die Registrierung der Bevölkerung gab den Verantwortlichen in Rom einen Überblick über die Anzahl ihrer Steuerbürger. Die einfachste Information über eine Bevölkerung bezieht sich also auf die Zahl der Personen, die sich in einer geografisch definierten Region an einem bestimmten Datum befinden. Doch wenn Sie beispielsweise am 15. Juli die Anzahl an Personen zählen, die sich auf Mallorca befinden, erhalten Sie möglicherweise nicht die Zahl, die in *Wikipedia* unter „Bevölkerung von Mallorca" aufgeführt wird (862.397 Einwohner für das Jahr 2009). Denn der Monat Juli ist Ferienzeit, und Sie werden Personen zählen, die nicht auf Mallorca wohnen, sondern sich nur vorübergehend dort aufhalten. Um die Bevölkerungszahl in einer Region zu ermitteln, zählt man daher diejenigen Personen, die an einem bestimmten Datum in dieser Region langfristig wohnhaft oder angemeldet sind. Dies setzt ein funktionierendes An- und Abmeldesystem beim Einwohneramt voraus. Auch mit einem solchen System kann es aber Personen geben, die zwar dort wohnen, aber nicht angemeldet sind oder Personen, die dort gemeldet sind, sich aber tatsächlich meistens anderswo aufhalten.

Die in der Schweiz wohnhafte Bevölkerung hat im Zeitraum von 1900 bis 2008 kontinuierlich von 3,3 auf 7,6 Mill. Einwohner zugenommen. Dies entspricht einer Zunahme um 131 %. Allein seit 1960 ist die Zahl der Einwohner um 43 % angewachsen.

Aufgrund seiner wechselhaften Geschichte lässt sich die in Deutschland lebende Bevölkerung erst ab 1956 gut darstellen. Die Einwohnerzahlen beziehen sich bis 1989 auf die beiden deutschen Staaten (vormalige Bundesrepublik Deutschland und Deutsche Demokratische Republik). Insgesamt hat die deutsche Bevölkerung im Zeitraum von 1960 bis 2010 von 72,6 auf 81,7 Mill. Einwohner zugenommen, das entspricht einer Zunahme um 13 % (Abb. 2.6).

Die Bevölkerungszahl kann durch natürliche Bevölkerungsbewegungen (Geburten und Todesfälle) oder durch räumliche Bevölkerungsbewegungen, also durch Ein- und Auswanderungen, zu- bzw. abnehmen.

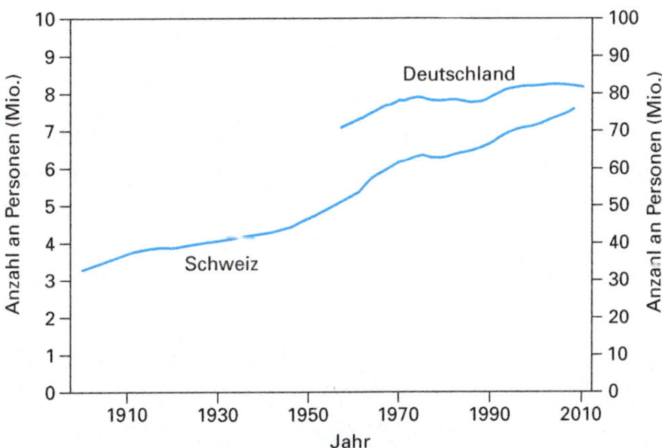

Abb. 2.6: Bevölkerungsentwicklung in Deutschland und der Schweiz. Die Skala links bezieht sich auf die Bevölkerungszahlen der Schweiz, die rechte Skala auf die entsprechenden Zahlen in Deutschland.

Geburtenüberschuss und Geburtendefizit

Je nachdem, ob in einem bestimmten Gebiet mehr Geburten oder mehr Todesfälle aufgetreten sind, bezeichnet man die in einem gegebenen Kalenderjahr errechnete Differenz zwischen der Anzahl an Geburten und der Anzahl an Sterbefällen als *Geburtenüberschuss* oder *Geburtendefizit*. Die Differenz wird dann auf die aktuelle Bevölkerungszahl bezogen, d. h. durch die Gesamtzahl der Einwohner dividiert und pro 1.000 Einwohner angegeben. Somit ist der Wert nun zwischen verschiedenen Ländern und Gebieten vergleichbar. Deutschland meldet seit 1991 ein Geburtendefizit: Pro

1.000 Einwohner werden seit 1998 ein bis zwei Geburten weniger registriert als Todesfälle. In der Schweiz sank der Geburtenüberschuss von knapp 10 pro 1.000 Einwohner im Jahr 1960 auf 2,3 pro 1.000 Einwohner im Jahr 1980. Seither schwankt er zwischen 2 und 3 pro 1.000 Einwohner.

Migrationssaldo

Die Differenz zwischen der Zahl der Einwanderungen (*Immigration*) und der Zahl der Auswanderungen (*Emigration*) über Gebietsgrenzen hinweg wird als Migrations- oder Wanderungssaldo bezeichnet. Auch diese Größe wird meist für ein gegebenes Kalenderjahr berechnet und als absolute Zahl angegeben oder auf die Gesamtbevölkerung bezogen (pro 1.000 Einwohner). Der Wanderungssaldo kann kurzfristig stark schwanken. So führte in der Schweiz die durch die Erdölkrise von 1973 ausgelöste Rezession zu einem negativen Migrationssaldo in den Jahren 1975 bis 1977. Arbeitskräfte, die vor 1970 aus anderen Ländern in die Schweiz eingewandert waren, wanderten nun wieder vermehrt aus. Ausschlaggebend für die kontinuierliche Zunahme der Schweizer Bevölkerung von 6,6 Mill. Einwohnern im Jahr 1990 auf 7,6 Mill. Einwohner im Jahr 2008 ist primär ein positiver Migrationssaldo. Auch Deutschland verzeichnete in den Jahren nach der Wiedervereinigung als Folge eines positiven Wanderungssaldos eine Bevölkerungszunahme, obwohl ein Geburtendefizit vorlag.

2.2.2 Entwicklung der Altersstruktur der Bevölkerung

Neben der Gesamtzahl der Einwohner liefert die Zusammensetzung der Bevölkerung nach Alter und Geschlecht wichtige Informationen. Abb. 2.7 zeigt die Altersstruktur der weiblichen und männlichen Schweizer Bevölkerung im Jahre 1900 sowie im Jahr 2008, untergliedert in Altersgruppen von jeweils einem Jahr. Im Jahr 1900 glich die Alters-

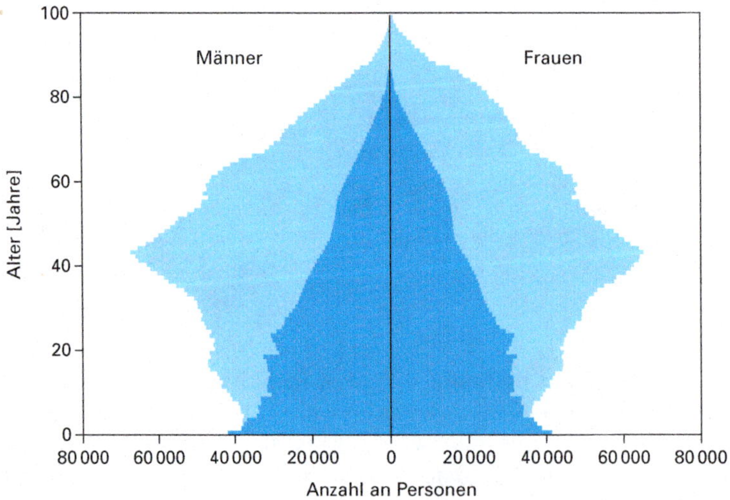

Abb. 2.7: Altersstruktur der Bevölkerung in der Schweiz in den Jahren 1900 (dunkelgrün) und 2008 (hellgrün).

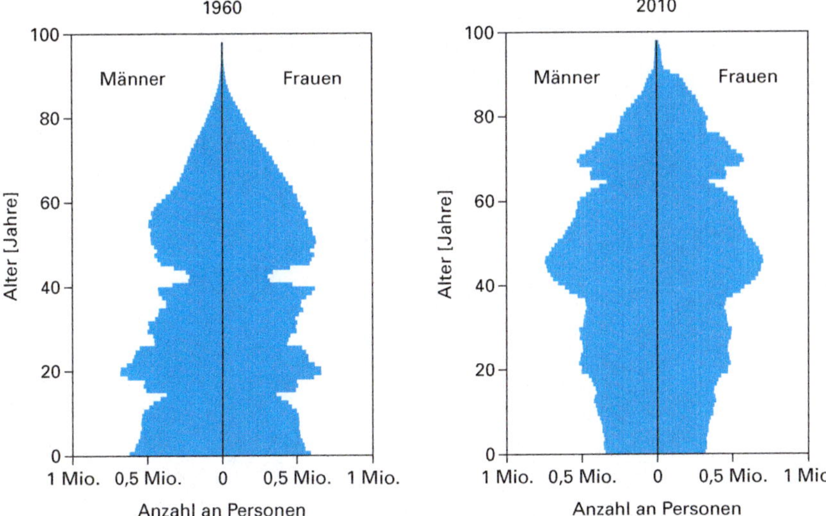

Abb. 2.8: Altersstruktur der Bevölkerung in Deutschland (West- und Ost-Deutschland zusammengezählt) in den Jahren 1960 und 2010.

struktur einer Pyramide, hier nahm die Anzahl an Personen mit ansteigendem Alter ab. Die Altersstruktur im Jahr 2008 lässt sich dagegen eher mit einer Urne oder einem Pilz vergleichen.

Bei der Betrachtung der Altersstruktur in Deutschland im Jahr 1960 fallen besonders die Einbuchtungen im Alter von 41/42 Jahren und 15 Jahren auf (Abb. 2.8). Sie markieren das Ende des ersten bzw. zweiten Weltkrieges. Selbst in der Altersstruktur für das Jahr 2010 ist die Einbuchtung am Ende des zweiten Weltkrieges noch immer sichtbar, nun – 65 Jahre später – bei den 65-Jährigen. Darüber hinaus wird deutlich, dass Frauen eine höhere Lebenserwartung als Männer haben. Dies führt in beiden Ländern dazu, dass es mehr Frauen als Männer in der Altersgruppe der über 80-Jährigen gibt (s. Kap. 2.2.4).

Sowohl in Deutschland als auch in der Schweiz gibt es aktuell deutlich mehr Menschen im Alter von 40 bis 60 Jahren als im Alter zwischen 20 bis 40 Jahren. In den nächsten 20 bis 30 Jahren wird ein Großteil dieser 40- bis 60-Jährigen in Rente gehen. Sofern es in absehbarer Zukunft nicht mehr Geburten oder eine starke Einwanderung von jungen Menschen gibt, wird der Anteil der über 65-Jährigen in den nächsten beiden Dekaden in beiden Ländern gegenüber 2010 stark zunehmen: in Deutschland von heute 21 % auf fast 29 %, in der Schweiz von derzeit 17 % auf fast 25 % (s. Tab. 2.5). Da viele Krankheiten im höheren Alter häufiger auftreten, wird dieser Anstieg zu einer Zunahme der Zahl an Menschen mit chronischen Krankheiten führen, insbesondere in der Gruppe der über 80-Jährigen. Dementsprechend ist auch mit einem Anstieg der Behandlungen und Kosten zu rechnen.

Für Deutschland und die Schweiz sehen die Prognosen in Bezug auf die Gesamtbevölkerungszahlen sehr unterschiedlich aus: In Deutschland ist bis zum Jahr 2030 mit einer Bevölkerungsabnahme um 5 % zu rechnen. In der Schweiz geht man dagegen von einer weiteren Zunahme um 11 % aus. Darüber hinaus wird das Wanderungsverhalten innerhalb Deutschlands noch weiter zunehmen, was zu einer Abnahme der Bevölkerung in den Regionen der ehemaligen DDR und in den ländlichen Gebieten führen wird.

Tab 2.5: Prognosen zur Bevölkerungsentwicklung in Deutschland und in der Schweiz.

	Jahr 2010	2020	2030
Deutschland			
Gesamtbevölkerung (in Mio.)	81,5	79,9 (–2,0 %)	77,4 (–5,0 %)
Personen älter als 65 Jahre (in %)	20,6	23,3 (+13,1 %)	28,8 (+39,8 %)
Schweiz			
Gesamtbevölkerung (in Mio.)	7,86	8,40 (+6,9 %)	8,74 (+11,2 %)
Personen älter als 65 Jahre (in %)	17,1	20,1 (+17,5 %)	24,2 (+41,5 %)

Quellen: Statistisches Bundesamt. Bevölkerung Deutschlands bis 2060, Ergebnisse der 12. Koordinierten Bevölkerungsvorausberechnung (www.destatis.de); Bundesamt für Statistik. Szenarien zur Bevölkerungsentwicklung der Schweiz: 2010–2060. Neuchâtel 2010 (www.bfs.admin.ch).

2.2.3 Sterbefälle und Mortalitätsraten

Die Mortalitäts- oder Sterberate für ein bestimmtes Gebiet in einem definierten Kalenderjahr wird aus dem Verhältnis zwischen der Anzahl an Sterbefällen und der ständigen Einwohnerzahl in der Mitte des Jahres berechnet und meist pro 100.000 Einwohner angegeben.

$$\text{Mortalitätsrate im Jahr X (pro 100.000)} = \frac{\text{Anzahl der Sterbefälle im Jahr X}}{\text{Bevölkerungszahl in der Jahresmitte von X}} \cdot 100.000$$

So starben z. B. in Deutschland im Jahr 2009 insgesamt 854.542 Personen. Bei einer Bevölkerungszahl von 81,93 Millionen Einwohnern ergibt sich daraus eine *Mortalitätsrate* von 1.043 Sterbefällen pro 100.000 Einwohner. Analog werden die geschlechts- und altersspezifischen Mortalitätsraten berechnet. In diesem Fall werden im Zähler und im Nenner nur die Zahlen des jeweiligen Geschlechts bzw. der jeweiligen Altersgruppe eingesetzt. Für die Berechnung der Mortalitätsrate der 50- bis 54-jährigen Männer wird somit im Zähler die Zahl der Todesfälle der Männer im Alter von 50–54 Jahren und im Nenner die Zahl der Männer dieses Alters in der ständigen Wohnbevölkerung des betrachteten Gebietes zur Jahresmitte verwendet.

Abb. 2.9 zeigt die auf diese Weise berechneten altersspezifischen Mortalitätsraten auf einer logarithmischen Skala für Männer und Frauen in der Schweiz in den Jahren 1900 und 2007 (Näheres zur Standardisierung von Geburten- oder Sterberaten finden Sie in der Web-Box 2.2.1 auf unserer Lehrbuch-Homepage). Ganz offensichtlich sind die Mortalitätsraten 2007 deutlich niedriger als im Jahr 1900. Bei den 40-Jährigen ist die Sterberate heute zehnmal niedriger und bei Kindern im Alter von 2–15 Jahren ist die Reduktion noch deutlicher. Die Abbildung zeigt auch, dass im Jahr 2007 die Mortalitätsraten bei den über 20-jährigen Männern höher liegen als bei den gleichaltrigen

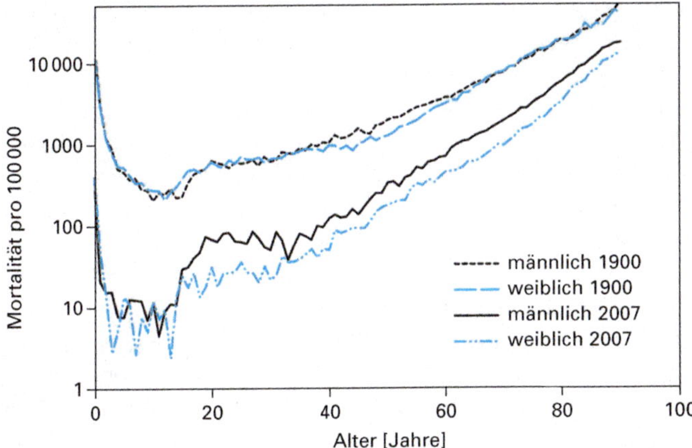

Abb. 2.9: Mortalitätsraten pro 100.000 Personen in der Schweiz in den Jahren 1900 und 2007, berechnet nach Altersgruppen und Geschlecht. Die y-Achse weist eine logarithmische Skala auf (Quelle: The Human Mortality Database; www.mortality.org).

Frauen. Besonders ausgeprägt ist dies im Alter zwischen 20 und 35 Jahren. Ein ähnliches Bild zeigt sich in West- und Ostdeutschland in den Jahren 1960 und 2007, wobei der Geschlechterunterschied in Ostdeutschland 1960 geringer war als in Westdeutschland (s. Web-Abb. 2.2.1 auf unserer Lehrbuch-Homepage).

Die Sterblichkeit von Neugeborenen wird anders berechnet: Die Zahl aller in einem Kalenderjahr innerhalb des ersten Lebensjahres verstorbenen Kinder wird zur Anzahl der in diesem Jahr lebend geborenen Kinder ins Verhältnis gesetzt. Man bezeichnet diese Größe als *Säuglingssterblichkeit*. In der Regel wird sie pro 1.000 Lebendgeborene angegeben.

$$\text{Säuglingssterblichkeit (pro 1.000)} = \frac{\text{Anzahl der Sterbefälle im ersten Lebensjahr}}{\text{Anzahl lebend geborener Kinder}} \cdot 1.000$$

Die Säuglingssterblichkeit ist bei den Jungen etwas höher als bei den Mädchen. Ebenso wie in allen anderen, sich wirtschaftlich erfolgreich entwickelnden Ländern ist sie in Deutschland und der Schweiz in den vergangenen Jahren kontinuierlich gesunken (s. Web-Abb. 2.2.2 auf unserer Lehrbuch-Homepage). Im Jahr 2007 betrug sie etwa 4,0 pro 1.000 lebend geborener Jungen und 3,9 pro 1.000 lebend geborener Mädchen. Die *Kindersterblichkeit* beziffert die Anzahl der Kinder, die im Zeitraum der ersten fünf Lebensjahre sterben, und die *neonatale Sterblichkeit* die Anzahl der Kinder, die innerhalb von 28 Tagen nach Geburt versterben. Beide Raten werden wiederum auf 1.000 Lebendgeburten bezogen.

2.2.4 Lebenserwartung

In einem Gedankenexperiment kann man sich 1.000 lebend geborener Mädchen vorstellen und sich fragen, wie viele von ihnen den ersten Geburtstag feiern könnten, wenn für sie die Säuglingssterblichkeit für Mädchen aus dem Jahr 1900 in der Schweiz gelten würde. Weiterhin könnte man sich fragen, wie viele von den Mädchen, die ein Jahr alt geworden wären, ihren zweiten Geburtstag feiern würden, wenn die Mortalitätsrate der 1- bis 2-jährigen Mädchen aus dem Jahr 1900 gelten würde. Solche Berechnungsschritte kann man für jedes weitere Lebensjahr machen. Aus den Prozentsätzen dieser hypothetischen Personen, die den jeweiligen Geburtstag erleben, lässt sich eine Überlebenskurve zeichnen (Abb. 2.10). Etwa 20 % der lebend geborenen Mädchen würden vor dem 5. Lebensjahr sterben und nur rund 40 % dieser Mädchen würden den 60. Geburtstag feiern können.

Jeder Mensch wird einmal sterben. Wir können nun das jeweilige Sterbealter erfassen und den Mittelwert des Sterbealters aller Personen berechnen. Das Ergebnis nennt man die *durchschnittliche Lebenserwartung ab Geburt*. In unserer Berechnung mit den Mortalitätsraten von 1900 resultiert daraus für Mädchen eine Lebenserwartung von 47,8 Jahren. Sie entspricht der durchschnittlichen Zahl an zu erwartenden Lebensjahren unter der Voraussetzung, dass die in einem gewissen Jahr beobachteten altersspezifischen Mortalitätsraten für das ganze Leben gelten würden. Die Lebenserwartung lässt sich auch einfach grafisch finden: Es genügt ein Rechteck, das die gleiche Fläche aufweist wie die Fläche unter der Überlebenskurve (Abb. 2.10). Das Rechteck zeigt eine hypothetische Überlebenskurve, bei der alle Personen bis zu einem gewissen Alter überleben und dann im selben Alter sterben.

Die Fläche unter der Überlebenskurve und damit die Lebenserwartung erhöhen sich deutlich, sobald die Kindersterblichkeit sinkt. Genau das geschah während des letzten Jahrhunderts in den Industrieländern. Die altersspezifischen Mortalitätsraten sanken in allen Altersgruppen kontinuierlich ab. Dies führte zu einer Erhöhung der Lebenserwartung ab Geburt in der Schweiz (s. Web-Abb. 2.2.3 auf unserer Lehrbuch-Homepage) und in Deutschland (Abb. 2.11). In der Schweiz stieg die Lebenserwartung von 48,8 Jahren für Frauen und 46,1 Jahren für Männer im Jahr 1900 auf 74,1 Jahre (♀♀) bzw. 68,7 Jahre (♂♂) im Jahr 1960 und weiter auf auf 84,1 Jahre (♀♀) bzw. 79,3 Jahre

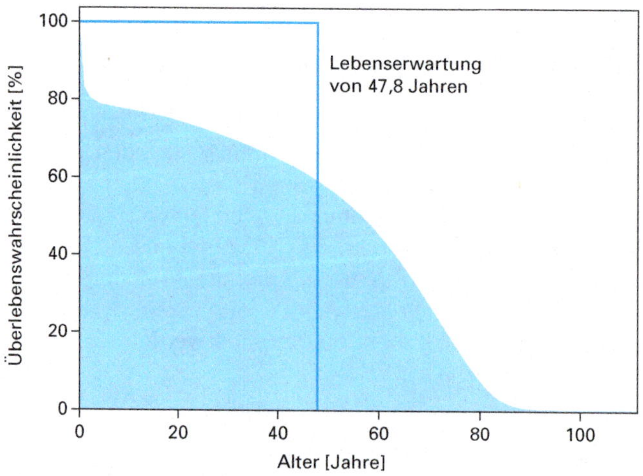

Abb. 2.10: Überlebenskurve einer hypothetischen Gruppe von lebend geborenen Mädchen, die mit den Schweizer Mortalitätsraten von 1900 versterben würden. Die grün gefärbte Fläche unter der Überlebenskurve entspricht der Fläche des eingezeichneten Rechtecks.

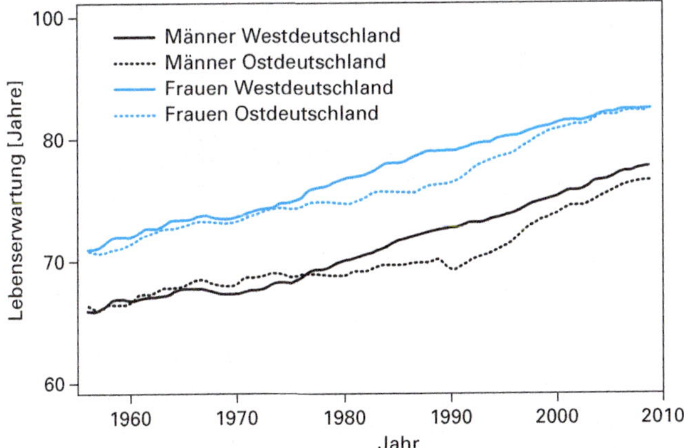

Abb. 2.11: Entwicklung der durchschnittlichen Lebenserwartung ab Geburt in Deutschland zwischen 1956 und 2009 (Quelle: The Human Mortality Database; www.mortality.org).

($\male\male$) im Jahr 2007 an. Der Einbruch im Jahr 1918 ist auf die Grippepandemie zurückzuführen. Hieran wird deutlich, dass es sich bei der Lebenserwartung um eine hypothetische Konstruktion handelt. Sie zeigt die Überlebenskurven von Personen, die in jedem Altersjahr die Mortalitätsrate durchleben müssten, wie sie zur Zeit ihrer Geburt herrschte. Die hypothetische Gruppe von Personen, die während der Grippepandemie geborenen wurden, würde somit ihr ganzes Leben in der Situation der Grippepandemie von 1918 leben.

Seit dem zweiten Weltkrieg haben Frauen in West- und Ostdeutschland gegenüber Männern eine etwa um 5 Jahre höhere Lebenserwartung. Wie in der Schweiz zeigt die zeitliche Entwicklung für Frauen und Männer in Westdeutschland eine stetige Zunahme der Lebenserwartung. In Ostdeutschland war hingegen von 1980 bis zur Wiedervereinigung 1990 eine Verlangsamung dieses Trends festzustellen. In der Zwischenzeit haben sich die Lebenserwartungen in West- und Ostdeutschland einander angenähert. Im Jahr 2020 werden sie voraussichtlich gleich hoch sein.

Die mittlere Lebenserwartung bei Geburt ist eine der zentralen internationalen Vergleichsziffern im Gesundheitswesen. Sie spiegelt die sozioökonomischen und gesundheitlichen Lebensverhältnisse in einer Gesellschaft zu einem bestimmten Zeitpunkt wider. Vergleicht man die mittlere Lebenserwartung bei Geburt in verschiedenen Gesellschaften bzw. innerhalb einer Gesellschaft zu verschiedenen Zeitpunkten, lassen sich daraus wesentliche Rückschlüsse auf das allgemeine Entwicklungsniveau einer Bevölkerung ziehen.

2.2.5 Todesursachen und potentiell verlorene Lebensjahre

Wie bereits dargestellt, steigen die Sterberaten für Männer und Frauen mit zunehmendem Lebensalter unterschiedlich stark an. Aus den Sterberaten und der urnenförmigen Altersstruktur, wie sie heute für die Schweiz und Deutschland vorliegt, ergibt sich die Altersverteilung der Todesfälle in beiden Ländern. Über die letzten hundert Jahre hat sich diese Verteilung stark verändert. 2007 traten in der Schweiz 0,7 % aller Todesfälle bei Kindern und Jugendlichen auf, die jünger als 15 Jahre alt waren. Im Jahr 1900 waren hingegen noch 32,2 % der Gestorbenen jünger als 15 Jahre! Dagegen traten im Jahr 2007 39,0 % der Todesfälle bei Menschen auf, die 85 Jahre oder älter waren, im Jahr 1900 waren es nur 2,1 %. Auch die Verteilung nach Todesursachen hat sich stark verändert (s. Web-Box 2.2.2 auf unserer Lehrbuch-Homepage).

Um deutlich zu machen, dass bestimmte Todesursachen bei jüngeren Personen eine wichtige Rolle spielen, hat man die *Zahl an potentiell verlorenen Lebensjahren*, aufgeschlüsselt nach Todesursachen, als weitere Kennziffer berechnet. In der englischen Terminologie werden sie *Potential Years of Life Lost* (PYLL) genannt. Für jede Todesursache lässt sich pro Kalenderjahr berechnen, wie viele Menschen hieran vor dem 70. Lebensjahr verstorben sind. Wenn jemand beispielsweise im Alter von 30 Jahren an einem Verkehrsunfall stirbt, dann gehen durch diesen Todesfall 40 potentielle Lebensjahre verloren. Man zählt nun alle potentiell verlorenen Lebensjahre der an einer Todesursache verstorbenen Personen zusammen. Diese Zahlen sowie ihre prozentuale Verteilung nach Todesursachen dienen als Hinweis auf das Präventionspotential für einzelne, zum Tod führende Krankheiten. Betrachtet man z. B. die relative Verteilung nach Krankheitsgruppen in Deutschland, so gehen bei den Frauen 41 % der potentiell verlorenen Lebensjahre auf Krebserkrankungen zurück (Männer: 25 %), 7,8 % auf Unfälle (Männer: 13,1 %) und 5,1 % auf Suizide (Männer: 9,3 %).

Ein weiterer Begriff, der in diesem Zusammenhang häufig genannt wird, ist die „gesunde Lebenserwartung" (Healthy Life Expectancy). Diese wird definiert als die durchschnittliche Anzahl an zu erwartenden Lebensjahren, die bei guter Gesundheit bzw. ohne nachhaltige Behinderung verbracht werden. Schließlich wird die Krankheitslast (*Burden of Disease*) in *Disability Adjusted Life Years* (DALYs) angegeben, wobei ein DALY einem durch Erkrankung oder vorzeitigen Tod verlorenen gesunden Lebensjahr entspricht (s. Kap. 9.1.2).

Internet-Ressourcen

Auf unserer Lehrbuch-Homepage (**www.public-health-kompakt.de**) finden Sie Hinweise auf weiterführende Literatur sowie verschiedene Links (u. a. zu den Zukunftsprognosen des *Statistischen Bundesamt Deutschlands* und des *Schweizerischen Bundesamt für Statistik*, zur *Human Mortality Database*, zum mehrsprachigen Demographischen Wörterbuch der Vereinigten Nationen und zu relevanten Seiten der UNICEF, Weltbank und Weltgesundheitsorganisation).

2.3 Biostatistik

Marcel Zwahlen

Wir lesen in einem Fachartikel, dass bei einer bestimmten Therapieform von 100 Behandelten nur halb so viele versterben wie bei einer anderen Form der Therapie. Ist dieser Unterschied statistisch gut abgesichert (*statistisch signifikant*)? Oder ist es möglich, dass er nur auf Zufall beruht? Es könnte z. B. sein, dass in der ersten Gruppe eine Person verstarb, in der zweiten jedoch zwei. In der ersten Gruppe starben damit tatsächlich nur halb so viele Menschen wie in der zweiten Gruppe. Wie stark unterscheidet sich der Therapieerfolg bei diesen beiden Behandlungsformen nun wirklich? Mit Hilfe der Statistik versuchen wir, über numerische Informationen Antworten auf solche Fragen zu erhalten. Statistik befasst sich mit dem Sammeln, Zusammenfassen, Darstellen und Interpretieren von Daten. *Biostatistik* ist der Zweig der Statistik, der diese Aufgaben in der Biomedizin und in Public Health übernommen hat.

Wir lernen in diesem Kapitel die Grundprinzipien zur Zähmung der Variabilität kennen, d. h. wir erfahren, wie man trotz vorhandener statistischer Unsicherheit möglichst wahrheitsgemäße Schlussfolgerungen über Populationen und Patientengruppen ziehen kann. Statistik kommt dabei nicht ganz ohne mathematische Formeln aus. Sie wird daher von Vielen oftmals als schwierig oder unangenehm angesehen. Wir versuchen hier den mathematischen Formalismus auf das Nötigste zu beschränken.

Schweizerische Lernziele: CPH 13–16

2.3.1 Warum brauchen wir Statistik?

> „In God we trust. All others must have data."
> W.E. Demming (1900–1993; amerik. Physiker und Statistiker)

> „It is easy to lie with statistics. It is hard to tell the truth without statistics."
> A. Dunkels (1939–1998; schwed. Mathematiker und Lehrer)

Statistik und statistische Verfahren dienen dazu, aus Situationen, die typischerweise mit einer gewissen Variabilität auftreten, möglichst wahrheitsgemäße Schlüsse zu ziehen. Insbesondere biologische Prozesse zeigen oft eine solche inhärente Variabilität. Dies spiegelt sich dann auch in biomedizinischen Messwerten wider. So variiert beispielsweise der arterielle Blutdruck nicht nur von Mensch zu Mensch, sondern auch bei einem Individuum von Stunde zu Stunde. In einer Population von Individuen äußert sich Variabilität in Form von zufällig auftretenden Ereignissen oder Messwerten. Einerseits können beispielsweise Personen, die gegen eine bestimmte Infektionskrankheit geimpft wurden, trotz Impfung an dieser Infektion erkranken, andererseits können ungeimpfte Personen gesund bleiben. Wenn wir diese Situation aus statistischer Sicht betrachten, stellen sich uns u. a. folgende Fragen:

- Was kann daraus geschlossen werden, wenn bei den geimpften Personen ein größerer Anteil gesund bleibt als bei den ungeimpften?

- Wie wirksam ist der Impfstoff? Ist der Unterschied zwischen Geimpften und Ungeimpften vielleicht zufällig zustande gekommen?

- Gaukelt uns eine Verzerrung bei der Studienpopulation möglicherweise eine Wirkung der Impfung nur vor? So könnte z. B. die Gruppe der Geimpften mehr Interesse an präventiven Maßnahmen gezeigt haben als die der Ungeimpften. Damit wäre denkbar, dass sich beide Gruppen im Gesundheitsverhalten und in den generellen Lebensumständen unterscheiden. Dies alles sind Faktoren, die die Erkrankungswahrscheinlichkeit beeinflussen könnten.
Statistische Methoden erlauben es, die ersten beiden Fragen zu beantworten. Das in der dritten Frage angesprochene Problem eines Selektionsbias (s. Kap. 2.1.4) kann durch eine sorgfältige Planung der durchzuführenden Studie verhindert werden.

Die *Hauptarbeitsbereiche der Biostatistik* sind

- die Mithilfe bei der Planung von Studien (s. die verschiedenen Studientypen in Kap. 2.1)

- die Beschreibung und Zusammenfassung von erhobenen Daten (z. B. des mittleren Blutdrucks in einer Population, s. „deskriptive Statistik")

- die Quantifizierung von wichtigen Kenngrößen in Populationen oder Patientengruppen (z. B. die Inzidenz einer Infektion, s. „Schätzen von Parametern")

- das Testen von präzisen quantitativen Hypothesen („Impfstoff A ist 20 % wirksamer als Impfstoff B")

2.3.2 Klassifikation von Daten

Um in der Biomedizin und in Public Health Antworten auf Fragen zu bekommen, werden in der Regel Studien durchgeführt, die Messungen beinhalten. Gemessen werden bestimmte Charakteristika (**Variablen**), die Antworten auf die bestehenden Fragen versprechen. Häufig sind dies Untersuchungen bei StudienteilnehmerInnen. Es kann sich aber auch um Messwerte handeln, die an Versuchstieren gewonnen wurden oder um Charakteristika von Krankenhäusern oder Analyseergebnisse aus Urinproben. Jeder Aspekt, der untersucht wird, wie etwa der Blutdruck, der Cholesterinspiegel oder das Geschlecht, entspricht in der Regel einer Variablen. Bevor die Anwendung bestimmter statistischer Verfahren festgelegt und erste Berechnungen durchgeführt werden, lohnt es sich, die vorhandenen Daten anzusehen und sie nach Datentypen zu ordnen. In einem ersten Schritt wird zwischen quantitativer und kategorischer Information unterschieden.

Quantitative Daten sind entweder *kontinuierliche* oder *diskrete Daten*. Als kontinuierliche Variable bezeichnet man einen Messwert, der sich auf einer kontinuierlichen Skala mit einer definierten Maßeinheit abbilden lässt. Kontinuierliche Variablen sind z. B. das Körpergewicht oder ein Cholesterinwert. Sie können jeden beliebigen Wert auf der Skala des Messgerätes einnehmen. Im Gegensatz dazu kann eine diskrete Variable nur eine beschränkte Anzahl, meist ganzzahliger Werte annehmen. Beispiele hierfür sind die Anzahl von Geburten oder von Krankenhausaufenthalten im letzten Jahr.

Kategorische Daten werden auch *nominale* oder *qualitative Daten* genannt. Hierbei handelt es sich um nicht-numerische Daten, wie beispielsweise der Geburtsort, die

Nationalität, die Augenfarbe oder die Art eines Medikaments. Eine wichtige Untergruppe kategorischer Daten sind so genannt *binäre oder dichotome Variablen*, die nur zwei mögliche Werte kennen. So ist das Geschlecht entweder weiblich oder männlich, und der Teilnehmer an einer Studie ist bei Studienende entweder am Leben oder gestorben.

Bei **geordneten kategorischen Daten** gehen wir davon aus, dass den Kategorien – auch wenn sie nicht-numerischer Art sind – eine natürliche Ordnung zukommt. Geordnete kategorische Daten sind z. B. die Antworten auf die folgende Frage:

„Während meines Krankenhausaufenthaltes wurde ich mit Respekt und Würde behandelt."

Bitte beantworten Sie, ob Sie dieser Aussage

a. überhaupt nicht zustimmen
b. ein wenig zustimmen
c. stark zustimmen
d. vollumfänglich zustimmen

Ein weiteres Beispiel für eine solche natürliche Ordnung sind die Stadien einer Krebserkrankung: Stadium I hat eine bessere Prognose als Stadium IV.

2.3.3 Transparentes Zusammenfassen der erhobenen Daten

Die quantitativen Daten, die in einer Studie erhoben wurden, müssen in einem ersten Schritt geeignet zusammengefasst werden, um eine bessere Übersichtlichkeit zu erreichen.

Betrachten Sie z. B. die folgende Situation:

In einer Studie, an der 200 Personen teilnahmen, wurden u. a. Gewicht und Körpergröße gemessen. Anhand dieser Werte wurde anschließend der Body Mass Index (BMI) der TeilnehmerInnen durch Division von Körpermasse (in Kilogramm) durch das Quadrat der Körpergröße (in Metern) berechnet. Die alleinige Auflistung der 200 BMI-Werte wäre nun bei der Beurteilung dieser Daten wenig hilfreich:

BMI-Werte [kg/m^2] der Personen 1–10:
24,0; 27,6; 28,7; 29,0; 25,4; 25,7; 27,8; 25,3; 28,4; 29,0

BMI-Werte [kg/m^2] der Personen 191–200:
28,5; 24,8; 28,6; 21,8; 24,4; 24,4; 21,3; 26,8; 27,7; 22,9

Es ist sinnvoller, eine leicht verständliche Zusammenfassung dieser Werte zu erstellen. Das kann mittels *grafischer Darstellung* oder mit Hilfe geeigneter *Kennzahlen* geschehen. Nützlich ist in diesem Zusammenhang die so genannte **Fünf-Zahlen-Zusammenfassung** (*Five-Number Summary*). Zu diesen fünf Zahlen gehören:

- **Tiefster Wert** (Minimum)

- **Unteres Quartil**: Der Wert, der die vorliegende Reihe von Werten so unterteilt, dass 25 % der Werte kleiner als dieser Wert sind.

- **Median** (m): Der Wert, der die Reihe so unterteilt, dass (höchstens) die Hälfte der Werte kleiner als m und (höchstens) die Hälfte der Werte größer als m sind. Bei einer geraden Anzahl von Werten (k = Anzahl der vorliegenden Werte) wird die Mitte zwischen dem (k/2)-ten und (k/2 + 1)-ten Wert genommen.

- **Oberes Quartil**: Der Wert, der die Reihe von Werten so unterteilt, dass 75 % der Werte kleiner als das obere Quartil sind.

- **Höchster Wert** (Maximum).

Bei den 200 Personen, für die der BMI berechnet wurde, ergäben sich daraus z. B. die folgenden Werte (in kg/m^2) der Fünf-Zahlen-Zusammenfassung:

Minimum: 16,70; Unteres Quartil: 23,50; Median: 25,10; Oberes Quartil: 26,85; Maximum: 39,20.

Diese fünf Kennzahlen lassen sich auch in einem so genannten **Boxplot** (Kastengrafik) oder *Box-Whisker-Plot* darstellen (Abb. 2.12). Im Boxplot sehen wir in der Mitte eine dunkler eingefärbte Box, welche durch die Werte des unteren und oberen Quartils begrenzt ist. 50 % aller Werte liegen innerhalb des Interquartilbereichs zwischen 23,50 und 26,85. In der Mitte dieser Box ist der Median-Wert eingezeichnet. Die beiden Linien, die von den Rändern der Box ausgehen, werden *Whisker* (Antennen, Fühler) genannt. Die Länge dieser Whisker ist auf das 1,5-Fache des Interquartilabstands beschränkt. In unserem Beispiel beträgt der Interquartilabstand 26,85 − 23,5 = 3,35. Die Begrenzung des oberen Whiskers liegt also maximal bei 26,85 + (1,5 × 3,35) = 31,875. Der untere Whisker erstreckt sich bis maximal 23,5 − (1,5 × 3,35) = 18,475. Werte, die weiter als die beiden Whisker vom Median entfernt liegen, werden einzeln dargestellt und als Ausreißerwerte bezeichnet.

Eine andere Form der grafischen Darstellung ist das **Histogramm**. Hierbei werden zuerst Werteintervalle gebildet, anschließend wird gezählt, wie viele der vorliegenden Werte in die jeweiligen Intervalle fallen. Das Ergebnis kann man dann auf zwei verschiedene Arten grafisch darstellen. Entweder wird die Anzahl oder der Prozentsatz der Werte aufgezeigt, die jeweils in die gebildeten Werteintervalle fallen. Abb. 2.13 zeigt eine solche Darstellung. Die gewählten Intervalle haben hier eine Länge von 2 kg/m^2

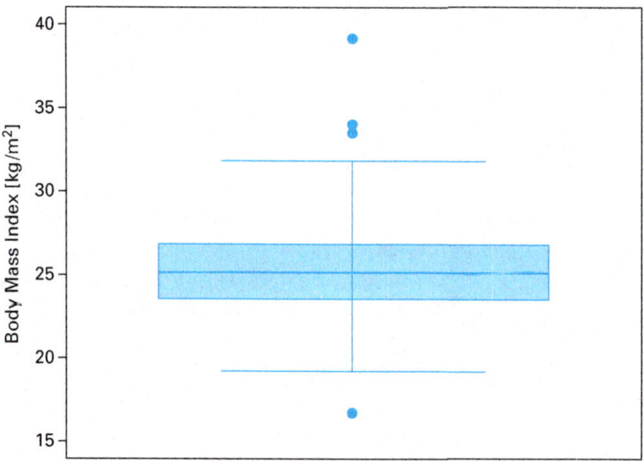

Abb. 2.12: Boxplot-Darstellung der BMI-Werte der 200 Personen aus dem Anwendungsbeispiel. Bei den Punkten außerhalb der Whisker handelt es sich um so genannte Ausreißerwerte.

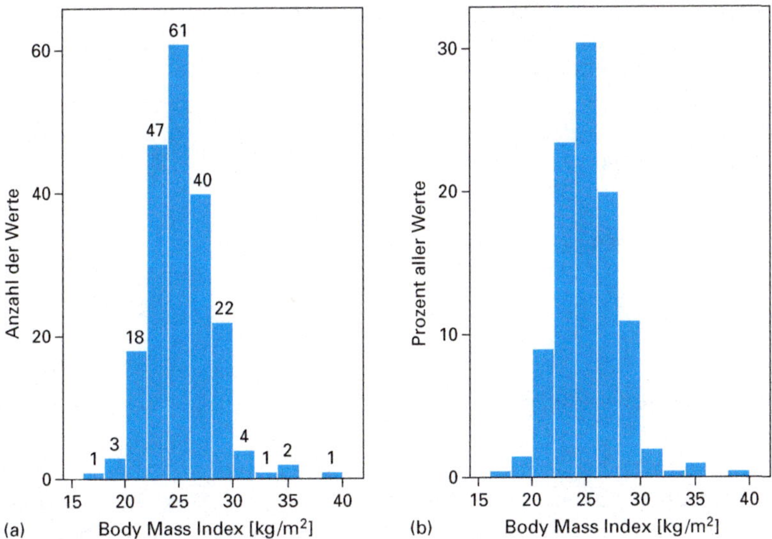

Abb. 2.13: Histogramm der BMI-Werte der 200 Personen aus dem Anwendungsbeispiel.
(a) Histogramm, bei dem die Anzahl der Werte in der jeweiligen Wertegruppe angegeben sind.
(b) Histogramm, das die jeweiligen Prozentsätze angibt.

(z. B. 16 bis < 18 kg/m^2, 18 bis < 20 kg/m^2 etc.). Der Nachteil eines solchen Histogramms ist, dass es von der gewählten Intervalleinteilung abhängt, welches Bild man erhält.

Eine weitere Möglichkeit der grafischen Darstellung ist das **Streudiagramm**. Hierdurch können zwei verschiedene Merkmale gleichzeitig dargestellt werden. In unserem Anwendungsbeispiel ließe sich auf diese Weise etwa der BMI mit dem Alter der 200 untersuchten Personen verknüpfen (Abb. 2.14).

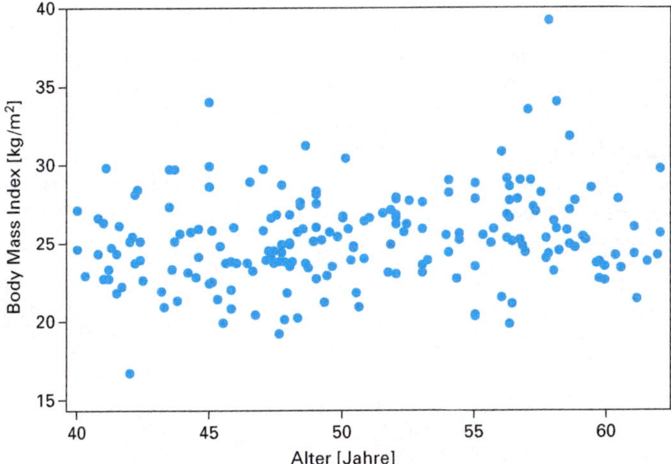

Abb. 2.14: Streudiagramm (*Scatter Plot*), das das Alter der 200 Personen aus dem Anwendungsbeispiel zu ihrem Body Mass Index in Relation setzt.

Oft werden auch der **Mittelwert** und die **Standardabweichung** als Kennzahlen zur Zusammenfassung der vorliegenden Werte verwendet. Die Anzahl der Werte des Datensatzes bezeichnet man hierbei mit N.

Formel 2.1: Formeln für die Berechnung des Mittelwertes und der Standardabweichung einer Wertereihe. SD = Standard Deviation (engl.)

$$\text{Mittelwert} = \frac{X_1 + \ldots + X_N}{N} = \frac{\sum\limits_{j=1}^{j=N} X_j}{N}$$

$$\text{Standardabweichung (SD)} = \sqrt{\frac{\sum\limits_{j=1}^{j=N}(X_j - \text{Mittelwert})^2}{N-1}}$$

Der Mittelwert ist eine Kennzahl für typische Werte in der Mitte einer Datenreihe, die Standardabweichung kennzeichnet dagegen die Variabilität der betrachteten Werte. Zu beachten ist, dass bei der Berechnung der Standardabweichung die Summe der quadrierten Abstände zum Mittelwert durch die um 1 reduzierte Anzahl der Werte geteilt wird (N–1).

Ständen uns alle 200 BMI-Werte aus unserem Anwendungsbeispiel zur Verfügung, ließe sich daraus ein Mittelwert von 25,3 kg/m² sowie eine Standardabweichung von 2,92 kg/m² berechnen. In unserem Beispiel nimmt die Standardabweichung damit einen ähnlichen Wert wie der Interquartilabstand ein, der 3,35 kg/m² betrug.

Mittelwert und Standardabweichung reagieren empfindlich darauf, wenn einige wenige Werte weit außerhalb des übrigen Wertebereichs liegen. So würde sich die Standardabweichung z.B. von 2,92 auf 4,98 kg/m² erhöhen, wenn unter den Werten unseres Beispiels anstatt der zehn höchsten BMI-Werte zwischen 29,8 kg/m² und 39,2 kg/m² zehn Werte von jeweils 45 kg/m² gewesen wären. Der Mittelwert würde nun 25,9 kg/m² betragen. Median und Interquartilbereich würden sich jedoch nicht ändern. Tab. 2.6 fasst die *Vor- und Nachteile der Kennzahlen quantitativer Daten* zusammen.

Will man dagegen die Resultate von **qualitativen Daten** zusammenfassen, ist es nicht sinnvoll, Median oder Mittelwert zu berechnen. Dies gilt auch dann, wenn Zahlencodes verwendet wurden, wie z.B. die Zahlen 1 bis 5 zur Kodierung des Personenstands (schweizerisch: Zivilstand) in ledig, verheiratet, geschieden, verwitwet, getrennt lebend. Eine nützliche Information bei qualitativen Daten ist die *prozentuale Verteilung* auf die verschiedenen Kategorien. Diese kann dann anhand einer **Tabelle** (Tab 2.7) oder grafisch in Form eines **Kuchendiagramms** (*Pie chart*; Abb. 2.15) oder eines **Häufigkeitsdiagramms** (s. Web-Abb. 2.3.1 auf unserer Lehrbuch-Homepage) dargestellt werden. Die Kuchengrafik bezeichnet man auch als *Kreisdiagramm*, die Häufigkeitsgrafik als *Balkendiagramm* (*Bar chart*).

Tab 2.6: Vor- und Nachteile der Kennzahlen quantitativer Daten.

	Vorteil	Nachteil
Kennzahlen für die Mitte		
Mittelwert	Einfach zu berechnen, gute statistische Eigenschaften	Reagiert empfindlich auf Ausreißerwerte
Median	Einfach zu verstehen, reagiert nicht sensibel auf Ausreißerwerte (= robust gegenüber Ausreißerwerten)	Hat komplexe statistische Eigenschaften
Kennzahlen für die Variabilität		
Standardabweichung	Hat gut verstandene statistische Eigenschaften	Ist kompliziert zu berechnen, reagiert empfindlich auf Ausreißerwerte
Interquartilbereich	Einfach zu verstehen: 50 % aller Werte liegen in diesem zentralen Bereich	Hat komplexe statistische Eigenschaften

Tab. 2.7: Zivilstand (Personenstand) der 30- bis 49-jährigen Männer und Frauen in der Schweiz (Schweizerische Gesundheitsbefragung 2007).

Zivilstand	Männer	Frauen
Ledig	26,5 %	18,5 %
Verheiratet	64,8 %	68,7 %
Verwitwet	0,6 %	1,4 %
Geschieden	6,3 %	9,4 %
Getrennt lebend	1,8 %	2,0 %
Gesamt	100 %	100 %

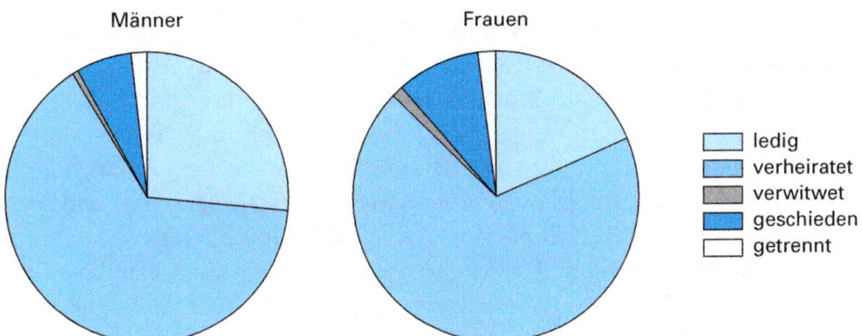

Abb. 2.15: Kuchengrafik, die den Zivilstand (Personenstand) der 30- bis 49-jährigen Männer und Frauen in der Schweiz wiedergibt (Schweizerische Gesundheitsbefragung 2007; die genauen Prozentsätze zeigt Tab. 2.7).

2.3.4 Variabilität des Mittelwertes bei wiederholten Zufalls-Stichproben

Da es nur ausnahmsweise möglich ist, Untersuchungen ganzer **Populationen** durchzuführen, ist man in der Regel dazu gezwungen, sich mit der Analyse einer Teilmenge einer Population zu begnügen. Wenn diese Teilmenge nach dem Zufallsprinzip ausgewählt wurde, wird sie als *zufällig gezogene Stichprobe* bezeichnet. Die Wahrscheinlichkeitslehre erlaubt es nun, anhand einer solchen Stichprobe Aussagen darüber zu machen, wie sich die statistischen Kennzahlen der zufällig gezogenen Stichprobe von den wahren Werten in der Gesamtpopulation unterscheiden. Wenn man anhand der Resultate einer Stichprobe Aussagen über die ganze Population machen will, muss man allerdings berücksichtigen, dass aufgrund des Zufalls mehrere, nach dem gleichen Zufallsprinzip gezogene Stichproben unterschiedliche Kennzahlen liefern. Dieses Phänomen der „Stichprobenvariation" soll nun anhand von Computersimulationen illustriert werden.

Computersimulation der Stichprobenvariabilität

Hierzu stellen wir uns vor, dass wir im Jahr 2007 in der Schweiz alle rund 2,4 Mio. Personen im Alter zwischen 30 und 49 Jahren nach ihrem Personenstand (Zivilstand) befragt hätten. Es zeigte sich, dass exakt 60 % der Befragten verheiratet waren. Wir ziehen nun am Computer eine zufällige Stichprobe von einer bestimmten Größe (z. B. 50 Personen) aus der Gesamtpopulation und berechnen anschließend den Prozentsatz der verheirateten Personen aus dieser Stichprobe. Das Ganze wird 10.000-mal wiederholt, und zum Schluss wird die Verteilung der in den Stichproben berechneten Prozentsätze mittels eines Histogramms beschrieben. Dieses Prozedere wird dann für eine Stichprobengröße von 100, 300 und 500 Personen wiederholt (Abb. 2.16). Es wird bei allen Stichprobengrößen deutlich, dass die Verteilung des berechneten Prozentsatzes jeweils um die Mitte, den wahren Wert von 60 % schwankt. Allerdings variieren die Resultate bei einer Stichprobengröße von 50 Personen relativ stark zwischen 40 % und 80 %. Dagegen kommt es bei einer Stichprobengröße von 300 Personen kaum vor, dass der berechnete Prozentsatz kleiner als 50 % oder größer als 70 % wird. Je mehr Personen eine Stichprobe umfasst, desto weniger variieren also die in der Stichprobe berechneten Resultate. Im Grenzfall einer Vollerhebung entspricht der berechnete Wert exakt dem wahren Wert.

Auch für die Berechnung des Mittelwertes einer Stichprobe gilt, dass der hier berechnete Wert vom wahren Mittelwert umso weniger abweicht, je größer die Stichprobe ist. Bei unserem Beispiel der rund 2,4 Mio. SchweizerInnen im Alter zwischen 30 und 49 Jahren sind die Body-Maß-Index-Werte normalverteilt mit einem Mittelwert von 25 kg/m² und einer Standardabweichung von 4 kg/m². Werden nun aus der Gesamtpopulation wiederholt Stichproben verschiedener Größe gezogen und wird pro Stichprobe der Mittelwert des BMI berechnet, so ergibt sich hieraus eine Verteilung der für die Stichproben berechneten Mittelwerte um die Mitte, den wahren Wert von 25 kg/m² herum. Die Mittelwerte variieren dabei umso mehr, je kleiner die Anzahl an Personen in der Stichprobe ist (s. Web-Abb. 2.3.2 auf unserer Lehrbuch-Homepage).

Aus der Wahrscheinlichkeitslehre ergibt sich auch, dass die Stichprobenvariabilität einer berechneten Proportion oder eines berechneten Mittelwertes annährungsweise durch die so genannte *Normalverteilung* beschrieben werden kann, wenn die Stichpro-

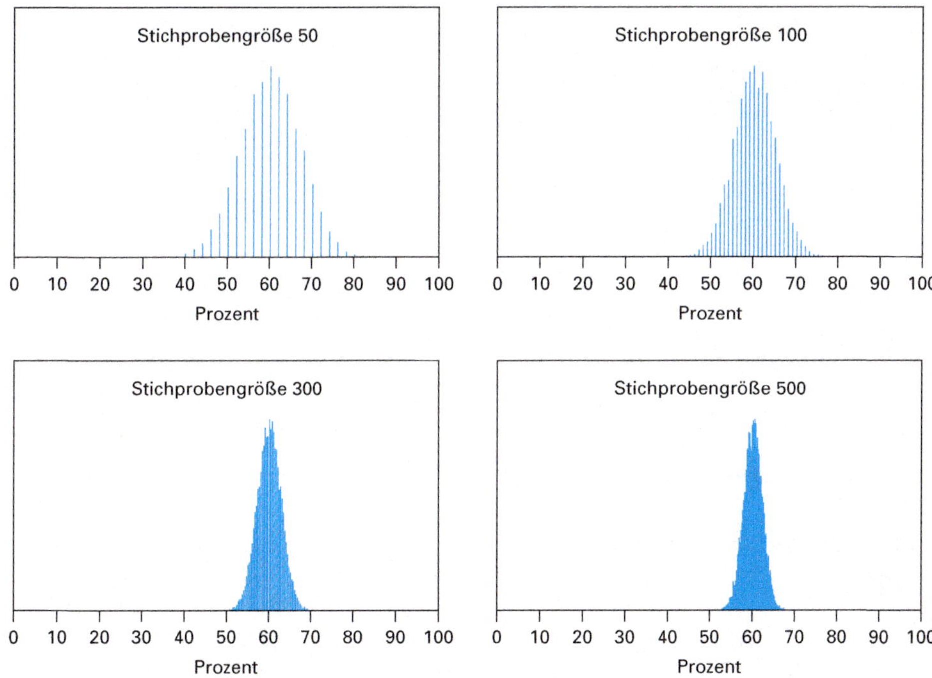

Abb. 2.16: Stichprobenvariabilität in Abhängigkeit von der Stichprobengröße (50, 100, 300 und 500 Personen) für den Prozentsatz an verheirateten Personen bei einem wahren Prozentsatz von 60 % in der Gesamtpopulation. Resultate von Computersimulationen mit jeweils 10.000 Stichproben.

ben nach dem Zufallsprinzip gezogen wurden. Je größer hierbei die Stichprobengröße N ist, desto exakter stimmt diese Annäherung. Die normalverteilten Werte liegen dabei zentriert um den wahren Wert herum. Die „Breite" der Normalverteilung muss allerdings geeignet gewählt werden. Die Web-Abb. 2.3.3 auf unserer Lehrbuch-Homepage zeigt geeignete Normalverteilungskurven für die Berechnung des Prozentsatzes verheirateter Personen (oben) sowie für die Berechnung des mittleren BMI-Wertes (unten), jeweils in Abhängigkeit von der Stichprobengröße. Diese entsprechen annähernd den Simulationsverteilungen, die in den oberen Hälften von Abb. 2.16 und Web-Abb. 2.3.2 zu sehen sind.

2.3.5 Die Normalverteilung in aller Kürze

Es ist sinnvoll, sich eingehender mit der *Normalverteilung* (Gauß-Verteilung) auseinander zu setzen. „Normal" bedeutet hier, dass diese statistische Verteilung in vielen Situationen einer guten Annäherung an die wahren Werte entspricht, sodass sie auch als Grundlage für Berechnungen dienen kann. Abb. 2.17 zeigt die *Dichtefunktion der Standard-Normalverteilung*. Die Dichtefunktion kann man sich als „geglättetes Histogramm" von unendlich vielen Werten vorstellen. Es stellt aber nicht die Anzahl der beobachteten Werte dar, sondern die prozentuale Verteilung dieser Werte. Hierbei beträgt die gesamte Fläche zwischen der Funktionslinie und der X-Achse genau 100 %.

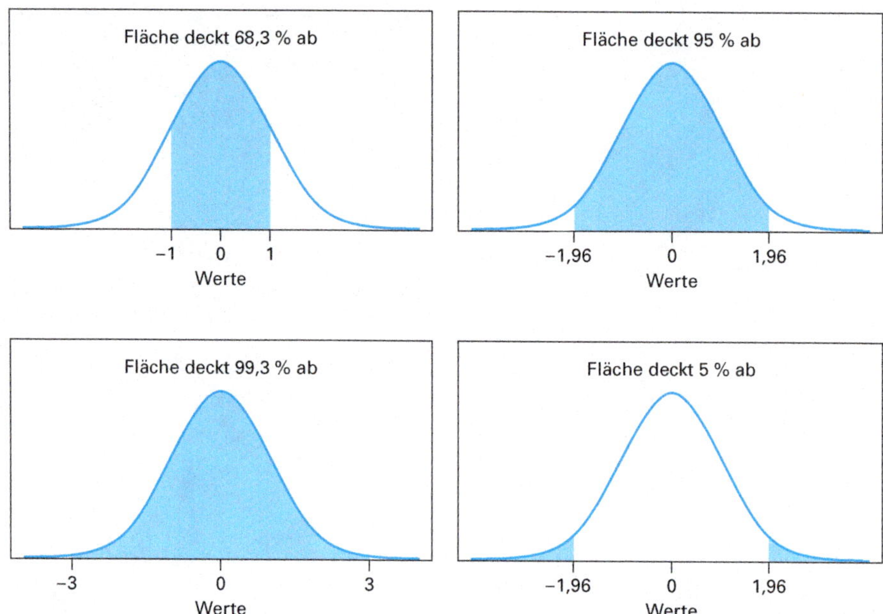

Abb. 2.17: Die Standard-Normalverteilung mit dem Mittelwert (MW) = 0 und der Standardabweichung (SD) = 1. Die gesamte Fläche zwischen der Linie der Dichtefunktion und der X-Achse beträgt 100 %.

Gibt man ein bestimmtes Intervall vor, dann ergibt die *Fläche unter der Kurve* den Prozentsatz der Werte in diesem Intervall. Im Intervall zwischen − 1 und + 1 befinden sich z. B. 68,3 % aller Werte. Da die Kurve symmetrisch zum Wert 0 ist, kann man daraus ableiten, dass 34,15 % der Werte zwischen 0 und + 1 liegen. Dem entsprechend befinden sich 95 % aller Werte zwischen − 1,96 und + 1,96. Fünf Prozent der Werte liegen damit weiter als 1,96 von Null entfernt.

Leider ist es nicht möglich, eine einfache Formel anzugeben, mit der man diese Flächenabschnitte für jedes Intervall selber berechnen kann. Früher gab es daher in Statistikbüchern eine Tabelle, die die Werte für die Flächenabschnitte von minus Unendlich bis zu einem bestimmten Wert („Z-Wert" genannt) angab. Heute kann man diese mit Hilfe verschiedener Computerprogramme berechnen (s. Internet-Ressourcen).

2.3.6 Das 95 %-Vertrauensintervall

Wir wissen nun, dass bei einer großen Stichprobe der hierbei berechnete Mittelwert bzw. ein bestimmter Prozentsatz der Variablen annähernd einer Normalverteilung um den wahren Wert in der Gesamtpopulation folgt. Damit ist es uns möglich, rund um den in der Stichprobe berechneten Wert (Mittelwert oder Prozentsatz) ein Intervall zu berechnen, das mit einer gewünschten Wahrscheinlichkeit den wahren Wert enthält. Was uns noch fehlt, ist eine Formel, die angibt, welche Breite die zu benützende Normalverteilung haben soll. Sie kann durch die Formeln für den so genannten Standardfehler berechnet werden. In Englisch wird der Standardfehler als *Standard Error* bezeichnet und mit „SE" abgekürzt.

Den Standardfehler für einen Mittelwert errechnet man, indem man die Standardabweichung aller Werte in der Population durch die Quadratwurzel der Stichprobengröße dividiert.

Formel 2.2: Formeln für die Berechnung des Standardfehlers eines Mittelwertes (a) und einer Proportion (b). SE = Standard Error (engl.)

$$\text{a. Standardfehler (SE) für Mittelwert} = \frac{\text{Standardabweichung der Werte}}{\sqrt{N}} = \frac{SD}{\sqrt{N}}$$

$$\text{b. Standardfehler (SE) für Proportion} = \sqrt{\frac{\text{Proportion} \times (1 - \text{Proportion})}{N}}$$

In der Praxis ist die Standardabweichung für alle Werte einer Population in der Regel jedoch nicht bekannt. Deshalb wird hierzu die Standardabweichung der vorliegenden Werte benützt. Beide Werte stimmen näherungsweise überein. Auch hier gilt: Die Annäherung ist umso besser, je größer die Stichprobe ist. Eine analoge Formel gibt es für den Standardfehler einer Proportion.

Um nun das **95%-Vertrauensintervall** (**VI**, auch: Konfidenzintervall) zu berechnen, wird anschließend zum erhaltenen Wert noch 1,96-mal der Standardfehler für diesen Wert auf der einen Seite addiert, auf der anderen Seite subtrahiert. Das gewählte Vertrauensintervall umfasst denjenigen Bereich um den geschätzten Wert herum, der mit einer zuvor festgelegten Wahrscheinlichkeit (hier: 95%) die wahre Lage dieses Wertes angibt.

Formel 2.3: Formeln für die Berechnung des 95%-Vertrauensintervalls eines Mittelwertes.

$$
\begin{aligned}
\text{95\%-Vertrauensintervall (VI) für Mittelwert} &= [MW - 1{,}96 \times SE(MW); \\
&\quad MW + 1{,}96 \times SE(MW)] \\
&= MW \pm 1{,}96 \times SE(MW)
\end{aligned}
$$

MW = Mittelwert
SE = Standardfehler

Analog hierzu lässt sich auch das 95%-Vertrauensintervall für eine Proportion berechnen.

Wenn nun z. B. bei einer randomisierten Behandlungsstudie zwei Gruppen miteinander verglichen werden, dann interessiert uns in der Regel eine Größe, die den Unterschied zwischen den beiden Gruppen beschreibt. Dies kann z. B. die Differenz zwischen den beiden Mittelwerten der betrachteten Gruppen sein oder die Differenz zwischen zwei Proportionen dieser Gruppen. Auch die Risiken, dass ein bestimmtes Ereignis wie Rückfall, Herzinfarkt oder Tod eintritt, können in beiden Gruppen unterschiedlich verteilt sein. Hier lässt sich ebenfalls ein 95%-Vertrauensintervall analog zum oben beschriebenen Vorgehen konstruieren. Zum beobachteten Wert für die Differenz wird auf der einen Seite der Standardfehler für die interessierende Größe 1,96-mal addiert, auf der anderen Seite subtrahiert.

Entsprechende Formeln kommen bei der Berechnung des 95%-Vertrauensintervalls eines *relativen Risikos* und der *Odds Ratio* zur Anwendung (s. a. Kap. 2.1). Hier muss jedoch beachtet werden, dass die Werte vor der Berechnung logarithmiert und dann zum Schluss auf die gewünschte Skala zurück transformiert werden müssen. Verwendet wird dabei der natürliche Logarithmus zur Basis der eulerschen Zahl e. Die Rücktransformation muss daher mit der Exponentialfunktion e^x geschehen.

Es stellt sich nun natürlich die Frage, wie gut diese Annäherungen (*Approximationen*) in der praktischen Anwendung sind. Anstelle der annähernden Berechnung des wahren Mittelwertes mit Hilfe des Stichprobenmittelwertes und seines 95%-Vertrauensintervalls gibt es noch eine verfeinerte Approximation mittels der *Familie von t-Verteilungen*. Die t-Verteilungen zeigen im Gegensatz zur Normalverteilung für *kleine n-Werte* eine größere Breite und eine Betonung der Flanken. Ein Vergleich zwischen beiden Methoden zeigt, dass z. B. bei einer Wertereihe von nur 50 (bzw. 20, 10 oder 5) Messungen für die Formel des 95%-Vertrauensintervalls anstatt 1,96 besser der Wert 2 (bzw. 2,1; 2,23; 2,57) verwendet werden sollte. Bei der Berechnung von Proportionen, wie z. B. eines Risikos aus einer t-Verteilung (= Anzahl Ereignisse / Anzahl Personen in der Gruppe), wird die approximative Berechnung des 95%-Vertrauensintervalls unzuverlässig, sobald die Anzahl der Ereignisse bzw. der Nichtereignisse kleiner als 5 wird. In diesen Fällen müssen anstatt der Annäherung über die Normalverteilung andere Methoden verwendet werden.

2.3.7 Der Umgang mit Wahrscheinlichkeiten: Interpretation von Untersuchungen und Tests

Obwohl die Wahrscheinlichkeitsrechnung als Teilgebiet der Mathematik nur wenige Rechenregeln kennt und daher auf den ersten Blick einfach erscheint, macht der Umgang mit Wahrscheinlichkeiten nicht selten Probleme. Die Web-Box 2.3.1 auf unserer Lehrbuch-Homepage fasst wichtige Regeln der Wahrscheinlichkeitsrechnung zusammen.

Probleme entstehen besonders häufig bei der Interpretation der Resultate von Untersuchungen und Tests. Hier sind mehrere, unterschiedlich definierte *bedingte Wahrscheinlichkeiten* von Bedeutung. So ist die **Sensitivität** eines Tests die Wahrscheinlichkeit, dass der Test bei einer tatsächlich erkrankten Person positiv ausfällt. In mathematischer Schreibweise wird dies folgendermaßen ausgedrückt: P(positiver Test | Person hat die Krankheit). Als **Spezifität** eines Tests bezeichnet man dagegen die Wahrscheinlichkeit, dass bei einer nicht erkrankten Person der Test auch tatsächlich negativ ausfällt. Die Notation lautet hier: P(negativer Test | Person hat die Krankheit nicht). Es handelt sich hierbei um bedingte Wahrscheinlichkeiten, da man jeweils das Eintreten eines Ereignisses *A* (positiver/negativer Test) unter der Bedingung anschaut, dass ein anderes Ereignis *B* (Person hat eine Krankheit/keine Krankheit) eingetreten ist.

Was ist nun die Wahrscheinlichkeit für einen falsch positiven Test? Um dies zu beantworten gilt es, die Frage zu präzisieren. Bezieht sich diese Aussage auf nicht erkrankte Personen, dann ist die Wahrscheinlichkeit für einen falsch positiven Test einfach gleich 1 – Spezifität: Die beiden Wahrscheinlichkeiten verhalten sich komplementär (s. Web-Box 2.3.1). In der Praxis bezieht sich die Frage jedoch häufig auf die Personen mit positiven Testresultaten. Um diese beraten zu können, muss man wissen, wie häufig Personen mit einem positiven Test die Krankheit nicht haben: P(Person hat die Krankheit nicht | positiver Test). Wir können dies am Beispiel von systematisch durchgeführten Mammografien bei 50-jährigen Frauen zur Früherkennung von Brustkrebs illustrieren. Um die Frage beantworten zu können, benötigen wir einige zusätzliche Angaben:

- Die *Sensitivität* der Mammografie-Untersuchung liegt bei 85 %, d. h. bei 100 Frauen mit Brustkrebs wird der Test in 85 Fällen positiv ausfallen.

- Die *Spezifität* der Mammografie-Untersuchung liegt bei 97 %, d. h. bei 100 Frauen ohne Brustkrebs wird der Test in 3 Fällen positiv ausfallen.

- Weiter wird angenommen, dass von tausend 50-jährigen Frauen, die sich gesund fühlen, zwei unerkannt an Brustkrebs erkrankt sind (*Prävalenz*, s. a. Kap. 2.1).

Diese realistischen Annahmen liegen den Berechnungen in Tab. 2.8 zugrunde. Hier wurden 10.000 Frauen mammografiert. Da nach unserer Annahme zwei von 1.000 sich gesund fühlenden Frauen an Krebs erkrankt sind, haben in unserer Gruppe 20 Frauen Brustkrebs. Die restlichen 9.980 Frauen sind nicht an Brustkrebs erkrankt. Bei einer Test-Sensitivität von 85 % hätten 17 der 20 Frauen mit Brustkrebs ein positives Test-Resultat. Drei Brustkrebsfälle blieben dagegen unerkannt. Darüber hinaus gäbe es auch bei 3 % (= 299 Frauen) der 9.980 Frauen ohne Brustkrebs ein positives Test-Resultat (Spezifität 97 %). Aus diesen Berechnungen ergibt sich, dass insgesamt 299 der 316 (17 + 299) positiven Tests falsch positiv sind, was 94,6 % entspricht!

Tab. 2.8: Interpretation der Resultate eines Tests am Beispiel eines Mammografie-Screenings bei 10.000 Frauen.

Annahmen:
- Die Sensitivität des Tests ist 85 %
- Die Spezifität des Tests ist 97 %.
- Die Prävalenz der Krankheit beträgt 2 von 1.000 (also 20 von 10.000)

Testresultat	Personen mit der Krankheit	Personen ohne die Krankheit	Gesamt
Positiv	17	299	316
Negativ	3	9.681	9.684
Gesamt	20	9.980	10.000

- Der *positiv prädiktive Wert* des Tests beträgt 17/316 = 5,4 %.
- 94,6 % der positiven Tests sind falsch positiv.
- Der *negativ prädiktive Wert* des Tests beträgt 9.681/9.684 = 99,97 %

Als **positiv prädiktiven Wert** (*PPV = Positive Predictive Value*) bezeichnet man den Anteil der tatsächlich erkrankten Personen unter allen Personen mit positivem Test: P(Person hat die Krankheit | positiver Test). In der geschilderten Situation wären dies 17 von 317 Frauen, d. h. nur 5,4 % der Frauen mit positivem Test wären tatsächlich erkrankt. Führt man dieselbe Berechnung mit einem anderen Prävalenzwert durch, ändert sich auch der PPV. Je höher die Krankheitshäufigkeit ist, desto höher liegt auch die Zahl der tatsächlich Erkrankten unter den positiv getesteten Personen und damit der PPV. Dies ist einer der Gründe, warum das Mammografie-Screening bei Frauen unter 50 Jahren nicht empfohlen wird: Brustkrebs ist in dieser Altersgruppe weniger häufig als bei älteren Frauen.

Der **negative prädiktive Wert** (*NPV = Negative Predictive Value*) ist definiert als der Anteil der tatsächlich gesunden Personen unter allen Personen mit negativem Test:

P(Person hat die Krankheit nicht | negativer Test). In unserem Fall wären das 9.681 von 9.684 Frauen. Dies bedeutet, dass 99,97 % aller Frauen mit einem negativen Testergebnis tatsächlich nicht an Brustkrebs erkrankt waren. Hier gilt: Je niedriger die Prävalenz, desto höher ist der NPV. Um sich diese Zusammenhänge einzuprägen, wiederholen Sie am besten die Berechnungen in Tab. 2.7 mit einer Prävalenz von 20 %.

Eine ausführliche Diskussion über die Vor- und Nachteile von Screening-Untersuchungen finden Sie in Kap. 4.5.

2.3.8 Statistische Signifikanz und p-Wert

Oft liest man in wissenschaftlichen Zeitschriften, dass die Resultate einer Studie „statistisch signifikant" seien. Um zu erläutern, was damit gemeint ist, betrachten wir die Resultate einer im Jahr 2010 im englischen Medizinjournal *The Lancet* veröffentlichten randomisierten Studie. Die Studie untersuchte, ob eine einmalige Sigmoidoskopie (= endoskopische Untersuchung des Enddarms einschließlich der S-förmigen Grimmdarmschlinge) bei klinisch gesunden Personen im Alter von 55 bis 64 Jahren die Darmkrebs-Sterblichkeit in den nächsten 11 Jahre reduziert. Als Vergleichsgruppe dienten Gleichaltrige, bei denen keine solche Untersuchung durchgeführt wurde. Die Studienautoren untersuchten neben der Darmkrebs-Sterblichkeit auch die Gesamtsterblichkeit in beiden Gruppen (Tab. 2.9). Die Berechnungen ergaben, dass die Darmkrebs-Sterblichkeit in der Sigmoidoskopie-Gruppe im Vergleich zu Kontrollgruppe um 31 % gesenkt werden konnte. Das relative Risiko (RR) betrug 0,69 bei einem 95 % VI von 0,59 bis 0,80. Die Gesamtsterblichkeit sank dadurch nach Angaben der Autoren um 3 % (RR: 0,97; 95 % VI: 0,95; 1,00).

Tab. 2.9: Randomisierte Studie zur Wirksamkeit einer einmaligen Sigmoidoskopie als Mittel der Darmkrebs-Früherkennung: Zahl der Todesfälle insgesamt sowie der Darmkrebs-Todesfälle in beiden Gruppen während eines Zeitraums von etwa 11 Jahren (Resultate übernommen aus Lancet 2010; 375: 1624–33, Tab. 1).

	Gruppe mit einmaliger Sigmoidoskopie	Kontrollgruppe ohne Sigmoidoskopie	Relatives Risiko (95 % VI)	p-Wert
Darmkrebs-Todesfälle	221	637	0,69 (0,59; 0,80)	< 0,0001
Alle Todesfälle	6.775	13.768	0,97 (0,95; 1,00)	0,052
Gesamtzahl der Personen	57.099	112.939		

95 %-VI: 95%-Vertrauensintervall

Das *relative Risiko* (RR) vergleicht die Gruppe, bei deren Mitgliedern jeweils eine einmalige Sigmoidoskopie durchgeführt wurde, mit der Kontrollgruppe (s. Kap. 2.1.3).

Die Autoren veröffentlichten zusätzlich den so genannten **p-Wert**, der in der englischen Terminologie als „p-value" bezeichnet wird. Auch der p-Wert ist eine *bedingte* Wahrscheinlichkeit. Für Studien, die die Wirksamkeit einer bestimmten Intervention untersuchen, wird in der Regel als Bedingung die so genannte „**Null-Hypothese**" gewählt. Bei dieser Hypothese geht man davon aus, dass die Intervention keine Wirkung hat.

Unter dieser Annahme wird nun die Wahrscheinlichkeit berechnet, dass der tatsächlich beobachtete oder ein noch größerer Unterschied rein zufällig zustande gekommen sind.

Bei der Sigmoidoskopie-Studie sagt der p-Wert von < 0,0001 für die Darmkrebs-Sterblichkeit folgendes aus: Unter der Annahme, dass eine einmalige Sigmoidoskopie die Darmkrebs-Sterblichkeit bei den untersuchten Personen nicht reduziert – das relative Risiko also 1 ist –, ist die Wahrscheinlichkeit kleiner als 1 zu Zehntausend, ein relatives Risiko von ≤ 0,69 oder ≥ 1,45 (= 1/0,69) rein zufällig zu beobachten. Bei der Analyse der Gesamtsterblichkeit nennen die Autoren einen p-Wert von 0,052. Dies bedeutet analog, dass unter der Annahme, die einmalige Sigmoidoskopie reduziere die Gesamtsterblichkeit bei den untersuchten Personen nicht, eine Wahrscheinlichkeit von 5,2 % besteht, ein relatives Risiko von ≤ 0,97 oder ≥ 1,03 (1/0,97) zu beobachten, das rein durch Zufall zustande gekommen ist. Diese p-Werte werden „zweiseitig" genannt, weil hier die Entfernung zum Null-Wert, der für „keine Wirksamkeit" steht, sowohl nach oben („Nutzen durch Behandlung") als auch nach unten („Schaden durch Behandlung") betrachtet wird.

Die Berechnung des p-Wertes

Der **p-Wert** lässt sich unter Verwendung der *Standard-Normalverteilung* in drei Schritten berechnen.

- Zuerst berechnet man die Distanz zwischen dem Studien-Wert für die Wirksamkeit einer Methode und der Null-Hypothese, d.h. dem Wert, der „keine Wirksamkeit" beschreibt. Wenn *relative Risiken* (RR) betrachtet werden, müssen die Berechnungen auf der logarithmischen Skala durchgeführt werden. Für die Gesamtsterblichkeit bei der betrachteten Sigmoidoskopie-Studie berechnet sich dies aus $\ln(0,97332) - \ln(1)$. Als Ergebnis erhalten wir – 0,02704.

- Der Absolutbetrag dieses Resultates wird anschließend durch den Standardfehler dividiert. Auch hier muss bei relativen Risiken die logarithmische Skala verwendet werden. Berechnet man den Logarithmus des Standardfehlers $SE(\ln(RR))$, so ergibt dies 0,01392. Teilt man nun 0,02704 durch 0,01392, erhält man den Wert 1,942529. Dieser Wert wird als **Z-Wert** zur Berechnung des p-Wertes bezeichnet.

- In einem dritten Schritt wird nun berechnet, welcher Prozentsatz der Werte bei der Standard-Normalverteilung weiter als Z von Null entfernt liegt. In unserem Beispiel bedeutet dies: Welcher Prozentsatz ist kleiner/größer als der errechnete Z-Wert, d.h. kleiner als – 1,942529 oder größer als 1,942529? Wir wissen, dass bei der Standard-Normalverteilung genau 5 % aller Werte außerhalb von ±1,96 liegen. Also erwarten wir etwas mehr als 5 %. Die genaue Berechnung ergibt 5,2 %.
  Auch für die Differenz der Mittelwerte aus zwei Behandlungsgruppen lässt sich analog ein p-Wert berechnen. In die Berechnung des p-Wertes fließt also der *Standardfehler* und dadurch auch die *Größe der Studie* mit ein.

Dualität zwischen 95%-Vertrauensintervall und „statistischer Signifikanz"

Es hat sich eingebürgert, dass p-Werte, die kleiner als 0,05 sind, als „statistisch signifikant" bezeichnet werden. Die Wahl der 0,05-Grenze hat den Vorteil, dass eine Dualität zwischen dem 95%-Vertrauensintervall und der „statistischen Signifikanz" besteht. In den Fällen, in denen das 95%-Vertrauensintervall den Wert für „keine Wirksamkeit" ausschließt, ist der p-Wert kleiner als 0,05 und damit das Resultat „statistisch signifikant" (und umgekehrt).

Dies sehen wir z. B. bei den Darmkrebstodesfällen in der Sigmoidoskopie-Studie. Das 95%-Vertrauensintervall für das relative Risiko reicht von 0,59 bis 0,80 und schließt damit den Wert 1 (= „keine Wirksamkeit") klar aus. Entsprechend ist der p-Wert deutlich kleiner als 0,05. Dagegen reicht das 95%-Vertrauensintervall für das relative Risiko bei der Gesamtsterblichkeit von 0,95 bis 1,00. Es berührt also den Wert 1, der für „keine Wirksamkeit" steht. Aufgrund der Dualität zwischen dem 95%-Vertrauensintervall und „statistischer Signifikanz" sollte hier der p-Wert bei 0,05 (= 5 %) liegen. Gibt man das Resultat mit mehr als zwei Stellen nach dem Komma an, sieht man, dass das obere Ende des 95%-Vertrauensintervalls 1,00024 beträgt. Es schließt also die 1 noch knapp mit ein. Damit muss der p-Wert etwas größer als 5 % sein.

2.3.9 Statistische Signifikanz und klinische Relevanz

Statistische signifikante Resultate sind nicht zwingend auch klinisch relevant. In Tab. 2.10 sind die hypothetischen Resultate von drei randomisierten plazebokontrollierten Studien zur Senkung des LDL-Cholesterins im Blut dargestellt. In allen drei Studien wurden die TeilnehmerInnen zufällig entweder derjenigen Gruppe zugeteilt, in der sie das neue Medikament (A, B oder C) erhielten oder der Plazebo-Gruppe. Dort wurde ihnen statt des zu testenden Medikaments ein Scheinmedikament (*Plazebo*) verabreicht. Nach einer Behandlungsdauer von 3 Monaten wurde in allen Gruppen der Blutspiegel des LDL-Cholesterins gemessen. Daraus wurden nun die Mittelwerte pro Behandlungsgruppe sowie die Differenzen der Mittelwerte berechnet (Spalte 4 von Tab. 2.10). Anschließend wurde der Standardfehler für die Differenz von Mittelwerten (Spalte 5) und die Grenzen des 95%-Vertrauensintervalls (Spalte 6) ermittelt. Zum Schluss wurden der Z-Wert sowie der p-Wert berechnet (Spalten 7 und 8).

Tab. 2.10: Hypothetische Resultate von drei plazebokontrollierten, randomisierten Studien zur Senkung des LDL-Cholesterins im Blut.

Studie	Medika-ment	Anzahl der Patienten pro Gruppe	Differenz der Mittelwerte des LDL-Cholesterins (mg/dl) zwischen der Medikamenten-Gruppe und der Placebo-Gruppe	Standard-fehler für die Differenz der Mittelwerte des LDL-Cholesterins	Grenzen des 95%-Vertrauensin-tervalls für die Differenz der Mittelwerte des LDL-Cholesterins	Z-Wert	p-Wert
1	A	40	–20	33	–84,7 bis 44,7	–0,606	0,544
2	B	4000	–2	3,3	–8,47 bis 4,47	–0,606	0,544
3	C	5000	–5	2	–8,92 bis –1,08	–2,5	0,012

Interessanterweise ergaben die Berechnungen sowohl für Medikament A als auch für Medikament B den gleichen p-Wert von 0,544. Die Resultate sind also beide statistisch *nicht signifikant.* Das erstaunt nicht. In beiden Studien ist zu sehen, dass der Wert 0 deutlich im 95%-Vertrauensintervall enthalten ist. Betrachtet man die Grenzen des 95%-Vertrauensintervalls von Studie 1, fällt auf, dass der Behandlungseffekt hiermit nicht sinnvoll eingegrenzt wurde. Er liegt mit 95 % Wahrscheinlichkeit zwischen einer Senkung um 84,7 mg/dl und einer Erhöhung um 44,7 mg/dl. Da in Studie 1 nur 40 Patienten pro Gruppe untersucht wurden, überrascht dieses unpräzise Resultat nicht. Es sind also größere Studien notwendig, um die Wirksamkeit von Medikament A abzuklären. In Studie 2 umfasste jede Gruppe 4.000 Personen. Die Wirksamkeit von Medikament B konnte recht präzise quantifiziert werden. Sie liegt mit 95 % Wahrscheinlichkeit zwischen einer Senkung um 8,47 mg/dl und einer Erhöhung um 4,47 mg/dl. Eine klinisch relevante Senkung um ≥10 mg/dl ist daher sehr unwahrscheinlich. Bei Medikament C liegt mit einen p-Wert von 0,012 ein *statistisch signifikanter* Behandlungseffekt vor. Der Wert 0 ist nicht im 95%-Vertrauensintervall enthalten. Betrachtet man die Grenzen des 95%-Vertrauensintervalls, so liegt der Behandlungseffekt mit 95 % Wahrscheinlichkeit zwischen einer Senkung um 8,92 mg/dl und einer Senkung um 1,08 mg/dl. Damit liegt zwar eine „statistisch signifikante" Senkung vor, aber auch hier ist eine Senkung um ≥10 mg/dl eher unwahrscheinlich.

Um alle drei Studien abschließend beurteilen zu können, ist es wichtig zu wissen, welches Ausmaß einer Senkung des LDL-Cholesterinspiegels im Blut klinisch relevant ist. Geht man davon aus, dass dies erst bei einer Senkung um mindestens 10 mg/dl der Fall ist, dann ist auch Medikament C nicht geeignet, da es ja nur mit einer sehr geringen Wahrscheinlichkeit eine solche Senkung erreicht. Es zeigt sich, dass die Information, ob ein Behandlungseffekt statistisch signifikant ist, allein nicht ausreicht, um die klinische Relevanz der Resultate einer Studie beurteilen zu können. Die Information des 95%-Vertrauensintervalls ist hier wesentlich nützlicher. Wir erhalten einen 95 %-Wahrscheinlichkeitsbereich für den Behandlungseffekt und können daraus auch ableiten, ob der Behandlungseffekt in einem Bereich liegt, der klinisch relevant ist.

Internet-Ressourcen

Auf unserer Lehrbuch-Homepage (**www.public-health-kompakt.de**) finden Sie die Formeln für die Berechnungen in Tab. 2.10, Hinweise auf weiterführende Literatur, zusätzliche Tabellen, Abbildungen und Boxen sowie Links zu frei verfügbarer Software zur Datenanalyse.

2.4 Sozialwissenschaften

Siegfried Geyer, Thomas Abel

Anders als in der Medizin werden die für Forschung und Praxis nötigen Daten im Bereich der *Sozialwissenschaften* in erster Linie über Fragebogen und nicht durch die Messung biologisch-medizinischer Parameter gewonnen. In der Gesundheitsförderung und der Prävention setzt man Fragebogen häufig dann ein, wenn man etwas über das Wissen, die Wahrnehmungen oder subjektiven Beurteilungen zu bestimmten Verhaltensweisen, Zuständen oder Bedürfnissen von Personen bzw. Personengruppen erfahren möchte. Solche systematischen Befragungen, die das Ziel haben, Daten zu einem bestimmten Thema zu erheben, nennt man auch *Surveys*. Kenntnisse in der Entwicklung und Anwendung von Fragebogen sind unentbehrlich, wenn es darum geht, Public-Health-Studien zu beurteilen oder gar selbst durchzuführen.

In diesem Abschnitt beschäftigen wir uns zuerst mit der Formulierung von guten Fragen und möglichen Antworten. Anschließend betrachten wir unterschiedliche Methoden der *Datenerhebung* und diskutieren ihre Vor- und Nachteile. Dabei gehen wir auch kurz auf die Methodik der *qualitativen* Verfahren ein.

Schweizerische Lernziele: CPH 8, CPH 20

2.4.1 Was ist eine gute Frage?

Eine klare und verständliche Formulierung der Fragen ist die wichtigste Voraussetzung dafür, dass sich aus den mit Hilfe von Fragebogen erhobenen Daten später durch Interpretation auch Schlüsse ziehen lassen. Hierzu müssen Forscher und Befragte eine gestellte Frage in gleicher Weise verstehen und interpretieren können. Dies ist in der Praxis keineswegs selbstverständlich. Denn nicht immer sprechen die Konstrukteure eines Fragebogens und die Adressaten, an die sich der Fragebogen richten soll, im Hinblick auf den Wortschatz und das sprachliche Niveau die gleiche Sprache. Wenn eine Frage verstanden wurde, dann müssen die Befragten auch über die notwendige Information verfügen, sie zu beantworten. Dazu gehört nicht nur das Wissen um eine Antwort, sondern auch genügend Zeit, um sich an die Information zu erinnern und die Antwort dann zu formulieren.

In Lebensqualitätsfragebogen wird z. B. danach gefragt, wie häufig bestimmte Symptome innerhalb eines definierten Zeitraums aufgetreten sind. Da jedoch Ereignisse, die als wenig relevant erachtet wurden, aufgrund der Struktur des menschlichen Gedächtnisses nach einer gewissen Zeit vergessen werden, sind die Antworten hierauf unter Umständen wenig präzise. Seltene Ereignisse, wie etwa die Häufigkeit des Auftretens von Symptomen oder die Zahl von Arztbesuchen, werden in der Regel gezählt. Bei häufigeren Ereignissen basieren die Angaben dagegen auf groben Schätzungen und sind entsprechend ungenau.

Antworten werden in der Regel durch solche Sachverhalte bestimmt, die zum Zeitpunkt der Fragestellung im Gedächtnis der Befragten präsent sind. Ist ein längerer Erinnerungsprozess erforderlich, muss den Befragten genügend Zeit zur Verfügung stehen. Jedoch auch dann können im Ergebnis erhebliche Urteilsfehler auftreten. So kann z. B.

die Zahl der Arztbesuche falsch eingeschätzt werden, wenn sich die Befragten an ein bestimmtes Datum nicht direkt erinnern können. Oft wird es dann aus anderen Ereignissen rekonstruiert. Bei dieser Rekonstruktion können jedoch Irrtümer vorkommen. Schließlich können Fragen, die den Befragten peinlich oder in anderer Weise unangenehm sind, zu einer Antwortverweigerung führen. Beispiele hierfür sind Fragen nach dem Alkoholkonsum, nach Sexualpraktiken oder auch nach dem Einkommen.

Die Qualität der gegebenen Antworten ist jedoch nicht nur von der Verständlichkeit der Fragen abhängig, sondern auch von der Länge des Fragebogens. Mit zunehmender Befragungsdauer nehmen Konzentrationsprobleme bei den Befragten zu, das Risiko von Urteilsfehlern steigt, während die Motivation zur Teilnahme sinkt. Dies ist insbesondere bei alten Menschen und Menschen mit Erkrankungen zu berücksichtigen.

Bei der Konstruktion eines Fragebogens ist die Entscheidung, ob die Antwortmöglichkeiten vorgegeben (sog. *geschlossene Fragen*) oder die Antworten offen gelassen werden (sog. *offene Fragen*), vom Verwendungszweck und der geplanten Vorgehensweise bei der Auswertung abhängig. Fragen mit vorgegebenen Antwortmöglichkeiten sind in der Regel schneller zu beantworten, die quantitativen Informationen sind leichter auszuwerten. Geschlossene Fragen grenzen jedoch den Antworthorizont der Befragten auf die vorgegebenen Alternativen ein, und zwar auch dann, wenn die zusätzliche Option einer offenen Antwort vorgegeben wird. Die Antwortvorgaben bei geschlossenen Fragen sollten immer einen möglichst hohen Grad an Eindeutigkeit haben.

Beispiel für eine geschlossene Frage:

Wie häufig haben Sie in den letzten sechs Monaten wegen einer Erkrankung oder wegen Beschwerden eine Arztpraxis aufgesucht?

Antwortmöglichkeiten:
☐ Gar nicht   ☐ einmal   ☐ zwei- bis viermal   ☐ mehr als viermal

Wenn über den Gegenstand einer Frage wenig bekannt ist, sollten die Antworten offen gelassen werden. Die Antworten auf solche offenen Fragen sind meist subjektive Einschätzungen der Befragten, in die eine möglichst große Bandbreite an Informationen einfließen sollte. Offene Fragen liefern v. a. qualitative Informationen. Ihre Auswertung ist meist aufwendig.

Beispiel für eine offene Frage:

Gibt es Ihrer Meinung nach Zusammenhänge zwischen Ihrer Arbeitslosigkeit und Ihrem Gesundheitszustand? Und wenn ja, welche?

Antwort: (Bitte verwenden Sie so viele Zeilen, wie Sie möchten.)

____

____

____

2.4.2 Was führt zu einer guten Antwort?

Bei der Konstruktion von Fragebogen kann man auf mehrere Antwortformat-Optionen zurückgreifen. Je nach Verwendungszweck können sie innerhalb eines Fragebogens auch miteinander kombiniert werden. Die Web-Abb. 2.4.1 auf unserer Lehrbuch-Homepage zeigt einen Abschnitt aus einem Fragebogen der Eidgenössischen Jugendbefragung *CH-X 2010 – Vertiefungsfragen zur Gesundheit*, bei dem verschiedene Antwortformat-Optionen verwendet wurden.

Ratingskalen/Ordinalskalen

Am häufigsten werden Ratingskalen verwendete, die mehrere Antwortalternativen anbieten und den Befragten dadurch eine abgestufte Antwort ermöglichen. Dabei sollten die Alternativen so formuliert werden, dass sich die einzelnen Kategorien auf den gleichen Inhalt beziehen und semantisch die gleichen Abstände haben. Diese *semantische Äquidistanz* wurde bisher für drei Beurteilungsdimensionen untersucht:

- Häufigkeit: nie – selten – gelegentlich – oft – immer

- Intensität: nicht – wenig – mittelmäßig – ziemlich – sehr

- Bewertung von Aussagen: stimmt nicht – stimmt wenig – stimmt mittelmäßig – stimmt ziemlich – stimmt sehr

Werden solche verbalen Quantifizierer verwendet, muss darauf geachtet werden, dass die Begriffe in der Wahrnehmung der Befragten etwa gleiche Abstände haben. Die Zahl der Stufen ist dabei jedoch nicht festgelegt. In der Regel werden zwischen fünf und sieben Antwortalternativen gewählt. Hierbei gilt es immer, zwischen den Differenzierungserfordernissen des zu beurteilenden Gegenstands und den Fähigkeiten der Befragten einen praktikablen Kompromiss zu finden.

Kategorialskalen

Eine solche Skala besteht aus sich gegenseitig ausschließenden Kategorien, die qualitativer Art und ohne eine natürliche Ordnung sind. Ein Beispiel hierfür ist die Klassifizierung von Personen nach ihrem Familienstand (schweizerisch: Zivilstand) in die Kategorien „ledig", „verheiratet", „geschieden" oder „verwitwet". Die Befragten können dort in Abhängigkeit von der Instruktion entweder nur eine oder auch mehrere Antworten ankreuzen. Mehrere Antworten könnten z.B. auch bei einer Frage nach vorhandenen Stress-Symptomen ausgewählt werden. In anderen Fällen können die Befragten aufgefordert werden, Begriffe in eine Rangreihe zu bringen.

Die Testung von Fragebogeninstrumenten

Es ist nun keineswegs sicher, dass ein Fragebogen in der Form, wie er entwickelt wurde, ohne weiteres auch später in der Praxis verwendet werden kann. Da Surveyfragen meist von Fachleuten entworfen werden, muss die verwendete Sprache nicht mit der der Zielgruppe übereinstimmen. In der praktischen Anwendung kann es zu Problemen kommen, wenn die Befragten eine Frage anders verstehen als von den Fragebogenkonstrukteuren gedacht. Auch können die verwendeten Begriffe mehrdeutig sein und dann von Befragten und Fragebogenkonstrukteuren unterschiedlich verstanden werden. Beides kann später zu erheblichen Schwierigkeiten in der Interpretation der gewonnenen Daten führen. Darüber hinaus können abstrakte Begriffe in ihrem inhaltlichen Verständnis divergieren. So kann z. B. eine Frage nach dem schweizerischen Gesundheitssystem so beantwortet werden, dass Befragte, die im Versicherungswesen arbeiten, bei ihrer Beantwortung primär das Versicherungssystem im Blick haben. ÄrztInnen denken dagegen in erster Linie an die ärztliche Versorgung. Patienten beantworten die Frage vor dem Hintergrund ihrer eigenen Erfahrung mit ÄrztInnen bzw. Einrichtungen der medizinischen Versorgung.

Bei der Lösung der daraus resultierenden Probleme können routinemäßig angewandte *Standardpretests* eine Hilfe sein. Hierbei werden die entwickelten Fragebogen in Interviews unter möglichst realistischen Befragungsbedingungen getestet. Die Interviewer registrieren dort die von den Befragten unaufgefordert abgegebenen Kommentare und melden diese an die Studienleitung zurück. Das Verfahren kann nur grobe Fehler aufdecken. Antworten von Befragten, die irrtümlich der Überzeugung sind, dass sie eine Frage korrekt verstanden haben, bleiben ungeprüft als richtig stehen. Nach dem derzeitigen Wissensstand können Standardpretests zur Schätzung des für ein Interview notwendigen Zeitaufwands dienen, nicht jedoch zur Aufdeckung von solch spezifischen Verständnisproblemen. Den Fragebogenkonstrukteuren steht mittlerweile ein umfangreiches Instrumentarium zur Testung der Verständlichkeit von Surveyfragen zur Verfügung. Nach dem derzeitigen Stand der Methodenforschung muss der Einsatz eines nicht getesteten Fragebogens als Fehler gewertet werden. Das am häufigsten verwendete Testverfahren ist das *Probing*. Hierbei werden potentiell unklare Begriffe oder auch eine ganze Frage auf ihre Verständlichkeit hin untersucht. Bislang gibt es noch keine komplette Liste von standardisierten Regeln zur Überprüfung von Fragebogen. Auch die angemessene Fallzahl für einen Pretest ist nicht festgelegt. Wenn jedoch komplexere Inhalte abgefragt werden und/oder die Grundgesamtheit der Befragten heterogen ist, werden größere Fallzahlen (ca. 20 Fälle) als angemessen erachtet.

2.4.3 Quantitative Methoden zur Erhebung von Daten

Persönliche Befragung

Die klassische Form der Befragung ist das persönliche Interview. Aus Kostengründen wird mittlerweile jedoch die Mehrzahl der Befragungsstudien mit Hilfe anderer Methoden durchgeführt. Bei der persönlichen Befragung sitzen sich Befragte/r und Interviewer/in gegenüber. Normalerweise verliest der/die Interviewer/in die Fragen, und die darauf gegebenen Antworten des/der Befragten werden registriert. Es ist auch möglich, Antwortalternativen in Form von Karten vorzulegen. Darüber hinaus können wahlweise Abbildungen, Modelle oder Fragebogen zum Selbstausfüllen eingesetzt werden.

Werden bei persönlichen Interviews Papierfragebogen eingesetzt, dann müssen die auf diese Weise gewonnenen Informationen anschließend in eine elektronische Form gebracht werden. Durch den Einsatz von Computern direkt bei der Befragung ist dies heute meist nicht mehr nötig. Solche „*Computer-Assisted Personal Interviews*" (CAPI) ermöglichen es, Kontrollen in die Dateneingabe einzubauen und nötige Korrekturen unmittelbar vornehmen zu lassen. Dabei wird durch ein Hintergrundprogramm automatisch geprüft, ob ein eingegebener Wert innerhalb eines definierten Bereichs liegt. Nach dem Abschluss der Befragung liegt dann bereits ein auswertungsfähiger Datensatz vor.

Durch die persönliche Form der Kommunikation kommt den Interviewern bei dieser Form der Datenerhebung eine besondere Rolle zu. Sie müssen von den Befragten akzeptiert werden und – in Abhängigkeit von der Studienthematik – auch in der Lage sein, ein gewisses Vertrauensverhältnis aufzubauen. Hierzu ist eine gründliche Schulung der InterviewerInnen notwendig. Lange Zeit lernte man in solchen Schulungen, dass das Interviewerverhalten eher distanziert und auf die alleinige Gewinnung von Informationen ausgerichtet sein sollte. Untersuchungen haben jedoch gezeigt, dass diese Form von den Befragten oft als kalt und teilnahmslos empfunden wird. Eine emotional warme und unterstützende Form der Befragung erzielt bei inhaltlich neutraler Gesprächsführung deutlich bessere Daten. InterviewerInnen sollten dabei über ein ausreichendes Selbstbewusstsein verfügen und in der Lage sein, potentielle Befragte zu einer Teilnahme zu animieren. Darüber hinaus müssen sie fähig sein, sich unterschiedlichen Situationen flexibel anzupassen. Die Bedeutung dieser Eigenschaften steigt mit der Komplexität einer Studie.

Telefonische Befragung

Mit zunehmender Telefondichte wurde die Möglichkeit, die Datenerhebung bei Studien über das Telefon durchzuführen, immer häufiger genutzt. Telefoninterviews erfordern bei kleineren Stichproben keine großen infrastrukturellen Voraussetzungen und können relativ kostengünstig durchgeführt werden. Wenn die Telefondichte in einer Bevölkerung hoch genug ist, besteht darüber hinaus die Möglichkeiten, daraus große und/oder repräsentative Stichproben zu ziehen, sodass das Telefon sowohl für umfangreichere Surveys als auch für kleinere Erhebungen genutzt werden kann. Etwa seit der Jahrtausendwende sinkt die Zahl der Festnetzanschlüsse in den meisten westlichen Industrienationen jedoch zugunsten der Mobiltelefone kontinuierlich ab, sodass eine Repräsentativität von Telefonbefragungen über Festnetzanschlüsse schwieriger zu erzielen ist. Darüber hinaus sind die Verweigerungsraten bei Telefonbefragungen sehr hoch, da sich Telefonbesitzer durch die immer häufigeren Umfragen und Werbeanrufe belästigt fühlten. Nach einer Übersicht aus den USA sanken die Antwortraten bei Surveys mit kurzer Laufzeit (5 Tage) zwischen 1997 und 2003 von 36 % auf 25 %, bei aufwändigeren Studiendesigns mit mehrfacher Kontaktaufnahme von 61 % auf 50 %.

Aus Sicht der Untersucher sind telefonische Befragungen von Vorteil, da hier im Vergleich zu persönlichen Befragungen die Wege- und Reisekosten wegfallen. Dadurch können in einer bestimmten Zeiteinheit wesentlich mehr Interviews durchgeführt werden. In größeren Studien kann der Einsatz von InterviewerInnen zentral über ein Surveylabor organisiert werden. Oftmals werden die Interviews dann als *Computer-Assisted Telephone Interviews* (CATI) durchgeführt. Hierdurch sind eine bessere Kontrolle der Studiendurchführung sowie eine bessere Supervision seitens der InterviewerInnen möglich. Ein weiterer Vorteil ist, dass Befragte bei Umzügen nicht mehr aus der Stichprobe ausscheiden, sofern sie ihre Telefonnummer beibehalten.

Andererseits muss das Studiendesign bei Telefonsurveys dem Medium angepasst werden. Zur Übermittlung von Informationen steht hier – zumindest bis heute – nur das gesprochene Wort zur Verfügung. Fragebogen, die für ein persönliches oder für ein schriftliches Interview konzipiert wurden, können daher für die telefonische Befragung untauglich sein. Sie sind möglicherweise zu komplex oder verwenden optische Präsentationen, wie z.B. Bilder oder Tabellen. In diesen Fällen muss eine Vereinfachung bzw. Adaptation des Fragebogens vorgenommen werden. Wegen der begrenzten Gedächtnisspanne der telefonisch Befragten ist eine Präsentation von Antwortskalen oder längeren Listenfragen nicht möglich. Alternativ hierzu müssen Fragen zerlegt und die vorgegebenen Antworten in kategoriale bzw. in Ja/ Nein-Formate transformiert werden. Da es bei reinen Telefoninterviews nicht möglich ist, zusätzliches Stimulusmaterial wie Fotos, Karten oder visuelle Hilfen zu verwenden, kann alternativ ein zweistufiges Verfahren gewählt werden. Hierbei wird zunächst der Kontakt zu den Befragten aufgebaut und erst nach der Zusendung dieses Materials dann das eigentliche Telefoninterview durchgeführt.

Bei Telefoninterviews ist die Latenzzeit zwischen Frage und Antwort kürzer als bei anderen Befragungsformen. Bei komplexeren Inhalten sowie bei Fragen, bei denen die Befragten auf ihre Erinnerungen zurückgreifen müssen, kann das zu einer vergleichsweise niedrigen Zuverlässigkeit (*Reliabilität*) führen. Auch ist die Art des Kontakts am Telefon anonymer als bei einer persönlichen Befragung. Bei sensiblen Themen (wie z. B. beim Thema „häusliche Gewalt") kann ein höherer Grad an Anonymität eine Befragung erst möglich machen.

Schriftliche Befragung

Bei schriftlichen Befragungen werden die Fragebogen per Post verschickt oder auf eine andere Art ausgeteilt. Dabei muss darauf geachtet werden, dass kein direkter Kontakt zwischen Forschern und Befragten während des Ausfüllens besteht. Die Rücklaufquoten können stark zwischen 10 % bis 90 % schwanken. Dies ist u. a. durch unterschiedliche Merkmale der Zielgruppen erklärbar. So sind Bevölkerungssurveys, die ohne ein offensichtliches Schwerpunktthema durchgeführt werden, anfälliger für eine geringe Rücklaufquote als thematisch enger definierte Befragungen. Auch bei bestimmten Bevölkerungsgruppen (u. a. bei Menschen mit hohem Zeitdruck, wie etwa Personen, die Beruf und Familie miteinander vereinbaren müssen) muss mit niedrigeren Beteiligungen gerechnet werden. Hohe Rücklaufquoten von über 70 % können v. a. dann erreicht werden, wenn bei den Befragten eine hohe persönliche Betroffenheit vorliegt (z. B. bei PatientInnen), wenn sie sich von der Teilnahme einen positiven Nutzen versprechen oder wenn ihnen die durchführende Institution bekannt ist.

Ein Programm zur Steigerung des Rücklaufs bei schriftlichen Befragungen („The Taylored Design Method [TDM]" von Dillman et al.) beinhaltet die folgenden Maßnahmen:

- *Fragebogen*: Der Fragebogen sollte als gebundenes, ansprechend gestaltetes Heft konstruiert werden. Er sollte mit einem interessanten, aber neutral gestalteten Umschlag aus festerem Papier versehen sein. Die optimale Länge eines Fragebogens wird in der Literatur mit 12 bis 16 Seiten angegeben.

- *Anreize*: Die Befragten sollten eine kleine Anerkennung (keine Bezahlung!) für das Ausfüllen des Fragebogens erhalten. Verschiedene Studien konnten zeigen, dass dadurch auch die Bereitschaft zur Teilnahme an Wiederholungsbefragungen steigt.

- *Mehrfache Kontaktaufnahme*: Um die Rücklaufquoten zu erhöhen, sollten wenn nötig insgesamt vier Kontaktaufnahmen vorgesehen werden (erste Versendung und drei Erinnerungen).

- *Frankierter Rückumschlag*: Um die Bearbeitung des Fragebogens für die Befragten so einfach wie möglich zu machen, sollte jeweils ein frankierter Rückumschlag beigelegt werden.

- *Anerkannte Autorität*: Dem Fragebogen sollte neben einem personalisierten Anschreiben ein unterstützender Begleitbrief einer anerkannten Autorität beiliegen. Diese Persönlichkeit sollte im Hinblick auf ihre soziale Anerkennung in der Gruppe der Befragten sorgfältig ausgewählt werden und einen Bezug zur Thematik der Studie haben.

Internetbefragungen

Aufgrund der zunehmenden Verbreitung des Internets wird dieses Medium immer häufiger auch zu Befragungen, etwa für internetbasierte Gesundheitssurveys, genutzt. Onlinebefragungen erleichtern es, komplexere Fragenabfolgen in Surveys einzubinden, ohne dass hier ein größeres Fehlerrisiko besteht. So kann z.B. die auf dem Bildschirm erscheinende Abfolge der Fragen automatisch geändert werden, wenn die nächste Frage von der Antwort der vorhergehenden abhängt. Darüber hinaus können Bilder, Filme und andere Medien flexibel eingesetzt werden.

Die Verwendung von Onlinebefragungen hat in den letzten Jahren deutlich zugenommen. Bisher (2011) gibt es allerdings nur wenige Informationen zur Qualität der auf diese Weise gewonnenen Daten. Derzeit unterscheiden sich Internetnutzer und Nichtnutzer noch durch das Alter. Auch gibt es bei vorhandenem Internetzugang Unterschiede in der Vertrautheit der Nutzer mit dem Medium. Dies hat Auswirkungen auf die Erreichbarkeit von Zielgruppen und damit auch auf die *Repräsentativität* der so gewonnenen Daten. Im Vergleich zu telefonisch gesammelten Daten zeigte sich jedoch, dass die Internetbefragungen genauere Eigenbeschreibungen der Befragten erbrachten. Darüber hinaus ergab sich auch eine höhere *Reliabilität* und *Validität* (s. Kap. 2.1.4) der Daten. Das Wissen über die Möglichkeiten und Grenzen von Internetsurveys ist zum gegenwärtigen Zeitpunkt jedoch noch lückenhaft.

2.4.4 Qualitative Datenerhebungsverfahren

Mit Hilfe der bisher beschriebenen standardisierten Verfahren werden *quantitative Daten* gewonnen. Es ist jedoch auch möglich, *qualitative Verfahren* zur Datengewinnung einzusetzen. In Public Health kommen diese Verfahren z.B. zur Anwendung, wenn es gilt, verständliche Fragen für Fragebogen zu entwickeln und diese dann mit Hilfe von *Fokusgruppen* (s.u.) zu testen. Qualitative Verfahren können auch dazu dienen, die in quantitativen Befragungen erzielten Erkenntnisse durch detailliertere Informationen zu ergänzen (z.B. mit Hilfe von *episodischen* oder *fokussierten* Interviews bzw. *Fallstudien*, s.u.). Wegen des erheblich größeren Zeit- und Personalaufwands bei der Erhebung und Auswertung dieser Daten können solche Methoden jedoch jeweils nur bei relativ kleinen Fallzahlen eingesetzt werden. Am häufigsten werden die folgenden qualitativen Verfahren angewandt:

Narrative Interviews

Die Befragten werden hierbei zuerst über die Modalitäten des Vorgehens informiert. Anschließend werden sie aufgefordert, über ein zuvor festgelegtes Thema zu berichten. Ein solches Thema kann ein vergangenes Erlebnis sein, wie z.B. die eigene Krankengeschichte, die dann sowohl beschrieben als auch bewertet werden soll. Die Länge der Erzählphase wird durch die Befragten selbst bestimmt. Kommentierungen oder Nachfragen von Seiten der Interviewer sollen weitgehend unterbleiben.

Episodische Interviews

In episodischen Interviews werden die Befragten aufgefordert, über spezifische Situationen (z.B.: „In welcher Situation sind Sie sich zum ersten Mal ihrer ‚Gesundheit' bewusst geworden?") oder über Kategorien von Situationen (z.B.: „Wann ist für Sie ‚Gesundheit' wichtig?") zu berichten. Mit Hilfe episodischer Interviews wurden beispielsweise Studien durchgeführt, die Zusammenhänge von kritischen Lebensereignissen und dem Auftreten spezifischer Erkrankungen aufdecken konnten.

Grundlage für diese Art der Befragung ist ein Leitfaden, der die anzusprechenden Themen enthält. Sowohl die Auswahl als auch die Gewichtung der Themen wird jedoch den Befragten überlassen. Das Interview wird entweder aufgezeichnet oder in anderer Form protokolliert.

Fokussierte Interviews

Fokussierte Interviews haben vor allem das Ziel, Hypothesen zu testen. Grundlage ist wiederum ein Leitfaden. Er dient hier dazu, die für die Befragten bedeutsamen Aspekte eines Themas zu erfassen und ihre Reaktionen festzuhalten. Bei Fragen nach dem Gesundheitssystem kann dies z.B. bedeuten, dass Befragte erklären, was für sie zum Gesundheitssystem gehört. Aus den gewonnenen Informationen wird schließlich eine inhaltliche Synthese gebildet, die dann als Grundlage für die weitere Hypothesenbildung dient. Bei fokussierten Interviews gehört es zu den Aufgaben der InterviewerInnen, Fragestimuli zu setzen und die Befragten ggf. aufzufordern, ihre Aussagen zu präzisieren.

Fokusgruppeninterviews

In Fokusgruppeninterviews werden Gruppen von Personen zu einer vorher festgelegten Thematik befragt. Die Interviewer geben dabei das Thema vor und strukturieren die daraus entstehende Diskussion. Im Idealfall sollte die Gruppengröße bei acht bis 10 TeilnehmerInnen liegen. Solche Fokusgruppeninterviews können z.B. dazu dienen, die Bewohner eines Quartiers zu den gesundheitlichen Risiken und Ressourcen in ihrem Wohnumfeld zu befragen. Um einen geeigneten Kreis von Interview-TeilnehmerInnen zu gewinnen, kann es erforderlich sein, mit potentiellen TeilnehmerInnen Vorinterviews zu führen. Die Gruppeninterviews sollten auf Band aufgenommen und später in zwei Stufen aufbereitet werden. In einem ersten Schritt werden die Gespräche und Diskussionen mit Hilfe inhaltsanalytischer Techniken ausgewertet. Hierbei werden die Informationen unter Verwendung von zuvor festgelegten Interpretationsregeln und anhand von eigens erstellten Kategoriensystemen klassifiziert. In einem zweiten Schritt werden Diskussionsmuster herausgearbeitet, um z.B. Verzerrungseffekte durch Meinungsführer zu erkennen.

Bei der Interpretation der Daten muss immer berücksichtigt werden, dass es sich bei einem Fokusgruppeninterview um eine künstliche Situation handelt. Die TeilnehmerInnen wurden durch das Forschungsteam ausgewählt. Die beobachteten und registrierten

Interaktionen müssen daher nicht den verbalen Reaktionen entsprechen, die in einem natürlichen Rahmen auftreten würden, sodass Übertragungen auf andere Umgebungsbedingungen mit Vorsicht durchgeführt werden müssen. Fokusgruppeninterviews können nicht nur als eigenständige Methode, sondern z.B. auch als Ergänzung zu Fragebogeninterviews eingesetzt werden. Sie können hier u.a. zu einem detaillierteren Verständnis der mit Hilfe von geschlossenen Antwortvorgaben erhobenen Informationen führen.

Einzelfallstudien

Einzelfallstudien betrachten einen spezifischen Fall im Quer- oder im Längsschnitt. Voraussetzung hierfür ist die Annahme, dass der für die Untersuchung gewählte Fall in seinen relevanten Merkmalen typisch und damit auf andere Fälle übertragbar ist.

Als Untersuchungsobjekte kommen neben Personen auch Gruppen, Institutionen oder Organisationsstrukturen in Frage. Beispiele hierfür wären etwa Schulen, Gewerkschaften oder GesundheitspolitikerInnen. Im Rahmen einer Einzelfallstudie werden dann unterschiedliche Arten von Daten mit dem Ziel gesammelt, im Hinblick auf die Fragestellung ein möglichst vollständiges Bild zu erhalten. So können etwa die Auswirkungen der Einführung von Fallpauschalen auf die alltäglichen Abläufe in einem Krankenhaus anhand einer kleinen Zahl solcher Einrichtungen untersucht werden. Dazu werden z.B. Daten aus den Patientenakten, die Verweildauern und andere routinemäßig erstellte Dokumente herangezogen. Betrachtet werden aber auch typische Interaktionsmuster innerhalb des Krankenhauses sowie Veränderungen bei den alltäglichen Handlungsabfolgen.

Fallstudien können dazu dienen, die Ergebnisse quantitativer Studien zu ergänzen, Hypothesen zu formulieren oder relevante Aspekte einer gegebenen Fragestellung möglichst vollständig auszuleuchten. Die Erkenntnisse aus einer oder wenigen Fallstudien lassen sich jedoch nicht generalisieren, sie können lediglich Unterschiede zwischen den gewählten Untersuchungseinheiten (z.B. Krankenhäusern, Gesundheitssystemen oder einmaligen Ereignissen) aufzeigen.

Internet-Ressourcen

Auf unserer Lehrbuch-Homepage (**www.public-health-kompakt.de**) finden Sie Hinweise auf die im Text verwendeten Literaturquellen sowie weiterführende Literatur.

2.5 Gesundheitsökonomie

David Schwappach

> Nicht alle gesundheitlichen Ziele und Maßnahmen, die grundsätzlich wünschenswert wären, sind auch finanzierbar. Die Frage, wie begrenzte Ressourcen eingesetzt werden sollen, ist eine zentrale Herausforderung für die Gesundheitssysteme weltweit. Um hier Antworten zu finden, wendet die *Gesundheitsökonomie* wirtschaftswissenschaftliche Theorien und Methoden auf das Gesundheitssystem an. Zu den wichtigsten Aufgaben gehört dabei die *Kosten-Nutzen-Bewertung* gesundheitsbezogener Leistungen.
>
> In diesem Abschnitt beschreiben wir zuerst die zentralen gesundheitsökonomischen Studientypen und gehen dabei insbesondere der Frage nach, wie man den Nutzen medizinischer Maßnahmen quantifizieren kann. Anschließend erläutern wir, wie man Ergebnisse gesundheitsökonomischer Studien ausdrückt und interpretiert. Am Ende kommen wir dann zu unserer zentralen Frage: Wie viele Ressourcen wollen Gesellschaften für zusätzliche Gesundheit aufwenden?
>
> Schweizerische Lernziele: CPH 1, CPH 17, CPH 27

Entscheidungen über die Verteilung von *Ressourcen* müssen auf allen Ebenen eines Gesundheitssystems getroffen werden. Wird beispielsweise ein neues Arzneimittel zur Behandlung des Diabetes mellitus entwickelt, muss entschieden werden, ob das neue Medikament in den Leistungskatalog der Krankenversicherung aufgenommen und bei einer Verordnung bezahlt wird. Auch zwischen den verschiedenen Bereichen des Gesundheitssystems müssen die Mittel verteilt werden, z. B. zwischen den Gebieten der präventiven, kurativen und palliativen Medizin. Das Gesundheitssystem konkurriert darüber hinaus mit anderen gesellschaftlichen Sektoren um Ressourcen, wie etwa dem Bildungswesen. Solche Überlegungen können durchaus sinnvoll sein, wenn zum Beispiel mehr Gesundheit „produziert" werden könnte, wenn verstärkter in die Bildung der Bevölkerung als in die Therapie bestehender Erkrankungen investiert würde.

Neben anderen Kriterien, wie zum Beispiel ethischen Überlegungen (s. Kap. 1.6), kann das **Kosten-Nutzen-Verhältnis** gesundheitsbezogener Maßnahmen eine wichtige Information für Entscheidungsträger sein. Im Bereich der Gesundheitsökonomie werden daher mit Hilfe spezifischer Evaluationsstudien Kosten/Nutzen-Daten erstellt. Als *gesundheitsökonomische Evaluation* bezeichnet man die vergleichende Analyse verschiedener Handlungsmöglichkeiten anhand ihrer jeweiligen Kosten und Nutzen. Für die zu vergleichenden Alternativen (z. B. zwei verschiedene Medikamente zur Senkung des Bluthochdrucks) werden die gleichen Kosteneinheiten (z. B. „Euro") und die gleichen Nutzeneinheiten (z. B. „Blutdrucksenkung in mm Hg") verwendet. Auf diese Weise lassen sich verschiedene Alternativen anhand expliziter Kriterien miteinander vergleichen. Favorisiert wird dann jene Alternative, bei der für die Erzielung einer Nutzeneinheit der geringere Mitteleinsatz erforderlich ist.

2.5.1 Gesundheitsökonomische Studientypen

Im Bereich der Gesundheitsökonomie lassen sich vier verschiedene Studientypen unterscheiden:

- Kosten-Minimierungs-Analyse
- Kosten-Effektivitäts-Analyse
- Kosten-Nutzwert-Analyse
- Kosten-Nutzen-Analyse

Sie unterscheiden sich darin, wie der Nutzen gesundheitlicher Maßnahmen ausgedrückt wird. In der Darstellung der Kosten gibt es keinen grundsätzlichen Unterschied (Tab. 2.11).

Tab. 2.11: Merkmale der verschiedenen gesundheitsökonomischen Studien.

	CMA	CEA	CUA	CBA
	Cost-Minimization-Analysis	Cost-Effectiveness-Analysis	Cost-Utility-Analysis	Cost-Benefit-Analysis
	Kosten-Minimierungs-Analyse	Kosten-Effektivitäts-Analyse	Kosten-Nutzwert-Analyse	Kosten-Nutzen-Analyse
Kosten	Monetäre Einheiten (z. B. €)	Monetäre Einheiten (z. B. €)	Monetäre Einheiten (z. B. €)	Monetäre Einheiten (z. B. €)
Nutzen	Wird als identisch angenommen und nicht berücksichtigt	Natürliche Einheiten (z. B. Senkung des Blutdrucks in mm Hg; beschwerdefreie Tage)	Qualitätsadjustierte Lebensjahre (QALYs)	Monetäre Einheiten (z. B. €)

Die **Kosten-Minimierungs-Analyse** (Cost-Minimization-Analysis, CMA) ist eine so genannte reduzierte gesundheitsökonomische Studie. Ihr liegt die wesentliche Annahme zugrunde, dass sich der Nutzen der bewerteten Alternativen nicht unterscheidet. Damit reduziert sich die Analyse auf einen reinen Kostenvergleich. Die Annahme eines identischen Nutzens ist jedoch nur in sehr wenigen Fällen wirklich erfüllt. Zum Beispiel haben viele Maßnahmen zwar ähnliche erwünschte Wirkungen, aber ein unterschiedliches Nebenwirkungsprofil. Ergebnisse einer CMA sind daher immer kritisch zu prüfen.

Die **Kosten-Effektivitäts-Analyse** (Cost-Effectiveness-Analysis, CEA) ist die am häufigsten eingesetzte Analyseform. Dabei wird der Nutzen in „natürlichen" Einheiten ausgedrückt, also solchen Parametern, die beobachtbar oder messbar sind. Beispiele für natürliche Nutzeneinheiten sind die Blutdrucksenkung in mm Hg, beschwerdefreie Tage oder vermiedene Frakturen bei Osteoporose.

Die Daten zum Nutzen der zu vergleichenden Maßnahmen werden entweder im Rahmen einer Studie neu erhoben oder aus der Literatur übernommen und anschließend ins Verhältnis zu den jeweils entstehenden Kosten gesetzt (s. Web-Box 2.5.1 auf unserer Lehrbuch-Homepage). So lässt sich für beide Maßnahmen ein **Kosten/Nutzen-Quotient** (auch *Kosten-Effektivitäts-Rate, CER* genannt) errechnen.

Die CEA kann dann angewandt werden, wenn sich der Nutzen der zu vergleichenden Maßnahmen berechtigterweise im gleichen Nutzenmaß ausdrücken lässt. Die Reduktion auf nur einen spezifischen Nutzenaspekt wird den Konsequenzen vieler Erkrankungen aber nicht gerecht. Häufig haben sowohl Erkrankung als auch deren Behandlung Effekte auf die Lebensqualität und die Lebenserwartung der Patienten.

Die **Kosten-Nutzwert-Analyse** (Cost-Utility-Analysis, CUA) überwindet diesen Nachteil der CEA. Bei der CUA werden Wirkungen von Krankheit und gesundheitsbezogenen Maßnahmen auf Lebensqualität und Lebenslänge in einem „virtuellen", d. h. nicht real existierenden Nutzenmaß zusammengefasst, dem **qualitäts-adjustierten Lebensjahr** (*Quality-Adjusted Life Year*, QALY; s. Kap. 9.1.2). Als *QALY* bezeichnet man die mit einem Qualitätsfaktor gewichtete Dauer eines Gesundheitszustandes.

1 QALY ≙ 1 Lebensjahr in vollständiger Gesundheit

Es spiegelt die Annahme wider, dass ein Lebensjahr in guter Gesundheit für die Betroffenen einen höheren Wert hat als ein Lebensjahr in schlechter Gesundheit. Würde man also nur den Effekt von Maßnahmen auf die Lebenserwartung vergleichen, so blieben möglicherweise erhebliche Unterschiede in der Lebensqualität unbeachtet. Aus diesem Grund werden bei den QALYs die Lebensjahre durch eine Gewichtung „qualitätskorrigiert". Der Gewichtungsfaktor gibt den subjektiven Wert eines Gesundheitszustandes an und wird als **Nutzwert** (*Utility*) bezeichnet. Nutzwerte können einen Wert zwischen 0 und 1 annehmen. Der Wert 0 entspricht dabei dem Tod, der Wert 1 einem Zustand in vollständiger Gesundheit (Box 2.5.1, Abb. 2.18).

Box 2.5.1: Wie werden Nutzwerte ermittelt?

Nutzwerte können durch verschiedene Verfahren erhoben werden. Mit dem EQ-5D liegt ein standardisierter Fragebogen zur Erfassung von Nutzwerten in vielen Sprachen vor, bei dem sechs Dimensionen der Lebensqualität berücksichtigt und zu einem Wert zusammengefasst werden. Andere häufig eingesetzte Verfahren sind die *Time Trade-Off Methode* (TTO, Zeitausgleichsverfahren) und das *Standard Gamble* (SG, Standard-Lotterie-Verfahren). Für viele Erkrankungen und Gesundheitszustände existieren inzwischen publizierte Nutzwerte, die z. B. über die *Cost Effectiveness Registry* recherchiert werden können (Näheres zu den Verfahren s. Internet-Ressourcen).

QALYs berechnet man, indem man die Dauer eines Gesundheitszustandes (in Jahren) mit dem jeweiligen Nutzwert *multipliziert*. Verbringt also ein Patient fünf Jahre in einer Lebensqualität, die einem Nutzwert von 0,8 entspricht, so werden in dieser Zeit vier QALYs angehäuft. Für eine CUA werden nun jeweils die QALYs der zu vergleichenden Maßnahmen berechnet. Diese werden dann ins Verhältnis zu den dafür aufzuwendenden Kosten gesetzt, sodass daraus ein *Kosten/QALY-Quotient* resultiert (Abb. 2.19).

Der große Vorteil der CUA liegt darin, dass hier theoretisch alle Auswirkungen einer Maßnahme auf die Lebensqualität (z. B. physische, psychische und soziale Aspekte) und die Lebenslänge abgebildet werden. Damit wird das Kosten-Nutzen-Verhältnis gesund-

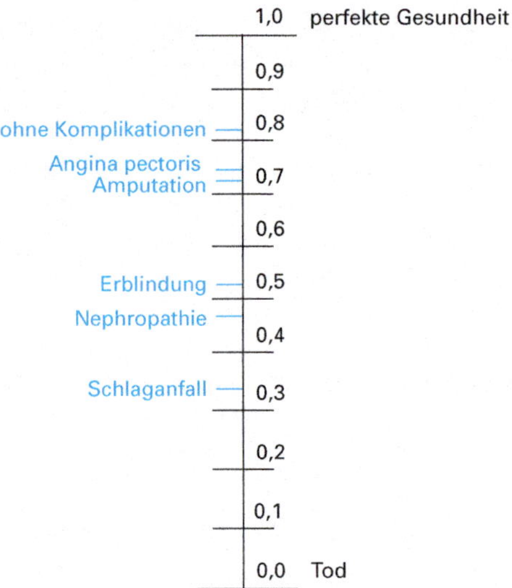

Abb. 2.18: Exemplarische Nutzwerte für verschiedene Komplikationen des Diabetes mellitus Typ 1; Abbildung basiert auf: Lee JM, Rhee K, O'grady MJ et al. Health Utilities for Children and Adults with Type 1 Diabetes. Medical Care 2011; 49 (10): 924–931.

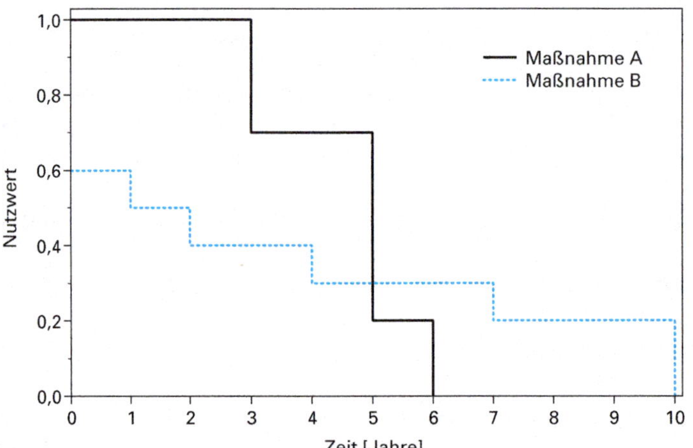

Abb. 2.19: Vergleich des Nutzens zweier hypothetischer Maßnahmen durch Berechnung von QALYs im Rahmen einer CUA.
Bei Maßnahme A werden 4,6 QALYs angehäuft, bei Maßnahme B sind es 3,4 QALYs. Die Maßnahmen A und B verursachen Kosten in Höhe von 68.000 € bzw. 55.000 €. Damit liegen die Kosten/QALY-Quotienten bei 14.783 €/QALY für Maßnahme A und 16.176 €/QALY für Maßnahme B. Obwohl also die Patienten bei Maßnahme A kürzer leben und die Behandlung teurer ist, häufen sie mehr QALYs an und das Kosten/QALY-Verhältnis ist günstiger.

heitsbezogener Maßnahmen unabhängig von Indikationsgebieten, Versorgungssektoren und anderen Merkmalen miteinander vergleichbar. Hierin unterscheidet sich die CUA von der CEA, bei der dies durch das notwendige gemeinsame Nutzenmaß nicht möglich ist. Auf diese Weise könnten beispielsweise (1) ein neues Operationsverfahren mit höherer Überlebenswahrscheinlichkeit bei polytraumatisierten Patienten, (2) ein Screeningverfahren zur Früherkennung bösartiger Neubildungen bei Kindern und (3) eine medikamentöse Therapie bei chronisch Kranken anhand des Kosten/QALY-Quotienten miteinander verglichen werden.

Will eine Gesellschaft die Lebensqualität und Lebenslänge ihrer BürgerInnen maximieren, so sollte sie ihre Ressourcen auf die Maßnahmen konzentrieren, die das günstigste Kosten/QALY-Verhältnis aufweisen. Allerdings sollten die im Rahmen dieses Ansatzes der „**Nutzen-Maximierung**" auftretenden *ethischen Aspekte* kritisch reflektiert werden. Durch die Konstruktion des QALYs werden z. B. lebensrettende Maßnahmen bei Kindern und Jugendlichen immer einen höheren Gewinn an QALYs aufweisen als lebensrettende Maßnahmen bei Erwachsenen, da durch die höhere Lebenserwartung jüngerer Menschen per Definition in der Zukunft mehr QALYs aufsummiert werden können (s. a. Kap. 1.4). Die CUA hat jedoch immer dann große Vorzüge gegenüber der CEA, wenn durch die betrachteten Erkrankungen oder Maßnahmen verschiedene Aspekte der Lebensqualität und/oder Lebenslänge beeinflusst werden.

Bei der *Kosten-Nutzen-Analyse* (Cost-Benefit-Analysis, CBA) werden nicht nur die Kosten, sondern auch die Nutzen in geldwerten Einheiten ausgedrückt. Dies bedeutet, dass alle gesundheitlichen Aspekte ebenso wie Todesfälle monetarisiert werden. Die CBA ist damit die einzige Analyseform, bei der sich ein „Netto-Nutzen" berechnen lässt (Nutzen [€] minus Kosten [€]). Damit können auch gesamtgesellschaftliche Mittelverwendungen verglichen werden (z. B. Vergleich zwischen Bildungs- und Gesundheitssystem).

Zur Bestimmung eines monetären Wertes von gesundheitlichen Effekten – wie z. B. dem Rückgang von Symptomen bei einer Erkrankung – werden häufig Verfahren zur Bestimmung der *Zahlungsbereitschaft* eingesetzt, die **Willingness-to-Pay (WTP)**- oder die Willingness-to-Accept (WTA)-Methode. Bei diesem Ansatz wird untersucht, wie viel Geld eine Person zu bezahlen bereit wäre, um einen gesundheitlichen Effekt zu erzielen bzw. wie viel Geld sie fordern würde, um auf eine Gesundheitsverbesserung zu verzichten. Für die Bestimmung des Geldwertes eines (vermiedenen) Todesfalles werden auch Ansätze aus der Versicherungs- und Verkehrsplanung sowie dem Arbeitsschutz verwendet. Die beschriebenen Verfahren zur Monetarisierung von Gesundheit und Lebenszeit werden kontrovers diskutiert. Zum einen wird hinterfragt, ob die geldwerte Bemessung eines menschlichen Lebens ethisch vertretbar ist, zum anderen können WTP- und WTA-Werte durch die Einkommensverhältnisse der befragten Personen beeinflusst werden. Die eigentliche CBA wird nur selten angewandt. Darüber hinaus wird der Begriff der Kosten-Nutzen-Analyse jedoch häufig auch als Oberbegriff für alle gesundheitsökonomischen Analysen verwendet.

2.5.2 Kostenarten

Bei gesundheitsökonomischen Evaluationen werden möglichst alle relevanten Ressourcenverbräuche berücksichtigt und anschließend mit den Kosten hinterlegt, die mit der zu untersuchenden Erkrankung oder der alternativen Maßnahme verbunden sind. Dafür ist es unerheblich, wer diese Kosten zu tragen hat (z. B. PatientIn, ArbeitgeberIn etc.).

Eine Ausnahme bilden gesundheitsökonomische Studien, die explizit aus einer spezifischen **Perspektive** heraus durchgeführt werden. Oft ist dies die Perspektive des Krankenversicherungssystems. Bei solchen Studien werden dann nur jene Kosten berücksichtigt, die durch den Krankenversicherer getragen werden müssen. Andere Kosten – z. B. solche, die die Patienten selber tragen – fallen heraus. Bei einer umfassenden, d. h. nicht aus einer bestimmten Perspektive unternommenen, gesundheitsökonomischen Studie werden folgende **Kostenarten** berücksichtigt:

Direkte Kosten

Medizinische und nicht-medizinische direkte Kosten sind alle Ressourcenverbräuche, die durch eine Krankheit und deren Behandlung entstehen. Zu den *medizinischen direkten Kosten* zählen beispielsweise die Kosten der Behandlung im Krankenhaus, von Medikamenten, diagnostischen Untersuchungen und Physiotherapiemaßnahmen. Auch die Behandlung von Nebenwirkungen ist hierbei zu berücksichtigen. *Nicht-medizinische direkte Kosten* sind z. B. die Fahrtkosten zum Krankenhaus, die Kosten von Umbauarbeiten im Wohnhaus eines Patienten aufgrund einer durch die Krankheit eingetretenen Behinderungen oder auch die Kosten, die durch die Inanspruchnahme von Hilfsleistungen im Haushalt von Patienten anfallen.

Indirekte Kosten

Viele Erkrankungen können dazu führen, dass Menschen in ihrer Produktivität eingeschränkt werden. Dies ist der Fall, wenn sie ihrer Erwerbsarbeit zeitweise nicht nachkommen können oder wenn sie dauerhaft arbeitsunfähig sind. Auch wenn sie frühzeitig versterben, entstehen *Produktivitätsverluste* („indirekte Kosten"). Produktivitätsverluste im Bereich der nicht-bezahlten Arbeit, z. B. der Familienarbeit, können ebenfalls relevant sein und müssen dann berücksichtigt werden. Gerade bei chronischen und psychischen Erkrankungen ist der Anteil der Kosten, der durch Produktivitätsverluste entsteht, oft hoch und kann damit einen erheblichen Effekt auf das Kosten-Nutzen-Verhältnis von Behandlungsmaßnahmen haben.

Intangible Kosten

Als *intangible Kosten* werden Kosten bezeichnet, die nicht oder nur schwer gemessen und dann in einem Geldwert ausgedrückt werden können. Beispiele hierfür sind Angst oder Stigmata, die mit einer Erkrankung verbunden sind. Intangible Kosten werden bei gesundheitsökonomischen Evaluationen nicht quantitativ berücksichtigt, zumal sie oft schon auf der Nutzen-Seite negativ in die Bewertung der Lebensqualität eingehen. So ist etwa davon auszugehen, dass Patienten, die unter einer besonders stigmatisierten Erkrankung leiden (z. B. psychische Erkrankungen, HIV/AIDS), deswegen auch in ihrer Lebensqualität eingeschränkt sind.

2.5.3 Die inkrementelle Betrachtungsweise bei gesundheitsökonomischen Studien

In den vorangegangenen Beispielen wurden die Ergebnisse gesundheitsökonomischer Studien als durchschnittliche Kosten/Nutzen-Quotienten für die zu vergleichenden Alternativen dargestellt. Unabhängig vom Studientyp ist die Verwendung von Durchschnitts-Quotienten jedoch oft irreführend und unrealistisch. Dies ist in der Medizin vor allem dann der Fall, wenn es um einen Vergleich mit neuen, oft teureren Alternativen zu bereits bestehenden Maßnahmen geht. In solchen Situationen ist vielmehr relevant, welche *zusätzlichen Kosten* aufgebracht werden müssen, um einen *zusätzlichen Nutzen* zu erzielen. Dieses Konzept wird als **inkrementelle** (schrittweise) oder **marginale Betrachtungsweise** bezeichnet (s. Grenzkosten und Grenznutzen). Dabei wird nicht der durchschnittliche Kosten/Nutzen-Quotient einer Alternative berechnet, sondern der **inkrementelle Kosten/Nutzen-Quotient** (*inkrementelle Kosten-Effektivitäts-Rate, ICER*). Hierzu wird die Differenz der Kosten (Kosten der zu prüfenden Maßnahme abzüglich der Kosten der vorhandenen Alternative) zur Differenz der Nutzen beider Optionen ins Verhältnis gesetzt (Δ Kosten / Δ Nutzen s. Box 2.5.2).

Box 2.5.2: Fallbeispiel zur Errechnung des inkrementellen Kosten/Nutzen-Quotienten.

Die Patienten mit einer bestimmten psychischen Erkrankung erhalten üblicherweise über einen längeren Zeitraum eine effektive Verhaltenstherapie (Behandlung A). In einer Studie wurde nun ein neues Medikament untersucht, das zur Therapie dieser Erkrankung entwickelt wurde (Behandlung B). Folgende Berechnungen wurden vorgenommen:

Behandlung	Gesamtkosten	Gesamtnutzen	Kosten/Nutzen-Quotient	Inkrementeller Kosten/Nutzen-Quotient
A	425.000 €	18 QALYs	23.611 €/QALY	–
B	495.000 €	20 QALYs	24.750 €/QALY	35.000 €/QALY

Rechnung: Inkrementeller Kosten/Nutzen-Quotient = Gesamtkosten B – Gesamtkosten A / Gesamtnutzen B – Gesamtnutzen A

(495.000 € – 425.000 €) / (20 QALYs – 18 QALYs) = 35.000 €/QALY

Für jedes zusätzlich gewonnene QALY müssen bei der neuen Behandlung also 35.000 € mehr ausgegeben werden.

Häufig ist der inkrementelle Kosten/Nutzen-Quotient deutlich höher als der durchschnittliche Kosten/Nutzen-Quotient. Die inkrementelle Betrachtungsweise ist jedoch grundsätzlich vorzuziehen, da sie den Entscheidungsträgern realitätsnähere Informationen über den tatsächlichen Unterschied zwischen den betrachteten Alternativen aufzeigt.

2.5.4 Die Interpretation gesundheitsökonomischer Studienergebnisse

Die aus einer gesundheitsökonomischen Evaluation hervorgegangenen Ergebnisse lassen sich grafisch sehr gut mit Hilfe einer so genannten **Kosten-Effektivitäts-Fläche** darstellen. Prinzipiell sind dabei vier verschiedene Alternativen möglich (Abb. 2.20).

Im Vergleich zu einer Alternative A (im Zentrum) kann eine Maßnahme entweder teurer und effektiver (Quadrant I), günstiger und effektiver (Quadrant II), günstiger und weniger effektiv (Quadrant III) oder teurer und weniger effektiv sein (Quadrant IV). Da

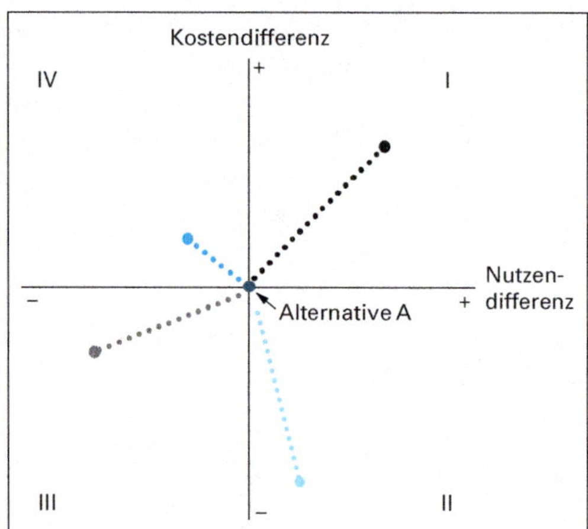

Abb. 2.20: Die Ergebnisse einer gesundheitsökonomischen Evaluationsstudie lassen sich auf einer Kosten-Effektivitäts-Fläche auftragen. Die untersuchten Maßnahmen werden im Vergleich zu einer Alternative A (im Zentrum; häufig der *Status Quo*) hinsichtlich der zusätzlich aufzuwendenden Kosten und des zu erwartenden zusätzlichen Nutzens eingetragen.

in den Quadranten II und IV jeweils eine der beiden Maßnahmen im Hinblick auf Kosten *und* Nutzen eindeutig über- oder unterlegen liegt, spricht man hier von einer **Dominanz**. Im I. Quadranten müssen für einen höheren Nutzen mehr Ressourcen eingesetzt werden, im III. Quadranten könnten dagegen bei Verzicht auf einen höheren Nutzen Ressourcen eingespart werden. In der Praxis tritt der positive inkrementelle Kosten/Nutzen-Quotient (Quadrant I) häufig auf. Er stellt Entscheidungsträger dann meist vor schwierige *Abwägungsentscheidung*.

Im Zentrum dieser Abwägungsentscheidung steht die grundlegende Frage der Gesundheitsökonomie: Wie viele Ressourcen ist eine Gesellschaft (z. B. ein solidarisch finanziertes Versicherungssystem) bereit, für eine zusätzliche Nutzeneinheit aufzuwenden? Wie viel darf beispielsweise ein zusätzlich gewonnenes QALY kosten? Bislang gibt es in Deutschland, Österreich und der Schweiz keinen eindeutigen Grenzwert zu dieser Frage. In Großbritannien existiert dagegen z. B. ein Schwellenwert von 20.000–30.000 £ (ca. 23.000–34.000 €) bei der Zulassung neuer Medikamente. Er wird allerdings nie als alleiniges Kriterium angesehen. Stattdessen findet eine Abwägung verschiedenster, auch ethischer Kriterien, statt.

Ob der Einsatz von Ressourcen für eine bestimmte gesundheitsbezogene Intervention letztendlich „kosten-effektiv" ist, ist ein *bewertendes Urteil*. „Kosten-effektiv" ist dabei nicht gleichbedeutend mit „kosten-sparend". Da es sich immer um *relative* Berechnungen und Aussagen handelt, ist die Vergleichsgröße (z. B. die bisherige Behandlung) eindeutig anzugeben. Eine Intervention kann immer nur kosten-effektiv relativ zu einer anderen Alternative sein!

Internet-Ressourcen

Auf unserer Lehrbuch-Homepage (**www.public-health-kompakt.de**) finden Sie Hinweise auf weiterführende Literatur sowie verschiedene Links (u. a. zum Messinstrument EQ-5D und zu einer Datenbank mit Nutzwerten und Kosten/QALY-Quotienten).

3 Gesundheitssysteme

Als Gesundheitssystem bezeichnet man die Gesamtheit der Einrichtungen, deren Aufgabe es ist, die Gesundheit einzelner Menschen und die der gesamten Bevölkerung zu erhalten, zu fördern und wiederherzustellen sowie Krankheiten vorzubeugen. Gesundheitssysteme können sehr verschieden organisiert und finanziert werden. Üblicherweise unterscheidet man Sozialversicherungsmodelle von nationalen Gesundheitsdiensten. Viele Gesundheitssysteme haben Elemente aus beiden Organisationsmodellen übernommen. In diesem Kapitel vergleichen wir zuerst die Organisation, die Kosten und die Qualität der Gesundheitssysteme verschiedener Länder und diskutieren dann ausführlich die Situation in der Schweiz und in Deutschland. Dabei beleuchten wir die Rolle, die der Staat in den jeweiligen Gesundheitssystemen übernimmt und betrachten die Organisation der medizinischen und pflegerischen Versorgung sowie Kosten, Vergütung und Finanzierung der Leistungen. Ein zentraler Aspekt im Hinblick auf die Qualität der Gesundheitssysteme ist die Patientensicherheit, mit der wir uns abschließend beschäftigen.

Schweizerische Lernziele: CPH 4, CPH 21–26

3.1 Einführung

Matthias Egger

3.1.1 Definition und Ziele

Das Gesundheitssystem oder Gesundheitswesen umfasst in einem Land alle staatlichen und privaten Einrichtungen, deren Aufgabe es ist, die Gesundheit einzelner Menschen und die der gesamten Bevölkerung zu erhalten, zu fördern und wiederherzustellen sowie Krankheiten vorzubeugen. Zu den Bereichen des Gesundheitswesens gehören also Gesundheitsförderung und Prävention ebenso wie die Diagnostik und Behandlung von Krankheiten und Unfällen sowie die Rehabilitation von kranken und verunfallten Menschen. Im weiteren Sinne können auch gesundheitsbezogene Forschung, pharmazeutische Industrie und Medizintechnik zum Gesundheitssystem eines Landes mit hinzu gerechnet werden.

In den Industrienationen ist das Gesundheitssystem ein volkswirtschaftlich überaus wichtiger Beschäftigungszweig. So ist in Großbritannien der staatliche National Health Service (NHS, s. u.) der größte Arbeitgeber im Land. In Deutschland und der Schweiz zählt das Gesundheitswesen zu den wichtigsten Arbeitgebern im Dienstleistungssektor.

Wesentliche Ziele und Qualitätskriterien eines Gesundheitssystems sind:

- *Wirksamkeit und Leistungsfähigkeit:* Die erbrachten Leistungen sollen wirksam sein und zeitgerecht erbracht werden.

- *Bedarfsgerechtigkeit und Zweckmäßigkeit:* Die Leistungen sollen auf die Bedürfnisse der Bevölkerung zugeschnitten sein.

- *Wirtschaftlichkeit und Finanzierbarkeit:* Die hieraus entstehenden Kosten sollen tragbar und durch die erzielten Ergebnisse gerechtfertigt sein.

- *Chancengleichheit und Fairness:* Der angebotene Grundkatalog an Leistungen soll unabhängig von Einkommen und Status allen Menschen offen stehen.

3.1.2 Organisationsmodelle

Die Gesundheitssysteme westlicher Industrienationen lassen sich idealtypisch in zwei Gruppen einteilen:

- *Sozialversicherungsmodell:* Dieses Modell wird nach Reichskanzler Otto von Bismarck (1815–1898), der die Sozialversicherung in Deutschland in den 1880er Jahren als Folge der durch die Industrielle Revolution auftretenden sozialen Spannungen einführte, auch als *Bismarck-Modell* bezeichnet. Das zentrale Organisationsmerkmal sind Versicherungskassen, die einen eigenständigen rechtlichen Status haben und sich selbst verwalten. In der Regel handelt es sich dabei heute um Pflichtversicherungen, die über einkommensabhängige Arbeitgeber- und Arbeitnehmerbeiträge finanziert werden. Versichert sind nicht nur die Arbeitnehmer selbst, sondern auch ihre Familienangehörigen sowie Arbeitslose und Rentner. In Deutschland gehören hierzu die Kranken-, die Pflege- und die Unfallversicherung, in der Schweiz sind es Kranken- und Unfallversicherung. Die schweizerische Krankenversicherung stellt allerdings einen Sonderfall dar, weil sie nicht durch Arbeitgeber- und Arbeitnehmerbeiträge finanziert wird, sondern durch individuelle Beiträge und Prämien, die nicht einkommensabhängig sind. Auch Familienangehörige, Arbeitslose und Rentner müssen sich selbst versichern. Für Kinder, Jugendliche und junge Erwachsene sowie Personen, die in bescheidenen Verhältnissen leben, sind die zu zahlenden Prämien jedoch geringer.

- *Nationaler Gesundheitsdienst:* Dieses Modell wird nach dem Ökonomen Sir William Beveridge (1879–1963), der 1942 die Schaffung eines nationalen Gesundheitsdienstes in Großbritannien vorschlug, auch *Beveridge-Modell* genannt. Sein Plan wurde nach dem Ende des 2. Weltkrieges mit der Gründung des *National Health Service* (NHS) umgesetzt. Das Gesundheitssystem wird vom Staat betrieben und über Steuern finanziert. Im Gegensatz zum Sozialversicherungsmodell liegen die Verantwortung für die Finanzierung und die Leistungserbringung somit in derselben staatlichen Hand. Die Bevölkerung hat kostenlosen Zugang zu den staatlich organisierten medizinischen Einrichtungen. Allerdings beteiligen sich die PatientInnen über Selbstbehalte und Konsultationsgebühren in unterschiedlichem Maße an den entstehenden Kosten. Zudem haben Wartelisten und Rationierungen dazu geführt, dass die Bedeutung privater Zusatzversicherungen in einigen Ländern mit nationalem Gesundheitsdienst zugenommen hat.

Heute gibt es in den meisten Industrienationen Gesundheitssysteme, die Aspekte aus beiden Organisationsmodellen übernommen haben. Sie mischen öffentliche und private Finanzierung sowie öffentliche und private Leistungserbringung. Tab. 3.1 fasst die Situation in ausgewählten europäischen Ländern und den USA zusammen.

Tab. 3.1: Ausgewählte Merkmale der Gesundheitssysteme verschiedener europäischer Länder und der USA mit einer Bewertung durch die Weltgesundheitsorganisation WHO.

Land	Organisation der Finanzierung	Selbstbeteiligung an den Kosten	Organisation der Leistungserbringung	Rang*
Frankreich	Sozialversicherung	Mittel	Ambulant privat; stationär überwiegend öffentlich	1
Italien	Nationaler Gesundheitsdienst	Hoch	Überwiegend privat	2
Spanien	Nationaler Gesundheitsdienst mit Beitragsfinanzierung	Mittel	Überwiegend öffentlich	7
Niederlande	Obligatorische Versicherung mit Kopfpauschale	Gering	Überwiegend privat	17
Großbritannien	Nationaler Gesundheitsdienst	Gering	Überwiegend öffentlich	18
Schweiz	Obligatorische Versicherung mit Kopfpauschale	Hoch	Ambulant privat; stationär teils öffentlich, teils privat	20
Belgien	Sozialversicherung	Hoch	Ambulant privat; stationär teils öffentlich, teils privat	21
Schweden	Nationaler Gesundheitsdienst	Gering	Überwiegend öffentlich	23
Deutschland	Sozialversicherung	Mittel	Ambulant privat; stationär teils öffentlich, teils privat	25
USA	Freiwillige Privatversicherung und staatliche Fürsorge	Hoch	Überwiegend privat	37

* Bewertung von Wirtschaftlichkeit und Qualität des Gesundheitssystems laut Weltgesundheitsorganisation WHO (*WHO World Health Report 2000. Health Systems: Improving Performance*)

In den **USA** ist die Situation besonders komplex. Hier wird die Krankenversicherung von vielen Menschen als private Angelegenheit der BürgerInnen betrachtet. Es besteht keine Versicherungspflicht. Als Folge hiervon sind 16 % der mehr als 300 Millionen EinwohnerInnen in den USA nicht versichert (s. Web-Abb. 3.1.1 auf unserer Lehrbuch-Homepage). Aufgrund des *Emergency Medical Treatment and Labor Act* (EMTALA) müssen Krankenhäuser allerdings jeden Patienten versorgen, der als Notfall eingeliefert wird. Etwa 55 % der US-BürgerInnen sind durch ihren Arbeitgeber privat krankenversichert. Hier teilen sich Arbeitgeber und Arbeitnehmer die anfallenden Prämien. Weitere 25 % der US-amerikanischen Bevölkerung haben Zugang zu *Medicare* und *Medicaid*. Medicare ist eine staatliche Krankenversicherung für Betagte und Behinderte, Medicaid ein Gesundheitsfürsorgeprogramm für bedürftige Menschen. Die beiden staatlichen Institutionen kommen für fast die Hälfte aller im amerikanischen Gesundheitssystem anfallenden Kosten von medizinischen Leistungen auf. Abgerechnet werden diese Leistungen aufgrund von *Fallpauschalen* oder DRGs (**Diagnosis Related Groups** = diagnosebezogene Fallgruppen).

Falls die von Präsident Obama am 23. März 2010 unterschriebene Gesetzesvorlage (*Patient Protection and Affordable Care Act*) alle juristischen Hürden nimmt, wird das

Gesundheitswesen der USA in den nächsten Jahren grundlegend reformiert. Ziel ist, die Anzahl der nicht versicherten Menschen deutlich zu reduzieren. Bereits heute können private Krankversicherungen in den USA Versicherungswillige nicht mehr aufgrund von bestehenden Erkrankungen oder Risikofaktoren ausschließen. Bis vor kurzem wurden bei den 60- bis 64-Jährigen noch mehr als 30 % der AntragstellerInnen aus diesen Gründen abgelehnt.

In den *Low-income*-Ländern steht der Aufbau von Gesundheitssystemen mit einer starken *Primary-Health-Care*-Komponente (s. Kap. 9.3) im Vordergrund. Aktuell gibt es in vielen dieser Ländern nur schwach entwickelte staatliche Gesundheitsdienste. Die Versorgung der Bevölkerung geschieht punktuell durch nichtstaatliche Organisationen (z. B. in Missionskrankenhäusern) sowie in ländlichen Gebieten über Gesundheitsstationen, die mit Krankenschwestern oder -pflegern besetzt sind, und über traditionelle HeilerInnen und Hebammen. In den großen Städten mit Krankenhäusern und SpezialärztInnen werden auch private Gesundheitsdienstleistungen angeboten. Im Krankheitsfall sind oft Direktzahlungen für Medikamente, Arztbesuche und medizinische Maßnahmen zu leisten, was viele Menschen davon abhält, diese in Anspruch zu nehmen. Nur ein kleiner Teil der Bevölkerung (z. B. Beamte oder Angehörige des Militärs) ist krankenversichert. In den *Middle-Income*-Ländern sind die staatlichen Gesundheitsdienste oft besser aufgestellt, aber auch hier gibt es noch nicht überall eine flächendeckende, qualitativ hoch stehende Gesundheitsversorgung (s. auch Kap. 9.1 und Kap. 9.2).

3.1.3 Kosten und Qualität im internationalen Vergleich

Für die Mitgliedsländer der *Organisation für wirtschaftliche Zusammenarbeit und Entwicklung* (OECD) werden die Ausgaben der Gesundheitssysteme standardisiert erfasst. Die aktuellen OECD-Daten (2009) zeigen, dass die Gesundheitsausgaben in den USA – wie schon in früheren Jahren – mit 17,4 % des Bruttoinlandprodukts an erster Stelle stehen, während die Ausgaben hierfür in Großbritannien, Italien und Spanien weniger als 10 % des Bruttoinlandprodukts betragen (Abb. 3.1). In Europa gehören Deutschland und die Schweiz zu den Ländern mit den höchsten Gesundheitskosten. Pro Kopf gaben die US-Amerikaner im Jahr 2009 kaufkraftbereinigt 7.956 $ für ihr Gesundheitssystem aus, in Spanien waren es 3.067 $, in Deutschland 4.218 $ und in der Schweiz 5.144 $.

In den meisten OECD-Ländern verursachen staatliche Finanzierungsträger durch direkte Finanzierung von Krankenhäusern und anderen Einrichtungen sowie über staatliche Versicherungen den größten Teil der Ausgaben. Der Privatsektor umfasst die privaten Krankenkassen und Direktzahlungen der Haushalte (*Out of Pocket Payments*; z. B. zahnärztliche Behandlungen[8]). Im Allgemeinen ist die private Finanzierung im Bereich der ambulanten Leistungen von größerer Bedeutung als im stationären Bereich. Dabei spielen z. B. in den USA die privaten, freiwilligen Krankenversicherungen eine wichtige Rolle, während in der Schweiz die privaten Haushalte besonders belastet werden.

Im Jahr 2007 entfielen in Deutschland und der Schweiz 60 bis 70 % der Gesundheitsausgaben auf kurative Leistungen und Rehabilitationsleistungen. Die übrigen 30 bis 40 % der Gesundheitsausgaben betrafen die Bereiche Langzeitpflege, Medikamente und medizinische Hilfsmittel, Prävention und Verwaltung. Für organisierte öffentliche

---

[8] In der Schweiz werden zahnärztliche Behandlungen nur in Ausnahmefällen von der Krankenkasse übernommen.

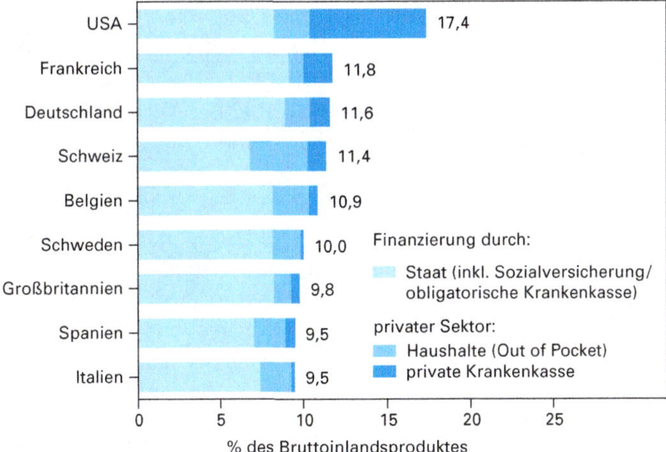

Abb. 3.1: Gesundheitsausgaben in verschiedenen europäischen Ländern und den USA, gemessen am Bruttoinlandsprodukt und unterschieden nach Finanzierungsträgern (2009) (Quelle: OECD Health Data 2009. http://stats.oecd.org).

Gesundheits- und Präventionsprogramme wurden 2007 in Deutschland nur 3,7 % und in der Schweiz nur 2,3 % der Gesundheitsausgaben aufgewendet.

Wichtige Determinanten der Gesundheitsausgaben sind die Altersstruktur und der Gesundheitszustand einer Bevölkerung, die Prävalenz von Risiko- (z. B. Rauchen) und Schutzfaktoren (z. B. gesunde Ernährung), die verfügbaren Ressourcen (z. B. die Dichte von Fachärzten) sowie das ärztliche Verordnungsverhalten und die Inanspruchnahme von Leistungen durch die PatientInnen. In allen OECD-Ländern haben die Gesundheitsausgaben in den letzten Jahren kontinuierlich zugenommen, im Zeitraum von 1997 bis 2007 um durchschnittlich 4,1 % pro Jahr. Anders als in anderen OECD-Ländern fiel der Anstieg in Deutschland (Zunahme um jährlich 1,7 %) und der Schweiz (2,3 %) jedoch geringer aus.

Im Jahr 2000 nahm die Weltgesundheitsorganisation WHO einen Vergleich der *Qualität und Wirtschaftlichkeit der Gesundheitssysteme* ihrer 191 Mitgliedsländer vor, der als *World Health Report 2000* publiziert wurde.

Hierin wurden sechs Kriterien definiert, nach denen die Qualität und Wirtschaftlichkeit der Gesundheitssysteme beurteilt wurde.

- Gesundheitszustand der Bevölkerung (gemessen als durchschnittliche Anzahl an Lebensjahren bei guter Gesundheit)

- Ausmaß der Ungleichheiten im Gesundheitszustand der Bevölkerung

- Eingehen auf die Bedürfnisse der Bevölkerung (Patientenorientierung, z. B. freie Arztwahl oder zeitgerechte Behandlung)

- Ausmaß der Ungleichheiten in der Patientenorientierung

- Verteilung der finanziellen Lasten (Finanzierungsgerechtigkeit, gemessen am Verhältnis zwischen dem Haushalteinkommen und den Ausgaben der Haushalte für Gesundheit)

- Höhe der Ausgaben für Gesundheit

Bei der Gesamtwertung wurden Gesundheitszustand, Patientenorientierung und Finanzierungsgerechtigkeit zu den Ausgaben in Beziehung gesetzt. Einschränkend muss dazu bemerkt werden, dass die Bewertungen der WHO aufgrund mangelnder objektiver Daten oft durch eine Expertenkomission vorgenommen wurde. Der WHO-Bericht erregte einiges Aufsehen, nicht zuletzt weil die Gesundheitssysteme einiger Länder schlechter abschnitten als erwartet. Deutschland kam in der Gesamtwertung nur auf Platz 25, die Schweiz landete auf Platz 20 und die USA auf Platz 37 (Tab. 3.1). Der erste Platz wurde von Frankreich, der letzte Platz von Sierra Leone eingenommen. Es gibt unterschiedliche Gründe für die wenig schmeichelhaften Gesamtwerte für Deutschland und die Schweiz. Der Gesundheitszustand der deutschen Bevölkerung wurde als eher schlecht eingestuft. Darüber hinaus wurde hier auch eine ausgeprägte Ungleichheit im Gesundheitsniveau der Bevölkerung festgestellt. Die Ausgaben waren in Deutschland hoch, die Finanzierungsgerechtigkeit hingegen gut. In der Schweiz wurde die Finanzierungsgerechtigkeit aufgrund der einkommensunabhängigen, hohen Belastung der Haushalte als niedrig bezeichnet. Der Gesundheitszustand der Bevölkerung war gut, die Gesundheitskosten hoch. Die Patientenorientierung wurde in beiden Ländern als sehr gut eingestuft.

Die OECD erfasst auch regelmäßig die *Qualität der* medizinischen Versorgung anhand bestimmter Indikatoren. Bei chronischen Erkrankungen wird die Qualität der medizinischen Versorgung z. B. anhand der Rate der vermeidbaren Hospitalisationen bei chronisch-obstruktiver Lungenerkrankung oder der Rate der vermeidbaren Amputationen der unteren Extremitäten bei Diabetes mellitus erfasst. Beobachtet werden auch die Versorgung bei akuten Erkrankungen (z. B. anhand der 30-Tage-Letalitätsrate nach einem akuten Herzinfarkt, s. a. Kap. 2.1.2), bei psychischen Erkrankungen (z. B. anhand der Rate der nicht geplanten Rehospitalisierungen bei PatientInnen mit Schizophrenie), bei Krebserkrankungen (z. B. anhand der Teilnahme an Screeningprogrammen für Gebärmutterhals- und Brustkrebs oder der Sterberaten bei häufigen Krebsarten) und bei Infektionskrankheiten (z. B. anhand der Durchimpfungsraten bei Kindern). Weder die Schweiz noch Deutschland belegen bei den OECD-Indikatoren Spitzenplätze. Sie bewegen sich auch hier eher im Mittelfeld. Web-Abb. 3.1.2 auf unserer Lehrbuch-Homepage zeigt beispielhaft die Situation für den Indikator „Letalität innerhalb von 30 Tagen nach akutem Herzinfarkt" in verschiedenen OECD-Ländern. Die Schweiz liegt mit 8,1 % etwas unter dem OECD-Durchschnitt von 10,2 %, Deutschland mit 11,9 % darüber.

3.2 Das schweizerische Gesundheitssystem

Matthias Egger

Ein Kernmerkmal des schweizerischen Gesundheitssystems ist seine föderalistische Struktur mit den drei Ebenen *Bund, Kantone* und *Gemeinden*. Die Verantwortlichkeit für die Gesundheitsversorgung liegt dabei primär bei den Kantonen. Diese Situation – ein kleinräumiges Land mit 26 kantonalen Gesundheitssystemen und hoher Gemeindeautonomie – führt in vielen Bereichen zu einer Zersplitterung und zu Überschneidungen. Die Schweiz tut sich daher schwer mit einer nationalen *Gesundheitspolitik,* so z. B. bei der Schaffung von Schwerpunkten im Bereich der Transplantationsmedizin und der so genannten Spitzenmedizin.

Im Jahr 1996 wurde die *obligatorische Krankenpflegeversicherung* (OKP, Tab. 3.2) eingeführt. Es handelt sich um eine Pflichtversicherung für die gesamte Bevölkerung.

Tab. 3.2: Ausgewählte Merkmale der schweizerischen obligatorischen Krankenpflegeversicherung (OKP).

Versicherungspflicht
- Jede Person mit Wohnsitz in der Schweiz muss sich innerhalb von 3 Monaten bei einem Versicherer ihrer Wahl versichern.
- ArbeitnehmerInnen können auf die Unfalldeckung verzichten, wenn sie am Arbeitsplatz gegen Unfall versichert sind.

Auflagen an Versicherer
- Die Versicherer nehmen alle Versicherungswilligen in die OKP und die freiwillige Taggeldversicherung auf. Ein Gewinn ist nicht gestattet.
- Sie beteiligen sich am Risikoausgleich zwischen den Versicherern. Dieser beruht auf Alter und Geschlecht der Versicherten sowie einem Aufenthalt im Spital oder Pflegeheim im Vorjahr.
- Sie können innerhalb der OKP Prämienrabatte aufgrund höherer Franchisen (bis max. 2.500 CHF, s. Fußnote 11) oder eingeschränkter Wahlmöglichkeiten (HMO oder Hausarztmodelle, s. Web-Box 3.2.1 auf unserer Lehrbuch-Homepage) anbieten.
- Sie können freiwillige Zusatzversicherungen mit Gewinnorientierung anbieten, wobei Versicherungswillige abgelehnt oder Vorbehalte angebracht werden dürfen.
- Sie sind verpflichtet, Gesundheitsförderung zu betreiben.

Prämien
- Die Höhe der Prämien wird kantonal geregelt. Sie ist risiko- und einkommensunabhängig und wird jedes Jahr für jede Prämienregion und 3 Altersgruppen neu festgelegt. Die Altersgruppen sind: Kinder (ab Geburt bis 18 Jahre); junge Erwachsene (19.–25. Lebensjahr); Erwachsene.
- Die Höhe der Prämien unterscheidet sich zwischen den Kantonen z.T. erheblich: Erwachsene bezahlen 2012 im Kanton Basel-Stadt z.B. durchschnittlich 500 CHF monatlich (inkl. Unfallversicherung), im Kanton Nidwalden dagegen nur 292 CHF.
- Prämienverbilligungen für wirtschaftlich Schwächere (das sind etwa 30 % der Versicherten) werden durch Bund und Kantone finanziert.

Identischer Katalog von Leistungen
- Untersuchungen, Behandlungen und Pflege (ambulant, zu Hause [Spitex], stationär in einer allgemeinen Abteilung einer auf der Spital- oder Pflegeheimliste aufgeführten Einrichtung).
- Leistungen auf der Basis von laufend aktualisierten Listen der kassenpflichtigen Medikamente (Spezialitätenliste, SL), der Mittel und Gegenstände (MiGEL) und der Analysen (AL).
- Ausgewählte präventive Maßnahmen: Impfungen, 8 Untersuchungen im Vorschulalter, bei Frauen ein Cervix-Abstrich alle 3 Jahre, Mammografie im Rahmen von Screening-Programmen.
- Zahnärztliche Leistungen werden nur in Ausnahmefällen übernommen.

Bedingungen für Kostenübernahme
- Die Maßnahmen sind wirksam, zweckmäßig und wirtschaftlich. Sie erfolgen auf ärztliche Verordnung und mit detaillierter Rechnungsstellung nach dem betreffenden Tarif (z.B. TARMED).

Kostenbeteiligung
- Die Versicherten beteiligen sich an den Kosten in Form einer Franchise und eines Selbstbehalts.
- Die Franchise beträgt für Erwachsene 300 CHF pro Kalenderjahr. Für Kinder wird keine Franchise erhoben.
- Der Selbstbehalt beträgt 10 % der die Franchise übersteigenden Kosten bis zu einem Maximalbetrag von jährlich 700 CHF (Erwachsene) oder 350 CHF (Kinder).

Die Versicherten können dabei zwischen etwa 80 privaten Versicherern wählen. Wie in den Niederlanden erfolgt die Finanzierung über einkommensunabhängige *Kopfprämien*. Die Leistungen werden, ähnlich wie in den Ländern mit Sozialversicherungssystemen (z. B. in Deutschland), durch öffentliche und private Anbieter erbracht. Derzeit sind verschiedene Reformen des Schweizer Gesundheitssystems im Gang.

3.2.1 Rolle und Funktion des Staates

Die **Kantone** verfügen über weitgehende Rechte und Pflichten im Gesundheitsbereich. Sie können die Bundesbestimmungen durch kantonale Ausführungsgesetze ergänzen und sind im Vollzug der gesetzlichen Vorgaben autonom. Zu ihren vielfältigen Aufgaben gehören die Sicherstellung der stationären und ambulanten Gesundheitsversorgung, die Finanzierung oder Subventionierung von Einrichtungen, die Verbilligung der Prämien der OKP, die Ausbildung und Zulassung in den Gesundheitsberufen, die Prävention und Gesundheitsförderung, die Lebensmittelkontrolle, die Giftkontrolle und der Umweltschutz (Tab. 3.2). Das politische Koordinationsorgan der kantonalen Gesundheitsdirektionen ist die *Konferenz der kantonalen GesundheitsdirektorInnen* (GDK). Sie fördert die Zusammenarbeit unter den Kantonen sowie zwischen den Kantonen und dem Bund oder anderen wichtigen Organisationen des Gesundheitswesens. Die von den **Gemeinden** übernommenen Aufgaben variieren je nach Gemeindegröße und werden oft im Verbund mit Nachbargemeinden wahrgenommen. Die Gemeinden beteiligen sich an der Gesundheitsversorgung durch den Betrieb von Pflegeheimen, die Organisation der spitalexternen Pflege zu Hause (*Spitex*) und den koordinierten Sanitäts- und Rettungsdienst.

Wichtige Aufgaben des **Bundes** sind die Überwachung und der Schutz der Gesundheit der Bevölkerung, die Aufsicht über die im Gesundheitswesen aktiven Versicherungen, die Überwachung der Arzneimittel und Medizinalprodukte sowie Gesundheitsförderung und Prävention. Darüber hinaus übernimmt der Bund Aufgaben in den Bereichen Bildung, Forschungsförderung und Statistik. Für die meisten dieser Belange ist das *Bundesamt für Gesundheit* (BAG) zuständig. Die Verantwortung für die Zulassung und Kontrolle von Medikamenten (inkl. Impfstoffen und Blutprodukten) liegt beim Heilmittelinstitut *Swissmedic*. Das *Bundesamt für Statistik* (BFS) erhebt Daten zum Gesundheitszustand und der Gesundheitsversorgung der Bevölkerung und erstellt daraus Statistiken. Es ist darüber hinaus für die alle fünf Jahre stattfindende, repräsentative *Schweizerische Gesundheitsbefragung* verantwortlich und führt in Zusammenarbeit mit den Instituten für Sozial- und Präventivmedizin der Universitäten Bern und Zürich auch eine nationale Kohortenstudie (*Swiss National Cohort*) durch. Das *Gesundheitsobservatorium* (obsan) ist eine gemeinsame Institution von Bund und Kantonen, die Gesundheitsdaten nutzerfreundlich aufbereitet und analysiert.

Aufgabe der Stiftung *Gesundheitsförderung Schweiz* ist es, Maßnahmen zur Förderung von Gesundheit und Prävention anzuregen und diese dann zu koordinieren und zu evaluieren. Sie wird durch einen Zuschlag von derzeit 2,40 CHF pro Jahr auf den Beitrag jedes/r Versicherten zur obligatorischen Krankenpflegeversicherung finanziert. Ihre derzeitigen Schwerpunkte liegen in den Bereichen „gesundes Körpergewicht" und „Gesundheitsförderung bei der Arbeit". Auch die *Schweizerische Unfallversicherungsanstalt* (SUVA), die rund 1,8 Mio. Berufstätige gegen Berufsunfälle, Berufskrankheiten und außerberufliche Unfälle versichert, arbeitet in ihrem Gebiet präventiv. Zudem en-

Tab. 3.3: Aufgaben und Kompetenzen von Bund, Kantonen und Gemeinden im schweizerischen Gesundheitssystem.

Bund	Kantone
Versicherungen	**Stationäre Versorgung**
• Obligatorische Krankenversicherung, Mutterschaftsversicherung, Unfallversicherung, Invalidenversicherung, Militärversicherung • Freiwillige Taggeldversicherung, Krankenzusatzversicherungen	• Betrieb von öffentlichen Spitälern • Betrieb von Alters- und Pflegeheimen (z.T. an Gemeinden delegiert) • Subvention von Privatspitälern
Überwachung	**Ambulante Versorgung**
• übertragbare Krankheiten • Betäubungsmittel • Lebensmittel • Radioaktive Strahlung • Forschung am Menschen	• Spitex und Sozialpsychiatrische Dienste • Praxisbewilligungen für ÄrztInnen, ZahnärztInnen, ApothekerInnen, Hebammen
Medikamente und Medizinalprodukte	**Bildung**
• Zulassung und Kontrolle	• Medizinische Fakultäten an den kantonalen Universitäten, Fachhochschulen
Bildung und Forschung	**Subvention der Haushalte**
• Akkreditierung der Gesundheitsberufe • Förderung und Koordination der Forschung	• Verbilligung der Krankenversicherungsprämien für wirtschaftlich Schwache **Gesundheitsförderung und Prävention**
Statistik	**Gemeinden**
• Gesundheitsbefragung, Todesursachen etc.	**Stationäre Versorgung** • Betrieb von Spitälern und Pflegeheimen
Gesundheitsförderung und Prävention	**Umwelt**
• Stiftung „Gesundheitsförderung Schweiz", Suchtprävention, HIV Prävention	• Trinkwasserversorgung, Abwasserentsorgung, Müllbeseitigung **Sanitätsdienst** **Gesundheitsförderung und Prävention**

gagiert sich das *Bundesamt für Sport* (BASPO) in den Bereichen Gesundheitsförderung und Dopingprävention. Projekte in der Gesundheits- und Versorgungsforschung werden vom *Schweizerischen Nationalfonds* (SNF) gefördert, einer vom Bund finanzierten Stiftung zur Förderung der Forschung in allen wissenschaftlichen Disziplinen.

Wichtige **gesetzliche Grundlagen** im Bereich Gesundheitsschutz und Überwachung sind auf Bundesebene

- das *Epidemiengesetz* (s. Kap. 8.2.2)
- das *Lebensmittelgesetz* (LMG, s. Kap. 5.1.4)
- das *Umweltschutzgesetz* (USG, vgl. Kap. 5.2)
- die *Lärmschutz-Verordnung* (LSV, s. Kap. 5.3.5)
- die *Strahlenschutzverordnung* (s. Kap. 5.4.2)
- das *Arbeitsgesetz* (ArG, s. Kap. 6.1.2)

Der Versicherungsbereich wird u. a. durch das *Krankenversicherungsgesetz* (KVG; zuständig für die OKP und die freiwillige Taggeldversicherung, s. Tab. 3.3) und das *Unfallversicherungsgesetz* (UVG, s. auch Kap. 6.1.2) geregelt. Das *Medizinalberufegesetz* legt die erforderlichen Kompetenzen der im Gesundheitswesen tätigen Fachkräfte in Form von Aus- und Weiterbildungszielen fest. Der schweizweit geltende Lernzielkatalog für das Medizinstudium beruht auf den in diesem Gesetz formulierten Zielen. Die Abgabe und Zulassung von Medikamenten und Medizinprodukten regelt das *Heilmittelgesetz* (HMG). Darüber hinaus befindet sich derzeit (2011) ein *Humanforschungsgesetz* (HFG) in Vernehmlassung[9], das einheitliche Rahmenbedingungen für die Forschung am Menschen schaffen soll. Unter den Internet-Ressourcen finden Sie die Links zu den aktuell gültigen Gesetzestexten.

3.2.2 Organisation der medizinischen und pflegerischen Versorgung

Ambulante ärztliche Versorgung

In der Schweiz erfolgt die ambulante ärztliche Versorgung vorwiegend durch niedergelassene ÄrztInnen und ZahnärztInnen in privaten Praxen. In den letzten Jahren ist hier ein Trend von der Einzel- zur Gruppenpraxis zu beobachten. Im Jahr 2010 waren laut der Statistik des *Berufsverbandes der Schweizer Ärzteschaft FMH* 37 % der ÄrztInnen hauptberuflich im ambulanten Sektor in einer Doppel- oder Gruppenpraxis tätig. Zugenommen hat auch die Bedeutung der Spitalambulatorien (= Krankenhausambulanzen).

Die Krankenkassen der OKP sind verpflichtet, die Leistungen jedes niedergelassenen Arztes oder anderen zugelassenen Leistungserbringers zu vergüten (s. Kap. 3.2.3). Dieser Vertrags- oder *Kontrahierungszwang* und die damit verbundene uneingeschränkte *freie Arztwahl* ist eine viel diskutierte Besonderheit des Schweizer Gesundheitssystems. Gleichzeitig bestand bis Ende 2011 ein Zulassungsstopp für neue Arztpraxen (s. Web-Box 3.2.1 auf unserer Lehrbuch-Homepage). Zahnärztliche Behandlungen werden von der OKP nur in Ausnahmefällen übernommen, wenn diese durch eine schwere, nicht vermeidbare Erkrankung des Kausystems oder durch eine schwere Allgemeinerkrankung bedingt sind.

Im Jahr 2009 arbeiteten in der Schweiz etwa 15.900 frei praktizierend ÄrztInnen und 4.300 niedergelassene ZahnärztInnen. Bemerkenswert ist, dass etwa 60 % dieser ÄrztInnen SpezialistInnen sind; nur etwa 40 % sind in der Grundversorgung tätig. Die Städte weisen im Vergleich zu den ländlichen Bereichen eine mehr als dreimal so hohe Ärztedichte auf. In den letzten Jahrzehnten sank die Zahl der zu versorgenden EinwohnerInnen pro frei praktizierendem Arzt von 1.130 im Jahre 1970 auf 490 im Jahr 2009.

Arzneimittelversorgung

Die Versorgung mit Arzneimitteln erfolgt in der Schweiz überwiegend durch etwa 1.700 öffentliche Apotheken (Stand 2009), die privatwirtschaftlich betrieben werden. In den

---

[9] Als *Vernehmlassung* bezeichnet man in der Schweiz die Gesetzgebungsphase, in der die Kantone, die politischen Parteien und interessierten Kreise vom Bundesrat eingeladen werden, zu einem Vorentwurf eines neuen Gesetzes Stellung zu nehmen.

letzten Jahren haben Versandapotheken an Bedeutung gewonnen. Konkurrenz entsteht den Apotheken durch die etwa 3.500 selbstdispensierenden (SD) Ärzte[10] mit eigener Praxisapotheke, wobei der Medikamentenverkauf durch SD-Ärzte je nach Kanton anders geregelt ist.

Für die Zulassung von Arzneimitteln, Impfstoffen und Blutprodukten ist seit 2001 das Schweizerische Heilmittelinstitut *Swissmedic* verantwortlich. Die Abgabe dieser Substanzen an PatientInnen wird anhand von fünf Kategorien (A–E) unterschiedlich streng reglementiert:

- A: Einmalige Abgabe auf ärztliche Verschreibung (z. B. Opiate)

- B: Mehrmalige Abgabe auf ärztliche Verschreibung (z. B. Betablocker)

- C: Abgabe in Apotheken mit Beratung (z. B. Paracetamol)

- D: Abgabe in Apotheken oder Drogerien mit Beratung

- E: Abgabe ohne Beratung

Die Liste der zugelassenen Präparate vom 1. Dezember 2011 enthält in den fünf Abgabekategorien insgesamt fast 13.000 Produkte. Diese Zulassung ist Voraussetzung für die Aufnahme der Präparate in die Spezialitätenliste (SL) des Bundesamts für Gesundheit. Die Kosten der hier eingetragenen Präparate müssen von der OKP dann vergütet werden (*Positivliste*), wenn sie ärztlich verordnet wurden, unabhängig davon, ob es sich um ein verschreibungspflichtiges Medikament handelt oder nicht (Tab. 3.3). In der SL vom 1. Dezember 2011 sind etwa 9.300 Präparate gelistet.

Die *Leistungsorientierte Abgeltung* (LOA) basiert auf dem gleichnamigen Vertrag zwischen dem Branchenverband der schweizerischen Krankenversicherer (*santésuisse*) und dem Schweizerischen Apothekerverband. Sie ermöglicht es, das Einkommen der Apotheke vom Produktpreis zu entkoppeln und schafft damit Anreize, Originalpräparate durch Generika zu ersetzen und PatientInnen besser zu beraten.

Krankenhausversorgung

Die stationäre Krankenversorgung wird durch öffentlich-rechtliche Krankenhäuser (Spitäler) und privatrechtliche Institutionen gewährleistet. Privatrechtliche Spitäler können von den Kantonen subventioniert werden, wenn sie über eine Notfallstation verfügen und einen Teil ihrer Mittel für Lehre und Forschung einsetzen.

Laut Krankenhausstatistik des BFS gab es im Jahr 2009 in der Schweiz 314 Spitäler (186 öffentliche Spitäler und 128 Privatspitäler), während 1997 noch über 400 Betriebe gezählt wurden. Die Anzahl der dort Beschäftigten (in Vollzeitäquivalenten) betrug im Jahr 2009 insgesamt 137.504 Personen. Hiervon entfielen 37 % auf das Pflegepersonal, 24 % auf anderes medizinisches Personal und 15 % auf ÄrztInnen und andere AkademikerInnen.

Die Web-Tab. 3.2.1 auf unserer Lehrbuch-Homepage zeigt eine Klassifikation der Schweizer Spitäler (Stand: 2009). Zur Zentrumsversorgung zählen neben den fünf Universitätsspitäler (Versorgungsniveau 1) noch 24 andere große Betriebe (in der Regel

---

[10] Unter *Selbstdispensation* versteht man in der Schweiz die Abgabe von Arzneimitteln durch ÄrztInnen.

Kantonsspitäler; Versorgungsniveau 2). Die allgemeinen Krankenhäuser der Grundversorgung werden entsprechend der Zahl der dort versorgten PatientInnen in drei Versorgungsstufen gegliedert (Versorgungsniveau 3, 4 und 5). Zu den Spezialkliniken gehören u. a. Rehabilitationskliniken und psychiatrische Kliniken. Privatspitäler sind v. a. kleinerer Allgemeinspitäler, chirurgische und psychiatrische Kliniken sowie Rehabilitationskliniken.

Ambulante und stationäre Pflege

Die spitalexterne Pflege (*Spitex*) ist ein wesentlicher Teil des schweizerischen Gesundheitssystems. Die meisten der etwa 580 Spitex-Organisationen sind als gemeinnützige Vereine organisiert. Laut Spitex-Statistik des BFS betreuten im Jahr 2009 knapp 29.000 MitarbeiterInnen (entsprechend 13.000 Vollzeitäquivalente) rund 214.000 KlientInnen und damit etwa 3 % der schweizerischen Bevölkerung. Etwa zwei Drittel der 13 Mio. Stunden, die für Pflege und Betreuung aufgewendet wurden, entfielen auf pflegerische Leistungen, ein Drittel auf den hauswirtschaftlichen Bereich. Achtzig Prozent der zu betreuenden Personen waren 65 Jahre und älter.

Im Bereich der stationären Langzeitpflege gab es 2008 etwa 1.600 Pflegeheime, die zu 40 % privat und zu 31 % von der öffentlichen Hand betrieben wurden. Die übrigen 29 % der Pflegeheime waren privat organisiert, erhielten jedoch zusätzliche Subventionen. In den schweizerischen Pflegeheimen wurden insgesamt knapp 90.000 Langzeitplätze angeboten. Damit stand jedem vierten Einwohner über 80 Jahre ein Pflegeheimplatz zur Verfügung. Im Jahr 2008 arbeiteten in den Pflegeheimen 74.000 Beschäftigte (Vollzeitäquivalente).

Selbsthilfegruppen, Gesundheitsligen und das Rote Kreuz

Selbsthilfegruppen sind Zusammenschlüsse von Betroffenen mit dem Ziel der Krankheits- und Problembewältigung und der gegenseitigen Unterstützung. In der Schweiz sind mehrere tausend Selbsthilfegruppen aktiv. Sie werden von der Dachorganisation „Selbsthilfe Schweiz" unterstützt. *Gesundheitsligen* vertreten die Interessen von Menschen mit chronischen Krankheiten, beraten und unterstützen Betroffene und engagieren sich in Prävention und Forschung. Beispiele hierfür sind die Krebs-, Lungen- und Rheumaligen, die Aids-Hilfe Schweiz und die Schweizerische Gesellschaft für Cystische Fibrose. Dachverband der Gesundheitsligen ist die Schweizerische Gesundheitsligen-Konferenz (GELIKO). Zu den wichtigsten Aufgaben des *Schweizerischen Roten Kreuzes* (SRK), der nationalen Rotkreuzgesellschaft, gehören das Rettungs- und Sanitätswesen, der Blutspendedienst und die Förderung der Krankenpflege. Das SRK überprüft darüber hinaus die Bildungsgänge der nicht-universitären Gesundheitsberufe und registriert die Diplome. Unter dem Dach des SRKs befinden sich fünf Rettungsorganisationen (u. a. die Schweizerische Rettungsflugwacht REGA), der Blutspendedienst SRK mit 13 regionalen Diensten, die Humanitäre Stiftung SRK, 24 Kantonalverbände und die Geschäftsstelle. Finanziell unterstützt wird das Schweizerische Rote Kreuz vom Bund, den Kantonen und Gemeinden sowie von Mitgliedern und Gönnern.

3.2.3 Vergütungs- und Tarifsysteme

Ein wichtiges Merkmal der obligatorischen Krankenpflegeversicherung OKP ist die *Kostenbeteiligung* in Form einer *Franchise*[11] und eines Selbstbehalts (Tab. 3.2). Dies gilt sowohl für ambulante und stationäre Leistungen als auch für die Langzeitpflege. Bei der Vergütung von ambulanten Leistungen gilt das Kostenerstattungsprinzip: Der Patient bezahlt die Rechnung, die Versicherung vergütet die Kosten (*Tiers garant*[12]). Bei stationären Leistungen gilt dagegen das Sachleistungsprinzip. Hier bezahlt die Versicherung die Rechnung direkt (*Tiers payant*[13]) und stellt dem Patienten die Kostenbeteiligung in Rechnung.

Ambulante ärztliche Leistungen in der Praxis und im Spital werden nach dem im Jahr 2004 eingeführten „TARMED"-Einzelleistungstarif vergütet, der etwa 4.600 Positionen ärztlicher und arztnaher Leistungen umfasst. Je nach Aufwand, Schwierigkeitsgrad und notwendigen Ressourcen wird jeder Leistung eine bestimmte Anzahl von Taxpunkten zugeordnet. In den Kantonen gelten unterschiedliche Taxpunktwerte (Kostengewichte). Sie werden jedes Jahr mit den Versicherungen neu ausgehandelt. Da es sich bei diesem Tarifsystem um ein „Fee for Service"-System handelt, birgt es den Nachteil der möglichen Mengenausweitung durch angebotsinduzierte Nachfrage. Für den Unterhalt und die Weiterentwicklung der Tarifstruktur ist die *TARMED Suisse* verantwortlich, eine von den Leistungserbringern (Ärzteschaft und Spitäler) und den Kostenträgern (Versicherungen) getragene Gesellschaft.

Kassenpflichtige Medikamente werden auf der Basis der *Spezialitätenliste* (SL) vergütet, Hilfsmittel und andere Gegenstände aufgrund der *Liste der Mittel und Gegenstände* (MiGEL), Laboranalysen im Rahmen der OKP aufgrund der *Analysen-Liste* (AL).

Die Einführung eines neuen Spitalfinanzierungs-Systems hat zur Folge, dass *stationäre Krankenhausleistungen* seit dem 1. Januar 2012 auf der Basis von Fallpauschalen (**SwissDRG**) vergütet werden. Hierzu gründeten Leistungserbringer, Versicherer und Kantone eine gemeinnützige Institution, die SwissDRG AG. Nach dem neuen Schweizer Fallpauschalen-Systems wird nun jeder Spitalaufenthalt anhand von Hauptdiagnose, Nebendiagnosen, Behandlungen und Schweregrad einer von mehr als 1.000 Fallgruppen mit ähnlichen Behandlungskosten zugeordnet und pauschal vergütet.

Das Spital erhält diesen Betrag unabhängig von den tatsächlich entstandenen Kosten. Dieses neue Tarifsystem soll die Transparenz und Vergleichbarkeit in der Spitalfinanzierung erhöhen und Leistungsanreize für die Spitäler setzen. Die bisherige Vergütung nach Tagespauschalen führte dazu, dass aufwändige Fälle zu niedrig und unproblematische Fälle eher zu hoch vergütet wurden. Um im neuen System zu verhindern, dass PatientInnen zu früh entlassen werden, müssen Spitäler einen Abschlag in Kauf nehmen, wenn diese kürzer als für ihre Erkrankung üblich im Spital verbleiben. Die Spitäler erhalten darüber hinaus keine zusätzliche Fallpauschale, wenn ein Patient innerhalb einer bestimmten Frist wegen der gleichen Erkrankung oder einer Komplikation wieder aufgenommen werden muss. Die neue Spitalfinanzierung definiert auch die Aufteilung der Kosten zwischen Kantonen und Krankenversicherungen neu. Die

---

[11] Wenn man in der Schweiz Leistungen aus der Krankenkasse bezieht, fällt eine Kostenbeteiligung (bis zur Höhe von derzeit 300 CHF/Jahr) an, die man als *Franchise* bezeichnet.

[12] *Tiers garant* (fr.): ein Dritter (= die Versicherung) bürgt

[13] *Tiers payant* (fr.): ein Dritter (= die Versicherung) zahlt

Kantone sollen nun mindestens 55 % der Kosten tragen und die Krankenversicherungen höchstens 45 %.

Auch für die Vergütung der *ambulanten und stationären Langzeitpflege* (Spitex und Pflegeheime) gilt seit dem 1. Januar 2011 ein neues Finanzierungssystem. Wenn die ambulante Pflege ärztlich verordnet ist, übernimmt die OKP einen Teil der Kosten. Dieser Anteil ist abhängig von der Art der Leistung, die die Spitex erbringt. Derzeit sind es etwa 55 CHF/h für die Grundpflege, 65 CHF/h für Untersuchungen und Behandlungen und 75 CHF/h für Abklärung und Beratung. Verbleibende Kosten werden durch die KlientInnen selbst und durch die Gemeinden finanziert. Zusätzlich zu Franchise und Selbstbehalt müssen die KlientInnen pro Tag noch einen Beitrag von 8 CHF zu den Pflegekosten leisten. Die hauswirtschaftlichen Leistungen der Spitex werden ihnen komplett in Rechnung gestellt.

In den *Pflegeheimen* bezahlt die OKP die in der Krankenpflege-Leistungsverordnung (KLV) aufgeführten Leistungen (z. B. Abklärung des Pflegebedarfs, Verabreichung von Medikamenten, Versorgung von Wunden). Je nach dem Grad der Pflegebedürftigkeit werden von der OKP darüber hinaus pro Tag zwischen 9 und 108 CHF gezahlt. Grundlage hierfür ist die Einteilung nach eine 12-stufigen Pflegebedürftigkeitsskala. Alle HeimbewohnerInnen müssen für 20 Prozent des OKP-Beitrags selbst aufkommen. Derzeit sind dies maximal 21,60 CHF pro Tag (20 % von 108 CHF) bzw. 7.884 Franken pro Jahr. Die restlichen Pflegekosten übernimmt bis zu einer festgelegten Obergrenze der Kanton. Nicht von der OKP gezahlt werden alle übrigen Kosten wie Betreuung, Verwaltung und Hotellerie (Unterbringung und Verpflegung). Dadurch können für die BewohnerInnen zusätzliche Belastungen in Höhe von mehreren tausend CHF pro Monat entstehen.

3.2.4 Finanzierung, Ausgaben und Inanspruchnahme des Gesundheitssystems

Die Gesamtausgaben für das schweizerische Gesundheitssystem lagen im Jahr 2009 bei ca. 60,9 Mrd. CHF. Dies entspricht 7.833 CHF pro Einwohner. Im Vergleich zu 1995 (35,7 Mrd. CHF) sind die Gesundheitsausgaben damit um 70,5 % angestiegen. Ihr Anteil am Bruttoinlandsprodukt (BIP) stieg im gleichen Zeitraum von 9,6 % auf 11,4 %. In Tab. 3.4 werden die Kosten nach Leistungserbringern, nach der Art der Leistungen und der Finanzierung aufgeschlüsselt. Direktzahlende sind die finanzierenden Wirtschaftseinheiten, denen die direkte Bezahlung der Leistungen obliegt.

Mehr als die Hälfte der Kosten (52,8 %) entfallen auf Krankenhäuser, Pflegeheime und andere sozialmedizinische Institutionen. Die ambulanten Versorger (ÄrztInnen, ZahnärztInnen, PhysiotherapeutInnen, PsychotherapeutInnen, Spitexdienste, alternativmedizinische Dienste, Laboratorien etc.) sind für insgesamt 30,5 % der Kosten verantwortlich. Die größte Gruppe innerhalb dieses Sektors sind mit 17,5 % die ÄrztInnen. Für Arzneimittel und therapeutischen Apparate werden 9,0 % der Kosten aufgewendet. Finanziert werden 40,8 % der Kosten durch die obligatorische Krankenpflegeversicherung und die Sozialversicherungen (Unfallversicherung UVG, AHV/IV[14] und Militärversicherung). Die direkten Zahlungen der privaten Haushalte belaufen sich auf 30,0 %. Zum

---

[14] AHV = Alters- und Hinterlassenenversicherung; IV = Invalidenversicherung

Tab. 3.4: Kosten des schweizerischen Gesundheitswesens, gegliedert nach Leistungserbringern, Art der Leistungen und Finanzierung (2009).

Indikatoren der Gesundheitskosten

Kosten des Gesundheitswesens in % des BIP	11,4 %
Gesundheitsausgaben pro Einwohner in CHF	7.833
Kosten des Gesundheitswesens in Mrd. CHF	60.984

Kostenaufteilung nach Leistungserbringern	**Mio. CHF**	**%**
Krankenhäuser	21.708	35,6 %
Ambulante Versorger[1]	18.595	30,5 %
Pflegeheime und andere sozialmedizinische Institutionen[2]	10.488	17,2 %

Kostenaufteilung nach Art der Leistungen		
Stationäre Behandlung	27.764	45,5 %
Ambulante Behandlung	19.185	31,5 %
Verkauf von Gesundheitsgütern[3]	7.423	12,2 %

Finanzierung (Direktzahlende)		
OKP und Sozialversicherungen[4]	24.891	40,8 %
Private Haushalte[5]	18.307	30,0 %
Staat[6]	11.813	19,4 %

BIP = Bruttoinlandsprodukt
1 ÄrztInnen: 10.692 Mio. CHF, ZahnärztInnen: 3.709 Mio. CHF; Spitex: 1.308 Mio. CHF
2 Pflegeheime: 7.936 Mio. CHF
3 Arzneimittelverkauf durch Apotheken und Drogerien: 4.243 Mio. CHF; Arzneimittelverkauf durch
  ÄrztInnen: 1.937 Mio. CHF
4 OKP: 21.383 Mio. CHF
5 Out of Pocket: 14.881 Mio. CHF; Kostenbeteiligung OKP (Franchisen und Selbstbehalt): 3.382 Mio. CHF
6 Kantone: 9.940 Mio. CHF

größten Teil sind es *Out of Pocket*-Zahlungen für Leistungen, die nicht von den Versicherungen abgedeckt werden.

Die vom schweizerischen Gesundheitssystem angebotenen Leistungen werden in Abhängigkeit von Geschlecht, Bildung, Migrationshintergrund und Sprachregion unterschiedlich in Anspruch genommen. Frauen tendieren stärker zu präventiven und komplementärmedizinischen Maßnahmen als Männer. Notfallkonsultationen sind dagegen bei Männern häufiger als bei Frauen. Personen mit hohem Bildungsstatus nehmen öfter Leistungen von FachärztInnen in Anspruch, während Spitalaufenthalte häufiger bei weniger gebildeten Personen vorkommen. Ärztliche Konsultationen sind in der französisch- und italienischsprachigen Schweiz häufiger als in der Deutschschweiz. Bei Personen mit Migrationshintergrund kommt es öfter zu Konsultationen, Spitalaufenthalten und Notfallkonsultationen als bei Schweizern. Schließlich ist die Inanspruchnahme von Gesundheitsleistungen in Ballungszentren höher als in ländlichen Gebieten.

3.3 Das deutsche Gesundheitssystem

Michael Simon

Das deutsche Gesundheitssystem ist vor allem durch die zentrale Stellung der *gesetzlichen Krankenversicherung* (GKV) gekennzeichnet. In dieser staatlichen Sozialversicherung sind alle abhängig Beschäftigten gesetzlich pflichtversichert, deren Arbeitseinkommen eine definierte, jährlich fortgeschriebene Einkommensgrenze nicht überschreitet (Versicherungspflichtgrenze im Jahr 2011: 49.500 Euro/Jahr). Träger der gesetzlichen Krankenversicherung sind die Krankenkassen. Gegründet wurde die GKV im Rahmen der Bismarckschen Sozialgesetzgebung im Jahr 1883. Sie war zunächst im Wesentlichen nur eine Krankenversicherung für Arbeiter. Später wurde der Kreis der Pflichtversicherten immer weiter ausgedehnt, sodass heute in Deutschland ca. 90 % der Bevölkerung gesetzlich krankenversichert sind. Die folgende Beschreibung beschränkt sich auf die Grundzüge und charakteristischen Merkmale des deutschen Gesundheitswesens und stellt die Versorgung im Rahmen des GKV-Systems in den Mittelpunkt. Für eine detailliertere Darstellung sei auf die weiterführende Fachliteratur auf unserer Lehrbuch-Homepage verwiesen.

3.3.1 Rolle und Funktion des Staates

Die Bundesrepublik Deutschland ist ein föderaler Bundesstaat, bestehend aus 16 Bundesländern und dem Bund als zentraler staatlicher Institution. Beim deutschen Gesundheitssystem beschränkt sich die Rolle des Staates weitgehend auf regulierende und beaufsichtigende Funktionen. An der Leistungserbringung beteiligt er sich nur in sehr geringem Umfang (z. B. durch landeseigene Universitätskliniken, psychiatrische Landeskrankenhäuser, kommunale Pflegeheime). Aus dem Sozialstaatsgebot des Grundgesetzes wird jedoch eine Verpflichtung des Staates zur *Daseinsvorsorge* für seine Bürger abgeleitet, die auch die Verpflichtung zur Sicherstellung einer ausreichenden medizinischen und pflegerischen Versorgung einschließt. Diesen so genannten *Sicherstellungsauftrag* haben die Bundesländer zu erfüllen, da sie in erster Linie die Träger staatlicher Gewalt und Verantwortung sind. Der Bund ist hingegen für die Sozialversicherung zuständig. Die Gemeinden nehmen vor allem Aufgaben des öffentlichen Gesundheitsschutzes wahr, ausführende Organe sind die Gesundheitsämter. Darüber hinaus betreiben die Gemeinden eigene Krankenhäuser und in sehr geringem Umfang auch eigene Pflegeheime.

Das deutsche Gesundheitssystem weist als Besonderheit ein stark ausgebautes und sehr einflussreiches System der *untergesetzlichen Regulierung*, d. h. einer Regulierung unterhalb der Gesetzesebene auf. Vertreter der gesetzlichen Krankenversicherung und der jeweiligen Leistungserbringer bilden hierzu in allen wichtigen Bereichen des Gesundheitssystems eine so genannte *gemeinsame Selbstverwaltung*. Die entsprechenden Verhandlungs- und Entscheidungsgremien sind zu gleichen Teilen mit Vertretern der Krankenkassen und der Leistungserbringer sowie mehreren unparteiischen Mitgliedern besetzt. Ihre Entscheidungen sind für alle Krankenkassen und Leistungserbringer unmittelbar verbindlich.

3.3.2 Organisation der medizinischen und pflegerischen Versorgung

Ambulante ärztliche Versorgung

In Deutschland erfolgt die ambulante ärztliche Versorgung durch niedergelassene Ärzte und Zahnärzte in privaten Praxen. Die Beteiligung von Krankenhäusern an der ambulanten Versorgung ist überwiegend beschränkt auf Bereiche, in denen eine ausreichende Versorgung durch niedergelassene Ärzte nicht sichergestellt ist. Seit einigen Jahren betreiben Krankenhäuser auch zunehmend so genannte Medizinische Versorgungszentren (MVZ), in denen Patienten ambulant versorgt werden. Die MVZ sind allerdings nicht Teil des Krankenhauses, sondern eigenständige Einrichtungen und werden der ambulanten Versorgung zugerechnet. Insofern stellen sie keine Form der ambulanten Behandlung durch Krankenhäuser dar. Ambulant ärztlich versorgt werden zum einen die Versicherten der gesetzlichen Krankenversicherung, zum anderen die so genannten Privatpatienten. Die Versorgung der GKV-Versicherten (*vertragsärztliche Versorgung* bzw. *vertragszahnärztliche Versorgung*) dürfen nur ÄrztInnen übernehmen, die durch einen Vertrag mit den Krankenkassen dafür zugelassen sind. Diese „KassenärztInnen" behandeln in der Regel jedoch auch Privatpatienten. Im Jahr 2009 gab es in Deutschland ca. 137.000 VertragsärztInnen und ca. 54.000 VertragszahnärztInnen. Die Zahl der „PrivatärztInnen", die ausschließlich Privatpatienten behandeln, lag bei ca. 5.200.

Im Zentrum des vertragsärztlichen Versorgungssystems steht die Institution der Kassenärztlichen Vereinigung (KV). Kassenärztliche Vereinigungen sind vom Staat geschaffene und von ihren Mitgliedern selbstverwaltete Körperschaften des öffentlichen Rechts. Es handelt sich dabei also um *mittelbare Staatsverwaltung*, da der Staat seine Aufgaben hier nicht durch eine eigene Behörde, sondern durch rechtlich selbständige Organisationen wahrnehmen lässt. Der Zuständigkeitsbereich einer Kassenärztlichen Vereinigung erstreckt sich in der Regel auf ein Bundesland, für das sie vom Staat den Sicherstellungsauftrag für eine ausreichende und flächendeckende ambulante vertragsärztliche Versorgung übertragen erhalten hat. Die KVen schließen so genannte *Gesamtverträge* mit allen Krankenkassen ab und vereinbaren *Gesamtvergütungen* für die Erfüllung des Sicherstellungsauftrages. Um an der vertragsärztlichen Versorgung teilnehmen zu können, müssen ÄrztInnen jeweils eine individuelle Zulassung erhalten, die vom Zulassungsausschuss der KV erteilt wird, sowie Mitglied der jeweils zuständigen Kassenärztlichen Vereinigung werden. Die Zulassung erfolgt im Rahmen einer vorgegebenen Bedarfsplanung, in der die Zahl der Vertragsarztsitze für definierte Zulassungsbezirke festgeschrieben ist.

Arzneimittelversorgung

Die Versorgung mit Arzneimitteln geschieht in Deutschland vor allem durch öffentliche Apotheken (2009: ca. 21.500), die von ApothekerInnen in privater Rechtsform betrieben werden. In geringem Umfang sind auch Krankenhausapotheken (2009: ca. 400) an der Arzneimittelversorgung der Bevölkerung beteiligt. Seit 2004 ist darüber hinaus der Versandhandel mit Arzneimitteln zugelassen, sofern er die gesetzlichen Anforderungen erfüllt. Niedergelassene Ärztinnen und Ärzte haben in Deutschland – anders als international weit verbreitet – nicht das Recht zur Abgabe von Arzneimitteln.

Herstellung, Preisbildung und Vertrieb von Arzneimitteln unterliegen einer umfassenden staatlichen Regulierung. Für die nationale Zulassung von Arzneimitteln, Impfstoffen und Blutprodukten sind das *Bundesinstitut für Arzneimittel und Medizinprodukte* (BfArM) und das Bundesamt für Sera und Impfstoffe (Paul-Ehrlich-Institut) zuständig.

Versicherte der gesetzlichen Krankenversicherung haben Anspruch auf die Versorgung mit medizinisch notwendigen Arzneimitteln. Dies gilt allerdings nur für verschreibungspflichtige Arzneimittel. Die Kosten für nicht verschreibungspflichtige Medikamente (OTC-Arzneimittel, von engl. *over the counter* = über die Ladentheke) werden seit 2004 grundsätzlich nicht mehr von der GKV übernommen.

Stationäre Versorgung

Die Krankenhausversorgung wird durch öffentliche, freigemeinnützige und private Krankenhäuser erbracht. Freigemeinnützige Krankenhausträger sind Träger der freien Wohlfahrtspflege, wie z. B. der Deutsche Caritasverband, das Deutsche Rote Kreuz oder das Diakonische Werk der EKD[15]. Im Jahr 2009 gab es in Deutschland 2.084 Krankenhäuser mit insgesamt ca. 503.000 Betten. Auf die öffentlichen Träger (Gemeinden, Länder) entfielen ca. 31 % der Krankenhäuser und 49 % der Betten, auf die freigemeinnützigen Träger 37 % der Krankenhäuser und 35 % der Betten, und in privatem Eigentum befanden sich 32 % der Kliniken und 16 % der Betten. Die Zulassung von Krankenhäusern zur Versorgung von GKV-Versicherten erfolgt in der Regel über die Krankenhausplanung der Länder.

Die Länder haben einen aus dem Sozialstaatsgebot der Verfassung abgeleiteten, so genannten *Sicherstellungsauftrag*. Das heißt, sie sind letztverantwortlich für eine ausreichende und flächendeckende Krankenhausversorgung. Hierbei sind sie verpflichtet, Krankenhauspläne aufzustellen und regelmäßig fortzuschreiben, in die alle Krankenhäuser aufgenommen werden müssen, die als notwendig für eine bedarfsgerechte Versorgung eingestuft werden. Mit der Aufnahme in den Krankenhausplan gilt zugleich ein Versorgungsvertrag zwischen dem Krankenhaus und allen Krankenkassen als abgeschlossen. Damit hat das Krankenhaus das Recht und die Pflicht, Patienten auf Kosten der Krankenkassen zu behandeln. Gleichzeitig sind die Krankenkassen verpflichtet, mit dem Krankenhaus Vergütungsverhandlungen zu führen. Eine Sonderstellung nehmen in diesem Zusammenhang die Universitätskliniken ein. Sie sind mit der Aufnahme in das Hochschulverzeichnis des Landes zugleich auch zur Versorgung von Kassenpatienten berechtigt und verpflichtet.

Ambulante und stationäre Pflege

Auch die ambulante pflegerische Versorgung erfolgt durch öffentliche, freigemeinnützige und private Einrichtungen. Der Anteil an öffentlichen Einrichtungen ist hier allerdings sehr gering. Im Jahr 2009 gab es ca. 12.000 ambulante Pflegedienste, davon befanden sich ca. 3 % in öffentlicher, 37 % in freigemeinnütziger und 60 % in privater Trägerschaft. Rund 11.600 Pflegeheime boten im Jahr 2009 stationäre Langzeitpflege an, hiervon befanden sich etwa 5 % in öffentlicher, 55 % in freigemeinnütziger und 40 % in privater Trägerschaft.

Mit Einführung der Pflegeversicherung im Jahr 1995 wurde der Sicherstellungsauftrag für die ambulante und stationäre Pflege in Deutschland zwar auf die Pflegekassen über-

---

[15] EKD = Evangelische Kirche in Deutschland

tragen, die Letztverantwortung tragen jedoch auch in diesem Bereich die Länder. Um eine ausreichende pflegerische Versorgung ihrer Versicherten sicherzustellen, müssen die Pflegekassen Versorgungsverträge mit ambulanten Pflegeeinrichtungen und Pflegeheimen abschließen. Eine Angebotsplanung wie in der Krankenhausversorgung und der ambulanten ärztlichen Versorgung gibt es in der ambulanten und stationären Pflege allerdings nicht. Der Zugang zum Markt ist für Anbieter vergleichsweise einfach. Ob sich Anbieter am Markt halten können, entscheidet die Nachfrage nach den von ihnen angebotenen Leistungen.

3.3.3 Vergütungssysteme

Die Leistungen für Versicherte der gesetzlichen Krankenversicherung werden nach dem Sachleistungsprinzip erbracht. Dies bedeutet, dass die Versicherten von den jeweiligen Leistungserbringern Sachleistungen (v.a. Arzneimittel, Verbandmittel, Hilfsmittel wie Hörgeräte oder Krankenfahrstühle) und personenbezogene Dienstleistungen (z.B. eine ärztliche Behandlung) erhalten. Die Leistungserbringer werden dafür von den Krankenkassen vergütet.

Die Vergütung der **ambulanten ärztlichen Behandlung** erfolgt je nach Art der Krankenversicherung in zwei grundsätzlich unterschiedlichen Vergütungssystemen. Leistungen im Rahmen der vertragsärztlichen bzw. vertragszahnärztlichen Behandlung werden aus einem ‚Gesamtvergütungs-Topf‘ honoriert, der so genannten Gesamtvergütung. Die Beiträge hierzu werden von den einzelnen Krankenkassen an die jeweilige Kassenärztliche Vereinigung gezahlt. Die *Gesamtvergütung* ist keine Vergütung für Einzelleistungen, sondern eine *Pauschale*, die für die Erfüllung des Sicherstellungsauftrages und somit für die Gesamtheit aller vertragsärztlichen Leistungen gezahlt wird. Aufgabe der Kassenärztlichen Vereinigung ist es, die Gesamtvergütung auf die einzelnen Vertragsärzte entsprechend der von ihnen tatsächlich erbrachten Einzelleistungen zu verteilen. Die Verteilung erfolgt auf Grundlage einer bundesweit einheitlichen Gebührenordnung, dem einheitlichen Bewertungsmaßstab (EBM).

Die Vergütung der privatärztlichen Behandlung geschieht auf Grundlage der Gebührenordnung für Ärzte (GOÄ) bzw. Gebührenordnung für Zahnärzte (GOZ). Es handelt sich hierbei Rechtsverordnungen, die von der Bundesregierung mit Zustimmung des Bundesrates erlassen werden. Privatärztlich tätige Ärzte und Ärztinnen stellen ihre Honorare ihren PatientInnen in Rechnung. Die PatientInnen sind Schuldner der Rechnung und müssen diese begleichen. PrivatpatientInnen reichen ihre Rechnungen bei ihrer privaten Krankenversicherung ein und erhalten von der Versicherung den im individuellen Versicherungsvertrag vereinbarten Teil des Rechnungsbetrages erstattet (*Kostenerstattungsprinzip*).

Die Vergütung im Bereich der **Arzneimittelversorgung** erfolgt innerhalb eines staatlich regulierten Arzneimittelmarktes. Die Hersteller von Arzneimitteln sind grundsätzlich frei bei ihrer Preisgestaltung. Die Preisbildung des Groß- und Einzelhandels unterliegt hingegen staatlicher Regulierung. Für einen Großteil der Arzneimittel sind zudem Festbeträge festgesetzt, bis zu deren Höhe die Krankenkassen die Kosten übernehmen. Diese wirken weitgehend auch als Preisobergrenzen, da die Differenz zwischen dem Festbetrag und einem höheren Herstellerpreis von den Patienten selbst getragen werden muss. Seit 2010 ist auch die Preisbildung für neu auf den Markt kommende Arzneimittel stärker reguliert. Es dürfen nur dann höhere Preise als für vergleichbare, bereits eingeführte Arzneimittel verlangt werden, wenn der Hersteller gegenüber der gemeinsamen Selbstverwaltung von GKV und Leistungserbringern die Wirksamkeit und den Zusatznutzen des neuen Arzneimittels durch Studienergebnisse nachgewiesen hat. Hersteller haben nun nur noch für maximal ein Jahr die Freiheit, den Preis eines Arzneimittels festzusetzen. Danach ist mit dem GKV-Spitzenverband eine Vereinbarung über den Abgabepreis zu treffen.

Die Vergütung von **stationären Krankenhausleistungen** erfolgt zweigleisig. Investitionskosten werden von den Ländern subventioniert, während die Kosten des laufenden Krankenhausbetriebes über Entgelte der gesetzlichen und privaten Krankenversicherungen finanziert werden. Im Jahr 2004 wurde das zuvor geltende System der tagesgleichen Pflegesätze (d. h. das Krankenhaus erhält für jeden Kalendertag während der Verweildauer eine gleich hohe Vergütung) auf ein *DRG-Fallpauschalensystem* umgestellt. Danach erhält jedes Krankenhaus in Deutschland für eine im Fallpauschalenkatalog festgelegte Fallgruppe einen einheitlichen Vergütungssatz, unabhängig von den tatsächlich anfallenden Behandlungskosten sowie der Liege- und Verweildauer der PatientInnen. Der Fallpauschalenkatalog wurde zwischen dem Dachverband der Krankenhausträger, der Deutschen Krankenhausgesellschaft sowie den gesetzlichen und privaten Krankenversicherungen auf Bundesebene vereinbart und wird jährlich fortgeschrieben.

Die Vergütung der **ambulanten Langzeitpflege** erfolgt auf Grundlage so genannter *Leistungskomplexkataloge*, in denen Bewertungsrelationen für Leistungskomplexe ausgewiesen sind, die mit einem einheitlichen Punktwert multipliziert den jeweiligen Preis ergeben. Zu Leistungskomplexen werden mehrere Einzelleistungen zusammengefasst, die in einem funktionalen Zusammenhang stehen (z. B. Körperpflege einschließlich des Aus- und Ankleidens).

Die Versorgung in **Pflegeheimen** wird anhand von Pflegesätzen (Tagessätzen) vergütet. Sie beinhalten neben den Leistungen für Pflege und Betreuung auch die Kosten für Unterkunft und Verpflegung sowie eine Investitionskostenpauschale. Die Pflegeversicherung übernimmt nur die Kosten der Grundpflege, die dem Hilfebedarf entsprechend unterschiedlich hoch sein können. Darüber hinaus gehende Kosten müssen die Pflegebedürftigen oder ihren Angehörigen selbst tragen. Die Ermittlung des Pflegebedarfs und die Einordnung in eine der drei *Pflegestufen* werden durch den *Medizinischen Dienst der Krankenkassen* (MDK) vorgenommen.

3.3.4 Finanzierung und Ausgaben des Gesundheitssystems

Die Gesamtausgaben für das deutsche Gesundheitssystem lagen 2009 bei ca. 278 Mrd. Euro (Tab. 3.5). Zwar sind die Ausgaben damit im Vergleich zu 1992 absolut um 76,6 % gestiegen, ihr Anteil am Bruttoinlandsprodukt (BIP) blieb allerdings seit Mitte der 1990er Jahre bis zum Jahr 2008 mit leichten Schwankungen zwischen 10,1 und 10,6 % weitgehend konstant. Der sprunghafte Anstieg von zuvor 10,6 % auf 11,6 % im Jahr 2009 war nicht auf einen kurzfristigen dramatischen Ausgabenanstieg zurück zu führen, sondern auf den Rückgang der Wirtschaftsleistung als Folge der weltweiten Wirtschaftskrise. Daran wird erkennbar, dass der Anteil der Gesundheitsausgaben am BIP nicht nur auf Ausgabensteigerungen reagiert, sondern auch auf krisenhafte Wirtschaftsentwicklungen. Sinkt die Wirtschaftskraft, kann dies trotz eines moderaten oder geringfügigen Anstiegs der absoluten Gesundheitsausgaben zu einem deutlichen Anstieg der Ausgabenquote führen.

Tab. 3.5: Entwicklung der Gesundheitsausgaben in Deutschland in den Jahren zwischen 1992 und 2009 (Ausgabenbeträge in Mio. Euro).

	1992	1995	2000	2005	2009	Differenz zwischen 1992 und 2009 in Mio. €	in %
Ausgaben insgesamt	157.584	186.474	212.335	239.361	278.345	120.761	76,6
In % des Bruttoinlandsprodukts	9,6	10,1	10,3	10,7	11,6		
davon							
Öffentliche Haushalte	17.627	19.917	13.613	13.583	13.655	–3.972	–22,5
In % der Ausgaben insgesamt	11,2	10,7	6,4	5,7	4,9		
Sozialversicherung	105.121	125.609	147.808	161.411	189.706	84.585	80,5
In % der Ausgaben insgesamt	66,7	67,4	69,6	67,4	68,2		
davon							
• Gesetzliche Krankenversicherung	98.718	112.474	123.914	135.877	160.854	62.136	62,9
In % der Ausgaben insgesamt	62,6	60,3	58,4	56,8	57,8		
• Soziale Pflegeversicherung	–	5.292	16.697	17.888	20.312	–	–
In % der Ausgaben insgesamt		2,8	7,9	7,5	7,3		
• Gesetzliche Rentenversicherung	3.500	4.370	3.500	3.582	4.014	514	14,7
In % der Ausgaben insgesamt	2,2	2,3	1,6	1,5	1,4		
• Gesetzliche Unfallversicherung	2.838	3.408	3.629	3.998	4.459	1.621	57,1
In % der Ausgaben insgesamt	1,8	1,8	1,7	1,7	1,6		
Private Kranken- und Pflegeversicherung	11.679	14.275	17.604	22.023	25.957	14.278	122,3
In % der Ausgaben insgesamt	7,4	7,7	8,3	9,2	9,3		
Arbeitgeber	6.930	7.772	8.677	10.143	11.592	4.662	67,3
In % der Ausgaben insgesamt	4,4	4,2	4,1	4,2	4,2		
Private Haushalte u. Organisationen	16.293	18.965	24.701	32.251	37.504	21.211	130,2
In % der Ausgaben insgesamt	10,3	10,2	11,6	13,5	13,5		

Quelle: Statistisches Bundesamt; eigene Berechnungen

Wichtigster Finanzierungsträger für das deutsche Gesundheitssystem sind die *gesetzliche Krankenversicherung* (GKV) und die *soziale Pflegeversicherung* (SPV). Die GKV trug im Jahr 2009 ca. 58 % der Gesamtausgaben des Gesundheitssystems. Die soziale Pflegeversicherung war daran mit ca. 7 % beteiligt.

Internet-Ressourcen

Auf unserer Lehrbuch-Homepage (**www.public-health-kompakt.de**) finden Sie Links zu den genannten schweizerischen und deutschen Institutionen, zu weiterführender Literatur sowie zu anderen themenrelevanten Internet-Ressourcen. Besuchen Sie z.B. die Seiten der OECD und laden Sie aktuelle Berichte zu den Gesundheitssystemen Deutschlands oder der Schweiz herunter.

3.4 Patientensicherheit

David Schwappach

Ein zentraler Aspekt im Hinblick auf die Qualität der Gesundheitssysteme ist die Patientensicherheit. Untersuchungen aus Europa und den USA zeigen, dass es bei ca. 5–10 % der Patienten im Krankenhaus zu einem unerwünschten Ereignis kommt, das zu einem Schaden bei dem Patienten führt. Etwa die Hälfte dieser Ereignisse wird als vermeidbar angesehen. Besonders dramatisch ist, dass ca. 0,1 % der in ein Krankenhaus aufgenommenen Patienten aufgrund vermeidbarer unerwünschter Ereignisse versterben. In Deutschland sind dies jährlich etwa 17.000 und in der Schweiz ca. 1.200 PatientInnen, die auf diese Weise ihr Leben verlieren. Es handelt sich hierbei nicht um dramatische Einzelfälle, sondern um ein Systemproblem. In diesem Abschnitt erläutern wir, welche Begriffe im Bereich der Patientensicherheit eine zentrale Rolle spielen und zeigen Maßnahmen auf, mittels derer Fortschritte erzielt werden können.

Schweizerische Lernziele: GME 35, GME 37, GMA 15

Vielleicht haben Sie als PatientIn oder MitarbeiterIn im Gesundheitswesen schon einmal eine ähnliche Situation erlebt:

- Einer Patientin wird von ihrem Hausarzt ein zusätzliches Medikament verordnet. Eine mögliche *Interaktion* mit der bereits bestehenden Medikation wird nicht überprüft. Bei der Patientin kommt es daraufhin zu einer Wechselwirkung zwischen den Arzneimitteln mit schwerwiegenden Folgen.

- Im Wartebereich der Diagnostik-Abteilung eines Krankenhauses warten mehrere Personen. Als der nächste Patient namentlich aufgerufen wird, steht ein älterer Herr auf und betritt den Untersuchungsraum. Nach Ablauf der diagnostischen Untersuchung fällt auf, dass die vorhandene Krankenakte zu einer jüngeren Patientin gehört, für die diese Untersuchung geplant war. Es stellt sich nun heraus, dass beide Patienten den gleichen Nachnamen haben. Die Patientin hatte den Wartebereich kurz verlassen, der ältere Patient hatte auf den Aufruf seines Nachnamens reagiert.

Vergleichbare Erfahrungen machen Fachleute und Patienten in allen Bereichen der Gesundheitsversorgung seit jeher. Systematisch untersucht und offen thematisiert werden Häufigkeit und Ausmaß der Schädigung von Patienten jedoch erst seit der Bericht „To err is human" unter dem Stichwort „Patientensicherheit" vom *Institute of Medicine* im Jahr 2000 veröffentlicht wurde.

Hiernach sind die folgenden drei Begriffe für die Patientensicherheit zentral:

- **Unerwünschtes Ereignis** (*Adverse Event*): Der Begriff beschreibt eine Schädigung, die auf das medizinische Management und nicht auf die Erkrankung eines Patienten zurückzuführen ist. Die Schädigung kann leicht oder schwer sein und temporär oder dauerhaft bestehen bleiben. Ein unerwünschtes Ereignis kann, muss aber nicht das Ergebnis eines Fehlers sein. Ein Beispiel für ein unerwünschtes Ereignis ist eine allergische Reaktion auf Penicillin.

- **Medizinischer Fehler** (*Medical Error*): Hierunter versteht man eine Handlung oder ein Unterlassen, bei dem eine Abweichung von einem vorhandenen Plan (Ausführungsfehler), ein falscher Plan oder kein Plan vorliegt (Planungsfehler). Der Fehler *kann, muss aber nicht zu einer Schädigung führen*. Die Frage, was genau ein falscher Plan oder eine falsche Ausführung ist, orientiert sich stark am aktuellen Kenntnisstand in der Medizin. Ein medizinischer Fehler liegt beispielsweise dann vor, wenn trotz einer bekannten Penicillin-Allergie einem Patienten Penicillin verordnet wird, weil der Warnhinweis in der Patientenakte übersehen wurde. Die Klassifikation als „Fehler" ist unabhängig davon, ob es (hier: als Folge der Penicillingabe) zu einer Schädigung kommt.

- **Vermeidbares unerwünschtes Ereignis** (*Preventable Adverse Event*): Ereignisse, die auf Fehlern beruhen, sind grundsätzlich vermeidbar. Von einem vermeidbaren, unerwünschten Ereignis spricht man, wenn ein auf einen Fehler zurückzuführendes, unerwünschtes Ereignis vorliegt, das zu einem Schaden führt. Erleidet der oben beschriebene Patient aufgrund der fehlerhaften Penicillingabe eine allergische Reaktion, handelt es sich somit um ein vermeidbares unerwünschtes Ereignis.

Das vermeidbare unerwünschte Ereignis hat also **drei** wichtige Merkmale: Es liegt (1) eine Schädigung vor, die (2) auf einen Fehler (3) im Management einer Erkrankung zurückzuführen ist. Davon abzugrenzen sind die nicht-fehlerbedingten Ereignisse, die trotz richtiger und angemessener Behandlung eintreten können. Dazu gehören z. B. die Nebenwirkungen eines Medikamentes trotz sachgerechten Gebrauchs. Zentrales Ziel der internationalen Bewegungen für die Patientensicherheit ist die Reduktion der Zahl vermeidbarer, unerwünschter Ereignisse.

Kommt es in der Patientenversorgung zu vermeidbaren unerwünschten Ereignissen, so ist dies nur selten auf einen Fehler oder eine Unachtsamkeit einer einzelnen Person zurückzuführen. Vielmehr ist die moderne Gesundheitsversorgung geprägt durch hochkomplexe und stark arbeitsteilig organisierte Prozesse. Daraus resultieren viele Schnittstellen zwischen den daran beteiligten Menschen – was hohe Ansprüche an die Kommunikationsfähigkeit der Beteiligten stellt –, aber auch zwischen Menschen und technischen Geräten. Daher können Verbesserungen im Bereich der Patientensicherheit nur durch das gemeinsame, berufsgruppenübergreifende Lernen aus Fehlern erzielt werden. Ein wichtiges Element hierfür sind **anonyme Fehlermeldesysteme** (*Critical Incident*

Reporting System, CIRS), die inzwischen in vielen Einrichtungen der Gesundheitsversorgung vorhanden sind. Das Melden von Fehlern durch MitarbeiterInnen ermöglicht es, Schwachstellen zu erkennen, systematische Lösungen zu entwickeln und zukünftige Fehler zu vermeiden. Damit verbunden ist die Entwicklung einer **Sicherheitskultur** im Gesundheitswesen, in der alle Berufsgruppen an der Aufarbeitung von Fehlern und der Entwicklung von Lösungen beteiligt werden. Eine solche Sicherheitskultur umfasst gemeinsame Werte, Einstellungen, Wahrnehmungen und Verhaltensweisen bei allen Beteiligten in einer Organisation, die in ihrer Summe den Stellenwert und die Akzeptanz des Themas Patientensicherheit erhöhen und damit zu mehr Sicherheit für die PatientInnen beitragen.

Die letzten Jahre haben gezeigt, dass mit geeigneten Maßnahmen deutliche Fortschritte in der Patientensicherheit erzielt werden können. Nationale und internationale Organisationen bieten Instrumente an, mit denen spezifische Sicherheitsprobleme angegangen werden. Ein Beispiel hierfür ist die Kampagne der WHO *Safe Surgery Saves Lives* (s. Internetressourcen). Ziel der Kampagne ist die Erhöhung der Sicherheit in der Chirurgie durch die Verwendung einer **Checkliste** (s. Web-Abb. 3.4.1 auf unserer Lehrbuch-Homepage). Anhand dieser Checkliste werden vor, während und nach einem operativen Eingriff wichtige Elemente und Prozessschritte durch eine verantwortliche Person überprüft. Dazu gehören beispielsweise die zeitgerechte Gabe von Antibiotika, die mehrfache Identitätsprüfung des Patienten und die mehrfache Überprüfung des geplanten Eingriffs (z. B. der richtigen Körperseite) sowie das „Time-Out" vor dem Schnitt – ein Moment des Innehaltens und der Konzentration auf die folgende Tätigkeit. Weitere evidenzbasierte Maßnahmen und Programme existieren für die zentralen Probleme der Patientensicherheit, wie z. B. zur Reduktion von nosokomialen Infektionen (s. Kap. 8.3) oder auch zum Umgang mit Hochrisikomedikamenten wie Chemotherapeutika, Antikoagulantien, Insulinen und Opiaten.

Internet-Ressourcen

Auf unserer Lehrbuch-Homepage (**www.public-health-kompakt.de**) finden Sie Links zu weiterführender Literatur sowie zu anderen themenrelevanten Internet-Ressourcen (so z. B. zur *Stiftung für Patientensicherheit Schweiz* und zum *Aktionsbündnis Patientensicherheit Deutschland*).

4 Prävention und Gesundheitsförderung

4.1 Grundlagen

Thomas Abel, Petra Kolip

In diesem einführenden Kapitel diskutieren wir die Voraussetzungen, die den Menschen ein gesundes Leben ermöglichen. Wir definieren die Begriffe *Soziale Determinanten der Gesundheit*, *Gesundheitsrelevante Ressourcen* und *Risikofaktoren*. Es wird deutlich, dass Bedingungen (wie z. B. die Wohnverhältnisse) mit dem gesundheitsrelevanten Handeln der Menschen (z. B. ihren Lebensstilen) zusammenwirken. Abschließend erläutern wir die theoretischen Grundlagen von Prävention und Gesundheitsförderung (*Pathogenese, Salutogenese*) und ihre Interventionsformen.

Schweizerische Lernziele: CPH 1–3

Gesundheit ist ein dynamisches Phänomen. Menschen sind mehr oder weniger gesund. Damit sie gesund leben können, sind bestimmte materielle, soziale und kulturelle Voraussetzungen nötig.

Abb. 4.1 zeigt die verschiedenen Ebenen der wichtigsten Gesundheitsdeterminanten als Basis für Krankheitsprävention und Gesundheitsförderung. Mit dem Begriff **Soziale Determinanten der Gesundheit** (*Social Determinants of Health*, SDH) werden die Faktoren der Lebens- und Arbeitsbedingungen sowie der Lebensweisen der Menschen bezeichnet, die die Gesundheit in bestimmten (Sub-)Populationen maßgeblich beeinflussen. Zu den wichtige sozialen Determinanten gehören

- finanzielle Ressourcen
- Bildung
- soziale Unterstützung
- Stressbelastungen
- Arbeits-, Umwelt- und Wohnbedingungen
- Zugang zu medizinischer Versorgung
- gesundheitsförderliche Angebote

Auf jeder Ebene dieses Modells lassen sich sowohl Ursachen für ein erhöhtes Erkrankungsrisiko als auch mögliche Ressourcen für ein gesundes Leben aufzeigen. Unter **Ressourcen** verstehen wir ganz grundsätzlich alle Potentiale, die der Erreichung von Zielen dienen. In Public Health bezeichnet der Begriff diejenigen Mittel, die von Men-

Abb. 4.1: Die wichtigsten Gesundheitsdeterminanten als Basis für Krankheitsprävention und Gesundheitsförderung (nach dem Modell von Dahlgren und Whitehead, 1991).

schen eingesetzt werden (können), um Belastungen und Herausforderungen im Gesundheitsbereich erfolgreich zu bewältigen und/oder um eine gesunde Lebensgestaltung zu erreichen. Solche *gesundheitsrelevanten Ressourcen* können entweder im Mensch selber liegen oder in seinem Lebensraum/seiner sozialen Umwelt zur Verfügung stehen. Dabei können sie materieller oder nicht-materieller Art sein. Zu den materiellen Gesundheitsressourcen gehören z. B. die finanziellen Mittel für eine gesunde Lebensführung, aber auch die hygienischen Bedingungen und die gesundheitsförderliche Infrastruktur in einer Stadt. Beispiele für nicht-materielle Ressourcen sind die soziale Unterstützung in einem Wohnquartier (interpersonelle Ressource) und die persönliche Gesundheitskompetenz oder die emotionalen Bewältigungsstrategien eines Menschen (beides sind intrapersonelle Ressourcen).

Wie Abb. 4.1 erkennen lässt, finden sich *Risikofaktoren* und *Ressourcen* für die Gesundheit auf allen Ebenen menschlichen (Zusammen-)Lebens, vom individuellen Organismus über Familien- und Freundeskreise bis hin zu den Systemen und Strukturen des globalen Miteinanders. Dem entsprechend muss Krankheitsprävention und Gesundheitsförderung auch überall dort ansetzen, um der Komplexität und dem Zusammenspiel der verschiedenen *Determinanten der Gesundheit* entsprechen zu können. Es wird deutlich, dass ebenfalls auf allen Ebenen strukturell verankerte Bedingungen (wie z. B. die Wohnverhältnisse) mit dem Handeln der Menschen (z. B. ihren gesundheitsrelevanten Lebensstilen) zusammenwirken. Prävention und Gesundheitsförderung in Public Health müssen daher die Wirkung der strukturellen Bedingungen auf das Handeln der Menschen ebenso berücksichtigen wie umgekehrt die Wirkung des menschlichen Handelns auf die sie umgebenden Strukturen.

Die sozialepidemiologische Forschung hat den *sozialen Status* eines Menschen (seine soziale Position) als eine der wichtigsten Determinanten seiner Gesundheitschancen identifiziert (s. Kap. 1.3.2). Mit dem sozialen Status sind typischerweise Unterschiede in der Verfügbarkeit von materiellen Gütern, von gesundheitsrelevantem Wissen etc.

verbunden. Eine große Zahl von Studien zeigt, dass in unteren sozialen Schichten eine erhöhte Wahrscheinlichkeit für einen schlechteren Gesundheitszustand besteht. Dieser Zusammenhang ist für praktisch alle westlichen Industrienationen nachgewiesen. Wie sich diese erhöhte Wahrscheinlichkeit erklären lässt, erläutert Abb. 4.2.

Sowohl Krankheitsprävention als auch Gesundheitsförderung in Public Health gehen dabei davon aus, dass sich unterschiedliche Lebensbedingungen und typische Muster sozialen Handels oft gegenseitig bedingen. Je nach der Zugehörigkeit zu einer bestimmten sozialen Schicht kann sich das Gesundheitsverhalten der Bevölkerung stark unterscheiden.

Dass und wie die Sozialstruktur einer Gesellschaft die Chancen auf eine gute Gesundheit beeinflusst, zeigen die Erläuterungen und Beispiele in den folgenden Abschnitten. Sie machen deutlich, dass die Theorien und Maßnahmen der Prävention und der Gesundheitsförderung immer die strukturellen Bedingungen und das Handeln der Menschen zusammen bringen müssen. Dabei leiten die Theorien der Krankheitsentstehung (*Pathogenese*) und der Gesundheitsentstehung/-erhaltung (*Salutogenese*) sowohl die Forschung als auch die Praxis von Prävention und Gesundheitsförderung. Krankheitsvorbeugung und Gesundheitsförderung müssen entsprechend den hier aufgezeigten Pfaden aufgebaut werden. Die Grundlage für eine exakte Problembeschreibung bildet jeweils eine zuverlässige Benennung der Risikoexposition einerseits und der Ressourcenausstattung andererseits. So kann das Problem exzessiven Alkoholkonsums aus Public Health Sicht nur dann richtig beschrieben werden, wenn dabei z. B. auch auf die Gewalt im Wohnquartier (*Risikoexposition*) und die vorhandenen sozialen Unterstützungsmöglichkeiten (*Ressourcen*) eingegangen wird. Exakte Problembeschreibungen bilden ihrerseits gemeinsam mit angemessenen Erklärungsmodellen die Basis für die

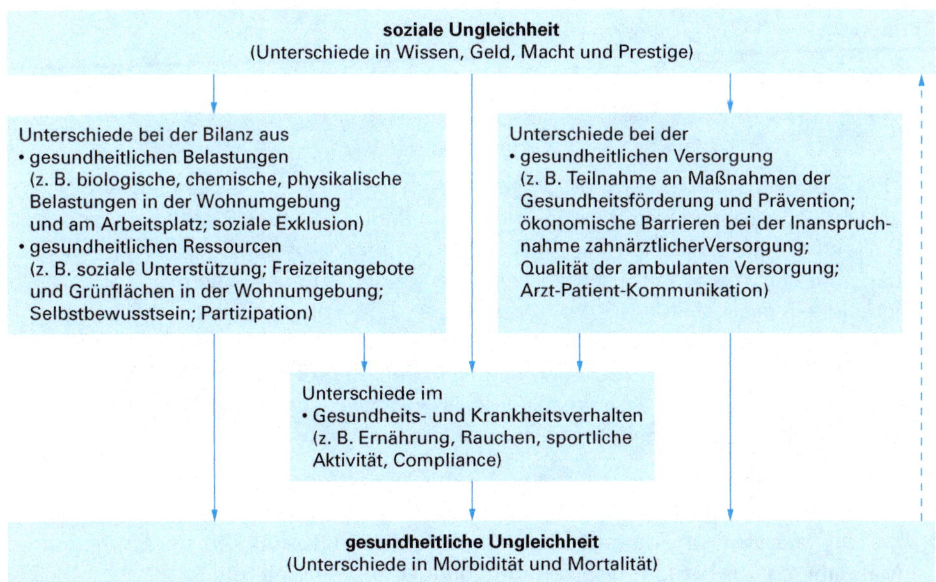

Abb. 4.2: Modell zur Erklärung der Entwicklung von gesundheitlicher Ungleichheit aus sozialer Ungleichheit. (Quelle: Mielck 2011, auf der Basis von Elkeles/Mielck 1997).

Planung und Durchführung gezielter Interventionen. Ausgangspunkte sind dabei immer die oben beschriebenen Erkenntnisse zu den strukturellen und verhaltensbezogenen Bedingungen für die Entstehung von Gesundheit. Auf diese Weise werden dann Maßnahmen geplant und durchgeführt, welche das Ziel haben, die Gesundheit ganzer Bevölkerungsgruppen zu verbessern, indem sie die Gesundheitsrisiken minimieren und/oder die Ressourcen für Gesundheit vermehren helfen. Trotz unterschiedlicher theoretischer Grundlagen und verschiedener primärer Ansatzpunkte haben (Primär-)Prävention und Gesundheitsförderung dabei also das gleiche Ziel (Tab. 4.1).

Tab. 4.1: Unterschiedliche theoretische Grundlagen und unterschiedliche Ansatzpunkte führen bei Primärprävention und Gesundheitsförderung zum gleichen Ziel.

Theorie	Primärer Ansatzpunkt	Interventionsform	Ziel
Pathogenese	Erkrankungsrisiken senken	Prävention	Gesundheit und Lebensqualität der Bevölkerung erhalten und erhöhen
Salutogenese	Gesundheitsrelevante Ressourcen stärken	Gesundheitsförderung	

In den folgenden Abschnitten werden die in Tab. 4.1 genannten Grundbausteine näher erläutert und in die Theorie und Praxis von Public Health eingepasst.

Internet-Ressourcen

Auf unserer Lehrbuch-Homepage (**www.public-health-kompakt.de**) finden Sie Hinweise auf weiterführende Literatur sowie Links zu themenrelevanten Studien und Institutionen.

4.2 Prävention

Der Grundgedanke von *Prävention* ist es, nach dem Prinzip „Vorbeugen ist besser als Heilen", drohende Schäden für die Gesundheit schon im Vorfeld abzuwenden. Prävention hilft dabei nicht nur, durch Interventionen auf der Bevölkerungsebene das Auftreten von Krankheiten zu verhindern, sondern auch einem vorhandenen individuellen Erkrankungsrisiko vorzubeugen und Folgeschäden zu begrenzen, wenn bereits gesundheitliche Störungen vorliegen. Im Blickfeld stehen dabei sowohl die Lebens- und Arbeitsbedingungen der Menschen (die *Verhältnisse*) als auch das menschliche *Verhalten*. Beide üben einen entscheidenden Einfluss auf Gesundheit und Krankheit aus.

Zu Beginn dieses Abschnitts lernen wir die Grundlagen von Prävention in Public Health kennen. Anschließend beschäftigen wir uns mit den Begriffen *Verhältnis- und Verhaltensprävention* und erläutern, warum es sinnvoll ist, bei der Umsetzung Maßnahmen aus beiden Ansätzen miteinander zu kombinieren.

Schweizerische Lernziele: CPH 28–29, CPH 35, CPH 38

Grundlagen der Prävention

Thomas Abel, Petra Kolip

Grundsätzliches Ziel der *Prävention* in *Public Health* ist es, bei möglichst vielen Individuen bestimmte Neuerkrankungen zu vermeiden und zu verhindern, dass sich bereits bestehende Erkrankungen verschlechtern (Näheres zu *Primär-, Sekundär-* und *Tertiärprävention* s. Kap. 1.2 und Kap. 4.5). Um zu verhindern, dass Krankheiten neu auftreten oder sich verschlechtern, müssen zuerst die für diese Krankheiten typischen Belastungen und *Risikofaktoren* identifiziert und bekämpft werden, sodass sie nicht mehr oder zeitlich verzögert auftreten. Zugleich müssen wirksame Ressourcen als Schutzfaktoren erkannt und gefördert werden. Der Fokus liegt bei der Prävention somit auf dem Erkennen und der Reduktion von Risikofaktoren zur Vermeidung von Krankheiten, Unfällen, Invalidität und Tod.

Wissenschaftliche Erkenntnisse zu solchen Risiken werden in *Public Health* mit epidemiologischen (s. Kap. 2.1) und sozialwissenschaftlichen Methoden gewonnen (s. Kap. 2.4). Als Basis dienen Primär- und Sekundärdaten, wie z. B. Daten aus Gesundheitsbefragungen und amtlichen Statistiken (wie Todesursachenstatistiken oder Statistiken zu den Verkaufszahlen von Zigaretten und Alkohol), aber auch technische Messwerte (z. B. zu Lärmemissionen, s. Kap. 5.3.2). Durch die Auswertung solcher Daten werden Erkenntnisse zu den verschiedenen Risikofaktoren gewonnen, die Einfluss auf die Gesundheit haben. Man unterscheidet neben den physikalisch/bio-chemischen (z. B. Luftschadstoffe, s. Kap. 5.2.1) und sozialen Risikofaktoren (z. B. mangelnde soziale Unterstützung) auch psychologische Risikofaktoren (z. B. reduziertes Selbstwertgefühl) und genetische Einflüsse. Die hieran ansetzenden Methoden der präventiven Intervention können innerhalb des menschlichen Körpers oder außerhalb in seiner Umgebung ansetzen. In *Public Health* reichen sie von strukturbezogenen Maßnahmen wie z. B. Impfungen im Rahmen von Impfkampagnen (s. Kap. 8.4) über den Schutz vor Schadstoffemissionen bis hin zu verhaltensbezogenen Interventionen (z. B. Tabakprävention durch Aufklärungskampagnen). Auch in der individualmedizinischen Praxis werden die durch epidemiologische Methoden gewonnenen Erkenntnisse zu Risikofaktoren genutzt, um bei PatientInnen während Anamnese und Diagnostik solche Risiken zu erkennen (z. B. in Bezug auf den Tabak- oder Alkoholkonsum von Schwangeren).

An der Entstehung von Krankheiten kann also eine Vielzahl von Faktoren unterschiedlicher Art und Herkunft beteiligt sein. Bei der **Krankheitsprävention** geht es vor allem um das Verhindern von pathogenen Prozessen durch gezielte Maßnahmen, die je nach dem vorhandenen Problem an der Biologie des Körpers oder an den Bedingungen der sozialen oder ökologischen Umwelt ansetzen können. Da die meisten Erkrankungen multifaktoriell bedingt sind und eine höhere Wirkung erreicht wird, wenn mehrere unterschiedliche Methoden gemeinsam zum Einsatz kommen, kombinieren moderne Präventionsprogramme verschiedene Ansätze (s. Box 4.2.1).

Präventionsstrategien lassen sich nicht nur nach dem Zeitpunkt unterscheiden, an dem sie ansetzen (s. Primär-, Sekundär- und Tertiärprävention, Kap. 1.5), sondern auch bezüglich des Ansatzpunktes der entsprechenden Interventionen. Man unterscheidet hier zwischen „Verhaltensprävention" und „Verhältnisprävention". Verhaltensprävention nimmt direkten Einfluss auf das Gesundheitsverhalten und den Gesundheitszustand von Menschen, während Verhältnisprävention die Gesundheit der Zielpersonen durch eine Veränderung der Lebensbedingungen und der Umwelt verbessern will.

Box 4.2.1: Rauchfreie Schule.

Im Rahmen der **schulischen Tabakprävention** werden Informationen zur Wirkung von Tabak vermittelt. Diese werden auch direkt erfahrbar gemacht, etwa durch die Anwendung von Infrarotthermometern, mit deren Hilfe man die Hauttemperatur vor und nach dem Rauchen einer Zigarette messen kann, oder durch das Messen der Lungenfunktionswerte beim Laufen einer Sprintstrecke bevor und nachdem eine Zigarette geraucht wurde. Darüber hinaus kommen Maßnahmen zum Einsatz, durch die SchülerInnen ihre Kompetenzen (z. B. *Life Skills*) erweitern können. Sie lernen dabei, dem Gruppendruck zum Rauchen zu widerstehen (*Empowerment,* s. Kap. 4.3). Zugleich werden die Rahmenbedingungen in der Umgebung der SchülerInnen verändert: Das Aufstellen von Zigarettenautomaten im Schulumfeld wird verboten, in den Schulen wird ein Rauchverbot ausgesprochen. Eine weitere Barriere wird mit der Erhöhung der Steuern auf Tabakerzeugnisse über den nun höheren Kaufpreis errichtet. Der Erfolg solcher Präventionsmaßnahmen kann z. B. anhand der Raucherquote in der Zielgruppe gemessen werden.

Quelle der Abbildung: Landesinstitut für Lehrerbildung und Schulentwicklung (Hrsg.). Hinweise für die Realisierung der rauchfreien Schule in Hamburg, SuchtPräventionsZentrum 2005; Kontakt: www.li.hamburg.de/spz

4.2.1 Verhaltensprävention

Matthias Richter, Rolf Rosenbrock

Verhaltensprävention ist ein Sammelbegriff für Strategien, die die gesundheitsrelevanten Verhaltensweisen der Menschen direkt zu beeinflussen suchen. Ihr Ziel ist es, hierdurch die Erkrankungswahrscheinlichkeit zu senken.

Die dazu verwendeten Strategien können darauf abzielen

- **gesundheitsfördernde Verhaltensweisen** wie gesunde Ernährung, körperliche Bewegung oder Safer Sex zu initiieren und zu stabilisieren oder
- **gesundheitsriskante Verhaltensweisen** wie z. B. Rauchen, Alkoholmissbrauch und ungünstige Ernährung zu ändern oder zu vermeiden.

Man geht hierbei davon aus, dass individuelles Handeln und Verhalten der Menschen einen bedeutsamen Anteil zur Entstehung von Krankheiten beitragen. Die gebräuchlichsten Instrumente der Verhaltensprävention sind Gesundheitsaufklärung, -erziehung und -beratung. Allen diesen Maßnahmen ist gemein, dass sie die Verbesserung des Gesundheitswissens, des Gesundheitsbewusstseins und des Gesundheitsverhaltens der Bevölkerung zum Ziel haben. Idealerweise soll durch Maßnahmen der Gesundheitsaufklärung und -beratung das Wissen über Gesundheitsrisiken in der Bevölkerung verankert und verstärkt werden. Entsprechend dem Leitbild der Verhaltensprävention soll dies dann dazu führen, dass sich die Einstellung der Menschen zu ihren Gesundheitsproblemen bzw. ihrem aktuellen Verhalten ändert.

In der Verhaltensprävention werden in der Regel massen- und personalkommunikative Maßnahmen der gesundheitlichen Aufklärung kombiniert angewendet. Erstere sprechen die Zielgruppen über Massenmedien an, letztere persönlich, z. B. durch *Peers* (z. B. Gleichaltrige einer Jugendgruppe) oder *Professionals* (z. B. ÄrztInnen oder SozialarbeiterInnen). Darüber hinaus haben sich vor allem verhaltenstheoretische Programme (z. B. für die Bereiche der Raucherentwöhnung, der Ernährungsumstellung und des Stressmanagements) sowie Gesundheitsberatung und Gesundheitserziehung in Schulen als Instrumente der Verhaltensprävention bewährt. Eine effektive Verhaltensprävention setzt jedoch in der Regel die oftmals schwierig zu beeinflussende Einsicht und Motivation der Zielpersonen voraus.

Zu den wichtigsten Annahmen, die den verhaltenspräventiven Interventionen zugrunde liegen, zählen

- das *bio-medizinisch geprägte Risikofaktorenmodell* als Erklärungskonzept für die Entstehung von Krankheiten (s. Kap. 1.3.1) und

- die sozialpsychologisch begründete Vorstellung, dass Gesundheitsverhalten auf individuellen Gesundheitsüberzeugungen, wahrgenommenen Gesundheitsgefährdungen und rationalen Handlungsentscheidungen beruht (*Health-Belief-Modell* etc.), die durch Informationen über gesundheitsgerechtes Verhalten beeinflusst werden können.

Die wichtigsten Methoden der Verhaltensprävention orientieren sich an psychologischen Verhaltensmodellen. Diese Methoden stützen sich auf die Einsicht der Individuen und ihre Motivation, etwas an ihrem Verhalten zu ändern. Ansatzpunkte sind daher Erziehung und Bildung, Information und Aufklärung sowie Beratung und Verhaltenstraining. Ihr gemeinsames Ziel ist es, die Gesundheitskompetenz (*Health Literacy*, s. Kap. 4.4.3) der Menschen zu fördern. Das Wissen um gesundheitsrelevante Zusammenhänge stellt dabei eine wichtige Ressource dar, auf die Prävention aufbauen kann. Um hierdurch Verhaltensintentionen beeinflussen und schließlich Verhaltensänderungen bewirken zu können, müssen jedoch erst die Überzeugungen, Einstellungen und subjektiven Normen der betroffenen Person geändert werden.

Beispiele für Maßnahmen der Verhaltensprävention sind

- das Zeigen von Aufklärungsfilmen über gesunde Ernährung, um das Wissen über die Ursachen von Übergewicht zu verbessern.

- die Durchführung schulischer Programme zur Förderung von Lebenskompetenz bei Kindern und Jugendlichen, um den Missbrauch psychoaktiver Substanzen zu reduzieren.

- Patientenschulungen bei Diabeteskranken, um den alltäglichen Umgang mit der Krankheit zu erleichtern.

Bislang bilden solche Maßnahmen der *Verhaltensprävention* im deutschsprachigen Raum noch den Schwerpunkt der Präventionspolitik und -praxis. Im Mittelpunkt stehen dabei die so genannten Volkskrankheiten: Diabetes mellitus, koronare Herzkrankheiten und bösartige Tumore. Zu den wichtigsten Zielen der Verhaltensprävention gehört es, den Tabakkonsum zu reduzieren, eine gesunde Ernährung und ausreichend körperliche

Bewegung zu fördern sowie eine Verbesserungen der Stressverarbeitung zu erreichen, um so die Zahl der Neuerkrankungen zu senken.

In den letzten Jahren wurde immer deutlicher, dass sich die traditionelle Form der Verhaltensprävention durch Gesundheitsaufklärung und -belehrung als insgesamt wenig effektiv erwiesen hat. Zwischen der Kenntnisnahme und dem Verstehen einer Gesundheitsbotschaft und der Umsetzung dieser Botschaft in die eigene Lebensweise liegen in der Regel etliche Hürden, an denen die große Mehrheit auch derer scheitert, die der Botschaft gerne folgen würden. Solche Hürden können z. B. als Folge spezifischer Lebenserfahrungen und der sozialen Lebensbedingungen einer Person entstehen.

4.2.2 Verhältnisprävention

Matthias Richter, Rolf Rosenbrock

Verhältnisprävention ist Politik. Diese kurz gefasste Formel macht das Wesen der Verhältnisprävention besonders deutlich. Im Vergleich zur Verhaltensprävention setzt sie nicht am Individuum und seinem Verhalten an, sondern explizit an den *sozialen Determinanten der Gesundheit* (s. Kap. 4.1). Ihre Aufgabe ist es, Gesundheitsgefahren einzudämmen, indem sie die „Verhältnisse" und damit auch gesellschaftliche Strukturen beeinflusst. Durch die Gestaltung der Lebens-, Arbeits- und Umweltbedingungen sollen Gefahren für die Gesundheit eingeschränkt werden. Dieser Ansatz geht davon aus, dass die biologischen, sozialen und/oder technischen Umgebungsbedingungen, in denen ein Mensch lebt, einen wichtigen, gemeinsamen Anteil an der Entstehung zahlreicher Krankheiten haben.

Verhältnisprävention findet meist als *Primär*prävention statt. Zu ihren klassischen, unverzichtbaren Instrumenten zählen z. B.

- die Veränderung der Arbeitsbedingungen in den Betrieben (Arbeitsschutz, Humanisierung der Arbeit, präventive Maßnahmen im Rahmen der *Betrieblichen Gesundheitsförderung*, s. Kap. 6.5)

- die kommunalen Aktivitäten zur Verbesserung der öffentlichen hygienischen Bedingungen sowie der Wohn-, Verkehrs- und allgemeinen Sicherheitsbedingungen (Trinkwasserhygiene, Bäderaufsicht, Kanalisation, Ausbau der Fahrradwege und Grünanlagen)

- die überregionalen, nationalen und internationalen Aktivitäten im Bereich der Sozial-, Gesundheits-, Bildungs-, Steuer-, Arbeitsmarkt-, Wirtschafts-, Städtebau-, Verkehrs-, Umwelt- und Verbraucherpolitik sowie des Gesundheits-, Umwelt-, Arbeits- und Verbraucherschutzes

Weitere Beispiele für Maßnahmen der Verhältnisprävention sind die flächendeckende Fluoridierung des Trinkwassers (s. Kap. 5.1), ergonomische Maßnahmen an Arbeitsplätzen, der serienmäßige Einbau von Airbags in Autos oder die Flexibilisierung von Behörden (s. a. Kap. 6.3). Einen breiten Raum nehmen in der Verhältnisprävention auch *normativ-regulatorische Maßnahmen* ein. Hier geht es darum, präventive Ziele über Gesetze, Vorschriften, Gebote, Verbote mit Sanktionsandrohung und ähnliche Strategien durchzusetzen. Beispiele hierfür sind die Anschnallpflicht für Autofahrer, die Promillegrenze im Straßenverkehr (s. Kap. 7.8.3) und Rauchverbote für bestimmte Räume und Gebäude (s. Kap. 5.2.3 und Web-Abb. 4.2.1b). Auch rechtliche Vorschriften im Bereich des Emissionsschutzes (s. Kap. 5.2.3), des Schutzes vor Schadstoffen, der Lebensmittelüberwachung, des Arbeitsschutzes (s. Kap. 6.1.2) und des Jugendschutzes gehören dazu.

4.2.3 Sinnvolle Kombination von Verhaltens- und Verhältnisprävention

Matthias Richter, Rolf Rosenbrock

Präventionsmaßnahmen können also grundsätzlich auf zwei Ebenen ansetzen: an den Verhältnissen, in denen die Menschen leben und am Verhalten von Individuen bzw. Menschengruppen. Im deutschsprachigen Raum wird der Begriff *Prävention* heute oft mit Verhaltensprävention gleichgesetzt. Doch sowohl die Strategien der Verhaltensbeeinflussung, z.B. durch Gesundheitserziehung, als auch die der gesundheitsgerechten Gestaltung von materiellen und sozialen Umwelten zielen darauf ab, Gesundheitsbelastungen zu senken.

Verhalten und Verhältnisse bedingen sich gegenseitig. So können bestimmte Freizeitangebote gesundheitsgerechtes Verhalten fördern, es erst ermöglichen, es beeinträchtigen oder sogar verhindern. Ähnliches gilt z.B. für Gesundheitsangebote, für bestimmte Verbote (Rauchverbot in öffentlichen Gebäuden) oder für die Verwendung von Lebensmittelzusatzstoffen. Wenn Angebote zu gesundheitsgerechtem Verhalten jedoch nicht angenommen oder genutzt werden, bleiben sie wirkungslos. Umgekehrt werden gesundheitsrelevante Verhältnisse durch (politisches) Handeln und Verhalten gestaltet. Auch im unmittelbaren Arbeitsalltag und im privaten Bereich können gesundheitliche Verhältnisse durch das Verhalten von Einzelnen und Gruppen hergestellt oder verändert werden (*Empowerment*, s. Kap. 4.3).

Daher ist es sinnvoll, *Maßnahmen der Verhaltens- und Verhältnisprävention zu kombinieren*, wie dies auch im Rahmen mancher Konzepte und Ansätze der Gesundheitsförderung (Settingansatz, Organisationsentwicklung, s. Kap. 4.3) bereits realisiert wurde. Eine Kombination beider Präventionsansätze erscheint insbesondere deshalb zweckmäßig, weil eine Veränderung des Verhaltens (z.B. eine gesündere Ernährung) ohne ausreichende strukturelle Voraussetzungen (wie z.B. das Angebot an leicht erreichbaren, preisgünstigen und gesunden Lebensmitteln) nur schwer umsetzbar ist. Weitere Beispiele aus dem Bereich der Alkoholprävention zeigen Web-Abb. 4.2.1a und b auf unserer Lehrbuch-Homepage. Das nächtliche Alkoholverkaufsverbot, eine Maßnahme der Verhältnisprävention, soll hier die Zahl nächtlicher Trinkgelage bei Jugendlichen reduzieren helfen. Gleichzeitig richtet sich das Aufklärungsplakat direkt an jugendliche AlkoholkonsumentInnen und verdeutlicht ihnen die Folgen ungebremsten Alkoholkonsums (Maßnahme der Verhaltensprävention).

Man geht heute davon aus, dass aufklärende bzw. gesundheitserzieherische Maßnahmen nur einen begrenzten Erfolg haben, solange die sozialen Lebensbedingungen der jeweiligen Zielgruppe oder sozialen Schicht nicht in die gesundheitsplanerischen Überlegungen mit einbezogen werden. Schließlich führt eine Veränderung der Verhältnisse oftmals auch zu einer Veränderung des Verhaltens.

Internet-Ressourcen

Auf unserer Lehrbuch-Homepage (**www.public-health-kompakt.de**) finden Sie neben zusätzlichen Abbildungen auch Hinweise auf weiterführende Literatur sowie Links zu themenrelevanten Studien und Institutionen.

4.3 Gesundheitsförderung

Petra Kolip, Thomas Abel

> *Gesundheitsförderung* schafft Lebensbedingungen, in denen sich Menschen gesund entwickeln können. Ein wichtiger Punkt hierbei ist die Stärkung der persönlichen *Kompetenzen*.
>
> In diesem Abschnitt erörtern wir zuerst die wichtigsten Perspektiven, Definitionen und Konzepten im Bereich der Gesundheitsförderung. Anschließend beschäftigen wir uns ausführlicher mit den beiden gesundheitsfördernden Settings Krankenhaus und Schule.
>
> Schweizerische Lernziele: CHP 28, CPH 35, CHP 38

Anders als die Krankheitsprävention konzentriert sich die **Gesundheitsförderung** in erster Linie auf die Schaffung von gesundheitsförderlichen Lebensbedingungen und Ressourcen. Im Bereich *Public Health* ergänzen sich die beiden Ansätze und verfolgen dabei die gleiche Zielsetzung, nämlich Gesundheit und Lebensqualität von möglichst vielen Menschen zu erhöhen. Was aber genau ist Gesundheitsförderung? Gesundheitsförderung hat zum Ziel, die sozialen und individuellen Lebensbedingungen so zu gestalten, dass Menschen darin möglichst viele *internale* (im Individuum verankerte) und *externale* (außerhalb des Individuums gelegene) *Ressourcen* für eine gesunde Lebensgestaltung zur Verfügung haben. Die Ziele der Gesundheitsförderung sind geprägt von spezifischen *Werten*. Grundlegende Werthaltung hierbei ist die der Fairness (*Equity*; vgl. Kap. 1.6). Als Zielvorstellung gilt der pro-aktiv handelnde Mensch, der sich für seine Gesundheit und die Gesundheit der Gemeinschaft einsetzen kann. Diese Vorstellungen finden sich auch in der *Ottawa Charta*[16], die die Ziele der Gesundheitsförderung folgendermaßen definiert:

> „Gesundheitsförderung zielt auf einen Prozeß, allen Menschen ein höheres Maß an Selbstbestimmung über ihre Gesundheit zu ermöglichen und sie damit zur Stärkung ihrer Gesundheit zu befähigen."

Gesundheitsförderung richtet den Blick primär auf *soziale Faktoren und Prozesse*, die sich auf Gesundheit, Lebensqualität und Wohlbefinden auswirken können. Diese Faktoren und Prozesse sind direkt durch die *Lebensverhältnisse* und das *Handeln* der Menschen in ihren jeweiligen Lebensverhältnissen bestimmt. Sie können sozialer, kultureller, politischer und ökonomischer Natur sein und bestimmen die materiellen und nicht-materiellen Lebensbedingungen und Ressourcen für die Gesundheit der Menschen sowie für ihr Gesundheitsverhalten und -erleben. Gesundheitsrelevante Faktoren und Prozesse sind auf allen gesellschaftlichen Ebenen wirksam (s. Abb. 4.1). Sie selbst werden von gesellschaftlichen Kräften wie der gesundheitsrelevanten Politik (z.B. in den Bereichen Gesundheit, Umwelt und Verkehr), von den vorhandenen Schulsystemen, Arbeits- und Wohnungsmarktbedingungen ebenso beeinflusst wie von den Le-

---

[16] Die *Ottawa-Charta* zur Gesundheitsförderung wurde im Jahr 1986 von der WHO anlässlich der *Ersten Internationalen Konferenz zur Gesundheitsförderung* im kanadischen Ottawa diskutiert und verabschiedet.

bensbedingungen in einem Quartier oder von der Zugehörigkeit zu einer Religionsgemeinschaft. Menschen handeln in diesen Systemen und Strukturen, sie stabilisieren oder verändern sie aber auch. Die Lebensbedingungen auf diesen Ebenen (s. a. *Soziale Determinanten*, Kap. 4.1) prägen die Chancen der Menschen auf eine gute Gesundheit. Dies bedeutet, dass die sozialen Kontexte den Menschen Ressourcen zur Verfügung stellen, die mehr oder weniger zu ihrer Gesunderhaltung beitragen und zu mehr oder weniger Risikoexpositionen führen.

Gesundheitsförderung will nun die Lebensräume der Menschen so verbessern, dass sie ihre Gesundheitspotenziale möglichst optimal ausschöpfen können. Lebensräume, die sich im Hinblick auf ihre gesundheitsrelevanten Bedingungen und Interventionspotentiale abgrenzen bzw. nutzen lassen, werden als *Settings* bezeichnet. Solche Settings sind beispielsweise Wohnquartiere, Schulen und Betriebe. Die betriebliche Gesundheitsförderung fragt z. B. nach förderlichen Einflüssen auf die Gesundheit der Menschen im Setting Betrieb (s. Kap. 6.5), indem sie Führungskräfte darin schult, soziale Unterstützung zu fördern und mit verschiedenen Arbeitszeitmodellen die Handlungsspielräume für Arbeitnehmer zu erhöhen. Gesundheitsförderung im Betrieb geht also weit über die engere, am medizinischen Krankheitsbegriff orientierte Prävention und auch über den Arbeitsschutz hinaus. Ihr Ziel ist es, sowohl vor Ort spezifische Verbesserungen zu erreichen als auch breite strukturelle Änderungen zu verwirklichen. Beispiele hierfür wären etwa die dauerhafte Verankerung von Arbeitnehmermitbestimmungsrechten im Hinblick auf gesundheitsrelevante Bedingungen im Betrieb, die Einführung von fett- und salzreduzierten Menüs in der Kantine, das Angebot einer Rückenschule oder die Verhinderung von Unfällen im Betrieb (s. a. Kap. 6.1).

Gesundheitsförderung betrachtet den Menschen aus *salutogenetischer Perspektive* (s. Kap. 1.3.1). Im Zentrum von Forschung und Interventionen stehen dabei die Prozesse der Entstehung und Erhaltung von Gesundheit (s. a. *Stress*, Kap. 4.4.2). Gesundheit wird hier als ein dynamischer Prozess verstanden, bei dem sich der Mensch ständig zwischen den beiden Polen eines Kontinuums bewegt. Auf der einen Seite dieses Kontinuums liegen vollständiges Wohlbefinden und umfassende Leistungs- und Entwicklungsfähigkeit, auf der anderen Seite weitestgehende Einschränkungen und letztendlich der Tod (Abb. 4.3).

Die Bezeichnung *Salutogenese* (s. Kap. 1.3.1 und Kap. 4.1) bildet dabei den perspektivischen Kontrast zur Pathogenese: Es geht hier nicht primär darum zu klären, was Menschen krank macht, sondern in erster Linie um die Frage: **Was hält Menschen – trotz Risiken und Belastungen – gesund?** Im Prozess der Salutogenese hin zu mehr

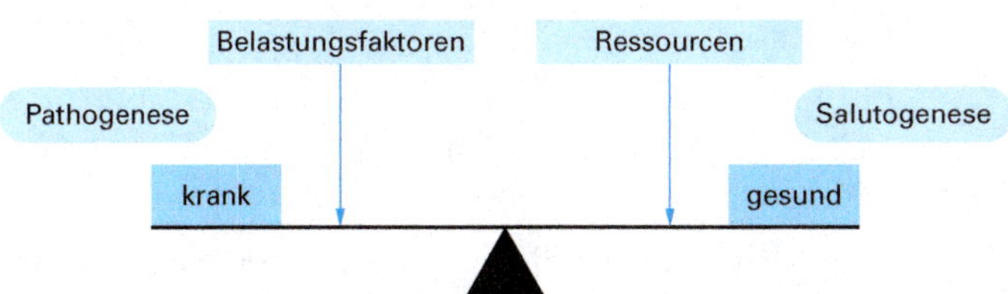

Abb. 4.3: Wechselbeziehung zwischen Salutogenese und Pathogenese. Die Abbildung stellt das Kontinuum zwischen den Polen *Gesundheit* und *Krankheit* als kontinuierlichen, dynamischen Prozess dar, der ständig durch eine Vielzahl von Belastungsfaktoren und Ressourcen beeinflusst wird.

Gesundheit sind die materiellen und nicht-materiellen gesundheitsrelevanten Ressourcen (wie z. B. gesunde Wohnbedingungen, hinreichendes Einkommen, soziale Netzwerke, Gesundheitswissen), über die Menschen verfügen, von entscheidender Bedeutung. Wie zahlreiche Studien zeigen konnten, sind diese Ressourcen in der Bevölkerung und in Subpopulationen oftmals sehr ungleich verteilt. Die unteren sozialen Schichten sind hierbei meist benachteiligt. Gesundheitsförderung hat dabei auch immer einen politischen und emanzipatorischen Anspruch. *Interventionen* der Gesundheitsförderung sind stets auf mehr *Chancengleichheit* ausgerichtet. Die Gesundheitsförderung setzt dabei häufig Methoden des *Empowerments* („Ermächtigung") und der *Partizipation* auf allen Ebenen und mit allen Beteiligten ein (s. a. Kap. 1.3.2). Damit ist sie bestrebt, ihren Leitwerten gerecht zu werden und zugleich nachhaltigere Erfolge zu erzielen. So zeigen Forschungsergebnisse, dass Verbesserungen in den Lebensverhältnissen und Verhaltensweisen der Menschen längerfristig mehr Wirkung erzielen, wenn sie unter Mitwirkung der Betroffenen geschaffen wurden (s. Box 4.3.1).

Box 4.3.1: Frauengesundheit im Bremer Stadtteil Tenever.

Ein Beispiel für eine Gesundheitsförderung, die die schichts- und genderspezifischen Bedürfnisse der Bevölkerung in den Vordergrund stellt, sind die gemeindebezogenen Aktivitäten im Bremer Stadtteil Tenever. In diesem sozial benachteiligten Teil der Hansestadt wurde bereits vor 22 Jahren der **Frauengesundheitstreff Tenever** (heute: Frauengesundheit in Tenever) eingerichtet, der sich der niederschwelligen Arbeit verpflichtet hat. Da die Besucherinnen dort häufig über

geringe Deutschkenntnisse verfügen und zudem kaum Lesen und Schreiben können, wurden Alphabetisierungs- und Deutschkurse angeboten. Nach einiger Zeit formulierten die Frauen in diesen Kursen auch den Wunsch, Fahrradfahren zu erlernen, da das Bremer Stadtzentrum 8 km entfernt liegt und Fahrradfahren ein Teil der Bremer Stadtkultur ist. Eine wissenschaftliche Evaluation konnte schließlich zeigen, dass es aufgrund der Angebote zu einer nachhaltigen Verbesserung der Partizipation, des Selbstwertgefühls und der gesundheitsförderlichen Mobilität bei der sozial benachteiligten Bevölkerung gekommen war. Die Frauen sind mittlerweile im Stadtteil sehr gut vernetzt. Über persönliche Beziehungen wird ihr Kreis immer größer.

Copyright der Abbildung: Frauengesundheit in Tenever

Es geht in der Gesundheitsförderung also letztlich um zwei voneinander abhängige und ineinander wirkende Prozesse:

- die **Veränderung der gesellschaftlichen Bedingungen** mit dem Ziel der Verbesserung gesundheitsrelevanter Lebensbedingungen und

- die **Befähigung der Menschen**, sich für gesunde Lebensbedingungen einzusetzen und eigene gesündere Verhaltensmuster umzusetzen.

Die Gesundheitsförderung setzt dabei schwerpunktmäßig auf die Stärkung spezifischer sozialer und individueller Ressourcen (s. Kap. 4.1).

Settings: Krankenhaus und Schule

Angeregt durch die *Ottawa Charta* (1986) wurde weltweit in die Entwicklung von gesundheitsförderlichen Settings investiert. Gleichzeitig wurde die Bildung von kooperativen Netzwerken in diesem Bereich unterstützt. Beispiele für solche Settings sind Städte und Quartiere, Schulen und Betriebe, aber auch Krankenhäuser.

Krankenhäuser: Krankenhäuser, die sich dem Netzwerk *Health Promoting Hospitals* angeschlossen haben, nehmen alle Gruppen, die sich in diesem Setting bewegen, gleichermaßen ins Blickfeld: PatientInnen (inkl. der Angehörigen), Pflegepersonal, ÄrztInnen ebenso wie das Verwaltungspersonal. Ihr Ziel ist es, die Organisation „Krankenhaus" so weiterzuentwickeln, dass durch eine Veränderung der Arbeitsbedingungen (insbesondere der Routinetätigkeiten) für alle Beteiligten mehr Gesundheit möglich wird. Um dabei dem Anspruch der Partizipation gerecht zu werden, muss dieser Gestaltungsprozess immer unter Einbeziehung der PatientInnen, aber auch des Personals zustande kommen. Die Problemanalyse und die Erarbeitung der Entwicklungsschritte erfolgt dabei typischerweise im Rahmen von so genannten *Gesundheitszirkeln*. Damit sind Austausch- und Kooperationsforen gemeint, die sich aus den jeweils betroffenen Beschäftigten zusammensetzen und für deren Arbeitsbereiche verbindliche Veränderungen vereinbart werden. Aufgabe der TeilnehmerInnen an diesen Zirkeln ist es, jeweils für ihren Arbeitsbereich aus der Sicht der Betroffenen die vorhandenen gesundheitlichen Probleme zu formulieren und Verbesserungsvorschläge zu erarbeitet. Die konkreten Interventionen der Gesundheitsförderung im Krankenhaus können sehr unterschiedlich sein. Sie reichen von einer veränderten Krankenhausverpflegung über die Schaffung von Ruheräumen bis hin zur Aktivierung der PatientInnen. Auch die Stärkung der PatientInnen in Fragen des gesundheitsförderlichen Handelns und der Patientensicherheit (s. Kap. 3.4) gehören hierzu, ebenso wie Veränderungen in der Arbeitsorganisation sowie eine verbesserte Kommunikation unter allen Beteiligten.

Schulen: Ein ähnlicher Prozess lässt sich für das Setting Schule beschreiben. Gesundheitsfördernde Schulen forcieren einen Schulentwicklungsprozess, der den Lern- und Arbeitsplatz Schule gesundheitsfördernd gestaltet. Auch hier geht es darum, möglichst alle Beteiligten, d. h. Lehrkräfte, SchülerInnen sowie nicht-lehrendes Personal in diesen Prozess einzubinden, um eine gesundheitsförderliche Entwicklung für sie und mit ihnen in Gang zu setzen. Eine settingbezogene Gesundheitsförderung beinhaltet dabei z. B. nicht nur die Gestaltung von Schulgebäuden (Architektur, Ausstattung), sondern neben gesundheitsfördernden Essensangeboten auch den verbesserten Zugang zu Bewegungsräumen und eine Verbesserung der Interaktionsstrukturen zwischen Eltern, SchülerInnen und Lehrkräften.

Internet-Ressourcen

Auf unserer Lehrbuch-Homepage (**www.public-health-kompakt.de**) finden Sie Hinweise auf weiterführende Literatur sowie Links zu themenrelevanten Studien und Institutionen.

4.4 Gesundheitsverhalten und Lebensstile

Ebenso wie in anderen Bereichen können sich Menschen auch in Bezug auf ihre Gesundheit unterschiedlich verhalten. Solches *Gesundheitsverhalten* kann sich positiv oder negativ auf die Gesundheit auswirken. Selbst Verhaltensweisen, die nicht direkt auf die Gesundheit eines Menschen ausgerichtet sind, können die Gesundheit beeinflussen: So kann sich Stress z. B. entscheidend auf die gesundheitsbezogene *Lebensqualität* eines Menschen auswirken. Der Erwerb von *Gesundheitskompetenz*, d. h. von individuellen Fähigkeiten, die es ermöglichen, förderlich mit der eigenen Gesundheit und der Gesundheit Anderer umzugehen, kann zu einem persönlichen Gesundheitsgewinn und einer Verbesserung der Rahmenbedingungen für Gesundheit führen. In diesem Abschnitt definieren wir zuerst den Begriff des Gesundheitsverhaltens und betrachten drei Public Health-relevante Erklärungsmodelle für Gesundheitsverhalten. Wir beschäftigen uns mit einem häufig verwendeten Stressmodell, gehen den möglichen Ursachen von Stress nach, erfahren etwas über die durch Stress entstehenden volkswirtschaftlichen Kosten und über Methoden zum adäquaten Umgang mit Stress. Abschließend gehen wir näher auf das Konzept des *gesundheitsrelevanten Lebensstils* ein und beschäftigen uns mit den verschiedenen Formen von Gesundheitskompetenz.

Schweizerische Lernziele: CPH 1, CPH 33–36, CPH 65

4.4.1 Modelle des Gesundheitsverhaltens

Reinhard Fuchs

Was ist Gesundheitsverhalten?

Man unterscheiden zwei Arten von Gesundheitsverhalten:

- *Positives Gesundheitsverhalten* schützt und stärkt die Gesundheit eines Menschen, es bewahrt seine Unversehrtheit. Verhaltensweisen, die sich positiv auf die Gesundheit auswirken, reichen von regelmäßiger körperlicher Bewegung, ausgewogener Ernährung und der Teilnahme an Vorsorgeuntersuchungen bis hin zur Verwendung von Sonnenschutzmitteln oder aktivem Erholungsverhalten (Urlaubsgestaltung, Yoga, Meditation etc.).

- Durch *gesundheitliches Risikoverhalten* setzt sich eine Person einer erhöhten gesundheitlichen Gefährdung aus. Beispiele für ein solches Verhalten sind z. B. das Rauchen, der übermäßige Alkoholkonsum oder der Gebrauch „harter" Drogen.

Unter **Gesundheitsverhalten** im positiven Sinne versteht man also all jene Aktivitäten einer Person, die der *Prävention* von Krankheiten, der *Förderung der Gesundheit* und dem Schutz vor Verletzungen dienen. Gesundheitsverhalten ist Teil des *gesundheitsrelevanten Lebensstils* (s. Kap. 4.4.3).

Es sind v. a. fünf Gesundheitsverhaltensweisen („Big Five"), die für das Krankheits- und Sterbegeschehen in der Bevölkerung von entscheidender Bedeutung sind:

- Körperliche Bewegung
- Ernährungsgewohnheiten

- Tabakkonsum

- Alkoholkonsum

- Schlafverhalten

Wir wissen heute, dass die Entstehung und der Verlauf der meisten chronischen Krankheiten (insbesondere von Herz-Kreislauf-Erkrankungen, bösartigen Tumoren, Diabetes mellitus und Rückenschmerzen) wesentlich durch das Gesundheitsverhalten der Menschen beeinflusst wird. Es stellt sich daher die Frage, welche Möglichkeiten es gibt, gesundheitsförderndes Verhalten zu stabilisieren und gesundheitliches Risikoverhalten im Sinne von Gesundheitsförderung zu reduzieren. Um diese Frage zu beantworten und später wirkungsvolle Interventionen einleiten zu können, ist es nötig, ein Verständnis dafür zu entwickeln, welche personalen, sozialen und strukturellen Faktoren das Gesundheitsverhalten steuern.

Erklärungsmodelle des Gesundheitsverhaltens

In den letzten Jahrzehnten wurden unterschiedliche Modelle zur Erklärung des Gesundheitsverhaltens entwickelt. Im Folgenden werden drei Public Health-relevante psychologische *Erklärungsmodelle des Gesundheitsverhaltens* näher vorgestellt. In diesem Zusammenhang sei auch auf das *Modell gesundheitsrelevanter Lebensstile* verwiesen (s. Kap. 4.4.3), das gesundheitsrelevantes Verhalten mit den vorhandenen gesundheitsbezogenen Orientierungen und sozialen Ressourcen in Verbindung setzt.

Transtheoretisches Modell: Das *Transtheoretische Modell* (TTM) wurde ursprünglich im Bereich der Raucherentwöhnung entwickelt, wird aber heute auch auf eine Vielzahl anderer Gesundheitsverhaltensweisen angewendet. Dieses Modell unterscheidet beim *Prozess der Verhaltensänderung* fünf Stadien bzw. Motivationsstufen (s. Box 4.4.1).

Entscheidend für das Verständnis dieses Modells ist es, dass es auf jeder dieser Motivationsstufen zu einem Rückschritt auf eine der vorangehenden Stufen kommen kann. Für unser Beispiel hieße dies: Acht Tage nachdem Frau B mit dem Rauchen aufgehört hat, erleidet sie einen Rückfall und raucht wieder eine Zigarette. Sie ist damit auf eine der vorangehenden Stufen zurückgefallen. Die fünf Stadien der Verhaltensänderung werden in Form einer Spirale dargestellt, auf der es für die betroffene Person Bewegungsmöglichkeiten sowohl in Richtung eines Fortschritts hin zu einer geplanten Verhaltensänderung als auch in Richtung eines Rückschritts gibt.

Verschiedene Strategien (*zehn Prozesse*, s. Internet-Ressourcen auf unserer Lehrbuch-Homepage) können betroffenen Personen nun dabei helfen, von einem Stadium ins nächste zu kommen. Das TTM besitzt damit eine hohe praktische Relevanz. Es ermöglicht, stadienspezifisch Zielgruppen zu identifizieren und für diese dann spezifisch abgestimmte Interventionen zu entwickeln. Frau B aus unserem Beispiel sollte also mit Hilfe einer für ihre Situation passenden Strategie darin unterstützt werden, dauerhaft mit dem Rauchen aufzuhören.

Theorie der Schutzmotivation: Die *Theorie der Schutzmotivation* (TSM) wurde entwickelt, um die Wirkung von abschreckenden Botschaften, so genannten Furchtappellen (*Fear Appeals*), auf das Gesundheitsverhalten zu untersuchen. Dieses Modell geht

Box 4.4.1: Das Transtheoretische Modell.

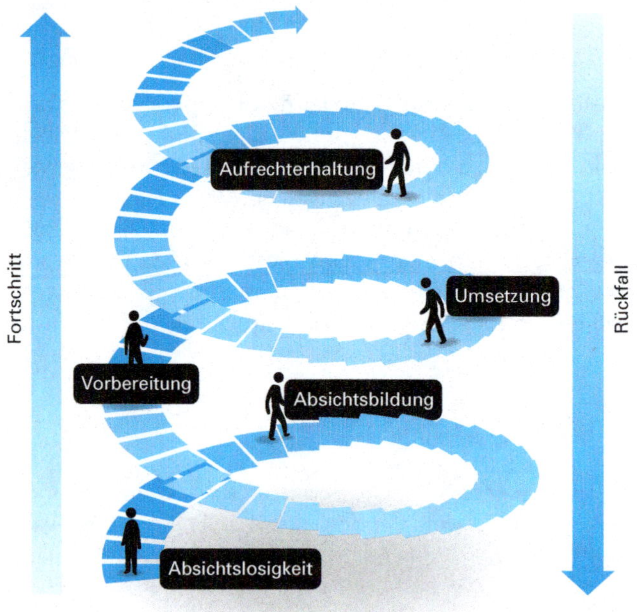

Das Transtheoretische Modell unterscheidet beim *Prozess der Verhaltensänderung* fünf Stadien, die hier am Beispiel der Raucherentwöhnung bei Frau B erläutert werden:

- **Absichtslosigkeit:** Frau B denkt nicht darüber nach, mit dem Rauchen aufzuhören.

- **Absichtsbildung:** Frau B überlegt, mit den Rauchen aufzuhören, hat aber noch keinen festen Vorsatz gefasst.

- **Vorbereitung:** Frau B hat sich fest vorgenommen, mit dem Rauchen aufzuhören. Sie versucht, ein paar Tage ohne Zigaretten auszukommen.

- **Umsetzung** oder Handlung: Frau B verzichtet ganz auf das Rauchen.

- **Aufrechterhaltung:** Das Nicht-Rauchen wird für Frau B zur Gewohnheit.

davon aus, dass gesundheitsrelevante Informationen, wie z. B. Warnhinweise auf Zigarettenpackungen, zwei Bewertungsprozesse in Gang setzen. Der Empfänger dieser Botschaft versucht zum einen den Grad der Bedrohung einzuschätzen, zum anderen beurteilt er die Möglichkeit der Bewältigung dieser Bedrohung. Abhängig vom Ergebnis dieser Einschätzungen wird er eine unterschiedlich starke Motivation zu protektivem Verhalten entwickeln („Schutzmotivation"). Bei der **Bedrohungseinschätzung** findet eine Kosten-Nutzen-Abwägung darüber statt, ob ein bestimmtes Gesundheitsverhalten (z. B. das Rauchen) begonnen, aufrechterhalten oder aufgegeben werden soll. Auf Seiten der Kosten wird der *Schweregrad der Bedrohung* bewertet, auf Seiten der Nutzen die erwarteten *Vorteile des Verhaltens*. Auch bei der **Bewältigungseinschätzung** findet eine Abwägung statt. Hier stehen auf der einen Seite *Handlungswirksamkeit* und *Selbstwirksamkeit*, auf der anderen Seite die *Handlungskosten* (s. Tab. 4.2). Mit dieser Theorie der Schutzmotivation wurde erstmals eine empirisch überprüfbare Modellvorstellung vom Wechselspiel der Risiko- und Ressourcenwahrnehmung bei der Entstehung von Gesundheitsmotivation entwickelt.

Tab. 4.2: Erläuterung der **Theorie der Schutzmotivation** am Beispiel von Warnhinweisen auf Zigarettenpackungen.

	Nutzen	Kosten
Bedrohungseinschätzung:	„Rauchen hilft mir, mit dem Stress besser fertig zu werden."	„Wie gefährdet bin ich, an Lungenkrebs zu erkranken?"
Bewältigungseinschätzung:		
• Handlungswirksamkeit	„Wenn ich mit dem Rauchen aufhören, kann ich dann mein Krebsrisiko verringern?"	„Wie anstrengend wäre es für mich, mit dem Rauchen aufzuhören?"
• Selbstwirksamkeit	„Würde ich es überhaupt schaffen, mit dem Rauchen aufzuhören?"	

Prozessmodell gesundheitlichen Handelns: Das *Prozessmodell gesundheitlichen Handelns (Health Action Process Approach, HAPA)* unterteilt den Vorgang, der zu einer Änderung des Gesundheitsverhaltens führen soll, in eine so genannte *präintentionale Motivationsphase*, die in der Formulierung spezifischer Verhaltensabsichten ihren Abschluss findet, und eine Phase, in der diese Verhaltensabsicht in tatsächliches Verhalten umgesetzt wird (*postintentionale Volitionsphase*[17]).

Die erste Phase der Verhaltensänderung wird von drei Faktoren geprägt:

• der Wahrnehmung von Gefährdungen bzw. Risiken (*Risikowahrnehmung*),

• der *Ergebniserwartungen* und

• der Überzeugung, das beabsichtigte Verhalten auch erfolgreich ausüben zu können (*Selbstwirksamkeit*).

Selbstwirksamkeit ist auch in der Umsetzungsphase von Bedeutung. Hinzu kommen aber auch noch die Faktoren der Handlungs- und Bewältigungsplanung. Im Verlauf der Handlungsplanung (*Action Planning*) werden einfache *Was-Wann-Wo-Pläne* erstellt. Bei der Bewältigungsplanung (*Coping Planning*) werden schließlich Strategien entwickelt, mit deren Hilfe innere oder äußere Verhaltensbarrieren umgangen werden können. Es ist das Verdienst des HAPA-Modells, das Augenmerk der Forschung auf den Umsetzungsprozess bei der Änderung von Gesundheitsverhalten gelenkt zu haben.

---

[17] *Volition*: Prozess der Realisierung von Absichten

Gesundheitsverhalten am Beispiel Bewegung

Die vorgestellten Gesundheitsverhaltensmodelle sind im Rahmen empirischer Studien mit Erfolg zur Erklärung von Bewegungs- und Ernährungsverhalten herangezogen worden. So sind z.B. Patienten, die während einer stationären Rehabilitation dazu aufgefordert werden, sich bezüglich ihres **Bewegungsverhaltens** detaillierte *Handlungspläne* („Welchen Sport werde ich zu Hause wann, wo und mit wem ausführen?") und *Bewältigungspläne* („Wie werde ich mit den zu erwartenden Handlungsbarrieren umgehen?") zurechtzulegen, nach der Klinikentlassung signifikant körperlich aktiver als die Patienten ohne eine solche Planungsintervention (s. Fallbeispiel in Web-Box 4.4.1 auf unserer Lehrbuch-Homepage).

In der Praxis erwiesen sich v.a. die Selbstwirksamkeitsüberzeugungen und Konsequenzerwartungen als kritische Punkte, z.B. bei der Motivation zur Sportteilnahme oder zum Wechsel auf eine gesündere Ernährungsweise. Es zeigte sich auch, dass für die Umsetzung dieser Motivation in konkretes Handeln bestimmte Fähigkeiten zur Selbststeuerung (*Volition*) eine zentrale Rolle spielen. Besonders wichtig sind in diesem Zusammenhang die Fähigkeit zur Entwicklung von realistischen Handlungsplänen (*Was-Wann-Wo-Pläne*) und Strategien zur Abschirmung der Pläne gegenüber möglichen Störeinflüssen (*Barrierenmanagement*). Vergleichende Interventionsstudien konnten inzwischen zeigen, dass das Gesundheitsverhalten durch die Beeinflussung solcher motivationaler und volitionaler Parameter entscheidend verändert werden kann.

Mittlerweile gibt es zahlreiche Bewegungsprogramme, z.B. auch zum Stressabbau (s. Kap. 4.4.2), die bei ihrer Umsetzung Erkenntnisse aus den vorgestellten Gesundheitsverhaltensmodellen berücksichtigen.

4.4.2 Stress und Stressbewältigung

Heinz Bolliger-Salzmann

Bei der Betrachtung des Gesundheitsverhaltens spielt das Thema *Stress* heute eine ganz besondere Rolle. Seine Bedeutung im Bereich der Gesundheitsförderung zeigt sich sowohl auf der individuellen als auch auf der gesellschaftlichen Ebene. Insbesondere in den industrialisierten Ländern hat die Komplexität der Lebenssituationen in den letzten Jahrzehnten erheblich zugenommen. Viele Menschen fühlen sich dadurch zunehmend belastet und immer häufiger auch überfordert. Ein solcher „negativer Stress" (Dis-Stress) kann langfristig krank machen.

Definition und Ursachen von Stress

Stress tritt dann auf, wenn es zu einem Missverhältnis zwischen den Anforderungen, die an eine Person gestellt werden, und den Möglichkeiten und Fähigkeiten dieser Person, die Anforderungen zu kontrollieren bzw. zu bewältigen (*Coping*) kommt. Als *Stressoren* oder Stressfaktoren bezeichnet man innere und äußere Reize, die auf den Menschen einwirken und eine Anpassungsreaktion von ihm erfordern. In einer Arztpraxis ist Stress z.B. sowohl auf Seiten der PatientInnen als auch auf Seiten der ÄrztInnen zu finden. So kann die Ungewissheit über den eigenen Krankheitsverlauf bei einem Patienten situativ bedingten Stress auslösen, während bei vielen ÄrztInnen Stress z.B. durch das Überbringen einer sehr ungünstigen Prognose hervorgerufen wird. Äußere

Stressoren können physikalischer (z. B. Lärm) oder sozialer Art sein (z. B. Probleme in der Beziehung), auch Überforderung und Zeitdruck gehören dazu. Persönlichkeitsbedingte Stresssituationen entstehen häufig bei Menschen, die über ungenügende Problemlösungskompetenzen verfügen, die perfektionistisch sind oder denen ein starkes Kontrollbedürfnis eigen ist. Ob bei einem Menschen jedoch letztendlich Stress entsteht, hängt entscheidend von der individuellen Bewertung durch den Betroffenen selbst ab. Eine Situation erzeugt insbesondere dann Stress, wenn sich ein Mensch dem hilflos ausgeliefert fühlt, wenn er keine Möglichkeit für sich sieht, etwas daran zu ändern.

Stress ist nicht an sich schlecht, im Gegenteil: Eine gemeisterte Herausforderung wie z. B. eine bestandene Prüfung oder eine sportliche Leistung sind Erfolgserlebnisse, die Menschen motivieren und beflügeln. Solche Gegebenheiten (*Daily Uplifts*) lösen so genannten positiven Stress (*Eu-Stress*) aus, der für das psychische Wohlbefinden äußerst wünschenswert ist. Die ihn hervorrufenden Stressoren wirken im Allgemeinen nur kurz. Stress wird erst dann zum gesundheitlichen Problem, wenn es sich um chronifizierten *Dis-Stress* handelt. In einem hektischen Alltag kann es hierzu jedoch recht schnell kommen, da sich die Wirkungen der zahlreichen Mikrostressoren (*Daily Hassels,* s. dazu auch den Web-Cartoon 4.4.1 „Stresstest" auf unserer Lehrbuch-Homepage) aufsummieren.

Das transaktionale Stressmodell

Dieses Modell beschreibt Stresssituationen als komplexe Wechselwirkungsprozesse zwischen den Anforderungen einer Situation und der darin handelnden Person. Die betroffenen Personen nehmen dabei zwei kognitive Einschätzungen eines Stresszustandes vor. In einer primären Einschätzung bewerten sie die Situation („Umweltvariablen"). In der sekundären Einschätzung werden dann die persönlichen Bewältigungsmöglichkeiten bewertet („Personenvariablen"; s. Abb. 4.4).

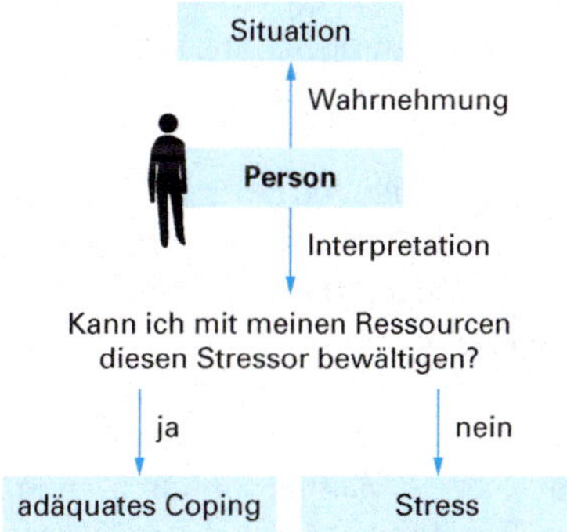

Abb. 4.4: Stark vereinfachtes Modell der transaktionalen Stressreaktion.

Da sich bei diesem Prozess eine denkende, fühlende und handelnde Person in einer sich verändernden Situation befindet, wird der Vorgang als „Transaktion" bezeichnet. Die Person-Umwelt-Beziehung wird von der betroffenen Person dabei als herausfordernd, bedrohlich oder schädigend erlebt. Zur Überwindung von Problemsituationen stehen ihr jetzt grundsätzlich zwei Möglichkeiten offen:

- Verfügt die Person über keine oder nur ungenügende *Ressourcen* (s. Kap. 4.1), gerät sie in Stress.

- Stehen ihr dagegen Möglichkeiten der Stressbewältigung zur Verfügung (*adäquates Coping*), kann dies auf verschiedene Weise geschehen. Je nach Art der vorhandenen Ressourcen bezeichnet man das dann angewandte Coping als problemorientiert, emotionsregulierend oder bewertungsorientiert.

Kosten von Stress

Welche Bedeutung Stress in volkswirtschaftlicher Hinsicht haben kann, zeigt eine 2003 veröffentlichte Studie des *Schweizerischen Staatssekretariats für Wirtschaft* (SECO), in der die stressbedingten Kosten am Arbeitsplatz für die Schweiz mit ca. 4,2 Mrd. CHF (medizinische Kosten: ca. 1,4 Mrd. CHF, Selbstmedikation gegen Stress: 348 Mio. CHF, Kosten im Zusammenhang mit Fehlzeiten und Produktionsausfall: 2,4 Mrd. CHF) angegeben wurden. Dies entsprach zum damaligen Zeitpunkt 1,2 % des schweizerischen Bruttoinlandproduktes. In der EU geht man davon aus, dass dort stressbedingte Kosten am Arbeitsplatz in Höhe von 5 bis 10 % des Bruttosozialproduktes entstehen (vgl. auch Kap. 6.3.1).

Nach Angaben der *Deutschen Rentenversicherung* (2006) stehen in Deutschland psychische Erkrankungen – meist als Folge von Stress – mit über 30 % an der Spitze der Ursachen für eine Frühberentung. Gesundheitsökonomisch relevant ist zudem, dass heute nahezu die Hälfte aller Krankheiten und somit auch ein erheblicher Teil der Krankheitskosten mit Stress in Zusammenhang gebracht werden können.

Umgang mit Stress

Die Web-Tab. 4.4.1 auf unserer Lehrbuch-Homepage zeigt Beispiele für Situationen, in denen Menschen unterschiedlichen Lebensalters mit positivem Stress (*Eu-Stress*) und negativem Stress (*Dis-Stress*) konfrontiert sind. Sie machen deutlich, dass Anspannung und Stress zu unserem Leben gehören.

Natürlich ist es sinnvoll, pathogenem Stress vorzubeugen. Wenn Stress jedoch nicht vermeidbar ist, dann ist ein regelmäßiger Ausgleich wichtig, um Gesundheitsgefahren erst gar nicht entstehen zu lassen. Insbesondere für Berufstätige in Gesundheitsberufen, die oft auch als Vorbild gesehen werden, ist ein adäquater Umgang mit Stress von großer Bedeutung. Dieser adäquate Umgang ist lernbar. Die dazu nötige Grundgelassenheit im Alltag kann man sich mit einer entsprechenden Technik aneignen.

Die meisten Menschen wenden stressreduzierende Maßnahmen in akuten Stresssituationen unbewusst an oder führen Alltagsaktivitäten aus, die beim Stressabbau behilflich sein können, ohne diese konkret zu planen (s. Web-Box 4.4.2 auf unserer Lehrbuch-Homepage). Regelmäßige Entspannung kann so zu einer Steigerung des Wohlbefindens und damit auch der Lebensqualität führen. Die beiden letzten Beispiele der Aufzählung (eine Zigarette rauchen/ein Glas Wein trinken) zeigen jedoch, dass es Entspannungsmethoden gibt, die sich bei fortgesetzter Anwendung negativ auch auf die Gesundheit auswirken können.

Beispiele für sog. *systematische Methoden zur Stressreduktion* sind:

- Psychotherapeutische und/oder medizinische Begleitung
- Professionelles Coaching durch eine Fachperson
- Mentale Methoden (z. B. Alpha-Relaxing, BodyScan)
- Fernöstliche Methoden (z. B. Yoga, Tai Chi, Qi Gong)
- Körperbetonte Methoden (z. B. Progressive Muskelrelaxation)
- Suggestive Methoden (Autogenes Training)
- Psychoedukative Methoden (Biofeedback)
- Programme, wie z. B. das Stressimpfungstraining (SIT) nach Meichenbaum

Die Evidenzen für die Wirksamkeit der hier genannten Methoden sind unterschiedlich. Empirische Befunde legen aber nahe, dass sie dann wirksam sein können, wenn sie regelmäßig über einen gewissen Zeitraum und unter professioneller – psychotherapeutischer oder auch ärztlicher – Begleitung durchgeführt werden.

4.4.3 Gesundheitsrelevante Lebensstile

Thomas Abel

Stress, Zigarettenrauchen, Alkohol- und Medikamentenkonsum, die Art der Ernährung, das Maß an körperlicher Aktivität, das Sexualverhalten und vieles andere mehr beeinflussen in hohem Maße die Wahrscheinlichkeit eines Menschen, gesund zu sein. Für die meisten Industriestaaten ist inzwischen die wachsende Bedeutung solcher Verhaltenseinflüsse auf die individuelle und kollektive Gesundheit nachgewiesen. Gesundheitsrelevante Verhaltensweisen sind unmittelbar mit dem sozialen Kontext der Menschen verbunden. Je nach der sozialen Lage und dem Milieu, in denen sich ein Mensch befindet, stehen ihm dazu jedoch unterschiedliche Wahlmöglichkeiten zur Verfügung. Zwar sind die Muster der Lebensführung vom Einzelnen selbst gewählt worden, was aber tatsächlich gewählt werden kann, ist immer von den vorhandenen Ressourcen (s. Kap. 4.1) abhängig und wird von den Normen und Werten, die in den jeweiligen Bezugsgruppen vorherrschen, strukturiert. Dieses Zusammenspiel aus den vorhandenen strukturellen Bedingungen und der Auswahl durch den Menschen wird durch das Konzept des gesundheitsrelevanten Lebensstils verdeutlicht: *Gesundheitsrelevante Lebensstile* definieren wir als zeitlich relativ stabile typische Muster von gesundheitsrelevanten Verhaltensweisen, intrapersonellen und sozialen Ressourcen, welche von Individuen und Gruppen in Auseinandersetzung mit ihren sozialen, kulturellen und materiellen Lebensbedingungen entwickelt werden (Abb. 4.5).

Lebensstile unterstützen die Menschen bei verschiedenen Aufgaben im Rahmen ihrer Lebensgestaltung und Lebensbewältigung. Passend aufeinander abgestimmte Muster der Lebensführung können – oftmals unbewusst – die Identität des Einzelnen und das Gefühl der Zugehörigkeit zu bestimmten Gruppen stärken. Zudem können sie im Alltag hilfreiche Zeitstrukturen bilden sowie Entscheidungen des Alltags (z. B. Konsumentscheidungen) vorstrukturieren und erleichtern.

Für die Arbeit im Rahmen von Public Health ist das Konzept der Lebensstile besonders interessant, weil es hilft, gesundheitsrelevantes Verhalten in seiner sozialen Einbin-

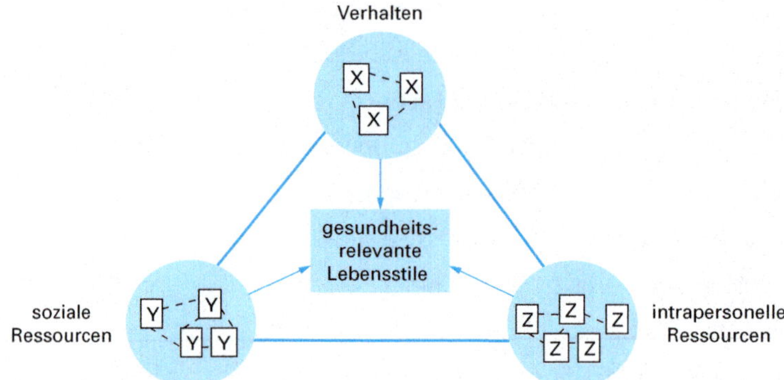

Abb. 4.5: Die drei Bereiche *Verhalten, intrapersonelle* und *soziale Ressourcen* sind konstituierende Dimension des Lebensstils. Sie stehen miteinander in Wechselwirkung und bilden sowohl in sich als auch untereinander ein aufeinander abgestimmtes, dynamisches Muster.

X: Verhaltensweisen wie Rauchen, körperliche Aktivität etc.
Y: Soziale Ressourcen wie gemeinschaftliche Unterstützung, Quartierangebote etc.
Z: Intrapersonelle Ressourcen wie Einstellungen, Gesundheitskompetenz etc.

dung zu verstehen. Dabei liefert es gleichzeitig wichtige Ansatzpunkte für Interventionen. Wenn risikoreiche Verhaltensweisen im Zusammenhang mit sozial geprägten Einstellungsmustern, den zur Verfügung stehenden Ressourcen sowie den Ansprüchen des Alltags verstanden werden, dann können sich Empfehlungen nicht einfach auf die Aufforderung zur Verhaltensumstellung beschränken. Zum Beispiel werden die Chancen für Interventionserfolge bei einer Gruppe von jungen Männern mit Risikoverhaltensweisen dann größer, wenn zusätzlich Verhältnisprävention betrieben wird, die es den Jugendlichen erleichtert, ihr Verhalten zu verändern. Folgendes Zitat des amerikanischen Public Health-Wissenschaftlers S. Leonard Syme verdeutlicht dies:

> „We tend to study risk factors in individuals and we tend to focus interventions on **individual behavior**. The problem with this approach is that even if these interventions were completely successful, new people would continue to enter the at-risk population at an unaffected rate since we have done nothing to influence **those forces in the community** that caused the problem in the first place."

4.4.4 Gesundheitskompetenz

Thomas Abel

Zur Umsetzung von Lebensstiländerungen, d. h. Änderungen im Bereich des Verhaltens, der intrapersonellen und/oder sozialen Ressourcen, braucht es bestimmte Bedingungen im sozialen Kontext der Menschen. Zugleich bedarf es spezifischer individueller Kompetenzen der Menschen, damit diese ihre Verhaltensmuster und andere Aspekte ihres Lebensstils in einem gesundheitsförderlichen Sinne gestalten können. Hierzu gehören vor allem das Wissen und die Fähigkeiten im Umgang mit dem eigenen Körper, mit Gesundheit und Krankheit ebenso wie mit den gesundheitsprägenden sozialen Lebensbedingungen (s. a. soziale Determinanten, Kap. 4.1). Der hierfür heute zunehmend verwendete Begriff der **Gesundheitskompetenz** (*Health Literacy*) umfasst in einem weiteren Sinn die individuellen Fähigkeiten, förderlich mit Gesundheit umzugehen. Dazu gehören ein Basisverständnis dessen, was die Gesundheit positiv oder negative beeinflusst sowie die Fähigkeit, Gesundheitsinformationen zu verstehen und sich im Versorgungswesen zurechtzufinden. Neben dem alltagspraktischen Wissen gehört zur Gesundheitskompetenz auch spezialisiertes Wissen, z. B. über individuelle und kollektive Gesundheitsrisiken, über den Umgang mit chronischen Einschränkungen oder zu spezifischen eigenen Erkrankungen bzw. Erkrankungen von Angehörigen.

In Hinblick auf ihre unterschiedlichen Anwendungen können drei **Formen von Gesundheitskompetenz** unterschieden werden:

- *Funktionale Form*: Hierzu gehören Grundfertigkeiten im Lesen und Schreiben, die im Umgang mit Gesundheit wichtig sind (z. B. das Verstehen von gesundheitsrelevanten Informationen).

- *Interaktive Form*: Dies sind zusätzliche kognitive und soziale Fertigkeiten, die zum Austausch von gesundheitsrelevanten Informationen und für praktische Hilfen nötig bzw. von Nutzen sind. Dazu gehören insbesondere die Beschaffung und der Austausch von Informationen sowie die Umsetzung der gewonnenen Informationen in den Lebensalltag. Beispiele: Das Sammeln von Informationen zu gesundheitsförderlichen Themen im sozialen Umfeld oder das Aneignen von spezifischerem Wissen zur eigenen Erkrankung im Gespräch mit der Ärztin.

- *Kritische Form*: Diese fortgeschrittenen kognitiven und sozialen Fertigkeiten ermöglichen es, gesundheitsrelevante Informationen kritisch zu analysieren, sodass sie im Sinne einer verbesserten Lebensbewältigung optimal genutzt werden können. Es beinhaltet auch die kritische Auseinandersetzung mit Empfehlungen für eine gesunde Lebensführung (z. B. die kritische Nachfrage beim Arzt oder die aufmerksame, differenzierte Betrachtung von Gesundheitsinformationen aus dem Internet).

Diese Kompetenzen werden primär über Kultur, Bildung und Erziehung erlernt und weitergegeben, aber auch über Austauschprozesse in spezifischen Situationen (z. B. im Arzt-Patient-Gespräch). Gesundheitskompetenz ist somit ein integrierter Bestandteil unserer kulturbasierten Ressourcen. Erwerb und Nutzung dieser Ressourcen werden stark durch den jeweiligen sozialen Hintergrund und die schichtenspezifische Lage eines Menschen geprägt. Eine gute Gesundheitskompetenz ermöglicht es einem Patienten, sich im oftmals komplexen Gesundheitssystem zurechtzufinden, die Angebote des Gesundheitsversorgungssystems zu nutzen sowie präventive und therapeutische Empfehlungen umzusetzen. Im Alltag der Menschen wirkt sich eine gute Gesundheitskompetenz primär als individuelle Ressource aus, die dazu beitragen kann, dass Menschen mehr Kontrolle über ihre Gesundheit und über gesundheitsbeeinflussende Faktoren (Gesundheitsdeterminanten, s. Kap. 4.1) erlangen. Im Idealfall führt eine verbesserte Gesundheitskompetenz sowohl zu einem individuellen Gesundheitsgewinn als auch zu besseren Rahmenbedingungen für die Gesundheit. Dabei ist es jedoch wichtig, Gesundheitskompetenz immer wieder zu fördern, da sich die Anforderungen an die Bevölkerung – insbesondere an PatientInnen – in einem sich schnell verändernden Gesundheitswesen laufend erhöhen. Beispiele für solche sich verändernden Anforderungen sind der Zugang zu Gesundheitsinformationen aus dem Internet oder die Unübersichtlichkeit im Bereich des Krankenversicherungsmarktes.

Internet-Ressourcen

Auf unserer Lehrbuch-Homepage (**www.public-health-kompakt.de**) finden Sie Hinweise auf weiterführende Literatur sowie Links zu themenrelevanten Studien und Institutionen.

4.5 Screening

Matthias Egger, Marcel Zwahlen, Angela Raffle

Die Idee ist bestechend: Im Rahmen von *Vorsorgeuntersuchungen* wird bei Personen, die sich gesund fühlen festgestellt, ob ein frühes Stadium einer Erkrankung vorliegt. Der Krankheitsverlauf wird darauf durch die frühzeitig einsetzende Therapie günstig beeinflusst, sodass Komplikationen verhindert und die Sterblichkeit gesenkt werden. Ein solches *Screening* ist mehr als nur die Durchführung einer Vorsorgeuntersuchung. Es umfasst eine ganze Versorgungskette und sollte im Rahmen eines organisierten und evaluierten *Screening-Programms* stattfinden.

In diesem Abschnitt geben wir zuerst einem kurzen geschichtlichen Überblick und definieren dann den Begriff „Screening". Anschließend betrachten wir die Auswirkungen des Screenings und gehen auf mögliche Fallstricke bei der Evaluation von Screening-Programmen ein. Dabei zeigt sich, dass Screening nicht nur mit einem Nutzen, sondern immer auch mit unerwünschten Auswirkungen verbunden ist. Zum Schluss geben wir eine Übersicht über die in der Schweiz und in Deutschland durchgeführten Screening-Programme.

Schweizerische Lernziele: CPH 10–12

Die Idee, mit Hilfe von regelmäßigen Untersuchungen den Gesundheitszustand der Bevölkerung zu verbessern, entstand im 19. Jahrhundert. 1861 empfahl Dr. Horas Dobelle vom *London Royal Hospital for Chest Diseases*, dass Ärzte in bestimmten Abständen Untersuchungen bei ihren PatientInnen durchführen sollten, unabhängig davon, ob sie krank sind oder nicht. Diese Idee wurde in der Folgezeit in den USA von Lebensversicherungen und Arbeitgebern aus finanziellen Motiven aufgegriffen und von der Ärzteschaft gefördert. In Europa stand bei den Befürwortern solcher regelmäßigen Untersuchungen die Wehrdienst-Tauglichkeit von jungen Männern im Vordergrund. Die Untersuchungen waren anfangs unspezifisch. Zu Beginn führte man nur klinische Untersuchungen durch, später kamen Röntgenbilder der Lungen, Lungenfunktionstests, Elektrokarkardiogramme (EKG) sowie Bluttests und Tests auf okkultes Blut im Stuhl hinzu.

In den 1960er Jahren gerieten diese Untersuchungen dann zunehmend ins Kreuzfeuer der Kritik, da zwei große, randomisierte Studien (die *Kaiser Permanente-Studie* 1964 in den USA und die *South East London-Studie* 1967 in England) keinen Nutzen zeigen konnten. Die Gesamtsterblichkeit in der Gruppe der regelmäßig untersuchten Personen unterschied sich nicht signifikant von der Gesamtsterblichkeit in der Gruppe der nicht regelmäßig Untersuchten. Heute wird allgemein akzeptiert, dass Vorsorgeuntersuchungen und Screening-Programme umfassend evaluiert werden müssen, bevor sie eingeführt werden. Man hat inzwischen auch international akzeptierte Qualitätsstandards für

Screening-Programme definiert. Darüber hinaus gibt es heute Richtlinien zur Information der zu untersuchenden Personen.

Die Durchführung von Vorsorgeuntersuchungen und Screening-Programmen wird aber immer noch kontrovers diskutiert. Aus Public Health-Sicht muss stets der Gesamtnutzen der Intervention im Vordergrund stehen. Dies kollidiert oft mit der individuellen Sichtweise, die den echten oder vermeintlichen Nutzen für den Einzelnen betont. Public-Health-Fachleute unterstreichen zu Recht, dass alle Screening-Programme auch unerwünschte Auswirkungen haben und Schaden verursachen (s. Kap. 4.5.3). Die meisten Programme haben darüber hinaus einen Nutzen, und bei einigen Programmen steht der Nutzen auch in einem vernünftigen Verhältnis zu den Kosten. Wichtige Herausforderungen bei der Durchführung von Screening-Programmen sind derzeit in vielen Ländern die Dezentralisierung der Gesundheitsversorgung sowie Konflikte im Zusammenhang mit ihrer Finanzierung. Diskussionen gibt es auch um Nutzen und Risiken genetischer Tests, die zunehmend auf den Markt drängen (s. Kap. 1.7).

4.5.1 Was ist Screening?

Der Begriff „Screening" wird oft unterschiedlich verwendet, so z. B. für eine Vorsorgeuntersuchung in einer Arztpraxis, die einer Patientin im Rahmen eines Arztbesuches angeboten wird. Dies bezeichnet man auch als **opportunistisches Screening** (*Case finding*). Im Bereich Public Health verwendet man den Begriff „Screening" für ein evidienzbasiertes **Screening-Programm** mit rigorosen Qualitätsstandards, das viel mehr umfasst als nur die Durchführung von Tests. Nach unserer Definition ist Screening ein Programm, das zum Ziel hat, das Risiko einer zukünftigen Gesundheitsbeeinträchtigung zu reduzieren (Box 4.5.1).

Box 4.5.1: Screening-Definition.

Die **Screening-Definition** nach Raffle und Gray (2007) umfasst die Dimensionen *Person*, *Ziel* und *Programm*:

- Bei einem Screening werden Personen getestet, die die Symptome einer gesuchten Krankheit entweder nicht haben oder sich ihrer nicht bewusst sind. Die Personen betrachten sich als von der Krankheit nicht betroffen.

- Das Ziel des Screenings besteht darin, das Risiko einer zukünftigen Gesundheitsbeeinträchtigung durch die gesuchte Krankheit zu reduzieren.

- Unter Screening versteht man nicht einfach nur einen Test, sondern ein Programm, das alle notwendigen Schritte beinhaltet, um die angestrebte Risikoreduktion zu erreichen.

Vom Screening zu unterscheiden sind andere Untersuchungen, die an Gesunden durchgeführt werden, wie z. B. Einstellungsuntersuchungen, Untersuchungen bei Abschluss einer Lebensversicherung oder Untersuchungen zur Abschätzung des Risikos vor einer Vollnarkose. Auch Untersuchungen im Rahmen von epidemiologischen Studien sowie so genannte Umgebungsuntersuchungen (d. h. Untersuchungen, die im Zusammenhang mit der Kontrolle von Infektionskrankheiten wie Meningitis oder Tuberkulose durchgeführt werden, s. Kap. 8.2.3), sind weitere Beispiele von Tests an Gesunden, die nach

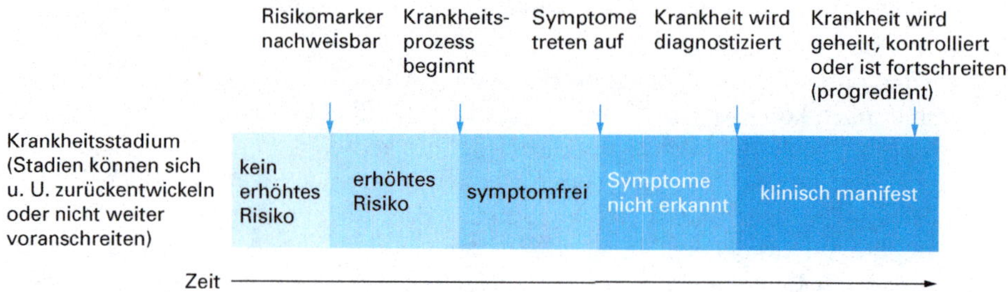

Abb. 4.6: Die verschiedenen Stadien auf dem Weg zu einer klinisch manifesten Erkrankung (Quelle: modifiziert nach Raffle A, Gray JAM. Screening. Verlag Hans Huber, 2009).

unserer Definition nicht einem Screening entsprechen. Screening zielt darauf ab, Personen mit einem erhöhten Risiko oder im Frühstadium einer bestimmten Erkrankung vor dem Auftreten von klinischen Symptomen zu identifizieren und das erhöhte Risiko durch geeignete Maßnahmen zu senken. Abb. 4.6 zeigt die möglichen Ansatzpunkte für ein Screening auf dem Weg zu einer klinisch manifesten Erkrankung.

Voraussetzung für ein sinnvolles Screening ist somit ein geeigneter *Marker*[18] für ein erhöhtes Risiko und/oder eine klar definierte, pathologische Veränderung, die ohne Symptome auftritt, jedoch nachweisbar ist. Bereits 1968 wurde in einem Bericht der WHO das Vorhandensein einer *latenten Phase* im Verlauf der untersuchten Erkrankung als eines von 10 Prinzipien für ein sinnvolles Screening definiert. Die vollständige Liste dieser noch heute gültigen 10 Prinzipien zeigt Box 4.5.2.

Box 4.5.2: Zehn Prinzipien für ein sinnvolles Screening.

Zehn Prinzipien für ein sinnvolles Screening (nach Wilson und Jungner, 1968):

1. Die Krankheit stellt ein wichtiges Problem dar.

2. Es existiert eine akzeptierte Therapie.

3. Die Infrastruktur für Diagnosestellung und Therapie ist bereits vorhanden.

4. Zu Beginn der Erkrankung gibt es eine latente Phase ohne erkennbare Symptome, in der die Vorstufe der Krankheit jedoch erkannt werden kann.

5. Es existiert eine geeignete Untersuchungsmethode oder ein Testverfahren.

6. Die Untersuchung oder der Test sind in der Bevölkerung akzeptiert.

7. Der natürliche Krankheitsverlauf ist bekannt, insbesondere die Phase zwischen latenter und manifester Erkrankung.

8. Es besteht grundsätzliche Übereinstimmung darin, wer behandelt werden soll.

9. Die entstehenden Kosten (einschließlich der Kosten für Diagnosestellung und Therapie) stehen in einem angemessenen Verhältnis zu anderen Ausgaben im Gesundheitswesen.

10. Screening ist keine einmalige Maßnahme, sondern ein fortlaufender Prozess.

---

[18] *Marker* = Indikatoren, die auf einen biologischen Zustand hindeuten

Die Prinzipien unterstreichen, wie wichtig ein fundiertes Verständnis des natürlichen Krankheitsverlaufs ist, heben die Bedeutung der notwenigen Infrastruktur für Diagnosestellung und Therapie hervor und weisen auf die Notwendigkeit von allgemein akzeptierten Behandlungsgrundsätzen im Rahmen eines Screening-Programms hin.

4.5.2 Aussieben und aussortieren: Was Screening bewirkt

Der Screening-Prozess verläuft grundsätzlich in vier Schritten:

1. Auswahl und Kontaktaufnahme mit der zu untersuchenden Bevölkerungsgruppe
2. Anwendung des Screeningtests
3. Diagnostische Phase bei Personen mit positivem Screeningtest oder von der Norm abweichenden Testresultaten
4. Therapie der Personen mit bestätigtem pathologischem Befund

Man kann diesen Prozess mit der Suche nach Gold im Sediment eines Flusses vergleichen. Dabei werden während eines Siebgangs die feinen Partikel von den größeren getrennt. Im Sieb verbleiben die größeren Goldstücke ebenso wie die größeren Steine. Kein Sieb ist perfekt: Manchmal sind die Löcher des Siebes zu groß, so dass kleine Goldstücke unerfasst bleiben, manchmal sind sie zu klein und kleinere Steine bleiben hängen. Dasselbe trifft für das Screening zu. Je nach der Güte des Screening-Tests (*Sensitivität* und *Spezifität*, s. Kap. 2.3.7) wird ein unterschiedlich hoher Prozentsatz an Personen mit einem erhöhten Risiko oder in einem Frühstadium der Erkrankung nicht erfasst (*falsch negatives Resultat*). Andererseits muss bei Personen mit positivem Screening-Test weiter abgeklärt werden, ob tatsächlich ein erhöhtes Risiko oder ein Frühstadium der Krankheit vorliegt. Bei einigen dieser Personen wird es sich um ein *falsch positives Resultat* handeln, wenn tatsächlich kein erhöhtes Risiko oder kein Frühstadium der Erkrankung vorliegt.

Abb. 4.7 zeigt oben in einem Flussdiagramm den Verlauf eines Screening-Prozesses. Man erfährt, was mit den aus einer geeigneten Population ausgesiebten Personen geschieht, deren Resultat positiv, negativ oder unklar war. Zu beachten ist dabei, dass die Krankheit in den folgenden Jahren auch bei Personen mit korrekten negativen Testresultaten auftreten kann. Für PatientInnen mit pathologischem Befund gibt es vier mögliche Therapieergebnisse (Abb. 4.7, unten). Je mehr Personen aufgrund der früheren Diagnosestellung und Therapie ein besseres Ergebnis haben (also in Gruppe 1 zu finden sind), desto eher wird das Programm mehr Gutes tun als Schaden anrichten. Die Therapieergebnisse können jedoch bei einigen PatientInnen auch gut sein, ohne dass sie von der früheren Diagnosestellung beeinflusst wurden. Weiterhin ist es möglich, dass die Therapie unnötig war, weil sich die früh entdeckten Veränderungen ohne Therapie zurückgebildet hätten oder weil es sich um eine schlafende, latente Erkrankung handelte.

Die sog. Scheinkrankheit (*Inconsequential disease*, *Latent disease* oder *Pseudodisease*) ist ein Problem des Screenings, das erst in den letzten Jahren in seiner Bedeutung erkannt wurde. Beim **Mammografie-Screening** kommt es in Form des *duktalen Karzinoms in situ* (*Ductal Carcinoma in Situ*, DCIS) vor. Die Histologie entspricht hier zwar der eines Karzinoms (s. Web-Abb. 4.5.1 auf unserer Lehrbuch-Homepage), das DCIS dringt jedoch in der Mehrzahl der Fälle nicht invasiv in das umgebende Gewebe ein, sodass eine Therapie nicht immer nötig wäre. Da aber im Einzelfall nicht vorausgesagt werden kann, bei welchen Patientinnen das DCIS nicht-invasiv bleibt, werden in der Regel alle Patientinnen

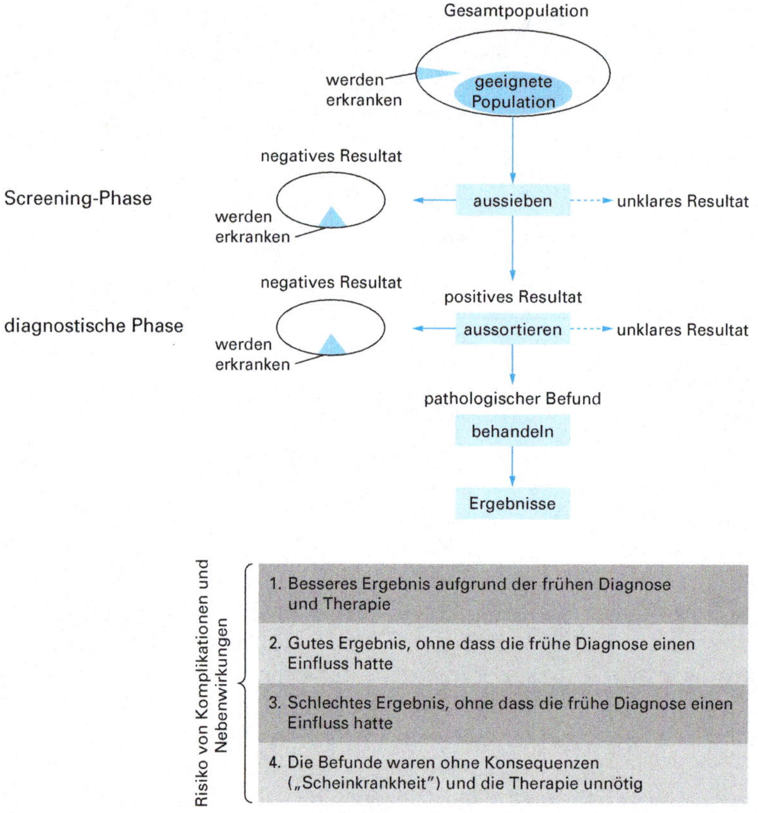

Abb. 4.7: oben: Flussdiagramm des Screening-Prozesses. Die vom Screening nicht erfassten Fälle und Fälle mit unklaren Resultaten sind Teil der Screening-Realität; unten: Mögliche Therapieergebnisse bei PatientInnen mit pathologischen Befunden, die durch ein Screening entdeckt wurden. Von Nutzen ist das Screening nur für die PatientInnen in der ersten Gruppe. Für die PatientInnen der vierten Gruppe war die Therapie unnötig. In allen Gruppen besteht das Risiko von Komplikationen und Nebenwirkungen (Quelle: modifiziert nach Raffle A, Gray JAM. Screening. Verlag Hans Huber, 2009).

behandelt – ein großer Teil unnötigerweise. Eine ähnliche Situation liegt beim **Prostatakarzinom-Screening** mittels *prostataspezifischem Antigen* (PSA) vor (Box 4.5.3).

Screening-Programme sollten eine möglichst hohe *Sensitivität* bei gleichzeitig hoher *Spezifität* erreichen. Dies führt jedoch zu einem Zielkonflikt (*Trade off*). Hohe Sensitivität bedeutet, dass so viele Fälle wie möglich erfasst werden. Es bedeutet meistens aber auch, dass damit sowohl viele falsch positive Resultate wie auch sog. Scheinkrankheiten zu verzeichnen sind, was in der Folge zu Überbehandlungen führt. Andererseits bedeutet eine hohe Spezifität, dass viele Personen ohne Erkrankung korrekt negativ klassifiziert werden. Eine hohe Spezifität führt zu weniger falsch positiven Resultaten, weniger sog. Scheinkrankheiten und weniger Überbehandlung. Dieses Ergebnis geht jedoch mit einem höheren Anteil an falsch negativen Resultaten einher. Einige Personen werden trotz der Teilnahme am Screening-Programm erkranken und vielleicht sogar an

Box 4.5.3: Überdiagnose: PSA-Screening.

Der *Prostate, Lung, Colorectal, and Ovarian Cancer Screening Trial* untersuchte in den USA, ob sich die Mortalität dieser Karzinome mit Hilfe von Screening-Tests senken lässt. Beim PSA-Screening[19] wurden 76.693 Männer zufällig entweder der Screening-Gruppe oder der Kontroll-Gruppe zugeordnet. Den Männern in der Screening-Gruppe wurden jährliche PSA-Tests und Tastuntersuchungen der Prostata über den Enddarm (*digitale rektale Untersuchungen*) angeboten, was 80–90 % der Männer akzeptierten.

Abb. a zeigt, dass die Diagnosestellung durch das Screening im Durchschnitt etwa um 2 Jahre vorverschoben wurde. Man hätte allerdings erwartet, dass sich die Inzidenzkurve der Screening-Gruppe im Laufe der Zeit wieder derjenigen der Kontroll-Gruppe annähert, sodass dann in beiden Gruppen insgesamt gleich viele Fälle diagnostiziert würden. In der Screening-Gruppe blieb die Inzidenz jedoch über Jahre erhöht. Der Grund hierfür ist das Phänomen der **Überdiagnose** – man geht davon aus, dass ein Teil der diagnostizierten Tumore nie klinisch manifest geworden wären. In derselben Zeit war die Sterblichkeit in beiden Gruppen vergleichbar (Abb. b).

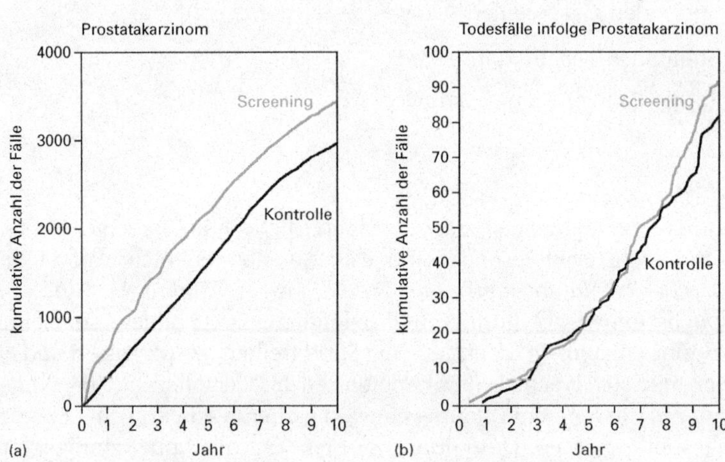

Eine *europäische Multicenter-Studie* fand ebenfalls eine deutlich erhöhte Inzidenzrate in der Screening-Gruppe sowie eine statistisch knapp signifikante Abnahme der Sterblichkeit. Auch in der *Göteborg Studie* war das Problem der Überdiagnose ausgeprägt, die Reduktion der Sterblichkeit war hier jedoch größer, insbesondere mehr als 10 Jahre nach der Randomisierung.

Aufgrund der Resultate dieser und ähnlicher Studien wird das PSA-Screening in Deutschland und der Schweiz sowie in vielen anderen Ländern nicht empfohlen. In der Praxis wird der Test trotzdem häufig durchgeführt. Die Evidenz wird jedoch kontrovers beurteilt (s. dazu Web-Box 4.5.2 auf unserer Lehrbuch-Homepage).

Quellen: Andriole et al. Mortality Results from a Randomized Prostate-Cancer Screening Trial. N Engl J Med 2009; 360: 1310–9; Schröder et al. Screening and Prostate-Cancer Mortality in a Randomized European Study. N Engl J Med 2009; 360: 1320–8. Hugosson et al. Mortality results from the Göteborg randomized population-based prostate-cancer screening study. Lancet Oncol 2010; 11: 725–32.

der Erkrankung sterben. Diese Fälle sind für die Bevölkerung und die Politik schwer zu akzeptieren. Screening-Programme bemühen sich daher meist um eine hohe Sensitivität und nehmen dafür eine geringere Spezifität in Kauf. Während die falsch negativen, vom Screening nicht erfassten Fälle sichtbar sind und auch nicht selten in den Medien thematisiert werden, werden Überdiagnose und Überbehandlung vom Einzelnen nicht wahrgenommen. Jede Person, die durch das Screening diagnostiziert und erfolgreich behandelt wurde, glaubt, dass ihr mit dem Screening geholfen wurde. Welche Erfolge auch ohne Screening eingetreten und welche Behandlungen gar nicht nötig gewesen wären, ist nachträglich leider nicht herauszufinden.

4.5.3 Evaluation und ihre Fallstricke

Die zuverlässige Beurteilung der Wirksamkeit von Screening-Programmen wird durch drei wichtige systematische Fehler (*Bias*, s. Kap. 2.1.8) erschwert, die zu systematischen Unterschieden zwischen der gescreenten und der nicht gescreenten Bevölkerung führen:

- der Effekt des gesunden Gescreenten (*Healthy Screenee Effect*)

- der Effekt der Zeitdauer (*Length Time Effect*)

- der Effekt der Vorlaufzeit (*Lead Time Effect*)

Der Healthy Screenee Effekt

Verschiedene Studien konnten zeigen, dass Personen, die sich an Screening-Programmen beteiligen, im Durchschnitt gesünder sind als diejenigen, die nicht daran teilnehmen. Die Resultate der *Health Insurance Plan-Studie* aus New York (s. Web-Box 4.5.1 auf unserer Lehrbuch-Homepage) illustrieren dies deutlich. Gut gebildete, sozial besser gestellte und gesundheitsbewusste Menschen, die Sport treiben, gesund essen und nicht rauchen, nehmen eher an Screening-Programmen teil als Personen aus den unteren sozialen Schichten mit niedrigerem Bildungsstatus, die eher rauchen, wenig Sport treiben und sich ungesund ernähren. Deshalb ist es ohne Kontrollgruppe unmöglich festzustellen, ob die guten Ergebnisse bei einem Screening durch das Screening selbst oder durch die Selektion von gesunden ProgrammteilnehmerInnen zustande gekommen sind. Der *Healthy Screenee Effect* macht darüber hinaus auch deutlich, dass Screening-Programme diejenigen oft nicht erreichen, die die Vorsorgeuntersuchungen am nötigsten hätten.

---

[19] PSA: prostataspezifisches Antigen; PSA ist ein Enzym, das in den Ausführungsgängen der Prostata der Samenflüssigkeit beigemischt wird und daher natürlicherweise in der Samenflüssigkeit vorkommt. Ein hoher PSA-Wert im Blut geht meist auf eine (gut- oder bösartige) Veränderung der Prostata zurück. Da hohe PSA-Werte auch bei gutartigen Prostata-Veränderungen vorkommen, ist das PSA kein Tumormarker, sondern ein sog. Gewebemarker.

Der Length-Time-Effekt

Langsam fortschreitende Erkrankungen werden durch Screening-Untersuchungen eher entdeckt als rasch fortschreitende Krankheiten. Dies gilt entsprechend auch für langsam wachsende bzw. aggressive, schnell wachsende Tumore. Das hat zur Folge, dass der Anteil der Fälle mit einer besseren Prognose (d.h. die langsam fortschreitenden oder nicht progredienten Erkrankungen) in der Gruppe der Fälle, die durch ein Screening entdeckten wurden, größer ist als in der Gruppe der Fälle, die *nicht* durch das Screening diagnostiziert wurden. Bei Tumorerkrankungen spricht man in diesem Zusammenhang auch vom sog. Intervallkrebs. Hierunter versteht man Krebserkrankungen, bei denen die Diagnose nach einem negativen Screeningbefund und vor der nächsten geplanten Screening-Untersuchung gestellt wurde (Abb. 4.8). Ein einfacher Vergleich zwischen den durch Screening entdeckten Fällen und den hierdurch nicht entdeckten Fällen wird also zwangsläufig eine bessere Prognose in der ersten Gruppe zeigen. Dieser Effekt kommt durch eine Verzerrung zustande, da die beiden Gruppen bezüglich der Aggressivität der Erkrankungen nicht miteinander vergleichbar sind. Wie beim Healthy Screenee Effekt handelt es sich hier um eine Form von *Selektionsbias*, (s. Kap. 2.1.8). Die

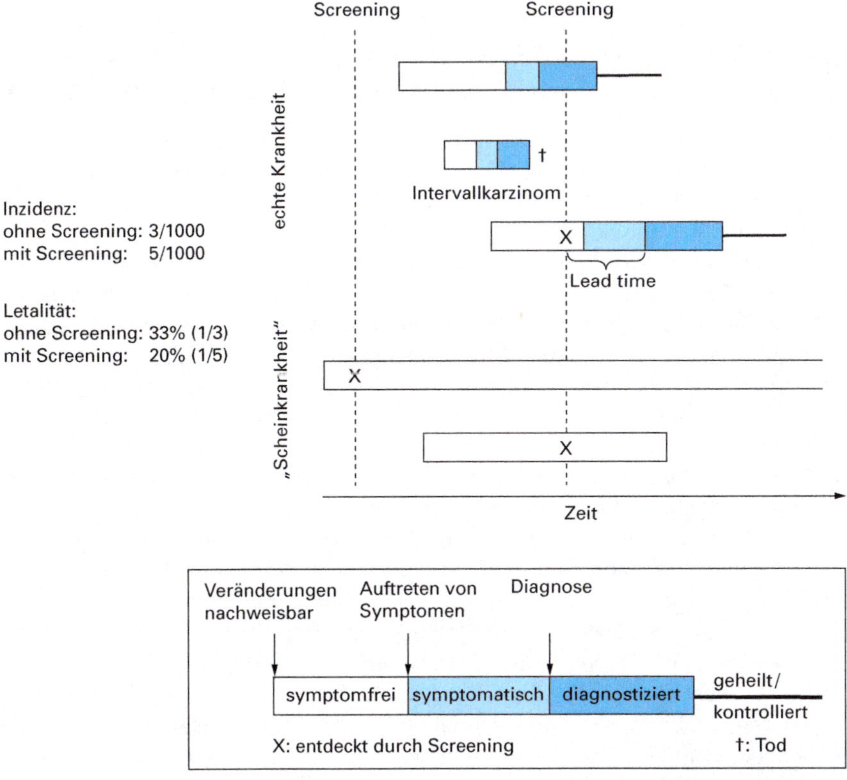

Abb. 4.8: Änderung der Inzidenzrate und der Letalität mit und ohne Screening, wenn Pseudofälle (= sogenannte Scheinkrankheit) in die Berechnungen mit einfließen. Als Lead time bezeichnet man in diesem Zusammenhang die Vorverlegung des Diagnosezeitpunkts. Das Intervallkarzinom wird zwischen zwei Screening-Untersuchungen diagnostiziert und somit vom Screening nicht erfasst (Quelle: modifiziert nach Raffle A, Gray JAM. Screening. Verlag Hans Huber, 2009).

sog. Scheinkrankheit ist eine extreme Form des *Length Time Effekts*. Durch die Fälle von Scheinkrankheit werden sowohl die Inzidenz als auch die Letalität in der Screeninggruppe beeinflusst. Die Inzidenzrate erhöht sich, weil auch symptomfreie, latente Veränderungen diagnostiziert werden, die nicht progredient verlaufen (s. a. Box 4.5.3), während gleichzeitig die Letalität aufgrund des Verdünnungseffekts durch die Pseudofälle absinkt.

Der Lead-Time-Effekt

Als *Lead-Time-Effekt* bezeichnet man die Tatsache, dass sich die Überlebenszeit der erkrankten Personen, die durch das Screening erfasst wurden, scheinbar verlängert, weil die Diagnose zu einem früheren Zeitpunkt gestellt wurde (Abb. 4.8). Zur Erläuterung dieses Effekts stellen wir uns zwei Personen vor, die beide mit 55 Jahren an einer koronaren Herzkrankheit versterben. Bei einem der Männer wurde die Erkrankung aufgrund eines Angina-pectoris-Anfalls im Alter von 54 Jahren diagnostiziert. Seine Überlebenszeit beträgt nur ein Jahr (55 J. – 54 J. = 1 J.). Nehmen wir nun an, bei unserem zweiten Mann wird die Erkrankung im Rahmen einer Vorsorgeuntersuchung beim Hausarzt im Alter von 51 Jahren mit Hilfe eines Belastungs-EKGs diagnostiziert. In diesem Fall beträgt die Überlebenszeit vier Jahre (55 J. – 51 J. = 4 J.). Der Vergleich zwischen beiden Männer kann zu dem irrtümlichen Schluss führen, dass das opportunistische Screening zu einer besseren Prognose mit einer vierfach längeren Überlebenszeit geführt hat.

Die Effekte von *Lead Time* und *Length Time* sind oft schwierig voneinander zu unterscheiden. Wichtig ist jedoch, dass man einfachen Vergleichen von gescreenten und nicht gescreenten Fällen (etwa mit Hilfe der Überlebensdauer oder des Anteils an Patienten, die länger als 5 Jahre nach Diagnosestellung noch leben) kritisch gegenüber steht. Die Effekte illustrieren auch, dass die betroffenen Personen durch die Diagnosestellung im Rahmen eines Screening-Tests länger mit dem Wissen um ihre Erkrankung leben, ohne aber daraus auch zwingend einen Nutzen ziehen zu können.

Die randomisierte Studie

Um wirklich herausfinden zu können, ob ein Screening-Programm die Sterberate bzw. das Risiko für schwere Komplikationen senkt, müssen im Rahmen einer *randomisierten Studie* vergleichbare Gruppen geschaffen werden (s. a. Kap. 2.1.6). In die Studie werden jeweils die Personen aufgenommen, die für eine solche Screening-Untersuchung in Frage kommen. Bei einer PSA-Screening-Studie waren dies z. B. Männer im Alter von 55–74 Jahren, die dann nach dem Zufallsprinzip in zwei Gruppen eingeteilt wurden. Nur in einer der beiden Gruppen wurde die Vorsorgeuntersuchung angeboten. In beiden Gruppen wurden die Männer jedoch während des Studienverlaufs in derselben Art und Weise regelmäßig nachkontrolliert. Die Endpunkte (Prostatakarzinom-Inzidenz und -Sterblichkeit) wurden standardisiert erfasst (vgl. auch Box 4.5.3 und Kap. 7.2.4).

Andere Studien

Zusätzlich zu solchen randomisierten Studien können sorgfältig durchgeführte Zeittrendanalysen wertvolle Informationen über Veränderungen der Mortalitäts- und Inzidenzraten in der Bevölkerung vor und nach der Einführung eines Screening-Programms liefern. Es bleibt allerdings die Unsicherheit darüber, was passiert wäre, wenn das Screening-Programm nicht eingeführt worden wäre. Zeittrends sind oft schwierig zu beurteilen. So wurde das Mammografie-Screening in vielen Ländern fast zeitgleich mit einer neuen, wirksamen Ergänzung der Therapie des Brustkrebses (mit Tamoxifen, einem selektiven Östrogenrezeptormodulator) eingeführt. In anderen Fällen haben Zeittrendanalysen die Wirksamkeit eines Screening-Programms untermauert, wie z. B. im Fall des Zervixkarzinom-Screenings. Auch Fall-Kontroll-Studien können nützlich sein, um die Wirksamkeit von Screenings abzuschätzen. Hier ist es aber oft schwierig, die beschriebenen Verzerrungen zu kontrollieren.

4.5.4 Screening-Programme

Erfolgreiche Screening-Programme zeichnen sich durch klare Zielsetzungen, eine zentrale Organisation mit Einladungsverfahren und Dokumentation, durch definierte Qualitätsstandards, ein Qualitätsmonitoring und eine ausgewogene Information der Bevölkerung aus. Eine hohe Akzeptanz des Screenings in der Bevölkerung, hohe Teilnahmeraten und ein sinnvoller Kompromiss zwischen Sensitivität und Spezifität des Tests bzw. der Untersuchung optimieren die Bilanz eines erfolgreichen Programms. Derartige Programme sind heute am ehesten in Ländern mit zentralisierten Gesundheitssystemen anzutreffen, wie z. B. in Großbritannien im Rahmen des *National Health Service* (NHS). In Ländern mit dezentralisierten Gesundheitssystemen und privat organisiertem ambulantem Sektor überwiegt das opportunistische Screening in der Arztpraxis (s. a. Kap. 4.6).

In der **Schweiz** ist das *Neugeborenen-Screening* zur Früherkennung von angeborenen Stoffwechselerkrankungen das einzige national organisierte, systematische Screening-Programm. Seit dem 01.01.2011 wird zusätzlich ein *Zystische Fibrose-Screening* (= Mukoviszidose-Screening durch Bestimmung des immunreaktiven Trypsins im Blut) im Rahmen eines auf 2 Jahre befristeten Pilotprogramms durchgeführt. *Mammografie-Screening-Programme* sind in den französischsprachigen Kantonen der Schweiz verbreitet, während die meisten deutschsprachigen Kantone hierfür kein organisiertes Screening anbieten. Derzeit (2012) wird an der Einführung eines organisierten Programms zur Früherkennung von Darmkrebs gearbeitet. Die obligatorische Krankenpflegeversicherung übernimmt in der Schweiz die Kosten für das Neugeborenen-Screening einschließlich eines sonografischen Hüftscreenings, für die Zervixzytologie bei Frauen, die älter als 25 Jahre sind (PAP-Abstrich, alle 3 Jahre) sowie für die Mammografie bei positiver Familienanamnese oder im Rahmen eines organisierten Screening-Programms (Frauen im Alter von 50–69 Jahren, alle 2 Jahre).

In **Deutschland** gibt es ein *gesetzlich verankertes Früherkennungsprogramm*, das von den Krankenversicherungen finanziert wird. Bei Neugeborenen, Kindern und Jugendlichen sind umfassende Früherkennungsuntersuchungen (U1 bis U9 sowie J1) vorgesehen, um angeborene Stoffwechseldefekte, endokrine Störungen und Hörstörungen frühzeitig zu erkennen und die altersgemäße Entwicklung eines Kindes regelmäßig zu überprüfen. Ab einem Alter von 35 Jahren haben Versicherte alle zwei Jahre einen Anspruch auf eine Gesundheitsuntersuchung zur Früherkennung von chronischen Erkrankungen (z. B. Diabetes mellitus Typ 2 und Herz-Kreislauf-Erkrankungen im Rahmen des *Check-up* 35, s. Kap. 4.6). Darüber hinaus besteht für verschiedene Altersgruppen ein Anspruch auf Untersuchungen zur Früherkennung von Krebserkrankungen. So werden

z. B. alle Frauen im Alter von 50 bis 69 Jahren alle zwei Jahre schriftlich zur Untersuchung in eine zertifizierte Mammografie-Screening-Einheit eingeladen. Die Krankenkassen übernehmen u. a. auch die Kosten für die Untersuchungen zur Früherkennung von Gebärmutterhalskrebs und Krebserkrankungen des Genitales bei Frauen ab dem 20. Lebensjahr (jährlich), für die Untersuchungen zur Früherkennung von Hautkrebs bei Männern und Frauen ab dem 35. Lebensjahr (alle zwei Jahre), für eine Tastuntersuchung der Prostata bei Männern ab dem 45. Lebensjahr (jährlich) und für zwei Koloskopien im Abstand von zehn Jahren zur Früherkennung von Darmtumoren bei Männern und Frauen ab dem 55. Lebensjahr. Diese Untersuchungen werden jedoch nicht in zertifizierten Screening-Einheiten durchgeführt.

Es ist unklar, aufgrund welcher Kriterien die jeweiligen Untersuchungen in Deutschland in die genannten Früherkennungsprogramme aufgenommen wurden. In den USA werden z. B. weder die Tastuntersuchung der Prostata noch die Untersuchungen zur Früherkennung von Hautkrebs empfohlen. In einigen Ländern gibt es nationale Expertenkomissionen, die aufgrund der Evidenz zu Nutzen und Schaden von Screening-Untersuchungen Empfehlungen für oder gegen die Durchführung abgeben, so z. B. die *US Preventive Services Task Force* (USPSTF, siehe Kap. 4.6), das *UK National Screening Committee* und das *New Zealand National Health Committee*. Leider fehlen solche nationalen Gremien in Deutschland und der Schweiz.

Internet-Ressourcen

Auf unserer Lehrbuch-Homepage (**www.public-health-kompakt.de**) finden Sie Hinweise auf weiterführende Literatur, zusätzliche Abbildungen und Web-Boxen sowie Links zu themenrelevanten Studien und Institutionen.

4.6 Gesundheitsförderung und Prävention in der Arztpraxis

Matthias Egger, Ueli Grüninger

Gesundheitsförderung und *Prävention* sind wichtige Aufgaben in der Hausarztpraxis. Das bestehende Vertrauensverhältnis zwischen Patient und Arzt erleichtert es, die PatientInnen in der Sprechstunde auf ihr *Gesundheitsverhalten* anzusprechen, z.B. auf Rauchen, risikoreichen Sex oder übermäßigen Alkoholkonsum. Weitere Gesundheitsrisiken werden in der periodischen Gesundheitsuntersuchung (*Check-up*) erfasst.

In diesem Abschnitt besprechen wir die Beratung in der Arztpraxis, diskutieren über periodische Gesundheitsuntersuchungen und loten die Grenzen von Prävention und Gesundheitsförderung in diesem Setting aus.

Schweizerische Lernziele: CPH 31

Anders als im spezialisierten Facharztbereich ist die Arzt-Patient-Beziehung in der Hausarztpraxis durch wiederholte, über längere Zeiträume stattfindenden Kontakte mit dem Patienten, ein daraus entstehendes Vertrauensverhältnis und eine dem Vertrauensverhältnis zugrunde liegende hohe Glaubwürdigkeit des Hausarztes gekennzeichnet.

Dies ist von großem Vorteil, wenn es um Gesundheitsförderung und Prävention in der Hausarztpraxis geht. In der Sprechstunde bieten sich immer wieder Gelegenheiten, ungünstige Verhaltensweisen anzusprechen, Gesundheitsrisiken zu erfassen und zusammen mit dem Patienten bzw. der Patientin geeignete gesundheitsfördernde oder präventive Maßnahmen einzuleiten. Im Vordergrund stehen dabei die Beratung und die Begleitung des Patienten, der sein Verhalten ändern will. Dazu gehören aber auch sekundärpräventive Maßnahmen wie die medikamentöse Beeinflussung von Risikofaktoren (z. B. die Senkung eines hohen Blutdrucks, die Korrektur ungünstiger Lipidwerte im Blut oder die ergänzende medikamentöse Therapie bei Nikotinabhängigkeit und Adipositas). Schließlich ist jede Konsultation eine Gelegenheit, den Impfstatus des Patienten zu überprüfen und gegebenenfalls zu vervollständigen. Impfungen werden v. a. im Erwachsenenalter oft vernachlässigt (s. Kap. 8.4)!

Gesundheitsförderung und Prävention in der Hausarztpraxis orientiert sich an sozialwissenschaftlichen Konzepten (u. a. dem Konzept der *Gesundheitskompetenz*, s. Kap. 4.1 und Kap. 4.4.3) und den Prinzipien einer *evidenzbasierten Medizin* (vgl. Kap. 2.1). Auf dieser Basis soll das Risikoprofil des Patienten bzw. der Patientin gesamtheitlich und unter Berücksichtigung bestehender Erkrankungen und Einschränkungen beurteilt werden. So ist z. B. eine Gewichtsreduktion bei einem Mann mit einem Bauchumfang von 95 cm nicht zwingend erforderlich, wenn keine weiteren Risikofaktoren vorliegen und der Mann regelmäßig Sport treibt (s. Kap. 7.4). Ein besonders wichtiger Ansatzpunkt der hausärztlichen Prävention und Gesundheitsförderung ist die Beratung und Behandlung von RaucherInnen (s. Box 4.6.1).

Vom Schweizer *Kollegium für Hausarztmedizin* wurde ein anwendungsorientierter, umfassender Ansatz mit einfachen Algorithmen für die Sprechstunde entwickelt, der hier als Grundlage dienen kann. Bei diesem „Gesundheitscoaching" wird der Arzt zum *Coach* des Patienten. Er erarbeitet mit ihm seine Prioritäten und Motivationen und unterstützt ihn dabei, vorhandene Ressourcen zu mobilisieren und weitere Gesundheitskompetenzen nachhaltig aufzubauen (s. Web-Box 4.6.1 auf unserer Lehrbuch-Homepage).

4.6.1 Beratung

Wichtige Voraussetzungen für eine wirksame Beratung in der Hausarztpraxis sind eine positive Wertschätzung des Patienten sowie eine Atmosphäre, die dem Patienten signalisiert, dass er mit seinem Problem ernst genommen wird. Der Patient wird als eigene Persönlichkeit und nicht einfach als ein weiterer Fall wahrgenommen. Die notwendigen Maßnahmen werden gemeinsam mit ihm geplant. Diese partnerschaftliche Zusammenarbeit ist Voraussetzung dafür, dass eine Umverteilung der Verantwortung innerhalb des Arzt-Patient-Verhältnisses stattfinden kann. Das Beratungsgespräch soll die Botschaft vermitteln, dass Patient und Arzt sich die Verantwortung für die Lösung der Probleme teilen, wobei der Arzt als Experte, Berater und Begleiter zu Verfügung steht. Dies bedeutet, dass der Arzt den Patienten gleich zu Beginn der Beratung nach dessen Erwartungen und Erfahrungen fragt. Bei diesem Gespräch werden die Prioritäten des Patienten sowie seine Bereitschaft für potenzielle Maßnahmen ausgelotet. Konkrete Fragen, die sich in diesem Zusammenhang anbieten, finden sich in der Web-Tab. 4.6.1 auf unserer Lehrbuch-Homepage.

Das ärztliche Beratungsgespräch orientiert sich am *Transtheoretischen Modell* (TTM), das die verschiedenen Stadien auf dem Weg zur Verhaltensänderung abbildet – von der

Box 4.6.1: Ein Fall für zwei: das ABC der Raucherentwöhnung in der Hausarztpraxis.

Da sich Hausarzt und Raucher in vielen Fällen regelmäßig in der Praxis treffen, ist der Hausarzt besonders geeignet, die Raucherentwöhnung zu begleiten. Die Beratung durch den Hausarzt unterstützt den Raucher auf dem Weg zur Entwöhnung, Medikamente können dabei den Nikotinentzug erleichtern und die Chancen erhöhen, zum Ex-Raucher zu werden. In der Sprechstunde wird die Nikotinabhängigkeit jedoch zu selten thematisiert. Der Hausarzt steht unter Zeitdruck und schätzt die Raucherberatung als zu wenig Erfolg versprechend ein. Auch der Patient ist oft nicht motiviert, über sein Rauchverhalten zu sprechen. Etwa 80 % der RaucherInnen befinden sich im Stadium der Absichtslosigkeit (*Präkontemplation*) oder Absichtsbildung (*Kontemplation*) und nur 20 % im Stadium der Vorbereitung (*Präparation*, s. Kap. 4.4.1).

Auch wenn ein tabakabhängiger Patient keinen Versuch machen möchte, mit dem Rauchen aufzuhören, sollte trotzdem ein kurzes, auf den Patienten zugeschnittenes, motivierendes Gespräch angeboten werden. Eine derartige minimale Intervention erhöht die Wahrscheinlichkeit von zukünftigen Aufhörversuchen. Nach neuseeländischen Empfehlungen lautet das ABC der Raucherentwöhnung deshalb:

A   **Ask** about smoking status

B   **Brief advice** to stop smoking for all

C   **Cessation support** for those who wish to stop smoking

Die Beratung des aufhörwilligen Rauchers beginnt mit einer detaillierten Anamnese. Angaben zur Anzahl der gerauchten Zigaretten pro Tag, zu früheren Rauchstoppversuchen und rauchfreien Intervallen sowie zur Motivation sind wichtig für die Planung der Entwöhnung. Die Diagnose der Nikotinabhängigkeit wird anhand der Kriterien des DSM-IV (*Diagnostic and Statistical Manual of Mental Disorders Fourth Edition*) gestellt und die Abhängigkeit mit dem *Fagerström Test* erfasst. Die Therapie besteht aus einer intensiven Beratung und – je nach Abhängigkeitsgrad – einer medikamentösen Therapie mit *Nikotinsubstitution*, *Bupropion* oder *Vareniclin*. In der Beratung informiert der Arzt über Entzugssymptome, Rückfallrisiken und mögliche pharmakologische Therapien. Er unterstützt den Patienten bei der Mobilisierung seiner Ressourcen und hilft ihm, Risikosituationen zu erkennen und zu meistern. Bei einer leichten Abhängigkeit steht die vorübergehende Nikotinsubstitution mit Präparaten von kurzer Wirkdauer im Vordergrund (Kaugummi, Tabletten oder Inhalator), bei starker Abhängigkeit kommen Depotpflaster und Buprion hinzu. Die Therapiedauer beträgt drei bis sechs Monate. Nach einem Jahr sind 20–30 % der Raucher abstinent. Längerfristige Therapien mit Vareniclin helfen Rückfälle zu verhindern. Spezielle Situationen, bei denen u.U. ein anders Vorgehen angezeigt ist, ergeben sich in der Schwangerschaft und Stillzeit, bei Patienten mit psychischen Erkrankungen und bei Jugendlichen.

Quelle: Cornuz J et al. Tabakentwöhnung: Update 2011. Schweiz Med Forum 2011; 11(9): 156–159 (Teil 1) und 172–176 (Teil 2).

Absichtslosigkeit (*Präkontemplation*) bis zur Umsetzung und Aufrechterhaltung des neuen Verhaltens (s. Box 4.4.1). Die ärztliche Beratung passt sich jeweils an das Stadium an, in dem sich der Patient befindet. Ziel ist, eine Verhaltensänderung zu erreichen, die Umsetzung und Aufrechterhalten des neuen Verhaltens ermöglicht. Die im Beratungsgespräch erhobenen Angaben ermöglichen es gemeinsam mit den Resultaten der klinischen Untersuchung und der Labortests, das individuelle Risiko abzuschätzen und den Patienten auf seinem Weg zu einem gesünderen Verhalten immer wieder zu motivieren. Ein solcher Weg bietet sich insbesondere für PatientInnen mit kardiovaskulärem Risiko an. Hier sind bereits gute, evidenzbasierte Instrumente vorhanden (u. a. gibt es dazu eine Vielzahl von Risikotabellen und webbasierten Kalkulatoren). Es muss dabei jedoch darauf geachtet werden, dass das verwendete Instrument geeignet ist. So sollte der in Deutschland häufig verwendete Score der *Prospective Cardiovascular Münster*-Studie (PROCAM) z. B. für die Schweiz aufgrund der dort niedrigeren Inzidenzrate von Herz-Kreislauf-Erkrankungen nach unten korrigiert werden (s. Kap. 7.1).

4.6.2 Periodische Gesundheitsuntersuchungen

Periodische Untersuchungen von Gesunden (*Check-ups*) gibt es seit dem 19. Jahrhundert. In der Folgezeit entstanden daraus bevölkerungsbasierte Screening-Programme mit definierten Qualitätsstandards. Organisierte Screening-Programme werden heute insbesondere in den nordeuropäischen Ländern und in Großbritannien durchgeführt (s. Kap. 4.5). In Ländern wie der Schweiz und Deutschland, in denen nur wenige bevölkerungsbasierte Screening-Programme existieren, haben dagegen Untersuchungen, die anlässlich einer Konsultation beim Arzt durchgeführt werden, einen besonders hohen Stellenwert. Auch solche opportunistischen Untersuchungen können sinnvoll sein.

Das anfänglich vorherrschende Konzept der körperlichen Untersuchung mit einer Vielzahl an Laboruntersuchungen wurde gegen Ende des 20. Jahrhunderts von einem selektiven und zunehmend evidenzbasierten Vorgehen abgelöst. Seit den 1980er Jahren publiziert die *US Preventive Services Task Force* (USPSTF) regelmäßig aktualisierte Empfehlungen zu präventiven Maßnahmen in der Arztpraxis (*The Guide to Clinical Preventive Services*). Die aktuellen Empfehlungen (2010/11) sind im Internet erhältlich und auch über das Smartphone abrufbar.

Die Einteilung der USPSTF-Empfehlungen wird nach dem Evidenzgrad der Maßnahmen in fünf Kategorien vorgenommen (Tab. 4.6.1). Bei Männern werden 13, bei Frauen 20, bei schwangeren Frauen 8 und bei Kindern 11 Untersuchungen und Maßnahmen mit hohem Evidenzgrad (A oder B) empfohlen. Hierzu gehören z. B. folgende Maßnahmen mit dem Ziel der Senkung des Herzinfarkt- und Schlaganfallrisikos:

- Zur *Erkennung eines Bluthochdrucks:* eine Blutdruckmessung alle zwei Jahre bei Personen mit einem Blutdruck unter 120/80 mmHg und jährlich bei Personen mit einem systolischen Blutdruck von 120–139 mmHg oder einem diastolischen Blutdruck von 80–90 mmHg

- Zur *Erkennung einer Hypercholesterinämie:* die Bestimmung des Gesamtcholesterins und des HDL-(High Density Lipoprotein-) Cholesterins im Blut alle fünf Jahre bei Männern ab dem 35. Lebensjahr

- Zur *Erkennung einer Hypercholesterinämie:* die Bestimmung des Gesamtcholesterins und des HDL-Cholesterins im Blut bei Männern mit bekannten Risikofaktoren (Rauchen, Hypertonie, Diabetes mellitus, Adipositas, Arteriosklerose und kardiovaskulär belastete Familienanamnese) bereits ab dem 20. Lebensjahr und bei Frauen mit erhöhtem Risiko ab dem 45. Lebensjahr

- Zur *Hemmung der Blutplättchenaggregation:* die Gabe von Aspirin (z. B. 100 mg täglich oder jeden 2. Tag) bei Männern im Alter von 45–79 Jahren und bei Frauen im Alter von 55–79 Jahren

Viele Untersuchungen und Maßnahmen werden darüber hinaus von der USPSTF explizit *nicht* empfohlen, so z. B. das Screening für die koronare Herzkrankheit mit Belastungs-EKG (Kategorie: I Statement, s. Tab. 4.3 und Abb. 4.9), die Gabe von Aspirin bzw. nicht-steroidalen Entzündungshemmern zur Prävention des Kolonkarizinoms (Kategorie: D) oder das PSA-Screening zur Früherkennung des Prostatakarzinoms (Kategorie: D).

Tab. 4.3: Gradeinteilung von präventivmedizinischen Empfehlungen aufgrund der vorhandenen Evidenz. Modifiziert nach *United States Preventive Services Task Force (USPSTF),* 2007.

Grad	Empfehlung
A	Die Maßnahme wird empfohlen. *Aufgrund der konsistenten Resultate qualitativ hoch stehender Studien ist es praktisch sicher, dass der Nutzen deutlich überwiegt.*
B	Die Maßnahme wird bis auf Weiteres empfohlen. *Aufgrund der Studienresultate ist es wahrscheinlich, dass der Nutzen überwiegt. Es sind aber weitere Studien notwendig, um die Wirksamkeit der Maßnahme zu präzisieren.*
C	Die Maßnahme kann bei einzelnen PatientInnen sinnvoll sein, wird jedoch nicht allgemein empfohlen. *Aufgrund der Studienresultate ist es wahrscheinlich, dass der Nutzen in den meisten Situationen gering ist.*
D	Die Maßnahme wird nicht empfohlen. *Aufgrund der Studienresultate ist es praktisch sicher oder wahrscheinlich, dass kein Nutzen resultiert oder der Schaden überwiegt.*
I Statement	Die vorhandene Evidenz ist ungenügend (Insufficient). *Das Verhältnis zwischen Nutzen und Schaden kann nicht beurteilt werden. Weitere Studien sind notwendig.*

Allerdings wird die Datenlage bei einigen Maßnahmen kontrovers beurteilt, etwa bei der Empfehlung der USPSTF, bei allen 65- bis 75-jährige Rauchern einmalig eine Ultraschall-Untersuchung des Bauchraumes durchzuführen, um frühzeitig Aussackungen der Hauptschlagader (Aortenaneurysma) zu erkennen. Oft unterscheiden sich die Empfehlungen von Land zu Land. Zudem können Empfehlungen und Praxis innerhalb eines Landes auseinanderklaffen.

In Deutschland wurden 1989 erstmals durch das *Bundesministerium für Gesundheit und Soziale Sicherung* „Gesundheitsuntersuchungs-Richtlinien" festgelegt, die als

Abb. 4.9: Nicht alle Vorsorgeuntersuchungen sind sinnvoll: Das Belastungs-EKG wird aufgrund mangelnder Evidenz nicht empfohlen.

Check-up 35 bekannt sind. Diese sehen eine anamnestische Erfassung von Gesundheitsrisiken, eine klinische Untersuchung mit Blutdruckmessung und Untersuchungen von Blut und Urin vor (Tab. 4.4).

Tab. 4.4: *Check-up 35*, in Deutschland empfohlene Untersuchungen bei symptomfreien Männern und Frauen ab einem Alter von 35 Jahren (alle zwei Jahre).

- Anamnese, insbesondere die Erfassung des Risikoprofils
- Klinische Untersuchungen (körperliche Untersuchung einschließlich Blutdruckmessung)
- Blutuntersuchung (Cholesterin, Glukose)
- Urinuntersuchungen (Eiweiß, Glukose, Erythrozyten, Leukozyten und Nitrit mit Harnstreifentest)
- Beratung über die Ergebnisse

4.6.3 Nachteile und Grenzen des Settings Arztpraxis

Bei der Gesundheitsförderung und Prävention in der Arztpraxis handelt es sich um individuelle *Verhaltensprävention*. Dieser Ansatz hat im Vergleich zu bevölkerungsbasierten Maßnahmen und zur Verhältnisprävention (s. Kap. 4.2) gewichtige Nachteile. Es werden nur die Personen erfasst, die regelmäßig zum Arzt gehen oder aus eigener Initiative einen Termin für eine Vorsorgeuntersuchung (z. B. einen Gebärmutterhalsabstrich) vereinbaren. Die Teilnahmerate, die Wirksamkeit und die Kosten-Effizienz des opportunistischen, individuellen Screenings sind deshalb verglichen mit einem organisierten Programm geringer. Es werden z. B. eher Frauen aus den oberen Gesellschaftsschichten untersucht, die ohnehin einen besseren Zugang zum Gesundheitssystem und ein geringeres Risiko haben, etwa an Gebärmutterhalskrebs zu erkranken. Die Prävention in der Arztpraxis hängt zudem von der Motivation des Arztes ab. Umfragen haben gezeigt, dass die meisten HausärztInnen die Wichtigkeit der Gesundheitsförderung in der Sprechstunde als hoch einschätzen. Andererseits stellen eine unzureichende finanzielle Vergütung, mangelnde Fortbildungsangebote und zu wenig Zeit für eine qualifizierte Beratung der PatientInnen wichtige Hindernisse dar.

Internet-Ressourcen

Auf unserer Lehrbuch-Homepage (**www.public-health-kompakt.de**) finden Sie die Liste der von der USPSTF empfohlenen Maßnahmen, das Buch *Guide to Clinical Preventive Services, 2010–2011*, die Gesundheitsuntersuchungs-Richtlinien des deutschen Bundesministeriums für Gesundheit, Links zum Fagerström Test, relevante Apps und Risiko-Kalkulatoren sowie weitere Unterlagen.

5 Umwelt

5.1 Wasser

Matthias Egger, Claudia Kuehni

Das Anrecht auf sauberes Wasser gehört zu den grundlegenden Menschenrechten. Sauberes Trinkwasser und ein funktionierendes Abwassersystem sind von zentraler Bedeutung für die menschliche Gesundheit und daher entscheidende Komponenten einer wirksamen Politik zum Schutz der Gesundheit. Wichtige Aspekte sind hierbei die *mikrobiologische Qualität* des Wassers und das Vorhandensein von genügend Wasser für persönliche Hygiene und Lebensmittelhygiene (*Quantität*).

In diesem Abschnitt erörtern wir die Bedeutung der *Trinkwasserversorgung* sowie der *Abwasserentsorgung* für die Prävention von Infektionskrankheiten weltweit. Anschließend gehen wir auf mögliche chemische Verunreinigungen des Trinkwassers ein und betrachten die Trinkwasseraufbereitung und -qualitätskontrolle im deutschsprachigen Raum.

Schweizerische Lernziele: CPH 44, CPH 58

5.1.1 Die zentrale Bedeutung von Wasser und Abwasser für die menschliche Gesundheit

Eine sichere, erschwingliche Trinkwasserversorgung sowie ein Kanalisationssystem zur Entsorgung von Fäkalien und Schmutzwasser gehören zu den wichtigsten Voraussetzungen für die Gesundheit in der Bevölkerung. Als erste Stadt Europas war Wien im Jahre 1739 vollständig kanalisiert. Aufgrund des starken Bevölkerungswachstums im 19. Jahrhundert wurde dann auch in den meisten anderen europäischen Städten mit dem Bau von Abwasseranlagen begonnen. Vorreiter war England: Nach mehreren Choleraepidemien wurde 1848 ein Gesetz erlassen (*Public Health Act*), das zum Ziel hatte, den Bau von Wasserleitungen und Kanalisationssystemen zu fördern. Bemerkenswert hierbei ist, dass zu jener Zeit weder der Erreger noch die Übertragungswege der Cholera bekannt waren. In Berlin war *Rudolf Virchow* (1821–1902) maßgeblich an der Planung der örtlichen Kanalisation und Trinkwasserversorgung beteiligt. In der Schweiz subventionierten die kantonalen Feuerversicherungen den Bau von Wasserleitungen.

Nach Angaben der *WHO* haben heute zwar 80–90 % der Weltbevölkerung Zugang zu sicherem Trinkwasser, aber nur etwa 40 % haben Zugang zu adäquaten sanitären Anlagen. Eine qualitativ und/oder quantitativ ungenügende Wasserversorgung, ungenügende Hygiene und fehlende sanitäre Einrichtungen sind für etwa 7 % der globalen Krankheitslast *(Burden of Disease)* und 20 % der Sterblichkeit bei Kindern verantwortlich (s. Kap. 9.1.2). Durch schmutziges Wasser und Wassermangel sterben mehr Menschen als an Aids, Malaria und Masern zusammen. Die Kontamination des Trinkwassers durch Krankheitserreger ist hierbei weltweit das größte Problem. Chemische Verunreinigungen sind in vielen Teilen der Welt von geringerer Bedeutung. Wassermangel verursacht Konflikte oder lässt sie eskalieren, wie z. B. im Nahen Osten zwischen Israel und Palästina, unter den Anrainerstaaten des Nils oder in Indien (s. Kap. 9.2.5). In den nächsten Jahrzehnten wird dieses Problem aufgrund des Klimawandels weiter zunehmen (s. a. Kap. 5.5). Im Jahr 2010 haben die Vereinten Nationen den Zugang zu sauberem Trinkwasser und zu sanitären Einrichtungen als ein Menschenrecht anerkannt. Die Verbesserung der sanitären Situation ist darüber hinaus ein Millennium-Entwicklungsziel (s. Kap. 9.3.1).

5.1.2 Krankheitserreger

Wasser kann direkt oder indirekt an der Übertragung von Krankheitskeimen beteiligt sein (s. Tab. 5.1). Dem *fäko-oralen Übertragungsweg* kommt hierbei die größte Bedeutung zu. Direkt durch kontaminiertes Wasser übertragen werden z. B. *Cholera-Bakterien* und das *Norovirus*. Bei Wassermangel können aufgrund mangelnder persönlicher Hygiene oder unsauberem Umgang mit Lebensmitteln z. B. *Shigellen* übertragen werden. Es gibt eine ganze Reihe von Erregern, die sowohl über verschmutztes Wasser als auch über unsaubere Lebensmittel weitergegeben werden (z. B. *Kryptosporidien*). Rotavirusinfektionen, die wegen der raschen Dehydratation besonders bei Kleinkindern und Säuglingen gefürchtet sind, entstehen entweder als Schmierinfektion oder werden durch verschmutzte Lebensmittel bzw. verunreinigtes Wasser (Trinkwasser, Schwimmbadwasser) ausgelöst. Andere Erkrankungen werden durch im Wasser lebende Vektoren übertragen (z. B. Wasserschnecken bei der *Schistosomiasis*) oder durch Vektoren, welche Zugang zu Wasser benötigen (z. B. Stechmücken bei der *Malaria*). Das Einatmen von mit *Legionellen* kontaminiertem Wasserdampf führt zur Legionärskrankheit (vgl. auch Kap. 2.1.2 und Kap. 8.3.5).

Tab. 5.1: Infektionen mit engem Bezug zu Wasser.

Übertragung	Beschreibung	Beispiele
Kontaminiertes Wasser	Gastrointestinale Infektion in Folge fäkaler Kontamination des Trinkwassers	Typhus, Cholera, Giardiasis, Infektionen mit Campylobacter, Norovirus, enterotoxischen E.coli, Cryptosporidium etc.
Mangelnde Hygiene	Infektionen, die sich ausbreiten, wenn zu wenig Wasser für persönliche Hygiene und Lebensmittelhygiene zur Verfügung steht	Shigellose, Trachom, Skabies
Vektor lebt im Wasser	Infektionen, die durch Vektoren übertragen werden, welche einen Teil ihres Lebenszyklus' im Wasser verbringen	Schistosomiasis, Drakunkulose
Vektor benötigt Wasser	Infektionen, die durch Vektoren übertragen werden, welche Zugang zu Wasser benötigen	Malaria, Onchozerkose, Trypanosomiasis

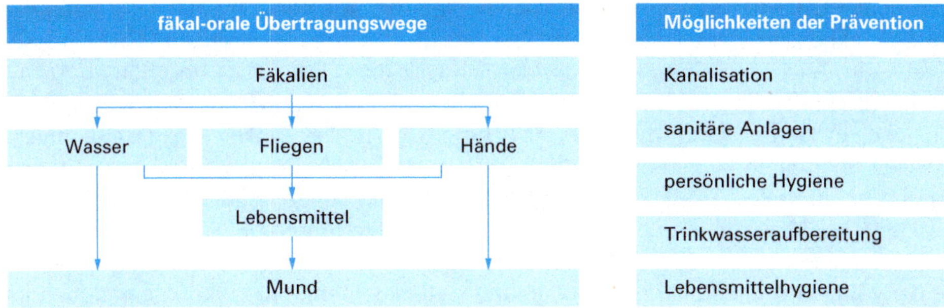

Abb. 5.1: Fäkal-orale Übertragungswege und dort ansetzende Möglichkeiten der Prävention.

Abb. 5.1 illustriert die fäko-oralen Übertragungswege und zeigt mögliche Ansatzpunkte der Prävention. Durch sanitäre Einrichtungen und Abwassersysteme können Fäkalien nicht in Kontakt mit Trinkwasser, Fliegen und Händen gelangen. Regelmäßiges Waschen der Hände – eine von Laien wie Medizinern in ihrer Public-Health-Bedeutung oft unterschätzte Maßnahme! – und hygienischer Umgang mit Lebensmitteln verhindert deren Kontamination (s. Kap. 8.4.3). Schließlich führt die Aufbereitung und Desinfektion von Wasser zu sicherem Trinkwasser.

Menschen können auch über Badegewässer in Kontakt mit Krankheitserregern kommen. So sind beispielsweise die Seen der Norddeutschen Tiefebene von Natur aus schon sehr nährstoffreich. Mit dem Urin der Badegäste und den Sonnencremes gelangen weitere Nährstoffe ins Wasser. Die im Wasser lebende *Cyanobakterien* („Blaualgen") können sich dadurch stark vermehren. Ihre Toxine können Hautausschläge, Durchfall, Leberschäden, Krämpfe und Lähmungserscheinungen verursachen. Der Kontakt mit ihnen kann darüber hinaus zu Allergien führen.

5.1.3 Chemische Verunreinigungen

Für die Qualität des Trinkwassers sind verschiedene Chemikalien von besonderer Bedeutung.

Nitrat und *Nitrit* sind gut wasserlösliche Nährstoffe, die in Landwirtschaft und Garten als Dünger verwendet werden. Im Wasser sind sie ineinander umwandelbar. Wird Nitrat in größerer Menge in den menschlichen Körper aufgenommen, führt dies zur Oxidation des Sauerstoff transportierenden Hämoglobins in den roten Blutkörperchen (es entsteht Methämoglobin) und in extremen Fällen durch die Unterversorgung des Körpers mit Sauerstoff zur Zyanose und zum Tod des Betroffenen. Für Säuglinge besteht ab einem *Grenzwert* von 50 mg Nitrat pro Liter Trinkwasser akute Gesundheitsgefahr (‚*Blue Baby Syndrome*'). Dieser von WHO und EU festgelegte Grenzwert berücksichtigt nicht die langfristigen Risiken, die durch die Bildung von krebserregenden Nitrosaminen aus Nitriten im sauren Milieu des Magens entstehen.

Eine Kontamination des Trinkwassers mit *Arsen* hat in der Regel geologische Ursachen, seltener sind gewerbliche Aktivitäten (Mülldeponien, Gerbereien, Braunkohle) hierfür verantwortlich. In Westbengalen (Indien), Bangladesh und Thailand wird aufgrund von arsenhaltigen Erzen in den oberen Bodenschichten der von der WHO empfohlene Grenzwert von 10 µg/l im Grundwasser deutlich überschritten. Fatalerweise wurden dort viele der Brunnen, die arsenhaltiges Grundwasser fördern, zuvor mit internationaler Unterstützung gegraben. Man wollte hierdurch vom Oberflächenwasser, das mit Krankheitserregern kontaminiert war, auf das vermeintlich sichere Grundwasser wechseln. Auch in alpinen Gebieten der Schweiz und Österreichs sind höhere Arsen-Konzentrationen im Trinkwasser möglich. Der Grenzwert liegt in der Schweiz bei 50 µg/l, in Deutschland und Österreich bei 10 µg/l. Das Trinken von arsenhaltigem Wasser über einen längeren Zeitraum ruft charakteristische Hautveränderungen hervor und kann zu Krebserkrankungen (in Harnblase, Niere, Lunge) führen.

Hohe Konzentrationen von *Fluorid* sind toxisch. Sie führen bei ständiger Aufnahme u.a. zu einer Verfärbung der Zähne und später zu Knochenveränderungen bis hin zu einer völligen Versteifung der Knochen und Gelenke. Hohe Fluoridkonzentrationen im Grundwasser finden sich z.B. in Ostafrika, Indien und Mexiko. Sowohl die Schweiz als auch Deutschland haben den von der WHO festgelegten Grenzwert (in der Schweiz: Toleranzwert) von 1,5 mg/l übernommen. In einigen Ländern mit niedrigen Fluoridkonzentrationen im Grundwasser (z.B. USA, Australien, Brasilien) ist die *Trinkwasserfluoridierung* durch Zugabe von 1 mg/l zur Kariesprophylaxe gebräuchlich. Wie in den meisten anderen europäischen Ländern wird das Trinkwasser in Deutschland, Österreich und der Schweiz nicht (oder nicht mehr) fluoridiert.

Zu einer erhöhten *Blei*-Konzentration im Trinkwasser (Grenzwert 10 µg/l) kommt es v.a. durch die Verwendung von bleihaltigen Leitungsrohren und Armaturen bei einem niedrigen pH-Wert des Leitungswassers. Blei hemmt die Blutbildung und schädigt das Nervensystem. Besonders gefährdet sind Ungeborene und Kleinkinder.

5.1.4 Trinkwasseraufbereitung und -kontrolle im deutschsprachigen Raum

Die Trinkwasserversorgung fällt in Deutschland in den Kompetenzbereich der Gemeinden, Aufsicht führen die Bundesländer. In der Schweiz sind die Kantone für die Trinkwasserversorgung verantwortlich. Trinkwasser wird aus verschiedenen Rohwässern gewonnnen (Grundwasser, Quellwasser, Fluss- und Seewasser). Die meisten Bundesländer und Kantone greifen dabei überwiegend auf Grundwasser zurück. Eine Ausnahme bildet Nordrhein-Westfalen, das sein Trinkwasser überwiegend aus Rhein und Ruhr gewinnt. Bei der Erzeugung von Trinkwasser sind die gesetzlichen Vorgaben (in Deutschland und Österreich: Trinkwasserverordnung; in der Schweiz: verschiedene Verordnungen zum Lebensmittelgesetz) maßgebend. Für die Gewinnung aus Grundwasser ist es oft ausreichend, Eisen- und Kalkgehalt des Wassers zu korrigieren. Bei der Aufbereitung von Oberflächenwasser müssen hingegen mehrere Schritte durchlaufen werden. Nach der mechanischen Vorreinigung mit Rechen und Siebanlagen werden über verschiedene Filterstufen ungelösten Substanzen abgetrennt, anschließend wird das Wasser noch desinfiziert.

Trinkwasser ist bei uns das am intensivsten kontrollierte Lebensmittel. Die Qualitätsanforderungen an Trinkwasser sind höher als an industriell abgepacktes Mineralwasser. Die WHO orientiert sich bei der Festlegung von Grenzwerten für mögliche Schadstoffe im Trinkwasser am *Vorsorgeprinzip*. Sie verlangt daher die Überprüfung von 200 Stoffen, deren Auswirkungen auf die Gesundheit bekannt sind. Die entsprechende deutsche Verordnung führt 33 Stoffe mit zugehörigen Grenzwerten an, die bei einer vollständigen Trinkwasseruntersuchung geprüft werden müssen. In der Schweiz werden regelmäßig 22 Substanzen und Keime überprüft. Das verwendete Indikatorprinzip erlaubt es, dadurch auch die Belastung mit verwandten Stoffen abzuschätzen. So steht

z. B. das Bakterium *Escherichia coli* für alle Fäkalkeime. Verantwortlich für die regelmäßige Kontrolle der Wasserqualität sind in Deutschland die Gesundheitsämter und in der Schweiz die kantonalen Laboratorien.

Internet-Ressourcen

Auf unserer Lehrbuch-Homepage (**www.public-health-kompakt.de**) finden Sie Links zu weiterführender Literatur sowie zu anderen themenrelevanten Internet-Ressourcen (so z. B. aus der Schweiz eine umfassende Dokumentation zum Thema Trinkwasser und vom deutschen Umweltbundesamt Aktuelles aus dem Themenbereich Wasser, Trinkwasser und Gewässerschutz).

5.2 Luft

Nino Künzli, Barbara Hoffmann

Durch Menschen hervorgerufene (anthropogene) Luftverschmutzung gibt es bereits seit der Zeit, als der Mensch erstmals lernte, Feuer gezielt für seine Zwecke einzusetzen. Seither hat er auf vielfältige Weise die Zusammensetzung der ihn umgebenden Luft verändert. Die dadurch entstandene Luftverschmutzung kann bei den betroffenen Menschen zu gesundheitlichen Schäden führen. Luftverschmutzung trägt darüber hinaus aber auch zur Klimaerwärmung bei und beeinträchtigt unsere Umwelt auf vielfältige Weise.

In diesem Abschnitt definieren wir zuerst den Begriff der Luftverschmutzung, wir betrachten die wichtigsten Schadstoffquellen und gehen anschließend auf die gesundheitlichen Auswirkungen der Luftverschmutzung ein. Zum Schluss erörtern wir, welche *präventiven Maßnahmen* zum Schutz der Gesundheit vor Luftschadstoffen getroffen werden können.

Schweizerische Lernziele: CPH 42–44

5.2.1 Schadstoffe und ihre Quellen – Emissionen und Immissionen

Luftverschmutzung entsteht durch eine Veränderung der natürlichen Zusammensetzung der Luft, insbesondere durch zusätzlichen Rauch, Ruß oder Staub bzw. zusätzliche Gase, Aerosole, Dämpfe oder Geruchsstoffe. Die Schadstoffe stammen entweder aus direkten Quellen – man spricht dann von *Emissionen oder Primärschadstoffen* – oder entstehen aus Vorläufersubstanzen (*Sekundärschadstoffe*).

Heutzutage sind Verbrennungsprozesse in Industrie, Haushalt und Verkehr die bedeutendsten Quellen für Schadstoffe in der Außenluft. Abb. 5.2 zeigt, welche Anteile die verschiedenen Emissionsquellen an den Gesamtemissionen der wichtigsten Luftschadstoffe haben. In den großen Ballungsgebieten der Erde stellt der zunehmende Straßenverkehr ein erhebliches Problem für die Luftqualität dar. Durch Infiltration und Ventilation gelangen diese Schadstoffe auch in Innenräume. Dort können Verbrennungsprozesse (z. B. Zigarettenrauchen, Kochen und Heizen) sowie die Abgabe von Schadstoffen durch Baumaterialien, Möbel, Haushaltsmittel und Geräte zu einer zusätzlichen Schadstoffbelastung der Innenraumluft führen.

Eine bedeutende Quelle der Innenraumschadstoffbelastung ist der Tabakrauch. Der von Rauchern ausgeatmete Tabakrauch wird zusammen mit dem Rauch, der von bren-

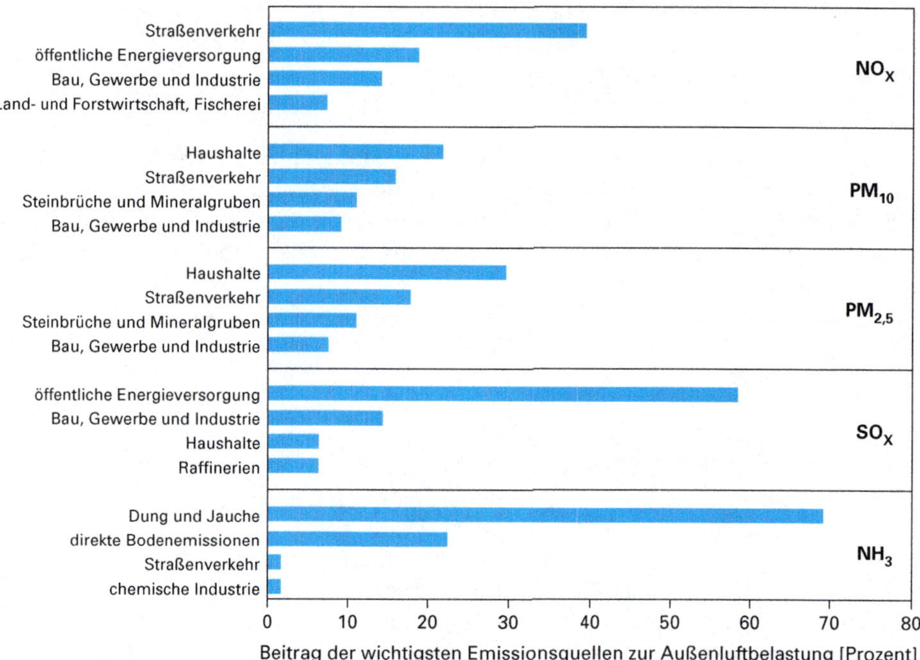

Abb. 5.2: Schadstoffe in der Außenluft in Europa im Jahr 2006. Dargestellt sind die Anteile der verschiedenen Emissionsquellen für Stickoxide (NO_x), Feinstaub (PM_{10} und $PM_{2,5}$), Schwefeloxide (SO_x) und Ammoniak (NH_3) an den Gesamtemissionen (Quelle: modifiziert nach Künzli N, Perez L, Rapp R. Air Quality and Health. Lausanne, Switzerland: ERS, September 2010; http://www.ersnet.org).

nenden Zigaretten in die Umgebungsluft abgegeben wird, von Nichtrauchern eingeatmet (*Passivrauchen*). Zigarettenrauch enthält etwa 4.000 Substanzen, von denen bisher etwa 20 als krebserregend bekannt sind. Die wichtigsten Schadstoffe im Passivrauch sind Kohlenstoffmonoxid, Nikotin, Stickoxide, Formaldehyd, Benzol und polyzyklische aromatische Kohlenwasserstoffe. Tabakrauch ist darüber hinaus auch eine wichtige Quelle für Feinstaub in Innenräumen.

Aus gesundheitlicher Sicht sind vor allem die *Immissionen* – d. h. die Konzentrationen der Schadstoffe in der Atemluft – bedeutend. Sie unterliegen starken zeitlichen und räumlichen Schwankungen. So können in Mitteleuropa die Tagesmittelwerte der Feinstaubkonzentrationen während winterlicher Inversionswetterlagen durch einen fehlenden Austausch der Luftschichten um ein Vielfaches auf Werte von > 100 µg/m³ ansteigen („Smog"). In den stark wachsenden Megastädten Asiens und Afrikas liegen selbst die Jahresmittelwerte oftmals noch höher.

Aus den in der Luft befindlichen Stickoxiden und flüchtigen organischen Verbindungen entsteht bei warmen Temperaturen durch UV-Bestrahlung Ozon. Die Ozonkonzentration unterliegt daher im Tagesverlauf starken Veränderungen („Sommersmog" mit Anstieg der Werte am Nachmittag/Abend).

Darüber hinaus gibt es erhebliche Unterschiede in der räumlichen Verteilung der Luftschadstoffe. So liegen die Konzentrationen von Feinstaub und Stickoxiden in urba-

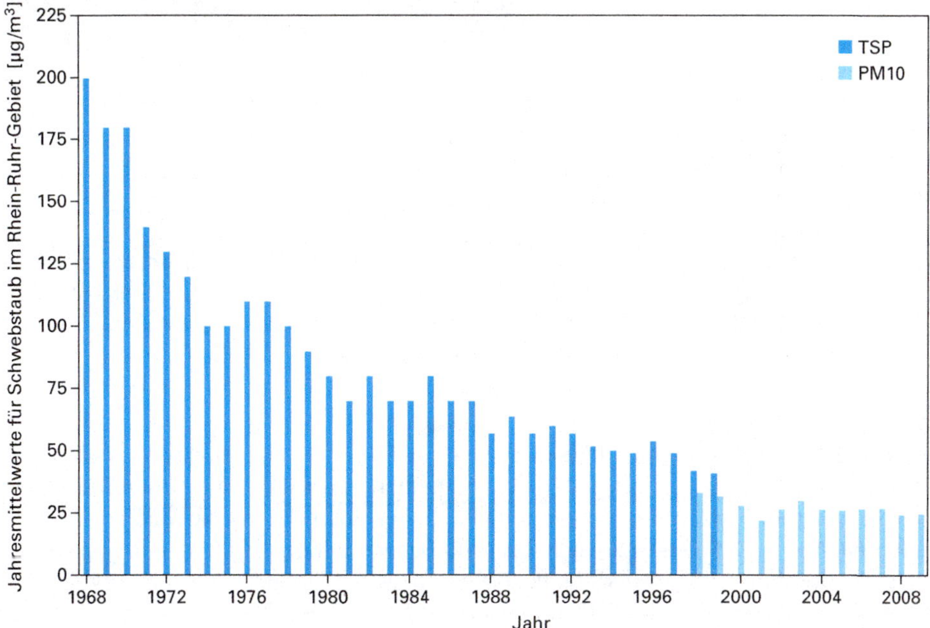

Abb. 5.3: Abnahme der Staubbelastung im Ruhrgebiet von 1968 bis 2009. Zwischen 1968 und 1999 wurde hierzu der gesamte Schwebstaub (*Total Suspended Particles*, TSP) bestimmt. Ab 1998 hat man die Feinstaub-Werte (Feinstaub mit einem aerodynamischen Durchmesser < 10 Mikrometer [PM_{10}]) registriert. Es handelt sich jeweils um gemittelte Werte von mehreren Messstationen im Rhein-Ruhr-Raum. Die Aufnahme zeigt eine Kupferhütte in Duisburg in den 1970er Jahren. (Quellen: Grafik nach: Landesamt für Natur, Umwelt und Verbraucherschutz Nordrhein-Westfalen (LANUV NRW), 2011; Fotografie: http://www.geschichte.nrw.de; Copyright: dpa)

nen Ballungszentren im Jahresmittel deutlich über denen in ländlichen Gegenden. Die Belastung durch Straßenverkehrsemissionen – wie z. B. durch Kohlenstoffmonoxid (CO) oder ultrafeine Partikel – sind in einem engen Korridor von 50 bis 100 m entlang stark befahrener Straßenschluchten und Autobahnen bis zu zehnmal höherer als im übrigen städtischen Bereich.

In den meisten Ländern mit pro-aktiver Luftreinhaltepolitik haben die Schadstoffkonzentrationen in den letzten 20 Jahren eher abgenommen (Abb. 5.3). Dem steht die oft drastische Verschlechterung der Luftqualität in den wachsenden Metropolen in Asien, Afrika und Südamerika gegenüber. Die dort ergriffenen Regulierungsmaßnahmen halten mit der raschen Zunahme von Industrialisierung und Verkehr nicht Schritt. Allerdings übersteigen die Belastungen auch in Europa und Nordamerika vielerorts noch immer die gesetzlichen Bestimmungen.

In den westlichen Industrienationen unterliegen die Immissionen der wichtigsten Leitschadstoffe in der Außenluft gesetzlichen Regelungen. Zunehmend wird auch die Qualität der Innenraumluft in öffentlichen Räumen überwacht und reguliert. Außerdem gibt es für eine Vielzahl von Schadstoffen am Arbeitsplatz weitergehende Regelungen im Rahmen des Arbeitsschutzes (s. Kap. 6.1).

5.2.2 Gesundheitliche Auswirkungen

Die gesundheitlichen Auswirkungen der Luftverschmutzung reichen je nach Intensität der Belastung und Sensitivität der Betroffenen von geringfügigen Änderungen bei physiologischen Parametern bis hin zu klinisch relevanten Symptomen. Zahlreiche experimentelle und epidemiologische Studien belegen heute, dass es durch die Anreicherung von Schadstoffen in der Luft zu einer Vielzahl akuter und chronischer Gesundheitsschädigungen kommen kann (Tab. 5.2). Im schlimmsten Fall können Herzinfarkt, chronische Lungenerkrankungen und vorzeitiger Tod die Folge sein.

Die in diesem Kapitel beschriebenen gesundheitlichen Auswirkungen werden nicht einzelnen Schadstoffen, sondern dem komplexen Schadstoffgemisch in der Luft zugeordnet. Für die Wirkungen spezifischer Einzelschadstoffe der Innen- und Außenluft sei auf die empfohlene weiterführende Literatur verwiesen.

Akute Auswirkungen

Bereits Stunden oder wenige Tage nach dem Anstieg der Konzentration von Schadstoffen in der Luft kommt es zu akuten gesundheitlichen Auswirkungen beim Menschen. Diese lassen sich sowohl durch experimentelle als auch durch epidemiologische Studien nachweisen. So spiegeln sich zeitliche Schwankungen bei den Belastungen mit Luftschadstoffen direkt in der Häufigkeit von akuten Krankheitsgeschehen wider. Die Rate an Asthmaanfällen und Herzinfarkten kann ansteigen, ebenso die täglichen Sterberaten, die Höhe des Blutdruckes und verschiedene Entzündungswerte im Blut.

Selbst relativ moderate Belastungsschwankungen, wie sie in vielen Regionen der Schweiz, Österreichs und Deutschlands häufig vorkommen, können nachweisbar solche akuten Auswirkungen zur Folge haben. Nimmt beispielsweise der Tagesmittelwert der Feinstaubbelastung um 10 µg/m³ zu, so steigt die Zahl an Krankenhauseinweisungen wegen Herz-Kreislauf- und Atemwegserkrankungen (s. Kap. 7.1 und Kap. 7.6) daraufhin um einige Prozent an, die Sterberaten nehmen um ca. 0,5–1 % zu.

Langzeitwirkungen

Luftverschmutzung begleitet die meisten Menschen ein Leben lang. Der Nachweis gesundheitlicher Langzeitwirkungen ist aufwändig und kann nur anhand großer Kohortenstudien (s. Kap. 2.1.5) erbracht werden. Beispiele für solche Kohortenstudien sind die Schweizer Erwachsenen-Studie *SAPALDIA*, die deutsche Frauenstudie *SALIA* und die *Kalifornische Kinderstudie*. Sie alle wurden Anfang der 1990er Jahr zur Erforschung der Langzeitwirkungen von Außenluftverschmutzung ins Leben gerufen.

Tab. 5.2: Nachgewiesene und vermutete gesundheitliche Auswirkungen von städtischer Luftverschmutzung auf den verschiedenen Wirkungsebenen.

Wirkungsebene	Auswirkungen auf die städtische Luftverschmutzung
Pathophysiologie	**Pulmonale Rezeptoren:** Aktivierung pulmonaler Rezeptoren und Beeinflussung des vegetativen Nervensystems mit Überwiegen des Sympathikus
	Entzündungsreaktionen: Auslösung von oxidativem Stress und lokaler Entzündung in den Atemwegen und dem Lungengewebe, „Spill over" der Entzündungsmediatoren in den Körperkreislauf und Auslösung einer subklinischen Entzündungsreaktion im gesamten Körper, Einfluss auf Regulierung der Blutgerinnung und der Gefäßweite
	Übertritt von Schadstoffen in Blutbahn: Auslösung einer subklinischen Entzündungsreaktion im gesamten Körper, Einfluss auf Regulierung der Blutgerinnung und der Gefäßweite
	Neuronaler Übertritt ins Gehirn: Auslösung von Entzündungsherden im zentralen Nervensystem
Akute Symptome/ Wirkungen	**Mortalität:** Erhöhung der täglichen Sterblichkeit (v. a. kardio-respiratorische Ursachen)
	Herz-Kreislauf-System: Anstieg täglicher Herzinfarkt- und Schlaganfallraten, akute Dekompensation einer Herzinsuffizienz, akute Verschlechterung der Lungenfunktion
	Atemwege: Zunahme von Atemwegsbeschwerden bei Kindern und Erwachsenen, Abnahme der Lungenfunktion, Auslösung von Asthmaanfällen
	Reproduktion: Mittelfristig verringertes Geburtsgewicht und erhöhte perinatale Sterblichkeit
Langfristige Wirkungen	**Mortalität:** Verkürzung der Lebenserwartung
	Herz-Kreislauf-System: Erhöhte Inzidenz kardiovaskulärer und zerebrovaskulärer Ereignisse, Hinweise für Mitverursachung der Arteriosklerose und ihrer Folgeerkrankungen, insbesondere koronare Herzkrankheit (KHK) und periphere arterielle Verschlusskrankheit (pAVK)
	Atemwege: Verursachung von Asthma bronchiale bei Kindern, Verschlechterung der Lungenfunktion, verringertes Lungenwachstum bei Kindern, Hinweise auf Mitauslösung der chronisch obstruktiven Lungenerkrankung (COPD), Hinweise auf Mitverursachung des Bronchialkarzinoms
	Stoffwechsel: Hinweise auf Mitwirkung bei der Entwicklung eines Diabetes mellitus
	Kognitive Funktion: erste Hinweise auf eine Beeinträchtigung
Gesundheitssystem	**Akut:** Vermehrte Krankenhauseinweisungen, Notfallstationsbesuche, Arztbesuche wegen Herz-Kreislauf- und Atemwegserkrankungen
	Langfristig: Erhöhung der chronischen Morbidität der Bevölkerung, v. a. durch Beeinflussung von Herz-Kreislauf- und Atemwegserkrankungen.

Gut belegt sind heute die negativen Auswirkungen der Luftschadstoffbelastungen auf die Entwicklung der kindlichen Lunge. Kinder, die an stark befahrenen Straßen aufwachsen, haben zudem ein erhöhtes Risiko an Asthma bronchiale zu erkranken. Bei Erwachsenen, die in Gebieten mit höherer Luftschadstoffbelastung leben, kommt es im Laufe des Lebens zu einer vorzeitigen Abnahme der Lungenfunktion. In der SALIA-Studie konnte ein Zusammenhang mit dem Vorliegen einer chronisch-obstruktiven Lungenerkrankung (COPD; s. Kap. 7.6.4) gezeigt werden. Die mittlere Lebenserwartung ist bei einer Langzeitbelastung mit Feinstaub pro 10 µg/m^3 um etwa sechs Monate verkürzt. Neuere Arbeiten – beispielsweise die deutsche *Heinz Nixdorf Recall Studie* – weisen darauf hin, dass Feinstaub nicht nur im Tiermodell, sondern auch beim Menschen möglicherweise die Entwicklung einer Arteriosklerose beschleunigt. In einigen Studien wurde darüber hinaus die Zunahme von Lungenkrebs an stark belasteten Orten gezeigt.

Besonders gut untersucht sind hier die akuten und Langzeit-Wirkungen des Passivrauchens auf den menschlichen Körper. Zu seinen Gesundheitsrisiken gehören neben der Reizwirkung auf die Schleimhäute des Atmungstraktes auch eine Verschlechterung der Lungenfunktion sowie ein erhöhtes Risiko für die Entwicklung von Atemwegs- und Herz-Kreislauf-Erkrankungen. Passivrauchende Kinder leiden häufiger an Asthma bronchiale und Mittelohrentzündungen. Auch das Risiko eines plötzlichen Kindstodes ist bei Säuglingen und Kleinkindern in Raucherhaushalten erhöht. Darüber hinaus haben NichtraucherInnen, die in Raucherhaushalten leben, ein um 20 % höheres Risiko, an Lungenkrebs zu erkranken (s. Kap. 7.2 und Kap. 7.6).

Offene Fragen

Die aktuelle Forschung befasst sich derzeit vor allem mit der biologischen Wirkung von Feinstäuben bei der Entstehung entzündlicher und chronisch-degenerativer Erkrankungen. Auch ist noch nicht klar, wie sich der beobachtete Zusammenhang zwischen Luftschadstoffbelastung und niedrigem Geburtsgewicht durch intrauterine Entwicklungsschäden erklären lässt. Weitere Studien beschäftigen sich mit der Beeinflussung der frühkindlichen Hirnentwicklung durch Luftschadstoffe sowie mit der möglichen Interaktion zwischen Schadstoffen und Übergewicht bei der Entstehung eines Diabetes mellitus. Zur Klärung der hier angeführten Zusammenhänge und Wirkungsmechanismen werden zunehmend auch genetische und epigenetische Methoden mit einbezogen.

5.2.3 Luftverschmutzung und Prävention

Wirksame Maßnahmen der Verhältnisprävention zum Schutz vor Luftverschmutzung sind *Luftreinhalteverordnungen* und *Maßnahmenpläne* zur Umsetzung dieser Verordnungen. Verhaltenspräventive Maßnahmen sind vor allem in privaten Innenräumen bedeutsam, da hier durch gesetzliche Vorgaben nur wenig erreicht werden kann.

Maßnahmen der Verhältnisprävention

Präventive Maßnahmen im Bereich der Luftverschmutzung müssen primär im Bereich der Umwelt ansetzen und sind damit ein wichtiger Aspekt der Umweltpolitik. Um eine weitere Verschmutzung der Außenluft mit Schadstoffen zu verhindern, muss eine nachhaltige Reduktion der Emissionen und Immissionen angestrebt werden. Eine Luftreinhaltepolitik, welche bei extremen Smogsituationen lediglich mit Notfallmaßnahmen eingreift, ist ineffizient. Hierdurch können nur die akuten Auswirkungen abgemildert werden. Die chronischen Folgen einer ständigen Belastung durch Luftschadstoffe übersteigen die akuten Folgen von extremen Smogsituationen jedoch um ein Vielfaches.

Es gibt keine für die Gesundheit „unschädlichen" Schadstoffgrenzwerte. Vielmehr gilt das Prinzip, dass umso mehr Personen von den gesundheitlichen Folgen betroffen sind und die Auswirkungen bei den Betroffenen umso stärker sind, je höher die Belastung mit Schadstoffen ist. Daraus leitet sich eine Luftreinhaltepolitik ab, die die tolerierbaren Schadstoffkonzentrationen so niedrig wie möglich ansetzt. Eine solche Politik wird derzeit in Großbritannien verfolgt. Die meisten anderen Länder halten dagegen an gesetzlich festgelegten Grenzwerten fest, welche nicht überschritten werden sollen. Die WHO hat die von ihr empfohlenen Zielwerte aufgrund der vorliegenden wissenschaftlichen Evidenz gesenkt. In der EU liegen die Grenzwerte noch wesentlich höher. Man nimmt damit erhebliche gesundheitliche Schäden in Kauf. Mehrere europäische Länder, die USA und hier insbesondere der Bundesstaat Kalifornien haben hingegen weitaus strengere Grenzwerte festgelegt. In Mitteleuropa ist eine weitere Verbesserung der Luftqualität wegen des überregionalen Transports der Luftschadstoffe nur durch gesamteuropäische Anstrengungen zu erreichen.

Nutzen der Luftreinhaltung

In den letzten Jahren konnte gezeigt werden, dass die heutigen Schadstoffkonzentrationen in der Luft zu negativen gesundheitlichen Auswirkungen führen. Den gesundheitlichen Gewinn einer aktiven „Luftreinhaltepolitik" direkt nachzuweisen, ist jedoch schwierig, da kontrollierte, randomisierte Interventionsstudien (s. Kap. 2.1.6) nicht durchführbar sind. Zwar können Effekte auf kurzfristige Ereignisse, wie z.B. das Eintreten eines Herzinfarktes, bereits in den ersten Wochen nach dem Absinken der Schadstoffkonzentrationen beobachtet werden. Der Gesamtumfang des gesundheitlichen Gewinns ist allerdings oft erst nach vielen Jahren messbar. So kam es in der Schweiz während der 11 Jahre dauernden *SAPALDIA-Follow-up-Studie* durch die Reduktion der Luftschadstoffe zu einer Verlangsamung der altersbedingten Lungenfunktionseinschränkung und zu einer geringeren Prävalenz der chronischen Bronchitis. In den ostdeutschen Industriestädten registrierte man nach der Wiedervereinigung deutlich weniger Atemwegserkrankungen bei Kindern, da in dieser Zeit viele Industriebetriebe schließen mussten und es daraufhin zu einem Absinken der Luftschadstoffkonzentrationen kam. Weiterhin konnte in der *Kalifornischen Kinderstudie* festgestellt werden, dass Kinder, die in weniger belastete Gegenden umzogen, ein beschleunigtes Lungenwachstum aufwiesen (s. Kap. 7.6.1).

Maßnahmen der Verhaltensprävention

Im Bereich der Außenluftverschmutzung haben Maßnahmen der individuellen, verhaltensbasierten Prävention nur einen geringen Stellenwert. Zeiten und Orte mit hoher Schadstoffbelastung können bei der Ausübung körperlicher Aktivitäten gemieden werden, um die persönliche Belastung zu reduzieren. Darüber hinaus werden die durch die Luftverschmutzung ausgelösten pathophysiologischen Wirkungspfade durch einen gesunden Lebensstil (z.B. mit Bewegung, Rauchabstinenz und einer Ernährung, die reich an Antioxidantien ist) und eine optimale Behandlung von bereits bestehenden Erkrankungen (u.a. gute Blutdruck- und Blutzuckereinstellung) positiv beeinflusst. Die

Web-Box 5.2.1 auf unserer Lehrbuch-Homepage stellt das Aktionsprogramm „Berlin qualmfrei" vor, das mit verhaltens- und verhältnisbezogenen Maßnahmen zu einer Verringerung des Tabakkonsums in Berlin beitragen soll.

Innenraumbelastung und Prävention

Im Gegensatz zum Außenraumbereich ist in geschlossenen Räumen eine Reduktion der individuellen Belastung sowohl durch Maßnahmen der Verhaltens- als auch der Verhältnisprävention möglich.

Wichtig ist hier vor allem der Schutz vor Gesundheitsschäden durch **Passivrauchen**. In den letzten Jahren hat die Gesetzgebung in vielen Ländern auf Forschungsergebnisse reagiert, die einen Zusammenhang zwischen Passivrauchen und Herz-Kreislauf-Erkrankungen, Erkrankungen der Atemwege und Lungenkrebs (s. Kap. 7.1, Kap. 7.2 und Kap. 7.6) nachweisen konnten, indem sie für den öffentlichen Raum *Nichtraucherschutzgesetze* erließ. Diese haben bereits zu einer Verbesserung der Gesundheit der Bevölkerung geführt. Die registrierten Effekte sind jedoch nur teilweise auf die Abnahme der Passivrauchexposition zurückzuführen, da sich als Begleiteffekt oft auch das Verhalten der Rauchenden ändert (v. a. durch Reduktion/Aufgabe des Rauchens; vgl. auch Kap. 4.2).

Darüber hinaus konnte in vielen Industriestaaten die Innenraumbelastung mit Luftschadstoffen durch Sanierungsmaßnahmen und spezielle gesetzliche Vorgaben bei der Herstellung sowie Nutzungsempfehlungen für Baumaterialien, Möbel und Haushaltsmittel reduziert werden. So sind in Europa beispielsweise für das kanzerogene Formaldehyd maximal zulässige Konzentrationen festgelegt, die ein Produkt abgegeben darf. Im privaten Raum gelten jedoch keine gesetzlichen Immissionsgrenzwerte, weshalb für den Innenraum verhaltenspräventive Methoden und die Aufklärung der Bevölkerung eine bedeutende Rolle einnehmen. Wichtig ist hier eine aktive Beratung durch die Ärzteschaft und andere im Gesundheitswesen Tätige – insbesondere dann, wenn Kinder solchen Schadstoffen ausgesetzt sind.

Innerhalb eines Hauses kann es z. B. bei zu starker Wärmedämmung und ungenügender Durchlüftung durch eine erhöhte Feuchtigkeit in den Innenräumen zu einer Belastung der Luft mit Schimmelpilzallergenen kommen. Man geht davon aus, dass sie bei der Entstehung von Allergien und respiratorischen Problemen eine Rolle spielen können.

Anders als in Europa ist die Verbrennung von Biomasse in geschlossenen Räumen zu Koch- und Heizzwecken in Asien, Mittel- und Südamerika, Afrika und dem Südpazifik noch immer ein weit verbreitetes Problem. Die gesundheitlichen Folgen der hierdurch verursachten hohen Innenraumbelastung mit Luftschadstoffen sind erheblich und betreffen vor allem Frauen und Kinder.

5.2.4 Luftverschmutzung, individuelles Risiko und Public-Health-Bedeutung

Im Vergleich zu den Auswirkungen, die aktives Rauchen auf die Gesundheit von RaucherInnen hat, sind die Auswirkungen der Schadstoffbelastung sowohl der Außen-, als auch der Innenraumluft in unseren Breiten für das einzelne Individuum geringer. Im Hinblick auf die Bevölkerungsgesundheit sind sie jedoch durchaus relevant. Dieses vermeintliche Paradoxon rührt daher, dass das *bevölkerungsbezogene attributable Risiko* (PAR) nicht nur vom individuellen Risiko, sondern auch von der Anzahl der belasteten Personen und der Häufigkeit der Grundkrankheiten abhängt.

Anders als beim Rauchen sind nämlich grundsätzlich alle Menschen in einem bestimmten Gebiet der Außenluftverschmutzung ausgesetzt. Entsprechend groß ist der potentielle gesundheitliche Gewinn einer nachhaltigen Luftreinhaltepolitik. Die Web-Tab. 5.2.1 auf unserer Lehrbuch-Homepage zeigt Beispiele für den potentiellen gesundheitlichen Nutzen einer reduzierten Schadstoffbelastung mit Feinstaub (PM_{10}) in verschiedenen Regionen Europas. Es wird hierfür angenommen, dass die aktuellen Schadstoffkonzentrationen auf die im Szenario vorgeschlagenen Werte vermindert werden.

Internet-Ressourcen

Auf unserer Lehrbuch-Homepage (**www.public-health-kompakt.de**) finden Sie Links zu weiterführender Literatur sowie zu anderen themenrelevanten Internet-Ressourcen. Insbesondere möchten wir Sie noch auf die Webseiten der bedeutendsten Langzeitstudien der Schweiz, Deutschlands und Österreichs im Bereich der Luftverschmutzung hinweisen: SAPALDIA (CH), SALIA (D), Heinz Nixdorf Recall Studie (D); AUPHEP (A); ESCAPE Konsortium (EU).

5.3 Lärm

Martin Röösli, Wolfgang Babisch

Schall durchdringt unser Leben. Er ist ein wichtiger Bestandteil des sozialen Miteinanders und gleichzeitig unerwünschter Abfall. Unser Körper ist in der Lage, Schall zu erzeugen und zu verarbeiten. Hierin besteht ein Unterschied zu anderen Schadstoffen, die wir zu einem großen Teil nicht wahrnehmen können. Wir benötigen Schall zur Kommunikation, Orientierung und als Warnsignal. Ein Übermaß an Schall – bezogen auf Stärke und Dauer – beeinträchtigt jedoch nicht nur das subjektive Wohlbefinden, sondern kann zu nachhaltigen gesundheitlichen Schäden führen.

In diesem Abschnitt definieren wir den Begriff *Lärm*, wir schauen uns die wichtigsten *Lärmquellen* an und gehen anschließend auf die epidemiologische Bedeutung der durch Lärm ausgelösten Erkrankungen ein. Zum Schluss erörtern wir, welche *Lärmschutzmaßnahmen* sinnvoll sind und für welche bereits gesetzliche Regelungen getroffen wurden.

Schweizerische Lernziele: CPH 42–44, CPH 63

5.3.1 Definitionen und Maßeinheiten: Was sind Schall und Lärm?

Als **Schall** bezeichnet man die mit einem Messgerät registrierten Schalldruckschwankungen, quantifiziert als *Schalldruckpegel* (kurz Schallpegel, L_p). Dieser drückt das mit zehn multiplizierte logarithmische Verhältnis der von einer Schallquelle abgestrahlten Schallintensität *I* (gemessen in W/m^2) zur einer Bezugsintensität I_0 aus. Als Bezug dient der leiseste Schalldruck, der von unserem Ohr wahrgenommen wird, die Hörschwelle ($I_0 = 10{-}12\ W/m^2$). Die Angabe erfolgt in logarithmischer Dezibel-Skala (dB). Daher kommt es bei einer Verdoppelung der Schallintensität (z. B. der Verwendung von zwei gleichen Lautsprechern) zu einem Anstieg des Schalldruckpegels um 3 dB ($10 \times \log_{10} 2$). Zehn gleiche Schallquellen erhöhen den Schalldruckpegel um 10 dB. Eine solche Anhebung des Schalldruckpegels wird von uns als annähernde Verdoppelung der subjektiv wahrgenommenen Lautstärke empfunden. Da der Mensch nicht alle Frequenzen gleich intensiv wahrnimmt, wird in Schallpegelmessern zusätzlich ein Filter eingesetzt, der die unterschiedliche Empfindlichkeit des menschlichen Ohres bei verschiedenen Frequenzen nachbildet. Diese *A-bewerteten Schallpegel* [in dB(A)] werden in Umweltforschung und Lärmgesetzgebung verwendet.

Bei der Messung von **Lärmpegeln** (s. Box 5.3.1) muss auch die Dauer der Beschallung berücksichtigt werden. Aus zeitlich schwankenden Schalldruckpegeln wird unter Beachtung der logarithmischen Gesetze ein Mittelwert gebildet [*Mittelungspegel* oder *äquivalenter Dauerschallpegel* (L_{Aeq})]. Übliche Mittelungszeiträume sind 24 Stunden ($L_{Aeq,24h}$), 16 Stunden für die Tageszeit ($L_{Aeq,16h}$) oder 8 Stunden für die Nachtzeit ($L_{Aeq,8h}$). In der Lärmpolitik spielen auch *zeitlich gewichtete Lärmindikatoren* wie der L_{DN} oder der L_{DEN} eine Rolle. Dabei steht *DN* für eine Tag-Nacht-Gewichtung (**D**ay-**N**ight), bei der nächtlicher Lärm (22.00–6.00 Uhr oder 23.00–7.00 Uhr) einen Zuschlag von 10 dB erhält. Bei DEN (**D**ay-**E**vening-**N**ight) erhält abendlicher Lärm (18.00–22.00 Uhr oder 19.00–23.00 Uhr) noch einen Zuschlag von 5 dB.

Box 5.3.1: Schall oder Lärm?

Obwohl die Begriffe Schall und Lärm umgangssprachlich oft synonym verwendet werden, stellen sie doch verschiedene Betrachtungsebenen dar. Lärm wird häufig auch als unerwünschter Schall bezeichnet. Damit wird deutlich, dass der Begriff *Schall* die rein physikalisch-akustische Komponente beschreibt, während *Lärm* auch die Wirkungsebene mit einbezieht. Auch gewollter Schall (z. B. laute Musik) kann körperliche Schäden hervorrufen. Weitergehende Definitionen bezeichnen Lärm daher als jegliche Schalleinwirkung, die belästigt, stört oder zu gesundheitlichen Schäden führen kann.

5.3.2 Lärmbelastung der Bevölkerung und Expositionsquellen

Die bedeutendste Quelle von Umweltlärm ist bei uns der motorisierte Verkehr auf Straßen, Schienen und in der Luft. Hinzu kommen Industrielärm (von Baustellen und Industrieanlagen) und Nachbarschaftslärm (s. Abb. 5.4). Nach ersten Schätzungen der *Europäischen Umweltagentur* (2011) ist in größeren europäischen Städten (Ballungsräume ≥ 250.000 Einwohner) rund die Hälfte der Einwohner regelmäßig Straßenverkehrslärm von L_{DEN} = 55 dB(A) oder mehr ausgesetzt, 13 % müssen Schallpegel von 65 dB(A) oder mehr tolerieren. In Deutschland sind danach rund 3,5 Mio. Menschen regelmäßig Schienenverkehrslärm von L_{DEN} ≥ 55 dB(A) ausgesetzt. Rund 1,1 Mio. Menschen müssen sich mit entsprechendem Fluglärm arrangieren. In der Schweiz sind jeweils ca. 200.000 Menschen von Bahn- und Fluglärm betroffen.

5.3.3 Gesundheitsfolgen

Effekte auf das Gehör

Bleibende Hörschäden entstehen nicht nur dann, wenn laute Geräusche, d. h. hohe Schallpegel kurzzeitig auf das Gehör einwirken, sondern auch durch eine Dauerschallbelastung bei niedrigeren Schallpegeln. Hierbei kommt es infolge mangelhafter Ener-

Vorsicht Lärm!

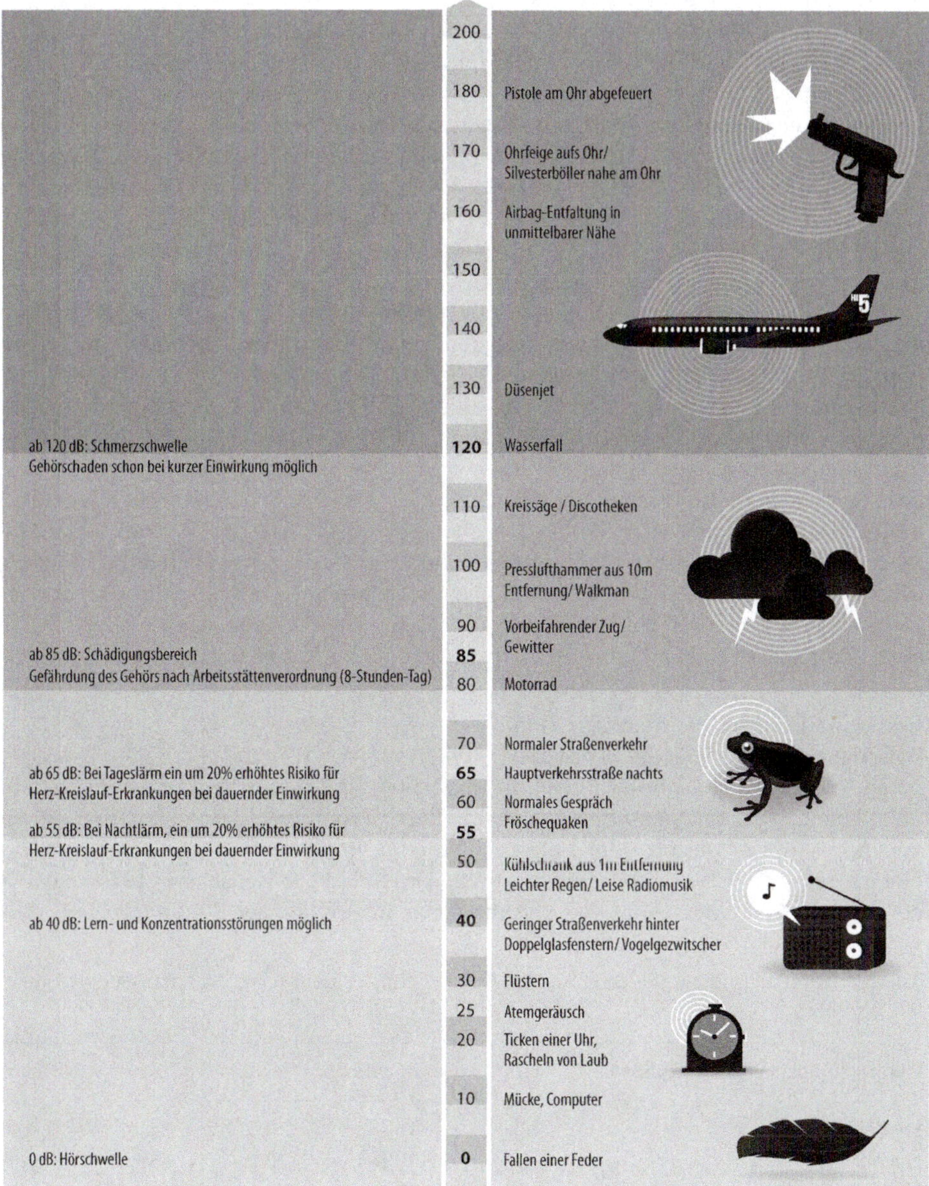

Abb. 5.4: Überblick über Schallpegel in unserer Umwelt und die damit verbundenen Gesundheitsrisiken.

gieversorgung zu einer langsamen Degeneration der Haarzellen im Innenohr. Die Betroffenen haben ein Gefühl wie Watte in den Ohren. Während akute Hörschäden meist sofort bemerkt werden (z. B. durch Hörsturz, Tinnitus, Hörminderung, dumpfen Höreindruck), werden die langsam entstehenden Hörschäden bei einer chronischen Lärmeinwirkung anfangs kaum wahrgenommen. Man unterschätzt daher oft die Gesundheitsgefahren, die z. B. durch laute Musik drohen.

Von kurzzeitigen Überlastungen kann sich unser Gehör in ruhigen Phasen wieder erholen. Ein vollständiger Verlust von Sinneszellen ist hingegen irreversibel. Lärm bedingter Hörverlust manifestiert sich insbesondere in dem für das gesunde Ohr empfindlichsten Bereich um 4 kHz (betroffen ist daher das Verstehen von Sprache, insbesondere von Zischlauten). Bei der Musik gehen die klangbestimmenden Obertöne verloren, was oft nicht sofort bemerkt wird. Ein solcher Hörverlust kann zusätzlich von Ohrgeräuschen *(Tinnitus)* begleitet sein. Hörgeräte sind in der Lage, größere Hörverluste z.T. auszugleichen, indem sie die aufgenommenen Geräusche verstärken. Der Höreindruck ist allerdings auch mit Hörgerät beeinträchtigt.

Die Ursachen für Hörschäden können sowohl im Arbeits- als auch im Freizeitbereich liegen. Beispiele sind laute Musik in Diskotheken und Konzerten, aber auch über Kopfhörer, nahe Explosionen von Feuerwerkskörpern, lautes Spielzeug oder Hobbys, die Lärm machen. Derzeit wird darüber diskutiert, ob insbesondere die häufige Verwendung von MP3-Playern gemeinsam mit anderem Freizeitlärm in Zukunft vermehrt zu frühzeitig auftretenden Hörschäden führen wird. Tatsächlich stieg die Zahl der Hörgeräteverordnungen für Kinder und Jugendliche laut einem Bericht der deutschen Techniker Krankenkasse bei ihren Versicherten zwischen 2006 und 2010 um 26 % an. Es gibt jedoch nur wenige Studien mit widersprüchlichen Resultaten zur zeitlichen Entwicklung der Hörverluste bei Jugendlichen und jungen Erwachsenen. Deshalb ist unklar, ob dieser Anstieg eine tatsächliche Zunahme von Hörverlusten widerspiegelt oder die Folge einer adäquateren Behandlung von Hörproblemen bei Kindern und Jugendlichen ist.

Gesundheitsfolgen, die nicht das Gehör betreffen

Belästigung: Große Teile der Bevölkerung fühlen sich durch Verkehrslärm, insbesondere durch Straßenverkehrslärm erheblich beeinträchtigt. In Deutschland waren es im Jahr 2008 knapp 60 % der Menschen, die sich in ihrem Wohnumfeld durch Straßenverkehr zumindest ‚etwas' gestört oder belästigt fühlten. Die Lärmwirkungsforschung richtet hier ihr Augenmerk besonders auf hochgradig lärmbelästigte Menschen („highly annoyed", s. Tab. 5.3). Meta-Analysen verschiedener internationaler Studien zeigen, dass

Tab. 5.3: Lärmbelästigung der Bevölkerung in Deutschland, unterschieden nach Geräuschquellen[a] (2008)

Geräuschquelle	äußerst	stark	mittelmäßig	etwas	überhaupt nicht
Straßenverkehr	3,5	8,1	18,1	29,1	41,2
Nachbarn	1,4	3,9	10,8	26,2	57,6
Flugverkehr	1,9	4,2	7,5	16,8	69,6
Industrie und Gewerbe	0,7	2,9	8	20,1	68,2
Schienenverkehr	0,5	2,7	8	12,4	76,4

[a] Angaben in Prozent mit gerundeten Zahlen, daher Summenwerte über 100 % möglich

Quelle: Umweltbundesamt. Umweltbewusstsein in Deutschland 2008. Ergebnisse einer repräsentativen Bevölkerungsumfrage, Berlin 2008; http://www.umweltbundesamt-daten-zur-umwelt.de/umweltdaten/public/theme.do?nodeIdent=2451.

Fluglärm bei gleichem Dauerschallpegel noch stärker belästigt als Straßen- oder Schienenverkehrslärm. Nach den Empfehlungen der WHO (s. *Community Noise Guidelines*) sollten zur Vermeidung erheblicher („serious") Belästigungen Tages-Immissionspegel von 55 dB(A) nicht überschritten werden.

Schlafstörungen: Regelmäßiger, ungestörter Schlaf ist wichtig für die körperliche und geistige Leistungsfähigkeit eines Menschen. Personen, die während des Schlafens Lärm ausgesetzt sind, zeigen im Schlaflabor deutliche körperliche Reaktionen (sog. *Arousal-Reaktionen* im EEG, Änderungen der Schlafstadien, Körperbewegungen sowie physiologische Reaktionen wie Blutdruck- und Herzfrequenzänderungen). Diese sind auch nachweisbar, wenn die Betroffenen sagen, dass sie der Lärm nicht stört oder sie sich nicht daran erinnern können. Es scheint auch keine vollständige körperliche Gewöhnung an den Lärm zu geben, da auch Personen, die schon lange in lärmbelasteten Gebieten wohnen, diese Reaktionen zeigen. Lärm verlängert darüber hinaus die Einschlafzeiten und verkürzt die Gesamtschlafenszeiten. Auch die subjektive Bewertung der Schlafqualität fällt schlechter aus. Nach den *Night Noise Guidelines for Europe* der WHO zeigt nächtlicher Außenlärm (L_{night}) mit Mittelungspegeln bis 30 dB(A) keine wesentlichen biologischen Auswirkungen. Bei Mittelungspegeln zwischen 30 und 40 dB(A) werden besonders bei empfindlichen Personen Blutdruck- und Herzfrequenzänderungen sowie Aufwachreaktionen beobachtet. Mittelungspegel von 40–55 dB(A) führen bei vielen Betroffenen zu negativen gesundheitlichen Auswirkungen. Ab 55 dB(A) wird die Situation als gesundheitlich bedenklich eingestuft. Ein Großteil der Bevölkerung ist dann stark belästigt, das Risiko für Herz-Kreislauf-Erkrankungen steigt. Es wird daher empfohlen, dass die nächtliche Lärmbelastung außerhalb von Wohnungen (L_{night}) 40 dB(A) nicht überschreiten sollte. Wo dies kurzfristig nicht erreichbar ist, sollte als Interimsziel ein Wert von 55 dB(A) festgelegt werden.

Kognitive Leistungsfähigkeit: Bei Kindern mit dauerhafter Lärmexposition am Wohnort sind kognitive Leistungsfähigkeit und Schulleistungen beeinträchtigt. Dies wurde insbesondere für Fluglärm nachgewiesen.

Herz-Kreislauf-Risiko: Die folgenschwersten gesundheitlichen Auswirkungen von Lärm betreffen das Herz-Kreislauf-System. Schon eine Dauerlärmbelastung oberhalb von 60 dB(A) erhöht das Risiko, einen Herzinfarkt oder einen Schlaganfall zu erleiden (vgl. Kap. 7.1). Das Risiko scheint dann exponentiell anzusteigen. Sowohl akute Lärmereignisse als auch eine dauerhafte Lärmbelastung führen zu einer Erhöhung des Blutdrucks. Dies gilt insbesondere für nächtlichen Lärm. Man geht heute davon aus, dass die beobachteten Effekte auf das kardiovaskuläre System dadurch entstehen, dass Lärm als psychosozialer Stressor auf das sympathische Nervensystem und das Hormonsystem wirkt. In experimentellen und epidemiologischen Studien korrelierten ansteigende Lärmbelastungen [ab 55 dB(A)] mit einer zunehmenden Kortisolausschüttung. Hierbei scheint die individuelle Sensibilität eine große Rolle zu spielen. Menschen, die sich durch Lärm stärker gestört fühlen, erfahren auch einen größeren Stress.

5.3.4 Public-Health-Auswirkungen

Ökonomisch betrachtet spiegelt sich die Beeinträchtigung der Menschen durch Umweltlärm in den Miet- und Immobilienpreisen wider. Allerdings ist den meisten Menschen nicht bewusst, wie stark sich Lärm auf ihre Gesundheit auswirken kann. Im Jahr 2005 gingen auf diese Weise in der Schweiz 335 Lebensjahre durch lärmbedingte ischämische Herzkrankheiten verloren. Darüber hinaus waren rund 1.000 zusätzliche Hospitalisationstage erforderlich. Die WHO hat in ihrem im Jahr 2011 erschienenen Bericht *Burden of Disease from Environmental Noise* die Gesamtlast gesundheitlicher Beeinträchtigungen durch Umweltlärm für Westeuropa auf über 1 Million DALYs (*Disability-Adjusted Life Years, s.* Kap. 9.1.2) geschätzt.

5.3.5 Richtlinien und gesetzliche Regelungen

Bei lebenslanger täglicher Exposition wird ein äquivalenter Dauerschallpegel ($L_{Aeq,24h}$) von unter 70 dB(A) als sicher für das Gehör eingestuft. Nach den EU-Arbeitsschutzrichtlinien müssen Arbeitnehmer ab einer täglichen Lärmbelastung von 85 dB(A) Gehörschutz benutzen (s. a. Kap. 6.2.3). In der Europäischen Union gilt darüber hinaus seit 2002 die *Richtlinie des Europäischen Parlaments und des Rates über die Bewertung und Bekämpfung von Umgebungslärm* [Richtlinie 2002/49/EG]. Sie hat zum Ziel, schädliche Auswirkungen von Umgebungslärm zu verhindern, ihnen vorzubeugen oder sie zu mindern.

In der Schweiz wird der Umweltlärm in der *Lärmschutz-Verordnung* (LSV) reguliert. Das Gesetz definiert maximale Immissionen, welche auf lärmempfindliche Bauten oder Gebiete einwirken dürfen. Der Immissionsgrenzwert in Wohnzonen liegt z. B. bei 60 dB(A) während des Tages und bei 50 dB(A) während der Nacht. Darüber hinaus regelt die *Schall- und Laserschutzverordnung* in der Schweiz die zulässigen Lärmemissionen für Freizeitveranstaltungen in Gebäuden.

In Deutschland werden die Grenzwerte für Lärm durch verschiedene Gesetze und Verordnungen festgelegt. So regelt z. B. die *Sechste Allgemeine Verwaltungsvorschrift zum Bundes-Immissionsschutzgesetz* (TA Lärm) die Grenzwerte für Lärm, der von Anlagen wie Betriebsstätten und technischen Einrichtungen ausgeht. Für reine Wohngebiete sind dort als Grenzen 50 bzw. 35 dB(A) [Tag/Nacht] festgelegt. In Deutschland gibt es keine umfassende gesetzliche Regelung zum Schutz von Veranstaltungsbesuchern (z. B. in Diskotheken oder Konzerten) vor zu hohen Schalldruckpegel. Die DIN-Norm 15905, Teil 5, die einen Grenzwert von 99 dB(A) für den halbstündigen Mittelungspegel angibt – gemessenen am lautesten Ort, der dem Publikum zugänglichen ist – hat bislang keine gesetzliche Verbindlichkeit.

Internet-Ressourcen

Auf unserer Lehrbuch-Homepage (**www.public-health-kompakt.de**) finden Sie Näheres zu den einzelnen Richtlinien und Gesetzen, Hinweise auf weiterführende Literatur sowie Links zu themenrelevanten Studien und Institutionen.

5.4 Strahlung

Im elektromagnetischen Spektrum unterscheidet man je nach Wellenlänge bzw. Frequenz zwischen nicht-ionisierender und ionisierender Strahlung. Ionisierende Strahlung ist in der Lage, Elektronen aus einem Atom oder Molekül herauszulösen. Den Begriff der *ionisierenden Strahlung* verbinden wir spontan meist mit den Atombombenabwürfen über Hiroshima und Nagasaki oder den nuklearen Unfällen von Tschernobyl und Fukushima. Für den größten Teil der durchschnittlichen Strahlenbelastung in Mitteleuropa ist jedoch das Edelgas Radon aus Gesteinen und dem Erdreich verantwortlich, das sich in der Atemluft von Wohnhäusern ansammeln kann. Die Folgen des Kontakts mit ionisierender Strahlung reichen von der akuten Strahlenkrankheit bis hin zu Veränderungen im Erbgut. Die Exposition gegenüber technisch erzeugter *nicht-ionisierender Strahlung* ist im heutigen Alltag unumgänglich. Wo Strom fließt, entstehen niederfrequente elektrische und magnetische Felder. Drahtlose Kommunikationsgeräte wie Mobil- oder Schnurlostelefone emittieren hochfrequente elektromagnetische Felder. *Ultraviolette Strahlung* befindet sich im elektromagnetischen Spektrum im Grenzbereich zwischen ionisierender und nicht-ionisierender Strahlung.

In diesem Abschnitt definieren wir zuerst die wichtigsten Begriffe aus diesen beiden Bereichen, schauen uns dann die häufigsten *Strahlungsquellen* an und gehen anschließend auf die gesundheitlichen Auswirkungen der Strahlung ein. Zum Schluss erörtern wir, welche präventiven Maßnahmen der Gesetzgeber zum Schutz vor nicht-ionisierender und ionisierender Strahlung getroffen hat.

Schweizerische Lernziele: CPH 42–44

5.4.1 Nicht-ionisierende Strahlung

Martin Röösli, Gabriele Berg-Beckhof

Definitionen und Maßeinheiten: Das elektromagnetische Feld

Elektromagnetische Felder sind einerseits durch die elektrische und andererseits durch die magnetische Feldstärke charakterisiert. Die *elektrische Feldstärke E* ist abhängig von der Stärke und dem Abstand der elektrischen Ladungen und wird in Volt pro Meter (V/m) gemessen. Die *magnetische Feldstärke H* ist dagegen abhängig von der Stromstärke. Man misst sie in Ampère pro Meter (A/m). Im Niederfrequenzbereich ist die Magnetflussdichte in Tesla (T) ein häufig verwendetes Maß, im Hochfrequenzbereich ist es die Leistungsflussdichte. Letztere misst die Energie, die pro Zeiteinheit durch eine senkrechte Bezugsfläche hindurch tritt (W/m^2). Man unterscheidet dabei zwischen Fernfeld- und Nahfeld-Bedingungen. Das Fernfeld beginnt beim Abstand von mehr als einer Wellenlänge von der Strahlungsquelle. Bei der Mobilfunkstrahlung wäre das also ab einem Bereich von ca. 30 cm.

Expositionsquellen und Belastung der Bevölkerung

Unser europäisches Stromnetz operiert generell mit einer Frequenz von 50 Hz (Abb. 5.5). Drahtlose Kommunikationsgeräte wie Mobil- oder Schnurlostelefone emit-

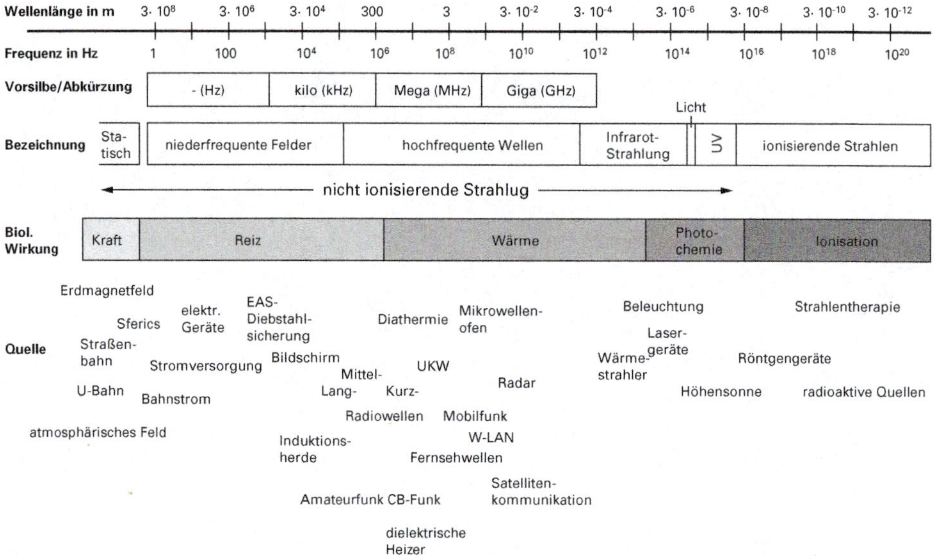

Abb. 5.5: Überblick über das elektromagnetische Spektrum. (Quelle: Röösli M, Rapp R, Braun-Fahrländer C. Hochfrequente Strahlung und Gesundheit – eine Literaturanalyse. Gesundheitswesen 2003; 65:378–392).

tieren *hochfrequente elektromagnetische* Felder (HF-EMF) im Mega- und Gigahertzbereich. Dazwischen gibt es weitere Frequenzbänder, die z. B. für Diebstahlsicherungen in Warenhäusern verwendet werden oder Mischformen, wie sie bei der *Magnetresonanztomographie* (MRT) zum Einsatz kommen.

Belastungen durch **NF-EMF** treten im Alltag vor allem in der Nähe von elektrischen Geräten auf. Kupferspulen, die in Haushaltsgeräten den Strom in Kleinstspannung transformieren, emittieren aufgrund der damit verbundenen Zunahme des Stromflusses magnetische Felder. So kann die Magnetflussdichte in 3 cm Abstand von einem Föhn, einem Rasierer, Staubsauger oder einer Bohrmaschine 1000 µT betragen. Ausgehend von solchen Punktquellen nimmt die Flussdichte aber umgekehrt proportional zur dritten Potenz des Abstands ab. Eine Verdoppelung des Abstandes führt also zu einer achtmal geringeren Feldbelastung, so dass in einem Abstand von 1 m eine Magnetflussdichte von 1 µT nicht überschritten wird. In der Nähe von Hochspannungsfreileitungen (220 oder 380 kV) treten Magnetflussdichten im Bereich von einigen Mikrotesla auf. Auch hier nimmt die Flussdichte mit der Entfernung erheblich ab. In einer Entfernung von mehr als 100 m sind die Werte dann kleiner als 1 µT.

Belastungen durch **HF-EMF** treten im Alltag v. a. beim Telefonieren mit einem Mobiltelefon lokal am Kopf auf. Die maximale *spezifische Strahlenabsorptionsrate* (SAR), die die in einem biologischen Gewebe absorbierte Energie angibt, ist beim Telefonieren mit einem Mobiltelefon rund 1.000 bis 100.000 Mal höher als in der Nähe einer Mobilfunkantenne. Die Abnahme des HF-EMF ist etwa umgekehrt proportional zur Distanz (1/r) von der emittierenden Quelle. In der Schweiz wurde 2007 die Höhe der Fernfeldexpositionen im Alltag anhand einer Bevölkerungsstichprobe bestimmt. Dabei wurden mittlere Belastungen von 0,2 V/m gemessen, die vorwiegend von den Handys anderer Personen, von Handyantennen und Basisstationen der DECT-Schnurlostelefone stammten.

Gesundheitliche Effekte

Es ist unbestritten, dass hohe Dosen **niederfrequenter elektromagnetischer Felder** (NF-EMF) gesundheitsschädigend sind. Magnetfelder durchdringen den Körper praktisch ungehindert, während elektrische Felder kaum in den Körper eindringen können. Zeitlich variierende Magnetfelder induzieren dabei einen Strom im Körper. Dagegen verursacht ein elektrisches Wechselfeld Ladungsverschiebungen auf der Körperoberfläche, die zu Verschiebeströme im Körper führen. Stromflüsse im Körper erfolgen entlang von gut leitenden Strukturen, typischerweise entlang von Nervenbahnen, und können dort, wenn sie groß genug sind, ein Aktionspotential auslösen.

Derzeit noch kontrovers diskutiert werden mögliche gesundheitliche Wirkungen im Niedrigdosisbereich. Verschiedene epidemiologische Studien fanden übereinstimmend ein erhöhtes Leukämierisiko bei Kindern, die an ihrem Wohnort niederfrequenten Magnetfeldern (NF-MF) von mehr als $0{,}4\,\mu T$ ausgesetzt waren. In Zell- und Tierstudien wurde jedoch bisher kein biologischer Mechanismus entdeckt, der die epidemiologischen Befunde erklären könnte. Die *International Agency for Research on Cancer* (IARC) hat deshalb NF-MF als möglicherweise kanzerogen klassifiziert. Sollte tatsächlich ein ursächlicher Zusammenhang bestehen, wären rund ein bis vier Prozent aller Erkrankungen an Leukämie bei Kindern unter 15 Jahren auf NF-MF zurückzuführen. In der Schweiz wäre dies etwa ein Fall pro Jahr.

Seit langem bekannt ist die *thermische Wirkung* von **hochfrequenten elektromagnetischen Feldern** (HF-EMF), die bei Mikrowellenöfen auch technisch genutzt wird. Von den so genannten *nicht-thermischen Auswirkungen im Nahfeldbereich* ist das mögliche Hirntumorrisiko durch Handynutzung am intensivsten untersucht. Im Alltag ist kein anderer Körperteil durch HF-EMF so stark exponiert wie der Kopf bei der Benutzung eines Mobiltelefons. Deshalb geht man davon aus, dass sich eine mögliche Kanzerogenität von HF-EMF am ehesten in Form von Tumoren im Kopfbereich manifestieren würde. Bisher gibt es keine Hinweise darauf, dass sich das Hirntumorrisiko durch Handygebrauch innerhalb von zehn Jahren erhöht. Aussagen zu einer längeren Nutzungsdauer sind aufgrund fehlender Daten noch nicht möglich. Auch fehlt ein Erklärungsansatz, auf welche Weise nicht-thermische HF-EMF kanzerogen wirken könnten. Dennoch wurden auch HF-EMF von der *Internationalen Agentur für Krebsforschung* (IARC) als möglicherweise kanzerogen klassifiziert. Der einzige, bisher konsistent nachgewiesene Effekt von Handys ist ein Einfluss auf die Hirnströme. Ob dies gesundheitsrelevant ist, ist jedoch noch unklar.

Im *Fernbereich* sind gesundheitliche *nicht-thermische Auswirkungen* hochfrequenter Felder (wie z. B. von Mobilfunksendeanlagen) wegen der geringen Exposition nur schwer zu erfassen. Bis heute konnte keine Evidenz für einen Zusammenhang zwischen HF-EMF und Befindlichkeits- bzw. Schlafstörungen oder gar Krebserkrankungen nachgewiesen werden. Ob HF-EMF Krankheiten auslösen können, ist damit noch unklar. Allerdings besteht bei dieser noch jungen Expositionsquelle weiterhin Forschungsbedarf, um ein langfristiges Gesundheitsrisiko ausschließen zu können (s. dazu die Web-Box 5.4.1 „Bürgerinitiativen fordern: Der Mast muss weg." auf unserer Lehrbuch-Homepage).

Gesetzgebung

Als Grundlage für die Festlegung von Grenzwerten im Bereich der nicht-ionisierenden Strahlung dienen in den meisten Ländern die Publikationen der *International Commission on Non-Ionizing Radiation Protection* (ICNIRP). Im niederfrequenten Bereich beruhen die Grenzwerte auf den replizierbaren Auswirkungen der internen Körperströme. Bei hochfrequenten Feldern ist die *spezifische Strahlenabsorptionsrate* (SAR) die relevante Messgröße. Studien konnten zeigen, dass eine Ganzkörperabsorption von 4 W/kg bei einer 30-minütigen Exposition zu einer Erwärmung des Körpers um 1°C führt. Es wird angenommen, dass dies bei einem gesunden Menschen die Grenze ist, die physiologisch kompensiert werden kann. Unter Berücksichtigung eines Sicherheitsfaktors von 10 wurde für die berufliche Exposition ein Basisgrenzwert von 0,4 W/kg festgelegt. Für die Allgemeinbevölkerung hat man den Basisgrenzwert nochmals fünfmal tiefer angesetzt (0,08 W/kg). Daraus leitet sich für die Mobilfunkstrahlung (je nach Frequenz) ein **Immissionsgrenzwert** von 41–61 V/m ab. Dieser Immissionsgrenzwert wurde auch von Deutschland und der Schweiz übernommen (s. in Deutschland: 26. *Bundes-Immissionsschutzverordnung* [BImschV] vom 16.12.1996); in der Schweiz: *Verordnung über den Schutz vor nichtionisierender Strahlung* [NISV]). Im Sinne des präventiven Gesundheitsschutzes führte die Schweiz neben einem Immissionsgrenzwert noch einen **Anlagegrenzwert** ein. Dieser ist für hochfrequente elektromagnetische Felder zehnmal niedriger und darf an Orten mit empfindlicher Nutzung (OMEN, z.B. Wohnungen und Schulen) durch eine einzelne Anlage nicht überschritten werden. Im niederfrequenten Bereich gibt es für unterschiedliche Wellenlängen unterschiedliche Grenzwerte. So liegt der ICNIRP-Referenzwert für 50 Hz Felder bei 200 µT, der schweizerische Immissionsgrenzwert für 50 Hz Felder dagegen bei 100 µT und der Anlagegrenzwert bei 1 µT.

Ultraviolette Strahlung (UV-Strahlung)

Das Spektrum der ultravioletten Strahlung erstreckt sich über den Wellenlängenbereich von 10 bis 400 nm und befindet sich im elektromagnetischen Spektrum zwischen sichtbarem Licht und ionisierender Strahlung (Abb. 5.5). Die wichtigste Quelle natürlicher UV-Strahlung ist die Sonne. Aus kosmetischen Gründen setzen sich viele Menschen in Solarien künstlicher UV-Strahlen aus. Je kürzer die Wellenlänge ist, desto energiereicher ist die Strahlung. Aufgrund der daraus resultierenden unterschiedlichen biologischen Wirkungen unterscheidet man die Teilbereiche UV-A (320–400nm), UV-B (280–320 nm), UV-C (100–280 nm) und Vakuum-UV (10–100 nm). UV-B-Strahlung regt die Bildung von Vitamin D in der Haut an. Ultraviolette Strahlung kann jedoch auch zu einer Reihe von unerwünschten Effekten führen, wie z.B. zu beschleunigter Hautalterung, Augenschädigungen und einer Schwächung des Immunsystems. Die Exposition gegenüber UV-Strahlung gilt auch als wichtigster exogener Risikofaktor bei der Entwicklung von bösartigen Hauttumoren wie dem schwarzen Hautkrebs (malignes Melanom), Basalzellenkarzinomen (Basaliom) und Plattenepithelkarzinomen (Spinaliom). In den Solarien werden hauptsächlich UV-A-Strahlen eingesetzt, die die Haut zwar schnell bräunen, aber auch altern lassen. Anders als UV-B-Strahlen führen UV-A-Strahlen nicht zu einer Verdickung der Haut, die Haut ist damit nicht auf die Bestrahlung vorbereitet.

Die *International Agency for Research on Cancer* (IARC) klassifizierte UV- und Sonnenstrahlung sowie die Benutzung von Solarien 2009 als „krebserzeugend" *(kanzerogen*; Gruppe 1). Nach einer Meta-Analyse der IARC ist das Risiko, an einem malignen Melanom zu erkranken, für Personen, die vor dem 30. Lebensjahr ein Solarium besuchen, um 75 % erhöht. Man nimmt an, dass häufige, kurze und intensive Bestrahlungen sowie die damit verbundenen Sonnenbrände vor allem im Kleinkindalter eine besonders schädliche Wirkung haben. Im Hinblick auf das Erkrankungsrisiko spielt auch der Hauttyp eine große Rolle. Hellhäutige und insbesondere rothaarige Menschen haben ein deutlich höheres Risiko, an Hautkrebs zu erkranken als dunkelhäutige Personen. Aufenthalte im Freien sollten daher bei hoher Sonneneinstrahlung immer mit einem vorbeugenden, guten UV-Schutz kombiniert werden. Präventive Maßnahmen sind der Aufenthalt im Schatten, das Tragen von Sonnenbrille und Kopfbedeckung sowie die Verwendung einer empfohlenen Sonnencreme.

5.4.2 Ionisierende Strahlung

Claudia Kuehni, Maria Blettner

Definitionen und Maßeinheiten

Ionisierende Strahlung ist definiert als elektromagnetische Strahlung oder Teilchen-Strahlung mit genügend Energie, um aus Atomen oder Molekülen Elektronen herauszulösen *(Ionisation)*. Ionisierende Strahlung entsteht beim radioaktiven Zerfall instabiler Atomkerne, wobei zwischen Alpha-, Beta- und Gammastrahlung unterschieden wird:

- *Alpha-Teilchen* bestehen aus je zwei Protonen und Neutronen. Diese vergleichsweise großen Teilchen können einige Zentimeter Luft durchdringen, nicht aber die menschliche Haut. Sie werden gefährlich, wenn sie mit der Atmung oder der Nahrung ins Körperinnere gelangen. Beispiele für Alphastrahler sind Uran, Thorium und Plutonium sowie die Zerfallsprodukte Radium und Radon.

- *Beta-Teilchen* sind Elektronen, die mit großer Geschwindigkeit aus zerfallenden Atomkernen austreten und einige Meter Luft oder Millimeter Gewebe durchdringen können. Betastrahlung führt in hohen Dosen (mehrere Gray, s. Box 5.4.1) zu Verbrennungen und Hautkrebs. Bei Aufnahme in den Körper kann der Betastrahler *Iod-131* Schilddrüsenkrebs auslösen, während *Strontium-90* zu bösartigen Knochentumoren und Leukämien führen kann.

- *Gammastrahlen und auch technisch erzeugte Röntgenstrahlen* sind kurzwellige elektromagnetische Strahlen. Sie sind extrem energiereich, bewegen sich mit Lichtgeschwindigkeit und durchdringen mehrere Zentimeter Blei. Diese Strahlen können in allen Bereichen des menschlichen Körpers Schäden verursachen (s. Box 5.4.1).

Box 5.4.1: Ionisierende Strahlung: Maßeinheiten.

- Als *Energiedosis* (in Gray; 1 Gy = 1 J/kg) bezeichnet man die pro Kilogramm bestrahlter Materie bzw. bestrahlten Gewebes absorbierte Energie. Sie hängt von der Intensität der Bestrahlung und der Absorptionsfähigkeit der bestrahlten Materie ab.

- Die *Äquivalentdosis* (in Sievert, Sv) ist ein Maß für die Stärke der biologischen Wirkung einer bestimmten Strahlendosis. Sie errechnet sich aus der absorbierten Energiedosis (in Gy) multipliziert mit einem Faktor, welcher die biologische Wirksamkeit der Strahlung (Alpha-, Beta- oder Gammastrahlung) berücksichtigt.

- Unter der *effektiven Dosis* oder *gewichteten Ganzkörperdosis* (in Sv) versteht man die Summe der mit einem Gewebewichtungsfaktor multiplizierten Äquivalentdosen aller Organe. Die organspezifischen Gewebewichtungsfaktoren berücksichtigen die unterschiedliche Strahlensensibilität der verschiedenen Organe und Gewebe.

Strahlenexposition der Bevölkerung

Die durchschnittliche Strahlenexposition beträgt in der Schweiz und in Deutschland etwa 4 mSv/Jahr. In den Alpenländern macht Radon mit 1,6 mSv/Jahr den Hauptteil aus, in Deutschland sind es medizinische Anwendungen mit 2 mSv/Jahr (Abb. 5.6).

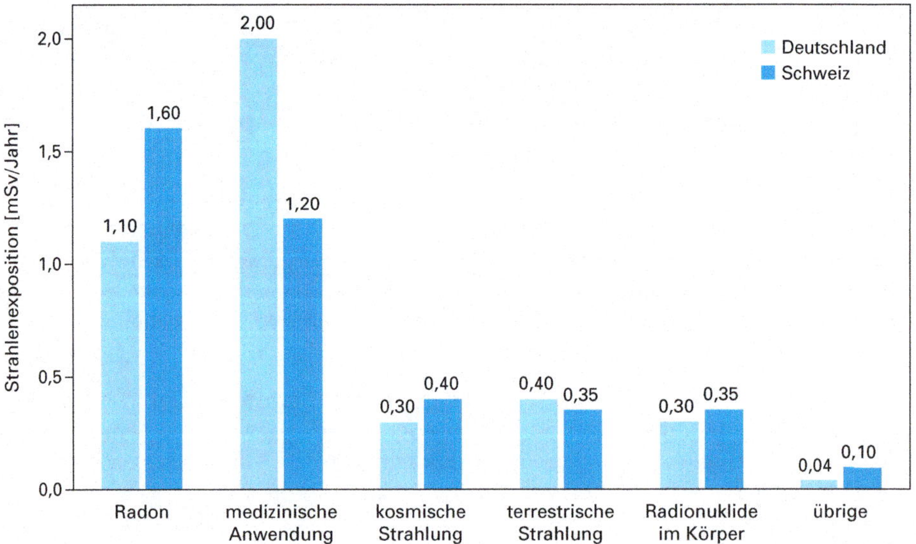

Abb. 5.6: Durchschnittliche Strahlenexposition der Bevölkerung in der Schweiz (2009) und in Deutschland (2002). Zur besseren Vergleichbarkeit wurden die Angaben der Radon-Exposition in beiden Fällen mit dem „alten", vor 2009 angewandten Radondosisfaktor berechnet (Quellen der dieser Abbildung zugrunde liegende Daten: Schweiz: http://www.bag.admin.ch; Deutschland: http://www.radon-info.de).

Das radioaktive Edelgas *Radon,* ein Zerfallsprodukt aus Uran und Thorium, kommt in vielen Gesteinsarten vor. Bei durchlässigem Untergrund (Spalten, Schutt, Karst) gelangt es aus dem Boden in die Atmosphäre, in Grundwasser, Keller und Rohrleitungen. Abhängig von der Bauweise der Häuser (mangelhafte Abdichtung gegenüber dem Untergrund) kann es sich dann in schlecht belüfteten Unter- und Erdgeschossen ansammeln. In der Schweiz kommen hohe Radonkonzentrationen v. a. im Tessin, in Graubünden und im Jura vor, in Deutschland überwiegend in den südlichen Mittelgebirgen. Die Alphateilchen können die menschliche Haut nicht durchdringen. Sie werden jedoch mit an Staub gebundenen radioaktiven Zerfallsprodukten eingeatmet.

Die effektive Dosis durch *kosmische Strahlung* beträgt in unseren Breitengraden auf Meereshöhe etwa 0,3 mSv/Jahr. Auf 3.000 m hohen Bergen sind es 1,2 mSv/Jahr, in 10.000 m Höhe liegt die Strahlendosis bei 20-50 mSv/Jahr. Flugreisen tragen daher mit etwa 5 µSv pro Flugstunde zur Strahlenexposition bei. Ein Flug von Europa in die USA und zurück setzt uns einer Strahlendosis von 0,1 mSv aus.

Terrestrische Gamma-Strahlung (0,35 mSv/Jahr, abhängig vom Bodengrund) entsteht durch natürlich vorkommende Radionuklide wie Uran, Thorium und Kalium-40.

Durch die *Nahrung* werden ebenfalls *Radionuklide* in den Körper aufgenommen (0,35 mSv/Jahr). Mit 0,2 mSv dominiert ^{40}K, hinzu kommen Zerfallsprodukte von Uran und Thorium sowie die durch kosmische Strahlung in der Atmosphäre erzeugten Radionuklide (z. B. Tritium ^{3}H, ^{14}C und ^{7}Be). Künstliche Radionuklide tragen weniger als 1 µSv/Jahr zur Strahlenexposition durch Nahrungsmittelaufnahme bei. Es handelt sich um Lebensmittel, die ^{137}Cs und ^{90}Sr aus Kernwaffenversuchen der 1960er Jahre und vom Reaktorunfall in Tschernobyl 1986 enthalten. Für die westeuropäische Bevölkerung ist die zusätzliche Belastung bei Lebensmitteln durch die Schäden an den Reaktoren in Fukushima im März 2011 sehr gering. Anders dagegen in Japan: Die um Fukushima angebauten Lebensmittel sind ebenso wie der Fisch und die Meeresfrüchte aus diesem Gebiet zum Teil erheblich strahlenbelastet und dürfen daher nicht in den Handel gelangen.

Die mittlere Exposition pro Einwohner als Folge der *diagnostischen und interventionellen Radiologie* wurde für Deutschland (2001) auf 1,8 mSv/Jahr, für die Schweiz (2003) auf 1,2 mSv/Jahr und für die USA (2005–2007) auf 2,4 mSv/Jahr geschätzt. Der Trend ist ansteigend, da die Computertomographie (CT) zunehmend als diagnostische Standardmethode eingesetzt wird. Sie ist in den USA für 75 % und in Deutschland für 50 % der medizinischen Strahlendosis/Einwohner verantwortlich (s. Tab. 5.4).

Tab. 5.4: Effektive Strahlendosen, denen Patienten im Rahmen der medizinischen Diagnostik ausgesetzt sind.

Untersuchung	Äquivalentdosis (in mSv)
Thorax-, Zahn- oder Schädelröntgen	0,015
Abdomen- oder Wirbelsäulenröntgen	0,3–0,5
Mammographie (4 Bilder)	0,2–2
Kontrastaufnahmen (Bariumpassagen, Angiographien)	1–7
Computertomographie	5–25

Weitere Quellen für geringe zusätzliche Strahlenbelastungen ($\leq$ 0,1 mSv/Jahr) sind Industrie, Forschung, Konsumgüter und Kernkraftwerke. Die *radioaktiven Emissionen aus der Abluft und dem Abwasser von Kernkraftwerken* im Normalbetrieb betragen für unmittelbare Anwohner maximal ein Hundertstel mSv/Jahr.

Wirkungen und Mechanismen

Ionisierende Strahlung verursacht DNA-Veränderungen im Zellkern. Können diese nicht repariert werden, führt das zum Zelltod oder zu Zellveränderungen:

- *Zelltod:* Ab einer Schwellendosis von 200–300 mSv verlieren Zellen ihre Teilungsfähigkeit und sterben nach Ablauf ihrer Lebensdauer ab.

- *Zellveränderungen:* Überleben die Zellen trotz DNA-Veränderungen, dann vererben sie diese Veränderungen an ihre Tochterzellen. Daraus resultierende Schäden können Jahre oder Jahrzehnte später auftreten. Die *Wahrscheinlichkeit* des Eintretens (aber nicht die Schwere) eines Schadens ist proportional zur Strahlendosis. Die Folgen solcher DNA-Veränderungen können sowohl somatischer (s. *Kanzerogenese*) als auch genetischer Natur (s. *Mutationen*) sein. Es gibt hierbei keine Schwellendosis. Die beschriebenen Schäden können auch bei sehr niedrigen Dosen entstehen.

Die Schwere des Gesundheitsschadens hängt ab von:

- *Strahlendosis* und *Strahlenart*

- *Dosisrate*: Es gibt Anhaltspunkte dafür, dass der Schaden größer ist, wenn die Dosis innerhalb kurzer Zeit (Sekunden) verabreicht wird, statt über Jahre hinweg. Bei einer fraktionierten Verabreichung haben die Zellen Zeit, um Reparaturprozesse in Gang zu bringen (s. *fraktionierte Strahlentherapie*).

- *Art der betroffenen Organe*: Je weniger differenziert die betroffenen Zellen sind, desto strahlenempfindlicher ist ein Gewebe. Besonders strahlenempfindlich sind Organe mit einer kurzen Lebensdauer ihrer Zellen und einer hohen Zellteilungsrate. Hierzu gehören die Blutbildungsorgane sowie die Schleimhäute z. B. im Magen-Darm-Trakt. Auch Keimdrüsen und embryonales Gewebe sind äußerst strahlensensibel.

- *Alter bei Bestrahlung*: Die Strahlenempfindlichkeit eines Menschen sinkt mit steigendem Alter. Ungeborene Kinder (v. a. im 1. Schwangerschaftsdrittel), aber auch Kinder und Jugendliche sind aufgrund des noch nicht abgeschlossenen Wachstums empfindlicher als ältere Menschen.

- *Individuelle Strahlenempfindlichkeit*: Es gibt Anhaltspunkte dafür, dass Menschen abhängig von ihrer genetischen Prädisposition und dem allgemeinen Gesundheitszustand unterschiedlich strahlenempfindlich sind.

- *Latenzzeit*: Zwischen der Exposition und dem Auftreten einer Krebserkrankung oder anderen Strahlenfolgen besteht in der Regel eine Latenzzeit, die sich je nach Art der Erkrankung und dem Alter bei Bestrahlung unterscheidet. Für Leukämien und Schilddrüsenkarzinome sind es bei einer Bestrahlung im Kindesalter 2–3 Jahre, im Erwachsenenalter dagegen etwa 8 Jahre. Bei anderen strahleninduzierten Krebsarten liegen die Latenzzeiten bei über 10 Jahren.

Gesundheitsfolgen

Informationen über Gesundheitsrisiken liefern uns *epidemiologische Datenquellen*:

- Überlebende der Atombombenexplosionen von *Hiroshima* und *Nagasaki*: Etwa 3 % der Betroffenen wurden mit hohen Dosen (> 1 Sv) bestrahlt. Die Kohorte ist jedoch auch repräsentativ für niedrige Expositionen, da viele der über 100.000 Betroffenen niedrigeren Dosen (5–200 mSv) ausgesetzt waren.

- Patienten, die aus diagnostischen oder therapeutischen Gründen bestrahlt wurden (z. B. Skoliosepatienten, Krebspatienten)

- Beruflich strahlenexponierte Personen (z. B. in Krankenhäusern, Arztpraxen, Kernkraftwerken, Forschungsanlagen)

- Bewohner in der Umgebung kerntechnischer Anlagen mit hohen radioaktiven Freisetzungen, wie z. B. *Hanford* (USA), *Mayak* (Russland) und *Tschernobyl* (Ukraine), sowie die Betroffen von oberirdischen Atombombentests (z. B. *Bikini-Atoll, algerische Sahara;* s. Box 5.4.2).

Box 5.4.2: Die Folgen von Fukushima.

Am 11. März 2011 ereignete sich vor der japanischen Ostküste eines der stärksten bislang registrierten Erdbeben. Das Beben und der darauf folgende Tsunami führten in dem japanischen Atomkraftwerk *Fukushima Daiichi* zu einem Ausfall der Notstromaggregate. In den folgenden Tagen kam es daraufhin zu mehreren Explosionen in drei Blöcken des Kernkraftwerks, die das Einsetzen der Kernschmelze zur Folge hatten. Seither werden durch die Anlage große Mengen an Radioaktivität in die Umwelt (Luft und Wasser) freigesetzt. Die japanische Regierung hat erst sehr spät begonnen, die Bevölkerung im Umkreis des Reaktors zu evakuieren.

Bislang ist noch nicht in Detail abzuschätzen, welche Auswirkungen diese Freisetzungen auf Mensch und Umwelt haben werden. Das Bundesamt für Strahlenschutz in Deutschland geht davon aus, dass die bisher freigesetzte und in Zukunft noch frei werdende Radioaktivität langfristige Auswirkungen sowohl auf die Umwelt als auch auf die Menschen in der Region um Fukushima haben wird. Die in der Region hergestellten Lebensmittel werden langfristig stärker kontaminiert sein. Die Auswirkungen auf die küstennahe Meeresfauna sind noch nicht absehbar. Für die Menschen im Nahbereich des Reaktors besteht ein erhöhtes Risiko, an bösartigen Tumoren zu erkranken. Da bei einer Kernschmelze in der engsten Umgebung des Reaktors sehr hohe Strahlenbelastungen auftreten können, ist es nicht ausgeschlossen, dass es bei den Arbeitern in Fukushima auch zu einer akuten Strahlenkrankheit gekommen ist. Von den zuständigen Stellen in Japan werden jedoch nur wenige Daten veröffentlicht, sodass es bislang nicht möglich ist, hier eine eindeutige Bewertung vorzunehmen. Die Web-Abb. 5.4.1 auf unserer Lehrbuch-Homepage vergleicht die Größe der Gebiete, die infolge der Katastrophen von Tschernobyl (1986) und Fukushima (2011) durch radioaktiven Fallout belastet wurden.

Sind Menschen kurzzeitig hohen Dosen ionisierender Strahlung ausgesetzt, führt dies zur **akuten Strahlenkrankheit**. Ab 0,2 Sv treten Blutbildveränderungen auf, ab 0,5 Sv klagen die Betroffenen über Kopfschmerzen und ab einer Dosis von 1,2 Sv zeigt sich dann das Vollbild der akuten Strahlenkrankheit. Typisch hierfür sind in der akuten Phase Schwäche, Übelkeit und Erbrechen. Nach einer Erholungsphase von 1–2 Wochen (der Lebensdauer der Zellen des Knochenmarks und des Magen-Darm-Traktes) kommt es dann zu einer raschen Verschlechterung mit massivem Durchfall, Blutungen, Schleimhautgeschwüren, Haarausfall und Fieber. Bei Personen, die 1,2 Sv ausgesetzt waren, beträgt die Letalität ca. 10 %. Bei 2–6 Sv steigt sie dann auf 30–60 %. Noch höheren Dosen können nicht überlebt werden, die Letalität beträgt hier 100 %.

Grundsätzlich können nach einer Strahlenexposition überall im Körper **Tumore** entstehen. Gut belegt ist dieser Zusammenhang z. B. für den gesamten Magen-Darm-Trakt, für Schilddrüse, Lunge, Knochen, Haut, weibliche Brust, Gehirn und das blutbildende System (v. a. Leukämien, Lymphome). Die *Dosis-Wirkungsbeziehung* ist bei den meisten Krebsarten linear. Dies gilt wahrscheinlich auch für niedrige Dosen. So erhöht sich die Wahrscheinlichkeit, an einem soliden Tumor zu erkranken, pro 10 mSv um ca. 0,2 % (Männer) bzw. 0,3 % (Frauen). Höhere Risiken für die Entwicklung bösartiger Tumore werden bei Kindern beobachtet, deren Mütter in der Schwangerschaft abdominal geröntgt wurden oder die diagnostisch oder therapeutisch ionisierender Strahlung ausgesetzt waren. In Europa werden ca. 8–9 % der Lungenkrebstodesfälle (D: ca. 2.000–3.000 Personen/Jahr, CH: ca. 200–300 Personen/Jahr) auf Radon zurückgeführt.

Ein erhöhtes Risiko kann nach einer Strahlenexposition auch für **andere Spätfolgen** wie Herz-Kreislauf- und Lungenerkrankungen nachgewiesen werden. Die Betroffenen leiden zudem häufiger an Sterilität oder Subfertiliät. Viele Gesundheitsfolgen lassen sich erst heute dokumentieren, weil die oben genannten Kohorten nun das mittlere und späte Erwachsenenalter erreichen.

Ionisierende Strahlung kann während der ersten Schwangerschaftswochen zu **teratogenen Schädigungen** führen. Hierunter versteht man Fehlbildungen (z. B. Mikrozephalie), deren Art abhängig ist vom Entwicklungszustand des Embryos zum Zeitpunkt der Einwirkung. Man geht davon aus, dass es ab ca. 100 mSv zu solchen Schäden kommen kann.

Die Abschätzungen des Risikos für **genetische Strahlenschäden** beim Menschen beruht auf tierexperimentellen Untersuchungen. Bei den Nachkommen der Atombomben-Überlebenden konnten bisher kaum erhöhte Raten von vererbbaren Erkrankungen festgestellt werden.

Gesetzgebung, Grenzwerte und Überwachung

In der Schweiz wird die maximal zulässige Strahlendosis durch die *Strahlenschutzverordnung* festgelegt. Der Dosisgrenzwert für die Allgemeinbevölkerung (ohne medizinische Anwendungen, natürliche Exposition und Katastropheneinsätze) beträgt 1 mSv/Jahr. Für beruflich strahlenexponierte Personen liegt er bei 20 mSv/Jahr. *Als beruflich strahlenexponiert* gilt, wer am Arbeitsplatz einer effektiven Dosis von mehr als 1 mSv/Jahr ausgesetzt sein kann. Hierzu gehören das Personal in Krankenhäusern, Arzt- und Zahnarztpraxen aber auch Personen, die in Forschung, Industrie oder Kernkraftwerken arbeiten. In der EU gelten auch Personen als strahlenexponiert, die erhöhter Strahlung aus natürlichen Quellen ausgesetzt sind. Damit gehören die Mitarbeiter der zivilen Luftfahrt ebenfalls zu den beruflich strahlenexponierten Personen. In der Schweiz tragen 76.000 beruflich exponierte Personen bei ihrer Arbeit persönliche Dosimeter, deren akkumulierte Dosis monatlich ermittelt und zentral vom *Bundesamt für Gesundheit* (BAG) erfasst wird. In Deutschland ist hierfür das Strahlenschutzregister beim *Bundesamt für Strahlenschutz* (BfS) in München zuständig. BAG und BfS betreiben automatische Messnetze, um sowohl kurzfristige Veränderungen (z. B. Strahlenunfälle) als auch die jährliche Gesamtexposition der Bevölkerung zu erfassen. Darüber hinaus werden kontinuierlich Proben von Aerosolen, Niederschlägen und fließenden Gewässern untersucht. Von Erde, Gras, Milch und Lebensmitteln werden in unregelmäßigen Abständen Stichproben entnommen. Ganzkörpermessungen zeigen die kumulative Aufnahme von Radionukliden über die Nahrung. Zusätzlich wird der ^{90}Sr-Gehalt in Milchzähnen und Wirbelknochen untersucht. Die so erstellten Messreihen zeigen seit Mitte der 1960er Jahre (d. h. seit dem Abbruch der oberirdischen Kernwaffenversuche durch die USA und die UDSSR) einen steten Abwärtstrend. Anders als in der Ukraine, Weißrussland und den angrenzenden Gebieten hat die Katastrophe von Tschernobyl 1986 diesen Abwärtstrend in Deutschland und der Schweiz nicht unterbrochen.

Internet-Ressourcen

Auf unserer Lehrbuch-Homepage (**www.public-health-kompakt.de**) finden Sie Hinweise auf weiterführende Literatur, zusätzliche Abbildungen sowie Links zu den erwähnten Studien und Institutionen (Bundesamt für Strahlenschutz, BAG, Bafu, WHO, UNSCEAR, ICRP).

5.5 Klima

Claudia Kuehni, Matthias Egger

Der *Klimawandel* stellt die Menschen und Institutionen, die sich mit der globalen Gesundheit im 21. Jahrhundert beschäftigen, vor neue Herausforderungen. Zum einen führen immer häufiger auftretende Extremereignisse wie Hitzewellen, Stürme und Überschwemmungen zu *direkten Gesundheitsbeeinträchtigungen*. Andererseits kann es durch ökologische Veränderungen und soziale Instabilität zu einer *indirekten Beeinflussung der Gesundheit* kommen. So führen schon jetzt klimatische Veränderungen in bestimmten Gebieten der Erde zu akuten Nahrungsmittelknappheiten. Infolge des Hungers sind die Menschen in ihrer Abwehr geschwächt und können dadurch leichter Infektionskrankheiten zum Opfer fallen.

In diesem Abschnitt erörtern wir die physikalischen Grundlagen des Klimawandels und gehen anschließend auf die ökologischen und gesundheitlichen Folgen ein. Schließlich beschreiben wir die wichtigsten politischen Aspekte dieses Themas einschließlich der Maßnahmen zur Reduktion von Treibhausgasemissionen.

Schweizerische Lernziele: CPH 45

5.5.1 Natürliche und anthropogene Klimaveränderung

Seit der Entstehung der Erde verändert sich ihr Klima. Beeinflusst wird es v. a. durch die elliptische Umlaufbahn der Erde um die Sonne und die Schiefe der Erdachse gegenüber der Erdbahn. Dadurch kommt es in regelmäßigen Abständen zu einem Wechsel von Warm- und Kaltzeiten (*Milanković-Zyklen*). Andere natürliche Ursachen von Klimaschwankungen sind Veränderungen der Sonnenaktivität sowie die Kontinentalverschiebung und der Vulkanismus auf der Erde. Diese natürlichen Faktoren führten in den vergangenen 1.000 Jahren jedoch nur zu einer Schwankung der globalen Durchschnittstemperatur um kaum mehr als 1 °C. Seit den 1970er Jahren beobachtet man nun eine Erwärmung der Atmosphäre, die mit natürlichen Klimaschwankungen nicht mehr erklärbar ist. Betrachtet man die globalen Jahrestemperaturen seit Beginn der Temperaturmessungen Mitte des 19. Jh., dann waren die Jahre 2005 und 2010 die bis 2011 wärmsten Jahre. Die globale Durchschnittstemperatur nahm von 1906 bis 2005 um 0,74 °C zu. In der Schweiz stieg die Durchschnittstemperatur um 1,5 °C an, in Deutschland um 0,9 °C (1901 bis 2007). Hauptursache dieser anthropogenen Klimaerwärmung ist die Verstärkung des Treibhauseffekts durch umfangreiche Waldrodungen und den Ausstoß von Treibhausgasen.

Mechanismus der anthropogenen Klimaerwärmung

Die Temperatur auf der Erdoberfläche ist in erster Linie von der Sonnenstrahlung abhängig. Wie jeder feste Körper sendet die Erde ihrerseits Infrarotstrahlung in den Weltraum. Ein Teil dieser Infrarotstrahlung wird durch die in der Atmosphäre enthaltenen *Treibhausgase* reflektiert und zur Erde zurück gelenkt. Dieser natürliche Effekt hebt die mittlere Temperatur auf der Erdoberfläche von –18 °C auf +15 ° C an und ermöglicht so das Leben auf der Erde. Die wichtigsten natürlichen Treibhausgase sind Wasserdampf (H_2O), Kohlenstoffdioxid (CO_2), Methan (CH_4), Lachgas (N_2O) und Ozon (O_3). Messungen an Eisbohrkernen zeigen, dass sich die CO_2-Konzentration der Atmosphäre während der letzten 800 000 Jahre zwischen 180 und 300 ppmv (ppmv = **p**arts **p**er **m**illion by **v**olume) bewegte. Seit etwa 1850 zeigt sich ein deutlicher Anstieg. Heute beträgt die CO_2-Konzentration in der Atmosphäre mehr als 380 ppmv (Abb. 5.7). Ähnlich eindrücklich war der Anstieg in den letzten Jahrzehnten bei Methan und Lachgas.

Das wichtigste anthropogene Treibhausgas CO_2 entsteht bei der Verbrennung fossiler Brennstoffe und der Herstellung von Zement. Weltweit werden hierdurch 77 % der Treibhausgas-Emissionen verursacht, in Deutschland und der Schweiz sind es 85 %. Weitere bedeutende anthropogene Treibhausgase sind Methan (14 %) und Lachgas (8 %), die v. a. als Folge der Viehhaltung im Rahmen einer intensivierten Landwirtschaft frei werden. Nur an etwa 1 % der Emissionen sind synthetische Treibhausgase beteiligt. Da Methan, Lachgas und synthetische Treibhausgase ein wesentlich größeres Erwärmungspotenzial als CO_2 haben, ist ihr Anteil am so genannten Strahlungsantrieb jedoch beträchtlich. Als Strahlungs- oder Klimaantrieb bezeichnet man jeden Einfluss auf das Klimasystem, der zu einer Klimaänderung beitragen kann.

Anthropogene Treibhausgase wurden in den vergangenen Jahrzehnten mehrheitlich von den Industrienationen produziert, die Auswirkungen der Klimaveränderung zeigen sich jedoch schon heute vorwiegend in Afrika und Asien. Aber auch in Europa sind Gesundheitsfolgen bereits nachweisbar.

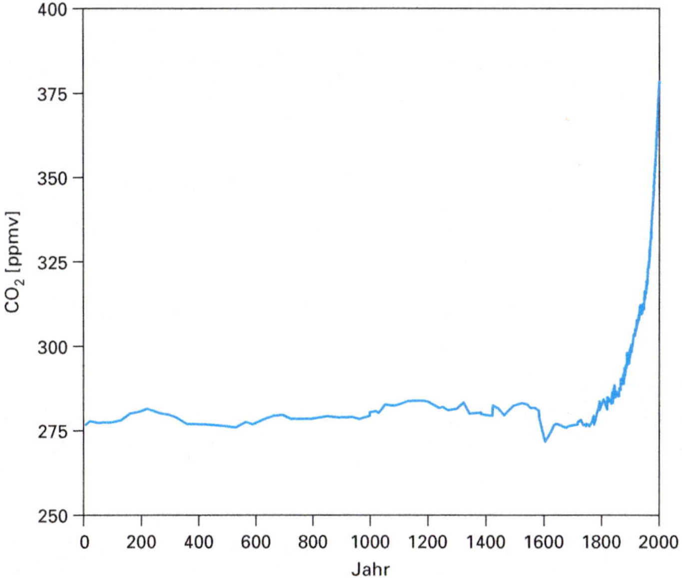

Abb. 5.7: Änderung der CO_2-Konzentration in der Atmosphäre in den letzten 2000 Jahren. Die der Abbildung zugrunde liegenden Daten basieren auf der Untersuchung von Eisbohrkernen, Firneis von Law Dome und der Antarktis sowie auf atmosphärischen Messungen (Quelle: modifiziert nach MacFarling Meure C et al. The Law Dome CO_2, CH_4 and N_2O Ice Core Records Extended to 2000 years BP. Geophysical Research Letters, Vol. 33, L14810, doi: 10.1029/2006GL026152, 2006).

5.5.2 Klimatische und ökologische Folgen des Klimawandels

Zu den Auswirkungen des Klimawandels auf **Atmosphäre** und **Hydrosphäre** (= ober- und unterirdische Wasservorkommen) der Erde gehören:

- die Erhöhung des atmosphärischen Wasserdampfgehaltes

- der Anstieg der Meeresspiegel (um 3 cm/10 Jahre)

- das Abschmelzen der Gebirgsgletscher, die Abnahme der Schneebedeckung sowohl auf der Nord- als auch auf der Südhalbkugel und das Schmelzen der Eisschilde der Antarktis und auf Grönland

- regional unterschiedliche Veränderungen der Niederschläge (Zunahme in Nordeuropa und Nordamerika, Reduktion im Mittelmeerraum, der Sahelzone und im südlichen Afrika; s. a. Kap. 5.1)

- die Zunahme von Extremereignissen, wie z. B. Hitzewellen, Starkregen, Überschwemmungen und Wirbelstürmen

Auch auf die **Biosphäre** wirkt sich der Klimawandel in vielfältiger Weise aus. Von Bedeutung sind hier u. a. die Versauerung der Ozeane durch eine verstärkte CO_2-Aufnahme sowie die Zunahme von Hitze- und die Abnahme von Kältephasen. Dies trägt nicht nur zu Veränderungen in den Ökosystemen bei, durch die die Artenvielfalt schwindet. Es kommt auch zu einer Nettoreduktion der globalen landwirtschaftlichen Produktion (Reduktion in Tropen, leichte Erhöhung in der nördlichen Hemisphäre). Darüber hinaus ändern sich bereits jetzt die Verbreitungsgebiete von Krankheitserregern, ebenso die Infektiosität der Erreger (vgl. Kap. 8.3).

5.5.3 Gesundheitsfolgen

Die *Gesundheitsfolgen der Klimaerwärmung* lassen sich untergliedern in

- **direkte (primäre) Folgen**
  - erhöhte Mortalität und Morbidität durch eine Zunahme der Extremereignisse wie Hitzwellen, Stürme, Überschwemmungen, Waldbrände

- **indirekte (sekundäre und tertiäre) Folgen**
  - ökologisch bedingt: reduzierte Nahrungsmittelversorgung als Folge von Dürren oder Überschwemmungen, Zunahme von Infektionskrankheiten und Allergien in vielen Gebieten (s. u.)
  - sozial bedingt: Hungersnöte, Kriege, Flüchtlingswellen, Entwicklungsstagnation in den betroffenen Gebieten

Globale Gesundheitsfolgen

Die Folgen der Klimaerwärmung auf die globale Gesundheit sind in Tab. 5.5 zusammengestellt.

Gesundheitsfolgen für die Schweiz und Deutschland

Die auffälligste klimabedingte Gesundheitsfolge ist hierzulande eine *erhöhte Mortalität während der nun häufiger auftretenden Hitzewellen*. Oberhalb eines regional unterschiedlichen Schwellenwertes sind Mortalitätskurven temperaturabhängig. Pro °C kann es zu einem Anstieg der Mortalität um 0,2 % bis 5,5 % kommen. So führte die Hitzewelle im Jahr 2003 in der Schweiz z. B. zu 1.000, in Deutschland zu 7.000 zusätzlichen Todesfällen, ohne dass danach eine Phase erniedrigter Mortalität folgte. Die Zahl lag damit höher als die der Verkehrstoten in diesem Jahr (vgl. Kap. 7.8.1). Lange Hitzewellen (> 5 Tage) haben dabei einen stärkeren Effekt als kurze. Betroffen sind v. a. ältere Menschen und Kleinkinder, Kranke sowie Personen, die bestimmte Medikamente (z. B. Diuretika) einnehmen, Menschen mit niedrigem Einkommen und sozial isolierte Personen. Durch einen Rückgang der körperlichen und geistigen Leistungsfähigkeit im Beruf führen Hitzewellen auch zu ökonomischen Einbußen. Unklar ist bisher, wie rasch sich die Menschheit an höhere Temperaturen anpassen kann.

Auch die häufigere Zahl an *Überschwemmungen, Murgängen (Schlamm- und Geröllawinen) und Stürmen* führt zu zusätzlichen Todesfällen, Verletzungen und psychischen Beeinträchtigungen. Zwar sind solche Todesfälle seltener als die infolge von Hitzewellen, die verlorenen Lebensjahre (DALYs; vgl. Kap. 9.1.2) bewegen sich bei beiden Ursachen aber in einer ähnlichen Größenordnung, da bei den Extremereignissen oft auch jüngere Menschen betroffen sind.

Durch höhere Umgebungstemperaturen vermehren sich Erreger in Lebensmitteln schneller. Entsprechend häufiger kann es auch bei uns zu Lebensmittelvergiftungen,

Tab. 5.5: Direkte und indirekte Gesundheitsfolgen des Klimawandels auf die globale Gesundheit.

Ursachen	Gesundheitsfolgen
Direkte (primäre) Folgen	
Mehr Hitzewellen, weniger Kältetage	Erhöhtes Risiko für • Hitzebedingte Sterblichkeit, insbesondere bei älteren Menschen, Kleinkindern, chronisch Kranken und gesellschaftlich Isolierten • Rückgang kältebedingter Sterblichkeit (kompensiert die Zahl der Hitzetoten nicht)
Zunahme von Extremereignissen (Starkregen, Stürme, Überschwemmungen)	Erhöhtes Risiko für • Todesfälle und Verletzungen • Wasser- und nahrungsmittelübertragene Krankheiten • Posttraumatische Belastungsstörungen • Infektions-, Atemwegs- und Hauterkrankungen
Indirekte (sekundäre) Folgen, vermittelt durch ökologische Veränderungen	
Ausbreitung von Dürregebieten, Reduktion der landwirtschaftlichen Produktivität, verändertes Verbreitungsgebiet und veränderte Infektiosität von Krankheitserregern und Vektoren	Erhöhtes Risiko für • Nahrungsmittel- und Wasserknappheit; Mangel- und Fehlernährung; kindliche Entwicklungsverzögerungen • Krankheiten, die durch Wasser oder Nahrungsmittel übertragen werden • Infektionskrankheiten (v. a. armutsassoziiert): Durchfälle, Malaria, Dengue-Fieber
Indirekte (tertiäre) Folgen, vermittelt durch vermehrte soziale Instabilität	
Zunahme von Kriegen, Flüchtlingsströmen und Hungersnöten, Entwicklungsstagnation in den betroffenen Gebieten	Erhöhtes Risiko für • Todesfälle, Verletzungen • Alle armutsbedingten Krankheiten • Posttraumatische Belastungsstörungen

z. B. durch Salmonellen und Kolibakterien, kommen. Die Infektionshäufigkeit an Krankheiten, die durch *Lebensmittel und Wasser übertragen* werden, steigt in der Regel linear mit der mittleren Jahrestemperatur an.

Die Klimaerwärmung kann infolge höherer Ozonkonzentrationen sowie steigender Konzentrationen an biogenen Luftpartikeln (z. B. Pollen und Pilzsporen) auch zu einer Zunahme an *Atemwegserkrankungen* und *Allergien* führen.

In Mitteleuropa sind Krankheiten, die von Tieren über Vektoren auf den Menschen übertragen werden, auf dem Vormarsch. Ein Beispiel hierfür ist das West-Nil-Fieber in der Camargue, in Griechenland und Rumänien. Höhere Temperaturen könnten jedoch auch dazu führen, dass Tiere zu Krankheitsüberträgern werden, die es bislang nicht waren, oder dass es zu einem Wirtewechsel – auch auf den Menschen – kommt. Da Zecken eine bestimmte Temperatur und Luftfeuchtigkeit benötigen, um sich zu vermehren, haben sich ihre Verbreitungsgebiete und ihr Aktivitätszeitraum in Europa in den letzten Jahren ausgeweitet. Gleichzeitig wurde das Freizeitverhalten der Menschen durch den Temperaturanstieg beeinflusst. Man geht daher davon aus, dass auch die Infektionsraten an zeckenübertragenen Krankheiten zunehmen werden. Schon heute (2011) beobachtet man in Europa eine Zunahme der gemeldeten Zeckenenzephalitis-fälle (vgl. Kap. 8.3)

In den gemäßigten Gebieten kann die Klimaänderung jedoch auch Gesundheitsvor-teile mit sich bringen, wie etwa einen Rückgang bei der Zahl der Kältetoten. Kälteperi-oden mit signifikant erhöhter Sterblichkeit sind aber bereits heute sehr selten. Hier sind deshalb keine großen Veränderungen zu erwarten. Der Gesamteffekt der Klimaerwär-mung auf die Gesundheit der Menschen ist damit negativ – sowohl in Europa wie auch weltweit.

Globale Verteilung der Gesundheitsfolgen

Während die Treibhausgase in den vergangenen Jahrzehnten größtenteils in den west-lichen Industrienationen produziert wurden, konzentrieren sich Gesundheitsfolgen und ökonomische Folgen auf die so genannten Entwicklungsländer. Die Klimaerwärmung verstärkt die dort bereits bestehenden Gesundheitsrisiken noch weiter. Insbesondere arme und gefährdete Regionen und Personengruppen werden bevorzugt betroffen. Die-ser Effekt ist auch innerhalb einzelner Regionen zu beobachten. In Europa wird z. B. eine Verstärkung des Nord-Süd-Gefälles als Folge des Klimawandels erwartet. Laut WHO betrug die auf die Klimaerwärmung zurückzuführende Krankheitslast (*Burden of disease*) im Jahr 2000 für Afrika 3.072, für Südostasien 1.704, für den östlichen Mittel-meerraum 1.587, für Südamerika und die Karibik 189, für den Westpazifik 111 und die so genannten entwickelten Länder 9 DALYs pro 1 Million Einwohner (Abb. 5.8).

5.5.4 Klimapolitik

Das *Intergovernmental Panel on Climate Change* (IPCC; Zwischenstaatlicher Ausschuss für Klimaänderungen) wurde 1988 vom Umweltprogramm der Vereinten Nationen (UNEP) und der Weltorganisation für Meteorologie gegründet. Seine Hauptaufgabe ist es, die Risiken der globalen Erwärmung zu beurteilen und Strategien zu Bekämpfung der Klimaerwärmung aufzuzeigen. Zusammenfassungen der Forschungsergebnisse er-scheinen etwa alle sechs Jahre, zuletzt 2007. Im Jahr 2013 soll der fünfte Sachstands-bericht erscheinen.

Emissionsszenarien der IPCC sagen für die nächsten zwei Jahrzehnte eine Erwärmung von 0,2 °C pro Jahrzehnt voraus. Aufgrund von Rückkopplungsprozessen ist selbst bei einer Stabilisierung der Treibhausgas- und Aerosolkonzentrationen auf dem Niveau des Jahres 2000 eine weitere Erwärmung um 0,1 °C pro Jahrzehnt zu erwarten, sodass die Klimaänderungsprozesse (z. B. der Anstieg der Meeresspiegel) auch im günstigsten Sze-nario noch Jahrhunderte andauern werden.

Die *Klimarahmenkonvention* (UNFCCC) der Vereinten Nationen wurde 1992 als völ-kerrechtlich verbindliche Regelung zum Klimaschutz verabschiedet und von den meis-ten Staaten der Erde unterschrieben. Ihr Ziel ist eine Emissionsminderung bei allen Treibhausgasen. Die Schweiz hat sich mit der Unterzeichung des darauf basierenden Kyoto-Protokolls von 1997 verpflichtet, ihre klimarelevanten Treibhausgasemissionen in einem ersten Schritt bis zum Zeitraum 2008/2012 gegenüber dem Stand von 1990 um 8 % zu reduzieren. Dieses Ziel, das durch eine 10 %ige Reduktion des CO_2-Ausstoßes (CO_2-Gesetz) erreicht werden sollte, wird die Schweiz jedoch voraussichtlich verfehlen.

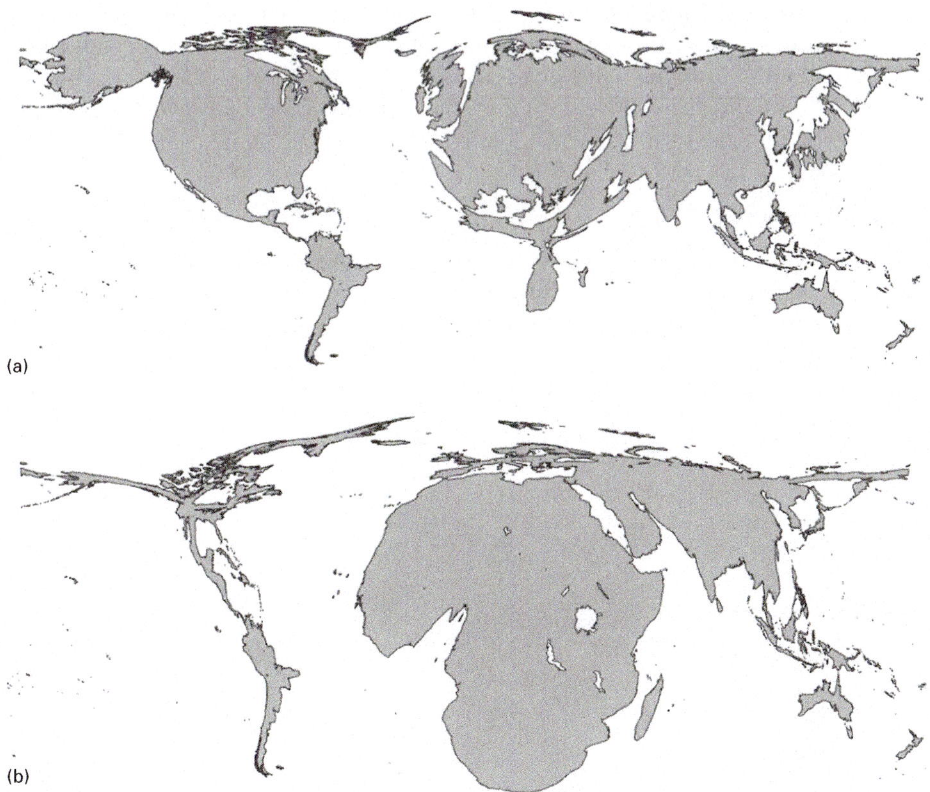

(a)

(b)

Abb. 5.8: (a) Verzerrte Darstellung der Erdoberfläche entsprechend dem Wert der dort freigesetzten kumulativen Emissionen von Treibhausgasen; einbezogen wurden Werte bis zum Jahr 2002; (b) Verzerrte Darstellung der Erdoberfläche entsprechend dem Wert der dortigen Mortalität, der im Jahr 2000 durch den Klimawandel verursacht wurde (Quelle: WHO. Protecting Health From Climate Change: Connecting Science, Policy and People. Geneva: World Health Organization, 2009).

Deutschland verpflichtete sich mit der Unterzeichnung des Kyoto-Protokolls zu einer Reduktion seiner Treibhausgas-Emissionen um 21 %. Das Ziel wurde bereits 2007 erreicht. Es strebt darüber hinaus an, seine Emissionen bis zum Jahr 2020 um 40 % zu senken. Voraussetzung ist jedoch, dass die EU ihre Emissionen im selben Zeitraum um 30 % reduziert.

Um eine weitere Erwärmung der Erde in den nächsten 100 Jahren gegenüber heute auf 2 °C zu begrenzen (= der aktuell „politisch tolerable" Grad der Erwärmung), wäre ein breiter Einsatz von umwelt- und ressourcenschonenden Technologien vonnöten. Hierzu gehören die Verbesserung der Energieeffizienz von Heizungen und elektrischen Geräten, die Umstellung von fossilen auf erneuerbare Energiequellen, die CO_2-Speicherung beim Betrieb fossiler Kraftwerke und die Aufforstung breiter Landstriche. Bis zum Jahr 2011 kam es bereits zu einer globalen Erwärmung um 0,7 °C. Aufgrund ihres wirtschaftlichen Aufstiegs tragen mittlerweile auch die so genannten ‚Schwellenländer' (*Newly Industrialized Counties*) wie z. B. China, Indien, Brasilien immer mehr zur Klimaerwärmung bei. Ohne Umsetzung der genannten Maßnahmen droht langfristig ein Anstieg um mehr als 4 °C gegenüber dem vorindustriellen Niveau. Doch selbst eine Erwärmung um 2 °C würde vulnerable Ökosysteme wie die Arktis, kleine Inselstaaten oder Wald- und Trockengebiete zerstören und den dort lebenden indigenen Völkern ihre Lebensgrundlage nehmen.

Internet-Ressourcen

Auf unserer Lehrbuch-Homepage (**www.public-health-kompakt.de**) finden Sie Hinweise auf weiterführende Literatur zusätzliche Abbildungen und Tabellen sowie Links zu den erwähnten Studien und Institutionen (wie z. B. dem IPCC).

6 Arbeitsmedizin

Thomas Läubli, Klaus Schmid, Lotte Habermann-Horstmeier

Arbeit ist keineswegs primär ein Gesundheitsrisiko, sondern bedeutet für viele Menschen Lebenssinn und Befriedigung. Eine Arbeitstätigkeit kann vor sozialen Schwierigkeiten und Depression schützen. Sie kann also gesundheitsfördernd sein! Andererseits gibt es spezifische berufliche Belastungen, die schwere Erkrankungen verursachen oder wesentlich zu deren Entstehen beitragen.

In diesem Kapitel beschreiben wir die ärztlichen Aufgaben bei Erkrankungen, die einen Bezug zum Beruf haben, und definieren, was *berufsbedingte* und *berufsbezogene* Erkrankungen und Beschwerden sind. Wir schauen uns die wichtigsten *Berufskrankheiten* an und gehen anschließend auf einige berufsbezogene Gesundheitsstörungen ein. Da die arbeitsmedizinische Praxis stark durch nationale Gesetze geprägt ist, werden wir dabei auch auf die Unterschiede zwischen der Schweiz und Deutschland eingehen.

Schweizerische Lernziele: CPH 59–69

Die Arbeitsmedizin beschäftigt sich in Forschung und Praxis mit den Wechselwirkungen von Arbeit und Gesundheit. Hauptthemen sind die so genannten Berufskrankheiten. Aber auch Stress und Schmerzen im Bewegungsapparat können wichtige arbeitsbezogene Erkrankungen sein. Ein ebenfalls traditionelles Gebiet der Arbeitsmedizin ist die Organisation der Maßnahmen nach einem Arbeitsunfall. Für die Prävention von Unfällen, also den Bereich der Arbeitssicherheit, sind meist speziell ausgebildete Sicherheitsfachleute zuständig. Web-Abb. 6.1.1 auf unserer Lehrbuch-Homepage zeigt unterschiedliche Arbeitsbedingungen mit unterschiedlichen arbeitsmedizinischen Risiken. Sie sehen dort u. a. eine Frau, die in einem kleinen Restaurierungsbetrieb arbeitete und dort sehr giftigen Schadstoffen ausgesetzt war. Trotz erfolgter Schutzmaßnahmen führten diese schließlich später zu ihrem Tod!

Die Tätigkeit in der Arbeitsmedizin hat klinische und kurative Anteile. Immer ist jedoch die Planung und Durchführung von Maßnahmen der *primären, sekundären* und *tertiären Prävention* von zentraler Bedeutung. Primärpräventive Maßnahmen sollen die Gefahren am Arbeitsplatz eliminieren oder reduzieren. Sekundärpräventive Maßnahmen helfen, Erkrankungen im Zusammenhang mit Arbeit frühzeitig zu erkennen und Betroffene zu schützen. Tertiärpräventive Maßnahmen dienen dazu, die Arbeitsfähigkeit von Betroffenen auch bei Erkrankung oder Behinderung zu erhalten. Das Ziel der Arbeitsmedizin ist es, das körperliche, geistige und soziale Wohlbefinden der Arbeitnehmer in allen Berufen zu erhalten und zu fördern sowie Schädigungen der Gesundheit durch geeignete Vorsorgemaßnahmen zu verhindern.

Bereits aus dem Altertum (Bau der Pyramiden) und dem Mittelalter (Bergbau) sind Schriften mit arbeitsmedizinischem Inhalt überliefert. Engagierte Ärzte aus Frankreich, Italien und der Schweiz gelten als die Gründer der *internationalen Vereinigung der Arbeitsmedizin* Anfang des 20. Jahrhunderts. Auslöser dazu war der Bau des Simplontunnels, der viele Tote durch Unfälle und Silikose forderte. Aber auch die feuchte Hitze, die schlechte Ernährung und die soziale Situation waren wichtige Risikofaktoren für das gehäufte Auftreten verschiedener Erkrankungen. Die Schweiz erließ schon früh Gesetze zur Regelung der Situation bei Berufsunfällen, ein europäischer Vorreiter war der Kanton Glarus. Derzeit ist die Arbeitsmedizin in Deutschland und Frankreich jedoch wesentlich besser ausgebaut als in der Schweiz. In Deutschland arbeiten heute mehreren tausend ArbeitsmedizinerInnen, während es in der Schweiz nur einige Dutzend aktiv praktizierender ÄrztInnen in diesem Bereich gibt.

Im Folgenden werden wir die Arbeitsmedizin – einschließlich ihrer allgemeinen Grundlagen – überwiegend aus der Sicht der Schweiz darstellen und zum Schluss des Kapitels auf die arbeitsmedizinischen Unterschiede und Besonderheiten in Deutschland eingehen.

6.1 Gesundheit und Arbeit

6.1.1 Definitionen und Häufigkeiten berufsbezogener und berufsbedingter Gesundheitsschädigungen

Berufsbedingte Erkrankungen oder Berufskrankheiten sind Krankheiten, die hauptsächlich durch den Beruf verursacht werden. Was „hauptsächlich durch die berufliche Tätigkeit verursacht" bedeutet, kann je nachdem, ob es sich um eine gesetzliche, gerichtliche oder wissenschaftliche Beurteilung handelt, unterschiedlich gesehen werden. *Arbeitsbezogen* oder auch arbeitsassoziiert werden Erkrankungen genannt, deren Genese oder Verlauf durch Belastungen am Arbeitsplatz wesentlich beeinflusst wird, ohne dass die Arbeit die alleinige oder überwiegende Ursache darstellt.

Antworten auf die Frage, welche Gesundheitsstörungen von den Erwerbstätigen selbst als durch die Arbeit ausgelöst bzw. verursacht angesehen werden, geben die Daten der repräsentativen Befragung des Schweizer *Staatssekretariats der Wirtschaft* SECO, die in Zusammenarbeit mit einer alle fünf Jahre stattfindenden repräsentativen Befragung der ArbeitnehmerInnen der EU stattfindet. Nichtberufsunfälle gibt es heute wesentlich häufiger als Berufsunfälle (Abb. 6.1). In der Schweiz wurden im Jahr 2008 bei 3.124 Personen Berufskrankheiten anerkannt, im Vergleich zu arbeitsbezogenen Erkrankungen sind sie also eher selten.

Im Hinblick auf die Schwere der Erkrankung sowie die daraus entstehenden Kosten (s. Web-Abb. 6.1.2 auf unserer Lehrbuch-Homepage) sind Berufskrankheiten jedoch von etwas größerer Bedeutung als es ihrer relativ geringen Anzahl entspricht. Nach der *Statistik der Unfallversicherung* UVG kam es in der Schweiz im Jahr 2009 zu 85 Todesfällen durch Berufsunfälle, jedoch zu 103 Todesfällen infolge von Berufskrankheiten.

Im Jahr 2009 waren in der Schweiz 15.912 Ärzte im ambulanten Sektor tätig. Hieraus ergibt sich, dass pro Arzt nur ein Fall mit einer anerkannten Berufskrankheit innerhalb von fünf Jahren diagnostiziert wird. Diese geringe Zahl spiegelt weniger die Gefahrlosigkeit des Berufslebens als die großen präventiven Erfolge der Arbeitsmedizin wider. Unklar ist dabei jedoch, inwieweit hier auch „Underreporting" eine Rolle spielt – die

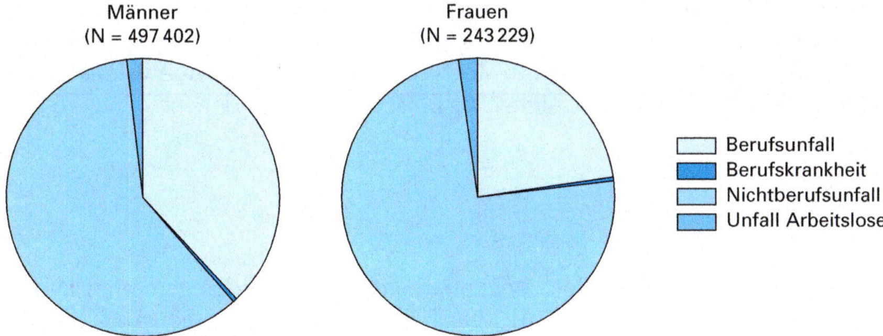

Abb. 6.1: Häufigkeit anerkannter Unfälle und Berufskrankheiten bei Männern und Frauen in der Schweiz. Resultate einer repräsentativen Erhebung der Kommission für die Unfallstatistik UVG, 2010 (Quelle: http://www.unfallstatistik.ch).

entsprechenden Beschwerden könnten auch zu selten von den Betroffenen berichtet und die Krankheiten zu selten von den wenigen ArbeitsmedizinerInnen bzw. von den behandelnden HausärztInnen diagnostiziert worden sein.

Näheres zur Definition und Häufigkeit von Berufskrankheiten und arbeitsbedingten Krankheiten in Deutschland finden Sie in Kap. 6.4.2.

6.1.2 Gesetze zu Arbeit und Gesundheit in der Schweiz

Die arbeitsmedizinische Praxis ist stark durch nationale Gesetze geprägt. Je nach Land können diese sehr unterschiedlich sein. Zu vielen Fragen gibt es jedoch internationale Übereinkommen, z. B. setzen die **ILO** (*International Labor Organisation,* Genf) und die **ISO** (*International Standards Organisation*) Standards zu Sicherheit und Gesundheitsschutz am Arbeitsplatz.

Nach dem Obligationenrecht und weiteren Gesetzen ist in der Schweiz primär der Arbeitgeber für den Gesundheitsschutz der ArbeitnehmerInnen verantwortlich. Er hat dafür zu sorgen, dass sie über die besonderen Gefahren in Kenntnis gesetzt werden, die bei ihren Tätigkeiten auftretenden können. Die ArbeitnehmerInnen sind ihrerseits verpflichtet, den Weisungen des Arbeitgebers zu folgen, die Sicherheitsvorschriften zu beachten sowie Sicherheitsvorrichtungen und persönliche Schutzausrüstungen zu benutzen. Der Arbeitgeber bleibt jedoch dafür verantwortlich, dass die Maßnahmen befolgt werden. Das aus der Sicht der Arbeitsmedizin wichtigste Gesetz ist das **Unfallversicherungsgesetz** (UVG) von 1984. Es regelt neben der Versicherung, der Verhütung, der Vorsorge und der Therapie bzw. Rehabilitation von Berufsunfällen und Berufskrankheiten auch die Kontrolle der dazu nötigen Maßnahmen. Wichtig für die Umsetzung sind die *Schweizerische Unfallversicherungsanstalt* (SUVA) und die *Eidgenössische Koordinationskommission für Arbeitssicherheit* (EKAS).

Ein weiteres Gesetz, das die Belange von Arbeit und Gesundheit in der Schweiz regelt, ist das **Arbeitsgesetz (ArG)**. Es stellt Grundsätze zur Arbeitsgestaltung auf und regelt die Bedingungen von Schicht- und Nachtarbeit sowie der so genannten Überzeit (Überschreitung der arbeitsgesetzlichen Höchstarbeitszeit). Auch die Bedingungen bei der Bewilligung von Arbeitsgebäuden werden durch das ArG festgelegt. Die kantonalen

Arbeitsinspektorate haben zusammen mit dem *SECO* den Auftrag, die Betriebe in Fragen der Ergonomie, der Plangenehmigung, der Situation bei speziellen Personengruppen sowie der Regelung von Sonntags-, Schicht- und Nachtarbeit zu überwachen.

Näheres zur gesetzlichen Unfallversicherung in Deutschland finden Sie in Kap. 6.4.1.

6.1.3 Grenzwerte am Arbeitsplatz

Maximale Arbeitsplatzkonzentrationen (MAK-Werte)

In der Liste der maximalen Arbeitsplatzkonzentrationen werden die so genannten MAK-Werte für verschiedene Stoffe aufgeführt. Zusätzlich werden hier auch Angaben zur kurzzeitigen und längerfristigen Toxizität dieser Stoffe sowie zur kanzerogenen, sensibilisierenden und fruchtschädigenden (teratogenen) Wirkung gemacht.

Der **Maximale Arbeitsplatzkonzentrationswert** (MAK-Wert) ist definiert als diejenige Durchschnittskonzentration eines gas-, dampf- oder staubförmigen Arbeitsstoffes in der Luft, die nach derzeitiger Kenntnis in der Regel bei einer Einwirkung während einer Arbeitszeit von 8 Stunden täglich und bis zu 42 Stunden pro Woche auch über längere Zeit hin bei der überwiegenden Zahl der gesunden Beschäftigten an einem Arbeitsplatz die Gesundheit nicht gefährdet.

Die MAK-Grenzwerte beinhalten oft keinen Sicherheitsfaktor und schützen die normalempfindlichen, gesunden ArbeitnehmerInnen. Sie müssen immer wieder neuen Erkenntnissen angepasst werden. Daher wird die Liste regelmäßig überarbeitet. Die meisten Arbeitsstoffe, die in der MAK-Liste aufgeführt sind, werden über die Lunge in schädigender Menge aufgenommen. Falls dies bei bestimmten Stoffen von Bedeutung ist, wird in der Liste auch auf eine mögliche Hautresorption hingewiesen (z. B. bei Anilin, Nitrobenzol, Nitroglykol, Phenolen und Pflanzenschutzmitteln). Bei Gasen und Dämpfen wird der MAK-Wert in Volumenanteilen je 1 Mio. Teile Luft angegeben (ml/m^3 oder ppm [*parts per million*]), bei Schwebstoffen (Stäuben) ist es die Gewichtsmenge pro Kubikmeter Luft (mg/m^3). Die Gefährdung durch Partikel ist stark von der Dimension dieser Partikel abhängig. So gibt es **Feinstaub**, der bis in die Lungenalveolen gelangt, und **Grobstaub**, der zum Teil gar nicht in die tieferen Atemwege vordringt, und für den die Reinigungsfunktion der oberen Atemwege genügen kann (s.a. Box 6.1.1).

Die Exposition gegenüber Schadstoffen kann während eines Arbeitstages schwanken. Den MAK-Werten sind deshalb *Kurzzeitgrenzwerte* hinzugefügt. Dieser Ansatz wird allerdings nicht allen Aspekten der Dosisproblematik gerecht: Als Dosis wird im Allgemeinen die Menge eines Stoffes betrachtet, die pro Zeiteinheit in den Körper aufgenommen wird. Bei Gasen muss jedoch auf die Konzentration in der Umgebungsluft und bei Stäuben auf die alveolengängige Menge zurückgegriffen werden. Darüber hinaus gibt es Stoffe, die sich im Körper ansammeln. Dies ist immer dann der Fall, wenn Entgiftung oder Ausscheidung langsamer vor sich gehen als die Aufnahme. Es kann aber auch sein, dass die Reparaturmechanismen des Körpers nicht ausreichen, um einen Schaden vollständig zu beheben. In einem solchen Fall ist die Menge des Stoffes, multipliziert mit der Zeit, über die der Stoff auf den Körper einwirkt, das geeignete Maß für das Gefährdungsrisiko. Wir haben es dann mit einer kumulativen Belastung zu tun. Das *kumulative Dosiskonzept* wird beispielsweise bei der Entstehung von Lungenkrebs durch ionisierende Strahlung, polyzyklische aromatische Amine oder

Box 6.1.1: **ATG-Baustelle Amsteg: Maschineller Tunnelvortrieb wieder aufgenommen.** Beispiel einer Maßnahme der SUVA, der größten obligatorischen Unfallversicherung der Schweiz.

(Pressemitteilung vom 16.11.2004)

„Nachdem der maschinelle Vortrieb am 2. November 2004 in beiden Tunnelröhren des Bauabschnittes Amsteg – Sedrun des Gotthardbasistunnels wegen unzulässiger Staubbelastung und zu hohen Temperaturen … vorsorglich eingestellt wurde, hat die AGN verschiedene Verbesserungen an den Lüftungs- und Entstaubungssystemen vorgenommen. Die Vertreter/innen der Gewerkschaften … wurden von der der AGN, der Suva und der AlpTransit Gotthard AG über die getroffenen Massnahmen informiert.

Am Dienstag, 9. November 2004 wurden die Tunnelbohrmaschinen im Einvernehmen mit der SUVA provisorisch wieder gestartet um verlässliche Messwerte im Betriebszustand zu erhalten. …"

(Quelle der Abbildung: REUTERS/Arnd Wiegmann).

Asbest angewandt. Auch die Angabe der inhalierten Rauch-Dosis eines Zigarettenrauchers in *packyears* oder Packungsjahren geschieht auf der Basis dieses Konzeptes.

Bei verschiedenen Arbeiten spielt neben der *toxischen* (giftigen) und der *kanzerogenen* (Krebs auslösenden) Wirkung von Stoffen auch die *Sensibilisierung* durch bestimmte Stoffe eine wichtige Rolle. Ein Beispiel hierfür ist die Auslösung eines Bronchialasthmas bei Bäckern, die allergisch auf Mehlstaub oder Backhilfsstoffe reagieren. Hier soll das Einhalten der MAK-Werte die Betroffenen so weit wie möglich vor einer Sensibilisierung schützen. Bei einer klinisch manifesten Allergie ist jedoch auch durch die Einhaltung von Grenzwerten kein sicherer Schutz vor Asthmaanfällen möglich.

MAK-Werte bei Stoffgemischen

Die MAK-Werte gelten definitionsgemäß für die Exposition gegenüber reinen Stoffen. Für die Beurteilung von Stoffgemischen sind sie nur bedingt geeignet, da sie sich in ihrer Wirkungsweise nicht nur addieren, sondern auch gegenseitig sowohl verstärken als auch abschwächen können. In der betrieblichen Praxis wird deshalb bei Gemischen, die auf die gleichen Zielorgane einwirken (z. B. Leber, Niere), eine additive Formel als Beurteilungsgrundlage angewandt. Dies gilt ebenfalls für Gemische, deren Komponenten sich in ihrer Wirkung gegenseitig verstärken (z. B. Lösungsmittelgemische).

Addition von MAK-Werten verschiedener Stoffe bei gleichem Zielorgan:

$$\frac{C_1}{MAK_1} + \frac{C_2}{MAK_2} + \frac{C_3}{MAK_3} + \ldots\ldots + \frac{C_n}{MAK_n} \leq 1$$

Übersteigt die Summe der MAK-Wert-Anteile der einzelnen Komponenten den Wert 1, muss deren Gesamtkonzentration durch geeignete Maßnahmen soweit gesenkt werden, dass der Summenindex 1 mit Sicherheit unterschritten wird. MAK-Werte bieten auch bei größter Sorgfalt keinen absoluten Schutz. Deshalb gilt ganz allgemein die sogenannte **ALARA-Regel** (*as low as reasonably achievable*, s. Kap. 6.2.4).

Biologische Arbeitsplatz Toleranzwerte (BAT-Werte)

Neben dem MAK-Werte-Konzept wird auch das Konzept der *Biologischen Arbeitsplatz Toleranzwerte* (BAT-Werte) angewandt. Bei diesem wird die tatsächlich im Körper wirksame Dosis als Bezugsgröße angegeben. Dies wäre z. B. die Konzentration des Stoffes oder eines Metaboliten im Blut, in der Ausatmungsluft oder im Urin.

Nicht in jeder Arbeitsplatzsituation korrelieren innere und äußere Belastung bzw. Beanspruchung der ArbeitnehmerInnen streng miteinander. So können ein vermehrtes Atemminutenvolumen bei körperlicher Arbeit, eine zusätzliche Aufnahme über den Magen-Darm-Trakt oder durch die Haut sowie individuelle Unterschiede im Stoffwechsel und der Ausscheidung bei gleicher äußerer Belastung zu einer unterschiedlichen inneren Belastung bzw. Beanspruchung des Organismus führen. Zur Beurteilung von toxischen Einwirkungen auf den Organismus ist deshalb häufig ergänzend eine biologische Überwachung der ArbeitnehmerInnen nötig. Ausgenommen hiervon sind lokale Einwirkungen auf Haut und Schleimhäute der Augen und Atemwege.

Näheres zu *Arbeitsplatzgrenzwerten* und zum Thema *Biomonitoring* in Deutschland finden Sie in Kap. 6.4.3.

6.1.4 Vorgehen bei Verdacht auf eine berufsbezogene bzw. berufsbedingte Erkrankung

Falls auf Grund der Angaben eines Patienten oder einer Patientin bzw. der klinischen Situation der Verdacht besteht, es könnte sich bei einer Krankheit um eine berufsbedingte Erkrankung handeln, bittet der behandelnde Arzt bzw. die behandelnde Ärztin in der Schweiz den Patienten/die Patientin, durch den jeweiligen Arbeitgeber eine Anmeldung bei der zuständigen UVG-Versicherung wegen Verdachts auf Berufskrankheit zu veranlassen. Die UVG-Versicherung ist verpflichtet, die Situation abzuklären und nach Abschluss der Erhebungen die Erkrankung durch eine Verfügung als berufsbedingt anzuerkennen oder abzulehnen. Insbesondere wenn mehrere

Personen aus einem Betrieb betroffen sind, kann sich der behandelnde Arzt bzw. die behandelnde Ärztin im Einverständnis mit dem Patienten/der Patientin auch direkt an den zuständigen Betriebsarzt oder an die SUVA als Versicherungsträger wenden. Bei der Meldung an die Krankenversicherung muss im Vordruck „Unfall" angekreuzt werden.

6.1.5 Weitere Berufsfelder im Bereich Gesundheit und Arbeit

In der Schweiz wird die **Betriebssicherheit** in Bezug auf die Unfallverhütung und zum Teil auch auf den Gesundheitsschutz durch Sicherheitsbeauftragte (Sicherheitsfachleute) und Sicherheitsingenieure überwacht. Sicherheitsbeauftragte haben eine gesetzlich definierte Grundausbildung. Ein Sicherheitsingenieur ist ein Ingenieur, der im Rahmen seiner Ingenieurausbildung noch einen speziellen sicherheitstechnischen Fachkundenachweis erbringen muss.

Die im Bereich der **Arbeitshygiene** tätigen Personen haben die Aufgabe, die Exposition der MitarbeiterInnen gegenüber verschiedenen Stoffen am Arbeitsplatz mit geeigneten Messgeräten und Messstrategien zu messen und anschließend zu bewerten. Bei den zu messenden Stoffen kann es sich um toxische Gase und Dämpfe, radioaktive Strahlung, elektromagnetische Felder, Schall, Vibration oder Klimafaktoren handeln.

Die Begriffe **Arbeitsphysiologie, Human Factors, Ergonomie** und **Arbeitswissenschaften** bezeichnen Forschungs- und Praxisfelder, die sich mit der Interaktion von Mensch und Arbeit auseinandersetzen. Wichtige Themen sind hier Arbeitsplatzfaktoren, Leistungsfähigkeit, Arbeitsleistung, Beanspruchung, Überbeanspruchung, Effizienz und Gestaltung der Arbeit und der Arbeitsumgebung.

Wegen der zunehmenden Häufigkeit von Stress- und Burnoutzuständen bei ArbeitnehmerInnen sowie der stärkeren Beachtung von Mobbing oder sexueller Belästigung am Arbeitsplatz erhalten verschiedene Aspekte der **Organisations-** und/oder **Arbeitspsychologie** eine immer stärkere Beachtung.

Betriebsschwestern und **Betriebskrankenpfleger** sind in vielen größeren Betrieben Ansprechperson bei kleineren Verletzungen oder Gesundheitsproblemen der Belegschaft.

Internet-Ressourcen

Auf unserer Lehrbuch-Homepage (**www.public-health-kompakt.de**) finden Sie zusätzliche Abbildungen und Tabellen, Links zu weiterführender Literatur sowie zu anderen themenrelevanten Internet-Ressourcen.

6.2 Berufskrankheiten

Es gibt eine Vielzahl von Faktoren, die am Arbeitsplatz auf ArbeitnehmerInnen einwirken und dann zu Berufskrankheiten, Berufsunfällen oder arbeitsbezogenen Erkrankungen führen können (Abb. 6.2).

Der Begriff der **Berufskrankheit** ist nicht einheitlich definiert, je nach Land und Situation können unterschiedliche Inhalte damit verbunden sein (s. Kap. 6.1.1).

In der Schweiz gilt die Definition des *Unfallversicherungsgesetzes* (UVG, Artikel 9):

- Hiernach sind *Berufskrankheiten* Erkrankungen, die ausschließlich oder vorwiegend durch schädigende Stoffe am Arbeitsplatz oder durch bestimmte berufliche Tätigkeiten verursacht werden. Der Schweizerische Bundesrat erstellt eine Liste, in der die schädigenden Stoffe und Arbeiten sowie die arbeitsbedingten Erkrankungen explizit aufgeführt werden.

- Als Berufskrankheiten gelten jedoch auch andere Krankheiten, bei denen nachgewiesen wurde, dass sie ausschließlich oder überwiegend durch berufliche Tätigkeit verursacht worden sind.

- Berufskrankheiten gelten als ausgebrochen, sobald der/die Betroffene erstmals ärztlicher Behandlung bedarf oder arbeitsunfähig ist. Soweit nicht anderes bestimmt, werden Berufskrankheiten ab diesem Zeitpunkt einem Berufsunfall gleichgestellt. Schädigenden Stoffe und arbeitsbedingte Erkrankungen sind im Anhang 1 zu Artikel 9 Absatz 1 des Gesetzes aufgeführt.

Zu den häufigsten Krankheiten, die in der Schweiz als arbeitsbedingt anerkannt sind, gehören Erkrankungen der Ohren, der Haut, des Bewegungsapparates und des Atmungssystems (s. Web-Tab. 6.2.1 auf unserer Lehrbuch-Homepage). An erster Stelle steht die erhebliche Schwerhörigkeit. Die Tabelle macht deutlich, wo noch weiterer

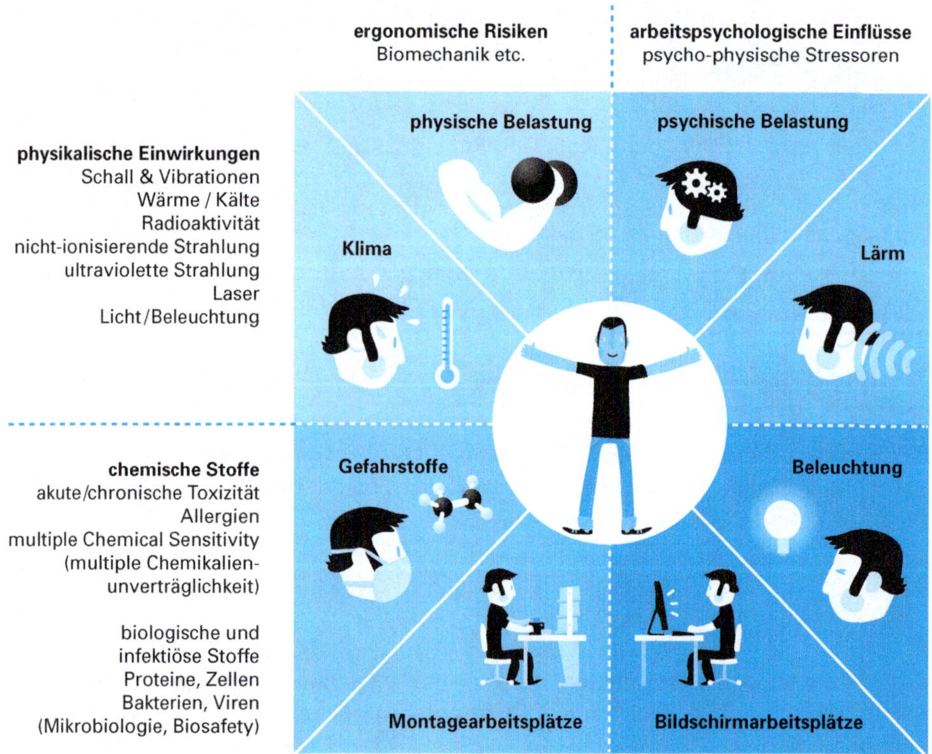

Abb. 6.2: Gesundheitsgefahren am Arbeitsplatz (Quelle: nach Guldimann; http://vorstand.sgluc.ch).

Präventionsbedarf besteht. Näheres zur Definition von Berufskrankheiten und arbeitsbedingten Krankheiten in Deutschland finden Sie in Kap. 6.4.2.

6.2.1 Die wichtigsten Schädigungsmechanismen bei Berufskrankheiten

Toxische Wirkung

Toxische Wirkungen können von den verschiedensten Stoffen am Arbeitsplatz ausgehen. In der Regel sind es längerfristige Einwirkungen, die dann zu chronischen Vergiftungen führen. Die Auswirkungen toxischer Substanzen auf den Menschen können durch eine S-förmig verlaufende Dosis-Wirkungs-Kurve dargestellt werden.

Unterhalb einer **Schwellendosis** zeigen diese Noxen keine nachhaltige Wirkung, d. h. der Organismus besitzt genügend Abwehrkraft, um mit ihnen fertig zu werden. Ein Beispiel hierfür ist der tägliche Konsum von Alkohol. Erst wenn die konsumierte Menge ca. 20g/Tag (♀) bzw. ca. 30g/Tag (♂) reinen Äthylalkohols übersteigt, erhöht sich das Risiko toxischer Auswirkungen, da dann die Entgiftungsfähigkeit der Leber für Alkohol überschritten wurde. Das Konzept der MAK-Werte (s. Kap. 6.1.3) ist am besten anwendbar, wenn die toxische Wirkung eines Stoffes einen solchen Schwellenwert aufweist.

Wie auch in anderen Bereichen der Arbeitsmedizin ist beim *Umgang mit toxischen Stoffen* grundsätzlich ein gestuftes Vorgehen sinnvoll (Tab. 6.1). Am preiswertesten sind meist Maßnahmen, die im Bereich der auslösenden Quelle ansetzen, arbeitsmedizinische Maßnahmen sind in der Regel am aufwändigsten. Vorrang sollten jedoch immer primärpräventive Maßnahmen haben. Nachträglich durchgeführte Aktionen haben im Vergleich zu prospektiven Maßnahmen ein schlechteres Kosten-Nutzen-Verhältnis. Am sinnvollsten und kostengünstigsten ist es, Arbeitsschutzmaßnahmen an einer möglichen Gefahrenquelle schon bei der Planung des Arbeitsplatzes zu berücksichtigen.

Tab. 6.1: Das **STOP-Prinzip:** Hierarchie der Arbeitssicherheits-Maßnahmen, die in der angegebenen Reihenfolge in Zusammenarbeit mit allen Fachkräften der Arbeitssicherheit (SicherheitsingenieurInnen, ArbeitshygienikerInnen, ArbeitsmedizinerInnen) durchgeführt werden sollten.

Systemische Maßnahmen	• Möglichst gefährdende Stoffe durch nicht oder weniger gefährdende Stoffe ersetzen. Gefährliche Arbeitsabläufe durch nicht oder weniger gefährdende Produktionsweisen ersetzen
Technische Maßnahmen	• Möglichst geringe Expositionswerte durch technische Maßnahmen am Entstehungsort (Quelle)
Organisatorische Maßnahmen	• Möglichst zeitliche Beschränkung der Exposition • Begrenzung der Zahl der exponierten Personen durch räumliche Trennung
Persönliche Maßnahmen	• Persönlicher Schutz – Verhaltensschulung, um Verhaltensänderungen (Akzeptanz von Schutzmaßnahmen) zu erreichen – Persönlicher Schutz nur wenn notwendig • Personalauswahl • Vorsorgeuntersuchungen im Rahmen der arbeitsmedizinischen Betreuung im Hinblick auf die Erkennung empfindlicher Personen und die Früherkennung von Erkrankungen

Krebserregende Wirkung

Bei Substanzen, die in der *MAK-Werte* Liste mit einem **K** gekennzeichnet sind, ist entweder aufgrund epidemiologischer Erfahrung bekannt, dass sie bei beruflich exponierten Personen Krebs erzeugen können, oder ein solcher Zusammenhang konnte durch relevante experimentelle Untersuchungen aufgezeigt werden.

Eine Reihe von Arbeitsplatzgrenzwerten zum Schutz vor krebserregenden Stoffen basieren auf Erfahrungswerten beim Menschen. Dazu werden meist Kohorten unterschiedlich exponierter Personen über viele Jahre verfolgt. Auf der Basis der geschätzten kumulativen Exposition wird dann versucht, eine Dosis-Wirkungs-Kurve abzuleiten (Abb. 6.3). Andere Arbeitsplatzgrenzwerte werden jedoch auch z. B. mit Hilfe der sog. ALARA-Regel festgelegt (s. Kap. 6.2.4)

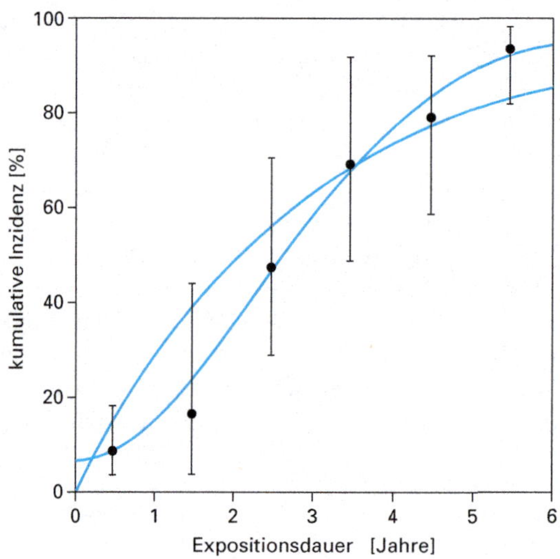

Abb. 6.3: Beispiel einer Dosis-Wirkungs-Kurve. Dargestellt sind die kumulativen Inzidenzraten des Harnblasenkarzinoms in Abhängigkeit von der Expositionsdauer bei Beschäftigten, die während ihrer Tätigkeit mit 2-Naphthylamin- und Benzidin-Destillationsprodukten in Kontakt kommen. Eingezeichnet sind die beiden am besten angepassten Funktionen (polynomisch, exponentiell). Mit Hilfe der unterschiedlichen Kurven wird versucht, die Resultate für niedrigere Expositionen zu extrapolieren. Je nach Wahl des Modells ergibt sich bei geringer Exposition ein unterschiedliches Bild (ein immer noch vorhandenes Risiko oder kein Risiko) (Quelle: Reproduced with permission from Environmental Health Perspectives; nach: Zeise L, Wilson R, Crouch EA. Dose-response relationships for carcinogens: a review).

Zu den häufigsten und kostenintensivsten Krebserkrankungen aufgrund beruflicher Exposition gehören in Deutschland und der Schweiz der durch Asbesteinwirkung hervorgerufene Lungen- und Kehlkopfkrebs sowie das ebenfalls durch Asbestexposition hervorgerufene Pleura-Mesotheliom. Auf unserer Lehrbuch-Homepage finden sie in Web-Tab. 6.2.2 neben den wichtigsten beruflich verursachten Krebserkrankungen in Deutschland die durchschnittliche Einwirkungsdauer der krebserregenden Substanz und die durchschnittliche Latenzzeit bis zum Auftreten der Erkrankung. Web-Tab. 6.2.3 zeigt, dass auch in der Schweiz der durch Asbest hervorgerufene Lungen- bzw. Kehlkopfkrebs die kostenintensivste Berufskrankheit ist. Eine Modellrechnung der UVG (Abb. 6.4) macht deutlich, dass diese Tumorerkrankung in der Schweiz noch für viele Jahre der bedeutendste Berufskrebs bleiben wird.

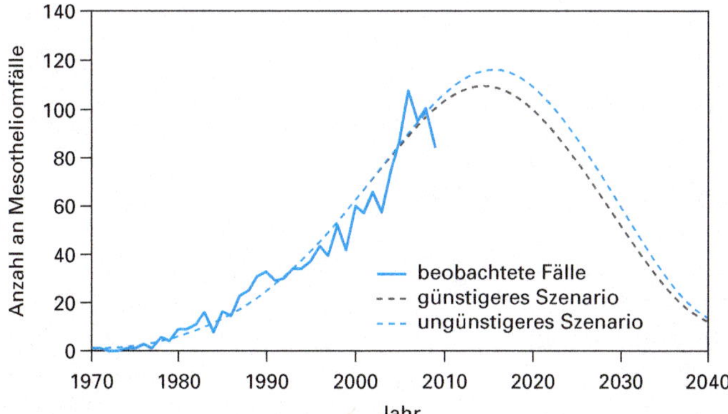

Abb. 6.4: Prognose der Statistik der Schweizerischen Unfallversicherung zur Anzahl der durch Asbest ausgelösten Mesotheliomfälle in der Schweiz (Modellrechnung, Schweiz. Unfallstatistik UVG, 2011). Durch Asbest ausgelöste Mesotheliome sind in der Regel Pleuramesotheliome. Dies sind bösartige Tumoren, die vom Lugen- bzw. Rippenfell (Pleura) ausgehen (Quelle: Sammelstelle für die Statistik der Unfallversicherung UVG (SSUV)).

Nach dem heutigen Verständnis handelt es sich bei der *kanzerogenen,* d. h. krebserregenden Wirkung eines Stoffes um eine *stochastische Wirkung*, bei der die Wahrscheinlichkeit, dass sie auftritt, eine Dosis-Wirkungs-Funktion ohne Schwellenwert ist. Dies bedeutet, dass es kein so genanntes Null-Risiko im Sinne einer Schwelle gibt. Damit ist jede Exposition dann, wenn sie technisch unvermeidbar ist, so niedrig anzusetzen, wie es nach dem Stand der Technik möglich ist. Maßnahmen an der Quelle müssen durch persönliche Schutzmaßnahmen ergänzt werden. Darüber hinaus ist eine arbeitsmedizinische Betreuung im Sinne einer *sekundären Prävention*, d. h. einer Früherkennung von Erkrankungen, unbedingt notwendig.

Sensibilisierende Wirkung

Bei besonders empfindlichen Personen können u.a. Haut oder Atemwege gegenüber gewissen Arbeitsstoffen sensibilisiert sein. Schon bei minimalen Konzentrationen kann dann ein Kontakt allergische Reaktionen (Überempfindlichkeitsreaktionen) hervorrufen. Das Einhalten der MAK-Werte bietet hier nur eine beschränkte Sicherheit. Substanzen, die häufig zu Überempfindlichkeitsreaktionen (allergischen Erkrankungen) führen, sind in der *MAK-Werte Liste* mit einem **S** gekennzeichnet.

Die wichtigste präventive Maßnahme ist die Verhinderung einer direkten Exposition bei Personen, die zu Überempfindlichkeiten neigen, um eine Sensibilisierung zu verhindern. Falls dies nicht möglich ist, muss der Kontakt mit der möglicherweise allergenen Substanz auf ein Minimum reduziert werden. Allerdings ist die Früherkennung empfindlicher Personen schwierig. Auch für die Phase der Sensibilisierung lässt sich eine Art Dosis-Wirkungs-Kurve aufzeigen. Ist eine Sensibilisierung schon eingetreten, muss jeglicher Kontakt mit der sensibilisierenden Substanz vermieden werden. Persönliche Schutzmaßnahmen reichen in diesem Stadium normalerweise nicht mehr aus. Bei Stoffen mit einem geringen Sensibilisierungspotential kann die Sensibilisierungsphase lang andauern. Der eigentlich notwendige Wechsel der beruflichen Tätigkeit kann dadurch erschwert werden.

Fruchtschädigende Wirkung

Die *MAK-Werte* gelten für gesunde Personen im erwerbsfähigen Alter. Epidemiologische und experimentelle Untersuchungen konnten jedoch zeigen, dass sie ungeborenen Kindern nicht immer einen sicheren Schutz vor den fruchtschädigenden Wirkungen der Stoffe bieten. Daher ist die Anwendung der MAK-Werte bei schwangeren Frauen nicht ohne Weiteres möglich. Als fruchtschädigend (*teratogen*) werden Stoffeinwirkungen verstanden, die zu einer veränderten Entwicklung des Ungeborenen führen, welche eine dauerhafte Schädigung oder den Tod der Leibesfrucht zur Folge haben. Bisher wurden nur wenige Stoffe ausreichend auf ihre teratogene Wirkung hin untersucht. Internationale Studien befassen sich derzeit mit der Frage, ob bei der Einhaltung verschiedener MAK-Werte ein fruchtschädigendes Risiko ausgeschlossen werden kann, ob es wahrscheinlich ist oder bereits sicher nachgewiesen wurde. Bislang ist jedoch für eine große Anzahl von Stoffen noch keine Aussage über eine potentielle fruchtschädigende Wirkung möglich. Schwangere Arbeitnehmerinnen dürfen daher keinen Kontakt zu möglicherweise teratogenen Substanzen haben. Dies gilt insbesondere für die ersten drei Schwangerschaftsmonate, die Zeit der Organentwicklung. Gibt es potentiell fruchtschädigende Substanzen am Arbeitsplatz der Schwangeren, muss der Arbeitsplatz für die Zeit der Schwangerschaft gewechselt werden.

Wirkung von Nanopartikeln

Nanopartikel sind kleinste Partikel, die nur aus wenigen tausend Atomen oder Molekülen bestehen. Sie können sowohl auf natürlichem Wege (z. B. bei einem Vulkanausbruch oder Waldbrand) als auch durch den Menschen in die Umwelt gelangen. Synthetische Nanopartikel sind künstlich hergestellte Teilchen, die z. B. im Hinblick auf ihre elektrische Leitfähigkeit oder chemische Reaktivität völlig neue Eigenschaften und/oder Funktionen aufweisen. Viele Konsumgüter wie Kosmetikprodukte, Farben, Textilien usw. enthalten mittlerweile Nanopartikel. Sie bergen jedoch besondere physische Risiken. Hierzu gehören eine erhöhte Explosionsgefahr, das Auftreten elektrostatischer Ladungen, Selbstentzündung (bei Eisen-Nanopartikel) oder eine Reaktion bei Kontakt mit Wasser (bei Aluminium-Nanopartikel).

Partikel im Nanomaßstab entstehen auch bei Verbrennungsvorgängen oder anderen thermischen Prozessen wie dem Schweißen. Solche Nanopartikel werden auch als ultrafeine Partikel, Ultrafeinstaub oder ultrafeine Aerosole bezeichnet. Sie sind in industrialisierten Zonen allgegenwärtig. „Saubere" Luft in städtischen Gebieten enthält einige tausend bis zehntausend solcher Partikel pro Kubikzentimeter. Ultrafeine Partikel (z. B. aus Dieselabgasen) können die Atemwege und das Herz schädigen. In experimentellen Untersuchungen zeigten sich Entzündungsreaktionen im Bereich der Atemwege und der Lungenbläschen. Bei Tieren kam es nach Nanopartikel-Exposition zur Entwicklung einer Lungenfibrose. Weiterhin ließ sich ein Zusammenhang zwischen der Partikelbelastung der Umwelt und Erkrankungen der Herzkranzgefäße aufzeigen. Inwiefern sich diese Erkenntnisse auf Nanopartikel übertragen lassen, bleibt zu klären. Bislang liegen noch keine Erkenntnisse über die Langzeitwirkung von Nanopartikeln im menschlichen Organismus vor (s. Kap. 5.2, Kap. 7.1 und Kap. 7.6).

Ein weiterer wichtiger Aspekt der Nanopartikel ist ihre Fähigkeit, Gewebe durchdringen zu können (*Translokation*). Sie können dadurch z. B. über die Lungenbläschen ins Blut gelangen. In Experimenten konnte auch ihre Aufnahme über die Haut sowie über den Riechnerv in das zentrale Nervensystem nachgewiesen werden. Aufgrund ihrer großen Oberfläche können Nanopartikel problematische Stoffe adsorbieren. Diese werden dann mit Hilfe der Nanopartikel, die hier als trojanisches Pferd fungierend, in die Zellen transportiert, wo sie ihre toxische Wirkung entfalten können.

Wenn zu einem spezifischen Material, das Nanopartikel enthält, noch keine wissenschaftlich gesicherten Erkenntnisse zu dessen Gefährdungspotential vorliegen, sollte dieses Material wie ein gesundheitsgefährdender Stoff betrachtet werden. Grundsätzlich sind Nanopartikelexpositionen zu vermeiden. Bei Kontakt sind konkrete Schutzmaßnahmen zu treffen.

6.2.2 Die Liste schädigender Stoffe und arbeitsbedingter Erkrankungen nach dem UVG

In der Schweiz gibt es eine vom Bundesrat festgelegte *Liste der schädigenden Stoffe und der arbeitsbedingten Erkrankungen* nach Art. 14 der Verordnung über die Unfallversicherung. Einige wichtige schädigende Substanzen und Verbindungen hieraus zeigt Tab. 6.2.

Tab. 6.2: Eine Liste ausgewählter schädigender Stoffe am Arbeitsplatz im Sinne von *Art. 9 Absatz 1 des Schweizerischen UVG* (Unfallversicherungsgesetz).

Acetaldehyd	Asbeststaub	Benzine	Benzol	Beryllium, seine Verbindungen und Legierungen
Blei, seine Verbindungen und Legierungen	Brom	Cadmium und seine Verbindungen	Chromverbindungen	Cyan und seine Verbindungen
Epoxidharze	Halogenierte organische Verbindungen	Holzstaub	Kobalt und seine Verbindungen	Kohlenmonoxid
Kolophonium	Latex	Mangan und seine Verbindungen	Menthol	Mineralöle
Ozon	Phenol und seine Homologen	Zement	Zink und seine Verbindungen	Zinnverbindungen

Allerdings genügt es noch nicht, einem dieser Listenstoffe ausgesetzt gewesen zu sein, damit eine Krankheit als Berufskrankheit anerkannt wird. Die Exposition muss einen gewissen Umfang aufweisen, und der *Zusammenhang zwischen der Exposition und der Art der Erkrankung* muss wissenschaftlich anerkannt sein. Zur Abschätzung des Umfangs der Exposition dienen die konkreten Messwerte am Arbeitsplatz in Relation zu den Stoffkonzentrationen der *MAK-Liste* (Maximale Arbeitsplatzkonzentration, s. Kap. 6.1.3) und die Dauer der Exposition. Man bezeichnet dies auch als *kumulative Exposition*.

6.2.3 Physikalische Einwirkungen und Berufsunfälle

Als Berufskrankheit anerkannt werden grundsätzlich Erkrankungen, die durch *physikalische Einwirkungen* verursacht werden. Hierzu zählen z.B. Erkrankungen durch Arbeit in Druckluft und erhebliche Schädigungen des Gehörs bei Arbeiten im Lärm. Weitere Erkrankungen sind als Berufskrankheiten anerkannt, falls eine *entsprechende Exposition* vorliegt. Ein Beispiel hierfür ist die *Staublungen* bei Arbeiten in Stäuben von Aluminium, Silikaten, Graphit, Kieselsäure, (Quarz) Hartmetallen.

In einigen Fällen kann ein Körperschaden als Folge eines Berufsunfalls von der Manifestation eines zuvor schon bestehenden Leidens nur schwer abzugrenzen sein. Daher gelten einige Verletzungen auch ohne eindeutiges Unfallereignis als *Berufsunfall* (u.a. Knochenbrüche, Verrenkungen von Gelenken, Trommelfellrisse).

6.2.4 Arbeitsmedizinische Vorsorge und Betreuung

Umgang mit gesundheitsgefährdenden Arbeitsstoffen

MAK-Werte bieten auch bei größter Sorgfalt keinen absoluten Schutz. Deshalb gilt hier die so genannte **ALARA-Regel** (**a**s **l**ow **a**s **r**easonably **a**chievable), die besagt, dass der Umfang der Exposition „so gering wie sinnvollerweise erreichbar" sein soll. Die MAK-Werte Liste wird in regelmäßigen Abständen überarbeitet und den neuesten wissenschaftlichen Erkenntnissen angepasst. Neue Werte werden dabei als solche gekennzeichnet. Darüber hinaus werden auch MAK-Werte für Substanzen angegeben, die aus verschiedenen Gründen noch nicht definitiv in die Liste aufgenommen werden. Beim Umgang mit gesundheitsgefährdenden Arbeitsstoffen sind daher zusätzlich Überwachungs- und Vorsorgemaßnahmen durchzuführen. Die Arbeitshygiene hat hierbei die Aufgabe, mit Hilfe geeigneter Messgeräte und Messstrategien die Einhaltung der MAK-Werte für jeden Arbeitsplatz sicherzustellen (*arbeitshygienische Überwachung*).

Die innere Belastung der ArbeitnehmerInnen entspricht jedoch – abhängig von der jeweiligen Arbeitsplatzsituation – nicht immer der äußeren Belastung, die anhand der Atemluftmessung beurteilt werden kann. So können z.B. ein erhöhtes Atemminutenvolumen bei körperlich schwerer Arbeit, eine zusätzliche Aufnahme von Substanzen über den Magen-Darm-Trakt oder die Haut sowie die individuellen Unterschiede bei Stoffwechsel und Ausscheidung zu einer unterschiedlichen inneren Belastung des Organismus führen, obwohl die äußere Belastung gleich ist. Um die toxischen Einwirkungen eines Arbeitsstoffes auf den menschlichen Organismus umfassend beurteilen zu können, ist deshalb häufig eine ergänzende *biologische Überwachung* der Arbeitnehmer durch eine/n ArbeitsmedizinerIn nötig (vgl. Kap. 6.4.3 Biomonitoring).

Arbeitsmedizinische Vorsorge

Zusätzlich zur Überwachung der Arbeitsplatzverhältnisse anhand von Raumluftmessungen sowie der Beurteilung der Arbeitsplatzbedingungen mit Hilfe der MAK-Werte werden arbeitsmedizinische Überwachungsmaßnahmen durchgeführt. Hierzu gehören klinische Untersuchungen (Eintrittsuntersuchungen, periodische Kontrolluntersuchungen, nachgehende Untersuchungen) sowie Bestimmungen geeigneter Laborparameter zur möglichst frühzeitigen Erkennung der toxischen Wirkung eines Stoffes. Darüber hinaus kann im Rahmen der arbeitsmedizinischen Vorsorgeuntersuchungen auch eine erhöhte Gesundheitsgefährdung durch Krankheiten, die nicht mit der beruflichen Arbeit im Zusammenhang stehen, erkannt werden. Die arbeitsmedizinische Vorsorge wird gemäß der *Verordnung des Bundesrates über die Verhütung von Unfällen und Berufskrankheiten* (VUV) durch die Abteilung Arbeitsmedizin der SUVA in Zusammenarbeit mit praktizierenden Ärzten und Betriebsärzten durchgeführt. Für die medizinische Betreuung ist eine genaue Kenntnis der Arbeitsmittel, des Arbeitsplatzes sowie der Arbeitsumgebung notwendig. Sie kann daher nicht aus der Ferne durch einen Hausarzt erfolgen.

Näheres zum Arbeitsschutz in Deutschland (Arbeitsplatzgrenzwerte, arbeitsmedizinische Vorsorgeuntersuchung, Biomonitoring) finden Sie in Kap. 6.4.3.

Internet-Ressourcen

Auf unserer Lehrbuch-Homepage (**www.public-health-kompakt.de**) finden Sie zahlreiche weitere Abbildungen und Tabellen, Links zu weiterführender Literatur sowie zu anderen themenrelevanten Internet-Ressourcen.

6.3 Berufsbezogene Gesundheitsrisiken

Aus den im vorherigen Abschnitt gezeigten Listen von Arbeitsstoffen und Erkrankungen ergeben sich die gesetzlich definierten, *klassischen Einsatzgebiete der Arbeitsmedizin*. Für die im heutigen Alltag wichtigen arbeitsbezogenen Erkrankungen wie Depressionen, Stressfolgen und Rückenschmerzen gibt es jedoch bisher keine Regelung durch das UVG. Es gelten hier die Fürsorgepflicht des Arbeitgebers nach dem *Obligationenrecht* (OR) und die Anforderungen an gute Arbeitsbedingungen, die im Arbeitsgesetz definiert sind.

Wie Abb. 6.2 zeigt, gibt es eine Vielzahl von Faktoren, die am Arbeitsplatz auf die ArbeitnehmerInnen einwirken und dann zu Berufskrankheiten, Berufsunfällen oder arbeitsbezogenen Erkrankungen führen können. Hierzu gehören z.B. eine ungesunde Arbeitshaltung, ungesunde Arbeitszeiten (v.a. Nacht- und Schichtarbeit sowie lange Arbeitszeiten ohne ausreichende Ruhepausen), Stress am Arbeitsplatz oder Mobbing. Frauen und Männer können davon unterschiedlich betroffen sein. Darüber hinaus kann sich das Risiko für die Entstehung von berufsbedingten Erkrankungen während bestimmter Lebensabschnitte (z.B. während einer Schwangerschaft oder mit zunehmendem Alter) ändern. Auch Arbeitslosigkeit kann sich negativ auf die psychosoziale Gesundheit auswirken. Der folgende Abschnitt zeigt exemplarisch zwei der wichtigsten berufsbezogenen Gesundheitsrisiken: *Stress am Arbeitsplatz* und *Rückenschmerzen*.

6.3.1 Stress am Arbeitsplatz

Belastungen am Arbeitsplatz, die zu Stress führen können, nehmen in der heutigen Arbeitswelt immer mehr zu. Von den ArbeitnehmerInnen werden Zeit- und Leistungsdruck, zuviel Arbeit, Doppelbelastung durch Beruf und Haushalt, die Angst vor Arbeitsplatzverlust und Probleme mit Vorgesetzten als häufigste Stressfaktoren genannt.

Als Stress bezeichnen wir eine körperliche, seelische und verhaltensmäßige Anpassungsreaktion einer Person an innere und/oder äußere Belastungen (vgl. Kap. 4.4.2). Das Stressmodell gewinnt in der Arbeitsmedizin zunehmend an Bedeutung, da sich hierdurch viele Gesundheitsprobleme im Arbeitsbereich erklären lassen. Verschiedene psychische und physische Arbeitsbelastungen können als Stressoren aufgefasst werden. Hierbei ist zu beachten, dass uns auch körperliche Arbeit psychisch beeinflussen kann. So belasten etwa Lärm und Hitze in einem Stahlwerk nicht nur körperlich, sondern vermindern auch das Konzentrationsvermögen.

Stress am Arbeitsplatz kann durch folgende Aspekte der Arbeit ausgelöst werden:

- **Arbeitsaufgabe**: Stressauslösung durch die Art des Arbeitsinhalts, des Arbeitsumfangs und den Verlauf der Tätigkeit
  Beispiele: (1) immer die gleiche Tätigkeit ausführen, (2) komplexe Aufgaben bewältigen, (3) hohe Verantwortung für die Sicherheit von Personen oder für Produktionsverluste tragen, (4) dauernde Beobachtung eines Radarschirms, (5) großer Informationsfluss, (6) kein genügender Handlungs- und Entscheidungsspielraum, um auf Schwankungen der Belastung und/ oder der Leistungsfähigkeit reagieren zu können.

- **Physikalische Arbeitsbedingungen**
  Beispiele: (1) Beleuchtung, (2) Blendung, (3) Klima, (4) Durchzug, (5) Gerüche, (6) Lärm, (7) Vibration, (8) ungünstige Arbeitsplatzgestaltung einschließlich der technischen Werkzeuge und Geräte

- **Soziale und organisatorische Faktoren**
  Beispiele: (1) Kommunikations- und (2) Führungsstruktur sowie (3) die sozialen Beziehungen am Arbeitsplatz

Bei einer **Stressreaktion** zeigen sich die Auswirkungen der psycho-physischen Arbeitsanforderungen an die einzelne Person als Beanspruchungen. Dabei ist die Stärke der Beanspruchung von den individuellen Merkmalen der jeweiligen Person abhängig. Zu diesen individuellen Markmalen gehören die aktuelle Leistungsfähigkeit (Gesundheit, Ermüdung, Training, Fertigkeiten, Kenntnisse, Erfahrung) sowie die individuelle Einstellung zur Beanspruchung (Bewältigungsstrategien, Vertrauen in die eigenen Fähigkeiten, Anspruchsniveau). Verschiedene Personen werden somit von derselben Arbeitsbelastung unterschiedlich stark in Anspruch genommen.

Dass die Folgen einer solchen Beanspruchung für den einen Menschen positiv anregend, für den anderen jedoch beeinträchtigend sein können, ist ein wichtiger, zentraler Gesichtspunkt bei der Arbeitsgestaltung.

Zu den positiven, erstrebenswerten Beanspruchungsfolgen gehören der Erhalt und die Weiterentwickelung des Leistungsvermögens, die Erweiterung von Kenntnissen, Fähigkeiten und Fertigkeiten sowie eine verbesserte Motivation. All diese Faktoren sind für eine hohe Arbeitsproduktivität von zentraler Bedeutung. Kurzfristige Ermüdung, Leistungsabfall sowie Stress- und Angstgefühle sind dagegen beeinträchtigende Effekte als

Folgen einer Fehlbeanspruchung. Mittel- und langfristig führen solche Fehlbeanspruchungen zu Leistungsminderung, Schlafstörungen, Unzufriedenheit, innerer Kündigung, Depressionen, Ausgebranntsein (*Burn-out-Syndrom*), erhöhtem Suchtmittelkonsum, vermehrten Fehlzeiten sowie Krankheiten wie Bluthochdruck, Herzinfarkt, Magen-Darmbeschwerden oder auch Hautveränderungen.

Präventive Maßnahmen

Um Stress am Arbeitsplatz zu vermeiden, müssen sowohl die Arbeitsaufgaben, als auch die Arbeitsorganisation, die Arbeitsmittel und die Arbeitsumgebung den Fähigkeiten der Beschäftigten entsprechen. Wenn dies der Fall ist, spricht man von einer guten *ergonomischen Gestaltung* des Arbeitsplatzes. Darüber hinaus müssen die Beschäftigten ihren Aufgaben entsprechend qualifiziert werden. Ein wichtiger Schutz vor negativen Stressfolgen sind unterstützende Rückmeldungen durch die Vorgesetzten, ein gutes Arbeitsklima und eine Arbeitsorganisation, die Überforderungen und Ermüdung vorbeugt. Daneben tragen Arbeitsplätze, die nach arbeitswissenschaftlichen Erkenntnissen gestaltet wurden, erheblich zur Stressminderung bei. Solche Arbeitsplätze berücksichtigen außer den Sicherheitsaspekten auch Körperhaltung, Lichtverhältnisse, Lärmbelastung und Raumklima. Idealerweise sollte dies alles im Rahmen eines *Betrieblichen Gesundheitsmanagements* stattfinden und auch Maßnahmen im Bereich der Unternehmensstruktur, -strategie und -kultur umfassen (s. Kap. 6.5).

Zusätzlich zu den genannten Maßnahmen der Verhältnisprävention sollten auch verhaltenspräventive Maßnahmen durchgeführt werden. Hierzu gehört es, die Betroffenen darin zu schulen, Methoden der Stressbewältigung anzuwenden. Die Beschäftigten lernen dabei, ein Gleichgewicht zwischen den Arbeitsanforderungen einerseits und den eigenen Fähigkeiten, Fertigkeiten und Bedürfnissen andererseits herzustellen und aufrecht zu erhalten. Hierzu gehören insbesondere die bewusste Wahrnehmung von Stress und die Mobilisierung eigener Ressourcen, um z. B. Konflikte konstruktiv bewältigen zu können.

6.3.2 Rückenschmerzen

Erkrankungen des Bewegungsapparates sind sehr häufig und gehören nach der Depression zu den häufigsten Ursachen von Invalidität (vgl. Kap. 7.3). In der Schweiz berichten 18 Prozent der Erwerbstätigen über arbeitsbezogene Rückenschmerzen. Sie verursachen große betriebliche und volkswirtschaftliche Kosten. 26 Prozent aller krankheitsbedingten Fehltage (= 100 Mio. Fehltage/Jahr) werden in der Schweiz durch arbeitsbezogene muskuloskelettale Erkrankungen verursacht.

Zu den arbeitsbezogenen und arbeitsbedingten Erkrankungen des Bewegungsapparates gehören Schmerzen in Kreuz und Nacken, in Schultern, Armen und Händen sowie im Bereich der Hüfte, des Knies und der Füße. Typische Beispiele sind Rückenschmerzen bei Bauarbeitern oder bei Pflegenden sowie Nackenbeschwerden, Sehnenentzündungen oder Nervenschäden bei Bildschirmarbeit. Schleimbeutelerkrankungen, Drucklähmungen der Nerven, Sehnenscheidenentzündungen und Erkrankungen durch Vibrationen (wie z.B. Gefäßschädigungen) gelten in der Schweiz als eigentliche Berufskrankheiten. In Deutschland sind z.B. auch bandscheibenbedingte Erkrankungen der Hals- und Lendenwirbelsäule bei langjährigem Heben oder Tragen von Lasten als Berufskrankheit anerkannt.

Ungünstige Belastungen bei der Arbeit erhöhen die Wahrscheinlichkeit, am Bewegungsapparat zu erkranken. Die wichtigsten Risikofaktoren sind:

- Physikalische Faktoren: Heben und Tragen, Zwangshaltungen, Vibrationsbelastung

- Organisatorische Faktoren: hohes Arbeitstempo, Zeitdruck, geringe Autonomie, immer gleiche Arbeit

- Individuelle Faktoren: Alter, Leistungsfähigkeit, Geschlecht

So wirken beispielsweise bei Arbeiten am Fließband, der Kasse oder am Computer (Abb. 6.5) verschiedene Faktoren gemeinsam auf die Nacken-, Finger- und Handmuskeln ein. Weiterarbeiten bei ermüdeten und/oder schmerzhaften überbeanspruchten Muskeln führt reflektorisch zu einer erhöhten Anspannung der Muskeln, wodurch sich das Risiko für eine schmerzhafte Muskel-Sehnen-Erkrankung (z. B. Tendinitis, Trapeziusmyalgie) stark erhöht.

Abb. 6.5: Geierhalsstellung als Risikofaktor für arbeitsbezogene Nackenschmerzen (Quelle: Zeichnung nach Läubli).

Präventive Maßnahmen

Da arbeitsbezogene Erkrankungen des Bewegungsapparates einerseits sehr häufig, andererseits jedoch durch eine gute Arbeitsgestaltung zum Großteil vermeidbar sind, gehört ihre *Primär- und Sekundärprävention* zu den wichtigsten Aufgaben der Arbeitsmedizin. Viele Erkrankungen und Funktionsstörungen des Bewegungsapparates haben aber auch Ursachen außerhalb des Arbeitsbereichs. Bei Schmerzen im Bereich des Bewegungsapparates sowie bei Behinderungen ist die Rehabilitation und Reintegration (*tertiäre Prävention*) der Betroffenen von großer Bedeutung.

In der Schweiz verpflichtet das *Arbeitsgesetz* den Arbeitgeber zu einer wirksamen Prävention der berufsbezogenen Erkrankungen. SUVA und SECO haben hierzu Richtlinien und Empfehlungen publiziert, die auf den folgenden Grundsätzen basieren:

- Arbeitsplätze gut gestalten (Ergonomie)

- Stand der Technik und internationale Normen beachten

- Manuelles Heben und Tragen großer Lasten vermeiden

- Fachleute hinzuziehen, falls Zweifel bestehen, ob die Anforderungen der Gesundheitsvorsorge erfüllt sind

Dabei dient das mit einem Leitfaden ausgestattete SECO Prüfmittel „Gesundheitsrisiken Bewegungsapparat" zur objektiven Beurteilung von Arbeitsbedingungen, die möglicherweise den Bewegungsapparat beeinträchtigen könnten (s. Web-Abb. 6.3.1 auf unserer Lehrbuch-Homepage).

Therapie und Rehabilitation

Akute muskuloskelettale Beschwerden haben eine große Selbstheilungstendenz (vgl. Box 7.3.1). Bei persistierenden, arbeitsbezogenen Beschwerden muss ein Weg gefunden werden, um die Anforderungen am Arbeitsplatz und die Belastbarkeit der/des Betroffenen aufeinander abzustimmen. Die hier angewandten therapeutischen Maßnahmen werden sinnvollerweise miteinander kombiniert (multifokaler Ansatz):

- Ergonomische Arbeitsgestaltung

- Medizinische Trainingstherapie (MTT, z.B. physiotherapeutisch angeleitetes Kraft- / Ausdauertraining) und *Work Hardening* (Arbeitsanforderungen werden unter therapeutischer Aufsicht langsam gesteigert)

- Copingstrategien
  - Schulung
  - Biofeedback
  - Schmerzbewältigung

Die ergonomische Arbeitsgestaltung versucht hierbei, das Arbeitsumfeld so zu verbessern, dass es optimale Leistungen erlaubt. Den Anforderungen, die an die Arbeitenden gestellt werden, werden Möglichkeiten zur gesunden Ausführung gegenübergestellt.

Internet-Ressourcen

Auf unserer Lehrbuch-Homepage (**www.public-health-kompakt.de**) finden Sie zahlreiche weitere Abbildungen und Tabellen, Links zu weiterführender Literatur sowie zu anderen themenrelevanten Internet-Ressourcen.

6.4 Arbeit und Gesundheit in Deutschland

6.4.1 Die Gesetzliche Unfallversicherung in Deutschland

In Deutschland besteht für jeden Beschäftigten ein obligater Versicherungsschutz gegen **Arbeitsunfälle, Wegeunfälle** und **Berufskrankheiten**. Träger dieser *gesetzlichen Unfallversicherung* sind *Berufsgenossenschaften* und Unfallversicherungsträger der öffentlichen Hand. Die gesetzliche Unfallversicherung wird im *VII. Buch des Sozialgesetzbuches* (SGB VII) näher geregelt. Die Beiträge zur gesetzlichen Unfallversicherung werden allein vom Arbeitgeber getragen. Versichert sind neben Beschäftigten auch viele andere Personen, wie z.B. SchülerInnen, Studierende, HelferInnen bei Unglücksfällen und ehrenamtlich Tätige. Selbstständige und UnternehmerInnen können sich freiwillig versichern. Eine Rente wegen eines Arbeitsunfalls oder einer Berufskrankheit wird in der Regel erst ab einer *Minderung der Erwerbsfähigkeit* (MdE) in Höhe von 20% gewährt. Wenn bei einer/m Versicherten die Gefahr besteht, dass eine Berufskrankheit entsteht, wiederauflebt oder sich verschlimmert, werden *Leistungen zur Prävention* erbracht. Für die besonders häufigen Hauterkrankungen wurde ein spezielles *Hautarztverfahren* ins Leben gerufen. Patienten mit Hauterkrankungen, bei denen eine berufliche Verursachung möglich ist, werden an einen Hautarzt überwiesen. Er untersucht die Betroffenen und informiert unverzüglich den Unfallversicherungsträger, damit dieser frühzeitig effektive Präventionsmaßnahmen einleiten kann. Auf diese Weise soll die Entstehung oder Verschlimmerung der Erkrankung verhindert werden.

6.4.2 Berufskrankheiten

- In Deutschland sind *Berufskrankheiten* nach der Definition des SGB VII solche Krankheiten, die nach den Erkenntnissen der medizinischen Wissenschaft durch Einwirkungen verursacht wurden, denen bestimmte Personengruppen durch ihre versicherte Tätigkeit in erheblich höherem Grade als die übliche Bevölkerung ausgesetzt sind. Die derzeit gültige Liste der Berufskrankheiten befindet sich in der Anlage zur *Berufskrankheitenverordnung*. Sofern neue Erkenntnisse der medizinischen Wissenschaft vorliegen, können auch Krankheiten als Berufskrankheiten anerkannt werden, die noch nicht in diese Liste aufgenommen sind (§ 9 Abs. 2 SGB VII). Bei begründetem Verdacht auf das Vorliegen einer Berufskrankheit ist jeder Arzt gesetzlich dazu verpflichtet, eine Anzeige an den Unfallversicherungsträger oder an die zuständige Landesbehörde für den medizinischen Arbeitsschutz zu erstatten.

- Der juristisch sehr genau definierte Begriff der Berufskrankheit ist von so genannten *arbeitsbedingten Krankheiten* abzugrenzen. Man versteht darunter Krankheiten, die in ihrer Entstehung und Entwicklung u.a. durch die berufliche Belastung gefördert werden, ohne dass jedoch der Kausalzusammenhang so eindeutig wie bei den Berufskrankheiten nachgewiesen wäre. Neben der Prävention von Berufskrankheiten spielt die Prävention arbeitsbedingter Erkrankungen im Arbeitsschutz eine wichtige Rolle. So taucht der Begriff arbeitsbedingter Erkrankungen z.B. auch im *Arbeitssicherheitsgesetz* auf.

Die deutsche Bundesregierung veröffentlicht jährlich einen *Bericht über Sicherheit und Gesundheit bei der Arbeit* mit Statistiken zu Arbeitsunfällen und Berufskrankheiten (www.baua.de/suga). Im Jahre 2009 gab es insgesamt 974.642 meldepflichtige Arbeitsunfälle. Dies war mit 26 je 1.000 Vollarbeiter der niedrigste Stand der Unfallquote seit dem Bestehen der Bundesrepublik Deutschland. Insgesamt starben 622 Menschen infolge eines Arbeitsunfalls. Auch bei den tödlichen Arbeitsunfällen zeigte sich in den letzten Jahren ein deutlicher Rückgang.

Im Jahr 2009 wurden 70.100 Anzeigen wegen des Verdachts einer Berufskrankheit erstattet. Die häufigsten Anzeigen betrafen Hauterkrankungen und Lärmschwerhörigkeit. In 16.657 Fällen wurde eine Berufskrankheit anerkannt. Im Jahr 2009 starben 2.803 Versicherte an einer Berufskrankheit, dies waren 373 Versicherte mehr als im Jahr zuvor. Eine Hauptursache waren Erkrankungen, die durch eine Asbestexposition ausgelöst worden waren.

6.4.3 Arbeitsschutz

Für Deutschland ist das *duale System des Arbeits- und Gesundheitsschutzes* typisch: Der Arbeitsschutz wird einerseits durch den Staat und andererseits durch die Träger der gesetzlichen Unfallversicherung gestaltet. Ziel einer *gemeinsamen deutschen Arbeitsschutzstrategie* (GDA) ist es, die Sicherheit und Gesundheit der Beschäftigten durch einen präventiv ausgerichteten und systematisch wahrgenommenen Arbeitsschutz zu verbessern und zu fördern. Angestrebt wird ein einheitliches und konsistentes Regelungssystem aus staatlichen Vorschriften und autonomer Rechtsetzung.

Grundsätzlich ist jeder Arbeitgeber verpflichtet, die erforderlichen Maßnahmen des Arbeitsschutzes unter Berücksichtigung der Umstände zu treffen, die die Sicherheit und Gesundheit der Beschäftigten bei der Arbeit beeinflussen. Er hat die Maßnahmen auf ihre Wirksamkeit zu überprüfen und erforderlichenfalls sich ändernden Gegebenheiten anzupassen. Dabei muss er eine Verbesserung von Sicherheit und Gesundheitsschutz der Beschäftigten anstreben (§ 3 Arbeitsschutzgesetz).

Das zentrale Element des betrieblichen Arbeitsschutzes ist die im Arbeitsschutzgesetz verpflichtend vorgeschriebene *Gefährdungsbeurteilung*. Sie wird in zahlreichen weiteren Rechtsgrundlagen zum Arbeitsschutz konkretisiert und ist die Grundlage für ein systematisches und erfolgreiches Sicherheits- und Gesundheitsmanagement.

Im Arbeitssicherheitsgesetz ist geregelt, dass der Arbeitgeber *Betriebsärzte, Sicherheitsingenieure* und andere *Fachkräfte für Arbeitssicherheit* bestellen muss. Diese beraten und unterstützen den Arbeitgeber in allen Fragen des Arbeitsschutzes, der Arbeitssicherheit, der Unfallverhütung und des Gesundheitsschutzes, einschließlich der menschengerechten Gestaltung der Arbeit. BetriebsärztInnen sind in der Anwendung ihrer arbeitsmedizinischen Fachkunde weisungsfrei, nur ihrem ärztlichen Gewissen unterworfen und haben die Regeln der ärztlichen Schweigepflicht zu beachten. Der Umfang der betriebsärztlichen und sicherheitstechnischen Betreuung in den Betrieben wird seit Januar 2011 durch eine eigene *Unfallverhütungsvorschrift* (DGUV Vorschrift 2) geregelt.

Arbeitsplatzgrenzwerte

Ein wichtiges Instrument zum Schutz der Beschäftigten vor Gefahrstoffen stellen die *Arbeitsplatzgrenzwerte* dar. Entsprechend den Bestimmungen der Gefahrstoffverordnung gibt der Arbeitsplatzgrenzwert an, bei welcher Konzentration eines Stoffes akute und chronische schädliche Auswirkungen auf die Gesundheit im Allgemeinen nicht zu erwarten sind. Arbeitsplatzgrenzwerte werden vom Ausschuss für Gefahrstoffe erarbeitet oder bewertet und in eine *Technische Regel* (TRGS 900) übernommen. Die Empfehlungen der DFG Senatskommission zur Prüfung gesundheitsgefährlicher Arbeitsstoffe (*MAK-Kommission*; vgl. Kap. 6.1.3) sind dabei wissenschaftliche Empfehlungen, aber kein geltendes Recht. Für die überwiegende Zahl krebserzeugender Stoffe sind in der TRGS 900 jedoch keine Arbeitsplatzgrenzwerte festgelegt (s. a. Biomonitoring). Zusätzlich zu den Arbeitsplatzgrenzwerten der TRGS 900 sind auch die verbindlichen Arbeitsplatzgrenzwerte der EU-Kommission für krebserzeugende Stoffe bei der Gefährdungsbeurteilung zu beachten.

Arbeitsmedizinische Vorsorgeuntersuchungen

Der Arbeitgeber hat auf der Grundlage der Gefährdungsbeurteilung für eine angemessene *arbeitsmedizinische Vorsorge* zu sorgen.

Sie umfasst

- die Beurteilung der individuellen Wechselwirkungen von Arbeit und Gesundheit,

- die individuelle arbeitsmedizinische Aufklärung und Beratung der Beschäftigten,

- arbeitsmedizinische Vorsorgeuntersuchungen sowie

- die Nutzung von Erkenntnissen aus diesen Untersuchungen für den Arbeitsschutz.

Ziel der arbeitsmedizinischen Vorsorge ist es, die Entstehung arbeitsbedingter Erkrankungen (einschließlich der Berufskrankheiten) zu verhindern oder diese zumindest frühzeitig zu erkennen. Die Rechtsgrundlage für die Durchführung arbeitsmedizinischer Vorsorgeuntersuchungen bildet die *Verordnung zur arbeitsmedizinischen Vorsorge*. Hier wird zwischen Pflichtuntersuchungen, Angebotsuntersuchungen und Wunschuntersuchungen unterschieden. Im Anhang zu dieser Verordnung sind Tätigkeiten und Expositionsbedingungen genannt, bei denen Pflicht- bzw. Angebotsuntersuchungen erforderlich sind.

Biomonitoring

Biomonitoring umfasst die Untersuchung biologischer Materialien der Beschäftigten (z. B. Blut oder Urin) zur Bestimmung von Gefahrstoffen, deren Metaboliten oder deren biochemischen bzw. biologischen Effektparametern. Dabei sollen solche Parameter ausgewählt werden, die zur Beurteilung des zu erwartenden gefahrstoffbedingten Gesundheitsrisikos am zweckdienlichsten sind. Ziel ist es, die Belastung und Gesundheitsgefährdung von Beschäftigten zu erfassen, die erhaltenen Analysenwerte mit entsprechenden Werten zu vergleichen und geeignete Maßnahmen vorzuschlagen, um Belastung und Gesundheitsgefährdung zu reduzieren. Soweit arbeitsmedizinisch anerkannte Analyseverfahren und geeignete Werte zur Beurteilung eines gefahrstoffbedingten Gesundheitsrisikos zur Verfügung stehen, ist das Biomonitoring auch Bestandteil der arbeitsmedizinischen Vorsorgeuntersuchung.

Die Analysenergebnisse werden jeweils anhand eines Biologischen Grenzwertes beurteilt. Als *Biologischen Grenzwert* (BGW) bezeichnet man den Grenzwert für die toxikologisch-arbeitsmedizinisch abgeleitete Konzentration eines Stoffes, seines Metaboliten oder eines Beanspruchungsindikators im entsprechenden biologischen Material. Er gibt an, bis zu welcher Konzentration die Gesundheit von Beschäftigten im Allgemeinen nicht beeinträchtigt wird (§ 2 Abs. 8 Gefahrstoffverordnung). Die Biologischen Grenzwerte (BGW) werden vom *Ausschuss für Gefahrstoffe* vorgelegt und vom Bundesminister für Arbeit und Soziales in einer *Technischen Regel* veröffentlicht. Für krebserzeugende Gefahrstoffe werden definitionsgemäß keine Biologischen Grenzwerte festgelegt.

Die Evaluierung der *Biologischen Arbeitsstoff-Toleranzwerte* (BAT), *Expositionsäquivalente für krebserzeugende Arbeitsstoffe* (EKA) und *Biologischen Leitwerte* (BLW) erfolgt durch die Arbeitsgruppe „Aufstellung von Grenzwerten in biologischem Material" der Senatskommission zur Prüfung gesundheitsschädlicher Arbeitsstoffe der Deutschen Forschungsgemeinschaft.

Der *BAT-Wert* beschreibt die arbeitsmedizinisch-toxikologisch abgeleitete Konzentration eines Arbeitsstoffes, seiner Metaboliten oder eines Beanspruchungsindikators im entsprechenden biologischen Material, bei dem im Allgemeinen die Gesundheit eines Beschäftigten auch bei wiederholter und langfristiger Exposition nicht beeinträchtigt wird (vgl. Kap. 6.1.3). BAT-Werte beruhen auf einer Beziehung zwischen der äußeren und inneren Exposition oder zwischen der inneren Exposition und der dadurch verursachten Wirkung des Arbeitsstoffes. Dabei orientiert sich die Ableitung des BAT-Wertes an den mittleren inneren Expositionen. Der BAT-Wert ist überschritten, wenn bei mehreren Untersuchungen einer Person die mittlere Konzentration des Parameters oberhalb des BAT-Wertes liegt. Messwerte oberhalb des BAT-Wertes müssen arbeitsmedizinisch-toxikologisch bewertet werden. Aus einer alleinigen Überschreitung des BAT-Wertes kann nicht notwendigerweise eine gesundheitliche Beeinträchtigung abgeleitet werden. Dies gilt nicht für akut toxische Effekte, die zu keinem Zeitpunkt toleriert werden dürfen (zitiert nach Deutsche Forschungsgemeinschaft 2011).

Da bei krebserzeugenden Arbeitsstoffen keine BAT-Werte festgelegt werden können, werden so genannte Expositionsäquivalente definiert. Diese *EKA* beschreiben eine Beziehung zwischen der Stoffkonzentration in der Luft am Arbeitsplatz und der Stoff- bzw. Metabolitenkonzentration im biologischen Material. Hieraus lässt sich ableiten, welche innere Belastung sich für die Betroffenen bei einer ausschließlich inhalativen Stoffaufnahme ergeben würde.

Allerdings lassen sich zum gegenwärtigen Zeitpunkt für zahlreiche Arbeitsstoffe weder BAT-Werte noch EKA-Korrelationen begründen. Für solche Stoffe sind *Biologische Leitwerte* (BLW) festgelegt worden. Sie sollen dem Betriebsarzt eine Orientierungshilfe für die Beurteilung der Analysenergebnisse liefern. Es handelt sich hierbei nicht um Grenzwerte im klassischen Sinne, sondern um Empfehlungen auf wissenschaftlicher Grundlage. Der BLW orientiert sich dabei an den arbeitsmedizinischen und arbeitshygienischen Erfahrungen im Umgang mit dem gefährlichen Stoff sowie an toxikologischen Erkenntnissen.

Internet-Ressourcen

Auf unserer Lehrbuch-Homepage (**www.public-health-kompakt.de**) finden Sie zahlreiche weitere Abbildungen und Tabellen, Links zu weiterführender Literatur sowie zu anderen themenrelevanten Internet-Ressourcen.

6.5 Betriebliches Gesundheitsmanagement

In den Industrienationen befindet sich die Arbeitswelt derzeit in einem tiefgreifenden Umbruch. Die *Betriebliche Gesundheitsförderung* (BGF) soll hier helfen, die Gesundheit am Arbeitsplatz zu verbessern. In der Luxemburger Deklaration vom November 1997 zur Betrieblichen Gesundheitsförderung in der *Europäischen Union* wird dies so beschrieben: „Betriebliche Gesundheitsförderung ist eine moderne Unternehmensstrategie, die Erkrankungen am Arbeitsplatz vorbeugt, Gesundheitspotenziale stärkt und das Wohlbefinden am Arbeitsplatz verbessert." Wichtige Aspekte der Betrieblichen Gesundheitsförderung sind in der Web-Box 6.5.1 auf unserer Lehrbuch-Homepage dargestellt. Dabei ist es besonders wichtig, eine Vernetzung nicht nur auf europäischer oder nationaler Ebene, sondern auch lokal vor Ort herbeizuführen. Ein Beispiel hierfür sind die *Erlanger Bewegten Unternehmen* (Abb. 6.6). Nähere Informationen zum Erlanger Modell betrieblicher Gesundheitsförderung – Initiierung einer nachhaltigen, gesundheitsfördernden Kultur im Betrieb, finden Sie auch im Internet auf http://www.bewegte-unternehmen.de/.

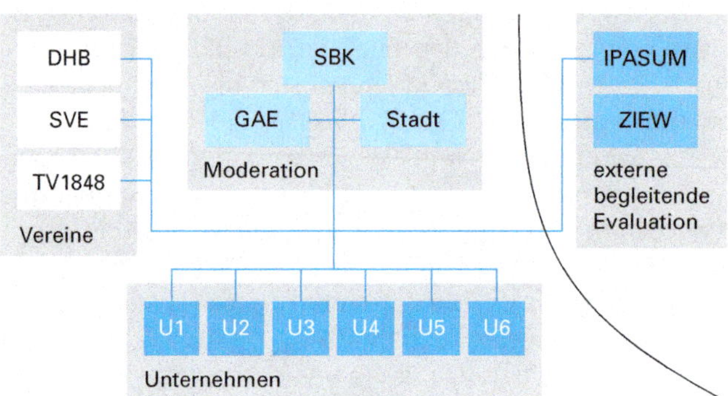

Abb. 6.6: Beispiel für die Struktur eines lokalen Netzwerkes zur betrieblichen Gesundheitsförderung: „Bewegte Unternehmen Erlangen". Die Moderation des Netzwerkes geschieht durch die Stadt Erlangen, das Gesundheitsamt Erlangen (GAE) und eine örtliche Krankenkasse (SBK). Unterstützt wird das Netzwerk durch Vereine (Sportvereine SVE, TV 1848) und den Deutschen Hausfrauenbund (DHB). Eine externe begleitende Evaluation des Netzwerkes geschieht durch das Institut und Poliklinik für Arbeits-, Sozial- und Umweltmedizin der Universität Erlangen-Nürnberg (IPASUM) und das Zentralinstitut für Angewandte Ethik und Wissenschaftskommunikation (ZIEW). (Quelle: Wolfgang Fischmann, Friedrich-Alexander-Universität Erlangen–Nürnberg).

Modernes *betriebliches Gesundheitsmanagement* (BGM) geht noch über die traditionellen Gesundheitsförderungsaktivitäten hinaus. Es verbindet dabei die klassischen Felder der Verhältnis- und der Verhaltensprävention mit dem Blick auf die Ressourcen der Mitarbeiter und nutzt darüber hinaus aktiv die vorhandenen modernen Managementinstrumente. Erfolgreiches BGM bezieht hierbei insbesondere auch die Führung eines Betriebes mit ein (z. B. über die Vorbildfunktion). Es schafft gesundheitsförderliche Strukturen im Unternehmen und beinhaltet darüber hinaus auch Prozesse zur Umsetzung sinnvoller präventiver und gesundheitsfördernder Maßnahmen. Wichtige Aktionsfelder im BGM sind deshalb neben den klassischen gesundheitsfördernden Aktivitäten auch Maßnahmen im Bereich der Personal- und Organisationsentwicklung. In diesem Zusammenhang kommt der Unternehmenskultur eine wachsende Bedeutung zu. Betriebliches Gesundheitsmanagement beschäftigt sich daher heute u.a. auch mit der besseren Vereinbarkeit von Erwerbs- und Privatleben („Work-Life-Balance") und der Frage, wie die zunehmend älter werdenden ArbeitnehmerInnen möglichst lange gesund im Beruf gehalten werden können. Zum Betrieblichen Gesundheitsmanagement gehört auch das *Betriebliche Eingliederungsmanagement* (BEM), das es Beschäftigten nach einer längeren Erkrankung ermöglichen soll, wieder in den Betrieb eingegliedert zu werden. Auf unserer Lehrbuch-Homepage finden Sie in Web-Box 6.5.2 Informationen zu den Zielen und zur Umsetzung des BEMs in Deutschland.

Internet-Ressourcen

Auf unserer Lehrbuch-Homepage (**www.public-health-kompakt.de**) finden Sie zahlreiche weitere Abbildungen und Tabellen, Links zu weiterführender Literatur sowie zu anderen themenrelevanten Internet-Ressourcen.

7 Chronische Krankheiten und Unfälle

7.1 Herz-Kreislauf-Krankheiten

Peter Jüni, Johannes Siegrist

Rund ein Drittel der weltweiten Todesfälle sind auf *Herz-Kreislauf-Krankheiten* zurückzuführen. In den industrialisierten Ländern sind sie die häufigste Todes-ursache. Den größten Anteil hat dabei die *koronare Herzkrankheit*, gefolgt vom *Schlaganfall* und der *Herzinsuffizienz*. In westlichen Industrienationen dürfte jede zweite Person im Lauf ihres Lebens an Herz-Kreislauf-Krankheiten erkranken. Da das Risiko mit zunehmendem Alter zunimmt, wird die Anzahl von Herz-Kreislauf-Erkrankungen aufgrund der demografischen Entwicklung in Zukunft weiter anstei-gen.

In diesem Abschnitt betrachten wir zuerst die epidemiologische Bedeutung der Herz-Kreislauf-Krankheiten und schauen hier insbesondere auf die globale Bedeu-tung, die geografischen Unterschiede sowie die sich derzeit entwickelnden zeitli-chen Trends. Anschließend erörtern wir, welche *Risikofaktoren* zur Entstehung von Herz-Kreislauf-Krankheiten beitragen und mit welchen *präventiven Maßnahmen* diese Erkrankungen zu verhindern sind.

Schweizerische Lernziele: CPH 34–35, CPH 37, CPH 40–41

Der Begriff **Herz-Kreislauf-Krankheiten** (HKK) ist nicht einheitlich definiert. Im weites-ten Sinne umfasst er alle Krankheiten des Herzens und des Blutkreislaufs. In Epidemio-logie und Statistik werden hierunter jedoch meist die Krankheiten verstanden, die im Kapitel IX der *International Statistical Classification of Diseases and Related Health Problems* (ICD) der WHO aufgelistet sind. Hierzu gehören u.a. die Durchblutungsstö-rungen im Bereich der Herzkranzgefäße (*ischämische koronare Herzkrankheiten*), Durchblutungsstörungen und Blutungen im Bereich der Hirnarterien (*ischämische* und *hämorrhagische zerebrovaskuläre Erkrankungen*), die periphere arterielle Verschluss-krankheit v.a. im Bereich der Beinarterien, der Bluthochdruck (*Hypertonie*) und die chronische Herzschwäche (*Herzinsuffizienz*). Die häufigsten HKK, wie die koronare Herzkrankheit, der Hirnschlag und die periphere arterielle Verschlusskrankheit, sind v.a. auf chronische Veränderungen in den Arterien (*Arteriosklerose*) zurückzuführen. Zu einer Herzinsuffizienz kann es dagegen aus unterschiedlichen Gründen kommen, z.B. durch eine Herzmuskelschädigung, aufgrund eines Herzklappenfehlers oder durch einen Bluthochdruck im Körperkreislauf.

7.1.1 Epidemiologische Daten

Globale Bedeutung

Nach Angaben der WHO starben 2008 weltweit rund 17,1 Mio. Menschen an Herz-Kreislauf-Krankheiten. Dies waren rund 30 % der insgesamt 58,8 Mio. Todesfälle in diesem Zeitraum. Die Web-Abb. 7.1.1 auf unserer Lehrbuch-Homepage zeigt die Anzahl an HKK-Todesfällen pro 1.000 Einwohner, aufgeschlüsselt nach der wirtschaftlichen Entwicklung der Länder in den sechs WHO-Regionen im Jahr 2004. Danach wurden in den wirtschaftlich entwickelten *High-income*-Ländern 37 % der Todesfälle (rund 3 von insgesamt 8,1 Mio.) auf HKK zurückgeführt. In den *Low*- und *Middle-income*-Ländern waren es mit 28 % (14 von 50,6 Mio. Todesfällen) deutlich weniger. Hier gibt es allerdings erhebliche Unterschiede zwischen den verschiedenen WHO-Regionen. In der WHO-Region 6 (Afrika) wurden lediglich 10 % der Todesfälle durch Herz-Kreislauf-Krankheiten verursacht, in den *Low/Middle-income*-Ländern der WHO-Region 2 (Osteuropa einschließlich Russland) waren es dagegen 57 %!

Den größten Anteil an der Mortalität von Herz-Kreislauf-Krankheiten hat die koronare Herzkrankheit, gefolgt vom ischämischen bzw. hämorragischen Schlaganfall und der Herzinsuffizienz. In Regionen mit niedriger HKK-Sterblichkeit, wie z. B. in Japan und in Afrika, ist der Hirnschlag als Todesursache häufiger als die koronare Herzkrankheit.

Die HKK ist bezüglich ihrer Sterblichkeit und der durch sie hervorgerufenen Krankheitslast (*Burden of disease*; s. Kap. 9.1.2), aber auch bezüglich der durch sie bedingten Kosten weltweit an führender Stelle, noch vor den Infektionskrankheiten und den Tumorerkrankungen. Für die westlichen Industrienationen schätzt man, dass 25 % der gesamten direkten und indirekten Kosten aller Erkrankungen auf HKK zurückzuführen sind.

Geografische Unterschiede

Die Häufigkeit von Herz-Kreislauf-Erkrankungen ist eng mit der Ausprägung der wichtigsten verhaltensbedingten Risikofaktoren (s. u.) in der Bevölkerung assoziiert. Darüber hinaus lässt sich ein enger Zusammenhang zwischen dem ökonomischen Entwicklungsgrad einer Gesellschaft und der Ausbreitung der HKK feststellen. Dieser Zusammenhang zeigt sich insbesondere dort, wo ein hoher ökonomischer Entwicklungsgrad mit einem als ‚westlich‘ oder ‚modern‘ bezeichneten Lebensstil einhergeht. Wichtige Risikofaktoren sind hier Rauchen, Bewegungsarmut und eine Ernährung, die reich an Kalorien (insbesondere an Fett und Zucker) und an Salz ist.

In den *High*- und *Middle-income*-Ländern ist die HKK-Sterblichkeit bei Männern durchschnittlich 1,5- bis 2-mal so hoch wie bei Frauen. Abb. 7.1 zeigt für das Jahr 2000/2001 die Anzahl an Todesfällen pro 1.000 Einwohner (Männer/Frauen) in 16 europäischen Ländern. Sowohl bei den Männern als auch bei den Frauen unterscheidet sich die HKK-Sterblichkeit in mediterranen Ländern wie Frankreich und Spanien mit relativ niedrigen Raten erheblich von der in osteuropäischen Ländern wie Ungarn und Estland. Dort sind die Raten etwa dreimal so hoch. Die Schweiz hat eine niedrige HKK-Sterblichkeit, Deutschland und Österreich befinden sich im europäischen Mittelfeld.

Zeitliche Trends

In den westlichen Industrienationen ist die altersstandardisierte HKK-Sterblichkeit seit den 1970er Jahren rückläufig. Seit 1980 zeigt sich eine beschleunigte Abnahme, die

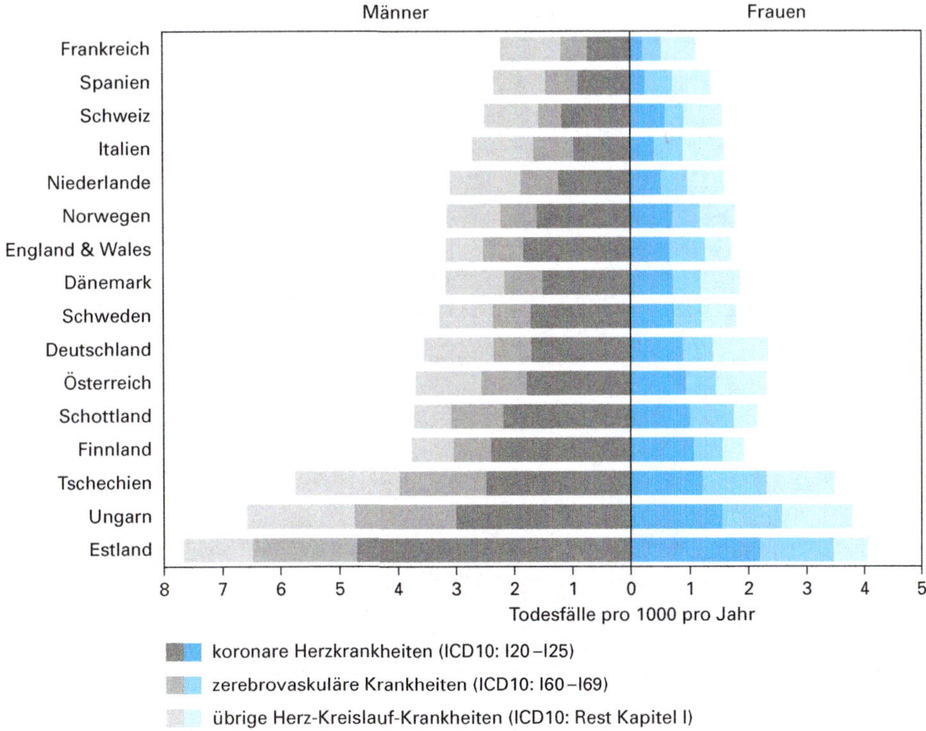

Abb. 7.1: Herz-Kreislauf-Mortalität in Europa im Jahr 2001/2002 bei Männern und Frauen (Quelle: WHO, Mortality Database).

v. a. durch einen Rückgang der Sterblichkeit bei Schlaganfällen, Herzinsuffizienz und anderen nichtkoronaren HKK bedingt ist. Darüber hinaus ist seit den 1990er Jahren auch die Sterblichkeit an der koronaren Herzkrankheit stark rückläufig. Die beobachtete Reduktion der HKK-Sterblichkeit um etwa ein Drittel pro zehn Jahre ist typisch für die Entwicklung in den westlichen Industrienationen (Abb. 7.2 und Box 7.1.1).

Demgegenüber stieg die HKK-Mortalität in Russland und mehreren osteuropäischen Ländern (insbesondere Bulgarien, Estland, Ungarn und Rumänien) in den letzten Jahrzehnten an. Zurückzuführen ist dies v. a. auf den dort zu verzeichnenden starken Anstieg an verhaltensbedingten kardiovaskulären Risikofaktoren (u. a. übermäßiger Alkoholkonsum, s. Kap. 9.1.4), aber auch auf die schlechte Versorgungslage. Diese ungünstige Konstellation trägt hier maßgeblich zu der im Vergleich zu westeuropäischen Ländern eindrücklich reduzierten mittleren Lebenserwartung bei.

In den westlichen Industrienationen leiden aktuell rund 30 % der über 35-jährigen Männer und 20 % der über 35-jährigen Frauen an einer HKK. Auf unserer Lehrbuch-Homepage zeigen die Web-Abb. 7.1.2 und 7.1.3 die für *westliche Industrienationen* typischen Altersabhängigkeiten bei der Inzidenz und der Prävalenz der HKK. Dieser Zusammenhang wurde insbesondere durch die Ergebnisse der *Framingham Heart Study*, einer 1948 an der US-amerikanischen Ostküste begonnenen prospektiven Kohortenstudie, deutlich. Hiernach gilt die Faustregel, dass jede zweite Person im Lauf ihres Lebens an Herz-Kreislauf-Krankheiten erkrankt.

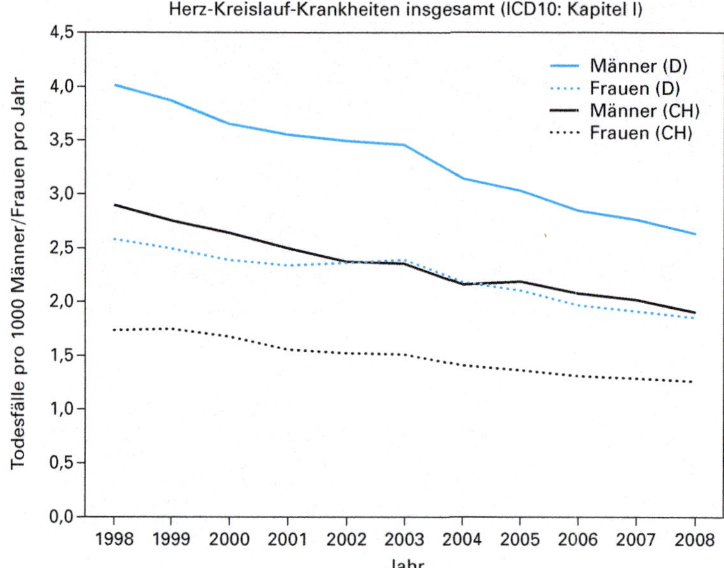

Abb. 7.2: Entwicklung der Herz-Kreislauf-Mortalität in Deutschland und der Schweiz in den Jahren 1998 bis 2008 bei Männern und Frauen (Quelle: WHO, Mortality Database. Die Raten wurden mit Hilfe der Standard-Europabevölkerung alterstandardisiert).

Die Bedeutung und die Prävalenz der HKK werden in Zukunft überall ansteigen:

- In den *Low/middle-income*-Ländern, weil hier ein Lebensstil angenommen wird, der im Hinblick auf mögliche Risikofaktoren wie Rauchen, Bewegungsarmut und Ernährung dem der westlichen Industrienationen zunehmend ähnelt (wie sich derzeit nicht nur in Russland, sondern auch in China und Indien in eindrücklicher Weise beobachten lässt).

- In den *High-income*-Ländern, weil hier infolge einer Verminderung von Risikofaktoren und der stetigen Verbesserung der therapeutischen Möglichkeiten bei HKK immer mehr Menschen trotz HKK überleben. Die durchschnittliche Lebenserwartung wird dann u.a. auch aus diesem Grund weiter zunehmen.

Box 7.1.1: Wahrscheinliche Ursachen für den Rückgang der Herz-Kreislauf-Sterblichkeit.

In den USA wurde zwischen 1980 und 2000 eine Halbierung der altersstandardisierten Sterblichkeit an *koronarer Herzkrankheit* beobachtet. Die Mortalitätsraten sanken hier von 5,4 auf 2,7 Todesfälle pro 1.000 Männer bzw. von 2,6 auf 1,3 Todesfälle pro 1.000 Frauen.

- Etwa die Hälfte dieses Rückgangs war auf die Durchführung *evidenzbasierter Therapien* zurückzuführen. Dazu gehörten auch die medikamentöse Tertiärprävention nach Herzinfarkt oder operativer Wiederherstellung der Durchblutungsverhältnisse (Revaskularisierung; 11 % des Rückgangs), die Erstbehandlung des akuten Koronarsyndroms (Herzinfarkt oder instabile Angina pectoris; 10 % des

Rückgangs), die medikamentöse Behandlung einer Herzinsuffizienz (9% des Rückgangs) und die Revaskularisierung bei chronischer Angina pectoris (5% des Rückgangs).

- Die andere Hälfte wurde der *Modifikation verhaltensbedingter Risikofaktoren* zugeschrieben. Hierzu zählte man auch die Senkung des Cholesterinwertes (24% des Rückgangs), die Senkung des systolischen Blutdrucks (20% des Rückgangs), die Reduktion der Raucherzahlen (12% des Rückgangs) und vermehrte Bewegung (5% des Rückgangs).
Im gleichen Zeitraum kam es jedoch auch zu einem gegenläufigen Effekt durch einen Anstieg von *Body-Mass-Index* – ihm wurden eine Erhöhung der Sterblichkeit um 8% zugeschrieben – und *Diabetes mellitus* (Erhöhung um 10%).

Quelle: Ford ES et al. Explaining the decrease in U.S. deaths from coronary disease, 1980–2000. N Engl J Med 2007; 356: 2388–98.

7.1.2 Risiko- und Schutzfaktoren

Zunehmendes Alter und männliches Geschlecht sind die bedeutendsten Risikofaktoren für HKK (s. Web-Abb. 7.1.2 und 7.1.3). Die wichtigsten verhaltensbedingten und damit potentiell modifizierbaren Risikofaktoren sind das Rauchen sowie das ungesunde Ernährungs- und Bewegungsverhalten der Menschen. Sie führen zu Übergewicht, Fettstoffwechselstörungen (*Hyperlipidämien*) und Bluthochdruck. Hinzu kommen sozioökonomische und psychosoziale Risikofaktoren.

Rauchen

Weltweit rauchen 20 bis 80% der erwachsenen Menschen. In Westeuropa und Nordamerika sind es 20 bis 40%, in Osteuropa, Russland und China jedoch zwischen 40 und 80%. Zeitliche Trends zeigen, dass die Prozentsätze in den westlichen Industrienationen stagnieren oder sinken, in *Low/middle-income*-Ländern jedoch weiterhin ansteigen. Rauchen trägt maßgeblich zur Entwicklung einer Arteriosklerose bei und ist damit ein ‚chronischer' Risikofaktor für das Auftreten einer koronaren Herzkrankheit und eines Schlaganfalls (s. Kap. 5.2.3). Eine weitere Folge des Rauchens ist die Erhöhung des Sympathikotonus[20] und eine Aktivierung des Gerinnungssystems. Die Reduktion solcher akuten Effekte führt bei einem Rückgang der Raucherzahlen ohne zeitliche Verzögerung zu einer Reduktion der Herzinfarkthäufigkeit. Neben dem aktiven Rauchen ist seit den 1990er Jahren auch das Passivrauchen allgemein als Risikofaktor für das Auftreten von HKK anerkannt (s. Kap. 5.2.2).

Ernährung/Übergewicht

Eine fett-, salz- und kalorienreiche *Ernährung* kann zu einer Erhöhung des Blutfettspiegels (*Hyperlipidämie*), zu erhöhtem Blutdruck und zu einem Diabetes mellitus führen.

---

[20] Als *Sympathikotonus* bezeichnet man einen Erregungszustand des sympathischen Nervensystems, der u.a. zu einem Blutdruckanstieg und zur Herzfrequenzsteigerung führt.

Alle diese Faktoren sind Risikofaktoren für das Auftreten von Herz-Kreislauf-Erkrankungen. Regelmäßiger Konsum von Vollkornprodukten, Nüssen und Fisch sowie eine an Früchten und Gemüse reiche Ernährung gelten als protektiv (vgl. Kap. 7.4 und Kap. 7.5). Alkohol in geringen bis moderaten Mengen ist ebenfalls als Schutzfaktor anerkannt. Hoher Alkoholkonsum steigert jedoch das HKK-Risiko. Dies gilt sowohl für den chronischen Konsum wie auch für die akute Zufuhr von hohen Mengen. In Osteuropa und Russland trägt hoher Alkoholkonsum maßgeblich zur im Vergleich zu Westeuropa eindrücklich höheren HKK-Sterblichkeit bei (s. a. Kap. 9.1.4).

Eine fett- und kalorienreiche Ernährung führt in Kombination mit Bewegungsarmut (s. u.) zu *Übergewicht* (s. Kap. 7.4). Übergewicht kann wiederum mit Hyperlipidämie, erhöhtem Blutdruck, Diabetes mellitus und Insulinresistenz einhergehen. Eine Reduktion des Übergewichts führt auch zu einer Abnahme dieser Risikofaktoren.

Es gibt keine Hinweise darauf, dass eine Vitaminsupplementation das Risiko für Herz-Kreislauf-Erkrankungen reduzieren könnte. Randomisierte Studien konnten zeigen, dass einige Supplemente, wie z. B. Vitamin E und Beta-Carotin, das Risiko sogar erhöhen.

Erhöhte Blutfettwerte

Zwischen den Serum- und Plasmacholesterinwerten und dem Auftreten einer koronaren Herzkrankheit besteht ein linearer Zusammenhang. Das LDL-Cholesterin (LDL = *Low Density Lipoprotein*) fördert die Entstehung einer Arteriosklerose, während das HDL-Cholesterin (HDL = *High Density Lipoprotein*) vor der Entstehung einer Arteriosklerose schützt. Erhöhte Serumtriglyceride tragen wahrscheinlich ebenfalls zum Arterioskleroserisiko bei. Die Aufnahme langkettiger gesättigter Fettsäuren (v. a. aus tierischen Fetten) erhöht den Gesamt- und LDL-Cholesterinspiegel. Dagegen können mehrfach ungesättigte Fettsäuren (z. B. aus Nüssen oder Rapsöl) den LDL-Cholesterinspiegel senken und den HDL-Cholesterinspiegel etwas erhöhen.

Diabetes mellitus

Etwa 10 % der Erwachsenen leiden in westlichen Industrienationen an einem Diabetes mellitus (s. Kap. 7.5). Bei dieser Erkrankung besteht einerseits eine starke Assoziation zu Übergewicht und Hyperlipidämie, andererseits ist der Diabetes mellitus aber auch ein starker unabhängiger Risikofaktor für das Auftreten einer HKK. Die Krankheit führt über makrovaskuläre Komplikationen zu Herzinfarkt, Schlaganfall und peripherer arterieller Verschlusskrankheit, über mikrovaskuläre Komplikationen zu Retinopathie, Nieren- und Herzinsuffizienz (s. Kap. 7.5.3).

Bewegungsarmut

Menschen, die sich wenig körperlich betätigen, neigen zu Übergewicht. Risikofaktoren wie Hyperlipidämie, erhöhter Blutdruck und Diabetes mellitus treten bei ihnen häufiger auf. Bewegungsarmut ist damit indirekt mit einem erhöhten Risiko für das Auftreten einer HKK assoziiert. Darüber hinaus gibt es wahrscheinlich auch einen direkten kausalen Zusammenhang unabhängig von diesen Risikofaktoren. Regelmäßige sportliche Aktivität geht mit einer Risikoreduktion für Herzinfarkte und plötzlichen Herztod einher und führt zu einer Senkung des Blutdrucks.

Erhöhter Blutdruck

Die Ursachen des Bluthochdrucks (*Hypertonie*) sind bisher nur teilweise verstanden. Erhöhter Salz- und Alkoholkonsum, Übergewicht, Bewegungsarmut und genetische Faktoren spielen bei der Entstehung der Hypertonie eine wesentliche Rolle. Daher können neben medikamentösen Maßnahmen auch eine Ernährungsumstellung, die Reduktion von Übergewicht und mehr Bewegung zu einer Normalisierung des Blutdrucks beitragen. Ein niedrigerer Blutdruck bedeutet wiederum eine Risikoreduktion für das Auftreten der koronaren Herzkrankheit, des Schlaganfalls und der Herzinsuffizienz.

Chronische Entzündungen

Auch chronische Entzündungen, die durch eine Vielzahl von Erkrankungen verursacht sein können, spielen wahrscheinlich bei der Entstehung von koronaren Herzkrankheiten und anderen Herz-Kreislauf-Erkrankungen eine ursächliche Rolle. Dabei ist das *C-reaktive Protein* (CRP) allerdings lediglich ein Marker der Entzündung und nicht, wie vermutet, ein unabhängiger Risikofaktor.

Niedriger sozioökonomischer Status

Männer und Frauen mit geringer Schulbildung, in niedrig qualifizierten Berufen oder mit geringem Einkommen haben im Vergleich zu höheren sozialen Schichten ein mehrfach erhöhtes Risiko für das Auftreten von HKK. Etwa die Hälfte dieses Effektes ist auf eine *schichtspezifische Verteilung der oben genannten Risikofaktoren* zurückzuführen. Der Rest des Effektes beruht u. a. auf den nachfolgend genannten Aspekten.

Soziale Isolation und Mangel an sozialem Rückhalt

Ein Leben ohne Partner, der Verlust eines nahen Angehörigen sowie ein Mangel an emotionalem Rückhalt durch zuverlässige soziale Beziehungen führen zu einer Erhöhung des HKK-Risikos und beeinflussen den Krankheitsverlauf negativ. Sozialer Rückhalt scheint dabei als Schutzfaktor psychobiologischen Stressreaktionen (s. Kap. 4.4.2) entgegenzuwirken.

Psychosoziale Belastung am Arbeitsplatz und in der Familie

Chronisches Stresserleben am Arbeitsplatz sowie fortdauernde Konflikte in Partnerschaft und Familie begünstigen die Entwicklung einer koronaren Herzkrankheit und fördern das Auftreten von Rezidiven. Nach dem „Anforderungs-Kontroll-Modell" (*Demand-Control Model*) spielen dabei hohe Anforderungen (z. B. permanenter Zeitdruck) in Kombination mit niedrigem Entscheidungsspielraum (z. B. Fließbandarbeit, einfache Dienstleistungen) eine wesentliche Rolle. Diese Faktoren treten meist im Zusammenspiel mit fehlendem sozialem Rückhalt am Arbeitsplatz auf. Nach dem „Modell beruflicher Gratifikationskrisen" (*Effort-Reward Imbalance Model*) entsteht chronischer Arbeitsstress durch ein Ungleichgewicht aus hoher Verausgabung und niedriger beruflicher Belohnungen (Bezahlung, Anerkennung, Aufstiegschancen und Arbeitsplatzsicherheit; s. a. Kap. 6.3.1). Auch mehrjährige Schichtarbeit in Verbindung mit Nachtarbeit und exzessive Mehrarbeit in Form von Überstunden sind mit einem erhöhten HKK-Risiko assoziiert.

Depressivität

Depressivität ist ebenfalls mit einer erhöhten kardiovaskulären Morbidität und Mortalität verknüpft, und zwar unabhängig von den oben genannten Risikofaktoren. Dabei scheinen nicht nur behandlungswürdige Formen der Depression, sondern auch leichtere depressive Beschwerden das Risiko zu erhöhen. Gleiches gilt für ausgeprägte Angstzustände und Gefühle der Hoffnungslosigkeit (s. a. Kap. 7.7).

Persönlichkeitsmerkmale

Früher wurde das so genannte *Typ-A-Verhaltensmuster* als psychische Risikodisposition für die Entwicklung von Herz-Kreislauf-Krankheiten betrachtet. Es ist gekennzeichnet durch übersteigerten Ehrgeiz, Misstrauen gegenüber den Mitmenschen und das Gefühl chronischer Zeitnot. Neuere Untersuchungen lassen vermuten, dass vielmehr ein als *Typ D* bezeichnetes Verhaltensmuster das koronare Risiko erhöhen könnte. Es zeichnet sich durch eine Unterdrückung von Ärger und anderen negativen Gefühlszuständen aus.

7.1.3 Prävention

Zur Primärprävention von Herz-Kreislauf-Erkrankungen ist ein koordiniertes Maßnahmenpaket erforderlich. Die Komponenten dieses Pakets sollen sowohl strukturell wirken (s. Verhältnisprävention, Kap. 4.2.1) als auch auf das Verhalten des Einzelnen abzielen (s. Verhaltensprävention, Kap. 4.2.2), um gesundheitsschädigende Verhaltensweisen abzubauen und gesundheitsfördernde Ressourcen zu stärken.

In frühen Lebensphasen können z. B. schulische Programme dazu beitragen, eine gesunde Ernährungsweise, Bewegung und den Verzicht auf – beziehungsweise den kontrollierten Umgang mit – Suchtmittel/n (Rauchen, Alkohol) zu fördern. Diese Programme sollten nicht nur das Wissen um Risiko- und Schutzfaktoren erweitern, sondern auch helfen, psychosoziale Kompetenzen (z. B. im Hinblick auf Selbstwirksamkeit und Belohnungsaufschub; s. a. Kap. 4.4.1) aufzubauen.

Im Erwachsenenalter sind größere Betriebe und Wohngemeinden oder Stadtviertel der geeignete Rahmen für primärpräventive Maßnahmen, da dort eine größere Anzahl von Menschen regelmäßig angesprochen und in die Maßnahmen eingebunden werden kann. Bei der betrieblichen Gesundheitsförderung sollten auch die psychosozialen Risikofaktoren des Arbeitslebens beeinflusst werden. Hier bieten sich Maßnahmen der Organisations- und Personalentwicklung an, die sich an den in Kap. 7.1.2 vorgestellten Arbeitsstressmodellen orientieren (s. a. Kap. 6.5). Als aufwändig und nur teilweise wirksam haben sich verschiedene, in der zweiten Hälfte des 20. Jh. in den USA und in Europa durchgeführte kommunale Präventionsprogramme erwiesen. Eine Ausnahme ist das international bekannte Nordkarelien-Projekt (s. Box 7.1.2).

Solche Projekte zielen auf die breite Bevölkerung ab, d. h. auf eine große Gruppe gesunder Personen, deren Motivation zu Verhaltensänderungen in der Regel geringer ist als die derjenigen Personen, die bereits Risikofaktoren aufweisen oder manifest erkrankt

Box 7.1.2: Das Nordkarelien-Projekt.

In Finnland nahm in den 1950er und 1960er Jahren die Zahl kardiovaskulärer Krankheiten rasch zu. Besonders hohe Mortalitätsraten verzeichnete man in der Provinz Nordkarelien. Daher wurde hier 1972 ein umfassendes Präventionsprogramm gestartet, das zum Ziel hatte, die Sterblichkeitsrate durch Lebensstiländerungen in der Bevölkerung zu senken. Das bis 1995 durchgeführte Projekt vermochte durch die Einbindung wichtiger örtlicher Akteure (Schulen, Betriebe, Kantinen, Sportvereine, Supermärkte), der Medien sowie verschiedener Meinungsmacher und Entscheidungsträger der Region eine erfolgreiche und nachhaltige Verhaltensänderung auf breiter Basis zu erzielen. Es kam in dieser Zeit zu einer Senkung der Cholesterin- und Blutdruckwerten in der Bevölkerung. Die Menschen rauchten weniger und bewegten sich mehr. Parallel zur Risikofaktorensenkung ließ sich eine eindrucksvolle Senkung der kardiovaskulären Morbidität und Mortalität beobachten, die ausgeprägter war als diejenige in anderen westlichen Industrienationen im selben Zeitraum. Man geht davon aus, dass das Projekt v. a. deshalb so erfolgreich war, weil es sich durch Kontinuität und eine hohe Motivation des Leitungsteams auszeichnete. Weitere Erfolgsfaktoren waren wahrscheinlich die Orientierung an verhaltens- und sozialwissenschaftlichen Theorien und eine konsequent durchgeführte Evaluationsforschung.

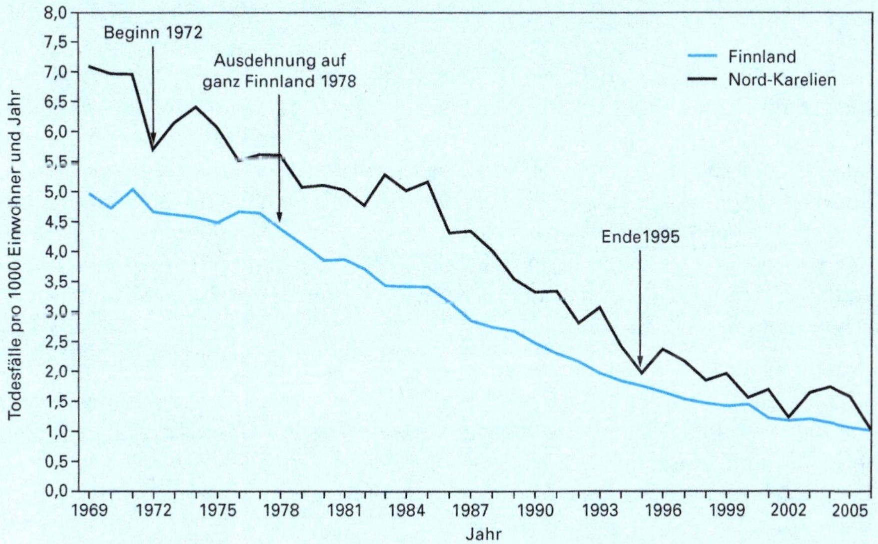

Verlauf der Sterblichkeit an koronarer Herzkrankheit in Nord-Karelien und ganz Finnland in den Jahren 1969 bis 2006. Die Zahlen wurden mit Hilfe der Standard-Europabevölkerung altersstandardisiert. (Quelle: Adaptiert nach Puska P, Vartiainen E, Laatikainen T, Jousilahti P, Paavola M (editors). The North Karelia Project: from North Karelia to National Action. Helsinki: Helsinki University Printing House, 2009).

sind. Daher wird heute eine Kombination aus Programmen empfohlen, die sich zum einen an breite Bevölkerungsgruppen, zum anderen an spezifische Hochrisikogruppen mit erhöhtem Präventionsbedarf (z. B. Individuen mit spezifischen Risikofaktoren, wie RaucherInnen, DiabetikerInnen oder Menschen mit niedrigem sozioökonomischem Status) richten.

Die Bedeutung der Tertiärprävention, d. h. der Rezidivprophylaxe nach überstandenem Myokardinfarkt oder Schlaganfall, hat in den letzten Jahren immer mehr zugenommen. Wichtiges Ziel ist hier neben einer optimalen, evidenzbasierten Therapie die günstige Beeinflussung der oben genannten Risikofaktoren sowie die Stärkung von Schutzfaktoren. Hierzu gehören weit reichende Veränderungen von Lebensstilgewohnheiten, von Einstellungen und Motivationen. Um hier erfolgreich zu sein, ist eine konsequente multidisziplinäre Zusammenarbeit im stationären und ambulanten Kontext unerlässlich.

Internet-Ressourcen

Auf unserer Lehrbuch-Homepage (**www.public-health-kompakt.de**) finden Sie Hinweise auf weiterführende Literatur, zusätzliche Abbildungen sowie Links zu den erwähnten Studien und Institutionen.

7.2 Bösartige Tumore

Marcel Zwahlen, Matthias Egger

Bösartige Tumore, oft auch vereinfachend als „Krebs" bezeichnet, sind in den industrialisierten Ländern nach den Herz-Kreislauf-Erkrankungen die zweithäufigste Todesursache. Etwa ein Viertel aller Todesfälle sind auf bösartige Tumore zurückzuführen. In der Schweiz und in Deutschland erkrankt fast jede zweite  Person im Lauf ihres Lebens an Krebs. Für viele Krebsarten nimmt das Erkrankungsrisiko mit zunehmendem Alter zu. Aufgrund der demographischen Entwicklung in der Schweiz und in Deutschland wird die Anzahl der Tumorerkrankungen in absoluten Zahlen selbst dann zunehmen, wenn das alters- und geschlechtsspezifische Krebsrisiko gleich bleibt.

In diesem Abschnitt betrachten wir zuerst die epidemiologische Bedeutung der wichtigsten Tumorerkrankungen und beachten hier insbesondere die Zunahme der Zahl an Krebserkrankungen sowie die Veränderung der Überlebensraten in den letzten Jahren. Anschließend erörtern wir, welche *Risikofaktoren* mit zur Entstehung von bösartigen Tumoren beitragen und mit welchen *präventiven Maßnahmen* diese Erkrankungen zu verhindern wären.

Schweizerische Lernziele: CPH 40

Nach den Schätzungen der *International Agency for Research on Cancer* (IARC) wurden 2008 weltweit 12,7 Mio. neue Krebsdiagnosen gestellt. Im selben Zeitraum kam es zu 7,6 Mio. Todesfällen durch Krebserkrankungen. Weltweit sind bösartige Tumore für 5,1 % aller *DALYs* (s. Kap. 9.1.2) verantwortlich. In Europa sind sogar 11,3 % der verlorenen gesunden Lebensjahre auf Tumorerkrankungen zurückzuführen. Verantwortlich hierfür sind v. a. Lungen- (19 %), Darm- (11 %), Brust- (10 %) und Magenkrebs (7,7 %).

Die häufigsten Tumorerkrankungen beim Mann sind in Europa der Prostata-, der Lungen- und der Darmkrebs. Bei der Frau steht der Brustkrebs an erster Stelle, gefolgt von Darm- und Lungenkrebs. Im Zuge der *epidemiologischen Transition* (s. Kap. 9.1.4) wird die Bedeutung von Krebserkrankungen in den Entwicklungsländern in den kommenden Jahren deutlich zunehmen. Bereits heute treten mehr als die Hälfte aller neuen Krebserkrankungen in den ärmeren Regionen der Welt auf.

7.2.1 Krebs in Deutschland und in der Schweiz

In Deutschland werden die epidemiologischen Daten zu verschiedenen Krebsarten mit Hilfe der regionalen Krebsregister erhoben. Das *Robert Koch-Institut* in Berlin errechnet daraus die nationalen Inzidenz- und Mortalitätsraten. In der Schweiz werden die Raten durch das *Nationale Institut für Krebsepidemiologie und -registrierung* („NICER") berechnet und zusammen mit dem *Bundesamt für Statistik* publiziert. Die Statistiken beider Länder zeigen, dass sich die Situation in Deutschland und der Schweiz nur geringfügig unterscheidet: Darmkrebs kommt in Deutschland häufiger vor, während in der Schweiz der schwarze Hautkrebs (Melanom) und der Lungenkrebs bei Frauen häufiger auftreten. Eine detaillierte Aufstellung hierzu finden Sie auf unserer Lehrbuch-Homepage in Web-Tab. 7.2.1.

Das Risiko einer Frau, im Laufe ihres Lebens an Krebs zu erkranken, beträgt etwa 40 %. Bei Männern ist das Risiko mit etwa 50 % noch höher. Seit 1985 hat die anhand der Europäischen Standardbevölkerung altersstandardisierte *Inzidenzrate* (s. Kap. 2.1.2) für alle Krebsarten in der Schweiz und in Deutschland zugenommen. Bei den Frauen war eine Abnahme der Inzidenz des Gebärmutterhalskrebses festzustellen, gleichzeitig stieg jedoch die Inzidenz an Lungen-, Haut-, Leber- und Brustkrebs deutlich an. Im Gegensatz dazu nahm die Inzidenz für den Lungenkrebs bei den Männern erheblich ab, andererseits kam es zu einer deutlichen Zunahme bei Prostata-, Haut- und Leberkrebs. Bei beiden Geschlechtern blieb die Inzidenzrate des Darmkrebses relativ stabil. Auch in anderen europäischen Ländern sind ähnliche Entwicklungen feststellbar.

Parallel dazu blieben die altersstandardisierten *Mortalitätsraten* in Deutschland und der Schweiz zwischen 1980 und 1990 für alle Krebsarten relativ stabil. Mit Beginn der 1990er Jahre zeigte sich ein abnehmender Trend, ausgeprägter bei den Männern als bei den Frauen. Dieser Trend in der Gesamt-Tumormortalitätsrate war bei den Männern primär durch die deutliche Reduktion der Sterbefälle an Lungenkrebs bedingt, ferner durch die leicht rückläufige Sterblichkeit an Prostata- und Darmkrebs. Bei den Frauen erklärt sich der nur leicht abnehmende Trend in der Mortalitätsrate für alle Krebsarten durch eine rückläufige Mortalitätsrate beim Gebärmutterhals-, Brust- und Darmkrebs. Diese Abnahmen wurden teilweise durch eine Zunahme der Lungenkrebsmortalität bei den Frauen kompensiert. Abb. 7.3 illustriert diese Trends für die Schweiz.

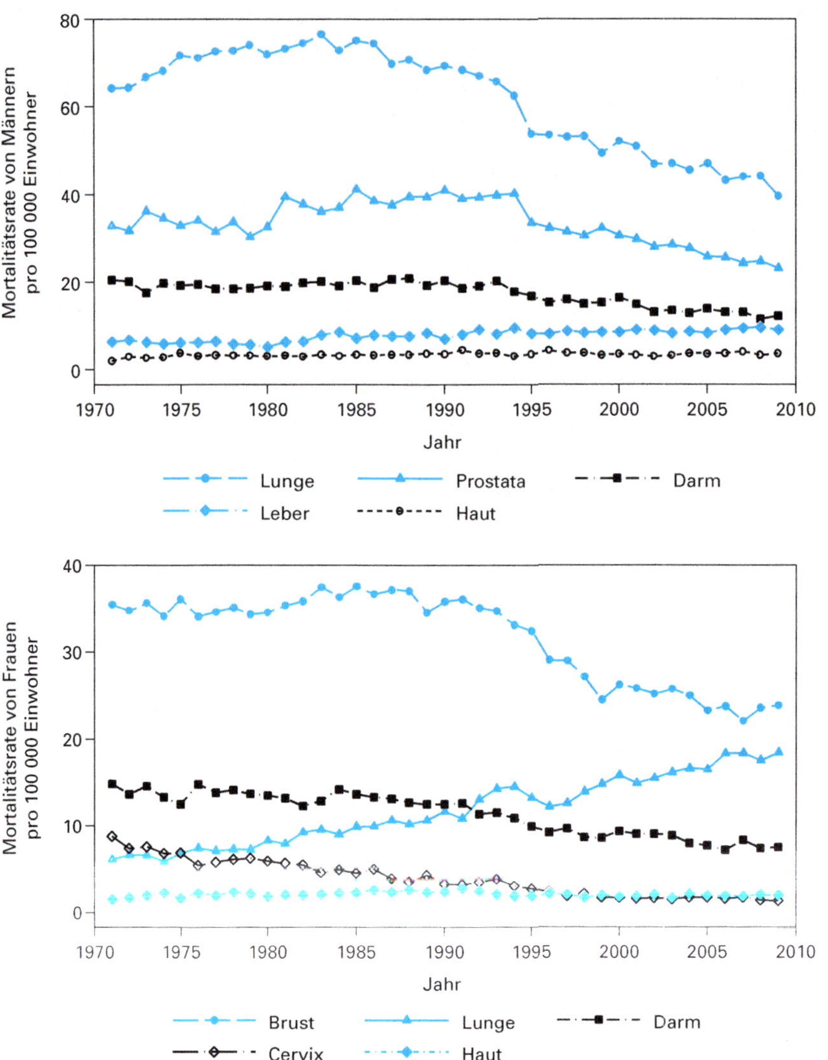

Abb. 7.3: Altersstandardisierte Krebs-Mortalitätsraten der häufigsten Krebsarten bei Männern und Frauen in der Schweiz, 1970–2009[21]. Als Cervix-Karzinom bezeichnet man den Gebärmutterhals-Krebs.

[21] Zum Jahreswechsel 1994/1995 fand im Rahmen der Umstellung von ICD 8 auf ICD 10 eine Änderung der Kodierungsregeln für Todesursachen statt. Zur Altersstandardisierung wurde die Standardbevölkerung für Europa verwendet (wie in Web-Box 2.2.1 auf unserer Lehrbuch-Homepage beschrieben).

7.2.2 Überlebensraten nach Krebsdiagnose

Seit 1989 wertet eine internationale Gruppe von EpidemiologInnen im Rahmen der EUROCARE Studien die Daten der Tumorregister aus verschiedenen europäischen Ländern in Bezug auf die Überlebenszeit nach der Diagnosestellung aus. Sie geben damit einen aufschlussreichen Überblick darüber, wie die recht unterschiedlichen Prognosen nach der Stellung einer Krebsdiagnose in Europa im internationalen Vergleich einzuordnen sind. In der Schweiz und in Deutschland beträgt die für alle Krebsarten zusammen berechnete *relative 5-Jahres-Überlebensrate* bei den Männern etwa 50–55 % und bei den Frauen etwa 55–60 %. Die aktuellen 5-Jahres-Überlebensraten reichen von sehr günstigen Werten um 90 % für das maligne Melanom der Haut, den Hodenkrebs und den Prostatakrebs bis zu ungünstigen Werten unterhalb von 20 % bei Lungenkrebs oder Speiseröhrenkrebs bzw. von unter 10 % für den Krebs der Bauchspeicheldrüse. In den letzten Jahren hat sich die Überlebensrate bei den meisten Tumorarten verbessert. Am ausgeprägtesten war die Verbesserung beim Prostatakrebs. Dies dürfte zu einem großen Teil auf die Krebsfrüherkennungsuntersuchungen mittels PSA-Test (Test auf *prostataspezifisches Antigen*) zurückzuführen sein, da hierdurch der Zeitpunkt der Diagnosestellung um Jahre vorverlegt wird, was zu einer Erhöhung der 5-Jahres-Überlebensrate führt. Dieser *Lead Time Effekt* wird ausführlich im Kap. 4.5.2 besprochen.

7.2.3 Risikofaktoren und Prävention

Zu einer umfassenden Krebsbekämpfung gehören neben *Primärprävention* und Früherkennung selbstverständlich auch die kurative therapeutische Behandlung sowie eine palliative Therapie, die auf den Erhalt der Lebensqualität abzielt, wenn keine Heilung mehr möglich ist. Wichtigstes Ziel aus Public-Health-Sicht ist jedoch eine wirksame Primärprävention. Allerdings gibt es zahlreiche Risikofaktoren, die je nach Tumorart verschieden und zudem noch unterschiedlich gut wissenschaftlich dokumentiert sind. Die Web-Tab. 7.2.2 auf unserer Lehrbuch-Homepage gibt einen Überblick über die wichtigsten Risiko- und Schutzfaktoren, die als Ansatzpunkte für primärpräventive Maßnahmen dienen können. Potentiell modifizierbare Risikofaktoren sind in erster Linie das Zigarettenrauchen (s. a. Kap. 4.6 und Kap. 5.2) sowie das Ernährungs- und Bewegungsverhalten in Kombination mit Übergewicht und Adipositas (s. Kap. 7.4). Zudem dürften 5–8 % aller Krebsfälle auf berufsbedingte Expositionen zurückgehen. Der Schutz vor krebserregenden Stoffen ist daher in der Schweiz und in Deutschland als Teil des Arbeitnehmerschutzes gesetzlich geregelt (s. Kap. 6.1 und Kap. 6.2.1). Auch wenn nicht alle Krebsarten mit einem höheren Lebensalter assoziiert sind, ist zunehmendes Alter doch der bedeutendste Risikofaktor für viele Tumorarten.

Rauchen ist der wichtigste, modifizierbare Risikofaktor für Krebs

Die wichtigste Maßnahme zur Primärprävention von Krebserkrankungen ist die Reduktion der Anzahl der RaucherInnen in der Bevölkerung. In den letzten Jahren konnten bereits deutliche Erfolge bei den Männern im mittleren Lebensalter erzielt werden, was einen Rückgang der Lungenkrebsmortalität zur Folge hatte. Internationale Erfahrungen zeigen, dass die Verringerung des Raucheranteils in der Bevölkerung nur mit Hilfe eines koordinierten Maßnahmenpaketes gelingen kann. Die Interventionen müssen sowohl strukturell wirken als auch auf das Verhalten des Einzelnen abzielen. Sie sollen den Einstieg in das Zigarettenrauchen verhindern und den RaucherInnen beim Ausstieg helfen. Strukturelle Maßnahmen wie rauchfreie öffentliche Räume leisten hier einen unverzichtbaren und wirksamen Beitrag (s. Kap. 4.2).

Das 2005 in Kraft getretene „Rahmenübereinkommen zur Eindämmung des Tabakgebrauchs" (*Framework Convention on Tobacco Control*) der Weltgesundheitsorganisation (WHO) definiert die Grundsätze und Maßnahmen, die weltweit für den Umgang mit Tabak und Tabakwaren gelten sollen. Diese Maßnahmen werden eingängig mit dem Kürzel *mpower* zusammengefasst (s. Box 7.2.1). Die auch als „Tabakepidemie" bezeichnete weltweite Zunahme des Tabakkonsums lässt sich nicht allein auf nationaler Ebene bewältigen, insbesondere weil sich multinationale Konzerne in den Ländern des Südens zunehmend neue, lukrative Märkte schaffen. Die Konvention wurde inzwischen von der Europäischen Union (EU) und vielen anderen Ländern ratifiziert. Obwohl rechtlich verbindlich, sind in Deutschland wesentliche Bestimmungen des Abkommens noch nicht oder nicht vollständig umgesetzt worden, so z. B. der umfassende Schutz vor dem Passivrauchen, die Verfügung hoher Steuern auf alle Tabakprodukte und das Verbot von Tabakwerbung, Promotion und Sponsoring. Als Hauptursache wird die mangelnde Distanz der politischen Entscheidungsträger zur Tabakwirtschaft vermutet. Die Schweiz hat das Abkommen unterzeichnet, für die Ratifizierung sind jedoch noch verschiedene Gesetzesanpassungen notwendig. Es ist z.Zt. unklar, ob diese im Parlament und ggf. bei einer Volksabstimmung eine Mehrheit finden werden

Box 7.2.1: mpower: Die in der WHO-Konvention zur Eindämmung des Tabakgebrauchs definierten Maßnahmen (*Framework Convention on Tobacco Control*).

p PROTECT PEOPLE FROM TOBACCO SMOKE
Schaffung einer rauchfreien Umgebung (Krankenhäuser, Schulen, öffenliche Räume, Restaurants, Bars)

o OFFER HELP TO QUIT TOBACCO USE
Stärkung von Tabakentwöhnungsprogrammen in der Hausarztpraxis und in den Gemeinden

m MONITOR TOBACCO USE
Periodische Erfassung des Tabakkonsums bei Jugendlichen und Erwachsenen

w WARN ABOUT THE DANGERS OF TOBACCO
Warnung auf Verpackung, Informationskampagnen

e ENFORCE BANS ON TOBACCO ADVERTISING, PROMOTION AND SPONSORSHIP
Verbot von allen Arten direkter und indirekter Werbung und von Sponsoring

r RAISE TAXES ON TOBACCO PRODUCTS
Erhöhung der Steuern auf Tabakwaren, Eindämmung von Schmuggel

Krebsprävention durch Ernährung, körperliche Bewegung und Vermeidung von Übergewicht

Obwohl verschiedene, groß angelegte epidemiologische Studien versucht haben, den Einfluss von Ernährung und körperlicher Bewegung auf das Krebsrisiko zu quantifizieren, konnte man bislang noch kein konsistentes Bild hieraus ableiten. Gut nachgewiesen ist mittlerweile der negative Gesamteinfluss, den ungünstiges Ernährungsverhalten kombiniert mit ungenügender körperliche Bewegung und daraus resultierendem erhöhtem Körpergewicht auf das Erkrankungsrisiko bei verschiedenen Krebsarten haben, die nicht primär mit dem Rauchen assoziiert sind. Das Dreieck aus Ernährung, körperlicher Bewegung und Übergewicht stellt eine große Herausforderung in Bezug auf mögliche Interventionen dar. Wie beim Rauchen ist hier ein kombiniertes Maßnahmenpaket nötig (s. a. Kap. 4.2, Kap. 4.4.1, Kap. 4.6 und Kap. 7.4).

7.2.4 Krebsfrüherkennung

Die systematische, bevölkerungsbasierte Durchführung von Krebsfrüherkennungs-Programmen ist ein wichtiges Instrument, um die Krebsmortalitätsraten zu senken. In der Regel dauert es bei der Tumorentwicklung mehrere Jahre bis zum Auftreten klinischer Symptome. Die Früherkennung zielt auf die Identifizierung von bislang asymptomatischen Krebsherden und Krebsvorstufen ab. Bei den meisten Krebsarten ist die Prognose vom Tumorstadium bei Diagnosestellung abhängig. Je differenzierter (d. h. weniger entartet) die Tumorzellen sind, je kleiner der Tumorherd ist und je weniger Metastasen vorhanden sind, desto besser ist die Prognose. Um die Wirksamkeit von Krebsfrüherkennungsuntersuchungen verlässlich festzustellen, sind Resultate von groß angelegten, randomisierten Studien notwendig, in deren Rahmen eine Bevölkerungsgruppe systematisch zur Krebsfrüherkennung eingeladen wird, die andere jedoch nicht. In beiden Gruppen wird jede diagnostizierte Krebserkrankung nach dem aktuellsten Stand des Wissens möglichst optimal behandelt. Erst wenn in solchen randomisierten Studien im Laufe der Jahre die spezifische Krebs-Mortalitätsrate in der Gruppe der systematisch untersuchten Personen dauerhaft gesenkt werden kann, gilt ein *Screening* als wirksam (s. Kap. 4.5).

Verschiedene randomisierte Studien konnten die Wirksamkeit des Brustkrebs-Screenings mittels Mammografie und des Darmkrebs-Screenings mittels Test auf okkultes Blut im Stuhl (Hämoccultest) oder Sigmoidoskopie nachweisen. Die Wirksamkeit des Gebärmutterhalskarzinom-Screenings mittels Abstrich wurde nie durch randomisierte Studien überprüft. Da es aber im Zusammenhang mit diesem Screening in vielen Ländern zu einer andauernden Absenkung der Mortalitätsrate beim Cervixkarzinom gekommen ist, gilt die Wirksamkeit als erwiesen. Das Prostatakarzinom-Screening mittels *prostataspezifischem Antigen* (PSA) führt zu vielen zusätzlichen Prostatakrebs-Diagnosen, da damit auch Tumore bei älteren Männern diagnostiziert werden, die oft nur langsam wachsen und meist nicht klinisch manifest werden (*Überdiagnose*, s. Kap 4.5). Daher kann das Prostatakrebs-Screening nicht empfohlen werden. Tab. 7.1 fasst zusammen, für welche Krebsarten und Modalitäten der Krebsfrüherkennung die Evidenz als genügend stark erachtet wird, um ein Screening zu befürworten.

Tab. 7.1: Übersicht über die Evidenzlage zum Screening für verschiedene Krebsarten; adaptiert nach dem „European Code against Cancer" (third version, 2003).

Krebsart	Methode	Alter oder Zielgruppe	Frequenz
Guter Evidenzgrad für Screening Empfehlung			
Brustkrebs	Mammografie	≥ 50 J.	Alle 2 Jahre
Gebärmutterhalskrebs (Cervixkarzinom)	Abstrich	≥ 25 J.	Jährlich bis alle 3 Jahre, hängt zusätzlich von den Resultaten der vorherigen Abstriche ab
Darmkrebs	Test auf okkultes Blut im Stuhl	≥ 50 J.	Jährlich
	Sigmoidoskopie	55–64 J.	Einmalig
Evidenzlage für Empfehlung ungenügend			
Prostatakrebs	PSA-Test	≥ 50 J.	Jährlich
Lungenkrebs	Computertomographische Untersuchung	Raucher oder Ex-Raucher	Unklar
Evidenzlage genügend für Ablehnung von Screening			
Neuroblastom	Urintest auf *Homovanillinsäure* (HVA) und *Vanillinmandelsäure* (VMA)	–	–
Lungenkrebs	Röntgenbild	–	–
Brustkrebs	Selbstuntersuchung	–	

Internet-Ressourcen

Auf unserer Lehrbuch-Homepage (**www.public-health-kompakt.de**) finden Sie weitere Informationen zur WHO Rahmenkonvention über die Tabakkontrolle, den WHO Bericht zur Globalen Tabakepidemie von 2011, Hinweise auf weiterführende Literatur, Vorlesungen sowie Links zu erwähnten Studien und Institutionen.

7.3 Erkrankungen des Bewegungsapparates

Stephan Reichenbach

Die Erkrankungen des Bewegungsapparates, d.h. die Krankheiten der Gelenke, Knochen und Muskeln, verursachen weltweit am häufigsten Gesundheitsprobleme. Die dabei auftretenden Beschwerden reichen von leichten, vorübergehenden Beeinträchtigungen bis hin zu schweren, chronischen Behinderungen, welche schließlich zur Berentung führen können. Nur selten sind sie lebensbedrohlich – sie schränken aber den Aktionsradius und damit die Lebensqualität der Betroffenen oft massiv ein. Dies führt zu großen sozioökonomischen Belastungen, nicht nur durch kostenintensive Therapien und Betreuungsangebote, sondern auch als Folge der verminderten Produktivität der Betroffenen.

In diesem Abschnitt betrachten wir die epidemiologische Bedeutung der wichtigsten Krankheitsbilder im muskuloskeletalen Bereich. Wir schauen auf die jeweiligen *Risikofaktoren* und erörtern, welche *präventiven Maßnahmen* viele dieser Krankheitsfälle verhindern könnten.

Schweizerische Lernziele: CPH 40

Zu den klinisch und epidemiologisch relevanten Krankheitsbildern in dieser Gruppe gehören der *Rückenschmerz* (ICD-10, M40–M54), die *Arthrose* (ICD-10, M15–M19), die *Osteoporose* (ICD-10, M80–M85) sowie die *rheumatoide Arthritis* (ICD-10, M05–M14). Kardinalsymptome bei all diesen Erkrankungen sind Schmerzen, Bewegungseinschränkungen und damit einher gehender Funktionsverlust. Trotz der großen volkswirtschaftlichen Bedeutung dieser Krankheitsgruppe wurden bislang noch keine Interventionsstudien zur Primärprävention durchgeführt. Die hier vorgeschlagenen Präventionsmaßnahmen zielen primär auf die Verhinderung und Reduktion der bekannten und beeinflussbaren Risikofaktoren.

7.3.1 Rückenschmerzen

Unter dem Begriff *Rückenschmerzen* fasst man unabhängig von der Ursache alle Schmerzzustände im Bereich des Rückens zusammen. In ca. 20% der Fälle sind dies klar umschriebene Krankheitsbilder. Meist ist jedoch eine genaue Zuordnung zu einem definierten Krankheitsbild nicht möglich, sodass die Schmerzen dann als unspezifisch klassifiziert werden (ca. 80% der Fälle). Die unspezifischen Rückenschmerzen werden nach ihrer zeitlichen Dauer in akute (< als 1 Monat), subakute (< als 3 Monate) und chronische Schmerzzustände eingeteilt. Eine Chronifizierung der Schmerzen tritt in etwa 10% der Fälle ein (s. Box 7.3.1).

Box 7.3.1: „Back pain – don't take it lying down" – Massenmedienkampagne **in Australien (1997–1999)**

Gelegentliche Rückenschmerzen sind häufig, dauern meist nur kurze Zeit an, und gehören praktisch zu unserem Leben dazu. Entgegen dem subjektiven Empfinden sind sie in den letzten 25 Jahren nicht häufiger geworden. Wir fühlen uns allerdings durch Rückenschmerzen heute mehr beeinträchtigt als früher und nehmen deswegen auch öfter therapeutische Hilfe in Anspruch. Meist sind dann subjektives Empfinden, radiologische Befunde und Störungen der Funktionsfähigkeit nicht miteinander in Einklang zu bringen. Bei bis zu 90 % der Betroffenen gehen die Beschwerden auch ohne spezielle Behandlung innerhalb von sechs Wochen zurück.

Im australischen Bundesstaat *Viktoria* wurde deshalb zwischen 1997 und 1999 eine Aufklärungskampagne im Fernsehen durchgeführt (Videoclips hierzu auf unserer Lehrbuch-Homepage). Prominente aus Sport, Kultur und Gesundheitswesen erläuterten den Zuschauern anhand einfacher Regeln sinnvolles Verhalten beim Auftreten von Rückenschmerzen:

- Rückenschmerzen sind in der Regel zwar lästig, aber harmlos.

- Die dadurch hervorgerufenen Einschränkungen können durch eine positive Grundhaltung reduziert werden.

- Eine spezifische Behandlung ist meist nicht nötig. Keine Bettruhe, Gymnastik und keine Krankschreibung, stattdessen Weiterführung der bisherigen Tätigkeiten.

Eine anschließende Studie konnte nachweisen, dass sich dadurch die Bewertung des Rückenschmerzes in der Bevölkerung änderte. Es kam zu einem signifikanten Rückgang der Behandlungskosten, der Krankheitstage und der Sozialversicherungskosten.

Epidemiologische Daten

- **Burden of Disease:** Hierzu fehlen derzeit noch genaue Zahlen. Eine WHO-Studie schätzte die Krankheitslast durch Rückenschmerzen im Jahr 2004 auf 2,5 Millionen DALYs, was 0,09 % der weltweiten Burden of Disease entspricht.

- **Mortalität:** Es gibt keine Hinweise darauf, dass der unspezifische Rückenschmerz mit einer erhöhten Mortalität einhergeht.

- **Inzidenz:** Aufgrund der oft unklaren Zuordnung und des möglichen episodischen Verlaufs mit Rezidiven sind Angaben zur Inzidenz schwierig. In den meisten High-Income-Ländern liegt die jährliche Neuerkrankungsrate bei 4.000–5.000 pro 100.000 Einwohner.

- **Prävalenz:** Die Lebenszeitprävalenz variiert in den High-income Ländern zwischen 60 % und 85 %, d. h. die meisten Menschen leiden im Laufe ihres Lebens mindestens einmal an Rückenschmerzen. In „Entwicklungsländern" liegt die Lebenszeitprävalenz mit durchschnittlich 60.000 pro 100.000 Einwohner etwas niedriger.

Risikofaktoren

Zu den mechanischen Risikofaktoren gehören das schwere Heben von Lasten am Arbeitsplatz, eine kauernde, gebeugte oder gedrehte Körperhaltungen sowie die Exposition gegenüber Vibrationen (s. Kap. 6.3.2). Ebenso wichtig sind psychosoziale Begleitfaktoren wie Unzufriedenheit am Arbeitsplatz, monotone Arbeit, Depressivität und Somatisierung. Dies gilt insbesondere im Hinblick auf eine mögliche Chronifizierung.

Prävention

- Maßnahmen der **Verhaltensprävention** sind muskelkräftigende sowie die Ausdauer fördernde sportliche Aktivitäten.

- Zu den Maßnahmen der **Verhältnisprävention** gehört es, an Arbeitsplätzen monotone Arbeitsabläufe und ein belastendes Arbeitsklima zu vermeiden. Dort wo schweres Heben unumgänglich ist, wie z. B. in der Krankenpflege, auf dem Bau oder in der Landwirtschaft, sollte eine ergonomische Schulung der Arbeitskräfte vorgenommen werden (s. a. Kap. 6.3.2).

7.3.2 Arthrose

Unter dem Krankheitsbild der Arthrose versteht man ein progressives Gelenkversagen aufgrund eines chronischen Ab- und Umbauprozesses, welcher alle Strukturen eines Gelenkes (Knorpel, subchondraler Knochen, Synovia, Sehnen und Muskeln) betreffen kann. Man unterscheidet dabei die *primäre Arthrose*, die ohne erkennbare Ursache entstanden ist, von der *sekundären Arthrose*, die z. B. auf ein Trauma zurückgeführt werden kann.

Epidemiologische Daten

- **Burden of Disease:** Aufgrund der recht hohen Einschränkung der Lebensqualität durch die Erkrankung wird die in DALYs ausgedrückte Krankheitslast der Arthrose mit durchschnittlich 200 bis 400 verlorenen, gesunden Lebensjahren pro 100.000 Einwohner angegeben. Sie ist damit mehr als doppelt so hoch wie bei der rheumatoiden Arthritis.

- **Mortalität:** Da die Arthrose nur in den seltensten Fällen das Leben der Betroffenen bedroht, liegen die Mortalitätsraten weltweit nur bei 0,0 bis 0,8 Todesfällen pro 100.000 Einwohner pro Jahr.

- **Inzidenz:** Die größte Zahl an diagnostizierten Neuerkrankungen findet man zwischen dem 65. und 75. Lebensjahr. Frauen sind häufiger betroffen als Männer. Modellrechnungen haben für die westlichen Industrienationen bei den Frauen eine jährliche Inzidenzrate von 1.350 und bei den Männern von 900 pro 100.000 Einwohner und Jahr ergeben.

- **Prävalenz:** Hier wird meist zwischen einer radiologisch nachgewiesenen und einer symptomatischen Arthrose unterschieden. Etwa 50 % der 65-Jährigen und 80 % der 75-Jährigen zeigen bei uns radiologische Zeichen einer Arthrose. Am häufigsten betroffen sind dabei die Knie-, Hüft- und Fingergelenke. Die Prävalenz von Gelenkschmerzen steigt mit dem radiologischen Schweregrad der Arthrose an, wobei die Assoziation zwischen Röntgenbefund und Schmerzinzidenz jedoch nur mäßig ist. – Unterschiede in der Prävalenz der Arthrose existieren sowohl zwischen den einzelnen Regionen dieser Erde als auch in Bezug auf die bevorzugt betroffenen Gelenke. Die Hüftgelenksarthrose kommt z.B. in Südostasien deutlich seltener vor als in Europa und den USA. In den *High-Income*-Ländern ist die symptomatische Arthrose eher ein Problem der Schichten mit niedrigem sozioökonomischem Status. Hier besteht eine enge Korrelation zur Adipositas, welche ein Risikofaktor für die Entstehung der Erkrankung ist (s. Kap. 7.4).

Risikofaktoren

Zu den wichtigsten Risikofaktoren der Arthrose gehören Alter, Geschlecht, eine familiäre Prädisposition sowie Übergewicht. Aber auch Traumata, die einmalig oder wiederholt auf ein Gelenk einwirken (z.B. eine Meniskusoperation am Knie oder die berufsbedingte Überlastung der Gelenke in der Landwirtschaft), stellen Risikofaktoren dar. Diese können sich je nach Gelenk unterschiedlich stark auswirken. So spielt das Übergewicht bei der Entstehung der Kniearthrose eine wichtigere Rolle als bei der Entstehung der Hüftarthrose. Für das Fortschreiten der Arthrose scheint das Übergewicht dann interessanterweise jedoch kaum noch eine Bedeutung zu haben (*Obesity paradoxon*).

Prävention

- Die wichtigsten Maßnahmen der **Verhaltensprävention** sind das Vermeiden von Übergewicht sowie regelmäßige sportliche Aktivitäten, die die Muskulatur kräftigen und die Ausdauer fördern.

- Zu den Maßnahmen der **Verhältnisprävention** gehört z.B. die ergonomische Schulung von Personen an ihren Arbeitsplätzen.

7.3.3 Osteoporose

Die Osteoporose ist eine systemische Knochenerkrankung, charakterisiert durch eine niedrige Knochenmasse und eine beeinträchtigte Mikroarchitektur, die zu einer erhöhten Knochenbrüchigkeit und damit zu einem höheren Frakturrisiko führt. Typischerweise kommt es infolge einer Osteoporose zu Frakturen im Bereich der Wirbelkörper, des Oberschenkelhalses, des proximalen Humerus[22] und des distalen[23] Unterarms. Schmerzen durch osteoporotische Veränderungen treten besonders im Rückenbereich auf.

Epidemiologische Daten

- **Burden of Disease:** Hierzu gibt es bislang keine Zahlen. Es ist jedoch anzunehmen, dass die durch eine Osteoporose hervorgerufene Krankheitslast, ausgedrückt in

---

[22] *proximal*: zum Rumpf in gelegen; *Humerus*: Oberarmknochen
[23] *distal*: körperfern, vom Rumpf weg liegend

DALYs, beträchtlich ist, da 20% aller Personen mit Hüftfrakturen und 2% derjenigen mit einer Wirbelkörperfraktur im Anschluss an das Ereigniss in einem Pflegeheim weiterbetreut werden müssen.

- **Mortalität:** 10–20% aller Patienten mit einer Oberschenkelhalsfraktur sterben innerhalb eines Jahres. Auch für Patienten mit einer Wirbelkörperfraktur wird eine zwei- bis dreifach erhöhte Mortalitätsrate gegenüber der Normalbevölkerung angegeben. Ähnliches gilt auch für andere Frakturen infolge Osteoporose.

- **Inzidenz:** Die Inzidenz der Osteoporose wird indirekt aufgrund der Häufigkeit der auftretenden Schenkelhalsfrakturen geschätzt, da diese in den *High-income*-Ländern zur Hospitalisation führen. Grundsätzlich lässt sich sagen, dass Frauen häufiger betroffen sind als Männer. Die höchsten Inzidenzraten werden in Nordeuropa und Nordamerika angegeben. In den USA liegt die Inzidenz in der Altersgruppe der 75–79-Jährigen beispielsweise bei den Männern bei 534, bei den Frauen bei 861 pro 100.000 Einwohner und Jahr. Die Zahlenangaben aus Afrika sind mit 2 pro 100.000 Einwohner und Jahr wesentlich niedriger. Da in den „Entwicklungsländern" jedoch nicht alle Patienten mit einer Schenkelhalsfraktur hospitalisiert werden, ist ein Vergleich hier schwierig.

- **Prävalenz:** Die Prävalenz der Osteoporose wird indirekt aufgrund einer verminderten Knochendichte ermittelt, da das Risiko, eine Fraktur zu erleiden, mit der Verminderung der Knochendichte zunimmt. Die Krankheitshäufigkeit steigt in den westlichen Industrienationen mit dem Alter deutlich an, und zwar von 5% bei den 50-jährigen Frauen bzw. 2,4% bei den 50-jährigen Männern auf 50% bei den 85-jährigen Frauen und 20% bei den 85-jährigen Männern.

Risikofaktoren

Zu den Risikofaktoren der Osteoporose gehören neben Geschlecht und Alter auch eine frühe Menopause, ein niedriger Body-Mass-Index (BMI), Immobilität, Rauchen, Alkohol und verschiedene Medikamente (v. a. Glukokortikoide). Zusätzliche Faktoren, die das Risiko für eine Schenkelhalsfraktur erhöhen können, sind vorausgegangene Frakturen bei niedriger Knochendichte, Seh- und Gehstörungen, schlecht eingerichtete Wohnungen mit Stolperfallen sowie die Einnahme von Medikamenten, die Bewusstsein und Aufmerksamkeit beeinträchtigen können (z. B. Benzodiazepine).

Prävention

- Zu den Maßnahmen der **Verhaltensprävention** gehören neben dem Verzicht auf Nikotin und Alkohol vor allem das Vermeiden eines zu niedrigen Körpergewichts und einer lang andauernden Immobilität (von großer Bedeutung ist hier die frühzeitig einsetzende Physiotherapie).

- Die wichtigste **verhältnispräventive** Maßnahme besteht in der Verhinderung von Stolperstürzen durch das Vermeiden von Stolperfallen wie rutschenden Teppichen, Türschwellen etc.

7.3.4 Rheumatoide Arthritis

Die rheumatoide Arthritis ist eine systemische Autoimmunerkrankung mit symmetrischem Befall von Gelenken, Sehnenscheiden und Schleimbeuteln. Krankheitstypisch sind Rheumaknoten und der Nachweis von Autoantikörpern.

Epidemiologische Daten

- **Burden of Disease:** Laut WHO beträgt die Krankheitslast durch die rheumatoide Arthritis in den OECD-Staaten etwas mehr als 80 verlorene, gesunde Lebensjahre pro 100.000 Einwohner.

- **Mortalität:** Patienten mit rheumatoider Arthritis weisen gegenüber der Normalbevölkerung eine mehr als doppelt so hohe Sterblichkeit auf. Die Mortalitätsraten variieren weltweit zwischen 0,1 und 2,7 Todesfällen pro 100.000 Einwohner pro Jahr.

- **Inzidenz:** Zahlen zur Inzidenz existieren nur für die High-income Länder, wo die Neuerkrankungsrate mit ca. 20–300 pro 100.000 Einwohner pro Jahr angegeben wird. Es gibt derzeit Hinweise darauf, dass die Inzidenz insbesondere bei den Frauen leicht abnimmt.

- **Prävalenz:** In den *High-income*-Ländern leiden heute zwischen 300 und 1.000 Menschen je 100.000 Einwohner an rheumatoider Arthritis. Für Entwicklungsländer gibt es Schätzungen, die von ca. 300 Krankheitsfällen je 100.000 Einwohner ausgehen. In Afrika wurden nur wenige Fälle beschrieben.

Risikofaktoren

Weibliches Geschlecht, eine familiäre Prädisposition sowie bestimmte genetische Faktoren (HLA *DRB1*) erhöhen das Risiko, an rheumatoider Arthritis zu erkranken. Allerdings tritt die Erkrankung auch in der mediterranen Bevölkerung auf, wo das genannte Allel kaum vorkommt.

Prävention

- **Verhaltensprävention:** Bislang existieren keine Ansätze zur *Primärprävention*. Ziel der medikamentösen Behandlung mit so genannten Basismedikamenten muss es sein, Schäden an der Struktur der Gelenke zu verhindern (*Tertiärprävention*; s. Kap. 1).

- **Verhältnisprävention:** Bei der Arbeitsplatzgestaltung spielen ergotherapeutische Maßnahmen eine entscheidende Rolle. Auch die Abgabe von Hilfsmitteln erfolgt nach ergotherapeutischen Gesichtspunkten.

Internet-Ressourcen

Auf unserer Lehrbuch-Homepage (**www.public-health-kompakt.de**) finden Sie Hinweise auf weiterführende Literatur zusätzliche Tabellen, Videoclips sowie Links zu themenrelevanten Studien und Institutionen.

7.4 Adipositas

Kurt Laederach

Viele sehen in der Adipositas, dem krankhaften Übergewicht, eine der größten Herausforderungen für die öffentliche Gesundheit im 21. Jahrhundert. Von der Weltgesundheitsorganisation (WHO) wird sie gar als „Epidemie des 21. Jahrhunderts" bezeichnet und als eine der Hauptursachen für nichtübertragbare chronische Erkrankungen und vorzeitige Todesfälle eingestuft. *Übergewicht* und *Adipositas* stellen nicht nur in den Industrienationen, sondern zunehmend auch in den Schwellen- und Entwicklungsländern ein erhebliches Problem dar.

In diesem Abschnitt definieren wir zuerst den Begriff der Adipositas. Anschließend erörtern wir die epidemiologische Bedeutung der Erkrankung und betrachten die Ursachen und Risikofaktoren sowie mögliche Folge- und Begleiterkrankungen. Wir diskutieren, welche *Gesundheitskosten* aufgrund des Übergewichts und seiner *Folgeerkrankungen* entstehen und gehen zum Schluss auf *präventive* und *therapeutische Maßnahmen* ein.

Schweizerische Lernziele: CPH 37; CPH 40–41

7.4.1 Definitionen

Das Gewicht eines Menschen ist abhängig von seiner Konstitution, seiner Größe und dem Ernährungszustand. Um Aussagen darüber machen zu können, ob bei einer Person ein krankhaftes Übergewicht vorliegt, benötigt man Kriterien, anhand derer man normalgewichtige von über- bzw. untergewichtigen Personen unterscheiden kann. Ein wichtiges Kriterium ist in diesem Zusammenhang der Body-Mass-Index (BMI), definiert als Quotient aus Körpergewicht und quadrierter Körpergröße. Er ermöglicht aufgrund seiner Korrelation zum Körperfettanteil eine grobe Einschätzung der Körperzusammensetzung und dient damit der Abschätzung gewichtsbedingter Gesundheitsrisiken.

$$\text{BMI} = \frac{\text{Körpergewicht [kg]}}{\text{Körpergröße}^2\ [\text{m}^2]}$$

Die von der Weltgesundheitsorganisation (WHO) festgelegte Gewichtsklassifikation für Erwachsene anhand des BMI unterscheidet zwischen Untergewicht, Normalgewicht, Übergewicht und Adipositas Grad I bis III (s. Tab. 7.2).

Darüber hinaus stehen mit der Messung des Bauchumfangs (*Waist Circumference*) sowie dem Quotienten aus Bauch- und Hüftumfang (*Waist-hip-ratio*) weitere wichtige Differenzierungskriterien zur Verfügung. Ein erhöhtes Risiko für die Entwicklung von Folgeerkrankungen haben gemäß der international anerkannten Grenzwerte der *International Diabetes Federation* (IDF) z.B. Europäer mit einem Bauchumfang von ≥ 80 cm (Frauen) bzw. ≥ 94 cm (Männer). Die Grenzwerte für den Bauchumfang bei Männern und Frauen aus verschiedenen Ethnien finden Sie auf unserer Lehrbuch-Homepage in der Web-Tab. 7.4.1.

Tab. 7.2: BMI-Kategorien nach den Festlegungen der *World Health Organization* (WHO). Als Prä-Adipositas bezeichnet man ein leichtes Übergewicht, die Vorstufe zur Fettleibigkeit (Adipositas).

BMI-Kategorie	
< 18,5 kg/m²	Untergewicht
18,5 – < 25,0 kg/m²	Normalgewicht
25,0 – < 30,0 kg/m²	Übergewicht (Prä-Adipositas)
30,0 – < 35,0 kg/m²	Adipositas Grad I
35,0 – < 40,0 kg/m²	Adipositas Grad II
≥ 40,0 kg/m²	Adipositas Grad III

7.4.2 Epidemiologische Daten

Inzidenz und Prävalenz

Nach den Angaben der WHO waren im Jahr 2005 weltweit ungefähr 1,6 Mrd. Erwachsene übergewichtig. Darüber hinaus gab es mindestens 400 Mio. adipöse Erwachsene (BMI ≥ 30 kg/m²). Besonders besorgniserregend ist die Zahl der übergewichtigen Kinder unter 5 Jahren, die zu diesem Zeitpunkt weltweit mindestens 20 Mio. betrug. Bis zum Jahr 2015 rechnet die WHO mit einem Anstieg der Zahlen auf ca. 2,3 Mrd. übergewichtige und etwa 700 Mio. adipöse Erwachsene.

In der Schweiz gab es im Jahr 2001 nach Angaben der Schweizerischen Gesundheitsbefragung 1,8 Mio. Übergewichtige im Alter von 15 Jahren und älter. Dies entsprach 29,4 % der Bevölkerung dieser Altersgruppe. Gleichzeitig waren 500.000 Menschen, d. h. 7,7 % der über 15-Jährigen adipös. Der Anteil an übergewichtigen und adipösen Menschen war in dieser Altersgruppe damit seit Beginn der Gesundheitsbefragungen in der Schweiz Anfang der 1990er Jahre von 31,5 % (1992/93) auf 37,1 % (2001) gestiegen (s. Abb. 7.4). Bis zum Jahr 2007 kam es zu einem weiteren Anstieg bei den Übergewichtigen (BMI zwischen 25 und ≤ 30 kg/m²) auf ca. 40 % der erwachsenen Schweizer Bevölkerung. Etwa 25 % der erwachsenen SchweizerInnen waren adipös (Adipositas Grad I und II mit einem BMI von 30 bis ≤ 40 kg/m²). Darüber hinaus litt rund 1 % der Schweizer Bevölkerung an einer sog. morbiden Adipositas (Adipositas Grad III mit einem BMI ≥ 40 kg/m²).

Die 2010 von der *Organisation für wirtschaftliche Zusammenarbeit und Entwicklung* (OECD) veröffentlichten Zahlen für Deutschland zeigen, dass hier derzeit 52 % der Erwachsenen übergewichtig und 16 % adipös sind. Schon 2007 hatte die *Studie des Robert Koch-Instituts zur Gesundheit von Kindern und Jugendlichen in Deutschland* (KiGGS Studie) die Zahl der übergewichtigen Kinder und Jugendlichen im Alter von 3 bis 17 Jahren mit 1,9 Mio. angegeben. Dies entspricht 15 % der Kinder und Jugendlichen dieser Altersgruppe. Besonders hoch war mit 800.000 (≙ 6,3 %) der Anteil der adipösen Kinder und Jugendlichen, dies besonders in sozial niedriger Schicht sowie in Migrantenfamilien. Im Vergleich zur letzten Untersuchung (Referenzzeitraum 1985–1999) war damit die Anzahl übergewichtiger Kinder und Jugendlicher in Deutschland um 50 % angestiegen, der Anteil der adipösen Kinder und Jugendlichen hatte sich seither sogar verdoppelt.

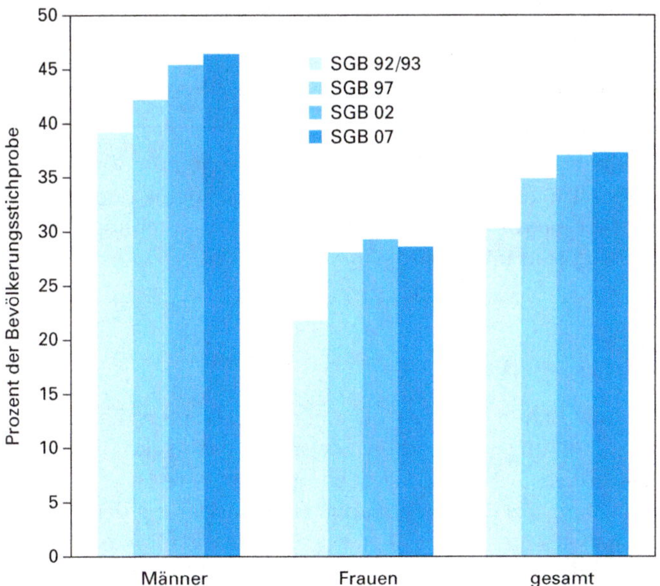

Abb. 7.4: Prozentsatz der übergewichtigen Erwachsenen (BMI $\geq$ 25 kg/m²; Alter: >15 Jahre) in der Schweiz. Die Zahlen beziehen sich auf die Schweizerische Gesundheitsbefragungen (SGB) der Jahre 1992/93, 1997, 2002 und 2007 (Quelle: Schweizerische Gesundheitsbefragung 2007, OBSAN und BFS).

Mortalität

Große epidemiologische Studien zeigen, dass Menschen mit einem BMI > 25 kg/m² ein erhöhtes Mortalitätsrisiko aufweisen. Personen mit einem BMI von 25–29 kg/m², die sich moderat körperlich betätigen, können jedoch ähnlich günstige Mortalitätswerte erreichen wie Normalgewichtige mit einem BMI < 25 kg/m², die sich körperlich nicht betätigen (s. Web-Abb. 7.4.1 auf unserer Lehrbuch-Homepage).

7.4.3 Ursachen und Risikofaktoren

Als Hauptursache für die weltweite Zunahme der Adipositas gilt der heute weit verbreitete Lebensstil mit einem Überangebot an Nahrung bei gleichzeitiger Reduktion des Energieverbrauchs infolge verminderter körperlicher Aktivität.

Die wesentlichen Faktoren, die zu einer Gewichtszunahme beitragen können, sind:

- Das Vorhandensein **genetische Faktoren**, die mit der Entwicklung eines Diabetes mellitus oder einer Adipositas im Zusammenhang stehen (z. B. Defekte an verschiedenen Rezeptoren und bei der Synthese von biochemischen Botenstoffen wie etwa Leptin)

- **Umweltbedingte Faktoren** wie ein erhöhtes Nahrungsangebot und die ständige Verfügbarkeit von Nahrungsmitteln durch industrielle Herstellung und Vertrieb, aber auch die Werbung für bestimmte Nahrungsmittel, die Aromatisierung von Nahrungsmitteln, der erhöhte Fettanteil in Fertigprodukten, überzuckerte Getränke, Alkohol etc.

- **Bewegungsmangel** (*Sedentary Lifestyle*), d. h. eine im Vergleich zum Verbrauch zu hohe Kalorienaufnahme.

Darüber hinaus können auch psychologische Faktoren wie emotionale Essbedürfnisse (z. B. bei Stimmungsstörungen) sowie die Einnahme von Medikamenten (z. B. Psychopharmaka, Betablocker, Steroide, Insulin, „Pille") an der Entstehung von Übergewicht und Adipositas beteiligt sein und dazu beitragen, dass ein erhöhtes Körpergewicht auf Dauer bestehen bleibt.

7.4.4 Folge- und Begleiterkrankungen

Die Adipositas ist inzwischen weltweit zu einer der Hauptursachen für chronische, nichtübertragbare Erkrankungen geworden. Sie erhöht das Risiko für Erkrankungen im Bereich des Herz-Kreislauf-Systems (Bluthochdruck, koronare Herzkrankheit, ischämischer Schlaganfall; s. Kap. 7.1), für eine krankhafte Veränderung der Blutfettwerte (Hyperlipidämie), für Diabetes mellitus Typ 2 (s. Kap. 7.5) sowie für verschiedene bösartige Tumoren (z. B. Brustkrebs, Dickdarmkarzinom; s. Kap. 7.2). Darüber hinaus kommt es bei übergewichtigen und adipösen Menschen häufiger zur Osteoporose (s. Kap. 7.3) und zu psychosozialen Problemen (s. Kap. 7.7).

Metabolisches Syndrom: Das Quartett aus Übergewicht, Bluthochdruck, Fettstoffwechselstörungen und Insulinresistenz

Das metabolische Syndrom wird auch als Wohlstandssyndrom bezeichnet. Es handelt sich hierbei um eine Kombination aus bauchbetonter Adipositas, Bluthochdruck und Störungen des Fett- und Zuckerstoffwechsels. Alle vier Komponenten erhöhen das Risiko für Herz-Kreislauf-Erkrankungen. Bislang gibt es jedoch noch keine einheitliche Definition des metabolischen Syndroms. Unterschiedliche Klassifikationen sehen entweder die im Rahmen des metabolischen Syndroms auftretende Insulinresistenz (s. WHO-Klassifikation) oder verschiedene Lebensstil-Faktoren, die bei seiner Entstehung eine große Rolle spielen (s. NCEP-ATP-III = *National Cholesterol Education Program*), im Vordergrund des Geschehens. Auch die Pathogenese des Metabolischen Syndroms ist noch nicht vollständig geklärt. Bestimmend für das Krankheitsbild sind jedoch die bauchbetonte Adipositas sowie die Insulinresistenz, d. h. die verminderte Ansprechbarkeit der Zellen des menschlichen Körpers auf das den Zuckerstoffwechsel regulierende Hormon Insulin. Dies führt schließlich zur Entwicklung eines Diabetes mellitus Typ 2 (s. Kap. 7.5).

Somatische Folge- und Begleiterkrankungen

Inzwischen sind vielfältige gesundheitliche Konsequenzen von Übergewicht und Adipositas bekannt (Tab. 7.3). Sie lassen sich entweder auf die vermehrte Anzahl an Fettzellen (z. B. Diabetes mellitus, Herz-Kreislauf-Erkrankungen, Fettleber, verschiedene Tumoren) oder auf die insgesamt erhöhte Fettmasse (Arthrose, Schlafapnoe etc.) zurückführen.

Tab. 7.3: Wichtige Begleit- und Folgeerkrankungen von Übergewicht und Adipositas.

- verminderte Insulinsensitivität des Gewebes, Diabetes mellitus Typ 2
- Bluthochdruck, Herz-Kreislauf-Erkrankungen (Herzinsuffizienz, Arrhythmien, Varikosis, Lungenembolie, Schlaganfall)
- Fettstoffwechselstörung (Dyslipidämie)
- Erkrankungen des Bewegungsapparates (v.a. Arthrose, Osteoporose)
- Komplikationen im Atmungssystem (z.B. Schlaf-Apnoe-Syndrom, Asthma bronchiale)
- Magen-Darm-Erkrankungen (Gastritis, Ulkus, Magenkarzinom, Pylorospasmus, Gallensteinleiden, NAFDL [Non alcoholic fatty liver disease])
- erhöhtes Risiko für die Entwicklung bestimmter bösartiger Tumore (Kolon-, Rektum- und Prostatakarzinome bei Männern und Uterus-, Ovarial- und Mammakarzinome sowie Karzinome der ableitenden Gallenwege bei Frauen)
- Niereninsuffizienz
- Infertilität, Sexualitätsstörungen (Impotenz und Unfruchtbarkeit, Hypogonadismus)
- Chronische Infekte

Psychiatrische Begleiterkrankungen

Parallel zur Gewichtszunahme finden sich bei den Betroffenen vermehrt psychische Erkrankungen wie Depressionen, Angst- und Zwangsstörungen sowie Suchterkrankungen. Die häufigste psychiatrische Komorbidität der Adipositas ist die Depression. Hier gibt es Anzeichen dafür, dass sich beide Krankheiten gegenseitig beeinflussen können (s.a. Kap. 7.7).

7.4.5 Gesundheitskosten aufgrund von Übergewicht/Adipositas und ihren Folgeerkrankungen

Die Berechnung der Folgekosten der Adipositas stellt ein schwieriges epidemiologisch-ökonomisches und methodisches Problem dar. Verschiedene Berechnungsansätze machen es fast unmöglich, ausländische Studienergebnisse auf die Verhältnisse in Deutschland oder der Schweiz zu übertragen. Länderspezifische gesundheitsökonomische Statistiken berücksichtigen z.B. die isolierten Kosten von Übergewicht und Adipositas, die medizinischen Folgekosten sowie die Folgekosten für die Sozialversicherungen, für Ausfälle in der Arbeitsfähigkeit und für eine kürzere Erwerbsdauer unterschiedlich. Trotzdem kann geschätzt werden, dass die durch Übergewicht, Adipositas und Untergewicht verursachten medizinischen Kosten bei uns etwa 10% des Bruttosozialproduktes betragen. Ausfälle durch Krankheit und Einschränkungen der Arbeitszeit sowie die wirtschaftlichen Folgen für die betroffenen Familien und Angehörigen sind darin üblicherweise nicht mit einberechnet. In den USA fallen damit pro Jahr über 100 Mrd. US-Dollar an Adipositas bedingten Kosten an. In der Schweiz rechnete man auf der Basis der Gesundheitsbefragung von 2002 mit jährlichen Kosten in Höhe von 2,15–3,23 Mrd. CHF. Nach Angaben des Schweizerischen Bundesamts für Statistik lagen die Ausgaben für Adipositas bedingte Erkrankungen im Jahr 2006 insgesamt jedoch bereits bei 5,7 Mrd. Franken. Allein 1,5 Mrd. CHF müssen pro Jahr zur Behandlung der Folgekrankheit Diabetes mellitus aufgewendet werden(s. Kap. 7.5).

7.4.6 Prävention

Die Zahl der übergewichtigen Menschen nimmt weltweit zu. Besonders besorgniserregend ist der Trend zu Übergewicht und Adipositas bei Kindern und Jugendlichen. Da übergewichtige Kinder ein hohes Risiko haben, zu übergewichtigen Erwachsenen zu werden, muss die Primärprävention in diesem Bereich ein vorrangiges gesundheitspolitisches Ziel werden – nicht nur, um die gesundheitlichen Folgen für den Einzelnen möglichst gering zu halten, sondern auch um die volkswirtschaftlichen Kosten zu begrenzen. Experten der *National Institutes of Health* vermuten, dass in den USA in einigen Jahren wegen des bei Adipositas erhöhten Risikos frühzeitig zu versterben, eine ganze Generation im Erwerbsleben fehlen wird.

Die am Individuum ansetzende **Verhaltensprävention** der Adipositas im Sinne von Erziehung und Aufklärung muss möglichst früh im Leben (in der Familie, in Kindergärten und Schulen) einsetzen. Darüber hinaus müssen Faktoren abgeklärt werden, die das Risiko einer Gewichtszunahme erhöhen oder die eine Gewichtsreduktion verhindern. Besonders wichtig ist der Transfer des erlernten Wissens in den Alltag und in die Lebenswelt des Einzelnen (etwa durch Einüben eines positiven Essverhaltens, die Wiedereinführung einer Tischkultur, das Vorbildverhalten der Eltern etc.).

Dem gegenüber stellt die **Verhältnisprävention** eine gesamtgesellschaftliche Aufgabe dar, die auf die Änderung adipogener Lebensbedingungen zielen muss. Hierzu gehören beispielsweise die Bewegungsförderung durch städtebauliche Maßnahmen, die Förderung des Fahrradverkehrs, niederschwellige Bewegungsangebote für alle Altersgruppen, ein Verbot von Werbung für kalorienreiche Nahrungsmittel und Getränke in Kinderprogrammen des Fernsehens sowie das Angebot kleinerer Packungsgrößen im Lebensmittelhandel und kleinerer Essensportionen im Fast-Food-Bereich.

Wie in Kap. 4.2.3 erläutert, ist auch hier eine Veränderung des Verhaltens ohne ausreichende strukturelle Voraussetzungen nur schwer umsetzbar, sodass eine Kombination beider Präventionsansätze sinnvoll ist.

7.4.7 Therapie

Die Erfolge verschiedener Ansätze in der Adipositas-Therapie, die sich auf einzelne Ursachen konzentrieren, sind oft wenig nachhaltig. Nach eindrücklichen Anfangserfolgen kommt es immer wieder zu Rückfällen. Das Ziel einer nachhaltigen Adipositas-Therapie sollte deshalb nicht die schnelle und massive Gewichtsreduktion sein, sondern die mäßige und langfristige Gewichtsabnahme durch eine Veränderung des Lebensstils. Hierzu gehören neben der Umstellung der Ernährungsgewohnheiten eine Steigerung der allgemeinen körperlichen Aktivität sowie das Lösen von emotionalen Problemen. Hinzu können spezifische Maßnamen kommen, wie z. B. die Optimierung einer bestehenden medikamentösen Therapie. Bei stark adipösen Patienten werden zunehmend auch Verfahren der Adipositaschirurgie (bariatrische Chirurgie) oder rekonstruktive chirurgische Eingriffe, etwa nach einer starken Gewichtsabnahme, angewandt. Zur langsamen Gewichtsabnahme werden heute Ernährungsempfehlungen bevorzugt, die eine Mindestzufuhr von 1.200 kcal/Tag empfehlen. Aggressivere Diäten erhöhen das Rezidivrisiko und können zu Nährstoffmängeln führen. In den letzten Jahren hat sich zunehmend gezeigt, dass es zu einer nachhaltigen Gewichtsreduktion eines integrativen, multimodalen Therapieprogramms bedarf, das u. a. durch Ernährungsschulung, Verhaltens- und Bewegungstherapie in der Lage ist, bei den Betroffenen eine langfristige Lebensstiländerung zu bewirken. Diese beinhaltet eine interdisziplinäre Zusammenarbeit u.a. von ÄrztInnen, ErnährungsberaterInnen, SporttherapeutInnen und PsychotherapeutInnen.

Internet-Ressourcen

Auf unserer Lehrbuch-Homepage (**www.public-health-kompakt.de**) finden Sie Hinweise auf weiterführende Literatur, zusätzliche Tabellen und Abbildungen sowie Links zu den erwähnten Studien und Institutionen.

7.5 Diabetes mellitus und seine Folgeerkrankungen

Felix Kühn, Christoph Stettler

Der *Diabetes mellitus* gehört neben den bösartigen Tumoren, den Herz-Kreislauf- und den Atemwegserkrankungen zu den wichtigsten nichtübertragbaren Krankheiten. Er die belastet Gesundheitssysteme weltweit: Maßnahmen zur Verhinderung dieser chronischen Erkrankung sind deshalb von großer gesundheitspolitischer Bedeutung. Für die betroffenen PatientInnen bedeutet die Diagnose, sich auf eine langjährige Behandlung der Grunderkrankung und möglicher Folgekrankheiten einzustellen.

In diesem Abschnitt definieren wir zuerst, wann ein Diabetes mellitus vorliegt und betrachten danach die epidemiologische Bedeutung der Erkrankung. Anschließend schauen wir auf die jeweiligen *Ursachen* und *Risikofaktoren*, beschreiben mögliche Folge- und Begleiterkrankungen und werfen einen Blick auf die durch diese Krankheit hervorgerufenen Gesundheitskosten. Zum Schluss gegen wir kurz auf die therapeutischen Möglichkeiten ein und erörtern, welche *präventiven Maßnahmen* viele dieser Krankheitsfälle verhindern könnten.

Schweizerische Lernziele: CPH 40

Der Diabetes mellitus ist eine Stoffwechselerkrankung, die durch erhöhte Blutzuckerwerte gekennzeichnet ist. Im Zentrum steht dabei das in der Bauchspeicheldrüse (Pankreas) gebildete Hormon *Insulin*, das den Zuckertransport in die Zellen regelt und auf diese Weise den Blutzuckerspiegel senkt. Man unterscheidet:

- **Diabetes mellitus Typ 1** (T1DM): Hier besteht ein absoluter Insulinmangel als Folge der Zerstörung von Insulin produzierenden Betazellen in der Bauchspeicheldrüse.

- **Diabetes mellitus Typ 2** (T2DM): Bei dieser multifaktoriell bedingten Erkrankung besteht eine Insulinresistenz verschiedener Organe (Leber, Muskeln etc.). Parallel dazu kommt es zu einem progredienten Versagen der Betazell-Funktion der Bauchspeicheldrüse.

Für alle Formen des Diabetes mellitus (außer dem Schwangerschaftsdiabetes) gelten folgende Diagnosekriterien:

- venöser Plasmaglukosewert ≥ 11,1 mmol/l (Zufallsbestimmung) mit Symptomen eines Diabetes mellitus

- venöser Nüchtern-Plasmaglukosewert ≥ 7 mmol/l

- oraler Glukosetoleranztest (Zuckerbelastungstest mit 75 g Glukose) mit einem 2h-Plasmaglukosewert ≥ 11,1 mmol/l

- HbA_{1c} ≥ 6.5 %[24]

Erforderlich ist eine Bestätigung dieser Resultate durch eine erneute Bestimmung an einem weiteren Tag.

Von einem Prä-Diabetes spricht man bei Personen mit erhöhten Nüchtern-Glucose-Werten (*Impaired Fasting Glucose*, IFG), mit einer verminderten Glucose-Toleranz (*Impaired Glucose Tolerance*, IGT) und mit erhöhten HbA_{1c}-Werten. Als Faustregel gilt, dass etwa 25 % aller Individuen mit einer IFG, IGT und erhöhten HbA_{1c}-Werten in den nächsten Jahren einen Diabetes mellitus Typ 2 entwickeln werden.

7.5.1 Epidemiologie

Die weltweit vorherrschende Form des Diabetes mellitus ist mit ca. 90 % der T2DM. Lediglich 5–10 % aller Diabetiker leiden an einem Diabetes mellitus Typ 1. Nach Schätzungen der *International Diabetes Federation* (IDF) waren im Jahre 2010 weltweit 285 Mio. Personen an Diabetes mellitus erkrankt. Bis zum Jahr 2030 wird ein Anstieg auf 438 Mio. Personen erwartet. Weltweit nehmen Inzidenz und Prävalenz von T1DM und T2DM zu. Die Zahl der an Diabetes mellitus Typ 2 erkrankten Personen steigt v. a. in den so genannten Entwicklungs- und Schwellenländern an. In den Industrieländern gibt es zudem immer mehr Menschen, die an Diabetes mellitus Typ 1 leiden. In der Schweiz gehen Schätzungen davon aus, dass hier aktuell (2010) ca. 600.000 PatientInnen mit Diabetes mellitus leben. Bis im Jahre 2030 wird mit einem Anstieg auf über 700.000 PatientInnen gerechnet. In Deutschland lebten im Jahre 2010 ca. 7,5 Mio. Personen mit einem Diabetes mellitus. Hier wird von der IDF ein Anstieg auf über 8 Mio. DiabetespatientInnen für das Jahr 2030 vorausgesagt.

Die wichtigste Todesursache bei DiabetikerInnen, die in Ländern mit entwickelten Gesundheitssystemen leben, sind kardiovaskuläre Erkrankungen. Interessanterweise ist die Gesamtmortalität ebenso wie die kardiovaskuläre Mortalität bei Menschen mit T1DM und T2DM seit den 1990er Jahren tendenziell rückläufig. Diese Entwicklung lässt sich auch in der Schweiz beobachten (Abb. 7.5).

---

[24] HbA_{1c}: glykiertes Hämoglobin, das etwas über die Glucosewerte der vorangegangenen 6–8 Wochen aussagt

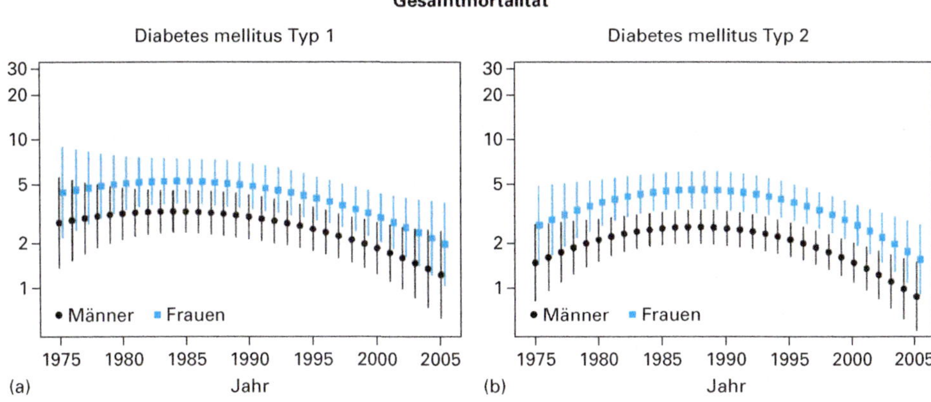

Abb. 7.5: Die Standard Mortality Ratios (SMRs) vergleichen die Mortalität von Patienten mit Diabetes mellitus mit der der Gesamtbevölkerung. In der Schweiz zeigte sich in den letzten Jahren für beide Diabetestypen sowohl ein Rückgang bei der Gesamtsterblichkeit als auch bei der kardiovaskulären Sterblichkeit. (a) Gesamtmortalität bei Männern und Frauen mit Diabetes mellitus Typ 1 (b) Gesamtmortalität bei Männern und Frauen mit Diabetes mellitus Typ 2 (c) Kardiovaskuläre Mortalität bei Männern und Frauen mit Diabetes mellitus Typ 1 (d) Kardiovaskuläre Mortalität bei Männern und Frauen mit Diabetes mellitus Typ 2 (Quelle: Allemann S, Long-term cardiovascular and non-cardiovascular mortality in women and men with type 1 and type 2 diabetes mellitus: a 30-year follow-up in Switzerland, Swiss Medical Weekly, 2009; 139: 576–583).

7.5.2 Ursachen und Risikofaktoren

Der *Diabetes mellitus Typ 1* entsteht durch eine zunehmende, selektive Zerstörung der Betazellen des Pankreas. Es handelt sich hierbei um einen autoimmun ablaufenden Prozess. Die genauen Ursachen hierfür sind nicht bekannt. Wahrscheinlich spielen bei der Entstehung der Erkrankung neben einer genetischen Prädisposition (bekannt sind z.B. Assoziationen mit HLA-Genotypen) auch verschiedene auslösende Faktoren wie primäre Umweltfaktoren (Hygiene, Kuhmilch etc.) und/oder Virusinfektionen (z.B. Röteln) eine Rolle.

Beim *Diabetes mellitus Typ 2* kennt man bereits eine Vielzahl von Genen, die an der Entstehung der Erkrankung beteiligt sind. Es gibt jedoch kein einzelnes „Diabetes-mellitus-Typ-2-Gen". Eine Rolle spielen zudem das Alter, das Geschlecht und die ethnische Herkunft eines Patienten. So sind Frauen häufiger betroffen als Männer. Auch hat man bei einigen asiatischen und afrikanischstämmigen Personengruppen ein höheres Risiko für die Entwicklung eines T2DM gefunden. Eine große Bedeutung bei der Entstehung des T2DM haben darüber hinaus die Adipositas und körperliche Inaktivität (s. Kap. 7.4).

7.5.3 Folge- und Begleiterkrankungen

Eine langjährige Belastung mit erhöhten Blutzuckerwerten, die beim Diabetes mellitus Typ 2 oft auch mit einer Veränderung der Blutfettwerte (*Dyslipidämie*) einhergeht, erhöht das Risiko für **Folgeschäden**. Hierbei unterscheidet man zwischen Folgeerkrankungen, die vorwiegend die kleinen Blutgefäße (mikrovaskulär) betreffen und solchen, die vorwiegend an den großen Blutgefäßen (makrovaskulär) zu finden sind. Zu den *mikrovaskulären Komplikationen* gehören Schädigungen an der Niere (*Nephropathie*), an der Netzhaut des Auges (*Retinopathie*) und den peripheren Nerven (*Polyneuropathie*). In den Industrienationen ist der Diabetes mellitus nach wie vor die Hauptursache für das Erblinden von Personen im erwerbsfähigen Alter sowie für das chronische Nierenversagen (*Niereninsuffizienz*). Zu den *makrovaskulären Komplikationen* zählt man die *koronare Herzkrankheit* (s. Kap. 7.1), die v. a. die Beine betreffende *periphere arterielle Verschlusskrankheit* und die *zerebrale arterielle Verschlusskrankheit* (führt zum Schlaganfall). Ein besonderes Problem stellt der *Diabetische Fuß* dar, bei dem es als Folge vaskulärer und neurologischer Beeinträchtigungen zu einer schlechten Wundheilung kommt. Der Diabetische Fuß ist eine häufige Ursache für nichttraumatische Amputationen.

Bei vielen Diabetes-Patienten treten gleichzeitig auch noch verschiedene **Begleiterkrankungen** auf. So wird bei mehr als 75 % aller Patienten mit T2DM ein Bluthochdruck (*arterielle Hypertonie*) diagnostiziert. Sehr häufig kommt es auch zu Fettstoffwechselstörungen (LDL-Cholesterin↑, HDL-Cholesterin↓, Triglyceride↑). Seit Jahrzehnten ist bereits eine Assoziation zwischen der Adipositas (s. Kap. 7.4) und dem Diabetes mellitus Typ 2 bekannt. Mit zunehmender Körper-Fett-Masse steigt das Ausmaß der Insulinresistenz. Entscheidend ist dabei der Anteil des so genannten Bauchfetts (viszerales Fett) sowie des ektopen Fetts in Leber, Skelett- und Herzmuskel. Das Ausmaß des Unterhautfettgewebes (subkutanes Fett) scheint einen geringeren Einfluss auf die Insulinresistenz zu haben.

7.5.4 Gesundheitskosten

Direkte Krankheitskosten sind hier diejenigen Kosten, die durch eine metabolische Entgleisung des Diabetes mellitus (akute Hypo- oder Hyperglykämie) und durch die Behandlung von Folgeerkrankungen (z. B. einer diabetischen Retinopathie) anfallen. Ein Patient mit Diabetes mellitus verursacht in der Schweiz jährlich direkte Kosten in Höhe von etwa 4.000 CHF. Bei geschätzten 300.000 DiabetikerInnen belaufen sich die gesamten direkten Kosten damit auf über eine Mrd. CHF pro Jahr. Zusätzlich entstehen *indirekte Krankheitskosten* vor allem durch Arbeitsausfälle. Hierbei ist auch zu berücksichtigen, dass DiabetikerInnen z. B. nach einer Operation häufig länger hospitalisiert sind als PatientInnen ohne Diabetes mellitus. Die durch DiabetikerInnen verursachten

Gesamtkosten variieren für die Schweiz derzeit je nach Rechnungsart und Quelle zwischen 2 und 5 Mrd. CHF pro Jahr. In Deutschland betrugen die jährlichen Pro-Kopf-Gesamtkosten für DiabetikerInnen im Jahr 2005 nach Berechnungen der KoDiM-Studie etwa 4.500 Euro. Die *indirekten Krankheitskosten* beliefen sich dabei auf ca. 1.300 Euro.

7.5.5 Diabetes-Prävention

Primärprävention: Zahlreiche Studien konnten zeigen, dass sich das Auftreten eines *Diabetes mellitus Typ 2* vor allem durch Lebensstiländerungen (s. Kap. 4.4), aber auch durch bestimmte Medikamente verhindern bzw. herauszögern lässt. Auf unserer Lehrbuch-Homepage finden Sie in Web-Tab. 7.5.1 hierzu einen Überblick über verschiedene prospektive randomisierte Studien zur Diabetes-Prävention bei Personen mit verminderter Glucose-Toleranz (IGT). Effektive Maßnahmen sind eine Gewichtsreduktion bei Übergewichtigen, eine Steigerung der körperlichen Betätigung und eine ausgewogene Ernährung. Medikamente, die einen Diabetes mellitus Typ 2 verhindern oder seine Entstehung zumindest hinauszögern können, sind z. B. Metformin und Acarbose. Die Herausforderung besteht hier darin, diese wissenschaftlichen Erkenntnisse in bezahlbare und durchführbare Präventionsprogramme umzusetzen. Die Initiierung *verhaltenspräventiver Maßnahmen* gehört zu den wichtigen ärztlichen Tätigkeiten im Umgang mit Risikopatienten (s. Kap. 4.6). Maßnahmen der *Verhältnisprävention* sind z. B. die Förderung von Schulsportprogrammen, die Unterstützung des Breitensports, die verbesserte Information von Konsumenten zum Fett- oder Zuckergehalt von Nahrungsmittel etc. (s. Kap. 4.2).

Ziel einer Primärprävention beim *Diabetes mellitus Typ 1* wäre die Verhinderung der Betazell-Zerstörung im Pankreas. Leider waren hier alle bisherigen Ansätze, wie z. B. eine frühzeitige Insulingabe oder verschiedene Impfungen, erfolglos.

Sekundärprävention: Maßnahmen der Sekundärprävention zielen bei allen Formen des Diabetes mellitus darauf ab, die Erkrankung früh zu erkennen und ihr Fortschreiten aufzuhalten. Ein regelmäßiges Diabetes-Screening wird aus Kostengründen bisher nicht generell, sondern nur für bestimmte Risikogruppen (z. B. für Menschen ≥ 45 J., für Menschen mit Übergewicht, für Angehörige einer bestimmten Ethnie) empfohlen.

Tertiärprävention: Das Ziel tertiärpräventiver Maßnahmen beim Diabetes mellitus ist es, das Auftreten von Folgeschäden zu verhindern bzw. zu vermindern. Für die beiden häufigsten Diabetesformen (T1DM und T2DM) konnten zahlreiche prospektiv-randomisierte Studien zeigen, dass eine optimale Blutzuckereinstellung das Risiko für mikrovaskuläre Komplikationen entscheidend senkt. Etwas weniger klar ist die Situation bei den makro- bzw. kardiovaskulären Komplikationen. Während frühere Studien und Meta-Analysen auch hier eine günstige Wirkung durch eine verbesserte Blutzuckereinstellung zeigten, konnten das neuere Studien mit einer sehr aggressiven Blutzuckersenkung nicht in allen Fällen replizieren. Unklar ist, ob dies daran liegt, dass Patienten mit Diabetes mellitus heute auch bezüglich der anderen kardiovaskulären Risikofaktoren (Dyslipidämie, Hypertonie) besser behandelt werden, sodass der Effekt der Blutzuckertherapie damit schwieriger festzustellen ist. Zudem wird auch ein möglicher negativer Einfluss von neueren Antidiabetika auf die Herz-Kreislauf-Gesundheit diskutiert, welcher unabhängig von der Blutzuckersenkung sein könnte.

7.5.6 Diabetes-Therapie

Grundsätzliches Therapieziel beim Diabetes mellitus ist die Optimierung der Blutzuckerwerte. Dies gelingt nur dann, wenn der/die PatientIn versteht, dass *er/sie* als Schlüsselfigur eines Behandlungsteams für die gute Einstellung seines Diabetes mellitus verantwortlich ist. Diabetes-PatientInnen sollten darin geschult sein, den Blutzucker selbst zu messen und – v. a. bei Diabetes mellitus Typ 1 – auch selbst Therapieanpassungen vorzunehmen. PatientInnen mit T1DM müssen zwingend mit Insulin behandelt werden, da es sonst rasch zu schwerwiegenden Stoffwechselentgleisungen kommen kann. Bei PatientInnen mit Diabetes mellitus Typ 2 werden primär Lifestyleänderungen initiiert. Sind diese nicht ausreichend erfolgreich, werden in einem zweiten Schritt orale Antidiabetika wie Metformin oder Sulfonylharnstoffe eingesetzt. Alternative neuere Medikamente aus der Gruppe der Inkretine (GLP-1-Analoga, DPP-4-Inhibitoren) können die Therapie ergänzen. Gelingt es trotz geändertem Lifestyle und oralen Antidiabetika nicht, den HbA_{1c}-Wert unter 7 % zu senken, muss oftmals zusätzlich Insulin gegeben werden. Insbesondere beim T2DM ist es wichtig, auch weitere kardiovaskuläre Risikofaktoren wie Bluthochdruck und Dysplidämie optimal zu behandeln.

Internet-Ressourcen

Auf unserer Lehrbuch-Homepage (**www.public-health-kompakt.de**) finden Sie Hinweise auf weiterführende Literatur sowie Links zu themenrelevanten Studien und Institutionen.

7.6 Atemwegserkrankungen und Allergien

Claudia Kuehni, Philipp Latzin

Aufgrund ihrer großen Oberfläche und des dort stattfindenden Gasaustauschs ist die Lunge den zahlreichen Luftschadstoffen unmittelbar ausgesetzt. Besonders empfindlich hierfür ist die noch wachsende Lunge. Atemwegserkrankungen und Allergien können dann die Folge sein. Sowohl in Mitteleuropa wie auch in den sog. Entwicklungsländern sind Atemwegserkrankungen eine bedeutende Ursache der Krankheitslast (*Burden of Disease*). Betroffen sind vorwiegend Kinder und ältere Menschen. In Entwicklungsländern tragen Lungenentzündung und Tuberkulose signifikant zur Gesamtmortalität bei, in den westlichen Industrienationen sind chronische Atemwegserkrankungen wie COPD und Asthma für einen erheblichen Teil der Gesamtmorbidität verantwortlich.

In diesem Abschnitt betrachten wir die Entwicklung der *Lungenfunktion* im Laufe des Lebens, die unterschiedliche Vulnerabilität der Lunge gegenüber Umwelteinflüssen in den verschiedenen Entwicklungsstadien sowie die globale Krankheitslast als Folge von respiratorischen Erkrankungen. Anschließend beschreiben wir das *Asthma* und die *COPD* hinsichtlich ihrer *Risikofaktoren* und erörtern, mit welchen *präventiven Maßnahmen* diese Erkrankungen zu verhindern wären.

Schweizerische Lernziele: CPH 40

7.6.1 Der Respirationstrakt im Laufe des Lebens

Kinder reagieren besonders empfindlich auf Umwelteinflüsse:

- Im Verhältnis zu ihrem Körpergewicht trinken sie mehr Wasser als Erwachsene, essen mehr Nahrung und atmen mehr Luft ein. Pro m² Alveolarfläche ventiliert ein Erwachsener z. B. 7,5 ml Luft/min, ein Neugeborenes jedoch 500ml Luft/min. Die Folge ist eine beträchtlich höhere Schadstoffexposition.

- Viele Stoffwechselwege, v. a. Stoffaufnahme (*Absorption*), Stoffausscheidung (*Exkretion*) und Entgiftung (*Detoxifikation*), sind noch unreif, so dass Schadstoffe länger und intensiver auf den Organismus einwirken.

- Die geringere Körpergröße und eine höhere körperliche Aktivität potenzieren zudem die Auswirkungen verkehrsbedingter Luftverschmutzung (so ist z. B. die kindliche Nase näher am Auspuff von Fahrzeugen).

- Insgesamt reagiert das sich noch entwickelnde respiratorische System empfindlicher (*vulnerabler*) auf Störfaktoren.

Die Vulnerabilität gegenüber Umwelteinflüssen variiert abhängig von der Phase der kindlichen Entwicklung und vom jeweiligen Schadstoff. Es gibt Phasen erhöhter Empfindlichkeit (*Windows of Susceptibility*), z. B. im Säuglingsalter, wo die Lunge besonders schnell wächst und das Abwehrsystem noch nicht voll ausgebildet ist. Umweltepidemiologische Studien müssen daher immer das Alter der Kinder zum Zeitpunkt der Exposition berücksichtigen.

Lungenentwicklung: Die Lungenentwicklung vollzieht sich in Phasen. Die Organanlage entsteht ab der 5. Gestationswoche (GW). Am Ende der so genannten pseudoglandulären Phase (5.–17. GW) existiert bereits ein vollständiger Bronchialbaum, der sich in den anschließenden Wochen weiter ausbildet. Die Atemwegsentwicklung kann deshalb bereits durch verschiedene pränatale Einflüsse (z. B. mütterliches Rauchen) erheblich beeinflusst werden. Die Entwicklung der Lungenbläschen (Alveolen) beginnt in der 36. GW und erreicht ihr Maximum in den ersten beiden Lebensjahren. Entgegen früherer Annahmen geht die Entwicklung der Alveolen mit verminderter Intensität wahrscheinlich bis zum Abschluss des Lungenwachstums im frühen Erwachsenenalter weiter. Während des gesamten Wachstums besteht deshalb eine erhöhte Vulnerabilität gegenüber Umwelteinflüssen, vermutlich aber auch ein erhöhtes Potenzial zur Durchführung von Reparaturen.

Lungenfunktion: Die Lungengröße nimmt während der Kindheit und Jugend bis zum Erreichen des individuellen Lungenfunktions-Höchstwertes im Alter von etwa 18 (♀) bzw. 20 (♂) Jahren kontinuierlich zu. Danach beginnt die Lungenalterung, gekennzeichnet durch einen andauernden Abfall der Lungenfunktionswerte bis zum Lebensende (Abb. 7.6). Wegen der großen funktionellen Reserve treten Symptome, wie z. B. Kurzatmigkeit, erst nach dem Unterschreiten eines Schwellenwertes auf. Wann dieser Zeitpunkt individuell erreicht wird, hängt vom Ausmaß des Anstiegs während der Wachstumszeit, dem jeweiligen Maximum im jungen Erwachsenenalter und von der Steilheit des Abfalls ab.

Einflüsse auf die wachsende Lunge: Einflüsse auf die wachsende Lunge während der Schwangerschaft und der frühen Kindheit (z. B. die intrauterine/postnatale Ernährung,

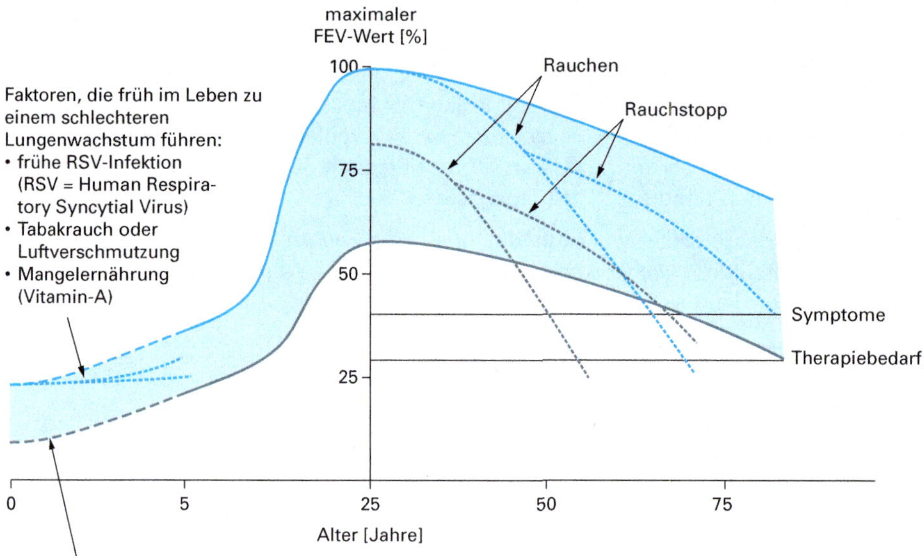

Abb. 7.6: Schematische Darstellung der Lungenfunktion im Lauf des Lebens (Quelle: modifiziert nach Baraldi E, Filippone M. Chronic Lung Disease after Premature Birth. The New England Journal of Medicine 2007; 357: 1946–1955).

Tabakrauchexposition, Luftverschmutzung, Asthma oder Atemwegsinfekte) beeinträchtigen das Lungenwachstum und damit das individuelle Maximum der Lungenfunktion. Hierbei ist insbesondere das Zusammenspiel zwischen Lungenwachstum und Entwicklung des Immunsystems von Bedeutung, da beide Faktoren z. B. bei der Entstehung von Asthma eine entscheidende Rolle spielen.

Einflüsse auf die reife Lunge: Einflüsse auf die reife Lunge im Erwachsenenalter (z. B. Aktiv- und Passivrauchen, Luftverschmutzung oder Exposition am Arbeitsplatz) beeinflussen die Steilheit des Abfalls der Lungenfunktion. Sowohl ein niedriges Lungenfunktionsmaximum als auch ein steilerer Abfall bewirken, dass die symptomatische Schwelle früher erreicht wird. Nach der Beendigung einer schädlichen Exposition (z. B. durch Rauchstopp) können sich das Lungenwachstum bei Kindern und die Geschwindigkeit des Lungenfunktionsabfalls bei Erwachsenen wieder normalisieren (Abb. 7.6.). Der Umfang ist dabei stark abhängig von der Dauer und der Intensität der vorherigen Belastung.

Tracking: Verschiedene Kohortenstudien konnten eine enge Korrelation zwischen der Lungenfunktion im Kindesalter und im späteren Leben zeigen. Diesen Zusammenhang bezeichnet man als „Tracking". Ebenso wie beim Körpergewicht unterstreicht das Tracking auch bei der Lungenfunktion die Bedeutung der genetischen, epigenetischen, pränatalen und frühkindlichen Einflüsse auf die spätere Entwicklung eines Kindes. (s. *„Fetal Programming"* oder *„Barkers Hypothese"*; Näheres dazu finden Sie auf unserer Lehrbuch-Homepage).

Konzept der „United Airways": Erkrankungen der oberen und unteren Atemwege sind eng miteinander verbunden (Konzept der „United Airways"). So können ein Heuschnupfen oder eine chronische Sinusitis die Entstehung von unteren Atemwegsproblemen (Asthma, chronische Bronchitis) bahnen. Beteiligt hieran sind verschiedene Mechanismen, wie z.B. die fehlende natürliche Reinigung durch die Haare der Nase bei Mundatmung, Sekretfluss aus den oberen in die unteren Atemwege oder die systemische Verbreitung von zuvor lokal gebildeten Entzündungsmediatoren. Die einzelnen Schadstoffe wirken dabei unterschiedlich auf die verschiedenen „Atemwegs-Etagen": grobe Partikel und größere Aerosole werden im oberen, feinere Partikel und kleinere Aerosole im unteren Atmungstrakt deponiert.

7.6.2 Epidemiologie der Erkrankungen der Atemwege

Unter den 20 weltweit häufigsten Todesursachen listet die WHO (2004) vier respiratorische Erkrankungen auf.

- *Untere Atemwegsinfekte* (uAWI) sind nach den ischämischen Herzerkrankungen die zweitwichtigste Todesursache: 4,1 Mio. Tote/Jahr entsprechen 7 % aller Todesfälle weltweit.

- Die *chronisch obstruktive Lungenerkrankung* (COPD) nimmt den 3. Platz ein: 3 Mio. Tote/Jahr entsprechen 5 % aller Todesfälle.

- Die *Tuberkulose* (Tbc) liegt auf Platz 7: 1,5 Mio. Tote/Jahr entsprechen 2,5 % aller Todesfälle,

- gefolgt vom *Lungenkrebs* auf Platz 8: 1,3 Mio. Tote/Jahr entsprechen 2,3 % aller Todesfälle.

In den weniger entwickelten Ländern nehmen die uAWI sogar den ersten Platz bei den häufigsten Todesursachen ein. Auch zur globalen Krankheitslast (**Burden of Disease**, ausgedrückt in *Disability-Adjusted Life Years*, DALYs, s. Kap. 9.1.2) tragen die respiratorischen Erkrankungen in erheblichem Umfang bei. Hier liegen die uAWI mit 94 Mio. DALYs (6 %) auf Platz 1, die Tbc mit 34 Mio. DALYs (2 %) auf Platz 11 und die COPD mit 30 Mio. DALYs (2 %) auf Platz 13. In der Schweiz und in Deutschland sind Atemwegsinfekte und Asthma bei Kindern häufige Gründe für Arztbesuche und Krankenhausaufenthalte. Durch den Erwerbsausfall der Eltern kranker Kinder entstehen zusätzlich beträchtliche indirekte Kosten.

7.6.3 Risikofaktoren für Atemwegserkrankungen

Risikofaktoren für Atemwegsinfekte sind einerseits Faktoren, die die Exposition gegenüber Infektionserregern erhöhen, wie z.B. die Anzahl der Geschwister oder eine Kinderbetreuung in großen Gruppen (Kindertagesstätten). Andererseits spielen individuelle Faktoren der Betroffenen eine wichtige Rolle. Dies können Faktoren sein, die die Immunabwehr (Impfungen, Stillen, Mangelernährung), die Lunge direkt (Innen- und Außenluftverschmutzung, Asthma, Allergien) oder beides (genetische Veranlagung, Rauchen während der Schwangerschaft) beeinflussen.

Risikofaktoren für chronische Atemwegserkrankungen wie Asthma, COPD und Lungenkrebs entstehen mehrheitlich durch menschliches Verhalten und sind damit oft vermeidbar. So ist Tabakrauch weltweit für 8,7 % der Gesamtmortalität und für 3,7 % der verlorenen Lebensjahre (ausgedrückt in DALYs) verantwortlich. Die meist durch Holzfeuerung hervorgerufene Luftbelastung in Innenräumen führt zu 3,3 % der globalen Gesamtmortalität und zu 2,7 % der in DALYs angegebenen Krankheitslast. Weitere Risikofaktoren sind Außenluftverschmutzung und berufliche Luftschadstoff-Exposition (s. a. Kap. 6.2, Kap. 7.1, Kap. 7.2).

7.6.4 Asthma und COPD als Beispiele chronischer Atemwegserkrankungen

Asthma und Allergien

Asthma zählt zusammen mit Heuschnupfen und Neurodermitis zu den atopischen Erkrankungen. Allerdings ist nur ein Teil der Asthmaerkrankungen auf allergische Reaktionen zurückzuführen („Attributable to Atopy"). In den entwickelten Ländern sind es ca. 50 %, in den weniger entwickelten Ländern nur etwa 25 %. Vieles weist darauf hin, dass sich unter dem Syndrom „Asthma" verschiedene Krankheitsentitäten verbergen, die durch unterschiedliche Ätiologie, Pathophysiologie, therapeutisches Ansprechen und Prognose gekennzeichnet sind. Bestimmte Asthma-Phänotypen gehen mit einem erhöhten COPD-Risiko im Alter einher.

Diagnose: Die Diagnose wird primär anhand anamnestischer und klinischer Kriterien gestellt. Zusätzliche Untersuchungen wie Lungenfunktions- und Allergietests, ausgeatmetes Stickoxid (FeNO) oder Provokationstests tragen zur Bestätigung der Diagnose oder zur besseren Charakterisierung des Asthma-Phänotypen bei. Sie erlauben aber selten den Ausschluss eines Asthmas bei entsprechender klinischer Symptomatik. Erschwerend für die Diagnosestellung sind der unterschiedliche Schweregrad der Erkrankung mit fließendem Übergang zum Normalen und die zeitliche Fluktuation mit oft langen asymptomatischen Phasen. Für die epidemiologische Forschung sind deshalb pragmatische Definitionen wichtig. Meist wird die *Jahres-Prävalenz* von „Current Wheeze" („pfeifende Atmung in den vergangenen 12 Monaten") erfasst.

Epidemiologische Daten: Dank guter Behandlungsmöglichkeiten ist die *Asthma-Mortalität* in Mitteleuropa gering. Achtzig Prozent der Todesfälle ereignen sich in Ländern mit mittlerem und niedrigem Einkommen. Mit geschätzten 235 Mio. Asthmakranken (WHO) weltweit trägt die Morbidität dagegen erheblich zur *globalen Krankheitslast* bei. Im Kindesalter ist Asthma die wichtigste chronische Erkrankung. Die ISAAC-Studie (*International Study of Asthma and Allergies in Childhood*), die auf die Daten von 2 Mio. Kindern aus über 100 Ländern zurückgreift, belegt die große regionale Variabilität. Hiernach betrug die *Prävalenz* von „Current Wheeze" in den letzten 10 Jahren in englischsprachigen Ländern (Australien, Neuseeland, England, USA) über 20 %, in Mitteleuropa etwa 10 %, in Osteuropa und Ostasien dagegen nur wenige Prozent. Kohortenstudien mit wiederholten Befragungen zeigen, dass im Verlauf der Kindheit bis zu 50 % aller Kinder in Europa mindestens einmal unter Asthma-Symptomen leiden. Der Langzeitverlauf ist sehr variabel. Nur wenige Kinder haben jahrelang Symptome, bei der Mehrzahl der Kinder treten Symptome nur zeitweise („intermittent") oder vorübergehend („transient") auf.

Zeitliche Veränderungen: Nach einer starken Zunahme der Asthma-Prävalenz im vergangenen Jahrhundert scheint derzeit eine Stabilisierung eingetreten zu sein. Die beobachtete Zunahme konnte in den letzten Jahren durch serielle Untersuchungen von objektivierbaren asthma-assoziierten Merkmalen wie Atopie und bronchialer Hyperreaktivität zum Teil belegt werden. Inwiefern eine verbesserte Diagnosestellung und erhöhte öffentliche Aufmerksamkeit ebenfalls dazu beitrugen, ist noch unklar.

Risikofaktoren und Prävention: Asthma und Atopien sind multifaktoriell bedingte Erkrankungen. Neben einer genetischen Veranlagung beeinflussen eine Vielzahl von Umweltfaktoren die Entwicklung von Immunsystem und Lunge. Trotz großer Forschungsanstrengungen sind die Ursachen der regionalen Variabilität und der zeitlichen Trends nur ungenügend bekannt. Eindeutige Risikofaktoren sind prä- und postnatale Tabakrauchexposition und Luftverschmutzung. Stillen führt bei Säuglingen zu einem gewissen immunologischen Schutz vor infektassoziiertem Asthma. Ein möglicher positiver Einfluss auf die Lungenentwicklung und die Entstehung von Allergien ist noch nicht eindeutig nachgewiesen. Eine frühe Infektexposition (durch ältere Geschwister, Besuch einer Kinderkrippe) erhöht die Häufigkeit von Infektasthma bei Kleinkindern, führt möglicherweise jedoch zu einer Reduktion der Symptomatik im Schulalter. Einflüsse durch Haustierhaltung, Ernährung, häufige Antibiotikagabe und „bäuerliche Lebensweise" werden derzeit intensiv erforscht, die Resultate sind jedoch bisher nicht eindeutig.

Als *Präventionsmaßnahmen* werden neben dem Stillen und einer gesunden Ernährung vor allem der Schutz vor Passivrauchen sowie vor Innen- und Außenluftverschmutzung empfohlen. Bei bereits vorhandenen Atemwegserkrankungen sollte die Exposition gegenüber Allergenen reduziert werden. Eine konsequente Therapie führt bei der Mehrzahl der Betroffenen zu Symptomfreiheit und zu einer Reduktion von Exazerbationen (plötzliche Verschlechterungen des Krankheitsbildes). Allerdings lassen sich mit den derzeit vorhandenen Therapien bisher weder die Langzeitprognose positiv beeinflussen noch eine Heilung erreichen.

Chronisch obstruktive Lungenerkrankung (COPD)

Ähnlich wie beim Asthma wurde die COPD-Forschung durch eine unklare Terminologie und das Fehlen von akzeptierten diagnostischen Standards erschwert. Die *Global Initiative for Chronic Obstructive Lung Disease* (GOLD) hat inzwischen zu einer Standardisierung der Kriterien beigetragen. In epidemiologischen Studien wird der Begriff COPD heute meist funktionell anhand des Verhältnisses von *forcierter Einsekundenkapazität* (FEV1) zu *forcierter Vitalkapazität* (FVC) definiert. Hiernach spricht man von einer COPD, wenn die FEV1/FVC-Ratio nach Bronchodilatation (medikamentöser Erweiterung der Bronchien) kleiner als 0,7 ist.

Epidemiologische Daten: Je nach der gewählten Definition können die Schätzungen zur COPD-Prävalenz erheblich variieren. Die meisten epidemiologischen Daten zu Prävalenz, Morbidität und Mortalität der COPD stammen aus entwickelten Ländern.

Nach groben Schätzungen leidet weltweit mindestens 1 % der Gesamtbevölkerung an COPD. Die Häufigkeit ist altersabhängig, von den über 40-Jährigen sind 10 bis 15 % betroffen. Nach Angaben der WHO gibt es weltweit ca. 80 Mio. Patienten mit mittelschwerer oder schwerer COPD. Pro Jahr fallen der Erkrankung 3 Mio. Menschen zum Opfer, 90 % davon in den weniger entwickelten Ländern. Wenn sich die Risikofaktoren der COPD wie Tabakrauchen und Innen- bzw. Außenluftverschmutzung bis zum Jahr 2020 nicht drastisch reduzieren lassen, wird die Prävalenz um weitere 30 % zunehmen. Bis zum Jahr 2030 wird die COPD weltweit die dritthäufigste Todesursache sein.

Für die Schweiz und Deutschland gibt es keine detaillierten epidemiologischen Daten zur COPD. Die bevölkerungsbasierte *SAPALDIA-Kohortenstudie* aus der Schweiz beobachtete 1992 bei 18- bis 60-jährigen Bewohnern eine durchschnittliche COPD-Prävalenz von 9,1 %. Davon hatten 85 % eine leichte COPD (GOLD Stadium 1), 57 % hiervon waren asymptomatisch. Bis zum Jahr 2003 entwickelten weitere 14 % der erwachsenen Bevölkerung eine COPD. Dies entsprach einer Inzidenz von 1,3 % pro Jahr.

Risikofaktoren und Prävention: Der mit Abstand bedeutendste Risikofaktor für die COPD ist das Rauchen, gefolgt von Innen- und Außenluftverschmutzung sowie beruflicher Luftschadstoff-Exposition. Frühgeburtlichkeit und frühkindliche Infekte beeinflussen nicht nur das Lungenwachstum, sondern korrelieren auch mit der COPD-Mortalität. War die COPD früher eine „Männerkrankheit", so ist die Prävalenz heute bei beiden Geschlechtern ähnlich. Hauptursache hierfür ist die abnehmende Zahl an Rauchern und die Zunahme an Raucherinnen in den westlichen Industrienationen. Darüber hinaus sind Frauen in den weniger entwickelten Ländern durch das Verbrennen von Biomasse zum Kochen und Heizen in Innenräumen häufiger einer Innenraumluftverschmutzung ausgesetzt.

Etwa die Hälfte der COPD-Erkrankungen werden dem Rauchen zugeschrieben. Bis zu 50 % der chronischen Raucher entwickeln eine COPD. Man schätzt, dass es in der Schweiz hierdurch zu 1.300 Todesfällen pro Jahr kommt. Durch einen Rauchstopp lässt sich die Steilheit des Lungenfunktionsabfalls bei den Betroffenen jedoch wieder normalisieren und die COPD-Progression stoppen (s. Abb. 7.6).

Internet-Ressourcen

Auf unserer Lehrbuch-Homepage (**www.public-health-kompakt.de**) finden Sie Hinweise auf weiterführende Literatur zusätzliche Abbildungen sowie Links zu den erwähnten Studien (ISAAC, SAPALDIA) und Institutionen.

7.7 Psychische Störungen, Sucht und Suizid

Jürgen Barth, Silke Behrendt, Frank Jacobi

„No health without mental health": Mit diesem *Slogan* betont die Weltgesundheitsorganisation (WHO), dass die *psychische Gesundheit* ein integraler Bestandteil der Gesundheit einer Person ist. Psychische Störungen haben negative Auswirkungen auf das Wohlbefinden und die Lebensqualität der Betroffenen. Fast die Hälfte der Bevölkerung leidet im Laufe ihres Lebens mindestens einmal an einer *psychischen Störung* oder einer *Suchterkrankung*. Präventive und therapeutische Maßnahmen sind daher dringend nötig, um die Krankheitslast zu senken und die unmittelbaren und langfristigen Folgen für die betroffenen Personen zu reduzieren.

In diesem Abschnitt definieren wir zunächst den Begriff der „psychischen Störung" und beschreiben die epidemiologische Bedeutung dieser Erkrankungsgruppe einschließlich möglicher Konsequenzen wie *Arbeitsausfall, Berentung* und *Suizid*. Anschließend erörtern wir, welche *Risikofaktoren* zur Entstehung psychischer Störungen beitragen. Zum Schluss zeigen wir Beispiele für *präventive* und *therapeutische Maßnahmen*.

Schweizerische Lernziele: CPH 40–41

In den letzten Jahrzehnten hat sich der Begriff der „psychischen Störung" gegenüber dem Begriff der „psychischen Krankheit" durchgesetzt, da allgemein mit dem Krankheitsbegriff eine klare somatische Ursache, ein charakteristischer Verlauf und eine einheitliche Symptomatik verbunden werden. Psychische Störungen stellen jedoch Normabweichungen dar, d. h. Abweichungen von einer subjektiven Norm (Leiden) oder von einem früheren Funktionsniveau (Beeinträchtigung). Die Definitionen psychischer Störungen und ihre Klassifikation sind dabei zeitlichen Veränderungen unterworfen. Dies führt dazu, dass klassifizierte psychische Störungen irgendwann verschwinden oder neue hinzukommen. So wird z. B. die *Homosexualität* seit 1973 nicht mehr als psychische Störung angesehen, während die *Posttraumatische Belastungsstörung* erst 1980 in die internationalen Klassifikationssysteme einging.

Die Diagnose psychischer Störungen erfolgt in der Regel anhand der festgelegten Kriterien in den zwei international etablierten Klassifikationssystemen: der *Internationalen Klassifikation der Krankheiten* (ICD) der Weltgesundheitsorganisation der Vereinten Nationen und des *Diagnostic and Statistical Manual of Mental Disorders* (DSM) der American Psychiatric Association. Das für das gesamte Gesundheitswesen gültige ICD definiert in Kapitel F psychische Störungsbilder, während das DSM ausschließlich psychische Störungen beschreibt.

Bei der Diagnosestellung nach DSM-Kriterien wird nicht nur auf die Störung der betroffenen Person geschaut, es werden im Hinblick auf die folgenden fünf Dimensionen zusätzlich psychosoziale und Kontextfaktoren eingeschätzt:

- Klinisches Störungsbild

- Persönlichkeitsstörung

- Medizinische Krankheitsfaktoren

- psychosoziale Probleme

- Globale Beurteilung des Funktionsniveaus

Suchterkrankungen fasst man unter dem Begriff der „Substanzstörungen" zusammen. Zentrale Störungsbilder sind dabei im ICD-10 (10. Revision der ICD) der *schädliche Konsum* und die *Substanzabhängigkeit*, im DSM-IV (4. Auflage des DSM) der *Substanzmissbrauch* sowie ebenfalls die *Substanzabhängigkeit*. Nach dem DSM-IV ist ein Substanzmissbrauch charakterisiert durch die wiederholte Verletzung sozialer oder gesellschaftlicher Regeln und Erwartungen bzw. durch wiederholt auftretende soziale Probleme aufgrund des Konsums. Im ICD-10 spricht man von einem schädlichen Konsum, wenn er nachweislich zu körperlichen und/oder psychischen Schädigungen geführt hat. Sowohl im DSM-IV als auch im ICD-10 sind körperliche Abhängigkeitssymptome, Kontrollverlust und Aufgabe wichtiger Aktivitäten für den Konsum charakteristische Kriterien einer Substanzabhängigkeit.

7.7.1 Epidemiologie psychischer Störungen und Suchterkrankungen

Häufigkeit von psychischen Störungen

Epidemiologische Studien aus Deutschland zeigen, dass im Laufe des Lebens ca. 40% der Bevölkerung zumindest einmal an einer psychischen Störung leiden. Die 4-Wochen Prävalenz, die besagt, wie viele Menschen einer bestimmten Bevölkerung in den letzten vier Wochen an einer psychischen Störung litten, liegt in Deutschland bei knapp 20% (s. Tab. 7.4).

Zu den häufigsten psychischen Störungen gehörten im Jahr 1997 in Deutschland die unipolare Depression (Lebenszeitprävalenz: 17%) und die somatoformen Störungen (Lebenszeitprävalenz: 16%) sowie die Substanzstörungen (Lebenszeitprävalenz: 10%). Darüber hinaus sind Angststörungen mit einer 4-Wochen-Prävalenz von 9% recht häufig. Der überwiegende Teil davon sind Phobien (7%). Für die Schweiz (2007) liegen ausschließlich Daten zu depressiven Störungen vor, welche die Zahlen aus Deutschland bestätigen. Etwa jeder fünfte Schweizer beschreibt sich darüber hinaus als psychisch belastet (z.B. nervös, niedergeschlagen, unausgeglichen; s.a. Web-Tab. 7.7.1 auf unserer Lehrbuch-Homepage). Diese Daten beschreiben subjektive Einschränkungen, jedoch keine psychischen Störungen. In den anderen westlichen Industrienationen wie z.B. den Niederlanden, den Vereinigten Staaten, Kanada und Australien ist die Prävalenz psychischer Störungen ähnlich hoch wie in Deutschland und der Schweiz.

Häufigkeit der Sucht

Bei den Substanzstörungen unterscheiden sich die Prävalenzen stark in Abhängigkeit von der jeweiligen Substanz. Studien aus Deutschland (1997) zeigen eine 12-Monats-Prävalenz von 7% für die Nikotinabhängigkeit, von 4% für den Alkoholmissbrauch und von 2% für die Alkoholabhängigkeit. Cannabis wird von ca. 1% der Bevölkerung regelmäßig konsumiert. Alle drei Substanzen werden in der Altersgruppe der 18- bis 29-Jährigen tendenziell häufiger als in älteren Bevölkerungsgruppen missbräuchlich verwendet. Die Jahresprävalenz für einen problematischen Medikamentenkonsum beträgt in Deutschland knapp 5%. Betroffen sind hier vor allem die Altersgruppen ab 50 Jahren. Substanz-

Tab. 7.4: Häufigkeit psychischer Störungen in Deutschland, dargestellt anhand der 12-Monats-Prävalenz. Da bei einer Person auch mehrere psychische Störungen gleichzeitig auftreten können (Komorbidität), kann die Summe innerhalb einer Störungsgruppe >100 % sein. N = 4.181 (Quelle: Bundesgesundheitssurvey, 1998).

	12-Monats-Prävalenz in %		
	Gesamt	Männer	Frauen
Art der Störung nach DSM-IV			
Substanzstörung	4,5	7,2	1,7
• Alkohol Missbrauch/Abhängigkeit	4,1	6,8	1,3
• Drogen Missbrauch/Abhängigkeit	0,7	1,0	0,5
Psychose[a]	2,6	2,6	2,5
Affektive Störung	11,9	8,5	15,4
• unipolare Depression[b]	10,7	7,5	14,0
• Bipolare Störung	0,8	0,6	1,1
Angststörung	14,5	9,2	19,8
• Panikstörung	2,3	1,7	3,0
• Phobie	12,6	7,5	17,7
• Generalisierte Angststörung	1,5	1,0	2,1
• Zwangsstörung	0,7	0,6	0,9
somatoforme Störung[c]	11,0	7,1	15,0
Essstörung[d]	0,3	0,2	0,5
Eine der genannten Störungen	*31,1*	*25,3*	*37,0*

[a] weitere Definition (Screeningdiagnose), die über die Schizophreniediagnose hinausreicht
[b] Major Depression, Dysthymie
[c] Somatisierungsstörung, Hypochondrie, Schmerzstörung, undifferenzierte somatoforme Störung
[d] Anorexie, Bulimie

störungen kommen bei Männern und Frauen unterschiedlich häufig vor. Männer sind häufiger abhängig von Alkohol oder Cannabis als Frauen. Frauen neigen hingegen häufiger als Männer zu einem problematischen Medikamentenkonsum.

Suizidalität und Suizid

Die Mehrzahl der Menschen, die Suizid begehen, leidet an einer psychischen Störung. Weltweit sterben jährlich etwa 16 von 100.000 Einwohnern durch Suizid (Stand 2009). Bei Personen unter 45 Jahren ist der Suizid die dritthäufigste Todesursache. Darüber hinaus ist die Anzahl der Suizidversuche weltweit etwa 15 Mal höher als die Zahl der erfolgreich durchgeführten Suizide. Insbesondere bei den Männern nimmt die Anzahl der Suizide mit zunehmendem Alter zu. Suizidversuche werden dagegen mehrheitlich von jüngeren Frauen durchgeführt. Die Zahl der Suizidversuche insgesamt ist jedoch bei Frauen und Männern etwa gleich.

Die Häufigkeit der Suizide in der Bevölkerung unterscheidet sich von Land zu Land. Die Web-Abb. 7.7.1 auf unserer Lehrbuch-Homepage zeigt die Häufigkeit pro 100.000 Einwohner in verschiedenen Staaten. Dabei fällt auf, dass Suizide insbesondere in den osteuropäischen Ländern sowie in Japan häufiger als in anderen Ländern vorkommen. Auch hier wird deutlich, dass Männer etwa zwei- bis dreimal häufiger Suizid begehen als Frauen.

Die Suizidmethoden variieren dabei zwischen den Geschlechtern und von Land zu Land. Männer machen häufiger von Schusswaffen Gebrauch, Frauen häufiger von Medikamenten. Die Schweiz liegt bei den mit Schusswaffen verübten Suiziden in Europa an der Spitze (Abb. 7.7). Etwa ein Drittel der von Männern verübten Suizide werden hier mit Hilfe von Schusswaffen ausgeführt, während der Anteil bei den Frauen nur etwa 3 % beträgt. In der Liste der Ursachen für verlorene Lebensjahre (PYLL; vgl. Kap. 2.2.5) liegen der Suizid in der Schweiz an vierter, in Deutschland an fünfter Stelle.

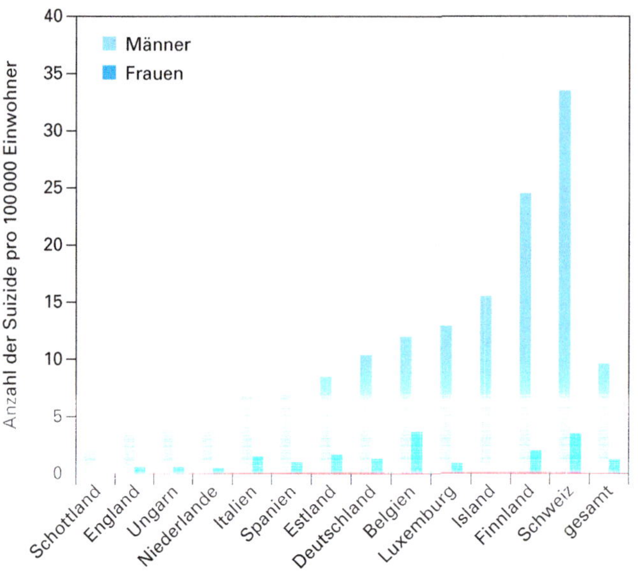

Abb. 7.7: Anzahl der mit Schusswaffen verübten Suizide pro 100.000 Einwohner in verschiedenen europäischen Ländern (Quelle: European Alliance Against Depression, 2004).

Arbeitsunfähigkeit und Berentung aufgrund psychischer Störungen

In den letzten Jahren haben die durch psychische Störungen bedingten Arbeitsunfähigkeitszeiten stetig zugenommen. Nach Krankenkassenstatistiken ging in Deutschland im Jahr 2004 etwa jeder zehnte krankheitsbedingte Fehltag auf psychische Störungen zurück. Die häufigsten Gründe für den Arbeitsausfall sind Anpassungsstörungen, affektive Störungen und Angststörungen. Da psychische Störungen oftmals einen chronischen Verlauf nehmen, führen diese häufig zur Frühverrentung. In der Schweiz wurden 2007 etwa ein Drittel der Berentungen aufgrund psychischer Störungen vorgenommen (vgl. Kap. 6.3)

7.7.2 Ursachen und Risikofaktoren bei psychischen Störungen und Suchterkrankungen

An der Entstehung psychischer Störungen sind in der Regel verschiedene Faktoren beteiligt. Meist sind es psychologische, somatische und/oder soziale Ursachen, die dabei eine Rolle spielen.

Psychologische Faktoren

Zu den psychologischen Faktoren gehören u. a. *ungünstige kindliche Lebensbedingungen*, z. B. mit häufigen elterlichen Konflikten, einer wenig einfühlenden elterlichen Kommunikation bis hin zu Gewalterfahrungen durch Eltern oder andere nahestehende Personen. Insbesondere die Erfahrung sexueller Gewalt führt zu einem hohen Risiko, eine psychische Störung zu entwickeln. Protektive Faktoren sind dagegen u. a. eine sichere familiäre Bindung, außerfamiliäre Bezugspersonen und eine gute schulische Integration. Risikofaktoren für die Entwicklung einer Substanzstörung sind eine Substanzstörung bei den Eltern, ein früher Erstkonsum von abhängig machenden Substanzen und früh auftretende Verhaltensstörungen. Bei Alkohol- und Cannabisabhängigkeit ist darüber hinaus die soziale Phobie ein gut belegter Risikofaktor.

Soziale Faktoren

Psychische Störungen treten oft erstmals in Zusammenhang mit umgebungsbedingten Stressoren, wie z. B. Arbeitsplatzproblemen auf. Dass darüber hinaus auch grundlegende soziale Faktoren wie die Zugehörigkeit zu einer bestimmten sozialen Schicht (vgl. Kap. 4.2) eine Rolle spielen können, zeigt eine Statistik zur Schichtabhängigkeit der psychischen Belastung in der Schweiz auf unserer Lehrbuch-Homepage (s. Web-Tab. 7.7.1). Auch das *Geschlecht* ist ein Faktor, der zur unterschiedlichen Häufigkeit psychischer Störungen beiträgt. So kommen z. B. depressive Störungen bei Frauen häufiger vor als bei Männern. Als Ursachen hierfür werden sowohl somatische (u. a. hormonelle Einflüsse) als auch kulturell geprägte Faktoren wie geringeres Selbstwertgefühl, Selbstattribution von Misserfolgen und daraus entstehende Schuldgefühle diskutiert.

Somatische Faktoren

Genetische Faktoren spielen insbesondere bei der Schizophrenie und bei bipolaren Erkrankungen eine wichtige Rolle. Psychische Störungen gehen in der Regel auch mit *somatischen Veränderungen* v. a. des Zentralnervensystems (ZNS) sowie des Hormonsystems einher. Solche Veränderungen findet man im ZNS insbesondere an den Neurorezeptoren sowie bei der Bildung und dem Abbau von dort wirkenden Neurotransmittern. Das Hormonsystem ist über die Hypothalamus-Hypophysen-Nebennieren-Achse eng mit dem ZNS verbundenen. Es reagiert mit der Ausschüttung von sog. Stresshormonen (v. a. Adrenalin, Noradrenalin, Dopamin, Cortisol) auf Stresssituationen und hat damit erheblichen Einfluss auf viele psychische Störungen (s. a. Kap. 4.4.2).

7.7.3 Therapeutische Ansatzpunkte und präventive Strategien bei psychischen Störungen und Suchterkrankungen

Die multifaktorielle Genese psychischer Erkrankungen erlaubt verschiedene *präventive und therapeutische Ansatzpunkte*, etwa im Bereich der Risikofaktoren sowie der geringen sozialen und individuellen Ressourcen. So bieten die psychologischen und sozialen Ursachen psychischer Störungen Ansatzpunkte für eine psychotherapeutische Intervention. Psychopharmakologische Behandlungsmethoden setzen bei den somatischen Veränderungen im Bereich des Nerven- und Hormonsystems an.

Innerhalb einer Gesellschaft kann es unterschiedliche Bewältigungsstile und Behandlungsmuster bei psychischen Störungen geben: In der französischsprachigen Schweiz kommt es z. B. wegen einer Depression doppelt so häufig zu Konsultationen im Vergleich zu anderen Schweizer Regionen. Nach Angaben der Schweizer Gesundheitsbefragung von 2007 haben 5 % der Deutschschweizer bereits Hilfe wegen einer psychischen Störung in Anspruch genommen, in der französischsprachigen Schweiz waren es dagegen ca. 7,5 % der Bevölkerung. Die Behandlungshäufigkeit psychischer Störungen hängt neben der Häufigkeit der Störung selbst vor allem auch mit deren gesellschaftlicher Akzeptanz und den vorhandenen Behandlungsstrukturen zusammen. Maßnahmen zur Entstigmatisierung (z. B. Kampagnen mit Personen des öffentlichen Lebens, die vom Umgang mit psychischen Störungen berichten) können damit den Effekt haben, dass PatientInnen mit psychischen Störungen die vorhandenen Hilfsangebote häufiger nutzen.

Ein Beispiel für die Prävention und strukturierte Behandlung einer spezifischen psychischen Störung ist das deutsche *Bündnis gegen Depression e.V.* (www.buendnisdepression.de, s. Box 7.7.1). Mit Hilfe dieses Konzeptes soll die Akzeptanz von Menschen mit depressiver Störung in der Bevölkerung erhöht werden. Man möchte den Betroffenen darüber hinaus Wege zu einer Behandlung der Erkrankung aufzeigen.

Box 7.7.1: Deutsches Bündnis gegen Depression e.V.

Ziel dieses Bündnisses ist die Verbesserung der Versorgungslage und der Lebenssituation von Menschen mit Depression, eine Enttabuisierung des Themas „Depression" in der Gesellschaft sowie die Aufklärung der Bevölkerung über das Störungsbild. Dem *Deutschen Bündnis gegen Depression e.V.* gehören zahlreiche Regionen und Städte in Deutschland sowie im deutschsprachigen Ausland an. Es bietet den Betroffenen und ihren Angehörigen Informationsmaterial sowie Hilfen und Ansprechpartner vor Ort an. Außerdem unterstützt es den Aufbau von Selbsthilfe- und Angehörigengruppen. Darüber hinaus versucht man auf gesellschaftlicher Ebene über eine verstärkte Öffentlichkeitsarbeit (z. B. Aktionstage, Vorträge, Medienberichte) zu erreichen, dass depressive Störungen besser und schneller erkannt werden und die Betroffenen in der Gesellschaft größere Akzeptanz finden. Das Bündnis engagiert sich auch für die Weiterqualifizierung von Menschen in verschiedenen Berufsgruppen, bei denen das Thema Depression eine Rolle spielt (z. B. LehrerInnen, Geistliche, ÄrztInnen, Pflegepersonal). Pilotprojekt war das Nürnberger Bündnis gegen Depression. Dort sank in den Jahren 2001/2002 u.a. die Anzahl suizidaler Handlungen (Suizide und Suizidversuche) als Folge der Arbeit des Bündnisses signifikant um ca. 25 % gegenüber dem Ausgangsjahr 2000, während die Anzahl suizidaler Handlungen in der Kontrollregion Würzburg zur gleichen Zeit anstieg.

Eine spezielle Maßnahme der Suizidprävention stellt das Anbringen von Sprungnetzen dar. In Deutschland und der Schweiz gehen ca. 12 % der Suizide auf Stürze aus großer Höhe zurück. Dabei gibt es bestimmte Orte (z. B. Brücken), an denen sich Suizide häufen („Hotspots"). Ein solcher Ort war die Münsterplattform in der Stadt Bern, von der sich bis 1998 pro Jahr etwa 3 Personen hinunterstürzten. Eine Serie von Stürzen im Jahr 1998 führte zur Konsequenz, dass dort Sprungnetze angebracht wurden. Seither haben sich hier keine Suizide mehr ereignete. Die Meinung, dass suizidale Personen dann vermehrt andere Orte aufsuchen (z. B. Brücken in der Stadt Bern), um sich zu töten, wurde nicht bestätigt. Das Anbringen von Sprungnetzen verhindert darüber hinaus psychische Traumatisierungen bei Personen, die unterhalb solcher „Hotspots" leben und die u. U. Suizide beobachten (Abb. 7.8).

Abb. 7.8: Sprungnetze zur Suizidprävention an der Berner Münsterplattform (Quelle: J. Barth).

Internet-Ressourcen

Auf unserer Lehrbuch-Homepage (**www.public-health-kompakt.de**) finden Sie Hinweise auf weiterführende Literatur, zusätzliche Tabellen sowie Links zu den themenrelevanten Studien und Institutionen.

7.8 Unfälle

Steffen Niemann, Anke-Christine Saß

Weltweit sterben jährlich 1,3 Millionen Menschen auf den Straßen. In den Schwellenländern und den am wenigsten entwickelten Ländern sind *Straßenverkehrsunfälle* bei Jugendlichen und jungen Erwachsenen die häufigste Todesursache. Die Vereinten Nationen (UN) haben daher im Jahr 2011 die *Decade of Action for Road Safety 2011–2021* ausgerufen. Doch nicht nur im Bereich des Verkehrs spielen Unfälle eine große Rolle. In den Industrienationen führt die Änderung der Altersstruktur derzeit auch zu einer steigenden Anzahl von Unfällen im häuslichen Bereich.

In diesem Abschnitt definieren wir zuerst den Begriff des *Unfalls*. Wir schauen uns anschließend die aktuellen epidemiologischen Daten hierzu an, diskutieren die vorhandenen *Risikofaktoren* und erörtern zum Schluss, durch welche *präventiven Maßnahmen* Unfälle in den verschiedenen Bereichen verhindert werden können.

Schweizerische Lernziele: CPH 40, CPH 68

Eine unfallbedingte Verletzung ist international definiert als ein *nicht beabsichtigter Schaden am Körper*, hervorgerufen entweder durch

- eine akute Exposition von thermischer, mechanischer, elektrischer oder chemischer Energie oder
- das Fehlen von lebensnotwendigen Stoffen, wie etwa Wärme oder Sauerstoff.

Um unfallbedingte Verletzungen von Verletzungen aufgrund degenerativer Prozesse abzugrenzen, wie sie vor allem im Sport auftreten können, wird in der Definition des *Schweizer Sozialversicherungsgesetzes* (Art 4, ATSG) darüber hinaus das Vorliegen eines „plötzlichen und ungewöhnlichen äußeren Faktors" betont. Gleichzeitig werden dort neben physischen auch psychische und geistige Folgen als Unfallfolgen eingeschlossen.

In der *ICD-10-Klassifikation* werden Verletzungen im Kapitel 19 (S00-T98) beschrieben. Kapitel 20 (V01-Y98) erlaubt die zusätzliche Kodierung der äußeren Ursachen. Eine detaillierte und mehrdimensionale Beschreibung der Unfallursachen kann darüber hinaus mit Hilfe der *International Classification of External Causes of Injury* der *WHO* vorgenommen werden.

7.8.1 Epidemiologische Daten

Die WHO schätzt, dass im Jahr 2004 weltweit 6,6 % aller Todesfälle auf Unfälle zurückzuführen waren. Je nach Region, Land und ökonomischer Lage gibt es hier jedoch deutliche Unterschiede. Die höchsten Mortalitätsraten finden sich bei den Straßenverkehrsunfällen, insbesondere in den sog. Schwellenländern und den am wenigsten entwickelten Ländern. In den Ländern mit hohem Einkommen sind die entsprechenden Raten wesentlich niedriger (vgl. Kap. 9.1.4). Bei den Stürzen liegen die High-Income-Länder dagegen an der Spitze. Ertrinken ist in den afrikanischen Regionen und in China eine häufige Todesursache.

In Deutschland kommen jährlich rund 19.000, in der Schweiz rund 2.000 Personen bei Unfällen ums Leben. Die Anzahl der Verletzten wird auf 8 Mio. (D) bzw. 1,2 Mio. (CH) Personen geschätzt. Der größte Anteil der Unfälle ereignet sich in beiden Ländern im Haushalt und in der Freizeit.

Internationale Vergleiche stützen sich hierbei auf die nationalen Mortalitätsstatistiken. Für nichttödliche Verletzungen ist die Datenlage in vielen Ländern lückenhaft, da diese nicht systematisch erfasst werden. Die Inzidenz unfallbedingter Verletzungen wird in vielen Bereichen nur durch Schätzungen und Hochrechnungen oder spezielle periodische Bevölkerungserhebungen ermittelt. Informationen darüber, welche Datenquellen uns insbesondere in Deutschland, der Schweiz und der EU zur Verfügung stehen, finden Sie auf unserer Lehrbuch-Homepage.

Arbeitsunfälle

In Deutschland muss ein Berufsunfall gemeldet werden, wenn dieser zu einer Arbeitsunfähigkeit von mehr als drei Kalendertagen oder zum Tode führt. In der Schweiz fällt jeder Unfall mit ärztlicher Behandlung oder Arbeitsausfall unter die Meldepflicht. Im Jahr 2010 gab es in Deutschland insgesamt fast 1,05 Mio. meldepflichtige Arbeitsunfälle (ohne Wegeunfälle), 674 endeten tödlich. Seit 1960 ist hier ein nahezu kontinuierlicher Rückgang der Unfallquoten zu verzeichnen. In der Schweiz registrierte die *Sammelstelle für die Statistik der Unfallversicherung* für das Jahr 2010 rund 270.000 Arbeitsunfälle (ohne Wegeunfälle). Hier haben sich seit der Einführung der obligatorischen Unfallversicherung im Jahr 1984 die Anzahl der Berufsunfälle und das Unfallrisiko ebenfalls stetig verringert. Für den Rückgang der Arbeitsunfälle können zwei Faktoren verantwortlich gemacht werden: Strukturelle Veränderungen am Arbeitsmarkt haben zu einer Verringerung der Anzahl an ArbeitnehmerInnen im unfallbelasteten Produktionssektor geführt. Gleichzeitig wurde die Arbeitssicherheit durch Präventionsmaßnahmen erhöht und die Einhaltung dieser Maßnahmen durch gesetzliche Regelungen und institutionalisierte Überwachung sichergestellt (s. Kap. 6.2).

Straßenverkehrsunfälle

Laut Verkehrsunfallstatistik wurden im Jahr 2010 in Deutschland 3.648 Menschen bei Straßenverkehrsunfällen getötet. Darüber hinaus wurden dort 371.170 Personen bei polizeilich registrierten Straßenverkehrsunfällen verletzt. In der Schweiz starben 327 Personen durch Verkehrsunfälle, 24.237 Personen wurden verletzt. In Österreich lag die Zahl der Verkehrstoten in diesem Zeitraum bei 552. Dies sind die niedrigsten Zahlen in allen drei Ländern seit 1970, obwohl parallel dazu das Verkehrsaufkommen, gemessen am Fahrzeugbestand und der Fahrleistung des motorisierten Verkehrs, deutlich und stetig angestiegen ist (Abb. 7.9).

Im internationalen Vergleich ergibt sich für die Schweiz ein besonders positives Bild: Mit einer niedrigen Zahl von Getöteten (bezogen auf die jeweilige Population) liegt sie auf einem der vorderen Rangplätze vor Deutschland und Österreich.

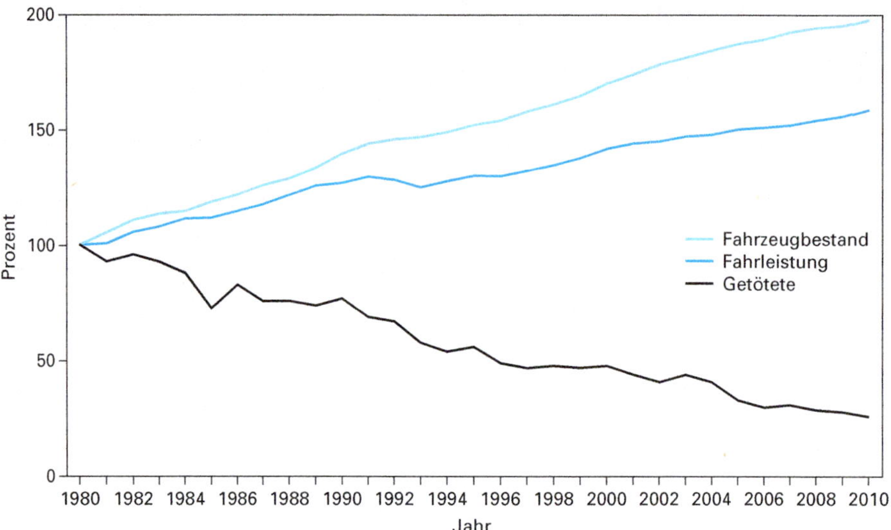

Abb. 7.9: Anzahl der Getöteten im Straßenverkehr im Verhältnis zur Fahrleistung (gefahrene Strecke) des motorisierten Verkehrs und zum Fahrzeugbestand im Zeitraum 1980–2010 in der Schweiz (Quelle: bfu, BFS).

Sport-, Haus- und Freizeitunfälle

Im Jahr 2009 kamen nach Schätzungen in Deutschland 7.030 Personen bei Unfällen im häuslichen Bereich ums Leben. Zusätzlich starben 6.754 Personen bei Freizeitunfällen. Im Haus- und Freizeitbereich ereigneten sich damit mehr als dreimal so viele tödliche Unfälle wie im Straßenverkehr. Darüber hinaus zogen sich etwa 5,4 Mio. Personen nichttödliche Verletzungen im Haus oder bei Freizeitbeschäftigungen zu (s. a. Web-Abb. 7.8.1 auf unserer Lehrbuch-Homepage).

Im Jahr 2008 ereigneten sich in der Schweiz 1.538 tödliche Unfälle im Haus- und Freizeitbereich sowie 123 Todesfälle bei sportlichen Aktivitäten. Ähnlich wie in Deutschland sind es weit mehr Personen, die zu Hause und in ihrer Freizeit tödlich verunglücken als durch Verkehrsunfälle. Die geschätzte Anzahl der Verletzten liegt hier bei 600.000 im Haus- und Freizeitbereich sowie bei 310.000 im Sportbereich. Für die Schweiz erlauben die vorliegenden Daten zu Unfällen eine genauere Aufgliederung. Die häufigste Ursache der Haus- und Freizeitunfälle sind demnach Stürze: Rund 52 % aller Verletzten und 81 % der Verstorbenen sind gestürzt. Betroffen sind vor allem Personen in höherem Alter. Mit rund 55.000 Verletzten pro Jahr liegt Fußballspielen bei den verletzungsgefährdeten Sportarten an führender Stelle, allerdings wird Fußball auch am häufigsten gespielt (Abb. 7.10). Skifahren (43.000 Verletzte) und Snowboarden (24.300 Verletzte) stehen bei der Zahl der Verletzten auf Rang zwei und drei. Bergsteigen und Bergwandern fordern in der Schweiz die meisten Todesfälle im Sport (43 % der durch Sportunfälle Verstorbenen).

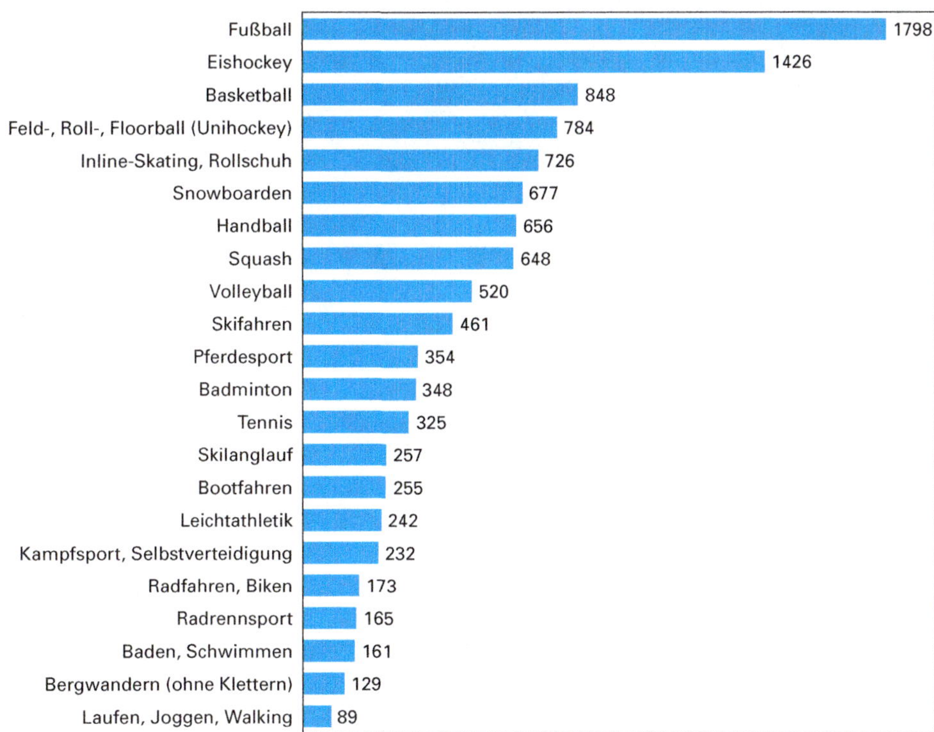

Abb. 7.10: Verletzte beim Sport pro 1 Mio. ausgeübte Stunden. Die Zahlen beziehen sich auf die erwerbstätige Schweizer Wohnbevölkerung (2008) (Quelle: Observatorium Sport und Bewegung Schweiz; www.sportobs.ch).

7.8.2 Risikofaktoren

Als Risikofaktoren für Unfälle konnten eine Reihe demografischer Merkmale identifiziert werden: Männer sind in vielen Unfallbereichen weit häufiger betroffen als Frauen. Im Straßenverkehr gehen vor allem junge Männer höhere Risiken ein. Ältere Menschen sind besonders in Haus und Freizeit durch Stürze, aber auch als Fußgänger im Straßenverkehr gefährdet. Alkohol ist im Straßenverkehr und vermutlich auch in anderen Unfallbereichen ein bedeutender Risikofaktor. Bevölkerungsbefragungen aus Deutschland geben Hinweise darauf, dass das Unfallrisiko ganz allgemein nicht von der sozialen Situation beeinflusst wird, wohl aber der Unfallort. Während Menschen in ungünstiger sozioökonomischer Lage öfter Arbeitsunfälle erlitten, hatten die Bessergestellten ein erhöhtes Freizeitunfallrisiko.

7.8.3 Prävention

Ein wichtiges Werkzeug im Bereich der Unfallprävention ist die sog. *Haddon-Matrix*, die in den 1970er Jahren entwickelt wurde. Sie beschreibt auf einer Achse den zeitlichen Ablauf eines Unfalls („vor dem Ereignis", „während des Ereignisses", „nach dem Ereignis"), auf der anderen Achse die beteiligten Faktoren (Mensch, Energieträger, physikalische/soziale Umwelt). In den Feldern der Matrix werden jeweils die verschiedenen Einflussfaktoren (protektive Faktoren, Risikofaktoren) zeitlich eingeordnet. Aus dieser zeitlichen Zuordnung können schließlich Maßnahmen der primären (Maßnahmen, die das Ereignis verhindern), der sekundären (Maßnahmen, die Verletzungsfolgen verringern) und der tertiären Prävention (Maßnahmen des Rettungswesen, der Rehabilitation) entwickelt werden (s. Tab 7.5).

Tab. 7.5: Haddon-Matrix (modifiziert): Interventionen zur Prävention von Brandverletzungen bei Kindern (Quelle: In Anlehnung an Stevenson M, Shanti A, McClure R. The Rationale for Prevention. In: McClure R, Stevenson M, McEvoy S (Hrsg.) The Scientific Basis of Injury Prevention and Control, Victoria, Aus: IP Communications; 2004: 34–43).

	Mensch (*Verhaltensprävention*)	Überträger, hier: Feuer (*Verhaltens-/ Verhältnisprävention*)	Umwelt (*Verhältnisprävention*)
Vor dem Ereignis	Ausbildung von Kindern und Eltern zum Brandschutz	Kindersichere Behälter für brennbare Flüssigkeiten Kindersicherung für Feuerzeuge	Vorschriften und Empfehlungen zur Nutzung schwer entflammbarer Materialien beim Hausbau und in der Wohnungseinrichtung
Während des Ereignisses	Verhaltenstraining für einen Brandfall (Alarmieren, Retten, Löschen)	Tragen schwer entflammbarer Kinderkleidung	Rauchmelder Sprinkleranlagen Kennzeichnung von Fluchtwegen
Nach dem Ereignis	Ausbildung in Erster Hilfe für Brandverletzungen	Behandlung und Rehabilitation in medizinischer Einrichtung für Brandverletzungen	Sicherstellung kurzer Alarmzeiten für Feuerwehr

Straßenverkehr

Im Straßenverkehr hat sich im Bereich *Prävention* eine Kombination aus technischen (*Engineering*), informativen und erzieherischen (*Education*) sowie rechtlichen Maßnahmen (*Enforcement*) bewährt. So wurde in der Schweiz im Jahr 2005 der zulässige Promillewert für Fahrzeuglenker auf 0,5 Promille gesenkt. Die Einführung der gesetzlichen Regelung wurde von Informationskampagnen begleitet. Gleichzeitig erhöhte man die polizeiliche Kontrolldichte im Straßenverkehr. In Deutschland gilt die 0,5-Promillegrenze bereits seit 1998. Als besonders erfolgreich bei der Prävention schwerster und tödlicher Verletzungen im Straßenverkehr hat sich die Einführung der gesetzlichen Anschnallpflicht in den 1970er Jahren erwiesen. Parallel dazu wurden die Fahrzeuge mit Sicherheitsgurten ausgerüstet. Auch die Einführung der Helmtragepflicht für Motorradfahrer (in D seit 1976, in der CH seit 1981) reduzierte das Risiko schwerer und tödlicher Kopfverletzungen. Die Schutzwirkung des Helms ist jedoch nicht perfekt: Trotz Helm erleiden viele Motorradfahrer bei Unfällen tödliche Kopfverletzungen. Die Wirksamkeit von Fahrradhelmen sowie die Einführung einer Tragepflicht für Fahrradfahrer wird heute noch kontrovers diskutiert. Zu den präventiven Maßnahmen im Bereich des Straßenverkehrs gehört auch die Ausstattung von Fahrzeugen mit sicherheitsrelevanten Fahrerassistenzsystemen. Von großer Bedeutung sind zudem infrastrukturelle Maßnahmen, durch die sich Straßen so gestalten lassen, dass z.B. die signalisierte Höchstgeschwindigkeit besser akzeptiert oder Fußgängern ein sicheres Überqueren der Straße ermöglicht wird.

Haus und Freizeit

Bei der Prävention von Haus- und Freizeitunfällen steht die Verhältnisprävention im Vordergrund. Sichere Produkte, rutschfeste Bodenbeläge und bauliche Maßnahmen zur Absturzsicherung sind hier nur einige Beispiele. Eine frühzeitige Bewegungsförderung verhindert Sturzunfälle im höheren Alter (vgl. Kap. 7.3). Wichtig ist darüber hinaus, mögliche Risikogruppen umfassend zu informieren und dadurch eine Sensibilisierung für das Problem zu erreichen.

Sport

Im Sport lassen sich Unfälle durch die sichere Gestaltung von Sportstätten verhindern. Zudem können in Zukunft sicherere Sportgeräte und die vermehrte Nutzung von Schutzausrüstungen die Zahl der Sportverletzungen weiter reduzieren helfen. Solche technischen Weiterentwicklungen gibt es derzeit z.B. schon beim Handgelenksschutz für das Snowboarden. Auch im Sportbereich spielt bei der Unfallverhütung die Sensibilisierung durch Information eine wichtige Rolle. Vermittler können hier vor allem Schulen und Verbände sein.

Internet-Ressourcen

Auf unserer Lehrbuch-Homepage (**www.public-health-kompakt.de**) finden Sie Hinweise auf weiterführende Literatur, zusätzliche Abbildungen sowie Links zu themenrelevanten Studien und Institutionen.

8 Infektionskrankheiten

Gilles Wandeler, Petra Gastmeier, Kathrin Mühlemann

Trotz bedeutender Fortschritte im Bereich der Prävention und der Therapie gehören *Infektionen* noch immer weltweit zu den wichtigsten Ursachen menschlicher Morbidität und Mortalität. Ein markantes Merkmal von Infektionskrankheiten ist ihre *Übertragbarkeit*, die je nach Übertragungsweg und Mitbeteiligung von lebenden Überträgern (Vektoren) auch stark durch Umweltfaktoren beeinflusst werden kann.

In diesem Kapitel geben wir eine Übersicht über die wesentlichen epidemiologischen Aspekte der Infektionskrankheiten, berücksichtigen dabei geografische Unterschiede und gehen in diesem Rahmen auch auf die Konzepte der Übertragungsdynamik ein. Wir konzentrieren uns dabei auf Infektionen und Konzepte, die aktuell von großer Bedeutung sind oder deren Bedeutung in Zukunft zunehmen wird.

Schweizerische Lernziele: CPH 49–58

8.1 Allgemeine Konzepte

8.1.1 Merkmale einer Infektionskrankheit

Infektionskrankheiten werden durch Krankheitserreger ausgelöst. Es handelt sich dabei um Mikroorganismen (Bakterien, Pilze, Protozoen, Würmer und Viren), die in den Körper eindringen und sich dort vermehren. Der Mensch dient diesen Mikroorganismen als *Wirt*. Infektionskrankheiten zeigen meist einen typischen zeitlichen Verlauf. Tab. 8.1 definiert die hierbei verwendeten Begriffe.

Tab. 8.1: Die wichtigsten Begriffe zum zeitlichen Ablauf einer Infektionskrankheit.

Ansteckung	Kontakt, Etablierung und Vermehrung des Infektionserregers im Wirt
Inkubationszeit	Zeitintervall zwischen der Ansteckung und dem Auftreten erster Symptome, z.B. durch erste Vermehrung des Erregers an der Eintrittspforte und anschließende Dissemination (Streuung) über die Blutbahn zum Zielorgan (s. Web-Abb. 8.1.1 auf unserer Lehrbuch-Homepage)
Krankheit	Zeitraum, der durch das Vorhandensein von Symptomen gekennzeichnet ist
Asymptomatische Infektion	Infektion, die bei einem Menschen keine Symptome verursacht Asymptomatische Infektionen können epidemiologisch wichtig sein, da Infizierte als Quellen für die Weiterverbreitung der Infektion in Frage kommen können.

Ausscheidungsphase	Zeitspanne, während der der Infektionserreger übertragbar ist Sie korreliert häufig mit der Krankheitsphase. Beispiel für wichtige Ausnahmen hiervon sind Hepatitis A-, Varizellen-, Influenza-, Parvovirus B19- und HIV-Infektionen.
Elimination	Der Erreger wird durch das Abwehrsystem (und evtl. die Therapie) unschädlich gemacht.
Immunität	Unempfindlichkeit gegenüber dem Erreger: Der Wirt kann nicht (mehr) angesteckt werden bzw. es kommt zu einer epidemiologisch bedeutungslosen abortiven Infektion, die zu keiner weiteren Erregerübertragung führt.
Kolonisation	Vermehrung von Erregern (Bakterien, Pilze) auf Haut oder Schleimhäuten, ohne dass Krankheitssymptome auftreten Die Kolonisation ist epidemiologisch wichtig, da hierdurch die Möglichkeit der Übertragung der Erreger auf andere Personen besteht.
Latente Infektion	Andauernde Infektion ohne Krankheitssymptome und evtl. auch ohne Vermehrung des Erregers im Wirt Von epidemiologischer Bedeutung sind latente Infektionen aufgrund ihres Reaktivierungspotentials: Sie können unter ungünstigen Bedingungen wieder zu klinisch aktiven Infektionen werden.

Für die epidemiologische Beurteilung von Infektionskrankheiten ist es wichtig zu wissen, wie diese Stadien bei einer bestimmten Infektion verlaufen (Abb. 8.1). Auf unserer Lehrbuch-Homepage finden Sie hierzu noch in Web-Abb. 8.1.1 die Inkubationszeiten von wichtigen Infektionskrankheiten.

Epidemiologisch bedeutend sind die Stadien, während derer der Infektionserreger ausgeschieden wird und damit übertragen werden kann. Wie lange dieser Zeitraum ist, hängt von der Art des Erregers ab.

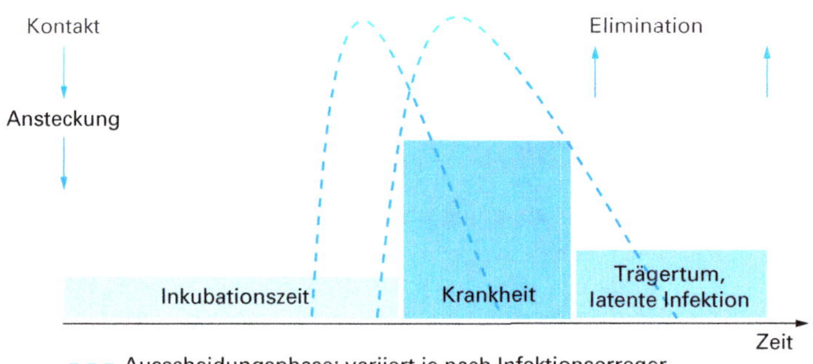

Abb. 8.1: Stadien einer Infektion.

8.1.2 Übertragungswege und Übertragungsdynamik

Übertragungswege

Ein Schlüsselmerkmal von Infektionserregern ist die Übertragbarkeit von Wirt zu Wirt. Die möglichen *Übertragungswege* werden in Tab. 8.2 dargestellt. Als *horizontale Übertragung* bezeichnet man hierbei die Übertragung innerhalb einer Wirtspopulation, als *vertikale Übertragung* die *Übertragung* auf die nächste Generation, d.h. von der Mutter auf den Fetus oder das Neugeborene.

Tab. 8.2: Übertragungswege von Infektionserregern.

Übertragungsweg	Erreger, die auf diesem Weg übertragen werden
Horizontale Übertragung	
DIREKT	
Physischer Kontakt	
Hände	Viele multiresistente Bakterien (z.B. MRSA), Durchfallerreger, Respiratory syncytial Virus (RSV)
Sexualkontakt	Erreger sexuell übertragbarer Infektionen [sexually transmitted infections (STI)]
Aerogen	
Tröpfchen	Pneumokokken, Meningokokken, Gruppe A Streptokokken, respiratorische Viren (Influenza)
Aerosol	Tuberkelbakterien, Varizella-Zoster-Virus, Masernvirus
INDIREKT	
Vehikel (unbelebt)	
Gegenstände, Nahrung, Wasser Blut u.a. biologische Flüssigkeiten	Multiresistente Keime, RSV Salmonellen, Aspergillen, HIV, Hepatitis-B-Viren, Hepatitis-C-Viren
Erde	Erreger von Tetanus und Gasbrand
Vektor (belebt)	
Mücken, Zecken etc.	Erreger von Malaria, Frühsommermeningoenzephalitis (FSME), Lyme Borreliose
Vertikale Übertragung	
Prä-, Perinatal	Zytomegalievirus, Rötelnvirus, Toxoplasma gondii etc.

Eine Erläuterung hierzu: Die aerogene Übertragung geht in der Regel von den Sekreten der Atemwege aus.

(1) Tröpfchen: Während wir sprechen, husten, niesen, singen etc. werden Sekrettröpfchen mit einem Durchmesser von ≤ 5 mm in die Luft entlassen. Diese fallen aufgrund ihrer Größe nach 1–2 m Entfernung auf den Boden. Beim Einatmen gelangen sie nur bis in die oberen Atemwege.

(2) Aerosol: Durch das Verdampfen der Tröpfchen entstehen Tröpfchenkerne (Durchmesser < 5 µm), welche aufgrund ihrer geringen Größe schweben und über weite Distanzen übertragen werden können. Beim Einatmen gelangen Aerosole bis in die unteren Atemwege. Nur wenige Infektionserreger können im geringen Feuchtigkeitsgehalt eines Aerosols überleben.

Genaue Kenntnis über den Übertragungsweg eines Infektionserregers ist einer der Grundpfeiler für die Expositionsprophylaxe (s. Kapitel 8.4.3). Der Übertragungsweg für einen bestimmten Infektionserreger wird in der Regel aus den epidemiologischen Daten abgeleitet. Nur selten wurden Übertragungswege im Tierexperiment oder in klinischen Studien bewiesen.

Übertragungsdynamik

Die *Übertragungsdynamik* beschreibt die Geschwindigkeit und das Muster der Ausbreitung eines Infektionserregers in einer Population. Sie wird heute oft in mathematischen Modellen beschrieben. Wichtige Begriffe und Merkmale hierzu werden in Tab. 8.3 definiert. Auf unserer Lehrbuch-Homepage zeigt Web-Abb. 8.1.2 den zeitlichen Verlauf der effektiven Reproduktionsrate (R) einer Infektion innerhalb einer voll empfänglichen Population und einer Population, in der 30 % der Personen gegen die Erkrankung immun sind.

8.1.3 Epidemie

Definition

Eine *Epidemie* wird definiert als eine Zunahme an neuen Erkrankungsfällen über eine zu erwartende Basisrate hinaus innerhalb eines definierten Zeitraums in einer definierten Region. Es handelt sich also um eine zeitliche und örtliche Häufung einer (Infektions-) Krankheit innerhalb einer Population. Dies steht im Gegensatz zur *endemischen Situation*, in welcher eine Infektion in einer definierten Population mit stabiler Rate präsent ist. Betrifft eine Epidemie mehrere Kontinente, so spricht man von einer *Pandemie*. Bekannte Beispiele für eine Pandemie sind die Influenza-Pandemie von 1918–1919 und die sich seit dem Ende des 20. Jh. weltweit ausbreitende HIV-Pandemie.

Bei systematisch überwachten Infektionskrankheiten, wie z.B. bei der Influenza, ist die Basisrate gut bekannt, sodass für wiederkehrende (saisonale) Epidemien ein Schwellenwert definiert wird. Dieser Schwellenwert beträgt für die Influenza 50 Fälle von „Influenza-like Syndrome" pro 100.000 Einwohner. Bei nicht systematisch überwachten Infektionskrankheiten oder kleinen, lokal begrenzten Epidemien führt oft der subjektive Eindruck einzelner Beobachter zur Entdeckung einer Epidemie.

In der Schweiz und in Deutschland sind Häufungen von Infektionskrankheiten meldepflichtig (> 2 unerwartete oder bedrohliche Fälle vom gleichen Ort, auch wenn der Erreger nicht meldepflichtig ist; s. Kap. 8.2.3).

Begriffe

Grundsätzlich kann jeder Infektionserreger zu einer Epidemie führen. Hierzu müssen jedoch einige Bedingungen erfüllt sein. So muss eine Quelle für den Infektionserreger existieren, der Infektionserreger muss ein gewisses Maß an Kontagiosität aufweisen, und es müssen genügend empfängliche Individuen zur Verfügung stehen, damit die Reproduktionsrate der Infektion >1 ist (s. Kap. 8.1.2). Entwicklungsstand, Einkommen und lokale sozio-kulturelle Eigenschaften einer Bevölkerung sowie die Schwächen der Gesundheitssysteme können daher ebenso wie Umwelt und Klima bei der Entwicklung einer Epidemie eine wichtige Rolle spielen.

Tab. 8.3: Die wichtigsten Begriffe zur Übertragungsdynamik von Infektionserregern in einer Population.

Kontagiosität (Ansteckbarkeit)	Maß für die Wahrscheinlichkeit, dass die Übertragung eines Erregers stattfindet. Sie ist abhängig vom Übertragungsweg (s. Tab. 8.1.2) sowie den biologischen Merkmalen des Infektionserregers (z. B. Adhärenzfaktoren) und des Wirtes (z. B. Rezeptoren).
Populationsdichte	Anzahl der Personen pro Fläche (km^2). Enges Zusammenleben auf kleinem Raum wird auch als „Crowding" bezeichnet. Die Populationsdichte beeinflusst die Geschwindigkeit, mit der sich ein Infektionserreger ausbreiten kann. Sie korreliert in der Regel invers mit dem Wohlstand einer Population.
Durchmischung einer Population	Menschliche Populationen mischen sich in der Regel nicht homogen, sie gruppieren sich z. B. nach Interessensgemeinschaft, sozialer Schichtung, Verhalten etc. Dies kann auch das Übertragungsmuster einer Infektionskrankheit beeinflussen. Beispiel: Sexuell-übertragene Infektionen bei Personen mit besonderem Sexualverhalten, Masernausbruch in Gemeinschaften von Impfgegnern
Reproduktionsrate	Die Reproduktionsrate beschreibt hier die Anzahl an neuen Infektionen, die von einem Fall ausgehen (s. Abb. 8.3).
Basale R_0	Die basale Reproduktionsrate (R_0) bezieht sich auf eine Population, in der alle Mitglieder für die Infektion empfänglich sind. Sie wird durch die Kontagiosität, die Populationsdichte und die Durchmischung einer Population bestimmt. In verschiedenen Populationen kann sie deshalb für denselben Erreger unterschiedliche Werte annehmen. *Beispiele für R_0* Masern 5–18 Keuchhusten (Pertussis) 10–18 Windpocken (Varizellen) 7–14 HIV 2–12
Effektive R	Die effektive Reproduktionsrate berechnet man für eine Population, in der nicht alle Mitglieder für die Infektion empfänglich sind. $R \leq R_0$ Wenn $R > 1$, dann nimmt die Anzahl der Infektionsfälle zu. Wenn $R = 1$, dann bleibt die Anzahl der Infektionsfälle konstant. Wenn $R < 1$, dann nimmt die Anzahl der Infektionsfälle ab. Im Verlauf einer Epidemie (s. Kap. 8.1.3) ist R zu Beginn > 1. Je mehr Personen der exponierten Population die Infektion durchlebt haben, desto stärker sinkt die Anzahl der für die Infektion empfänglichen Personen. Ist dann der kritische Punkt erreicht, bei dem nur noch wenige empfängliche Personen zur Verfügung stehen, sinkt $R < 1$ und die Epidemie kommt zum Stillstand.
„Superspreader"	Einige Individuen zeichnen sich durch ein überdurchschnittlich hohes R_0 bzw. R aus. Dabei spielen bislang unbekannte biologische Merkmale und/oder ein besonderes Verhalten eine Rolle. So war z. B. im Februar 2002 ein einziger Patient in Hongkong für den Beginn der SARS-Epidemie verantwortlich, indem er in einem Hotel mindestens 10 Personen ansteckte (durchschnittliche R_0 für SARS: 2–3).
Herdenimmunität	Als Herdenimmunität (*Herd Immunity*) bezeichnet man einen Effekt innerhalb einer Population (der „Herde"), der dann entsteht, wenn dort eine durch Impfung erzeugte oder durch Infektion erworbene Immunität gegen einen Krankheitserreger so weit verbreitet ist, dass in der Population auch nicht-immune Personen geschützt sind, da der Erreger sich nicht weiter ausbreiten kann.

Wichtige Begriffe im Rahmen einer Epidemie sind:

- *Inkubationszeit* (Kap. 8.1.1): Sie kann einen wichtigen Hinweis auf den (noch unbekannten) Infektionserreger einer Epidemie geben.

- *Attackrate (Kontagionsindex)*: Sie beschreibt das Verhältnis von neu infizierten Personen bezogen auf alle exponierten Personen. Durch sie lassen sich Hinweise auf die Kontagiosität und damit die Identität des Infektionserregers gewinnen.

- *Basale Reproduktionsrate* (s. Kap. 8.1.2)

- *Epidemiekurve*: Sie zeigt den zeitlichen Verlauf der Anzahl an Fällen während einer Epidemie in Form einer graphischen Darstellung. Ein typisches Beispiel ist die Darstellung der saisonalen Influenzaepidemie (s. Abb. 8.2).

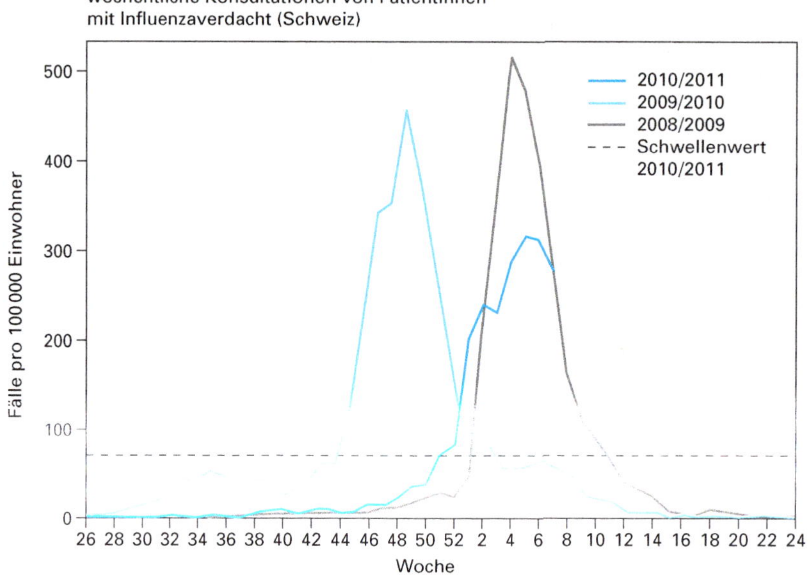

Abb. 8.2: Epidemiekurven der saisonalen Influenzaepidemien in der Schweiz in den Zeiträumen 2008/2009, 2009/2010 und 2010/2011. Dargestellt ist die Zahl der wöchentlichen ärztlichen Konsultationen von Patienten mit Influenzaverdacht. Eingezeichnet ist darüber hinaus der errechnete saisonale Influenza-Schwellenwert für den Zeitraum 2010/2011 (Quelle: Bundesamt für Gesundheit BAG).

Die Form der *Epidemiekurve* kann einen Hinweis auf die Art der Quelle und den Übertragungsweg geben. Zudem kann in manchen Fällen („Common source" mit Punktquelle, s. u.) aus der Epidemiekurve die Inkubationszeit des Infektionserregers errechnet werden, was dann wiederum Rückschlüsse auf die Art des Infektionserregers erlaubt (s. Abb. 8.3). Eine Epidemie, die von einer spezifischen Infektionsquelle ausgeht und nicht zusätzlich von Person zu Person übertragen wird, wird als *Common-source-Epidemie* bezeichnet. Sie kann entweder durch eine einmalige oder auch durch wiederholte Exposition hervorgerufen werden. Bei einer einmaligen Exposition spricht man

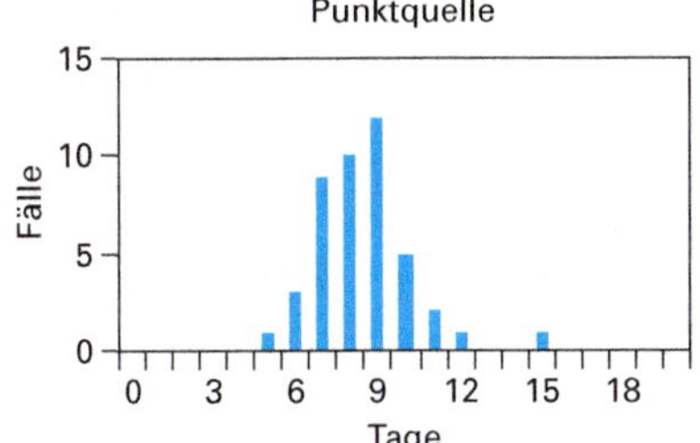

Common source-Epidemie mit Punktquelle
Beispiel: Kartoffelsalat bei einem Büffet.
Die Zeit zwischen der Exposition (Tag 0 = Büffet) und dem Gipfel der Epidemie (Tag 9) entspricht der durchschnittlichen Inkubationszeit.

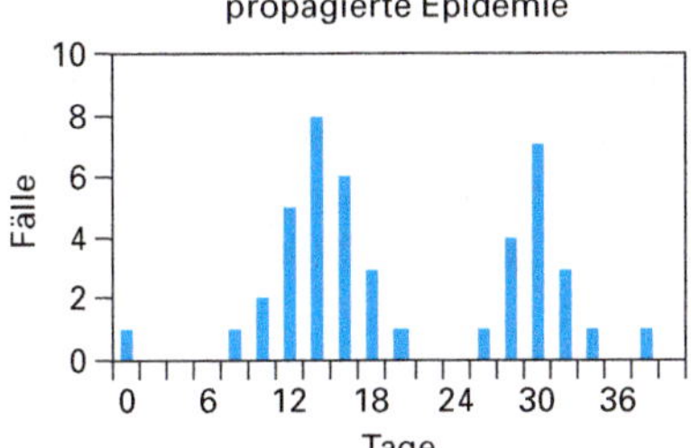

Propagierte Epidemie
Beispiel: Kinderkrankheiten wie Röteln, Masern
Ein Indexfall (Tag 0, erster Fall und Ausgangspunkt der Epidemie) führt zu einer ersten Welle von Fällen. Diese stecken weitere Personen an, was zu einer zweiten (und evtl. dritten Welle etc.) führt. Ein solches Bild wird bei Infektionskrankheiten beobachtet, die direkt von Person zu Person übertragen werden und hoch kontagiös sind. Die Inkubationszeit ergibt sich aus der Zeitdifferenz zwischen dem Indexfall und dem Gipfel der ersten Welle bzw. zwischen den Gipfeln zweier Wellen.

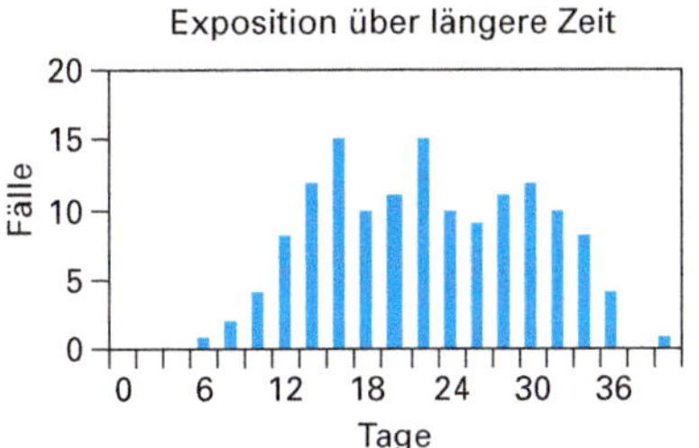

Common source-Epidemie mit verlängerter Exposition
Beispiele: kontaminierte Wasserquelle
Ist eine Ansteckungsquelle über längere Zeit aktiv, so ergibt sich eine langgestreckte Kurve. Jedoch kann bei bekanntem Erreger die aus der Literatur ersichtliche durchschnittliche Inkubationszeit bei der Identifikation der Quelle behilflich sein. Die Quelle musste zur Zeit des ersten Falles abzüglich der kürzesten Inkubationszeit bereits aktiv gewesen sein.

Abb. 8.3: Beispiele verschiedener Epidemiekurven (Quelle: Bundesamt für Gesundheit BAG).

von einer *Point-source-Epidemie* (Epidemie mit Punktquelle), bei wiederholter Exposition von *Extended epidemic* (Epidemie mit verlängerter Exposition). In beiden Fällen lässt sich die „Attackrate" (s. o.) berechnen. Falls Infektionen zu verschiedenen Zeitpunkten auftreten und von Person zu Person übertragen werden, spricht man von *Propagated-source-Epidemien* (propagierte Epidemie; Beispiel: Masern-Epidemie).

Epidemieabklärung

Damit die Ausbreitung einer Epidemie möglichst früh in ihrem Verlauf gestoppt oder eingeschränkt werden kann, müssen Infektionserreger, Quelle und Übertragungsweg ermittelt werden. Basierend auf diesen Kenntnissen werden dann Kontrollstrategien formuliert und umgesetzt. Ein weiterer wichtiger Punkt ist die laufende und angemessene Information der Öffentlichkeit. Die Web-Tab. 8.1.1 auf unserer Lehrbuch-Homepage zeigt die von den *Centers for Disease Control and Prevention* (CDC, Atlanta, USA) entwickelten und empfohlenen allgemeinen Schritte im Rahmen einer Epidemie-Abklärung. Im individuellen Fall werden diese Schritte nicht immer präzise entsprechend dieser Reihefolge ausgeführt. Je nach Situation ist ein paralleles Vorgehen angezeigt, oder es müssen Schritte wiederholt werden.

Die *Zuständigkeit für eine Epidemieabklärung* liegt grundsätzlich bei den Gesundheitsbehörden und damit in der Hand des Staates und seiner Organe. Dies ist wichtig, da unter Umständen beachtliche finanzielle und gesundheitsschädigende Folgen aus einer Epidemie entstehen können. Darüber hinaus sind im Rahmen der Kontrollstrategien eventuell notwendige Verbote und andere freiheitseinschränkende Maßnahmen zu treffen. Die Behörden können die Aufgabe einer Epidemieabklärung aber auch delegieren. So wird die Abklärung einer nosokomialen Epidemie (d. h. einer Epidemie, die von einem Krankenhaus oder einer Pflegeeinrichtung ausgeht, s. Kap. 8.3.2) in der Regel durch die lokalen Verantwortlichen für Infektionskontrolle durchgeführt. In Deutschland ist das *Robert Koch-Institut* (RKI) die zentrale Einrichtung der Bundesregierung auf dem Gebiet der Krankheitsüberwachung und -prävention. Die Zuständigkeit für den Infektionsschutz liegt jedoch bei den einzelnen Bundesländern. Daher kann das RKI z. B. für den Epidemie-Fall nur mobile Teams bereithalten, die vor Ort auf Einladung der Länder unterstützend tätig sein können.

Einige Infektionserreger verursachen regelmäßig wiederkehrende Epidemien. Typische Beispiele hierfür sind die saisonalen Epidemien durch respiratorische Viren (Influenzaviren, *Respiratory Syncytial Virus* etc.). Die Regelmäßigkeit dieser Epidemien erlaubt Voraussagen für den weiteren Verlauf und somit die rechtzeitige Einleitung von Kontrollstrategien (Beispiel: jährliche Impfung gegen Influenza).

Internet-Ressourcen

Auf unserer Lehrbuch-Homepage (**www.public-health-kompakt.de**) finden Sie Hinweise auf weiterführende Literatur, zusätzliche Abbildungen und Tabellen sowie Links zu den erwähnten Institutionen (z. B. zu den *Centers for Disease Control and Prevention in den USA*).

8.2 Überwachung

8.2.1 Ziele der Überwachung

Überwachung oder *Surveillance* definieren die amerikanischen *Centers for Disease Contro and Preventionl* (CDC, Atlanta, USA) als „kontinuierliche, systematische Erfassung und Interpretation von Gesundheitsdaten, die für die Planung, Implementierung und Evaluation von Public-Health-Maßnahmen unerlässlich sind". Das Hauptziel eines solchen Überwachungssystems ist es, systematische Veränderungen der Neuerkrankungsraten (*Inzidenzen*) bei bestimmten Krankheiten zu erkennen, um dann adäquate Kontrollstrategien einzuleiten. Besonders wichtig ist zudem die frühzeitige Veröffentlichung der erhobenen und analysierten Daten.

8.2.2 Gesetzliche Grundlagen und Rahmenbedingungen

Die weltweite Überwachung von Infektionskrankheiten geschieht über spezifische nationale und internationale Melde- und Informationssysteme. Die passenden Links zu den entsprechenden Internetseiten finden Sie auf unserer Lehrbuch-Homepage.

Robert Koch-Institut (RKI)

In Deutschland ist das Robert-Koch-Institut die zentrale Einrichtung des Bundes auf dem Gebiet der Krankheitsüberwachung und -prävention. Es ist damit auch ein wichtiges Zentrum der anwendungs- und maßnahmenorientierten biomedizinischen Forschung. Seine Kernaufgaben sind die Erkennung, Verhütung und Bekämpfung von Krankheiten, wobei der Schwerpunkt auf den Infektionskrankheiten liegt. Das RKI berät die zuständigen Bundesministerien, insbesondere das *Bundesministerium für Gesundheit* (BMG) und unterstützt die entsprechenden Institutionen bei der Entwicklung von Normen und Standards in diesem Bereich. Es informiert und berät die Fachleute ebenso wie die breite Öffentlichkeit. Im Hinblick auf das Erkennen von gesundheitlichen Gefährdungen und Risiken nimmt das RKI eine zentrale „Antennenfunktion" im Sinne eines Frühwarnsystems wahr.

Bundesamt für Gesundheit (BAG)

In der Schweiz ist die Bekämpfung übertragbarer Krankheiten, die eine Gefährdung der öffentlichen Gesundheit darstellen, Aufgabe der Abteilung *Übertragbare Krankheiten* des Bundesamts für Gesundheit. Das BAG arbeitet dabei eng mit den Kantonen, den internationalen Gesundheitsbehörden und weiteren Partnern zusammen. Im Rahmen dieser Aufgabe überwacht es das Auftreten übertragbarer Krankheiten, legt Präventions- und Kontrollstrategien fest, erlässt Weisungen, bereitet Verordnungen und Gesetze vor, erarbeitet Empfehlungen für die Ärzteschaft und die Bevölkerung und publiziert regelmäßig Berichte zur aktuellen epidemiologischen Situation.

World Health Organization (WHO)

Bei der internationalen Überwachung spielt die *WHO* eine zentrale Rolle. Sie leitet globale wissenschaftliche Netzwerke, wie das *Global Influenza Surveillance Network*. Die dort erhobenen Daten zu den aktuell zirkulierenden Influenzaviren-Subtypen werden beispielsweise als Grundlage für die Empfehlung der Zusammensetzung des Influenzaimpfstoffes der nächsten Saison benötigt.

International Health Regulations (IHR)

Die gesetzliche Basis für die internationale Autorität der WHO im Rahmen der Epidemie-Kontrolle bilden die *International Health Regulations (Internationale Gesundheitsvorschriften)*. Unter diesem Namen wurde 1969 erstmals ein Dokument veröffentlicht, das die obligatorische Meldung der drei wichtigen übertragbaren Krankheiten Cholera, Gelbfieber und Pest empfahl. Es verblieb über Jahre unverändert. Die lang erwartete Revision der IHR wurde u. a. durch die zunehmende Globalisierung (Handel, Tourismus) sowie durch das Auftreten damit zusammenhängender, neuer Bedrohungen für die öffentliche Gesundheit (u. a. die SARS-Pandemie) nötig. Die Arbeiten hieran konnten 2005 abgeschlossen werden. Die neuen IHR wurden anschließend von 194 Ländern unterzeichnet und sind seit 2007 völkerrechtlich bindend. Die WHO hat nun die Möglichkeit, Vorgaben hinsichtlich der Überwachung und der Kontrolle von Ereignissen von internationaler Tragweite zu machen, die die öffentliche Gesundheit bedrohen.

Diese müssen dann von den Mitgliedstaaten umgesetzt werden. Der Schwerpunkt der neuen IHR liegt jedoch vor allem in der Standardisierung der Meldungen von Public Health-Bedrohungen und -Notfällen.

Global Outbreak Alert and Response Network (GOARN)

Um die globalen Antworten auf neue Epidemien (*emerging infections*) schnell und effizient unterstützen und koordinieren zu können, gründete die WHO im Jahr 2000 das *Global Outbreak Alert and Response Network*. GOARN beruht auf der Zusammenarbeit von Hunderten internationaler, interdisziplinärer Teams, welche im Falle einer neuen Epidemie von möglicher globaler Bedeutung ihre Unterstützung anbieten.

European Centre for Disease Prevention and Control (ECDC)

Länderübergreifende europäische Daten werden zudem durch das ECDC publiziert.

Nationale Meldesysteme

In vielen Ländern besteht eine gesetzliche Meldepflicht für definierte übertragbare Krankheiten. Gesetzliche Grundlagen für die Meldesysteme sind in Deutschland das *Infektionsschutzgesetz* und in der Schweiz das *Epidemiengesetz*.

8.2.3 Methodik und Meldesysteme

Das Sammeln von Daten über Infektionserreger und Infektionskrankheiten kann grundsätzlich durch *aktive* oder *passive Überwachung* geschehen. Die *passive Überwachung* beruht auf der Analyse von Daten, welche routinemäßig (und mit unterschiedlicher Systematik) erhoben werden. Bei der *aktiven Überwachung* werden hingegen Daten erhoben, die im täglichen Routinebetrieb nicht systematisch gesammelt werden. Diese Art der Überwachung ist genauer und weniger anfällig für systematische Verzerrungen (*Meldebias*). Allerdings ist sie aufwändiger und wird deshalb gezielter eingesetzt als die passive Überwachung.

Je nach Land werden zusätzlich zu den WHO-meldepflichtigen Erkrankungen bis zu 50 weitere Infektionskrankheiten überwacht. Die schematische Darstellung in Abb. 8.4 verdeutlicht den *Meldeablauf*, der beim Auftreten von meldepflichtigen Erkrankungen in der Schweiz eingehalten werden muss. Meldende Stellen sind die diagnostizierenden ÄrztInnen sowie die Laboratorien. Aufgrund des föderalistischen Schweizer Systems erfolgt die Meldung zuerst an das zuständige Kantonsarztamt, welches die Information an das *Bundesamt für Gesundheit* (BAG) weiterleitet.

Eine Beschreibung des Meldesystems in Deutschland findet sich im *Gesetz zur Verhütung und Bekämpfung von Infektionskrankheiten beim Menschen* im 3. Abschnitt *Meldewesen* (s. Internetquellen auf unserer Lehrbuch-Homepage). Dort sehen Sie auch die Web-Abb. 8.2.1., die als Beispiel den Daten- und Informationsfluss vom und zum Robert Koch-Institut während der EHEC/HUS-Epidemie[25] in Deutschland im Frühjahr 2011 zeigt.

---

[25] EHEC = enterohämorrhagische *Escherichia coli;* HUS = hämolytisch-urämisches Syndrom

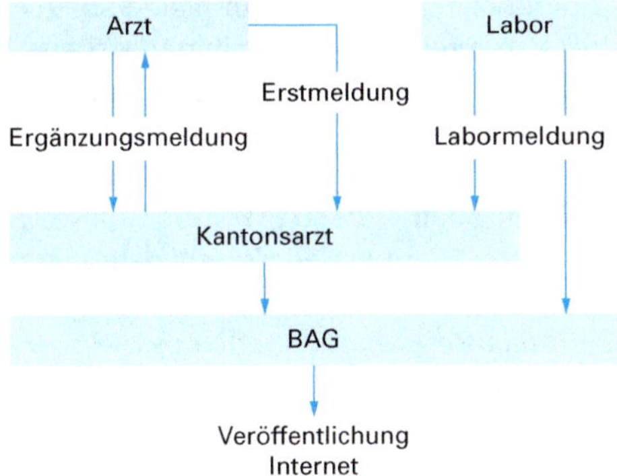

Abb. 8.4: Meldeablauf bei einer meldepflichtigen Infektionskrankheit in der Schweiz. Die Daten laufen beim Bundesamt für Gesundheit (BAG) zusammen, wo sie erfasst, analysiert und schließlich veröffentlicht werden. (Quelle: modifiziert nach Bundesamt für Gesundheit (BAG), Schweiz).

Meldepflichtige Infektionen müssen in einem festgelegten Zeitintervall in vorgegebener Form an die zuständige Stelle gemeldet werden. Die Dringlichkeit einer Meldung richtet sich dabei nach dem Risikopotential der Erkrankung und der Notwendigkeit bzw. Möglichkeit, unverzüglich Kontrollmaßnahmen zu ergreifen. In der Schweiz müssen beispielsweise Infektionskrankheiten wie Anthrax, Diphtherie, SARS und das virale hämorrhagische Fieber innerhalb von 24 Stunden gemeldet werden. Für andere Erkrankungen wie HIV/AIDS, Malaria oder Tuberkulose ist eine Meldung innerhalb von einer Woche vorgegeben (die vollständigen Listen finden sie auf der Homepage des BAG). Zur Meldung werden definierte Meldeformulare benutzt. Bei einigen Infektionskrankheiten erfolgt die Meldung anonym (Beispiel: HIV). Für bestimmte Infektionserreger (z. B. invasive Pneumokokkeninfektion, Tuberkulose) ist nach der Erstmeldung eine Ergänzungsmeldung mit Hilfe eines von den Behörden zugestellten Fragebogens durchzuführen.

Nicht alle Infektionen, die von epidemiologischer Bedeutung sind, sind auch meldepflichtig. Hierfür gibt es verschiedene Gründe. So ist z. B. die umfassende Meldung aller Fälle bei sehr häufigen Infektionskrankheiten, wie etwa Influenza, nicht zweckmäßig. Hier genügt es, über ein so genanntes *Sentinella-System* [sentinel system; von *sentinel* (engl.): Wächter] die Daten zur Inzidenz der Erkrankung in Form einer repräsentativen Stichprobe zu erheben. Die Teilnahme an einem solchen Sentinella-System ist in der Regel freiwillig.

In der Schweiz wurde das **Sentinella-Meldesystem** 1986 ins Leben gerufen. Dem Netzwerk gehören zwischen 150 und 250 ÄrztInnen an, die in der Grundversorgung tätig sind. Dies entspricht etwa 3 % der Allgemeinmediziner, Internisten und Pädiater in der Schweiz. Die Anfrage zur Teilnahme an diesem System geschieht nach statistischen Prinzipien, sodass die teilnehmenden ÄrztInnen eine repräsentative Auswahl darstellen. Die TeilnehmerInnen am Sentinella-Meldesystem senden wöchentlich Daten zu ausgewählten Themen an das Bundesamt für Gesundheit. Klassische Beispiele für Erkrankungen, die über dieses System erfasst werden, sind neben der Virusgrippe (Influenza) auch andere Infektionskrankheiten, die sich durch Impfung verhüten lassen, wie Masern und Mumps. In den letzten Jahren hat sich das Spektrum der über das Sentinella-Netzwerk erhobenen Erkrankungen auch auf nicht-infektiöse Krankheiten (z. B. Suizidversuche, Antibiotikaverschreibung, Depression) ausgedehnt.

Seit 1995 existiert in der Schweiz darüber hinaus auch ein Netzwerk zur Erfassung von wichtigen, aber seltenen pädiatrischen Infektionskrankheiten, die **Swiss Paediatric Surveillance Unit** (SPSU). Überwachte Themen sind hier z. B. die „akute schlaffe Lähmung", und das „konnatale Rötelnsyndrom". Antibiotikaresistenzen werden in der Schweiz seit 2007 durch das nationale Überwachungssystem **ANRESIS** registriert (den passenden Link finden Sie auf unserer Lehrbuch-Homepage). Auch dieses System beruht auf dem freiwilligen Sentinella-Prinzip. Hier werden Routinedaten von statistisch ausgewählten Mikrobiologielabors gesammelt.

In Deutschland wurde mit der **Antibiotika-Resistenz-Surveillance** (ARS) ein repräsentatives, flächendeckendes System zur Überwachung von Antibiotika-Resistenzen eingerichtet, das sowohl die stationäre Krankenversorgung als auch den Sektor der ambulanten Versorgung einbezieht. Auf diese Weise werden aussagekräftige Daten zur Epidemiologie der Antibiotika-Resistenz in Deutschland gewonnen. Insbesondere können die Daten nun auch differenziert im Hinblick auf bestimmte Strukturmerkmale der Krankenversorgung und auf die regionale Verteilung betrachtet werden. ARS wurde als laborgestütztes Surveillancesystem zur kontinuierlichen Erhebung von Daten konzipiert, das Daten zum gesamten Spektrum klinisch relevanter bakterieller Erreger aus dem Routinebetrieb der Krankenversorgung sammelt. Projektteilnehmer und damit Datenlieferanten sind Laboratorien, die Proben aus medizinischen Versorgungseinrichtungen und Arztpraxen mikrobiologisch untersuchen.

Internet-Ressourcen

Auf unserer Lehrbuch-Homepage (**www.public-health-kompakt.de**) finden Sie Hinweise auf weiterführende Literatur und Links zu den erwähnten Institutionen.

* In der Schweiz werden die gesammelten Überwachungsdaten auf der Webseite des *Bundesamts für Gesundheit* veröffentlicht und zudem im wöchentlichen Bulletin des BAG publiziert.

* In Deutschland werden die Daten der Öffentlichkeit vom *Robert Koch-Institut* zur Verfügung gestellt.

8.3 Epidemiologie wichtiger Infektionskrankheiten

8.3.1 Mortalität und Morbidität infolge von Infektionskrankheiten

Weltweit verursachen Infektionskrankheiten etwa 25 % aller Todesfälle (vgl. Kap. 9.1). Vier der zehn häufigsten Todesursachen sind Infektionen. Die relative Verteilung der zehn wichtigsten Todesursachen weltweit variiert jedoch in Abhängigkeit von der geografischen Lage und dem Lebensstandard der Menschen. So sterben in *Low income-Ländern* jährlich über 1 Mio. Menschen (11 % der Todesfälle) an Infektionen der unteren Luftwege und 760.000 Personen (8 %) an Durchfallerkrankungen. In *High-income-Ländern*, wo ischämische kardiovaskuläre Erkrankungen (s. Kap. 7.1) und Lungenkrebs (s. Kap. 7.2) als Todesursachen im Vordergrund stehen, sind Pneumonien nur für 4 % der Todesfälle verantwortlich. Pneumonien und Durchfallerkrankungen sind global gesehen auch die wichtigsten Gründe für Morbidität. Die hierdurch hervorgerufene geschätzte Krankheitslast beträgt 11 % der weltweit verlorenen gesunden Lebensjahre, ausgedrückt DALYs (s. Web-Tab. 9.1.1 auf unserer Lehrbuch-Homepage). HIV/AIDS und Tuberkulose gehören ebenfalls zu den häufigsten Todesursachen. Besonders betroffen ist hier die Subsahara-Region in Afrika. Dort hat die HIV/AIDS-Pandemie in den letzten 20 Jahren zu einer massiven Senkung der Lebenserwartung geführt.

Die Mehrheit der Todesfälle durch Infektionskrankheiten bei Kindern ereignet sich in der Gruppe der unter 5-Jährigen in Entwicklungsländern. In dieser Altersgruppe haben akute respiratorische Infektionen und Durchfallerkrankungen den größten Einfluss auf die Gesamtmorbidität und -mortalität (s. Tab. 9.3). Zusammen mit Geburtskomplikationen und Malariainfektionen tragen diese Infektionen zu drei Viertel der Todesfälle bei. So sind z. B. über 40% der an einer Pneumonie verstorbenen Patienten Kinder unter 5 Jahren, hiervon leben 95% in den so genannten Entwicklungsländern.

8.3.2 Global bedeutende Infektionskrankheiten am Beispiel von Malaria und HIV/AIDS

Malaria

Die Malaria gehört zu den häufigsten Infektionskrankheiten weltweit. Jährlich werden über 200 Mio. Menschen infiziert, über 800.000 Personen sterben daran pro Jahr. Letzteres sind zu 80% Kinder aus Subsahara-Afrika. Der Erreger ist ein Parasit, der durch Anopheles-Mücken übertragen wird (s. Kap. 8.3.4). Diese Mücken sind in den meisten tropischen Regionen endemisch. Die höchste Morbidität und Mortalität ruft *Plasmodium falciparum* hervor, das für 90% der Malariainfektionen weltweit verantwortlich ist. Der zweithäufigste Malaria-Erreger ist *Plasmodium vivax*, der vor allem in Asien, Südamerika und im Westpazifik vorkommt. Infektionen durch diesen Erreger zeigen in der Regel einen gutartigen klinischen Verlauf. Seltenere Malaria-Erreger sind *Plasmodium ovale*, *Plasmodium malariae* und *Plasmodium knowlesi*.

Die wichtigen Pfeiler der **Malariaprävention** sind

- die *Expositionsprophylaxe* (s. a. Kap. 8.4.3) durch Mückenschutz, wie z. B. deckende Kleidung, topische Repellentien (Abwehrstoffe, Vergrämungsmittel) und mit Insektizid imprägnierte Moskitonetze
- die *Chemoprophylaxe* gegen Malaria in Form einer medikamentösen Dauerprophylaxe

Abb. 8.5 gibt einen Überblick über die aktuelle Verbreitung der Malaria sowie über die empfohlenen Möglichkeiten der Chemoprophylaxe. Für Aufenthalte in vielen afrikanischen Ländern, in Papua-Neuguinea und einem Teil von Indonesien wird eine Prophylaxe mit Mefloquin, Atovaquon/Proguanil oder Doxycyclin empfohlen. In anderen Gebieten mit niedriger Malariaverbreitung wird eine Selbstmedikation als Notfalltherapie bei Auftreten von klassischen Symptomen wie hohes Fieber, Kopf- und Gliederschmerzen empfohlen. Reisende, die eine Malaria entwickeln, haben häufig die Empfehlungen zur Expositions- und Chemoprophylaxe nicht befolgt. Dieses Risiko ist besonders hoch bei MigrantInnen, die ihre einheimischen Verwandten in tropischen Ländern besuchen (*Visiting Friends and Relatives*).

Malaria ist eine wichtige Ursache für unklare Fieberzustände (*Status febrilis*) nach der Rückkehr aus den Tropen. Die ersten Symptome treten klassischerweise zwischen einer und vier Wochen nach Exposition auf. Die Wahrscheinlichkeit einer *Plasmodium falci-*

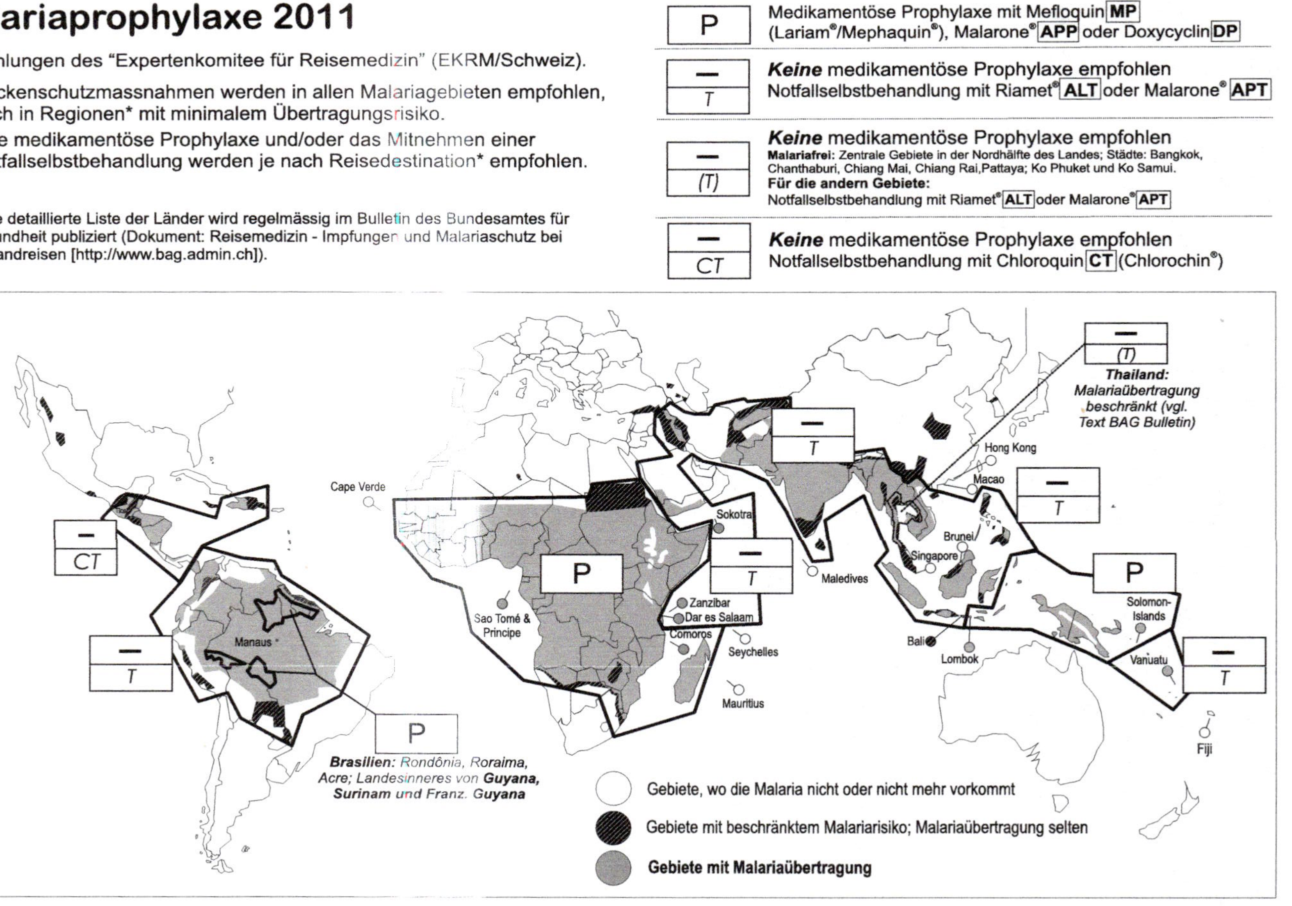

Abb. 8.5: Malariagebiete und die für 2011 empfohlene Prophylaxemöglichkeiten des Experten-komitees für Reisemedizin (EKRM/Schweiz) (Quelle: Beck, Tropenmedizin und Reisemedizin am Bellevue, Zürich).

parum-Infektion ist v. a. in den ersten vier Wochen nach der Rückkehr hoch. Bei einer Vivax-Malaria ist der Symptombeginn oft später (s. a. Kap. 8.3.6).

HIV/AIDS und Tuberkulose

Die ersten AIDS-Fälle wurden 1981 bei homosexuellen Männern in den USA beschrieben. Erreger ist das Humane Immundefizienz-Virus (*human immunodeficiency virus, HIV*). Die Tuberkulose (Erreger: v. a. *Mycobacterium tuberculosis*) ist dagegen eine Erkrankung, die den Menschen schon in prähistorischer Zeit befiel. Beide Erkrankungen treten heute in vielen Regionen gemeinsam auf. Die HIV-Infektion erhöht das Risiko, sich mit Tuberkulose zu infizieren. Da die Prävalenzen beider Infektionskrankheiten vor allem in den Entwicklungsländern hoch sind, ist dort auch der Anteil an Patienten, die an beiden Krankheiten leiden, sehr hoch. Im Jahre 2009 waren weltweit 12 % der 9,4 Mio. Menschen, die neu an Tuberkulose erkrankten, auch mit HIV infiziert. Achtzig Prozent dieser co-infizierten PatientInnen lebten in Afrika. Im selben Jahr war die Tuberkulose Ursache für 26 % der HIV-assoziierten Todesfälle. Auf unserer Lehrbuch-Homepage finden Sie eine WHO-Karte, die die HIV-Prävalenz bei neuen Tuberkulose-Fällen im Jahr 2009 zeigt (s. Web-Abb. 8.3.1).

Anders als in Subsahara-Afrika, wo diese Krankheiten zu generalisierten Epidemien führten, betreffen sie in Europa und Nordamerika v. a. bestimmte Risikopopulationen. Die Tuberkulose wird insbesondere bei ImmigrantInnen aus Afrika und Osteuropa bzw. bei immunsupprimierten PatientInnen diagnostiziert. In der Schweiz ist die Zahl an neuen HIV-Infektionen infolge heterosexueller Kontakte oder intravenösem Drogenabusus seit Ende der 1990er Jahre stabil. Ab 2004 beobachtete man hier jedoch einen leichten Anstieg bei den Ansteckungen durch homosexuellen Kontakt, der sich inzwischen allerdings wieder zu stabilisieren scheint (Abb. 8.6). In Deutschland stieg die Zahl an Neuinfektionen Anfang des letzten Jahrzehnts nach Jahren des Rückgangs wieder deutlich an. Seit 2007 hat sich der Anstieg jedoch sichtbar verlangsamt. Insgesamt wurden im Jahr 2010 in Deutschland 2.918 neue HIV-Infektionen diagnostiziert.

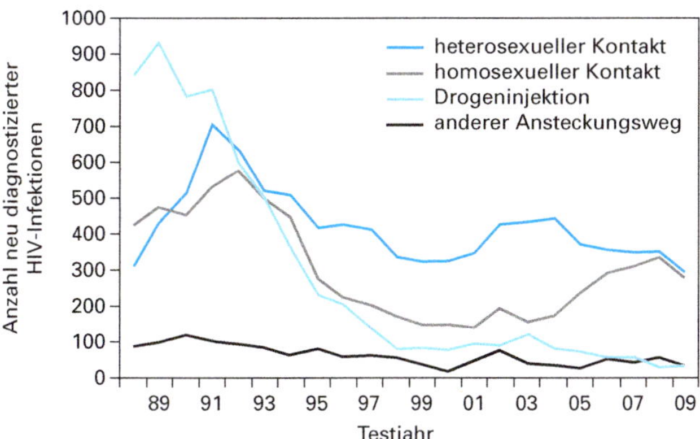

Abb. 8.6: Anzahl der neu diagnostizierten HIV-Infektionen in der Schweiz in den Jahren 1989 bis 2009, unterschieden nach verschiedenen Ansteckungswegen. Es handelt sich hierbei um statistische Schätzungen auf der Grundlage von Labor- und Arztmeldungen. (Quelle: Bundesamt für Gesundheit [BAG], Schweiz)

Die seit 1996 zur Verfügung stehende *kombinierte antiretrovirale Therapie* (ART; s.a. Kap. 8.4.2) hat die HIV-assoziierte Mortalität in den industrialisierten Ländern erheblich reduziert. In Subsahara- Afrika, wo zwei Drittel der HIV-infizierten Menschen leben, wurde die ART nur zögernd ab 2001 eingeführt. Knapp zehn Jahre später bekommen immer noch weniger als 50 % der Patienten, die dringend eine Therapie brauchen, diese auch tatsächlich. Infolge der HIV-Pandemie ist die Lebenserwartung in vielen Ländern des südlichen Afrikas stark gesunken. Die katastrophalen finanziellen und sozialen Konsequenzen dieser Pandemie sind für weite Teile Afrikas noch nicht absehbar. Ohne Zweifel werden HIV und Tuberkulose in den nächsten Jahrzehnten weiterhin im Vordergrund der internationalen Public-Health-Bemühungen bleiben.

8.3.3 Neue Infektionskrankheiten

Im Jahr 1969 verkündete William Stuart, der Leiter der *United States Public Health Services*: „Es ist Zeit, die Bücher über Infektionskrankheiten zu schließen." Diese Aussage spiegelt die großen Errungenschaften bei der Prävention und Behandlung von Infektionskrankheiten in der ersten Hälfte des 20. Jh. wider, wie z.B. die Einführung von verbesserten Hygienemaßnahmen (sanitäre Einrichtungen, Verbesserung der Wasserqualität etc.), die Entdeckung von Antibiotika und die Einführung von Impfungen. Im Nachhinein zeigte sich jedoch, dass diese Einschätzung zu optimistisch war. Seither sind zahlreiche neue Infektionskrankheiten wie etwa HIV/AIDS (s. Kap. 8.3.2) aufgetreten, es kam zu einer erneuten Zunahme von bekannten Infektionen wie etwa der Tuberkulose oder des Denguefiebers. Auch die steigende Zahl der Antibiotikaresistenzen (s. Kap. 8.3.6) hat deutlich gezeigt, dass sich Infektionserreger dank der ständigen Veränderung ihrer genetischen Merkmale (Evolution) unseren Kontrollmaßnahmen entziehen können.

Der Begriff der **neuen Infektionskrankheiten** (*Emerging Infections*) umfasst neue, bisher unbekannte Infektionen, neue Varianten einer bekannten Infektion sowie wieder neu auftretende Infektionskrankheiten mit hohem epidemischem oder endemischem Potential. Abb. 8.7 zeigt die wichtigsten Faktoren, die zu einer Zu- bzw. Abnahme von Infektionskrankheiten führen.

Die meisten neuen oder wieder neu auftretenden Infektionskrankheiten sind vektorübertragene Erkrankungen, wie die Lyme-Borreliose, die Malaria, das Dengue-Fieber und Chikungunya, sowie Zoonosen wie SARS, Vogelgrippe und Ebola (s. Kap. 8.3.4). Die Entstehung solcher Infektionskrankheiten wird vor allem durch die sozioökonomischen und ökologischen Faktoren beeinflusst, die an einem Ort herrschen. Die zunehmende Migration, die Ausbreitung städtischer Lebensformen und andere Veränderungen in der Umwelt der Menschen ermöglichten es Bakterien und Viren, sich noch besser an den Menschen anzupassen. Sie erhöhen entweder die Empfindlichkeit des Menschen für bestimmte Krankheitskeime, oder sie steigern die Wahrscheinlichkeit der Exposition gegenüber einem Mikroorganismus bzw. dessen Übertragung (*Transmission*). Ein Beispiel dafür ist die Zunahme von bakteriellen Infektionskrankheiten in den industrialisierten Ländern. Hier führten die Verbesserungen der medizinischen Technik zu einem Anstieg der Lebenserwartung in der Bevölkerung allgemein, insbesondere jedoch zu einer erhöhten Überlebensrate von chronisch kranken und immunsupprimierten Patienten. Dadurch erhöhte sich auch die Zahl der für bakterielle Infekte empfindlichen Personen.

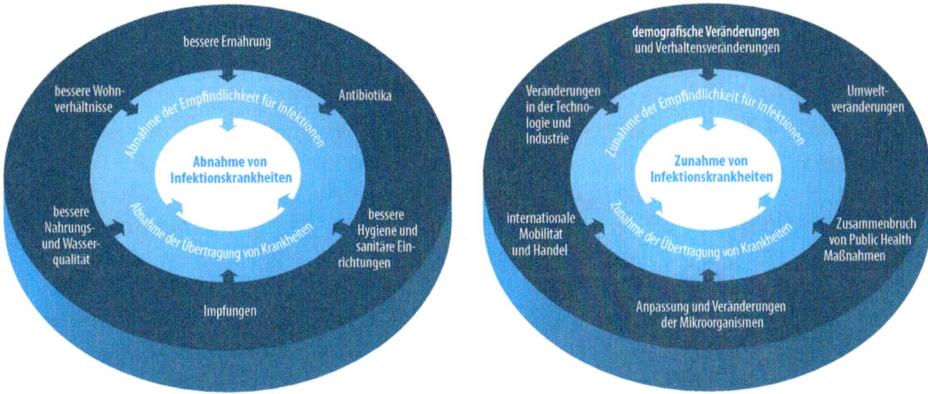

Abb. 8.7: Faktoren, die zu einer Ab- bzw. Zunahme von Infektionskrankheiten führen. Die Bedingungen, die zu einer Zunahme von Infektionskrankheiten führen, begünstigen das Auftreten von neuen Infektionskrankheiten (Emerging Infections). (Quelle: modifiziert nach Cohen ML. Changing patterns of infectious disease. Nature 2000; 406: 762–767)

Die durch die Globalisierung bedingte Zunahme der Reisetätigkeit und des internationalen Austauschs hat sowohl die Geschwindigkeit als auch das Ausmaß der Verbreitung von Mikroorganismen massiv gefördert (s. Kap. 8.3.7). Dies hat zu einem Anstieg der Zahl an Krankheitsausbrüchen bei verschiedenen Infektionserkrankungen geführt. Eine globale, gemeinsame Public-Health-Antwort auf dieses Phänomen ist zwingend nötig, um die Anzahl und Dauer dieser Epidemien sowie deren Konsequenzen kontrollieren zu können. Die beiden wichtigsten Beispiele neuer Infektionskrankheiten sind HIV/AIDS (s. Kap. 8.3.2) und SARS.

SARS

Am 13.03.2003 teilte die WHO ihren Verdacht mit, dass sich eine neue, hochgradig ansteckende Infektionserkrankung ausbreitete, die man später als **SARS** (*Severe Acute Respiratory Syndrome*, Schweres Akutes Atemwegssyndrom) bezeichnete. SARS nahm als Infektion beim Menschen seinen Ursprung in der chinesischen Provinz Guandong. Seine weltweite Verbreitung startete mit der Reise eines bereits erkrankten Arztes nach Hongkong. Bei dessen Aufenthalt in einem Hotel infizierte er dort mindestens 10 Personen, die die Infektion anschließend nach Vietnam, Singapur, in die USA, nach Kanada und Irland exportierten. Der Arzt (Indexfall) war demnach ein sog. *Superspreader* („Superverbreiter", s. Tab. 8.3), da die durchschnittliche basale Reproduktionsrate R_0 später nur auf 3 geschätzt wurde. Zwischen November 2002 und Juni 2003 kam es weltweit zu insgesamt 8.456 SARS-Fällen mit einer geschätzten Letalität von 9–10 %. Als Erreger wurde innerhalb weniger Monate ein neuartiges Coronavirus identifiziert, dessen Reservoir wahrscheinlich Wildkatzen sind. Dank rascher, rigoroser internationaler Kontrollmaßnahmen, die vorwiegend eine Expositionsprophylaxe beinhalteten (s. Kap. 8.4.3), konnte die Weiterverbreitung von SARS gestoppt werden.

8.3.4 Zoonosen und vektorübertragene Infektionskrankheiten

Zoonosen sind Infektionen, die auf natürliche Weise zwischen Wirbeltieren und Menschen übertragen werden. *Vektorübertragene Infektionskrankheiten* sind Krankheiten, die durch einen lebenden Vektor (Träger; häufig: Insekten) auf den Menschen übertragen werden. Bei einigen Infektionen ist sowohl ein Wirbeltier als auch ein Vektor am Übertragungszyklus (Transmissionszyklus) beteiligt. In diesem Fall sind sowohl Mensch als auch Tier Hauptwirte[26] (z. B. bei der Schlafkrankheit), oder der Mensch ist – wie etwa bei der Pest – nur als akzidenteller Wirt (Fehlwirt, Gelegenheitswirt) betroffen.

Einige der Zoonosen und vektorübertragenen Infektionskrankheiten, wie die Malaria (s. Kap. 8.3.2) und das Dengue-Fieber, gehören zu den häufigsten Infektionserkrankungen weltweit. Das Interesse an Zoonosen und vektorübertragenen Infektionen hat seit dem Ende des 20. Jh. wieder zugenommen, da der überwiegende Anteil von neu entdeckten oder erneut auftretenden Infektionen (*Emerging Infections*) ihren Ursprung in der Tierwelt haben. Viele dieser Infektionskrankheiten gehören auch zu den so genannten *Neglected Tropical Diseases* (NTDs). Dies sind Krankheiten, die vor allem in nicht industrialisierten Ländern endemisch sind und dort in den armen Bevölkerungsgruppen eine hohe Krankheitslast verursachen. Auf unserer Lehrbuch-Homepage zeigt Web-Abb. 8.3.2 die geographische Verteilung der wichtigsten NTDs. Da sie in den industrialisierten Ländern praktisch nicht vorkommen, wurden diese Krankheiten lange Zeit von der internationalen Gemeinschaft vernachlässigt. Heute unterstützen die WHO und andere Organisationen Initiativen gegen NTDs. Die globale Kontrolle der NTDs ist ein wichtiger Beitrag zur Bekämpfung der Armut und ein notwendiger Schritt zur Erreichung der „Millenium-Entwicklungsziele" (s. Kap. 9.3.1).

Zahlreiche virale, bakterielle und parasitäre Infektionskrankheiten sind Zoonosen oder vektorübertragene Infektionskrankheiten. Zoonosen sind geographisch recht unterschiedlich verteilt. Auch in gemäßigten Klimazonen und in industrialisierten Ländern spielen sie eine bedeutende Rolle. Auf unserer Lehrbuch-Homepage finden Sie in Web-Tab. 8.3.1 die Erreger und Wirte von Tollwut, Toxoplasmose, Milzbrand und anderen weltweit wichtigen Zoonosen. Anders als Zoonosen kommen vektorübertragene Parasiten hingegen häufiger in tropischen Gebieten und in nicht industrialisierten Ländern vor. Zu den wichtigsten vektorübertragenen Infektionskrankheiten gehören die Malaria, die Schlafkrankheit, die Leishmaniose, das Dengue-Fieber und die Borreliose (s. Web-Tab. 8.3.2 auf unserer Lehrbuch-Homepage).

Durch Zecken übertragene Krankheiten

Während in tropischen Ländern Stechmücken die häufigsten Vektoren sind, überwiegen in Europa und Nordamerika Zecken als Überträger. Zecken sind u. a. für die Transmission von verschiedenen Arboviren, Borrelien und Rickettsien verantwortlich. Die Arthropoden halten sich überwiegend in hohen Gräsern, im Gestrüpp oder im Unterholz auf. Wenn ein potentieller Wirt sie streift, heften sie sich an seine Haut und übertragen beim Blutsaugen die Krankheitserreger auf Mensch oder Tier. In Europa werden vor

---

[26] **Hauptwirt** (= Endwirt): Lebewesen, das von Parasiten aufgrund der optimalen Entwicklungs- und Vermehrungsbedingungen bevorzugt befallen wird. **Zwischenwirt** (= Intermediärwirt): Organismus, in dem der Parasit seine Entwicklung fortsetzt, ohne geschlechtsreif zu werden

allem die Erreger der Lyme-Borreliose und der Frühsommer-Meningoenzephalitis (FSME) durch Zeckenstiche übertragen.

Die **Lyme-Borreliose** (*Lyme disease*) ist eine durch Borrelien verursachte systemische Infektionskrankheit. In der Regel ist eine antibiotische Behandlung dann erfolgreich, wenn die Diagnose frühzeitig gestellt wird. Das sog. Post-Lyme-Syndrom, das mit chronischer Müdigkeit sowie Muskel- und Gelenkschmerzen einher geht und trotz adäquater Therapie der Borreliose auftreten kann, ist in seiner Entstehung im Detail bislang noch nicht geklärt. Da vereinzelt Borelliose-Patienten trotz adäquater Therapie über persistierende Beschwerden klagen, wurde die Lyme-Borreliose in den letzten Jahren zu einer populären Erklärung für unklare, chronische Beschwerden.

Das **FSME-Virus**, ein Flavivirus, kann beim Menschen zu einem grippalen Syndrom und seltener auch zu einer schweren Infektion des Zentralnervensystems führen. Im Gegensatz zur Lyme-Borreliose, die in Deutschland, Österreich und der Schweiz ubiquitär vorkommt, sind bei der Frühsommer-Meningoenzephalitis spezifische Endemiegebiete bekannt (s. Abb. 8.8). In den letzten 30 Jahren wurde eine kontinuierliche Zunahme der Fallzahlen registriert. Als mögliche Ursache dieses Anstiegs kommt die globale Erwärmung in Frage (s. Kap. 5.5), da sich die Zecken bei höheren Durchschnittstemperaturen besser entwickeln und dadurch auch weiter verbreiten können.

Kontrollmaßnahmen bei Zoonosen und vektorübertragenen Infektionskrankheiten

Die gezielte Kontrolle von Zoonosen und vektorübertragenen Infektionskrankheiten verlangt detaillierte Kenntnisse über die komplexen Interaktionen zwischen Menschen, Wirbeltieren, Insekten und Mikroorganismen. Zur Bekämpfung von Zoonosen und vektorübertragenen Infektionen bieten sich neben den Maßnahmen am Menschen auch Maßnahmen zur Kontrolle des Tierreservoirs bzw. Vektor-Kontrollmaßnahmen an.

Beispiele für solche Programme sind

- die Verbreitung von Insektizid-imprägnierten Moskitonetzen gegen Malaria in Afrika (s. Kap. 8.3.2).

- die Maßnahmen zur Verminderung der Aedes-Mückenlarvengewässer und das Einsetzen von Larviziden sowie larvenfressenden Fischen zur Bekämpfung des Denguefiebers in Zentral- und Südamerika

- die Anpassung der Umgebung, z.B. das Roden von Waldrändern in Ostafrika, um eine Distanz zwischen den Wohngebieten und den im Wald lebenden Tsetsefliegen zu schaffen, die die Trypanosomen (Erreger der Schlafkrankheit) übertragen

- die Programme zur Bekämpfung von Salmonelleninfektionen bei Hühnern in Europa

Die Existenz mehrerer biologischer Reservoire ist ein großes Hindernis für die Ausrottung (*Eradikation*) von Zoonosen und vektorübertragenen Infektionskrankheiten. Die Durchführung von Kontrollmaßnahmen verlangt hier eine enge Zusammenarbeit zwischen den verschiedenen Experten für Umweltwissenschaften sowie für Infektionskrankheiten bei Mensch und Tier. Das Bestreben, eine solche umfassende Zusammenarbeit der Disziplinen herbeizuführen, wird gemäß dem Motto der Initiative „One World-One Medicine-One Health" unter dem Begriff „One health" zusammengefasst.

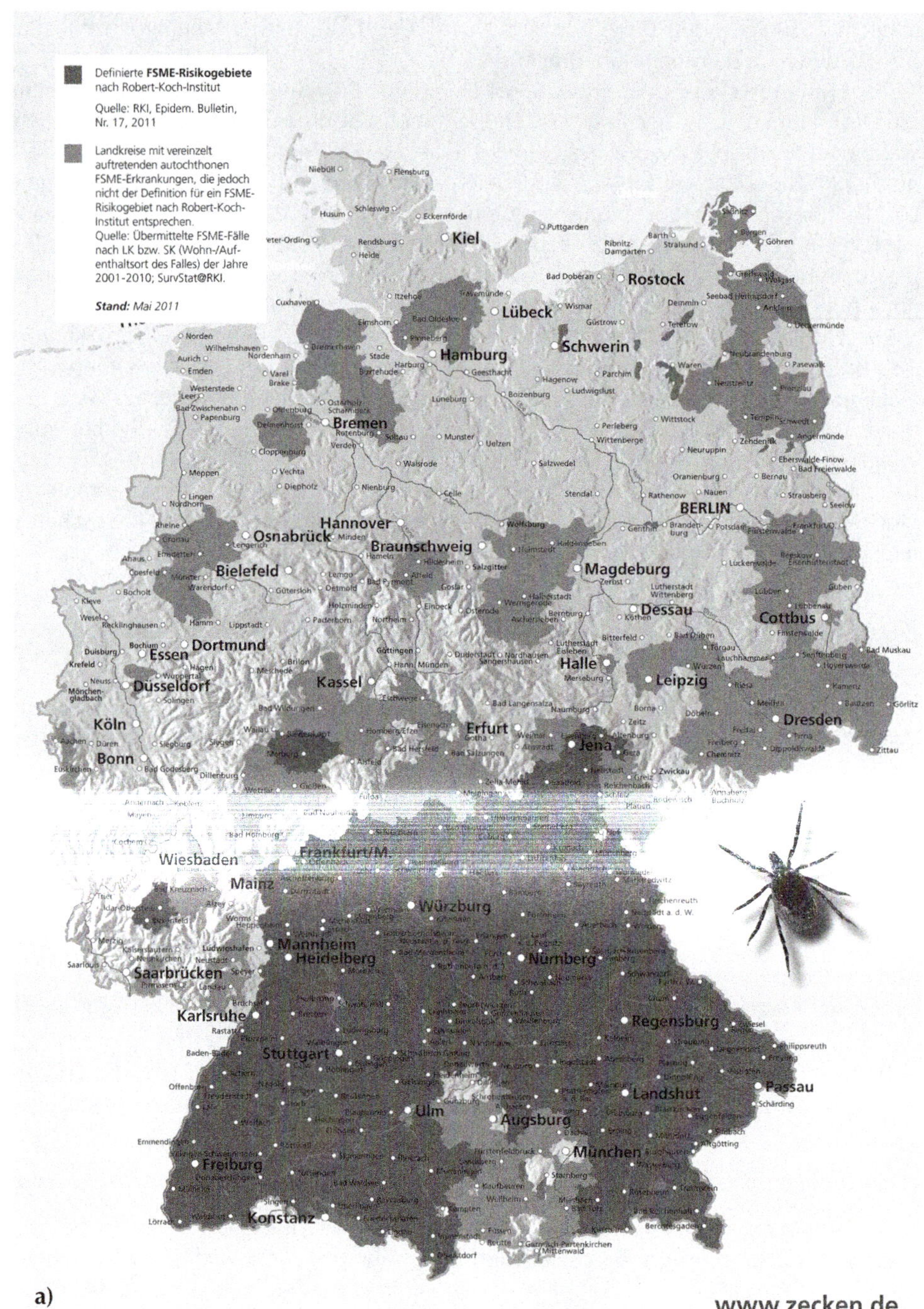

Abb. 8.8: FSME-Risikogebiete in Deutschland (a) (Quellen: www.zecken.de).

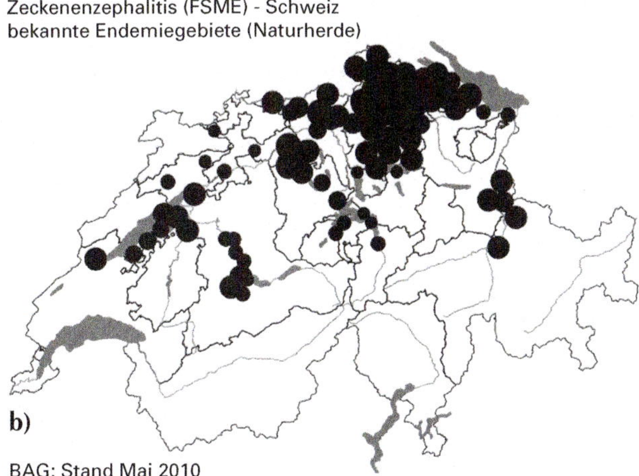

Abb. 8.8: FSME-Risikogebiete in der Schweiz (b) (Quellen: Bundesamt für Gesundheit BAG www. bag.admin.ch/infekt).

8.3.5 Nosokomiale Infektionen

Als *nosokomiale Infektion* (aus dem Altgriechischen von *nósos*: Krankheit und *komein*: pflegen; auf Deutsch: Krankenhausinfektion) bezeichnet man eine Infektion, die in einer Gesundheitseinrichtung erworben wurde. Der Begriff Gesundheitseinrichtung umfasst dabei neben den Akutkrankenhäusern auch die Einrichtungen der Langzeitpflege sowie ambulante Praxen.

Definition

Überwachungsprogramme definieren nosokomiale Infektionen als Infektionen, die bei Aufnahme in eine Gesundheitseinrichtung noch nicht latent vorhanden waren, nach mehr als 48 Stunden dann aber manifest (bzw. diagnostiziert) wurden. Das Intervall von 48 Stunden ergibt sich daraus, dass nosokomiale Infektionen häufig durch Bakterien ausgelöst werden, und die Inkubationszeit von bakteriellen Infektionen meist weniger als 48 Stunden beträgt. Bei Infektionskrankheiten mit einer längeren Inkubationszeit (z.B. Legionellose oder Erkrankungen, die durch respiratorische Viren hervorgerufen werden) muss diese Definition dementsprechend angepasst werden. Nosokomiale Infektionen können auch erst nach einer Krankenhausentlassung manifest werden – ein Aspekt, der für Überwachungsprogramme besonders relevant ist (s.u.). Für die einzelnen nosokomialen Infektionen haben die *Centers for Disease Control and Prevention* (CDC) in den USA spezifische Definitionen entwickelt, die inzwischen weltweit gebräuchlich sind.

Bedeutung

Nosokomiale Infektionen sind von großer gesundheitspolitischer Bedeutung. Sie gefährden nicht nur die Behandlungsqualität und die Patientensicherheit (s. Kap. 3.4), sondern verursachen zusätzlich auch erhebliche Kosten. Die Kosten entstehen durch einen verlängerten Aufenthalt im Krankenhaus – im Durchschnitt resultiert daraus eine Verdoppelung der Krankenhaustage – und durch zusätzliche Behandlungen. Weitere Kosten fallen darüber hinaus durch den Arbeitsausfall sowie durch Betreuungsleistungen von Angehörigen oder Pflegekräften an. Besonders hoch sind die Folgekosten bei Invalidität oder Tod. Eine Schätzung der durchschnittlichen Mehrkosten ist jedoch schwierig, da diese je nach Art und Schweregrad der Infektion sowie der Art der Vergütungsregelung stark schwanken können.

Häufigkeit

In den Schweizer Akutkrankenhäusern wird die Prävalenz nosokomialer Infektionen auf durchschnittlich 7 % der infizierten Patienten geschätzt. Ihre Anzahl ist mit 4–5 % in den kleinen Krankenhäusern (< 200 Betten) wesentlich niedriger als in den Großkliniken (> 500 Betten), wo sie 10–11 % beträgt. Innerhalb eines Krankenhauses beobachtet man die höchste Rate an nosokomialen Infektionen auf den Intensivstationen. Hier gehen etwa 25 % der Infektionen auf Krankenhauskeime zurück (s. www.swiss-noso.ch).

In Deutschland wurden für das Jahr 2006 Schätzungen zur Häufigkeit von nosokomialen Infektionen und zu Todesfällen infolge nosokomialer Infektionen vorgenommen. Danach kam es in diesem Jahr zu 400.000 bis 600.000 nosokomialen Infektionen. Bei geschätzten 10.000 bis 15.000 PatientInnen waren nosokomiale Infektionen die Todesursache. Etwa 80.000 bis 180.000 dieser nosokomialen Infektionen und 1.500 bis 4.500 der Todesfälle infolge nosokomialer Infektionen sind pro Jahr nach einer hierauf basierenden Hochrechnung vermeidbar.

Klinische Manifestation

Die häufigste Form von Krankenhausinfektionen sind chirurgische Wundinfektionen (ca. 30 %) und symptomatische Harnwegsinfekte (ca. 20 %), gefolgt von Sepsis/Bakteriämie (15 %) und Pneumonie (13 %). Manche Überwachungsprogramme schließen auch asymptomatische Harnwegsinfektionen mit ein, wodurch Harnwegsinfekte in der Statistik auf den ersten Rang rücken.

Infektionserreger

Bei Erwachsenen werden Krankenhausinfektionen mit Abstand am häufigsten durch Bakterien verursacht. In der Pädiatrie sind darüber hinaus auch nosokomiale Virusinfektionen von Bedeutung. Sie zeigen allerdings saisonale Schwankungen parallel zur epidemiologischen Situation in der Gesamtbevölkerung. Die häufigsten bakteriellen Erreger von Krankenhausinfektionen sind *Staphylococcus aureus* (10–15 %), *koagulasenegative Staphylokokken* (10–15 %) und *Escherichia coli* (10–15 %). Eine wichtige Rolle spielen auch antibiotikaresistente Erreger wie methicillinresistente S. aureus (*MRSA*) oder Enterobacteriaceae, die zur Bildung von Breitspektrum-Betalaktamasen in der Lage sind (*ESBL*; s. Kap. 8.3.6). Zu den häufigsten nosokomial übertragenen Viren gehören neben *Respiratory Syncytial Virus* (RSV) und *Influenzavirus* auch *Rota*- und *Noroviren*.

Quelle

Die weitaus häufigste Quelle für eine Krankenhausinfektion ist die patienteneigene bakterielle Flora. Die Erreger gelangen meist im Rahmen von invasiven medizinischen

Maßnahmen (z. B. durch Beatmungsmaßnahmen oder über Venen- bzw. Harnwegskatheter) in den Körper des Patienten. Andere Quellen wie kontaminierte Gegenstände und Flächen, Wasser, Lebensmittel und Luft spielen heute in industrialisierten Ländern dank der qualitativ hoch stehenden Infrastruktur eine untergeordnete Rolle. Eine Ausnahme bilden Fälle von nosokomialen *Legionellosen*. Hier können die Erreger durch kontaminierte Wasserleitungen übertragen werden.

Wichtige Risikofaktoren

Es gibt eine Reihe von Faktoren, die das Risiko erhöhen, an einer nosokomialen Infektion zu erkranken. Man unterscheidet hierbei exogene, nicht patienten-gebundene von endogenen, patienten-gebundenen Risikofaktoren. Endogene Faktoren, die das Infektionsrisiko erhöhen, sind v. a. Vorerkrankungen wie etwa Stoffwechselstörungen und Krankheiten, bei denen es zu einer Immunsuppression kommt, aber auch eine vorhandene Adipositas und der Konsum von Suchtmitteln (z. B. Nikotin). Exogene Risikofaktoren entstehen in der Regel im Rahmen von therapeutischen Maßnahmen. An erster Stelle stehen hier Eingriffe, die die natürliche Infektabwehr der Patienten beeinträchtigen können (das Legen eines intravaskulären Katheters oder eines Harnwegskatheters, die künstliche Beatmung etc.).

Die Korrelation zwischen der Rate an nosokomialen Infektionen und der Größe bzw. Art des Krankenhauses spiegelt einerseits die dort angebotenen Behandlungen, andererseits die unterschiedliche Zusammensetzung der Patientenpopulation im Hinblick auf die Prävalenz von Risikofaktoren wider („Patientenmix"). Patienten in größeren Kliniken weisen in der Regel eine höhere Komorbidität auf. Darüber hinaus werden in größeren Krankenhäusern bzw. Kliniken der Maximalversorgung komplexere und invasivere Behandlungen durchgeführt. Diese Unterschiede müssen bei Vergleichen zwischen den Inzidenzraten verschiedener Krankenhäuser oder den Inzidenzraten, die in einer Klinik zu verschiedenen Zeiten erhoben wurden, berücksichtigt werden.

Kontrollstrategien

Programme zur Kontrolle von Krankenhausinfektionen beruhen auf mehreren Pfeilern (s. Tab. 8.4). Auf unserer Lehrbuch-Homepage finden Sie in Web-Abb. 8.3.3 Näheres zur *Überwachung chirurgischer Wundinfektionen* im Rahmen des OP-KISS Krankenhaus-Infektions-Surveillance-System (www.nrz-hygiene.de).

Organisationen zur Überwachung nosokomialer Infektionen

- In Deutschland ist das **Robert Koch-Institut** (www.rki.de) mit dem *Nationalen Referenzzentrum für die Surveillance nosokomialer Infektionen* (www.nrz-hygiene.de/surveillance/kiss/) für die Formulierung von Richtlinien zur Verhütung von Krankenhausinfektionen und die Durchführung von Überwachungsprogrammen verantwortlich.

- In der Schweiz ist dies der Verein **SwissNOSO** (www.swiss-noso.ch),

- in den USA die **Centers for Disease Control and Prevention** (CDC, www.cdc.gov) mit ihrem *National Healthcare Safety Network System* (NHSN).

Tab. 8.4: Die wichtigen Pfeiler zur Kontrolle von Krankenhausinfektionen.

Hygienemaßnahmen	Dies umfasst alle Handlungen und Maßnahmen, die das Risiko für eine nosokomiale Infektion sowie die Übertragung von Erregern einer Krankenhausinfektion vermindern. Hierzu gehören neben den Standardhygienemaßnahmen auch Hygienemaßnahmen bei Eingriffen am Patienten, eine prophylaktische Behandlungen (z. B. die perioperative Antibiotikaprophylaxe) und die Behandlung von Instrumenten, Gegenständen und Flächen. Im weiteren Sinne gehören dazu auch personalärztliche Betreuungsmaßnahmen, eine rationale Antibiotikapolitik, das Abklären von Epidemien sowie die Überwachung der Qualität von Lebensmitteln, Luft und Wasser. Die Hygienemaßnahmen müssen schriftlich in Form von Hygienerichtlinien dokumentiert sein und regelmäßig überarbeitet werden.
Schulung	Hierzu gehört die in regelmäßigen Abständen stattfindende Information aller relevanten Berufsgruppen im Hinblick auf die Hygienerichtlinien.
Überwachung	Ziel eines Überwachungsprogramms kann entweder die Ermittlung der Infektionsrate oder die Kontrolle von bestimmten Prozessen (z. B. Händehygienecompliance) sein. Infektionsraten können entweder durch Prävalenzstudien (z. B. Stichprobenerhebung in der ganzen Klinik in Bezug auf alle Infektarten) oder durch longitudinal-prospektive Studien (etwa im Hinblick auf chirurgische Wundinfektionen oder katheter-assoziierte Bakteriämien) ermittelt werden.
Verbesserung	Erkannte Mängel (z. B. eine zu hohe Infektrate) sollen im Rahmen von Verbesserungsprojekten soweit möglich korrigiert werden. Der Erfolg dieser Maßnahmen sowie seine Nachhaltigkeit müssen überwacht werden.

8.3.6 Antibiotikaresistenz

Definition

Als *Antibiotikaresistenz* bezeichnet man die verminderte Empfindlichkeit eines Mikroorganismus gegenüber einem Antibiotikum[27]. *Multiresistente Mikroorganismen* sind Keime, die Resistenzen gegenüber mehreren wichtigen Antibiotika oder Antibiotikagruppen aufweisen. Hier sind die Therapiemöglichkeiten signifikant eingeschränkt. Der Begriff der „*Krankenhausflora*" umfasst Infektionserreger, die multiresistent sind und/ oder opportunistische Eigenschaften haben, d. h. nur bei einem geschwächten Wirt zu einer Erkrankung führen.

---

[27] Im ursprünglichen Sinne sind Antibiotika natürlich produzierte Stoffwechselprodukte von Bakterien und Pilzen, die andere Mikroorganismen in ihrem Wachstum hemmen oder diese abtöten. Der Begriff wird heute breiter gefasst und schließt auch synthetisch hergestellt Hemmstoffe ein.

Bedeutung

Antibiotikaresistenzen sind weltweit ein großes gesundheitspolitisches Problem, dessen Bedeutung immer mehr zunimmt. Dies haben inzwischen alle großen Organisationen mit länderübergreifenden gesundheitspolitischen Aufgaben (wie WHO, CDC und ECDC) erkannt. Sie zählen die Antibiotikaresistenz heute zu den weltweiten Problemen mit höchster Priorität.

Kosten können aufgrund einer Antibiotikaresistenz durch das Therapieversagen selbst entstehen, aber auch infolge verlängerter Krankheits- bzw. Hospitalisationsdauer, zusätzlicher Behandlungen sowie durch mögliche Invalidität oder den Tod der Betroffenen. Für die Gesundheitsinstitutionen fallen zusätzliche Kosten durch die Kontrollmaßnahmen (z. B. Isolationsmaßnahmen, Screening etc.) an.

Häufigkeit/Vorkommen

Praktisch alle wichtigen, für den Menschen pathogenen Bakterien sind heute von Antibiotikaresistenzen betroffen, es gibt jedoch auch zunehmend Resistenzen bei Viren und Parasiten. So kennt man Resistenzen gegenüber Virostatika z. B. bei HIV, Influenzaviren und dem Herpes-simplex-Virus, aber auch gegenüber antiparasitären Substanzen wie etwa bei Malariaerregern. Web-Tab. 8.3.3 auf unserer Lehrbuch-Homepage nennt Beispiele von Krankheitserregern, bei denen Resistenzen gegenüber bestimmten Antibiotika bekannt sind.

Die Verbreitung von resistenten Keimen zeigt oft geographische Unterschiede (Abb. 8.9). Methicillinresistente *S. aureus*-Stämme (**MRSA**) waren bei ihrer ersten Beschreibung im Jahr 1961 ein typisches nosokomiales Problem ohne größere Verbreitung in der Allgemeinbevölkerung. Dies galt bis in die frühen 1990er Jahre. Durch die rasche Verbreitung von ambulant erworbenen (*community-acquired*, CA) MRSA kam es in den letzten 10 bis 15 Jahren zu einer zunehmenden Verdrängung der nosokomialen MRSA. MRSA werden nun zunehmend auch bei Tieren beobachtet. In den Niederlanden hat sich beispielsweise zu Beginn des 21. Jahrhunderts ein spezifischer MRSA-Klon in Schweineherden ausgebreitet, der auf den Menschen übertragbar ist und inzwischen auch in anderen europäischen Ländern bei Zuchttieren beobachtet wurde.

Darüber hinaus ist die zunehmende Verbreitung von *Enterobacteriaceae* mit Bildung von Breitspektrum-Betalaktamasen (ESBL) und/oder Carbapenemasen (vor allem *E. coli* und *Klebsiella pneumoniae* und *oxytoca*) in den letzten Jahren weltweit zu einem Problem geworden. Vieles deutet darauf hin, dass die zunehmende Resistenz in dieser Bakterienfamilie von Umweltkeimen auf humanpathogene Keime übertragen wird und sich die resistenten Keime in Gesundheitsinstitutionen ebenso wie im ambulanten Bereich ausbreiten. Als Reservoire dienen neben dem Menschen wahrscheinlich auch Tiere und Lebensmittel.

Risikofaktoren

Der wichtigste Risikofaktor, der die Selektion von antibiotikaresistenten Keimen begünstigt, ist die unkritische Anwendung von Antibiotika. Eine bedeutende Rolle spielt hier neben dem Antibiotikaeinsatz beim Menschen auch die Verwendung von Antibiotika in der Tierzucht. In Europa ist die Gabe von Antibiotika zur Wachstumsförderung bei Tieren seit Beginn des 21. Jahrhunderts verboten. Antibiotika werden hier jedoch

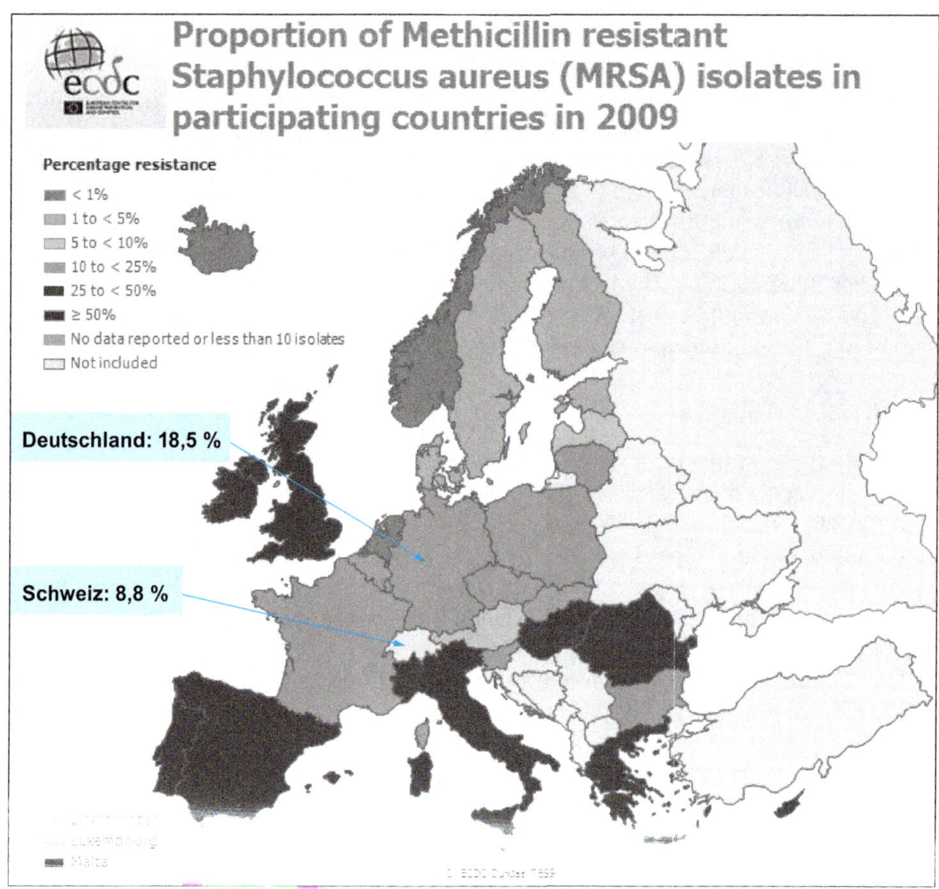

Abb. 8.9: Prävalenz der Methicillinresistenz bei *Staphylococcus aureus* in Europa im Jahr 2008. Die Überwachung der Antibiotikaresistenzen erfolgt in weiten Teilen Europas über das EARS Programm (www.ecdc.europa.eu) und in der Schweiz über das nationale Programm ANRESIS (www.anresis.ch). Die Werte für Deutschland und die Schweiz wurden ergänzt (Quelle modifiziert nach: European Centre for Disease Prevention and Control. Antimicrobial resistance surveillance in Europe 2009.Resistance Surveillance Network (EARS-Net). Stockholm: ECDC; 2010).

weiterhin zu therapeutischen Zwecken eingesetzt. Es kommen dabei auch Substanzen und Substanzklassen zur Anwendung, die in der Humanmedizin verwendet werden.

Ein weiterer wichtiger Faktor, der bei der Entstehung resistenter Mikroorganismen eine Rolle spielt, ist die Übertragung von Mensch zu Mensch bzw. von anderen Reservoiren auf den Menschen und umgekehrt. Von Bedeutung ist hierbei das Verhalten der Menschen, wahrscheinlich aber auch die genetisch bedingte Empfänglichkeit (*Suszeptibilität*) von Wirt und Keim.

Kontrollstrategien

Die Kontrolle von Antibiotikaresistenzen ruht auf drei Pfeilern.

- **Überwachungsprogramme** zur Antibiotikaresistenz erlauben, das Problem zu quantifizieren, sowie Zeittrends und Gebiete bzw. Bevölkerungsgruppen mit erhöhtem Risiko zu erkennen. Sie bilden deshalb die Basis einer zielgerichteten Kontrolle sowie für die Überprüfung des Erfolgs von Maßnahmepaketen (Kontrollprogramme). Überwachungsprogramme unterstützen zudem TherapeutInnen bei der korrekten Wahl eines Antibiotikums, da sie ihnen Auskunft über die Resistenzepidemiologie geben.

- **Antibiotikagabe:** Eine besonders wichtige Maßnahme zur Eingrenzung der Resistenzproblematik ist die kontrollierte Anwendung von Antibiotika. Einer der Gründe hierfür ist, dass Antibiotika unterschiedlich breite Wirkspektren aufweisen und sich in ihrer Fähigkeit unterscheiden, Resistenzen auszubilden. Darüber hinaus führt eine zu niedrige Dosierung nicht nur zum Therapieversagen, sondern fördert auch die Selektion von resistenten Keimen. Eine zu lange Therapiedauer trägt ebenfalls zur Resistenzselektion bei, ohne dass ein weiterer Nutzen für den Therapieerfolg zu verzeichnen wäre.

- **Expositionsprophylaxe** (s. a. Kap. 8.4.3): Kontrollmaßnahmen zur Verhinderung der *Übertragung* von resistenten Keimen von Mensch zu Mensch haben sich vor allem im Krankenhausbereich als effizient erwiesen. Sie beinhalten *Standardhygienemaßnahmen* bei allen Patienten sowie die *Kontaktisolation* von Keimträgern. Falls möglich, sollte dies mit einem aktiven Screening für Träger resistenter Keime kombiniert werden. Dies hängt jedoch davon ab, ob ein solcher Screening-Test verfügbar ist.

Mit Hilfe dieses Verfahrens kann z. B. die MRSA-Prävalenz in einer Gesundheitseinrichtung signifikant gesenkt werden. Dagegen ist die Wirksamkeit von Hygienemaßnahmen zur Verminderung von Antibiotikaresistenzen im ambulanten Bereich bislang noch nicht genügend untersucht.

8.3.7 Reisemedizin

Reisen in tropische Gebiete und sog. Entwicklungsländer sind mit einem erheblichen zusätzlichen Krankheitsrisiko verbunden. Infektionskrankheiten haben hierbei den höchsten Stellenwert. Aber auch Unfälle, Herz- und Kreislaufprobleme, die Verschlechterung einer bestehenden Grundkrankheit sowie psychiatrische Störungen treten häufiger auf.

Verschiedene *Faktoren* beeinflussen das Infektionsrisiko auf Reisen:

- das Reiseziel

- ein erhöhtes Expositionsrisiko durch mangelnde Hygiene im bereisten Gebiet

- die unterschiedliche Infektionsepidemiologie beispielsweise bei Parasiten, vektorübertragenen oder sexuell übertragenen Infektionskrankheiten

- die Jahreszeit (Beispiel: erhöhtes Malaria-Risiko während der Regenzeit)

- die Reisedauer (Beispiel: erhöhtes Tollwut-Risiko bei längerem Aufenthalt in einem Risikogebiet)

- die Unterkunft (Beispiel: infektiöse Hauterkrankungen)

- risikoreiches Verhalten (Beispiel: Sexualkontakte)

- eine erhöhte Empfindlichkeit durch Stress, klimatische Bedingungen etc.

- genetische Faktoren (Beispiel: Geschlecht)

In den letzten Jahren ist die *Bedeutung* der auf Reisen erworbenen Infektionen durch die zunehmende beruflich bedingte und private Reisetätigkeit der Menschen erheblich angestiegen. Man schätzt, dass jährlich über 20 Mio. Deutsche in Gebiete verreisen, die ein gesundheitliches Risiko bergen. Im Jahr 2001 besuchten 1,3 Mio. Schweizer ein tropisches Land.

Reiseinfektionen betreffen natürlich die Reisenden selbst. Je nach Art des Infektionserregers kann der Import von Infektionskrankheiten durch infizierte bzw. kolonisierte Reisende oder durch mitgeführte Produkte jedoch nach der Rückkehr ins Ursprungsland auch zu einer weiteren, eventuell sogar epidemischen Verbreitung des Erregers führen.

Die **Prävention von Reiseinfektionen** basiert auf drei Pfeilern:

- Expositionsprophylaxe (s. Kap. 8.4.3, Kap. 8.3.6. und Reisediarrhöe, s.u.)

- Impfung (s. Kap. 8.4.1 und Text s.u.)

- Chemoprophylaxe (s. Kap. 8.4.2, Kap. 8.3.2 und Reisediarrhöe, s.u.)

Die Vermittlung dieser präventiven Prinzipien geschieht ebenso wie die präventive Behandlung in den meisten industrialisierten Ländern im Rahmen von reisemedizinischen Sprechstunden bzw. Beratungen. Dies kann sowohl durch Spezialisten für Tropenkrankheiten oder durch entsprechend geschulte ÄrztInnen anderer Fachrichtungen an einem Zentrum für Tropenmedizin oder in der Praxis stattfinden. Einige Maßnahmen, wie etwa die Gelbfieberimpfung in der Schweiz, benötigen eine spezielle Praxisbewilligung. Auch in Deutschland darf die Gelbfieberimpfung nur durch speziell weitergebildete ÄrztInnen verabreicht werden. Da Impfungen eine gewisse Zeit benötigen, um ihre Schutzwirkung aufzubauen, und je nach Impfung mehrere Dosen notwendig sein können, muss die Beratung in einem ausreichend langen Zeitabstand vor der Abreise stattfinden. Wichtig ist darüber hinaus, dass die Reisenden über Präventivmaßnahmen und Behandlungsmöglichkeiten bei den in Frage kommenden Infektionen verständlich informiert werden, und wissen, wann sie im Notfall medizinische Hilfe in Anspruch nehmen sollen.

Zum Thema *Reisemedizin* bietet das Internet Reisenden und Ärzten über verschiedene Quellen ausführliches, beratendes Material an. Informationen finden sich z. B. bei *Tropimed* (www.tropimed.com), *safetravel* (www.safetravel.ch), dem Schweizerischen *Bundesamt für Gesundheit* (www.bag.admin.ch), dem *FORUM Reisen und Medizin* (www.frm-web.de), dem *Robert Koch-Institut* (www.rki.de), den *CDC* (www.cdc.gov/travel) und der *WHO* (www.who.int/ith).

Im Folgenden werden beispielhaft einige wichtige Themen aus dem Bereich der Reisemedizin ausführlicher besprochen.

Impfungen

Eine reisemedizinische Beratung sollte als wichtige Gelegenheit genutzt werden, alle *empfohlenen Routineimpfungen* auf ihre Aktualität hin zu überprüfen! Insbesondere sollen der Schutz vor Diphtherie, Tetanus, Poliomyelitis und Masern kontrolliert werden. Daneben gibt es eine Reihe von *Indikationsimpfungen*, die speziell bei Reisenden durchgeführt werden. Dazu gehören Impfungen gegen Hepatitis A (meist kombiniert mit einer Hepatitis B-Impfung), gegen Tollwut, Japanische Encephalitis, Abdominaltyphus, Gelbfieber und Infekte durch Meningokokken bestimmter Serogruppen. Einige dieser Impfungen werden von bestimmten Zielländern obligatorisch bei der Einreise verlangt. Beispiele hierfür sind die Gelbfieber-Impfung in bestimmten tropischen Regionen Afrikas und Südamerikas sowie die Meningokokken-Impfung (Serogruppen A, W 135 und Y) bei Mekka-Pilgern.

Reisediarrhöe

Das häufigste Gesundheitsproblem von Tropenreisenden bzw. Reisenden in sog. Entwicklungsländern ist der Reisedurchfall. Ungefähr die Hälfte der Reisenden leidet an Durchfallerkrankungen. Wie auch bei anderen Infektionen hängt das individuelle Risiko, eine Reisediarrhöe zu entwickeln, von zahlreichen Faktoren ab. Hierzu gehören neben dem Reiseziel (wichtigster Prädiktor), der Jahreszeit und der Dauer des Aufenthaltes auch die Ernährung, die Art der Unterkunft und der Aktivitäten sowie wahrscheinlich auch genetische Faktoren.

Die Erreger eines Reisedurchfalls werden in der Regel fäkal-oral durch kontaminiertes Trinkwasser (s. Kap. 5.1) oder durch kontaminierte Lebensmittel übertragen. Die Mehrheit (bis zu 90 %) dieser Infektionen wird durch enteropathogene Bakterien (z. B. verschiedene E. coli-Stämme, Salmonellen, Shigellen) verursacht, nur ein kleiner Teil durch Viren (v. a. Rotaviren, Enterisches Adenovirus) oder Parasiten (z. B. Entamoeba histolytica).

Die weltweit häufigsten Erreger des Reisedurchfalls sind enterotoxische *Escherichia coli*. Es handelt sich dabei um eine sog. sekretorische Diarrhoe von kurzer Dauer (3–5 Tage), bei der dünnflüssige Stühle das Hauptsymptom sind. Der Schweregrad der Erkrankung ist allerdings niedrig, die Erkrankung führt in der Regel nicht zum Tod. Infektionen durch invasive pathogene Keime (wie Campylobacter, Salmonellen und Shigellen) können mit Bauchkrämpfen, blutigem Stuhlgang und Fieber einhergehen. Die durch Parasiten (*Entamoeba histolytica*, *Giardia lamblia*) verursachten Durchfallerkrankungen verlaufen in der Regel weniger akut und werden oft erst nach der Rückkehr diagnostiziert. Bei 1 bis 3 % der Reisenden kommt es zu chronischen Diarrhöen (> 1 Monat Dauer).

Die Prävention der Reisediarrhoe umfasst vor allem Hygienemaßnahmen einschließlich einer geeigneten Lebensmittelhygiene (Motto: „Boil it, cook it, peel it or leave it."). Die Compliance ist bei diesen Empfehlungen allerdings gering. Eine routinemäßige Antibiotikaprophylaxe wird wegen der assoziierten Nebenwirkungen, der Medikamenten-Interaktionen, dem Risiko der Entwicklung von Antibiotikaresistenzen sowie der entstehenden Kosten nicht empfohlen.

Die Reisediarrhoe ist eine meist selbstlimitierende Erkrankung. Sie benötigt keine spezifische Therapie. Allerdings muss auf eine genügende Flüssigkeits- und Elektrolytzufuhr geachtet werden. Die heute oftmals routinemäßige Verschreibung von Antibiotika für die Reiseapotheke muss auf der Basis der Harmlosigkeit eines Reisedurchfalls und der weltweit rasch zunehmenden Antibiotikaresistenz-Prolematik sehr kritisch hinterfragt werden.

Fieber bei Reiserückkehrern

In der Regel wenden sich Reisende mit gesundheitlichen Problemen, die sie der Reise zuschreiben, nach ihrer Rückkehr wieder an die vor Reisebeginn aufgesuchte, beratende Stelle. Nach einem Aufenthalt in den Tropen sind Fieber und Durchfälle die häufigsten Konsultationsgründe.

Internet-Ressourcen

Auf unserer Lehrbuch-Homepage (**www.public-health-kompakt.de**) finden Sie neben zusätzlichen Abbildungen und Tabellen Links zu weiterführender Literatur sowie zu anderen themenrelevanten Internet-Ressourcen.

8.4 Impfungen und andere präventive Maßnahmen

8.4.1 Impfungen

Impfungen gehören zu den großen medizinischen Errungenschaften des 20. Jahrhunderts. Durch sie konnten Infektionskrankheiten mit hoher Krankheitslast ausgerottet (Beispiel: Pocken) oder in ihrem Vorkommen drastisch eingeschränkt werden (Beispiele: Poliomyelitis, Diphtherie, Tetanus, Masern, Pertussis, Hepatitis B etc.). Die *aktive Immunisierung* spielt hierbei eine ungleich größere Rolle als die *passive Immunisierung.* Als aktive Immunisierung bezeichnet man die Stimulation einer Immunantwort im Wirt (z. B. im Menschen) durch Verabreichung von geeigneten Antigenen des Erregers. Solche Antigene können z. B. Eiweiße aus der Oberfläche des Erregers sein. Bei der passiven Immunisierung verabreicht man dagegen fertige Antikörper oder Immuneffektorzellen. Diese Form der Immunisierung hat jedoch nur eine beschränkte Wirkungsdauer (wenige Monate) und ist in der Regel mit hohen Kosten verbunden.

Empfehlungen zu bestimmten Impfungen werden in Deutschland und in der Schweiz durch die nationalen Gesundheitsbehörden erlassen. Unterstützt werden die Behörden dabei durch Expertengremien. In der Schweiz ist dies die *Eidgenössische Impfkommission* (**EKIF**), in Deutschland die *Ständige Impfkommission* (**STIKO**). Der auf der Basis dieser Empfehlungen erstellte Impfplan wird jährlich neuen Entwicklungen angepasst und anschließend veröffentlicht (Abb. 8.10; Schweiz: www.bag.admin.ch; Deutschland: www.rki.de).

Standardimpfung, Indikationsimpfung, ergänzende Impfung

Impfungen, die für die gesamte Bevölkerung empfohlen werden, bezeichnet man als *Standard-* oder *Routineimpfungen* (Beispiele: Impfungen gegen Tetanus, Diphtherie, Poliomyelitis, Masern).

Indikationsimpfungen werden dagegen nur Personen mit einem erhöhten Expositionsrisiko oder einem erhöhten Risiko für eine schwer verlaufende Infektion empfohlen. Beispiele hierfür sind die Impfungen gegen Influenza, Frühsommer-Meningoenzephali-

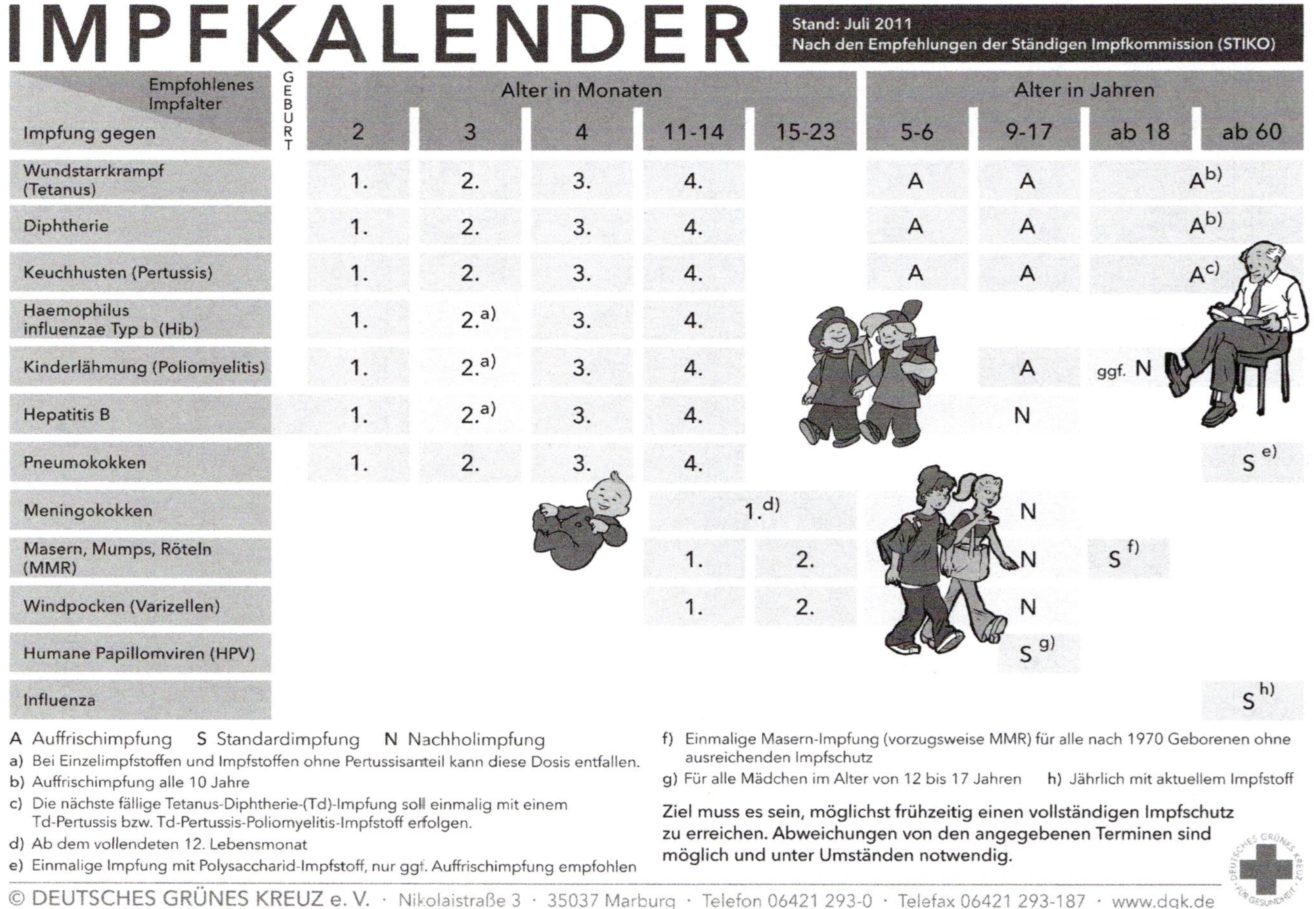

Empfohlenes Impfalter	GEBURT	Alter in Monaten					Alter in Jahren			
Impfung gegen		2	3	4	11-14	15-23	5-6	9-17	ab 18	ab 60
Wundstarrkrampf (Tetanus)		1.	2.	3.	4.		A	A	A$^{b)}$	
Diphtherie		1.	2.	3.	4.		A	A	A$^{b)}$	
Keuchhusten (Pertussis)		1.	2.	3.	4.		A	A	A$^{c)}$	
Haemophilus influenzae Typ b (Hib)		1.	2.$^{a)}$	3.	4.					
Kinderlähmung (Poliomyelitis)		1.	2.$^{a)}$	3.	4.			A	ggf. N	
Hepatitis B		1.	2.$^{a)}$	3.	4.			N		
Pneumokokken		1.	2.	3.	4.					S$^{e)}$
Meningokokken					1.$^{d)}$			N		
Masern, Mumps, Röteln (MMR)					1.	2.		N	S$^{f)}$	
Windpocken (Varizellen)					1.	2.		N		
Humane Papillomviren (HPV)								S$^{g)}$		
Influenza										S$^{h)}$

Abb. 8.10: Impfkalender nach den Empfehlungen der Ständigen Impfkommission (STIKO), Deutschland, Stand: Juli 2011 (Quelle: Deutsches Grünes Kreuz e.V.; http://dgk.de).

tis (FSME), Gelbfieber und Tollwut. Zu den Indikationsimpfungen gehören aber auch die Impfungen von Menschen, die eine Infektion auf besonders gefährdete Personen übertragen könnten. Eine solche Indikationsimpfung wäre beispielsweise die Impfung gegen Influenza bei Krankenhauspersonal mit Patientenkontakt, bei Angehörigen immunsupprimierter Patienten oder Angehörigen von jungen Säuglingen (< 6 Monate).

In der Schweiz wurde im Jahr 2006 eine dritte Kategorie, die *ergänzende Impfung*, definiert. Mit diesem Begriff bezeichnet man Impfungen, die aufgrund ihrer guten Schutzwirkung allen Menschen angeboten werden sollten, für die aber nicht unbedingt eine hohe Durchimpfungsrate angestrebt wird. Hierzu gehört z. B. die Pneumokokkenimpfung bei Säuglingen.

Voraussetzungen für die Empfehlung eines Impfstoffs

Die wichtigsten Voraussetzungen für die Empfehlung eines Impfstoffs sind seine *Wirksamkeit*, seine *Sicherheit* und der Nachweis der *Kosten-Nutzen Effizienz*. Daneben sollen noch zusätzliche Aspekte berücksichtigt werden, wie etwa die Möglichkeit zur Umsetzung der Empfehlung und die Möglichkeit eines gerechten Zugangs zur Impfung für alle Personen mit entsprechender Impfindikation. Die Impfwirksamkeit sollte auf Populationsebene überwacht werden können, und es sollte die Möglichkeit bestehen, unerwartete Nebenwirkungen frühzeitig zu erkennen (*Pharmakovigilanz*). Solche unerwünschten Nebenwirkungen in Zusammenhang mit einer Impfung sind meldepflichtig.

Die *Wirksamkeit einer Impfung* ergibt sich aus dem Anteil der Geimpften, der gegen die Infektion geschützt ist, im Vergleich zum Anteil nicht geimpfter, geschützter Personen. Sie wird nach der folgenden Formel berechnet:

$$\text{Wirksamkeit in \%} = \frac{N \text{ geimpft und infiziert} / N \text{ geimpft}}{N \text{ nicht geimpft und infiziert} / N \text{ nicht geimpft}} \cdot 100$$

Von *Impfversagen* spricht man, wenn eine Infektion trotz Impfung aufgetreten ist. *Primäres Impfversagen* kann auf einer ungenügenden Stimulation des Immunsystems beruhen. *Sekundäres Impfversagen* entsteht in der Regel durch das Absinken der Schutzwirkung im Laufe der Zeit.

Bei der *Verabreichung einer Impfung* müssen folgende Punkte berücksichtigt werden:

- Indikationsstellung entsprechend der offiziellen Empfehlung

- Verwendung eines Impfschemas entsprechend der offiziellen Empfehlung

- Empfohlene Verabreichungsart (z. B. intramuskulär, subkutan, Berücksichtigung der anatomischen Lokalisation)

- Berücksichtigung von Kontraindikationen (z. B. keine Verwendung von Lebendimpfstoffen bei Schwangeren oder immunsupprimierten Personen, Berücksichtigung bekannter Unverträglichkeiten)

- Beachtung der Lagerungsbedingungen (Beispiel: Einhaltung der Kühlkette)

Die *Kosten* für die offiziell empfohlenen Impfungen werden in der Schweiz und in Deutschland in der Regel (aber nicht zwingend) von den Krankenversicherungen übernommen. Impfungen, die wegen besonderer beruflicher Exposition indiziert sind, werden in der Schweiz in der Regel vom Arbeitgeber bezahlt.

Der Einfluss von Impfungen auf die Übertragungsdynamik

Das Ziel jeder aktiven Impfung ist es, eine möglichst langdauernde, individuelle Schutzwirkung zu erzeugen. Mit steigender *Durchimpfungsrate*, d. h. steigendem Anteil an geimpften Personen in einer Population, kann sich eine Impfung damit auch auf die Übertragungsdynamik des Infektionserreger in der Population auswirken. Man spricht dann von einer **Herdenimmunität** (vgl. auch Kap. 8.1.1). Die *Voraussetzungen* dafür sind, dass ein Infektionserreger sein Reservoir nur im Menschen hat, und dass die Impfung nicht nur gegen die Infektion schützt, sondern auch die Übertragung verhindert. Es darf also keine nennenswerte Replikation des Erregers im geimpften Wirt stattfinden. Die sich daraus ergebende verzögerte Erregerzirkulation kann folgende Auswirkungen auf die Epidemiologie des Infektionserregers haben:

- **Anstieg des durchschnittlichen Infektionsalters**: Dies kann unangenehme Folgen für die Betroffenen haben, wenn der Schweregrad einer Infektion mit dem Alter zunimmt. Beobachtet wurde ein solcher Anstieg des durchschnittlichen Infektionsalters bei einigen „Kinderkrankheiten" wie Windpocken (Varizellen) und Röteln. Darüber hinaus stellt die Rötelnembryopathie als Folge einer Infektion der Mutter in der Frühschwangerschaft eine ernsthafte Gefahr für das Ungeborene dar. Weiterhin können mit Keuchhusten (Pertussis) infizierte Erwachsene zur Ansteckungsquelle für junge Säuglinge werden, die aufgrund ihres Alters noch über keinerlei Schutz verfügen und deshalb besonders gefährdet sind.

- **In regelmäßigen Abständen wiederkehrende Epidemien**: Dieses „Auffüllen des Pools" von empfänglichen Personen lässt sich z. B. bei Masern beobachten. Die ungenügende Durchimpfung der Bevölkerung führt u. a. in der Schweiz und in Deutschland immer wieder zu größeren Epidemien.

Wichtig ist daher, in der Bevölkerung eine möglichst hohe Übereinstimmung mit den Impfzielen (*Compliance*) zu erreichen. Der Verzicht auf einen Impfplan, z. B. wegen möglicher Impfkomplikationen, wäre hier ein falscher Lösungsansatz. Sowohl die Anzahl an Infizierten wie auch die Krankheitslast wären ohne einen solchen Impfplan immer höher als mit einer Impfstrategie. Die persönliche Entscheidung für oder gegen eine Impfung hat damit immer auch epidemiologische Auswirkungen, die weit über den individuellen Effekt hinausgehen.

Eradikation des Infektionserregers bei genügend hoher Durchimpfungsrate

Sinkt die Übertragungsrate unter eine kritische Schwelle, so wird der Infektionserreger entsprechend den mathematischen Modellen zur Übertragungsdynamik aussterben. Die Höhe der **kritischen Schwelle P_0**, bei der dies eintritt, hängt von verschiedenen Parametern wie der Kontagiosität des Erregers, der Populationsdichte und der Populationsdurchmischung ab.

Ein Beispiel für eine solche *Eradikation* ist das Ausrotten der Pocken. Hierfür wurde die erforderliche P_0, d. h. die Durchimpfungsrate in der Weltbevölkerung, die nötig ist, um die Pocken auszurotten, auf 80% geschätzt. Tatsächlich konnten die Pocken mit dieser Strategie weitgehend eliminiert werden. Nur in einigen Ländern Afrikas kam es weiterhin zu neuen Fällen. Durch eine intensivierte Impfkampagne gelang es, auch hier die Zahl der Pockenfälle einzuschränken. Die letzte natürlich erworbene Pockeninfektion wurde in Somalia am 26. Oktober 1977 diagnostiziert.

Das außerordentlich hohe Potential von Impfungen wird immer wieder durch die fehlende oder unvollständige Umsetzung von Impfzielen gefährdet. So kam es z. B. 1991 nach der Auflösung der Sowjetunion durch die nachfolgenden politischen Wirren zu einer Vernachlässigung des Impfprogramms, was eine Diphtherieepidemie zur Folge hatte.

Wie oben geschildert, tragen Impfgegner in der Schweiz und in Deutschland maßgeblich dazu bei, dass die Durchimpfungsrate bei Masern immer noch ungenügend hoch ist (< 95%), was die Erreichung des von der WHO angestrebten Ziels der Maserneradikation bislang unmöglich macht.

8.4.2 Chemoprophylaxe

Unter einer Chemoprophylaxe versteht man die Gabe einer antimikrobiellen Substanz mit der Absicht, eine Infektionskrankheit zu verhindern. Diese Strategie spielt vor allem bei der Prävention von Infektionskrankheiten eine wichtige Rolle. Sie wird aber auch in anderen Bereichen der Medizin angewendet, so z. B. zur Prävention von Herz-Kreislauf-Erkrankungen mit Hilfe von Acetylsalicylsäure. Man unterscheidet dabei die *primäre Prophylaxe*, die das Auftreten einer Krankheit zu verhindern sucht, von der *sekundären Prophylaxe*, welche das Rezidiv einer Krankheit verhindern soll. So erhalten etwa immunsupprimierte HIV-infizierte PatientInnen eine sekundäre Prophylaxe zur Prävention opportunistischer Infektionen. Als *tertiäre Prophylaxe* bezeichnet man Maßnahmen, die mögliche Komplikationen einer Infektionskrankheit verhindern sollen. In diesem Kapitel werden wir auf einige Möglichkeiten der *primären Prophylaxe* eingehen.

Perioperative Antibiotikaprophylaxe

Die *perioperative Antibiotikaprophylaxe* **(PAP)** ist ein wichtiger Pfeiler der Prävention von chirurgischen Wundinfektionen. Das Prinzip der PAP beruht auf der Gabe von Antibiotika kurz vor dem chirurgischen Eingriff mit dem Ziel, die bakterielle Kontamination des Wundgebietes zu senken und damit das Infektionsrisiko zu verringern. Die Nachteile einer PAP sind mögliche Medikamentennebenwirkungen, die Selektion von resistenten Keimen sowie die zusätzlich entstehenden Kosten. Deshalb wird die PAP auf Eingriffe beschränkt, bei denen die Kosten-Nutzen-Effizienz erwiesen oder wahrscheinlich ist. Dies sind v. a. Eingriffe, bei denen es zu einer Verletzung von Schleimhäuten kommt (z. B. bei der Colonchirurgie) und Eingriffe, bei denen Fremdkörper implantiert werden, die im Körper verbleiben sollen (z. B. Gelenkendoprothesen). Die korrekte Verabreichung der PAP gilt als wichtiger Qualitätsparameter.

Endokarditisprophylaxe

Bei der *Endokarditisprophylaxe* **(EP)** werden ähnlich wie bei der perioperativen Prophylaxe kurz vor einem chirurgischen Eingriff Antibiotika mit dem Ziel verabreicht, das

Risiko einer vorübergehenden Bakteriämie zu senken. Ein solches zeitweiliges Vorhandensein von Bakterien im Blut kann nachfolgend zu einer Entzündung der Herzinnenhaut (*Endokarditis*) führen. Eine EP wird daher bei PatientInnen mit einem erhöhten Endokarditisrisiko durchgeführt, wenn die Gefahr einer Bakteriämie bei einem Eingriff besonders hoch ist (z. B. bei operativen Schleimhautverletzungen). Ein erhöhtes Endokarditisrisiko haben z. B. PatientInnen mit einer vorbestehenden Klappenschädigung oder einer vorangegangenen Endokarditis. Aufgrund fehlender Kosten-Nutzen-Evidenz werden die Empfehlungen zur EP zunehmend enger ausgelegt.

Prophylaxe von opportunistischen Infektionen

Immunsupprimierte PatientInnen haben in Abhängigkeit vom Ausprägungsgrad der Immunsuppression ein signifikant erhöhtes Risiko, an opportunistischen Infektionen zu erkranken. Opportunistische Infektionen sind Infektionen, die durch Keime verursacht werden, die normalerweise in und auf gesunden Menschen leben, dort aber keine Krankheitserscheinungen hervorrufen. So haben beispielsweise HIV-infizierte PatientInnen mit einer geringen Zahl an CD4-Helferzellen und PatientInnen nach einer Organstransplantation eine hohes Risiko, an einer opportunistischen Infektion zu erkranken. Beispiele für einige wichtige, opportunistische Infektionen sind neben der zerebralen Toxoplasmose auch Lungenentzündungen (Pneumonien), die durch *Pneumocystis jirovecii* (PCP) oder Schimmelpilze hervorgerufen wurden, sowie Infektionen mit Mykobakterien oder dem Zytomegalievirus. Bei bestimmten Patientengruppen und Infektionsarten ist die medikamentöse Prophylaxe opportunistischer Infektionen inzwischen zum Standard geworden. So wird bei HIV-Infizierten mit einer CD4-Helferzellzahl von < 200/mm^3 z. B. eine PCP-Prophylaxe mit Cotrimoxazol durchgeführt. Auch die WHO empfiehlt die Durchführung einer solchen Prophylaxe bei allen symptomatischen und immunsupprimierten HIV-PatientInnen. Seither hat sich diese Form der medikamentösen Prophylaxe auch in den so genannten Entwicklungsländern rasch verbreiten. In Ostafrika ließ sich die Mortalität bei HIV-PatientInnen in den ersten drei Monaten nach Beginn der anti-retroviralen Therapie (ART) dadurch bereits um 50 % senken. Dieser Effekt beruht auch auf der zusätzlichen, präventiven Wirkung des Cotrimoxazols, das den Ausbruch anderer lebensbedrohlicher Infektionen wie der zerebralen Toxoplasmose, von bakteriellen Pneumonien und Malaria verhindert.

Malariaprophylaxe (siehe Kap. 8.3.4)

Postexpositionelle Prophylaxe

Aufgabe einer postexpositionellen Prophylaxe **(PEP)** ist es, nach einer mutmaßlichen Ansteckung, eine Infektion bereits im latenten Stadium zu bekämpfen. Wichtige Beispiele hierfür sind die postexpositionelle Prophylaxe zur Verhütung einer HIV-Infektion, einer invasiven Meningokokkeninfektion und einer aktiven Infektion durch *Mycobacterium tuberculosis*. Auf diese Weise kann z. B. das Risiko einer HIV-Ansteckung nach Kontakt mit Blut oder anderen Körperflüssigkeiten und -sekreten durch die frühzeitige Einnahme einer HIV-PEP signifikant reduziert werden. Dieses Prinzip spielt u. a. eine wichtige Rolle bei der Verhütung von nosokomial erworbenen HIV-Infektionen durch Stich- oder Schnittverletzung bei Krankenhauspersonal. Auch vertikal übertragene HIV-

Infektionen von infizierten Müttern auf ihre Kinder und Infektionen nach Vergewaltigungen oder ungeschütztem Sexualkontakt mit einer (mutmaßlich) HIV-infizierten Kontaktperson können auf diese Weise weitgehend verhindert werden. Um eine möglichst hohe Schutzwirkung zu erhalten, muss mit der HIV-PEP jedoch so früh wie möglich nach Eintritt der Risikosituation (spätestens nach 72 Stunden) begonnen werden. Zur Verhütung einer Mutter-Kind-Übertragung wird während der Schwangerschaft bei der Mutter eine konsequente antiretrovirale Therapie (ART) durchgeführt. Unmittelbar nach der Entbindung wird dann mit einer HIV-PEP beim Kind begonnen. Dank dieser Maßnahmen konnte die Zahl an vertikalen HIV-Übertragungen in den industrialisierten Ländern inzwischen drastisch gesenkt werden. Da die HIV-PEP mit einer Kombination aus verschiedenen antiretroviralen Substanzen durchgeführt wird, die zum Teil beträchtliche Nebenwirkungen haben, sollte die Indikation für eine solche Prophylaxemaßnahme immer entsprechend den geltenden Empfehlungen gestellt werden. Dies beinhaltet unter anderem eine sorgfältige Analyse der Risikosituation einschließlich der Abklärung, ob ein erhöhtes Risiko für eine Ansteckung mit Hepatitis B- und Hepatitis C-Viren sowie mit anderen sexuell übertragbaren Erregern besteht.

8.4.3 Expositionsprophylaxe

Standardhygienemaßnahmen im Krankenhaus

- *Händedesinfektion:* Die wichtigste Präventionsmaßnahme im Krankenhaus ist die hygienische Händedesinfektion. Die von der WHO festgelegten Indikationen für eine Händedesinfektion sind in Tab. 8.5 aufgelistet. Hierbei wird zwischen der direkten und der erweiterten Patientenumgebung unterschieden. Zur direkten Patientenumgebung gehören der Patient im Bett, der Nachttisch und patientenbezogene Geräte, die sich in der unmittelbaren Umgebung des Patienten befinden. Als erweiterte Patientenumgebung bezeichnet man alle darüber hinaus gehenden Bereiche des Patientenzimmers.

- *Händewaschen:* Die hygienische Händedesinfektion mit einem alkoholischen Händedesinfektionsmittel ist dem Händewaschen mit Wasser und Seife vorzuziehen, da sie schneller geht und wirksamer ist.

- *Handschuhe:* Handschuhe sollten immer dann benutzt werden, wenn es zu einem Kontakt mit Blut, Körperflüssigkeiten, Schleimhäuten oder nicht intakter Haut sowie potentiell infektiösem Material kommen kann. Darüber hinaus gibt es kaum Hinweise, dass das regelmäßige Tragen von Handschuhen im Vergleich zur regelmäßigen Händedesinfektion die Infektionsprävention verbessert. Eine Ausnahme bildet der Kontakt mit PatientInnen, die an Clostridium difficile assoziierter Diarrhoe (CDAD) leiden. Das Tragen von Handschuhen ersetzt nicht die Notwendigkeit zur Händedesinfektion!

- *Mund-Nasen-Schutz:* Ein normaler chirurgischer Mund-Nasen-Schutz empfiehlt sich bei PatientInnen mit einer Tröpfcheninfektion (z. B. Pertussis, Mumps, Röteln, Meningokokken-Infektion oder Angina tonsillaris, hervorgerufen durch Streptokokken der A-Gruppe), wenn die Distanz zum Patienten weniger als 1 m beträgt. Eine sog. FFP2- oder N95-Maske sollte getragen werden, wenn bei einem Patienten eine aerogen übertragbare Infektion (z. B. Tuberkulose, Masern, Varizellen) vorliegt.

Tab. 8.5: Indikationsgruppen nach dem WHO-Modell „Die fünf Indikationen der Händedesinfektion".

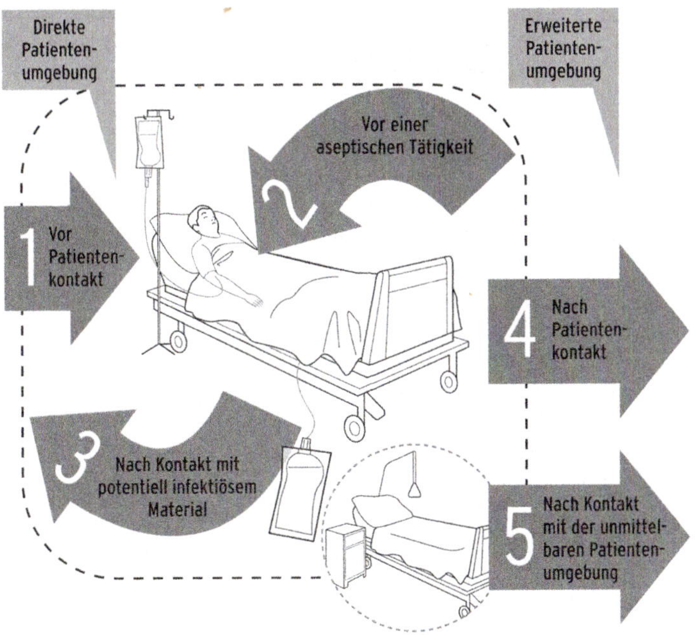

Indikationsgruppe	Risiko
1. Vor Patientenkontakt	Übertragung von Mikroorganismen von den Händen des Personals aus der erweiterten Patientenumgebung auf den Patienten
2. Vor aseptischen Tätigkeiten	Übertragung von Mikroorganismen von den Händen des Personals in oder auf primär sterile oder nicht besiedelte Bereiche des Patienten (z. B. bei Umgang mit Kathetern, Beatmungszubehör, Schleimhäuten)
3. Nach Kontakt mit potenziell infektiösen Materialien	Exposition der Hände des Personals gegenüber Körperflüssigkeiten des Patienten, die potenziell infektiös sind
4. Nach Patientenkontakt	Übertragung von Mikroorganismen der Patientenflora auf andere Oberflächen und Patienten im Krankenhaus
5. Nach Kontakt mit der unmittelbaren Patientenumgebung	Übertragung von Mikroorganismen der Patientenflora auf andere Oberflächen und Patienten im Krankenhaus

Quelle der Abbildung: „AKTION Saubere Hände" ASH 2008–2013

- *Schutzkleidung*: Die normale Arbeitskleidung (= Bereichskleidung) dient v. a. dem eigenen Schutz vor einer Kontamination mit Blut und Körperflüssigkeiten. Sie soll täglich sowie bei sichtbarer Verschmutzung gewechselt werden. Zusätzlich empfohlen wird das Tragen einer Schutzkleidung (= Schutzkittel oder Überschürze) bei

Manipulationen mit infektiösem Material sowie bei physischem Kontakt mit multiresistenten Erregern und mit Patienten, die an Infektionskrankheiten leiden. Die Schutzkleidung ist patientenbezogen zu verwenden, d. h. sie muss nach dem Kontakt mit dem Patienten gewechselt werden. Sofern ein Patient nicht isoliert wird und kein direkter Patientenkontakt gegeben ist, ist es nicht erforderlich, dass Besucher spezielle Überkittel tragen.

Standardhygienemaßnahmen in der ambulanten Praxis

Für die ambulante Praxis gelten im Prinzip dieselben Empfehlungen zur Standardhygiene wie im Krankenhaus. Da es hier keine eigene Patientenumgebung gibt, sind Händedesinfektionsmaßnahmen regelmäßig zwischen zwei Patientenkontakten erforderlich. Darüber hinaus muss eine Händedesinfektion vor aseptischen Tätigkeiten (Indikation 2, Tab. 8.4.1) und nach Kontakt mit potenziell infektiösen Materialien (Indikation 3, Tab. 8.4.1) durchgeführt werden. Eine Ausnahme bilden Praxen, in denen invasive Maßnahmen wie z. B. Hämodialysen durchgeführt werden. Dort ist das Vorgehen analog zum Prozedere im Krankenhaus.

Hygienemaßnahmen in der Bevölkerung

Außerhalb von Krankenhäusern und Praxen reicht zur Händehygiene in der Regel das Händewaschen aus. Es sollte regelmäßig vor den Mahlzeiten und nach dem Toilettengang durchgeführt werden, sowie nach Kontakt mit schmutzigen und potentiell kontaminierten Gegenständen. Ebenso sollte die „respiratorische Etikette" beachtet werden. Das bedeutet, dass bei jedem Husten oder Niesen ein Taschentuch benutzt wird. Anschließend sollten die Hände gewaschen werden. Alternativ dazu wird empfohlen, in die Ellenbeuge zu husten oder zu niesen. Wichtig ist auch die Beachtung der Lebensmittelhygiene in der Küche. Hierzu gehört z. B. das gründliche Abwaschen von potentiell kontaminierten Lebensmitteln. Nach jedem Arbeitsgang sollten die Hände gewaschen und die benutzen Gerätschaften gereinigt werden, oder es sollten neue Werkzeuge verwendet werden.

Isolationsmaßnahmen

Bei manchen Infektionskrankheiten werden zusätzlich zu den Standardmaßnahmen Isolationsmaßnahmen empfohlen (Tab. 8.6). Die zu ergreifenden Maßnahmen unterscheiden sich nach der Art der Erregerausbreitung (s. Kap. 8.3.1)

Besondere Isolierungsmaßnahmen werden bei so genannten *allgemeingefährlichen Seuchen* wie Pocken, Lungenpest, Lungenmilzbrand und virusbedingtem hämorrhagischem Fieber ergriffen, bei denen die Patienten vorzugsweise in speziell dafür eingerichteten Zentren behandelt werden sollen. In Deutschland sind dies v. a. *spezielle Kompetenzzentren* in Berlin, Hamburg, Frankfurt, München und Leipzig. Dort gibt es nicht nur einzelne Zimmer, die mit Unterdruck ausgestattet sind, sondern ein abgestuftes System von Schleusen, Vorbereitungs- und Dekontaminationsräumen sowie speziell dafür trainiertes Personal, sodass die Patienten unter diesen Bedingungen sicher behandelt werden können.

Neben diesen Isolierungsmaßnahmen zur Behandlung von infizierten oder kolonisierten Patienten gibt es noch die so genannte *protektive Isolierung* oder Umkehrisolie-

Tab. 8.6: Übersicht über verschiedenen Isolationsmaßnahmen, die sich nach Art der Erregerausbreitung unterschieden.

Erregerausbreitung	Maßnahmen	Beispiele
Kontakt	Vorzugsweise Einzelzimmer; wenn Einzelzimmer nicht möglich, dann Kohortenisolierung im Mehrbettzimmer; wenn das auch nicht möglich, „Kittel-Handschuh-Pflege" im Mehrbettzimmer	Infektiöse Durchfallerkrankungen, *C.difficile*-Infektion, multiresistente Erreger
Tröpfcheninfektion	Vorzugsweise Einzelzimmer; wenn Einzelzimmer nicht möglich, Kohortenisolierung im Mehrbettzimmer; wenn das auch nicht möglich, „Kittel-Handschuh- und Mund-Nasenschutz-Pflege" im Mehrbettzimmer	Meningokokken-Infekte, Pneumokokken-Infekte, Pertussis, Diphtherie, Influenza, Mumps, Röteln
Luftgetragen	Einzelzimmer, möglichst mit Unterdruck; Kittel, Handschuhe, FFP2-Maske	Tuberkulose Masern, Varizellen

rung. Sie wird bei Patienten mit ausgeprägter Immunsuppression empfohlen. Dies sind z. B. Patienten nach Stammzelltransplantationen. Im Unterschied zur Unterbringung von Patienten in Einzelzimmern mit Unterdruck wird hier mit Überdruck gearbeitet, um das Eindringen von pathogenen Erregern in das Zimmer zu verhindern.

Populationsbezogene Maßnahmen

- **Quarantäne:** Die Quarantäne ist die befristete Isolierung von Personen, die verdächtig sind, an einer bestimmten *Infektionskrankheit* erkrankt zu sein oder Überträger dieser Krankheit zu sein. Die Zeitdauer der Quarantäne richtet sich nach der *Inkubationszeit* der vermuteten Krankheit. Quarantänebestimmungen gelten für die so genannten allgemeingefährlichen Seuchen (s. o.).

- **Social distancing:** Unter diesem Begriff fasst man Maßnahmen wie vorübergehende Schulschließungen, Verzicht auf Massenveranstaltungen etc. zusammen. Sie haben vor allem bei der Prävention einer weiteren Ausbreitung der pandemischen Influenza Bedeutung erlangt. Darüber hinaus können sie aber auch bei neu auftretenden Infektionen von großer Wichtigkeit sein (wie z. B. bei SARS). Die Art der Maßnahmen richtet sich nach dem sozialen Verhalten der vermuteten Risikogruppen.

Internet-Ressourcen

Auf unserer Lehrbuch-Homepage (**www.public-health-kompakt.de**) finden Sie Links zu weiterführender Literatur sowie zu anderen themenrelevanten Internet-Ressourcen.

9 Globale Gesundheit

Matthias Egger, Nicola Low, Oliver Razum

Durch die Globalisierung werden wir zunehmend mit Problemen konfrontiert, welche Landesgrenzen überschreiten. Auch viele gesundheitspolitische Entscheidungen werden heute auf europäischer Ebene oder unter der Mitarbeit internationaler Organisationen getroffen.

In diesem Kapitel betrachten wir Gesundheitsindikatoren sowie Krankheits- und Todesursachen im Hinblick auf das Bevölkerungseinkommen und die Entwicklung in verschiedenen Ländern. Wir analysieren die wichtigsten Faktoren, die die Gesundheit der Menschen in Industrie- und Entwicklungsländern beeinflussen und beschäftigen uns schließlich mit den Strategien und Akteuren, welche die Globale Gesundheit heute prägen.

Schweizerische Lernziele: CPH 46–48

9.1 Internationale Vergleiche

9.1.1 Klassifizierung der Länder nach Einkommen und Entwicklung

Der Forschungsbereich *Globale Gesundheit* beschäftigt sich vor allem mit Analysen und Vergleichen des Gesundheitsstatus' von Bevölkerungen in verschiedenen Ländern unter Berücksichtigung des jeweiligen soziokulturellen und ökonomischen Kontexts. Hierzu werden die Länder meist nach ihrem Bruttonationaleinkommen oder nach dem Entwicklungsstand klassifiziert. Häufig verwendet man dabei die von der Weltbank definierten vier Einkommensgruppen (*High income*, *Upper middle income*, *Lower middle income*, *Low income*) sowie die Kriterien der Vereinten Nationen für den Entwicklungsstand eines Landes (s. Box 9.1.1).

Box 9.1.1: Einteilung der Länder nach Einkommen und Entwicklung [Daten von 2009].

Die **Weltbank** klassifiziert die Länder nach ihrem Bruttonationaleinkommen pro Kopf und Jahr (*Gross National Income per capita*).

- *High-income-Länder:*   > 12.195 US-Dollar

- *Upper-middle-income-Länder:*   3.946–12.195 US-Dollar

- *Lower-middle-income-Länder:*   996–3.945 US-Dollar

- *Low-income-Länder:*   < 996 US-Dollar

Bei den *High-income*-Ländern wird unterschieden zwischen den Industrienationen der OECD (Organisation für wirtschaftliche Zusammenarbeit und Entwicklung) und anderen *High-income*-Ländern, wie z. B. den Ölförderländern am Arabischen Golf.

Die **Vereinten Nationen** (UN) bezeichneten 2009 insgesamt 49 Länder aufgrund der folgenden Kriterien als *Least Developed Countries* (LDC):

- **Niedriges Pro-Kopf-Einkommen:** durchschnittliches jährliches Bruttonationaleinkommen über drei Jahre < 905 US-Dollar

- **Hohe ökonomische Verwundbarkeit:** basierend auf dem *Economic Vulnerability Index*, der u.a. den Anteil der verarbeitenden Industrie und der Dienstleistungen sowie die Stabilität der landwirtschaftlichen Produktion und des Exports von Gütern und Dienstleistungen erfasst

- **Geringe humane Ressourcen:** basierend auf dem *Human Assets Index*, der auf Angaben zur Alphabetisierungsrate, zur Einschulungsrate in Sekundarschulen, zur Ernährungslage und zur Kindersterblichkeit beruht

Tab. 9.1 zeigt die Verteilung aller 213 Länder und Territorien bezüglich Einkommensgruppen und Entwicklung, untergliedert nach den Regionen der Weltgesundheitsorganisation *(World Health Organization, WHO)*. Eine Karte, die die sechs Regionen der WHO mit ihren regionalen Büros zeigt, finden Sie auf unserer Lehrbuch-Homepage (Web-Abb. 9.1.1).

Die Mehrzahl der Länder in den Regionen *Africa* und *South-East Asia* gehört zu den am wenigsten entwickelten Ländern unserer Erde. Dagegen weisen die Industrieländer Nordamerikas und Europas sowie Australien, Neuseeland und Japan (Region *Western Pacific*) ein hohes Bruttonationaleinkommen und einen hohen Entwicklungsgrad auf. Die vornehmlich Öl produzierenden Länder, insbesondere des Nahen Ostens und Arabiens (*Eastern Mediterranean*), bilden eine Gruppe mit hohem Bruttonationaleinkommen, während China, Indien, Thailand, Brasilien und Südafrika als Beispiele für so genannte Schwellenländer mit mittlerem Einkommen stehen. Die übrigen Länder bezeichnet man als „Entwicklungsländer" oder besser „Länder mit großen Mittelknappheiten". Sie alle weisen ein niedriges Einkommen auf, viele von ihnen gehören zu den am wenigsten entwickelten Ländern der Erde. Rund 80 % der derzeit knapp sieben Milliarden Menschen leben in Entwicklungsländern. Äquatorialguinea, ein kleiner Staat in Westafrika, ist ein Sonderfall. Seit vor seinen Küsten große Erdölvorkommen entdeckt

Tab. 9.1: Anzahl und Prozentsatz der Länder in den sechs WHO-Regionen, die sich den verschiedenen Einkommensgruppen zuordnen lassen [oben] sowie Anzahl und Prozentsatz der am wenigsten entwickelten Länder (Least Developed Counties) in diesen Regionen [unten] (Quelle: World Development Indicators. The World Bank, 2010).

Ländergruppen unterschieden nach:	WHO-Regionen					
Pro-Kopf-Einkommen	Africa (n=46)	Americas (n=42)	Eastern Mediterranean (n=25)	Europe (n=58)	South-East Asia (n=11)	Western Pacific (n=31)
High-income	1 [a] (2,2%)	12 (28,6%)	8 (32,0%)	36 (62,1%)	0 (0,0%)	12 (38,7%)
Upper middle-income	7 (15,2%)	20 (47,6%)	4 (16,0%)	13 (22,4%)	0 (0,0%)	4 (12,9%)
Lower middle-income	10 (21,7%)	9 (21,4%)	11 (44,0%)	7 (12,1%)	7 (63,6%)	12 (38,7%)
Low-income	28 (60,9%)	1 (2,4%)	2 (8,0%)	4 (36,4%)	4 (36,4%)	3 (9,7%)
Entwicklungsstand						
Least developed	30 [b] (65,2%)	1 [c] (2,4%)	5 [d] (20,0%)	0 (0,0%)	6 [e] (54,6%)	7 [f] (22,6%)

[a] Äquatorialguinea
[b] Angola, Benin, Burkina Faso, Burundi, Zentralafrikanische Republik, Tschad, Komoren, Kongo (Dem. Rep.), Äquatorialguinea, Eritrea, Äthiopien, Gambia, Guinea, Guinea-Bissau, Lesotho, Liberia, Madagaskar, Malawi, Mali, Mauretanien, Mosambik, Niger, Ruanda, Senegal, Sierra Leone, São Tomé und Principe, Tansania, Togo, Uganda, Sambia.
[c] Haiti
[d] Afghanistan, Dschibuti, Somalia, Sudan, Yemen
[e] Bangladesch, Bhutan, Malediven, Myanmar, Nepal, Osttimor
[f] Kambodscha, Kiribati, Laos, Samoa, Salomon Inseln, Vanuatu, Tuvalu

und von internationalen Ölfirmen genutzt werden, ist hier das Bruttonationaleinkommen pro Kopf rasant gestiegen. Das Land gehört heute zu den *High-income*-Ländern, ist jedoch aufgrund der hohen ökonomischen Verwundbarkeit durch die Abhängigkeit vom Öl sowie der geringen Investitionen in Bildung und Gesundheit eines der am wenigsten entwickelten Länder der Erde.

9.1.2 Gesundheitsindikatoren

Gesundheitsindikatoren sind Parameter, die Rückschlüsse auf die Gesundheit der Bevölkerung, die Gesundheitsversorgung und auf verfügbare Ressourcen erlauben.

Hier einige Beispiele:

- Ein wichtiger Indikator ist die *Mortalität* (s. Kap. 2.2.3). Jedes Jahr sterben weltweit ca. 57 Mio. Menschen. Davon sind 45 Mio. Erwachsene (> 15 Jahre) und 1,5 Mio. Kinder und Jugendliche im Alter von 5–15 Jahren. 9 Mio. Todesfälle entfallen auf die unter 5-Jährigen.

- Auf der Basis der altersspezifischen Mortalitätsraten lässt sich die *Lebenserwartung* (s. Kap. 2.2.4) eines Menschen berechnen. Dieser Wert gibt die durchschnittliche Anzahl an Jahren an, die ein Mensch eines bestimmten Alters aufgrund der aktuellen Sterberaten erwartungsgemäß noch leben würde.

- Die Lebenserwartung bei Geburt wird besonders in ärmeren Ländern maßgeblich von der *Säuglingssterblichkeit* (s. Kap. 2.2.3) beeinflusst.

- Indikatoren für die *Morbidität* in einer Bevölkerung können die Tuberkulose- oder die Malaria-Inzidenz sein. Da aber auch in vielen ärmeren Ländern – ebenso wie in den Industrienationen – die Zahl an chronischen, nicht übertragbaren Erkrankungen zunimmt, ist z. B. auch die alters- und geschlechtsspezifische Prävalenz des Diabetes mellitus Typ 2 ein wichtiger Morbiditätsindikator (*Inzidenz* und *Prävalenz* s. Kap. 2.1.2).

- Wichtige Indikatoren der *Gesundheitsversorgung* sind z. B. der Anteil an Einjährigen, der gegen Masern geimpft wurde oder der Prozentsatz der Geburten, die durch ausgebildetes Personal betreut wurden. Bei den älteren Menschen ist ein solcher Indikator beispielsweise der Anteil der Menschen mit Bluthochdruck, deren Blutdruck korrekt eingestellt ist.

- Zugang zu sauberem Wasser (s. Kap. 5.1) und zu Bildung sind weitere wesentliche Indikatoren für die Entwicklung eines Landes.

Darüber hinaus versucht man mit dem Konzept des *Burden of Disease* die Krankheitslast zu erfassen, der eine Population ausgesetzt ist. Zu dieser Krankheitslast gehören Einschränkungen durch Krankheit, Unfälle und Behinderungen ebenso wie der frühzeitige Tod. Der Gesundheitszustand einer Population wird dabei mit der Idealsituation verglichen, in der alle Mitglieder bei guter Gesundheit altern würden. Die Krankheitslast wird in *Disability Adjusted Life Years* (DALYs) angegeben, wobei ein DALY einem durch Erkrankung oder vorzeitigen Tod verlorenen gesunden Lebensjahr entspricht (s. a. Kap. 2.2.5).

Ein ähnlicher Gedanke liegt der *Healthy Life Expectancy* (HALE) zugrunde. Die HALE entspricht der Anzahl an Jahren, die bei guter Gesundheit verbracht werden können.

Auch DALYs und HALE können wichtige Gesundheitsindikatoren sein. Tab. 9.2 zeigt dies für ausgewählte Länder innerhalb der von der Weltbank definierten Einkommensgruppen.

Tab. 9.2: Verschiedene Gesundheitsindikatoren (Mortalität, DALYs, Lebenserwartung, HALE) in ausgewählten Ländern (Quelle: Global Health Observatory Database. WHO, 2010).

Einkommensgruppe Ausgewählte Länder	Mortalitätsraten (pro 1.000 Lebendgeburten bzw. pro 100.000 Einwohner)			Alters-standardi-sierte* DALYs (pro 100.000 Einwohner)	Lebenser-wartung bei der Geburt (Jahre)	Lebenser-wartung in Gesundheit = HALE (Jahre)
	Säuglinge	Kinder	Erwachsene			
High-income (OECD)						
• Deutschland	4	4	78	10.081	80	73
• Österreich	4	4	75	10.223	80	72
• Schweiz	4	5	60	9.277	82	75
• USA	7	8	107	12.844	78	70
High-income (non OECD)						
• Kroatien	4	5	115	12.531	76	68
• Saudi-Arabien	18	21	154	17.639	72	62
• Singapur	2	3	64	10.111	82	72
Higher middle-income						
• Brasilien	18	22	158	20.112	73	64
• Südafrika	48	67	520	46.237	53	48
• Türkei	20	22	150	16.307	74	66
Lower middle-income						
• Bolivien	46	54	196	25.423	67	58
• Philippinen	26	32	174	21.603	70	62
• Indien	52	69	213	27.825	64	56
Low-income						
• Bangladesch	43	54	238	27.532	65	56
• Haiti	54	72	267	36.012	62	54
• Malawi	65	100	481	55.548	53	44

Daten von 2008, 2007 (HALE) bzw. 2004 (DALY)

* Standardisiert auf Global Standard Population der WHO.
DALY: Disability Adjusted Life Years; HALE: Healthy Life Expectancy

9.1.3 Kinder- und Säuglingssterblichkeit

Mehr als 90% aller Todesfälle im Kindesalter ereignen sich in der Gruppe der unter 5-Jährigen (*Kindersterblichkeit*), und 99% dieser Todesfälle ereignen sich in Entwicklungsländern. Abb. 9.1 zeigt den Verlauf der Kindersterblichkeit in den Jahren 1970–2009 in Abhängigkeit vom Einkommen des jeweiligen Landes.

Seit 1970 ist die Kindersterblichkeit weltweit um ca. 60 % gesunken, wobei eine Abnahme in allen Einkommensgruppen zu verzeichnen war. Die Unterschiede zwischen den Einkommensgruppen sind in absoluten Zahlen kleiner geworden, relativ gesehen haben sie jedoch deutlich zugenommen. In afrikanischen Ländern hat sich die Abnahme der Sterblichkeit durch die HIV/AIDS-Epidemie (s. a. Kap. 8.3.2) verlangsamt. In Ruanda kam es im Zusammenhang mit dem Genozid im Jahre 1994 zu einem massiven Anstieg der Kindersterblichkeit.

Bei den unter 5-Jährigen sind nur einige wenige Ursachen für eine große Anzahl der Todesfälle verantwortlich (Tab. 9.3). In den *Low-income*-Ländern stehen mit Pneumonien, Durchfallerkrankungen und Malaria v. a. Infektionskrankheiten, aber auch perinatale Ursachen wie Asphyxie und Sepsis im Vordergrund, während in Industrienationen extreme Frühgeburtlichkeit und Fehlbildungen dominieren.

Gegen Infektionskrankheiten wie Masern und Tetanus sind heute Impfstoffe vorhanden, sodass diese Erkrankungen in den Industrienationen nur noch relativ selten auftreten. Hier gibt es allerdings recht große Unterschiede zwischen einzelnen Ländern. So konnte das WHO-Ziel, die Masern bis 2010 in allen europäischen Staaten auszurotten, nur in Finnland erreicht werden. In vielen Entwicklungsländern spielen Infektionskrankheiten jedoch eine wesentlich bedeutendere Rolle, insbesondere wenn die Durchimpfungsraten auf Grund eines schwach entwickelten Gesundheitssystems niedrig sind.

Malaria ist in der Gruppe der Entwicklungsländer die vierthäufigste Todesursache bei den unter 5-Jährigen und hat dort zudem einen großen Anteil (30–50 %) an der Gesamtmorbidität. In den afrikanischen Ländern, in denen Malaria endemisch vorkommt, ist die Krankheit durch die immer wiederkehrenden Infektionen und die damit verbundene Anämie für ein Drittel aller DALYs bei den unter 5-Jährigen verantwortlich (s. a. Kap. 8.3).

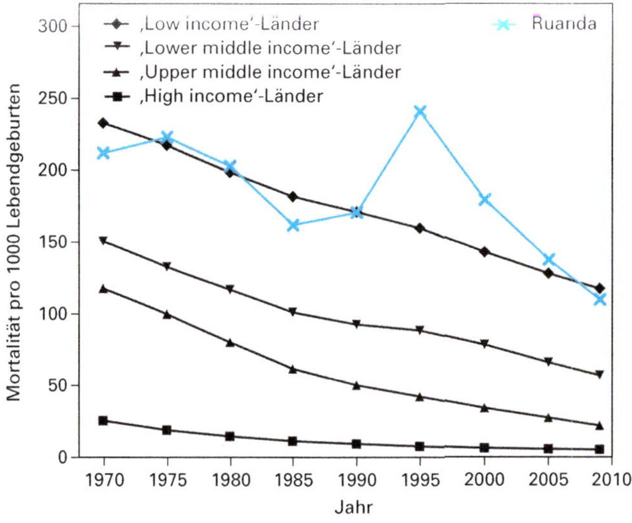

Abb. 9.1: Verlauf der Kindersterblichkeit in 194 nach ihrem Einkommen gruppierten Ländern (1970 bis 2009). Die blaue Kurve zeigt den besonderen Verlauf in Ruanda (Quelle: World Development Indicators. The World Bank, 2010).

Tab. 9.3: Verteilung der häufigsten Todesursachen bei Kindern unter 5 Jahren im Jahr 2008 – global gesehen und unterschieden nach einkommensabhängigen Ländergruppen (Quelle: World Health Organization. World Health Statistics 2010).

Todesursache	Prozent aller Todesfälle (Rang)				
	Low income	Lower middle income	Upper middle income	High income	Global
Pneumonie	18% (1)	19% (1)	12% (3)	4% (5)	18% (1)
Durchfallerkrankung	18% (1)	14% (2)	6% (6)	1% (7)	15% (2)
Frühgeburtlichkeit	10% (4)	13% (3)	20% (1)	27% (1)	12% (3)
Geburtskomplikationen	8% (5)	10% (4)	9% (5)	6% (4)	9% (4)
Malaria	12% (3)	7% (5)	0% (9)	0% (8)	8% (5)
Neonatale Sepsis	6% (6)	6% (6)	4% (8)	2% (6)	6% (6)
Fehlbildungen	3% (7)	4% (7)	14% (2)	25% (2)	4% (7)
Unfälle	3% (7)	3% (8)	5% (7)	9% (3)	3% (8)
HIV/AIDS	3% (7)	1% (10)	10% (4)	0% (8)	2% (9)
Masern	1% (10)	2% (9)	0% (9)	0% (8)	1% (10)
Andere Ursachen	18%	21%	20%	25%	20%

Die *Säuglingssterblichkeit* umfasst alle Todesfälle im Zeitraum von der Geburt bis zum ersten Geburtstag (s. Kap. 2.2.3). Die Säuglingssterblichkeitsraten in Deutschland, Österreich und der Schweiz gehören zu den niedrigsten der Welt. In Deutschland sank die Rate von über 30 Todesfällen pro 1.000 Neugeborene Anfang der 1960er Jahre um fast 90% auf 4 Todesfälle pro 1.000 Neugeborene im Jahre 2008. Im selben Zeitraum ging die Säuglingssterblichkeit in Brasilien um 84% zurück, während in Haiti nur ein Rückgang um 65% verzeichnet wurde. In der Zwischenzeit dürfte diese Zahl in Haiti in der Folge des Erdbebens von 2010 jedoch wieder angestiegen sein. Die höchste Säuglingssterblichkeit weltweit haben derzeit (2011) Angola, Sierra Leone und Afghanistan zu verzeichnen. In Deutschland und anderen Industrieländern lässt sich die Säuglingssterblichkeit kaum noch senken, da hier ein Drittel aller Todesfälle bei Säuglingen v. a. auf angeborene Fehlbildungen zurückzuführen ist. Anders dagegen in *Low-income*-Ländern, wo ein Großteil der frühen Todesfälle durch Verbesserungen der Infrastruktur und des Gesundheitswesens zu verhindern wären.

Die unterschiedlichen Säuglingssterblichkeitsraten korrelieren stark mit dem Einkommen und Entwicklungsstand der jeweiligen Länder. Aber es gibt auch Ausnahmen. So ist die Säuglingssterblichkeit in Kuba beispielsweise gleich hoch wie in den USA (7 pro 1.000 Neugeborene). Allerdings variiert die Rate innerhalb der USA zwischen 3,8 und 10,6 pro 1.000 Neugeborene. Diese Unterschiede sind Folge großer ethnischer und sozio-ökonomischer Gegensätze, sowie der damit verbundenen Ungleichheit im Zugang zur medizinischen Versorgung. In den USA ist also die *Verteilungsgerechtigkeit* (*Equity*, s. Kap. 1.3.2 und 3.1.2) nicht gewährleistet. In der kubanischen Gesellschaft sind diese Unterschiede weit geringer. Gleichzeitig werden in den USA öfter als in Kuba medizinische Maßnahmen bei untergewichtigen Neugeborenen ergriffen. Sie erhöhen zwar die Überlebensrate unmittelbar nach der Geburt, führen aber zu einem Ansteigen der Säuglingssterblichkeitsrate im weiteren Verlauf, da stark Untergewichtige in den ersten Lebenswochen ein höheres Sterberisiko aufweisen.

9.1.4 Mortalität und Morbidität im Erwachsenenalter

Auch bei den Erwachsenen ist die Mortalität in den letzten Jahrzehnten weltweit gesunken, wobei wie bei den Kindern große Unterschiede zwischen den einzelnen Ländern bestehen (Abb. 9.2). Russland bildet hier eine Ausnahme. Dort hat die Sterblichkeit seit 1990 sowohl bei Männern und als auch bei Frauen zugenommen (s. Box 9.1.2 mit einer Diskussion der Ursachen).

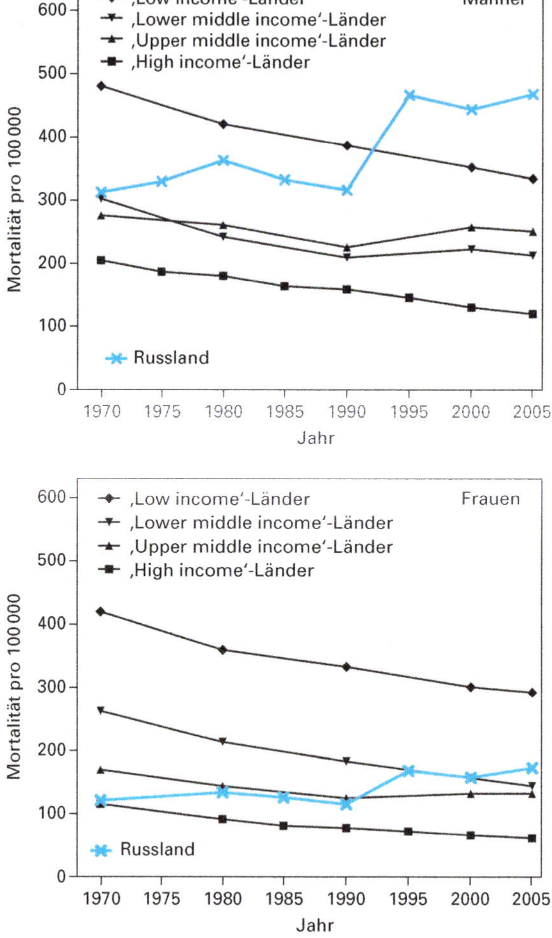

Abb. 9.2: Verlauf der altersstandardisierten Mortalität bei Erwachsenen im Alter von 15–60 Jahren in den nach ihrem Einkommen gruppierten Ländern (1970 bis 2009). Die blaue Kurve zeigt den besonderen Verlauf in Russland (Russische Sozialistische Föderative Sowjetrepublik, seit 1992 russischen Föderation) (Quelle: World Development Indicators. The World Bank, 2010).

Box 9.1.2: Eau de Cologne, „Zapoi" und die Mortalität russischer Männer.

2008 lag die Lebenserwartung für Männer in Russland mit 62 Jahren deutlich unter dem Durchschnitt aller *Upper-middle-income*-Länder (68 J.) und war damit niedriger als die Lebenserwartung in einigen *Low-income*-Ländern, wie z.B. in Bangladesh (65 J.) oder in Nepal (66 J.). Wichtigste Ursache hierfür ist wahrscheinlich die hohe Mortalität durch Alkoholvergiftungen. In einer Industriestadt im Ural wurden in Rahmen einer Fall-Kontroll-Studie die Trinkgewohnheiten von verstorbenen Männern erfasst[a]. Die Angaben wurden dann mit denjenigen von lebenden Männern gleichen Alters verglichen, die den Verstorbenen in Bildungsstand und Rauchgewohnheiten entsprachen.

Das Nationalgetränk Wodka war etwa gleich häufig von Verstorbenen und Kontrollpersonen konsumiert worden. Beide Gruppen unterschieden sich jedoch in ihren Trinkgewohnheiten. 45 Prozent der Verstorbenen, aber nur 12 Prozent der Kontrollpersonen waren als problematische Trinker eingestuft worden. Zu den problematischen Trinkgewohnheiten gehört in Russland das „Zapoi". Hierunter versteht man mehrtägige Alkoholexzesse, in denen die Männer sich dem normalen sozialen Leben entziehen. Problematisches Trinken verdreifachte das Sterberisiko. Noch stärker war der Zusammenhang mit dem Konsum von nicht für den Verzehr vorgesehenen Alkoholika, z.B. Eau de Cologne. Wodka enthält 43 Prozent Alkohol. In Eau de Cologne, Parfüm, medizinischen Tinkturen und Reinigungsmitteln sind es bis zu 97 Prozent. Der Verkauf dieses Alkohols ist steuerfrei, sodass die genannten Substanzen bis zu sechsmal weniger kosten als Wodka.

Männer der untersten Bildungsschicht konsumieren solche Substanzen im Vergleich zu Männern aus höheren Schichten etwa 8-mal so oft und haben etwa 5-mal so oft einen Zapoi[b]. Bei 41 Prozent der Verstorbenen und 8 Prozent der Kontrollpersonen war das Trinken von derartigem „Billig-Alkohol" angegeben worden. Unter Berücksichtigung des Alters der Personen errechneten Epidemiologen hieraus für sie ein mehr als 9-Mal so hohes Sterberisiko. Aufgrund der zitierten Studie schätzt man, dass etwa 40% aller Todesfälle bei Männern in Russland auf Alkoholkonsum zurückzuführen sind.

a Leon DA et al. Alcohol consumption and public health in Russia. Lancet 2007; 369: 2001–2009
b Tomkins S et al. Prevalence and socio-economic distribution of hazardous patterns of alcohol drinking: study of alcohol consumption in men aged 25–54 years in Izhevsk, Russia. Addiction 2007; 102: 544–553

Im Gegensatz zu den Todesursachen bei den Kindern ist die Mehrzahl der Todesfälle bei Erwachsenen auf nicht übertragbare Krankheiten zurückzuführen. Dazu gehören vor allem Herz-Kreislauf-Erkrankungen (s. Kap. 7.1), bösartige Tumore (s. Kap. 7.2), chronische Atemwegserkrankungen (s. Kap. 7.6) und der Diabetes mellitus (Zuckerkrankheit; s. Kap. 7.5).

Mit sinkender Geburtenrate und steigender Lebenserwartung erhöht sich in vielen Ländern der Anteil der erwachsenen, insbesondere der älteren Bevölkerung. In solchen Populationen dominiert zunehmend die Krankheitslast durch chronische Krankheiten. Man bezeichnet diesen Vorgang als epidemiologischen Übergang oder **epidemiologische Transition**. Deutschland, die Schweiz und andere Industrienationen haben im letzten Jahrhundert schon weite Strecken dieses Übergangs durchlebt. Dort sind heute 90 % der Todesfälle auf nicht übertragbare Krankheiten zurückzuführen. In Malawi und vielen anderen *Least Developed Countries* hat die epidemiologische Transition erst begonnen, während sie in Brasilien und anderen Schwellenländern schon weiter vorangeschritten ist. Die epidemiologische Transition bedeutet für Schwellenländer eine doppelte Krankheitslast mit hohen Raten bei den Infektionskrankheiten und zunehmender Belastung durch chronische Krankheiten. Während Infektionskrankheiten weiterhin vor allem in ländlichen Gegenden und den Elendsvierteln der Städte vorkommen, stellen chronische Krankheiten sowohl ein Problem der ländlichen Bevölkerung (v. a. durch Bluthochdruck, Schlaganfall, s. Kap. 7.1) als auch zunehmend der Mittel- und Oberschicht in den Städten (v. a. durch Bösartige Tumore, Lungen- und Herz-Kreislauf-Erkrankungen; s. Kap. 7.1, 7.2 und 7.6) dar.

Abb. 9.3 zeigt die Krankheitslast in DALYs für Männer und Frauen global gesehen und unterschieden nach Ländern mit verschiedenem Einkommen. Sichtbar ist dabei auch jeweils der Anteil, den Infektionskrankheiten, nicht übertragbare Krankheiten und Unfälle/Verletzungen hierbei einnehmen. Im Jahr 2004 wurde die weltweite Krankheitslast für Erwachsene auf 975 Millionen DALYs, d. h. verlorene gesunde Lebensjahre geschätzt (für alle Altersgruppen waren es 1,52 Milliarden DALYs). Von dieser Krankheitslast entfielen 418 Millionen auf *Low income*-Länder (42,9 %), 445 Millionen auf *Middle income*-Länder (45,6 %) und 112 Millionen (11,5 %) auf *High income*-Länder. Die im Erwachsenenalter dominierenden *nicht übertragbaren Krankheiten* sind auch in *Low-income*-Ländern für die Mehrheit der DALYs bei Erwachsenen verantwortlich. Allerdings nimmt ihre Bedeutung mit dem jeweiligen Einkommen des Landes zu, wäh-

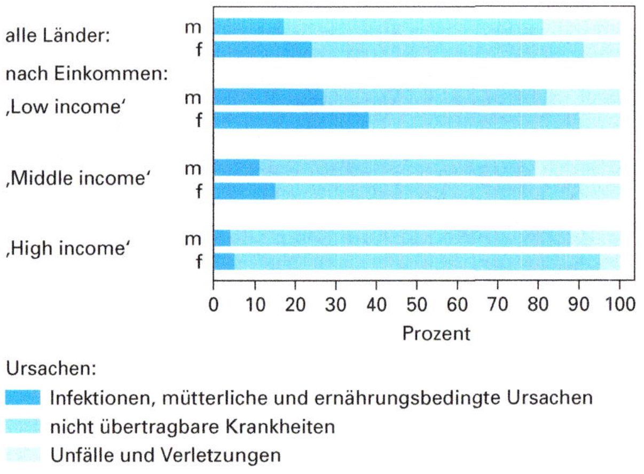

Abb. 9.3: Prozentuale Verteilung der Krankheitslast in DALYs (verlorene gesunde Lebensjahre) global und nach einkommensabhängigen Ländergruppen. Die Daten aus dem Jahr 2004 unterscheiden jeweils zwischen Männern (m) und Frauen (f) und beziehen sich auf die Altersgruppe der über 15-Jährigen (Quelle: Global Health Observatory Database. WHO, 2010).

rend Infektionen, mütterliche und ernährungsbedingte Ursachen mit zunehmendem Einkommen anteilsmäßig weniger wichtig werden. Berücksichtigt man alle Altersgruppen, sind die letztgenannten Ursachen in den *Low-income*-Ländern jedoch mit 57 % aller DALYs noch immer die wichtigsten. In den *Middle-income*- und *Low-income*-Ländern fallen darüber hinaus Unfälle und Verletzungen besonders ins Gewicht, Männer sind hier wesentlich häufiger betroffen als Frauen (s. a. Kap. 7.8).

9.1.5 Die weltweit wichtigsten Ursachen der Krankheitslast

Je nach dem Einkommen eines Landes zeigen sich große Unterschiede in der Verteilung der wichtigsten Erkrankungen, die dann wiederum Auswirkungen auf die DALYs einer Bevölkerung haben. Web-Tab. 9.1.1 auf unserer Lehrbuch-Homepage zeigt die jeweils zehn wichtigsten Ursachen für DALYs in allen Altergruppen weltweit sowie gegliedert nach dem Einkommen der Länder. Es fällt auf, dass die wichtigsten Ursachen in den *Low-income*-Ländern ähnlich denen sind, wie sie in der Welt insgesamt auftreten. Von großer Bedeutung sind hier u. a. Lungenentzündungen, Durchfallerkrankungen, HIV/AIDS, Frühgeburtlichkeit und ischämische Herzkrankheiten. Ausnahmen sind Malaria und Tuberkulose, die weltweit nicht mehr zu den zehn wichtigsten Ursachen gehören. In den *High-income*-Ländern dominieren dagegen die nicht übertragbaren Krankheiten. Hier gehören unipolare Depression und Hörverlust zu den wichtigsten Ursachen für verlorene gesunde Lebensjahre im Erwachsenenalter, obwohl sie nicht mit einer hohen Sterblichkeit assoziert sind. Weltweit sind etwa 40 % der DALYs auf solche Einschränkungen durch nicht-tödliche Erkrankungen oder Verletzungen zurückzuführen. 60 % betreffen vorzeitige Todesfälle.

In den *High-income*-Ländern steht mit der unipolaren Depression eine psychiatrische Erkrankung an erster Stelle. Die lange unterschätzte Dimension dieser Erkrankungsgruppe sowie Näheres zu Verteilung, Risiken und Ursachen psychiatrischer Krankheiten in den verschiedenen Gesellschaften ist im *World Health Report – Mental Health* der WHO dargestellt. Der hohe Anteil an psychischen Ursachen unter den DALYs in *High-income*-Ländern unterstreicht den Einfluss sozialer (Drogenmissbrauch, Gewalt, Missbrauch, Diskriminierung) und ökonomischer Faktoren (Arbeitslosigkeit, Armut, ungenügende Bildung, Stress am Arbeitsplatz), die hier wirken. Alkoholassoziierte Erkrankungen spielen ebenfalls eine große Rolle (s. a. Kap. 7.7). Weitere wichtige Ursachen in den *High income*-Ländern sind kardiovaskuläre Erkrankungen und verschiedene Formen der Demenz.

Die Liste der zehn wichtigsten Ursachen in den *Middle-income*-Ländern stellt eine Kombination aus denjenigen der *Low income*- und der *High income*-Länder dar. Hier führen die nicht übertragbaren Erkrankungen die Liste an, aber HIV/AIDS, Pneumonien und Durchfallerkrankungen finden sich weiterhin unter den *Top Ten*. Auch nicht-korrigierte Ametropien (Kurz- und Weitsichtigkeit) sind in den *Middle-income*-Ländern eine wichtige Ursache für verlorene gesunde Lebensjahre. In den Schwellenländern sorgen Verkehrsunfälle für immer mehr DALYs. Hauptgründe hierfür sind ungenügend gesicherte Straßen, fehlende Geschwindigkeitsbegrenzungen, der schlechte technische Zustand vieler Kraftfahrzeuge sowie die fehlende Gurtpflicht.

Doch auch innerhalb einer Einkommensgruppe bestehen in den dort eingruppierten Ländern zum Teil große Unterschiede. Die wichtigsten Ursachen für verlorene gesunde Lebensjahre entsprechen in Deutschland, der Schweiz und Österreich im Wesentlichen dem Muster der *High-income*-Länder. Eine Ausnahme ist der Suizid, der in der Schweiz unter den ersten zehn Ursachen (Rang 8) zu finden ist (s. Kap. 7.7). In den USA rangieren Verkehrsunfälle an fünfter, in Saudi Arabien sogar an dritter Stelle. Zwischen den *Middle-income*- und *Low-income*-Länder sind die Unterschiede in den Ursachen noch ausgeprägter. HIV/AIDS findet man in Brasilien nicht unter den zehn wichtigsten Ursachen. In Bangladesh ist die Krankheit kaum vertreten, in Haiti und den Philippinen gehört sie jedoch zu den zehn wichtigen DALYs-Ursachen. In Südafrika und Malawi (sowie anderen Länder in Subsahara-Afrika) ist sie sogar der häufigste Grund. In Brasilien und Südafrika gehören Gewalttaten zu den wichtigsten Ursachen für verlorene gesunde Lebensjahre (Rang 2 in Brasilien, Rang 3 in Südafrika).

9.2 Determinanten der globalen Gesundheit

Armut, Hunger, niedriger Bildungsstand, Bevölkerungswachstum und Ungleichheiten zwischen den Geschlechtern sind wichtige Determinanten der Unterschiede in der Gesundheit zwischen verschiedenen Bevölkerungsgruppen und zwischen den Bevölkerungen verschiedener Länder. Die genannten Determinanten beeinflussen den Altersaufbau einer Bevölkerung. Die daraus resultierenden Unterschiede im Altersaufbau können wiederum einen Teil der Unterschiede in der Gesundheit zwischen den Bevölkerungen der verschiedenen Länder erklären.

9.2.1 Armut

Etwa die Hälfte der Weltbevölkerung (ca. 3,5 Mrd. Menschen) lebt von weniger als 2 US-Dollar am Tag. Armut und schlechter Gesundheitszustand sind hier eng miteinander verwoben. Sowohl auf nationaler als auch auf individueller Ebene verhindert ein niedriges Einkommen die Verfügbarkeit, den Zugang sowie die Nutzung von und zu Gesundheitseinrichtungen. Umgekehrt trägt ein schlechter Gesundheitszustand zur Armut bei, weil kranke oder behinderte Menschen meist keiner geregelten Tätigkeit nachgehen können. Ein guter Gesundheitszustand ist somit nicht nur Voraussetzung für individuellen Wohlstand, sondern auch für wirtschaftliches Wachstum und für die Entwicklung eines Landes.

Die Web-Abb. 9.2.1 auf unserer Lehrbuch-Homepage zeigt, dass das Volkseinkommen stark mit Kindersterblichkeit und Lebenserwartung korreliert. Die höchste Lebenserwartung haben die Menschen in Ländern mit hohem Volkseinkommen (z. B. Schweiz, Deutschland, Japan, Frankreich, USA), die niedrigste Lebenserwartung findet man in Ländern mit niedrigem Volkseinkommen (z. B. in Simbabwe, Somalia, der Demokratischen Republik Kongo). Allerdings gibt es hier Ausreißer: Die Menschen in Südafrika haben z. B. eine relativ geringe Lebenserwartung im Vergleich zum dort vorhandenen Wohlstand. Dies ist auf die ungleiche Verteilung des Einkommens zurückzuführen. Eine Minderheit der Gesamtpopulation verfügt über den größten Teil des Einkommens, während die große Mehrheit der Bevölkerung in Armut lebt und eine hohe Mortalitätsrate aufweist.

Die Zusammenhänge zwischen Volkseinkommen und Kindersterblichkeit wurden nach der *Deklaration von Alma Ata* (1978) erstmals systematisch untersucht. Länder wie Costa Rica, Kuba und der Bundesstaat Kerala in Indien gehörten hiernach zu den „Sonderfällen", da sie trotz geringem Einkommen eine niedrige Kindersterblichkeitsrate aufwiesen. Man konnte fünf Schlüsselfaktoren identifizieren, die es einem Land erlauben, trotz relativ geringem Volkseinkommen gute Gesundheitsergebnisse zu erzielen:

- Staatliche Förderung der sozialen Sicherheit

- Einbeziehung der Bevölkerung in die Prioritätensetzung und Entscheidungsfindung (*Community Participation*)

- Verteilungsgerechtigkeit (*Equity*) durch Berücksichtigung der Risikogruppen (ethnische Minderheiten, Kinder, Frauen, Randgruppen)

- Intersektorielle Zusammenarbeit (Gesundheit, Bildung, Wasserversorgung, Landwirtschaft)

- Einbeziehung der lokalen Traditionen und Kultur

9.2.2 Hunger

Auf der Erde gibt es genug Nahrung, um die gesamte Weltbevölkerung zu ernähren. Dennoch leiden etwa 800 Mio. Menschen an chronischem Hunger und beinahe 200 Mio. Kinder sind untergewichtig. Die Hauptgründe für *Hungersnöte* sind Umsiedlungen und Zerstörungen von landwirtschaftlichen Erzeugnissen durch kriegerische Handlungen, aber zunehmend auch die Fehlverteilung von und die Spekulation mit Grundnahrungsmitteln.

Von *Mangelernährung* spricht man dann, wenn ein Mensch über einen längeren Zeitraum nicht genug oder zu einseitige Nahrung aufnimmt. Unterernährung ist eine Form der Mangelernährung, die durch eine anhaltende Reduktion der Energiezufuhr hervorgerufen wird. Sie führt zu einer allgemeinen Schwäche, verzögertem Wachstum und Untergewicht. Bei Kindern kommt es als Folge einer zu geringen Eiweiß-Zufuhr, kombiniert mit einem niedrigen Energiegehalt der Nahrung, zum *Kwashiorkor*. Kwashiorkor bedeutet in einer ghanaischen Sprache: „die Krankheit, die ein Kind bekommt, wenn ein neues Kind geboren wird". Sie tritt dann auf, wenn während einer erneuten Schwangerschaft die Milchproduktion bei der Mutter aussetzt und das Kind danach mit eiweißarmer Nahrung ernährt wird. Ein typisches Symptom des Kwashiorkors ist die Ödembildung (sichtbar v. a. am so genannten Hungerbauch). Im Gegensatz hierzu ist der *Marasmus* Folge einer generellen Unterernährung mit einem Mangel an Eiweißen, Fetten und Kohlenhydraten. Er führt durch den Abbau der Energie- und Eiweißreserven des Körpers zur Gewichtsabnahme bei gleichzeitiger Reduktion der Muskelmasse, nicht jedoch zur Ödembildung. Diese Form des Protein-Energie-Mangelsyndroms (PEM) findet man v. a. in den *Least Devoloped Countries*. Unterernährung trägt zu etwa 50 % aller Todesfälle bei Kindern bei. Einer der Gründe hierfür ist die eingeschränkte Widerstandskraft der betroffenen Kinder gegen Infektionskrankheiten. Schwangere Frauen, die unterernährt sind, bringen sehr oft untergewichtige Kinder zur Welt, die dann wiederum ein stark erhöhtes Risiko haben, an Atemwegsinfektionen und Durchfall zu erkranken.

9.2.3 Bildung

Der Gesundheitszustand einer Bevölkerung ist eng mit ihrer Bildung verbunden. Global gesehen korreliert die Anzahl an Schuljahren mit der Lebenserwartung ähnlich eng wie das Einkommen. Auch innerhalb der einzelnen Länder ist dieser Zusammenhang nachweisbar. So übertrifft die Lebenserwartung von Hochschulabgängern in der Schweiz die der am wenigsten Gebildeten um zehn Jahre (s. a. Kap. 1.3.2).

Dabei hat insbesondere in ärmeren Ländern die Ausbildung von Mädchen einen größeren Einfluss auf die Entwicklung einer Gesellschaft sowie auf die Verminderung von Armut als die Ausbildung der Jungen. Ihre Ausbildung führt zu einer positiven Verstärkung folgender Faktoren: Gut ausgebildete Frauen heiraten später, benutzen Verhütungsmittel, bekommen weniger Kinder und ziehen diese gesünder auf. Sie treffen bessere Entscheidungen für sich und ihre Kinder und leisten wirtschaftlich größere Beiträge zum Haushalt. Zudem haben Mädchen, die in eine kleinere Familie hinein geboren werden, eine größere Chance, eine Schule zu besuchen und diese auch abzuschließen.

9.2.4 Ungleichheit zwischen den Geschlechtern

Gesellschaftlich festgelegte Rollen und Haltungen gegenüber Frauen und Männern führen zu sozialen Unterschieden, die die eine Gruppe stärken und die andere benachteiligen. Armut und unzureichende Bildung verstärken die Ungleichheit zwischen den Geschlechtern. Weltweit sind zwei Drittel der Kinder, die keine Schule besuchen oder abschließen können, Mädchen. Frauen erhalten in vielen Ländern (auch in der Schweiz und Deutschland!) weniger Lohn für dieselbe Arbeit, der Zugang zu gut bezahlter Arbeit ist ihnen oft verwehrt. In einkommensschwachen Ländern sind Schwangerenvorsorge und Geburtshilfe meist nicht für alle Frauen zugänglich. Zudem führt die Illegalität von Abtreibungen jedes Jahr zu ca. 20 Mio. (von weltweit insgesamt 46 Mio.) Abtreibungen unter gesundheitsschädigenden Bedingungen. Nicht selten sind schwerste Infektionen, Blutungen oder Tod die Folge.

9.2.5 Kriegerische Konflikte

Im Jahr 2010 wurden global in 29 Ländern oder Territorien bewaffnete Konflikte ausgetragen. Anders als die beiden Weltkriege sind viele der heutigen Konflikte Bürgerkriege, die oft schon seit Jahrzehnten geführt werden, so z.B. in einer Reihe von afrikanischen Ländern wie Ruanda, Angola, Uganda und Somalia. Trotz des Schutzes, den die *Genfer Konvention* der Zivilbevölkerung zusichert, sind vor allem Zivilisten die Leidtragenden dieser Auseinandersetzungen. 95 % aller Toten in Bürgerkriegen sind Nichtkombattanten. Ein Krieg kann sich direkt und indirekt auf die Gesundheit einer Bevölkerung auswirken, seine Folgen sind oft über Generationen wirksam. Noch Jahre und Jahrzehnte nach einem Konflikt stellen Landminen eine große Gefahr für die Zivilbevölkerung dar (z.B. in Bosnien-Herzegowina oder Kambodscha). Die *International Campaign to Ban Landmines* erreichte 1997 ein Verbot von Herstellung, Handel und Einsatz von Anti-Personenminen und erhielt dafür den Friedensnobelpreis. Doch auch heute noch sind Landminen pro Jahr für rund 20.000 Todesfälle und schwere Verletzungen verantwortlich. Zudem werden sie von vielen Industrieländern trotz des Verbots weiterhin produziert.

In bürgerkriegsähnlichen Konflikten werden Frauen immer häufiger Opfer von Gewalt. So wurden Frauen in Ex-Jugoslawien, Ruanda und Sierra Leone systematisch von Soldaten oder Milizionären vergewaltigt. In der Folge führen schwerste psychische Traumatisierungen, ungewollte Schwangerschaften und die Übertragung von HIV/AIDS zu gravierenden gesundheitlichen Belastungen bei den Betroffenen.

Darüber hinaus sind bewaffnete Konflikte Ursache für eine ökonomische Stagnation, die das Armutsrisiko bei der Bevölkerung erhöht. Die Rüstungsausgaben entziehen dem Gesundheitswesen die Ressourcen, die z. B. für Impfkampagnen oder *Vektor-Kontrollmaßnahmen* (s. Kap. 8.3 und Kap. 8.4) benötigt würden. In Burundi trug dieser Faktor 2001 zu einer Malaria-Epidemie bei. Ärzte und Pflegefachkräfte verlassen bei kriegerischen Konflikten oftmals ihr Land. Die Zerstörung der Infrastruktur begünstigt Epidemien von ansonsten vermeidbaren Krankheiten (z. B. Cholera), chronischer Nahrungsmangel führt zu Hungersnöten.

9.2.6 Umweltveränderungen

Unsere Umwelt wird durch Bevölkerungswachstum, Industrialisierung und Urbanisierung stark verändert. Treibhausgase, wie sie bei der Verbrennung von fossilen Brennstoffen entstehen, Bodenerosion, Erschöpfung der Trinkwasservorräte, Abnahme der Biodiversität und Anreicherung von Chemikalien in Ökosystemen sind einige Beispiele dafür, wie die Natur in Mitleidenschaft gezogen wird. Die Bevölkerung der Industrieländer verbraucht ca. 50 Mal mehr Energie pro Person als die Einwohner von Entwicklungsländern. Der Weltklimarat *(Intergovernmental Panel on Climate Change)* geht von einem Anstieg der weltweiten Durchschnittstemperatur um 1 bis 3°C bis zum Jahr 2100 aus. Schon heute zeigen sich zunehmend Auswirkungen des *Klimawandels* auf die Gesundheit der Bevölkerung (s. a. Kap. 5.5).

9.3 Health for All: Strategien, Akteure und Setzung von Prioritäten

Im Jahr 1977 formulierte die Weltgesundheitsversammlung der Vereinten Nationen *(World Health Assembly)* das Ziel, dass die gesamte Weltbevölkerung bis zum Jahr 2000 ein Leben in Gesundheit führen kann (s. *Health for All*). Die primäre Gesundheitsversorgung *(Primary Health Care,* PHC) wurde später in der *Alma-Ata-Deklaration* (1978) als Schlüsselstrategie (s. a. Kap. 1.6) identifiziert, mit deren Hilfe dieses Ziel zu erreichen sei.

Seither wird kontrovers diskutiert, welches die geeigneten Strategien zur Erreichung von *Health for All* sein könnten. In der Diskussion stehen v. a. so genannte vertikale Programme, die zentral geplant werden und sich auf wenige Gesundheitsprobleme eines Landes oder einer Region konzentrieren. Weder die in Alma Ata propagierte PHC mit dem rudimentär ausgebildeten *Village Health Worker*, noch punktuelle vertikale Programme werden die globalen Gesundheitsprobleme nachhaltig lösen können. Der Aufbau von geeigneten Gesundheitssystemen mit einer starken PHC-Komponente, mit Institutionen und Maßnahmen der Prävention und Gesundheitsförderung stellen wichtige gesellschaftliche Aufgaben dar, die weit über den Gesundheitssektor hinausgehen und ohne eine wirksame Bekämpfung der Armut nicht zu realisieren sind. Diese Erkenntnis hat die WHO im Weltgesundheitsbericht 2008 unter dem Titel „*Primary Health Care – Now More Than Ever*" festgehalten.

9.3.1 Millennium-Entwicklungsziele

Schon die im September 2000 von den Vereinten Nationen verabschiedeten „Millennium-Entwicklungsziele" (*Millennium Development Goals*, MDGs; s. Box 9.3.1) tragen dem Rechnung. Armutsbekämpfung, Friedenserhaltung und Umweltschutz wurden als die wichtigsten Ziele der internationalen Gemeinschaft definiert. Drei der acht Ziele haben unmittelbar mit Gesundheit zu tun: Reduktion der Kindersterblichkeit, Verbesserung der Gesundheitsversorgung der Mütter sowie Bekämpfung von HIV/AIDS, Malaria und anderen Krankheiten. Auch die übrigen Ziele sind eng mit dem Gesundheitssektor verknüpft. Die MDGs verdeutlichen, dass ein verbesserter Gesundheitszustand der Bevölkerung zum Schlüsselfaktor bei der Bekämpfung der Armut in der Welt werden kann. Um das Erreichen der Ziele messbar zu machen, wurden 20 Unterpunkte und 60 Indikatoren definiert. Als Basisjahr dient dabei das Jahr 1990. 2015 wurde als Zieljahr festgelegt. Zwar sind seit der Formulierung der Millennium-Entwicklungsziele in vielen Bereichen Fortschritte zu verzeichnen, jedoch bestehen dabei erhebliche Unterschiede zwischen den Weltregionen. So ist die WHO-Region Afrika beispielsweise weit hinter der Zielvorgabe zur Kindersterblichkeit zurückgeblieben, während Lateinamerika das Ziel voraussichtlich erreichen wird. Zur Umsetzung der MDGs werden also weitere finanzielle Mittel benötigt.

Box 9.3.1: Die Millennium-Entwicklungsziele.

1. Bekämpfung von Hunger und extremer Armut
2. Primärschulbildung für alle
3. Gleichstellung der Geschlechter und Stärkung der Rolle der Frauen
4. Senkung der Kindersterblichkeit
5. Verbesserung der Gesundheitsversorgung der Mütter
6. Bekämpfung von HIV/AIDS, Malaria und anderen schweren Krankheiten
7. Ökologische Nachhaltigkeit
8. Aufbau einer globalen Partnerschaft für Entwicklung

Eine ausführliche Version der Millennium-Ziele sowie Daten zum Stand der Zielerreichung finden Sie auf unserer Lehrbuch-Homepage.

9.3.2 Globaler Fonds, Stiftungen und Initiativen

Obwohl vertikale Gesundheitsprogramme immer wieder in der Kritik stehen, sind sie recht erfolgreich in der Bekämpfung von Zielkrankheiten. Ein aktuelles Beispiel ist die Bekämpfung von AIDS, Tuberkulose und Malaria durch den *Global Fund to Fight AIDS, Tuberculosis and Malaria (GFATM)*. Der GFATM wurde im Juni 2002 auf Beschluss der UN Sondergeneralversammlung zu HIV und AIDS gegründet. Aufgabe des Fonds ist die Finanzierung von Maßnahmen zur Bekämpfung der drei Infektionskrankheiten in *Low-* und *Middle-income*-Ländern. Geldgeber sind Regierungen und Stiftungen. Seit seiner Gründung hat der Fonds Projekte und Programme mit einem Volumen von etwa 22 Mrd. US-Dollar in 150 Ländern bewilligt. Mit dieser Hilfe konnten u.a. 3 Mio. HIV-infizierte Menschen und 7,7 Mio. Tuberkulosepatienten behandelt sowie die Haushalte in den betroffenen Ländern mit 160 Mio. insektizidbehandelten Mückennetzen versorgt werden (s.a. Kap. 8.2). Zu Beginn einer Zusammenarbeit mit einem Land definieren Fonds und Empfängerorganisation gemeinsam die zu erreichenden Ziele und legen Kriterien fest, wie diese zu messen sind. Programme, die vereinbarte Zielvorgaben wesentlich unterschreiten, erhalten keine weiteren Zahlungen mehr.

Die *Bill & Melinda Gates Foundation* (BMGF) ist mit einem Vergabevolumen von zwei bis drei Mrd. US-Dollar pro Jahr die größte private Stiftung der Welt. Sie unterstützt die Behandlung und Bekämpfung von Krankheiten in der ganzen Welt mit einem Fokus im Bereich AIDS, Tuberkulose und Malaria. Außerdem engagiert sie sich im Bereich der Entwicklung und Bereitstellung von Impfstoffen und Impfstofftechnologien. Die Globale Allianz für Impfstoffe und Immunisierung (*Global Alliance for Vaccine and Immunization*, GAVI) wird zu 75 % (das sind ca. 1,5 Mrd. US-Dollar pro Jahr) von der BMGF finanziert. GAVI ist ein Beispiel für eine der vielen globalen Gesundheitsinitiativen (*Global Health Initiatives*, GHI), globalen Partnerschaften und Programmen, die im Zusammenhang mit der Umsetzung der Millennium-Entwicklungsziele entstanden sind. Weitere Beispiele sind die *Stop TB Partnership*, *Roll Back Malaria*, *Partnership for Maternal, Newborn and Child Health* sowie die *Health Workforce Alliance*, die sich für eine Stärkung der Personalstruktur im Gesundheitswesen einsetzt.

9.3.3 Die WHO und andere internationale Organisationen

Die **Weltgesundheitsorganisation** (WHO) ist eine Sonderorganisation der Vereinten Nationen (UN) mit 193 Mitgliedstaaten und sechs Regionen (s. Web-Abb. 9.1.1 auf unserer Lehrbuch-Homepage). Als Koordinationsbehörde für das internationale öffentliche Gesundheitswesen unterstützt sie Entwicklungsländer beim Aufbau von Gesundheitssystemen und koordiniert nationale und internationale Aktivitäten, wie z. B. globale Impfprogramme und Programme gegen übertragbare Krankheiten, Rauchen oder Übergewicht. Ein weiterer Schwerpunkt ist die weltweite Erhebung und Analyse von Gesundheits- und Krankheitsdaten. Die wichtigste Publikation der WHO ist der jährlich erscheinende **Weltgesundheitsbericht** (*World Health Report*), der in jedem Jahr auf ein aktuelles Thema der Globalen Gesundheit eingeht und dazu die wesentlichen globalen Daten veröffentlicht. Das jährliche Budget der WHO beträgt etwa 2 Mrd. US-Dollar.

Weitere wichtige internationale Organisationen, die sich mit Gesundheit beschäftigen, sind z. B. die **UNAIDS** (*Joint United Nations Programme on HIV/AIDS*; ein Projekt der Vereinten Nationen, dessen Ziel es ist, die verschiedenen Aktivitäten der Ländern im Kampf gegen HIV/AIDS zu koordinieren), die **IARC** (*International Agency for Research on Cancer*, eine Forschungseinrichtung der WHO zum Thema Krebs) und **The Union** (*International Union Against Tuberculosis and Lung Disease*, eine Organisation der nationalen Lungenligen).

Die WHO und andere Organisationen der UN sind angesichts der vielen Akteure im Bereich Gesundheit stark gefordert. Im Zentrum steht dabei die Harmonisierung der Maßnahmen von mehr als 100 GHI, von globalen und regionalen Finanzierungsagenturen sowie Projekten der Entwicklungszusammenarbeit.

Internet-Ressourcen

Auf unserer Lehrbuch-Homepage (**www.public-health-kompakt.de**) finden Sie Links zu den genannten Institutionen, zu weiterführender Literatur sowie zu anderen themenrelevanten Internet-Ressourcen. Besuchen Sie z. B. die Seiten von *Hans Rosling*, der internationale Statistiken interaktiv zum Leben bringt, oder machen Sie sich ein Bild davon, welche Strecke wir bereits auf dem Weg zur Erreichung der Millennium-Entwicklungsziele zurückgelegt haben.

Index

Printed in Dunstable, United Kingdom

85221786R00205